设计师职业培训教程

# AutoCAD 2016 中文版电气设计培训教程

张云杰　张艳明　编　著

清华大学出版社
北　京

## 内 容 简 介


AutoCAD 作为一款优秀的 CAD 图形设计软件，应用程度之广泛已经远远高于其他的软件。本书主要针对目前非常热门的 AutoCAD 辅助设计技术，将电气设计职业知识和 AutoCAD 软件电气专业设计方法相结合，通过分课时的培训方法，以详尽的视频教学讲解 AutoCAD 2016 中文版的电气设计方法。全书分 7 个教学日，共 51 个教学课时，内容包括基本操作和绘图、编辑修改图形、层和块操作、文字操作、表格和打印输出，以及电气设计的实际案例，从实用的角度介绍了 AutoCAD 2016 中文版电气设计专业知识和设计方法，并配有详细的教学视频光盘，特别适合初、中级用户使用。

本书结构严谨，内容翔实，知识全面，写法创新实用，可读性强，设计实例专业性强，步骤明确，主要针对使用 AutoCAD 进行电气设计的广大初、中级用户，并可作为大专院校计算机辅助设计课程的指导教材和公司 AutoCAD 设计培训的内部教材。





**图书在版编目(CIP)数据**

AutoCAD 2016 中文版电气设计培训教程/张云杰，张艳明编著. --北京：清华大学出版社，2016
(设计师职业培训教程)
ISBN 978-7-302-43530-3

Ⅰ. ①A…　Ⅱ. ①张…　②张…　Ⅲ. ①电气设备—计算机辅助设计—AutoCAD 软件—职业培训—教材　Ⅳ. ①TM02-39

中国版本图书馆 CIP 数据核字(2016)第 081017 号

责任编辑：张彦青
装帧设计：杨玉兰
责任校对：周剑云
责任印制：刘海龙

出版发行：清华大学出版社
网　　址：http://www.tup.com.cn, http://www.wqbook.com
地　　址：北京清华大学学研大厦 A 座　　邮　　编：100084
社 总 机：010-62770175　　邮　　购：010-62786544
投稿与读者服务：010-62776969, c-service@tup.tsinghua.edu.cn
质量反馈：010-62772015, zhiliang@tup.tsinghua.edu.cn
印 装 者：清华大学印刷厂
经　　销：全国新华书店
开　　本：203mm×260mm　　印　张：21.5　　字　数：518 千字
附 DVD 1 张
版　　次：2016 年 6 月第 1 版　　印　次：2016 年 6 月第 1 次印刷
印　　数：1～2500
定　　价：48.00 元

产品编号：066072-01

# 前　言

本书是“设计师职业培训教程”丛书中的一本，这套丛书拥有完善的知识体系和教学套路，按照教学天数和课时进行安排，采用阶梯式学习方法，对设计专业知识、软件的构架、应用方向以及命令操作都进行了详尽的讲解，循序渐进地提高读者的应用水平。丛书本着服务读者的理念，通过大量的经典实用案例对功能模块进行讲解，使读者全面掌握所学知识，并运用到相应的工作中去。

本书主要介绍的是 AutoCAD 电气设计，AutoCAD 作为一种电气图纸设计工具，以其拥有的方便快捷而被广泛使用。经过近些年的发展，在诸多的已有专业的电气设计软件中，AutoCAD 系列软件在电气设计行业取得了最大的空间。AutoCAD 2016 是当前最新版的 AutoCAD 软件，相对于以前版本具有更加强大的功能以及更友好的设计界面。为了使读者能更好地学习软件，同时尽快熟悉 AutoCAD 2016 中文版的电气设计功能，笔者根据多年在该领域的设计经验，精心编写了本书。

笔者的 CAX 设计教研室长期从事 AutoCAD 的专业设计和教学，数年来承接了大量的项目，参与 AutoCAD 电气设计的教学和培训工作，积累了丰富的实践经验。本书就像一位专业设计师，将设计项目时的思路、流程、方法和技巧、操作步骤面对面地与读者交流，是广大读者快速掌握 AutoCAD 2016 的自学实用指导书，也可作为大专院校计算机辅助设计课程的指导教材和公司 CAD 设计培训的内部教材。

本书还配备了交互式多媒体教学演示光盘，将案例制作过程制作为多媒体视频进行讲解，有从教多年的专业讲师全程多媒体语音视频跟踪教学，以面对面的形式讲解，便于读者学习使用。同时光盘中还提供了所有实例的源文件，以便读者练习使用。关于多媒体教学光盘的使用方法，读者可以参看光盘根目录下的光盘说明。另外，本书还提供了网络的免费技术支持，欢迎大家登录云杰漫步多媒体科技的网上技术论坛进行交流：http://www.yunjiework.com/bbs。论坛分为多个专业的设计板块，可以为读者提供实时的软件技术支持，解答读者的问题。

本书由张云杰、张艳明、张云静、靳翔、尚蕾、郝利剑、贺安、董闯、宋志刚、李海霞、贺秀亭、焦淑娟、彭勇、周益斌、薛宝华、郭鹰等编写。书中的设计范例、多媒体和光盘效果均由北京云杰漫步多媒体科技公司设计制作，同时感谢出版社的编辑和老师们的大力协助。

由于编写时间紧张、编写人员的水平有限，书中难免有不足之处，在此，编写人员对广大用户表示歉意，望广大用户不吝赐教，对书中的不足之处给予指正。

编　者

# 目　录

设计师职业培训教程

# 第1教学日

为了便于进行技术交流和指导生产，我国国家标准对电气图纸作了详细的统一规定，在生产当中融会运用便于读图和进行交流，每一个工程技术人员都要掌握和了解。本章主要介绍工程制图中的基本概念以及电子电气工程图的特点和要求，以及 AutoCAD 软件的基础。

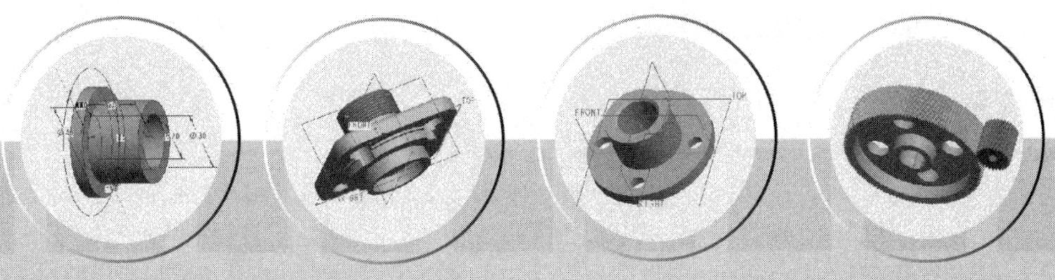

# 第1课 1课时 设计师职业知识——电气图基础

电子电气 CAD 的基本含义是使用计算机来完成电子电气的设计，包括电原理图的编辑、电路功能仿真、工作环境模拟、印制板设计(自动布局、自动布线)与检测等。电子电气 CAD 软件还能迅速形成各种各样的报表文件(如元件清单报表)，为元件的采购及工程预决算等提供了方便。

国内常用的计算机辅助绘图软件有美国 Autodesk 公司的 AutoCAD、中望 CAD、华正电子图板及华中理工大学凯图 CAD 等，其中，国产软件的功能相对少一些，但使用比较简单。在计算机辅助绘图软件中，AutoCAD 软件是最为流行的，AutoCAD 是通用计算机辅助绘图和设计软件包，具有易于掌握、使用方便和体系结构开放等优点。

在计算机上，利用 AutoCAD 软件进行电子电气设计的过程如下。

(1) 选择图纸幅面、标题栏式样和图纸放置方向等。

(2) 放大绘图区，直到所绘制的电子元器件大小适中为止。

(3) 在工作区内放置元器件：先放置核心元件的电气图形符号，再放置电路中剩余元件的电气图形符号。

(4) 调整元件位置。

(5) 修改、调整元件的标号、型号及其字体大小和位置等。

(6) 连线、放置电气节点和网络标号(元件间连接关系)。

(7) 放置电源及地线符号。

(8) 运行电气设计规则检查(ERC)，找出原理图中可能存在的缺陷。

(9) 打印输出图纸。

现代计算机辅助设计是以电子计算机为主要工具。计算机的应用改变了电子电路设计的方式。与传统的手工电子电气设计相比，现代计算机辅助设计主要具有以下几个优点。

(1) 设计效率高，大大缩短了设计周期。

(2) 大大提高了设计质量和产品合格率。

(3) 可节约原材料和仪器仪表等，从而降低成本。

(4) 代替了人的重复性劳动，可节约人力资源。

## 1.1.1 图纸国标规定

技术制图和电气制图标准规定，是最基本的也是最重要的工程技术语言的组成部分，是发展经济、产品参与国内外竞争和国内外交流的重要工具，是各国家之间、行业之间、相同或不同工作性质的人们之间进行技术交流和经济贸易的统一依据。无论是零部件或元器件，还是设备、系统，乃至整个工程，按照公认的标准进行图纸规范，可以极大地提高人们在产品全寿命周期内的工作效率。

### 1. 图纸幅面尺寸

表 1-1 中列出了 GB/T 14689—1993 中规定的各种图纸幅面尺寸，绘图时应优先采用。

表 1-1　图纸幅面及边框尺寸

单位：mm

| 幅面代号 | | A0 | A1 | A2 | A3 | A4 |
|---|---|---|---|---|---|---|
| 宽(B)×长(L) | | 841×1189 | 594×841 | 420×594 | 297×420 | 210×297 |
| 边框 | c | 10 | | | 5 | |
| | a | 25 | | | | |
| | e | 20 | | 10 | | |

2. 图框表格

无论图样是否装订，均应在图纸幅面内画出图框，图框线用粗实线绘制。图 1-1 为留有装订边的图纸其图框格式。图 1-2 为不留装订边的图纸其图框格式。

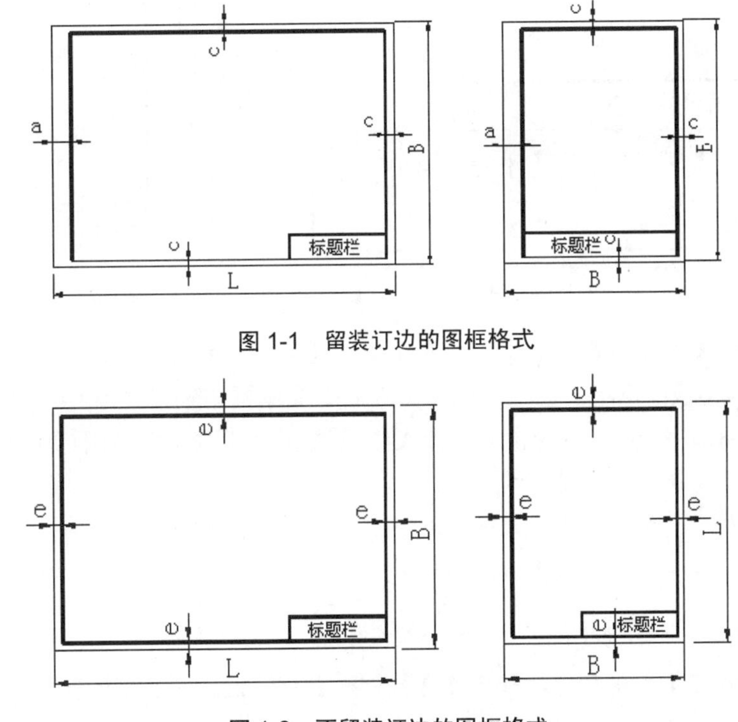


图 1-1　留装订边的图框格式

图 1-2　不留装订边的图框格式

3. 标题栏的方位

每张图样都必须有标题栏，标题栏的格式和尺寸应符合 GB/T 0609.1—1989 的规定。标题栏的外边框是粗实线，其右边和底边与图纸边框线重合，其余是细实线绘制。标题栏中的文字方向为看图的方向。

标题栏的长边框置于水平方向，并与图纸的长边框平行时，则构成 X 型图纸。若标题栏的长边框与图纸的长边框垂直时，则构成 Y 型图纸。

### 1.1.2 设置及调用方法

#### 1. 图纸幅面及标题栏的设置

(1) 按照图 1-1 和图 1-2 所示的图框格式、表 1-1 所列的图纸幅面尺寸，利用绘图工具完成图纸内、外框的绘制。

(2) 按照图 1-3 所示的标题栏的格式，完成标题栏的绘制，并将其创建成块。

(3) 启用块插入工具将标题栏插入到图纸内框的右下角，完成如图 1-4 所示的空白图纸。

| 设计单位名称 | | | | |
|---|---|---|---|---|
| 总工程师 | | 主要设计人 | | |
| 设计总工程师 | | 技　核 | | 项目名称 |
| 专业工程师 | 制图 | | | |
| 组长 | | 描　图 | | 图　号 |
| 日期 | 比例 | | | |

图 1-3　标题栏的格式

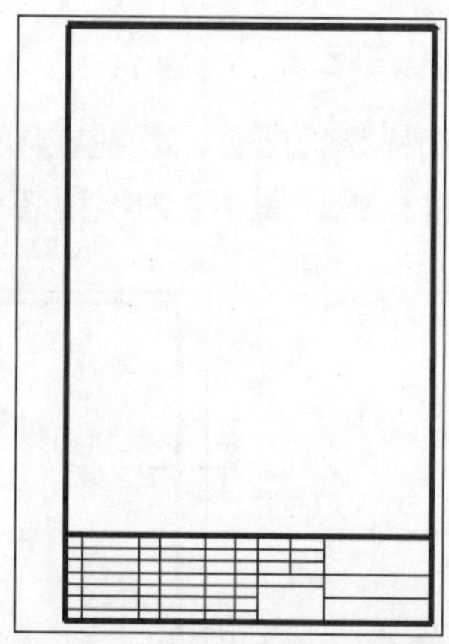

图 1-4　A4 图幅样板图

(4) 选择【文件】|【另存为】菜单命令，系统弹出【另存为】对话框，在【文件类型】列表框中选择【AutoCAD 图形样板(*.dwt)】选项。在【文件名】文本框中输入 GBA4-Y，并选择文件保存目录，单击【保存】按钮即完成了 A4 图纸幅面设定。重复上述步骤可以将国标中所有的图纸幅面保存为模板文件，供今后创建新的图纸时调用。

绘图工具的操作方法以及块创建、块插入的使用方法，将分章节逐步介绍。

#### 2. 模板图的调用

1) 利用模板图创建一个图形文件

选择【文件】|【新建】菜单命令，弹出【选择样板】对话框，从显示的样板文件中选择 GBA4-Y 样板，就完成了样板图的调用。

2) 插入一个样板布局

使用默认设置先在模型空间完成图纸绘制，然后切换到布局空间。在布局的图纸空间中，选择【插入】|【块】菜单命令，将已经创建成块的样板插入。用户在图纸布局时，可以利用插入对话框完成图纸的位置、标题栏的属性内容等的调整。

# 第2课 1课时 电气图CAD制图规则

电子工程图通常表示的内容有以下几点。

(1) 电路中元件或功能件的图形符号。

(2) 元件或功能件之间的连接线。

(3) 项目代号。

(4) 端子代号。

(5) 用于逻辑信号的电平约定。

(6) 电路寻迹所必需的信息(信号代号、位置检索标记)。

(7) 了解功能件必需的补充信息。

## 1.2.1 AutoCAD的特点

**行业知识链接：**使用Auto CAD软件绘制平面图纸是十分方便的，其中有众多的命令供用户选择，如图1-5所示是使用该软件绘制的电路图部分。

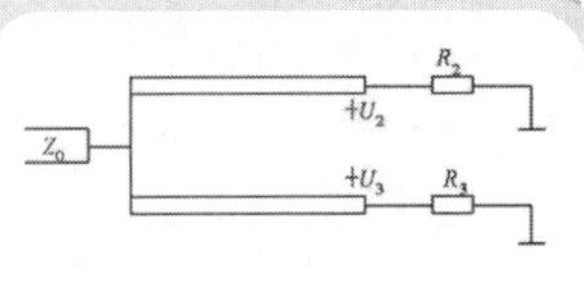


图1-5　电路图部分

AutoCAD软件具有如下特点。

(1) 具有完善的图形绘制功能。

(2) 有强大的图形编辑功能。

(3) 可以采用多种方式进行二次开发或用户定制。

(4) 可以进行多种图形格式的转换，具有较强的数据交换能力。

(5) 支持多种硬件设备。

(6) 支持多种操作平台。

(7) 具有通用性、易用性，适用于各类用户。此外，从AutoCAD 2000开始，该系统又增添了许多强大的功能，如AutoCAD设计中心(ADC)、多文档设计环境(MDE)、Internet驱动、新的对象捕捉功能、增强的标注功能以及局部打开和局部加载的功能，从而使AutoCAD系统更加完善。

## 1.2.2 电子工程图的特点与设计规范

**行业知识链接：**AutoCAD能以多种方式创建直线、圆、椭圆、多边形、样条曲线等基本图形对象，可以绘制多种机械、建筑、电气等行业图纸，如图1-6所示是软件绘制的电气图纸。

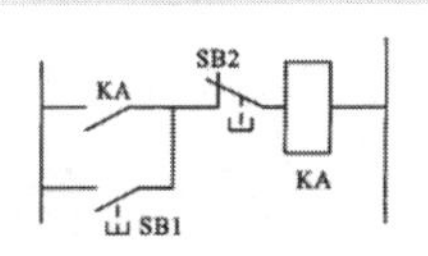


图1-6　电气图纸

在国家标准中对电子工程图(即电路图)进行了严格的规定。电子工程图的特点及设计规范如下。

### 1. 电路图绘制规则

绘制电子工程图时应符合以下规则。

(1) 绘制电路图应遵守 GB/T 18135—2000《电气工程 CAD 制图规则》的规定。电路图用线型主要有 4 种。

(2) 图形符号应遵守 GB 4728—1985《电气图用图形符号》的有关规定绘制。在图形符号的上方或左方，应标出代表元器件的文字符号或位号(按 SJ138—1965 规定绘制)。对于简单的电原理图可直接注明元件数据，一般需另行编制元件目录表。

(3) 当几个元件接到一根公共零位线上时，各元件的中心应平齐。

(4) 电路图中的信号流主要流向应是从左至右，或从上至下。当单一信号流方向不明确时，应在连接线上绘制上箭头符号。

(5) 表示导线或连接线的图线都应是交叉和弯折最少的直线。图线可水平布置，各类似项目应纵向对齐；图线也可垂直布置，此时各类似项目应横向对齐。

如图 1-7 所示为典型的电气原理图绘制。

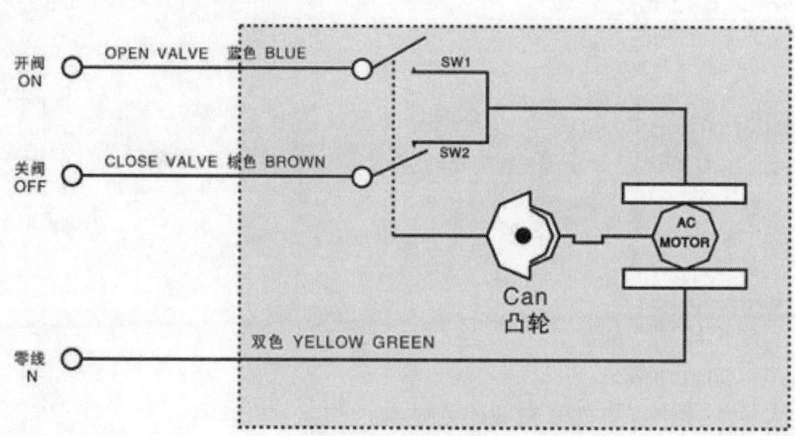


图 1-7 电气原理图

### 2. 元器件放置规则

在绘制电器元件布置图时要注意以下几个方面。

(1) 重量大和体积大的元件应该安装在安装板的下部；发热元件应安装在上部，以利于散热。

(2) 强电和弱电要分开，同时应注意弱电的屏蔽问题和强电的干扰问题。

(3) 考虑维护和维修的方便性。

(4) 考虑制造和安装的工艺性、外形的美观、结构的整齐、操作人员的方便性等。

(5) 考虑布线整齐性和元件之间的走线空间等。

如图 1-8 所示是常见的电子元件较多的电路图。

### 3. 电路图常见表达方法

在绘制电子工程设计图时，经常会用到同一器件的不同表示方法，下面介绍电子工程制图中经常用到的一些表达方法。

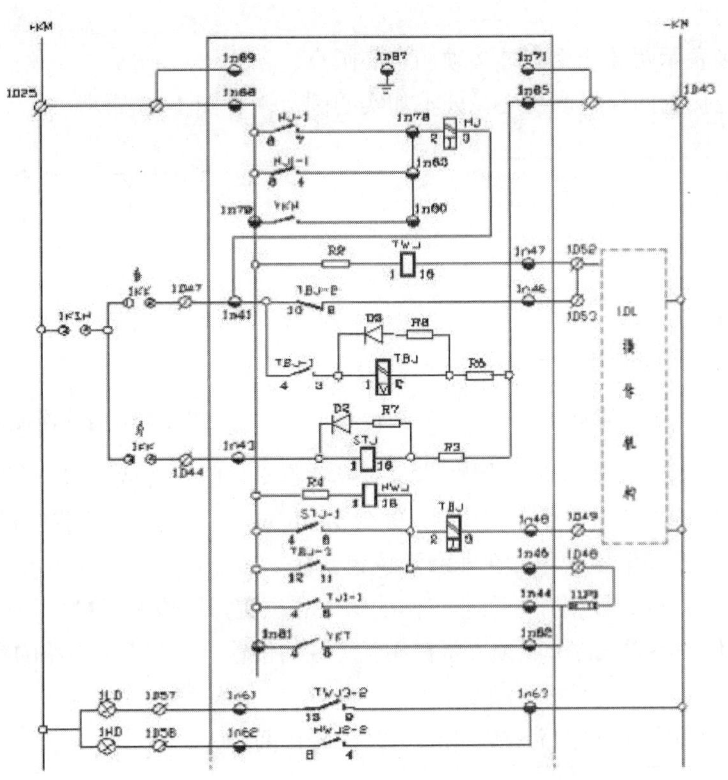

图 1-8　电子元件在电路图上的分布

1) 电路电源表示法

用图形符号表示电源，如图 1-9 所示。用线条表示电源，如图 1-10 所示。用电压值表示电源，如图 1-11 所示。

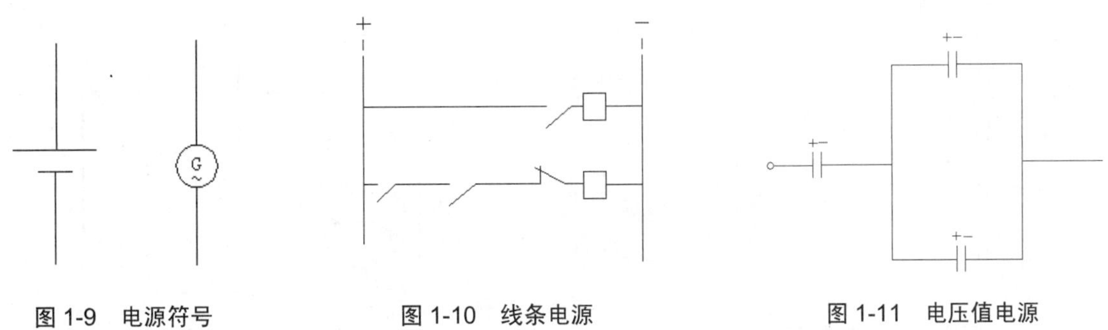


图 1-9　电源符号　　图 1-10　线条电源　　图 1-11　电压值电源

用符号表示电源。用单线表达时，直流符号为“-”，交流符号为“～”；在多线表达时，直流正、负极分别用符号“+”、“-”表示，三相交流相序符号用“$L_1$”、“$L_2$”和“$L_3$”表示，中性线符号用“N”表示等，如图 1-12 所示。

2) 导线连接形式表示法

导线连接有“T”形连接和“十”字形连接两种形式。“T”形连接可加实心圆点，也可不加实心圆点，如图 1-13 所示。

“十”字形连接表示两导线相交时必须加实心圆点。

表示交叉而不连接的两导线，在交叉处不加实心圆点，如图 1-13 所示。

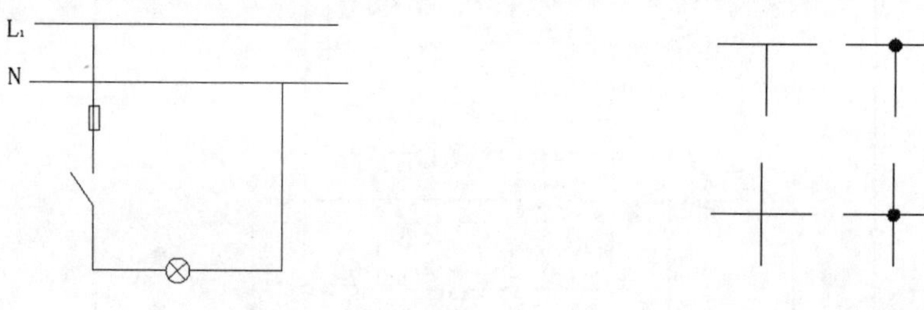


图 1-12　电灯电路

图 1-13　导线连接形式

元器件和设备的可动部分通常应设置在非激活或者不工作的状态或位置。其具体位置设置如下。

(1) 开关：在断开位置。带零位的手动控制开关在零位位置，不带零的手动控制开关在图中规定位置。

(2) 继电器、接触器和电磁铁等：在非激活位置。

(3) 机械操作开关：例如行程开关在非工作的状态和位置，即没有机械力作用的位置。

(4) 多重开关器件的各组成部分必须表示在相互一致的位置上，而不管电路的实际工作状态如何。

3) 简化电路表示法

电路的简化可分为并联电路的简化及相同电路的简化两种。

(1) 并联电路的简化。

多个相同的支路并联时，可用标有公共连接符号的一个支路来表示，公共连接符号如图 1-14 所示。

符号的折弯方向与支路的连接情况应相符。因为简化而未绘制出来的各项目的代号，则应在对应的图形符号旁全部标注出来，公共连接符号旁加注并联支路的总数，如图 1-15 所示。

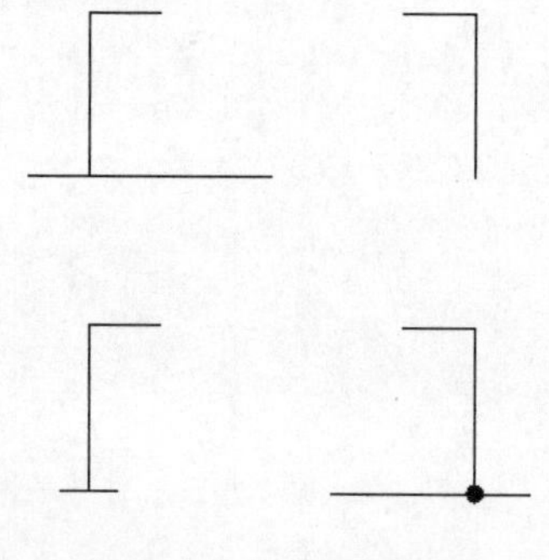

图 1-14　公共连接符号

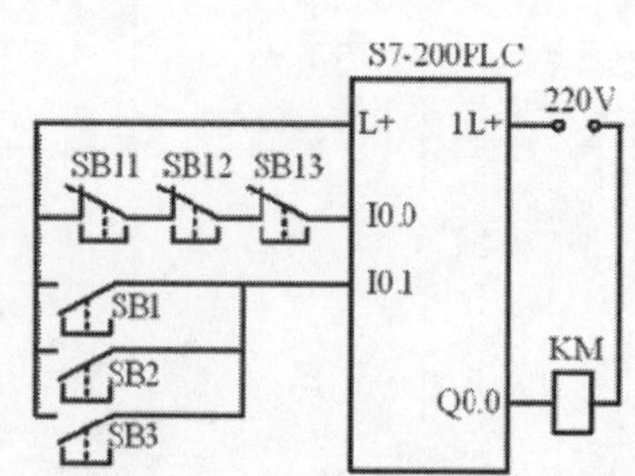


图 1-15　电路简化

(2) 相同电路的简化。

对重复出现的电路，只需要详细地绘制出其中的一个，并加画围框表示范围即可。相同的电路应绘制出空白的围框，并在框内注明必要的文字注释，如图 1-16 所示。

### 4. 元器件技术数据表示方法

技术数据(如元器件型号、规格和额定值等)不但可以直接标在图形符号的附近(必要时应放在项目代号的下方)，也可标注在继电器线圈、仪表及集成块等的方框符号或简化外形符号内。此外，技术数据也可以用表格的形式给出。元件目录表应按图上该元件的代号、名称、信号以及技术数据等逐项填写。

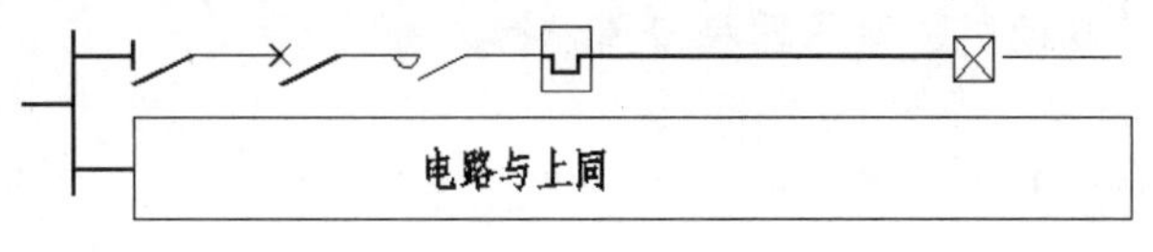


图 1-16　简化电路

## 1.2.3　常用电子符号的构成与分类

行业知识链接：电子符号很多，电气元件符号是最基本的符号，在电气绘图当中经常用到。如图 1-17 所示是常见的电气符号。

图 1-17　常见的电气符号

常用电子符号的构成与分类如下。

### 1. 电子工程图中常见的电路符号

在电路设计中，常见电子器件的图形符号及文字符号如图 1-18 所示。

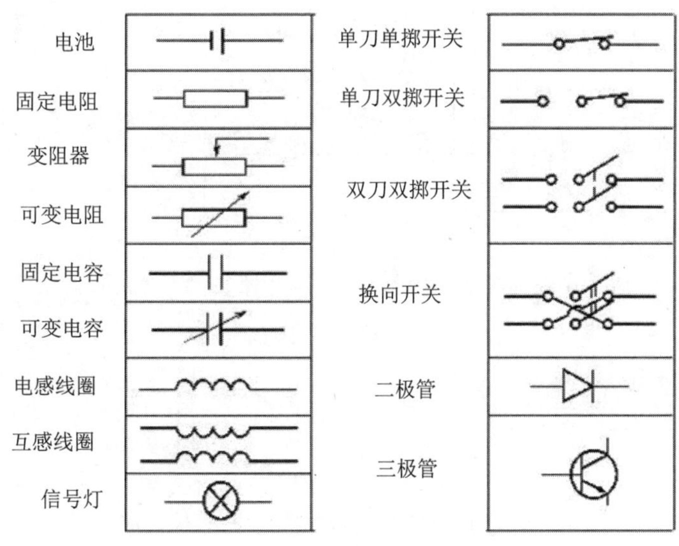


图 1-18　常见的电子器件

### 2. 电子符号分类

根据 GB 4728—1985《电气图用图形符号》的规定，电子元器件大致可分为以下几类。

1) 无源元件

例如，电容、电阻、电感器、铁氧体磁芯、磁存储器矩阵、压电晶体、驻极体和延迟线等。

2) 半导体管和电子管

例如，二极管、二极管、晶体闸流管、电子管和辐射探测器件等。

3) 电能的发生和转换

例如，绕组、发电机、发动机、变压器和变流器等。

4) 开关、控制和保护装置

例如，触点、开关、热敏开关、接触开关、开关装置和控制装置、启动器、有或无继电器、测量继电器、熔断器、间隙和避雷器等。

## 第 3 课 2课时 电气工程图的特点与设计规范

电气工程图主要用来描述电气设备或系统的工作原理，其应用非常广泛，几乎遍布于工业生产和日常生活的各个环节。在国家颁布的工程制图标准中，对电气工程图的制图规则作了详细的规定，本节主要介绍电气工程图中的基本概念、分类、绘制原则及注意事项等。

**行业知识链接：**电气工程图由电气元件盒线路组成，有机地组合可以实现特定的功能，如图 1-19 所示是一个开关支路。

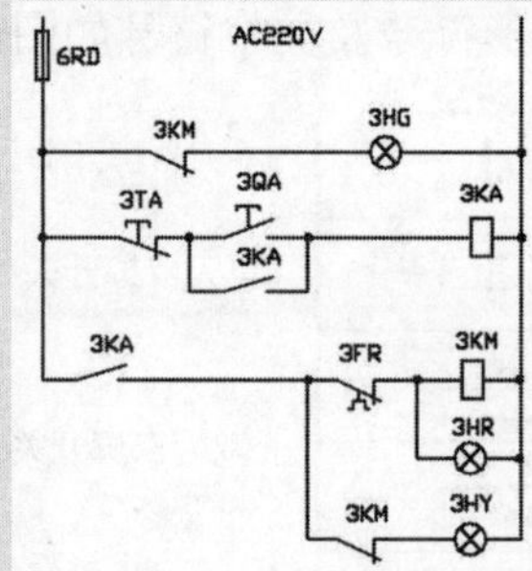


图 1-19　开关支路

### 1. 电气工程图的特点

电气工程图的特点如下。

1) 图幅尺寸

电气图纸的幅面一般分为 0～5 号共 6 种。各种图纸一般不加宽，只是在必要时可以按照 L/8 的倍数适当加长。常见的是 2 号加长图，规格为 420×891，0 号图纸一般不加长。

2) 图标

图标相当于电气设备的铭牌。图标一般放在图纸的右下角，主要内容包括：图纸的名称、比例、设计单位、制图人、设计人、校审人、审定人、电气负责人、工程负责人和完成日期等。

3) 图线

图线就是在图纸中使用的各种线条，根据不同的用途可分为以下 8 种。

(1) 粗实线：建筑图的立面线、平面图与剖面图的截面轮廓线、图框线等。

(2) 中实线：电气施工图的干线、支线、电缆线及架空线等。

(3) 细实线：电气施工图的底图线。建筑平面图要用细实线，以便突出用中实线绘制的电气线路。

(4) 粗点划线：通常在平面图中大型构件的轴线等处使用。

(5) 点划线：用于轴线、中心线等，如电气设备安装大样图的中心线。

(6) 粗虚线：适用于地下管道。

(7) 虚线：适用于不可见的轮廓线。

(8) 折断线：用在被断开部分的边界线。

此外，电气专业常用的线还有电话线、接地母线、电视天线和避雷线等特殊形式。

4) 尺寸标注

工程图纸上标注的尺寸通常采用毫米(mm)为单位，只有总平面图或特大设备用米(m)作单位，电气图纸一般不标注单位。

5) 比例和方位标志

电气施工图常用的比例有 1∶200、1∶100、1∶60 和 1∶50 等；大样图的比例可以用 1∶20、1∶10 或 1∶5；外线工程图常用小比例，在做概、预算统计工程量时就需要用到这个比例。图纸中的方位按照国际惯例通常是上北下南，左西右东。有时为了使图面布局更加合理，也有可能采用其他方位，但必须标明指北针。

6) 标高

建筑图纸中的标高通常是相对标高：一般将±0.00 设定在建筑物首层室内地坪，往上为正值，往下为负值。电气图纸中设备的安装标高是以各层地面为基准的，例如照明配电箱的安装高度暗装 1.4 m、明装 1.2 m，都是以各层地面为准的；室外电气安装工程常用绝对标高，这是以青岛市外海平面为零点而确定的高度尺寸，又称海拔高度。例如，山东某室外电力变压器台面绝对标高是 48m。

7) 图例

为了简化作图，国家有关标准和一些设计单位有针对性地对常见的材料构件、施工方法等规定了一些固定画法式样，有的还附有文字符号标注。要看懂电气安装施工图，就要明白图中这些符号的含义。电气图纸中的图例如果是由国家统一规定的则称为国标符号，由有关部委颁布的电气符号称为部协符号。另外一些大的设计院还有其内部的补充规定，即所谓院标，或称之为习惯标注符号。

电气符号的种类很多，例如与电气设计有关的强电、电讯、高压系统和低压系统等。国际上通用的图形符号标准是 IEC(国际电工委员会)标准。中国新的国家标准图形符号(GB)和 IEC 标准是一致的，国标序号为 GB 4728。这些通用的电气符号在施工图册内都有，因而电气施工图中就不再介绍其名称含义了。但如果电气设计图纸里采用了非标准符号，那么就应列出图例表。

8) 平面图定位轴线

凡是建筑物的承重墙、柱子、主梁及房架等都应设置轴线。纵轴编号是从左起用阿拉伯数字表示，而横轴则用大写英文字母自下而上标注。轴线间距是由建筑结构尺寸确定的。在电气平面图中，为了突出电气线路，通常只在外墙外面绘制出横竖轴线，建筑平面内的轴线不绘制。

9) 设备材料表

为了便于施工单位计算材料、采购电器设备、编制工程概(预)算及编制施工组织计划等，在电气工程图纸上要列出主要设备材料表。表内应列出全部电气设备材料的规格、型号、数量及有关的重要数据，要求与图纸一致，而且要按照序号编写。

10) 设计说明

电气图纸说明是用文字叙述的方式说明一个建筑工程(如建筑用途、结构形式、地面做法及建筑面积等)和电气设备安装有关的内容，主要包括电气设备的规格型号、工程特点、设计指导思想、使用的新材料、新工艺、新技术和对施工的要求等。

### 2. 电气工程图的分类

电气设备安装工程是建筑工程的有机组成部分，根据建筑物功能的不同，电气设计内容有所不同。电气设备安装工程通常可以分为内线工程和外线工程两大部分。

内线工程包括：照明系统图、动力系统图、电话工程系统图、共用天线电视系统图、防雷系统图、消防系统图、防盗保安系统图、广播系统图、变配电系统图和空调配电系统图等。外线工程包括：架空线路图、电缆线路图和室外电源配电线路图等。

具体到电气设备安装施工，按其表现内容不同可分为以下几个类型。

1) 配电系统图

配电系统图表示整体电力系统的配电关系或配电方案。在三相配电系统中，三相导线是一样的，系统图通常用单线条表示。从配电系统图中可以看出该工程配电的规模、各级控制关系、各级控制设备及保护设备的规格容量、各路负荷用电容量和导线规格等。

2) 平面图

平面图表示建筑各层的照明、动力及电话等电气设备的平面位置和线路走向，这是安装电器和敷设支路管线的依据。根据用电负荷的不同，平面图分为照明平面图、动力平面图、防雷平面图和电话平面图等。

3) 大样图

大样图表示电气安装工程中的局部做法明细图。例如聚光灯安装大样图、灯头盒安装大样图等。

4) 二次接线图

二次接线图表示电气仪表、互感器、继电器及其他控制回路的接线图。例如加工非标准配电箱就需要配电系统图和二次接线图。

此外，电气原理图、设备布置图、安装接线图和剖面图等是用在安装做法比较复杂或者是电气工程施工图册中没有标准图而特别需要表达清楚的地方。在工程中不一定会同时出现这 3 种图。

### 3. 绘制电气工程图的规则

绘制电气工程图时通常应遵循以下规则。

(1) 采用国家规定的统一文字符号标准来绘制，这些标准分别如下。

- GB 4728—1985《电气图用图形符号》。
- GB/T 6988.1—1997《电气技术用文件的编制》。
- GB 7159—87《电气技术中的文字符号制定通则》。

(2) 同一电气元件的各个部件可以不绘制在一起。

(3) 触点按没有外力或没有通电时的原始状态绘制。

(4) 按动作顺序依次排列。
(5) 必须给出导线的线号。
(6) 注意导线的颜色。
(7) 横边从左到右用阿拉伯数字分别编号。
(8) 竖边从上到下用英文字母区分。
(9) 分区代号用该区域的字母和数字表示，如D1、D3等。

### 4. 绘制电气工程图应注意的事项

1) 电气简图

简图是由图形符号、带注释的框(或简化的外形)和连接线等组成的，用来表示系统、设备中各组成部分之间的相互关系和连接关系。简图不具体反映元器件、部件及整件的实际结构和位置，而是从逻辑角度反映它们的内在联系。简图是电气产品极其重要的技术文件，在设计、生产、使用和维修的各个阶段被广泛地使用。

简图应布局合理、排列均匀、画面清晰、便于看图。图的引入线和引出线绘制在图纸边框附近。表示导线、信号线和连接线的图线应尽量减少交叉和弯折。电路或元件应按功能布置，并尽量按工作顺序从上到下、从左到右排列。

简图上采用的图形符号应遵循国家标准GB 4728—1985《电气图用图形符号》的规定，选取图形符号时要注意以下事项。

(1) 图形符号应按国标列出的符号形状和尺寸绘出，其含义仅与其形式有关，和大小、图线的宽度无关。

(2) 在同一张简图中只能选用一种图形形式。有些符号具有几种图形形式，“优选形”和“简化形”应优先被采用。

(3) 未给出的图形符号，应根据元器件、设备的功能，选取《电气图用图形符号》给定的符号要素、一般符号和限定符号，按其中规定的组合原则派生出来。

(4) 图形符号的方位一般取标准中示例的方向。为了避免折弯或交叉，在不改变符号含义的前提下，符号的方位可根据布置的需要作旋转或镜像放置，但文字和指示方向应保持不变。

图形符号一般绘制有引线，在不改变其符号含义的前提下，引线可取不同的方向。

但当引线取向改变时，符号含义就可能会改变，因此必须按规定方向绘制。如电阻器的引线方向变化后，则表示继电器线圈。

2) 电气原理图

电气原理图是表达电路工作的图纸，所以应该按照国家标准(简称国标)进行绘制。图纸的尺寸必须符合标准。图中需要用图形符号和文字符号绘制出全系统所有的电器元件，而不必绘制元件的外形和结构；同时，也不考虑电器元件的实际位置，而是依据电气绘图标准，依照展开图画法表示元器件之间的连接关系。

在电气原理图中，一般将电路分成主电路和辅助两部分绘制出来。主电路是控制电路中的强电流通过的部分，由电机等负载和其相连的电器元件(如刀开关、熔断器、热继电器的热元件和接触器的主触点等)组成。辅助电路中流过的电流较小，辅助电路中一般包括控制电路、信号电路、照明电路和保护电路等，一般由控制按钮、接触器和继电器的线圈及辅助触点等电器元件组成。

绘制电气原理图的规则如下。

(1) 所有的元件都按照国标的图形符号和文字符号表示。

(2) 主电路用粗实线绘制在图纸的左部或者上部，辅助电路用细实线绘制在图纸的右部或者下部。电路或者元件按照其功能布置，尽可能按照动作顺序、因果次序排列，布局遵守从左到右、从上到下的顺序排列。

(3) 同一个元件的不同部分，如接触器的线圈和触点，可以绘制在不同的位置，但必须使用同一文字符号表示。对于多个同类电器，可采用文字符号加序号表示，如K1、K2等。

(4) 所有电器的可动部分(如接触器触点和控制按钮)均按照没有通电或者无外力的状态下绘制。

(5) 尽量减少或避免线条交叉，元件的图形符号可以按照旋转 90°、180°或 45°绘制，各导线相连接时用实心圆点表示。

(6) 绘制要层次分明，各元件及其触点的安排要合理。在完成功能和性能的前提下，应尽量少用元件，以减少耗能。同时，要保证电路运行的可靠性、施工和维修的方便性。

3) 框图和系统图

框图是用线框、连线和字符构成的一种简图，用来概略表示系统或分系统的基本组成、功能及其主要特征。框图是对详细简图的概括，在技术交流以及产品的调试、使用和维修时可以提供参考资料。

系统图与框图原则上没有区别，但在实际应用中，通常系统图用于系统或成套装置，框图用于分系统或设备。

绘制框图除应遵循简图的一般原则外，还需注意以下规定。

(1) 线框。

在框图、系统图上，设备或系统的基本组成部分是用图形符号或带注释的线框组成的，常以方框为主，框内的注释可以采用文字符号、文字及其混合表达。

(2) 布局及流向。

框图的布局要求清晰、匀称，一目了然。绘图时应根据所绘对象的各组成部分的作用及相互联系的先后顺序，自左向右排成一行或数行，也可以自上而下排成一列或数列。起主干作用的部分位于框图的中心位置，而起辅助作用的部分则位于主干部分的两侧。框与框之间用实线连接，必要时应在连接线上用开口箭头表示过程或信息的流向。

(3) 其他注释。

框图上可根据需要加注各种形式的注释和说明，如标注信号名称、电平、频率、波形和去向等。

4) 接线图

电气接线图主要用于安装接线和线路维护，它通常与电气原理图、电器元件布置图一起使用。该图需标明各个项目的相对位置和代号、端子号、导线号与类型及截面面积等内容。图中的各个项目包括元器件、部件、组件和配套设备等，均采用简化图表示，但在其旁边需标注代号(和原理图中一致)。

在电气接线图的绘制中需要注意以下几个方面。

(1) 各元件的位置和实际位置一致，并按照比例进行绘制。

(2) 同一元件的所有部件需绘制在一起(如接触器的线圈和触点)，并且用点划线图框框在一起，当多个元件框在一起时表示这些元件在同一个面板中。

(3) 各元件代号及接线端子序号等须与原理图一致。

(4) 安装板引出线使用接线端子板。

(5) 走向相同的相邻导线可绘制成一股线。

# 第4课 2课时 AutoCAD 2016 软件基础

## 1.4.1 视图显示

**行业知识链接：**AutoCAD 是有专门的一个工具栏来进行图形视图操作的，如图 1-20 所示是【视图】工具栏。

图 1-20 【视图】工具栏

与其他图形图像软件一样，使用 AutoCAD 绘制图形时，也可以自由地控制视图的显示比例，例如需要对图形进行细微观察时，可适当放大视图比例以显示图形中的细节部分；而需要观察全部图形时，则可适当缩小视图比例显示图形的全貌。

在绘制较大的图形，或者放大了视图显示比例时，还可以随意移动视图的位置，以显示要查看的部位。本节将对如何进行视图控制作详细的介绍。

### 1. 平移视图

在编辑图形对象时，如果当前视口不能显示全部图形，可以适当平移视图，以显示被隐藏部分的图形。执行平移操作不会改变图形中对象的位置和视图比例，它只改变当前视图中显示的内容。下面对具体操作进行介绍。

1) 实时平移视图

需要实时平移视图时，可以在菜单栏中选择【视图】|【平移】|【实时】菜单命令；也可以调出【标准】工具栏，单击【实时平移】按钮；也可以在【视图】选项卡的【导航】工具栏中单击【平移】按钮；或在命令行中输入 PAN 命令后按下 Enter 键，当十字光标变为手形标志后，再按住鼠标左键进行拖动，以显示要查看的区域，图形显示将随光标向同一方向移动，如图 1-21 和图 1-22 所示。

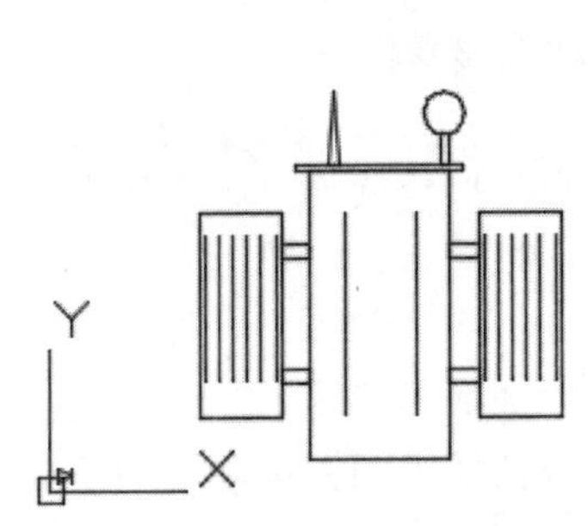


图 1-21 实时平移前的变压器视图

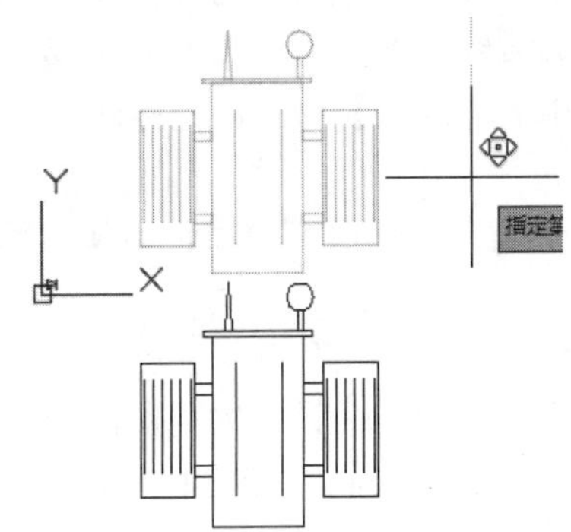


图 1-22 实时平移后的变压器视图

当释放鼠标按键之后将停止平移操作。如果要结束平移视图的任务，可按 Esc 键或按 Enter 键，或者右击执行快捷菜单中的【退出】命令，光标即可恢复至原来的状态。

**提示：** 用户也可以在绘图区的任意位置右击，然后从弹出的快捷菜单中选择【平移】命令。

2) 定点平移视图

需要通过指定点平移视图时，可以在菜单栏中选择【视图】|【平移】|【点】菜单命令，当十字光标中间的正方形消失之后，在绘图区中单击鼠标可指定平移基点位置，再次单击鼠标可指定第二点的位置，即刚才指定的变更点移动后的位置，此时 AutoCAD 将会计算出从第一点至第二点的位移，如图 1-23 和图 1-24 所示。

另外，在菜单栏中选择【视图】|【平移】|【左】或【右】或【上】或【下】菜单命令，可使视图向左(或向右或向上或向下)移动固定的距离。

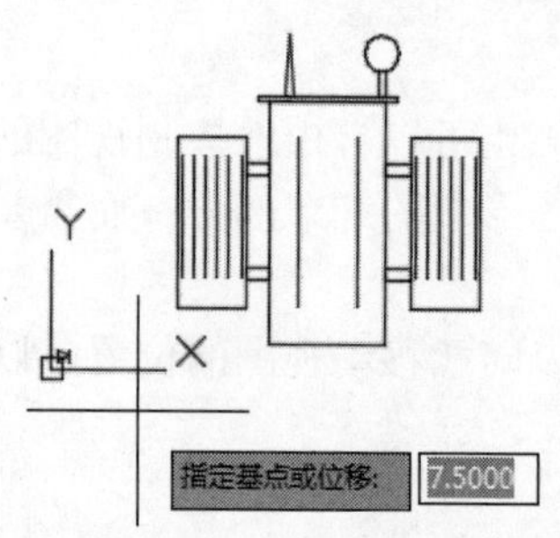


图 1-23　指定定点平移基点位置

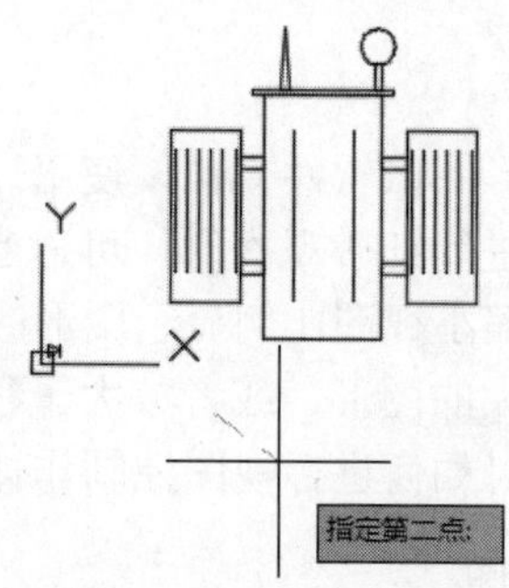


图 1-24　定点平移视图

2. 缩放视图

在绘图时，有时需要放大或缩小视图的显示比例。对视图进行缩放不会改变对象的绝对大小，改变的只是视图的显示比例。下面具体介绍。

1) 实时缩放视图

实时缩放视图是指向上或向下移动鼠标对视图进行动态的缩放。在菜单栏中选择【视图】|【缩放】|【实时】菜单命令，或在【标准】工具栏中单击【实时缩放】按钮，或在【视图】选项卡的【导航】工具栏中单击【实时】按钮，当十字光标变成放大镜标志之后，按住鼠标左键垂直进行拖动，即可放大或缩小视图，如图 1-25 所示。当缩放到适合的尺寸后，按 Esc 或 Enter 键，或者右击选择快捷菜单中的【退出】命令，光标即可恢复至原来的状态，结束该操作。

**提示：** 用户也可以在绘图区的任意位置右击，然后从弹出的快捷菜单中选择【缩放】命令。

2) 上一个

当需要恢复到上一个设置的视图比例和位置时，在菜单栏中选择【视图】|【缩放】|【上一步】菜单命令，或在【标准】工具栏中单击【缩放上一个】按钮，或在【视图】选项卡的【导航】工具栏中单击【实时】按钮，但它不能恢复到以前编辑图形的内容。

3) 窗口缩放视图

当需要查看特定区域的图形时，可采用窗口缩放的方式，在菜单栏中选择【视图】|【缩放】|

【窗口】菜单命令，或在【标准】工具栏中单击【窗口缩放】按钮，或在【视图】选项卡的【导航】工具栏中单击【窗口】按钮，用鼠标在图形中圈定要查看的区域，释放鼠标后在整个绘图区就会显示要查看的内容，如图 1-26 所示。

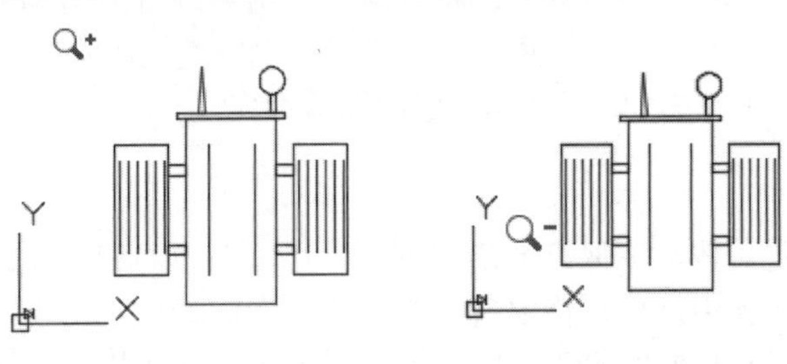


图 1-25　实时缩放前后的视图

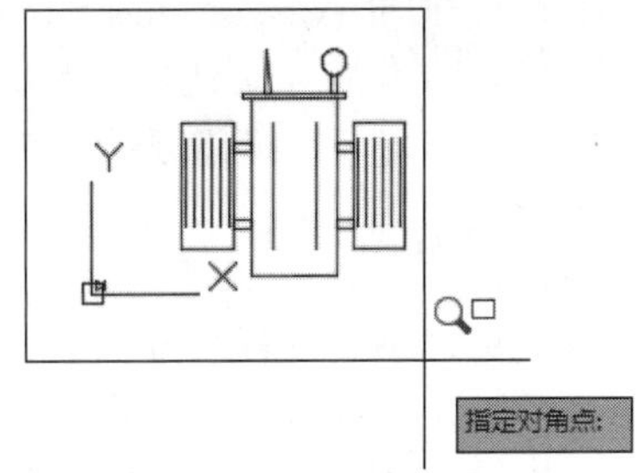


图 1-26　采用窗口缩放视图

**提示：**当采用窗口缩放方式时，指定缩放区域的形状不需要严格符合新视图，但新视图必须符合视口的形状。

4) 动态缩放视图

进行动态缩放，在菜单栏中选择【视图】|【缩放】|【动态】菜单命令，这时绘图区将出现颜色不同的线框，蓝色的虚线框表示图纸的范围，即图形实际占用的区域，黑色的实线框为选取视图框，在未执行缩放操作前，中间有一个×型符号，在其中按住鼠标左键进行拖动，视图框右侧会出现一个箭头。用户可根据需要调整该框，至合适的位置后单击鼠标，重新出现×型符号后按 Enter 键，则绘图区只显示视图框的内容。

5) 比例缩放视图

在菜单栏中选择【视图】|【缩放】|【比例】菜单命令，表示以指定的比例缩放视图显示。当输入具体的数值时，图形就会按照该数值实现绝对缩放；当在比例系数后面加“X”时，图形将实现相对缩放；若在数值后面添加“XP”，则图形会相对于图纸空间进行缩放。

6) 中心点缩放视图

在菜单栏中选择【视图】|【缩放】|【圆心】菜单命令，可以将图形中的指定点移动到绘图区的中心。

7) 对象缩放视图

在菜单栏中选择【视图】|【缩放】|【对象】菜单命令，可以尽可能大地显示一个或多个选定的对象并使其位于绘图区域的中心。

8) 放大、缩小视图

在菜单栏中选择【视图】|【缩放】|【放大】(【缩小】)菜单命令，可以将视图放大或缩小一定的比例。

9) 全部缩放视图

在菜单栏中选择【视图】|【缩放】|【全部】菜单命令，可以显示栅格区域界限，图形栅格界限将填充当前视口或图形区域，若栅格外有对象，也将显示这些对象。

10) 范围缩放视图

在菜单栏中选择【视图】|【缩放】|【范围】菜单命令，将尽可能放大显示当前绘图区的所有对

象，并且仍在当前视口或当前图形区域中全部显示这些对象。

另外，需要缩放视图时还可以在命令行中输入 zoom 命令后按下 Enter 键，则命令行窗口提示如下。

```
命令:zoom
指定窗口的角点,输入比例因子(nX 或 nXP),或者[全部(A)/中心(C)/动态(D)/范围(E)/上一个(P)/比例(S)/窗口(W)/对象(O)] <实时>:
```

用户按照提示选择需要的命令进行输入后按 Enter 键，则可完成需要的缩放操作。

### 3. 命名视图

按一定比例、位置和方向显示的图形称为视图。按名称保存特定视图后，可以在布局和打印或者需要参考特定的细节时恢复它们。在每一个图形任务中，可以恢复每个视口中显示的最后一个视图，最多可恢复前 10 个视图。命名视图随图形一起保存并可以随时使用。 在构造布局时，可以将命名视图恢复到布局的视口中。下面具体介绍保存、恢复、删除命名视图的步骤。

1) 保存命名视图

在菜单栏中选择【视图】|【命名视图】菜单命令，或者调出【视图】工具栏，在其中单击【命名视图】按钮，打开【视图管理器】对话框，如图 1-27 所示。

在【视图管理器】对话框中单击【新建】按钮，打开如图 1-28 所示的【新建视图/快照特性】对话框。在该对话框中为该视图命名称，输入视图类别(可选)。

选择以下选项之一来定义视图区域。

- 【当前显示】：包括当前可见的所有图形。
- 【定义窗口】：保存部分当前显示。使用定点设备指定视图的对角点时，该对话框将关闭。单击【定义视图窗口】按钮，可以重定义该窗口。

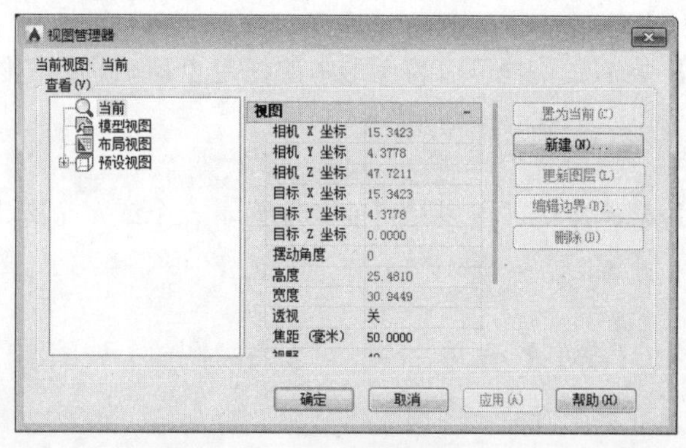


图 1-27 【视图管理器】对话框

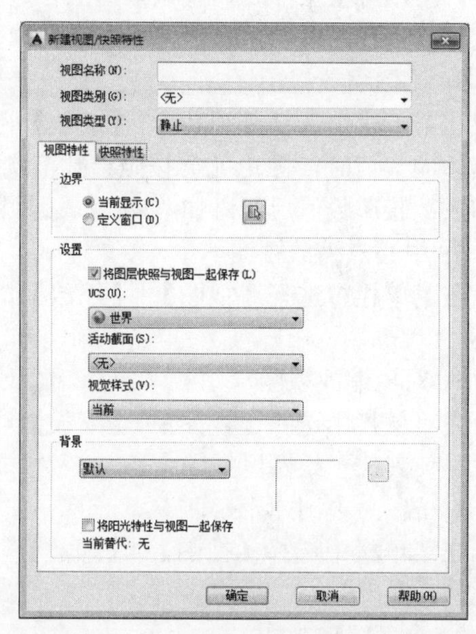


图 1-28 【新建视图/快照特性】对话框

单击【确定】按钮，保存新视图并返回到【视图管理器】对话框，再单击【确定】按钮。

2) 恢复命名视图

在菜单栏中选择【视图】|【命名视图】菜单命令，打开保存过的【视图管理器】对话框，如

图 1-29 所示。

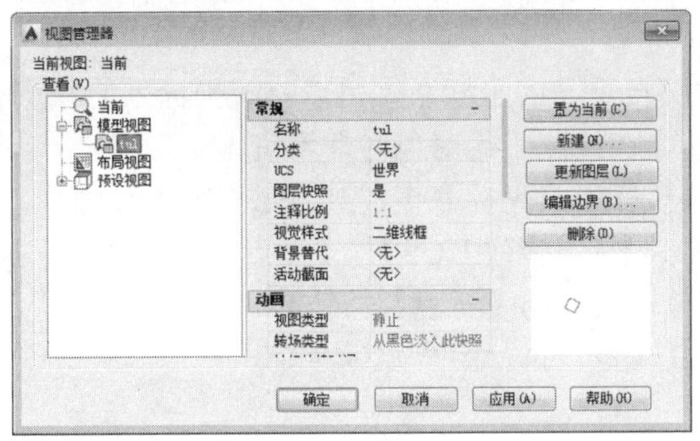


图 1-29　保存过的【视图管理器】对话框

在【视图管理器】对话框中，选择想要恢复的视图(如选择视图 tul)后，单击【置为当前】按钮。

单击【确定】按钮恢复视图并退出所有对话框。

3) 删除命名视图

在菜单栏中选择【视图】|【命名视图】菜单命令，打开保存过的【视图管理器】对话框。

在【视图管理器】对话框中选择想要删除的视图后，单击【删除】按钮。

单击【确定】按钮删除视图并退出所有对话框。

## 1.4.2　坐标系和动态坐标系

**行业知识链接：**草图坐标系是绘制草图时的定位关键，没有坐标系的功能是无法进行定位的，无论是平面坐标系还是三维坐标系，都是基于数学原理。如图 1-30 所示是变压器的草图平面坐标。

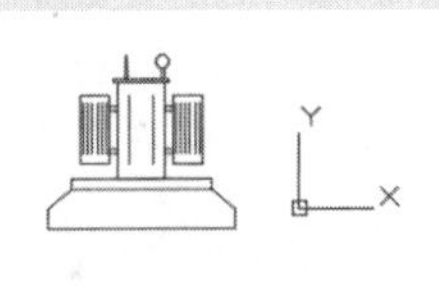


图 1-30　草图坐标

要在 AutoCAD 中准确、高效地绘制图形，必须充分利用坐标系并掌握各坐标系的概念以及输入方法。它是确定对象位置的最基本的手段。

### 1. 坐标系统

AutoCAD 中的坐标系按定制对象的不同，可分为世界坐标系(WCS)和用户坐标系(UCS)。

1) 世界坐标系(WCS)

根据笛卡儿坐标系的习惯，沿 X 轴正方向向右为水平距离增加的方向，沿 Y 轴正方向向上为竖直距离增加的方向，垂直于 XY 平面，沿 Z 轴正方向从所视方向向外为距离增加的方向。这一套坐标轴确定了世界坐标系，简称 WCS。该坐标系的特点是：它总是存在于一个设计图形之中，并且不可更改。

2) 用户坐标系(UCS)

相对于世界坐标系 WCS，可以创建无限多的坐标系，这些坐标系通常称为用户坐标系(UCS)，并且可以通过调用 UCS 命令去创建用户坐标系。尽管世界坐标系 WCS 是固定不变的，但可以从任意角度、任意方向来观察或旋转世界坐标系 WCS，而不用改变其他坐标系。AutoCAD 提供的坐标系图标，可以在同一图纸不同坐标系中保持同样的视觉效果。这种图标将通过指定 X、Y 轴的正方向来显示当前 UCS 的方位。

用户坐标系(UCS)是一种可自定义的坐标系，可以修改坐标系的原点和轴方向，即 X、Y、Z 轴以及原点方向都可以移动和旋转，在绘制三维对象时非常有用。

调用用户坐标系首先需要执行用户坐标命令，其方法有如下几种。

- 在菜单栏中选择【工具】|【新建 UCS】|【三点】菜单命令，执行用户坐标命令。
- 调出 UCS 工具栏，单击其中的【三点】按钮，执行用户坐标命令。
- 在命令行中输入 UCS 命令，执行用户坐标命令。

### 2. 坐标的表示方法

在使用 AutoCAD 进行绘图过程中，绘图区中的任何一个图形都有自己的坐标位置。当用户在绘图过程中需要指定点位置时，便需使用指定点的坐标位置来确定点，从而精确、有效地完成绘图。

常用的坐标表示方法有：绝对直角坐标、相对直角坐标、绝对极坐标和相对极坐标。

1) 绝对直角坐标

以坐标原点(0,0,0)为基点定位所有的点。用户可以通过输入(X,Y,Z)坐标的方式来定义一个点的位置。

如图 1-31 所示，O 点的绝对坐标为(0,0,0)，A 点的绝对坐标为(4,4,0)，B 点的绝对坐标为(12,4,0)，C 点的绝对坐标为(12,12,0)。

如果 Z 方向坐标为 0，则可省略，则 A 点的绝对坐标为(4,4)，B 点的绝对坐标为(12,4)，C 点的绝对坐标为(12,12)。

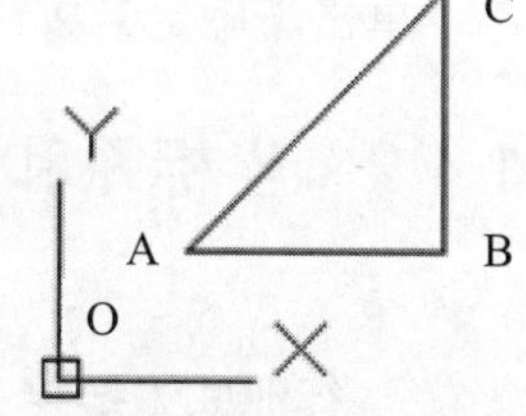


图 1-31 绝对直角坐标

2) 相对直角坐标

相对直角坐标是以某点相对于另一特定点的相对位置定义一个点的位置。相对特定坐标点(X,Y,Z)增量为(ΔX,ΔY,ΔZ)的坐标点的输入格式为@ΔX，ΔY，ΔZ。“@”字符的使用相当于输入一个相对坐标值“@0,0”或极坐标“@0<任意角度”，它指定与前一个点的偏移量为 0。

在图 1-31 中，O 点的绝对坐标为(0,0,0)，A 点相对于 O 点的相对坐标为“@4,4”，B 点相对于 O 点的相对坐标为“@12,4”，B 点相对于 A 点的相对坐标为“@8,0”，C 点相对于 O 点的相对坐标为“@12,12”，C 点相对于 A 点的相对坐标为“@8,8”，C 点相对于 B 点的相对坐标为“@0,8”。

3) 绝对极坐标

以坐标原点(0,0,0)为极点定位所有的点，通过输入相对于极点的距离和角度的方式来定义一个点的位置。AutoCAD 的默认角度正方向是逆时针方向。起始 0 为 X 正向，用户输入极线距离再加一个角度即可指明一个点的位置。其使用的格式为“距离<角度”。如要指定相对于原点距离为 100、角度为 45°的点，输入“100<45”即可。

其中，角度按逆时针方向增大，按顺时针方向减小。如果要向顺时针方向移动，应输入负的角度值，如输入 10<-70 等价于输入 10<290。

4) 相对极坐标

以某一特定点为参考极点，输入相对于极点的距离和角度来定义一个点的位置。其使用的格式为“@距离<角度”。如要指定相对于前一点距离为 60、角度为 45°的点，输入“@60<45”即可。在绘图中，多种坐标输入方式配合使用会使绘图更灵活，再配合目标捕捉、夹点编辑等方式，则使绘

图更快捷。

### 3. 动态输入

如果需要在绘图提示中输入坐标值，而不在命令行中输入，这时可以通过动态输入功能来实现。动态输入功能对于习惯在绘图提示中进行数据信息输入的人来说，可以大大提高绘图工作效率。

1) 打开或关闭动态输入

启用“动态输入”绘图时，工具提示将在光标附近显示信息，该信息将随着光标的移动而动态更新。当某个命令处于活动状态时，可以在工具提示中输入值，动态输入不会取代命令窗口。打开和关闭“动态输入”可以单击状态栏上的【动态输入】按钮，进行切换。按住F12键可以临时将其关闭。

2) 设置动态输入

在状态栏的【动态输入】按钮上右击，然后从弹出的快捷菜单中选择【动态输入设置】命令，打开【草图设置】对话框，切换到【动态输入】选项卡，如图1-32所示。选中【启用指针输入】和【可能时启用标注输入】复选框。

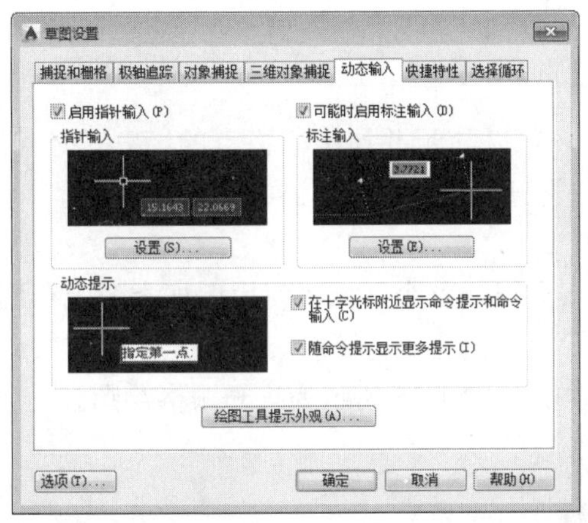


图1-32 【草图设置】对话框【动态输入】选项卡

当设置了动态输入功能后，在绘制图形时，便可在动态输入框中输入图形的尺寸等，从而方便用户的操作。

3) 在动态输入工具提示中输入坐标值的方法

在状态栏上，确定【动态输入】按钮处于启用状态。

可以使用下列方法输入坐标值或选择选项。

- 若需要输入极坐标，则输入距第一点的距离并按下Tab键，然后输入角度值并按下Enter键。
- 若需要输入笛卡儿坐标，则输入X坐标值和逗号(,)，然后输入Y坐标值并按下Enter键。
- 如果提示后有一个下箭头，则按下箭头键，直到选项旁边出现一个点为止。再按下Enter键。

**提示：**按上箭头键可显示最近输入的坐标，也可以通过右击并从中选择【最近的输入】命令，从其快捷菜单中查看这些坐标或命令。对于标注输入，在输入字段中输入值并按Tab键后，该字段将显示一个锁定。

## 1.4.3 辅助工具

**行业知识链接：**使用 AutoCAD 的辅助工具可以快速绘图，也可以实现不同的绘图功能，如图 1-33 所示是利用栅格和捕捉功能绘制的二极管。

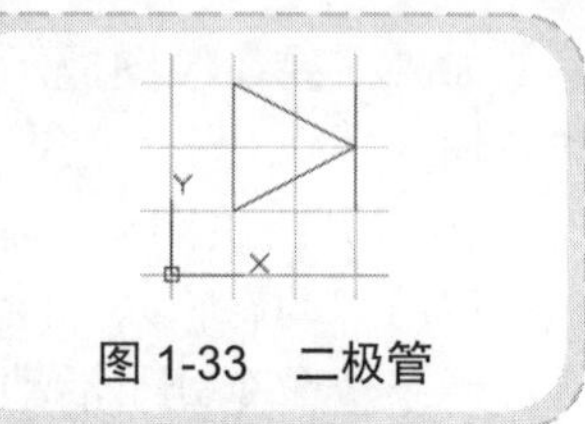


图 1-33 二极管

本节对设置捕捉和栅格、使用自动捕捉的方法和极轴跟踪的方法进行讲解。

**提示：**在绘图过程中，用户仍然可以根据需要对图形单位、线型、图层等内容进行重新设置，以免因设置不合理而影响绘图效率。

### 1. 栅格和捕捉

要提高绘图的速度和效率，可以显示并捕捉栅格点的矩阵，还可以控制其间距、角度和对齐。【捕捉模式】和【显示图形栅格】开关按钮位于主窗口底部的应用程序状态栏上，如图 1-34 所示。

1) 栅格和捕捉

栅格是点的矩阵，遍布图形界限的整个区域。使用栅格类似于在图形下放置一张坐标纸。利用栅格可以对齐对象并直观显示对象之间的距离。不打印栅格。如果放大或缩小图形，可能需要调整栅格间距，使其更适合新的放大比例。如图 1-35 所示为打开栅格绘图区的效果。

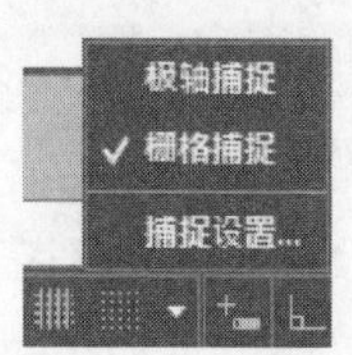


图 1-34 【捕捉模式】和【显示图形栅格】开关按钮

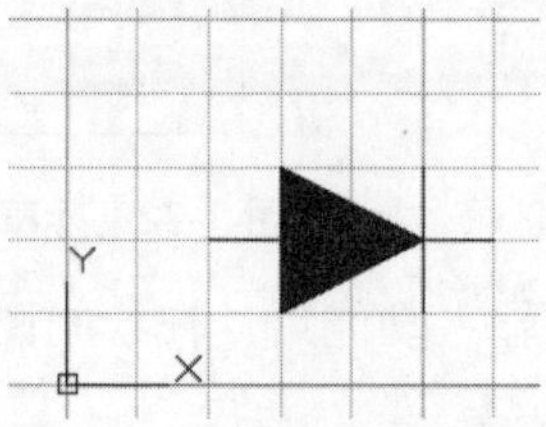

图 1-35 打开栅格绘图区的效果

捕捉模式用于限制十字光标，使其按照用户定义的间距移动。当捕捉模式打开时，光标似乎附着或捕捉到不可见的栅格。捕捉模式有助于使用箭头键或定点设备来精确地定位点。

2) 栅格和捕捉的应用

栅格显示和捕捉模式各自独立，但经常同时打开。

选择【工具】|【绘图设置】菜单命令，或者在命令行中输入 Dsettings，都会打开【草图设置】对话框，单击【捕捉和栅格】标签，切换到【捕捉和栅格】选项卡，可以对栅格捕捉属性进行设置，如图 1-36 所示。

下面详细介绍【捕捉和栅格】选项卡的设置。

(1) 【启用捕捉】复选框：用于打开或关闭捕捉模式。用户也可以通过单击状态栏上的【捕捉】按钮，或按 F9 键，或使用 SNAPMODE 系统变量，来打开或关闭捕捉模式。

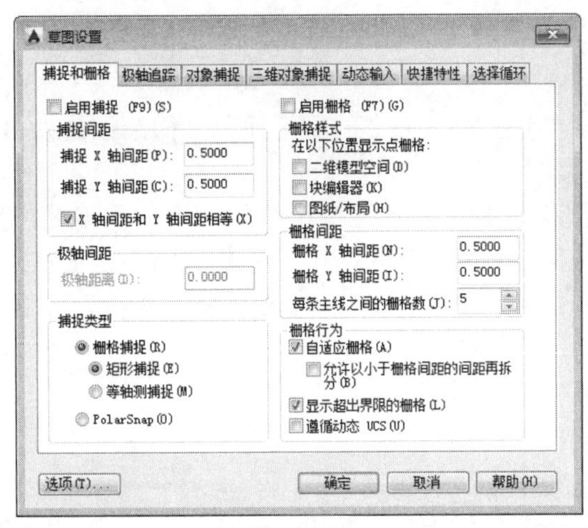


图 1-36 【草图设置】对话框中的【捕捉和栅格】选项卡

(2) 【捕捉间距】选项组：用于控制捕捉位置处的不可见矩形栅格，以限制光标仅在指定的 X 和 Y 间隔内移动。

- 【捕捉 X 轴间距】：指定 X 方向的捕捉间距。间距值必须为正实数。
- 【捕捉 Y 轴间距】：指定 Y 方向的捕捉间距。间距值必须为正实数。
- 【X 轴间距和 Y 轴间距相等】：为捕捉间距和栅格间距强制使用同一 X 和 Y 间距值。捕捉间距可以与栅格间距不同。

(3) 【极轴间距】选项组：用于控制极轴捕捉增量距离。

【极轴距离】：在选中【捕捉类型】选项组下的 PolarSnap 单选按钮时，设置捕捉增量距离。如果该值为 0，则极轴捕捉距离采用【捕捉 X 轴间距】的值。

**提示：**【极轴距离】的设置需与极坐标追踪或对象捕捉追踪结合使用。如果两个追踪功能都未选择，则【极轴距离】设置无效。

(4) 【捕捉类型】选项组：用于设置捕捉样式和捕捉类型。

- 【栅格捕捉】：设置栅格捕捉类型。如果指定点，光标将沿垂直或水平栅格点进行捕捉。
- 【矩形捕捉】：将捕捉样式设置为标准“矩形”捕捉模式。当捕捉类型设置为“栅格”并且打开“捕捉”模式时，光标将捕捉矩形捕捉栅格。
- 【等轴测捕捉】：将捕捉样式设置为“等轴测”捕捉模式。当捕捉类型设置为“栅格”并且打开“捕捉”模式时，光标将捕捉等轴测捕捉栅格。
- PolarSnap：将捕捉类型设置为“PolarSnap”。如果打开了“捕捉”模式并在极轴追踪打开的情况下指定点，光标将沿在【极轴追踪】选项卡上相对于极轴追踪起点设置的极轴对齐角度进行捕捉。

(5) 【启用栅格】复选框：用于打开或关闭栅格。我们也可以通过单击状态栏上的【栅格】按钮，或按 F7 键，或使用 GRIDMODE 系统变量，来打开或关闭栅格模式。

(6) 【栅格间距】选项组：用于控制栅格的显示，有助于形象化显示距离。注意：LIMITS 命令和 GRIDDISPLAY 系统变量控制栅格的界限。

- 【栅格 X 轴间距】：指定 X 方向上的栅格间距。如果该值为 0，则栅格采用【捕捉 X 轴间距】文本框中的值。
- 【栅格 Y 轴间距】：指定 Y 方向上的栅格间距。如果该值为 0，则栅格采用【捕捉 Y 轴间距】文本框中的值。
- 【每条主线之间的栅格数】：指定主栅格线相对于次栅格线的频率。VSCURRENT 设置为除二维线框之外的任何视觉样式时，将显示栅格线而不是栅格点。

(7) 【栅格行为】选项组：用于控制当 VSCURRENT 设置为除二维线框之外的任何视觉样式时，所显示栅格线的外观。

- 【自适应栅格】：栅格间距缩小时，限制栅格密度。
- 【允许以小于栅格间距的间距再拆分】：栅格间距放大时，生成更多间距更小的栅格线。主栅格线的频率确定这些栅格线的频率。
- 【显示超出界线的栅格】：用于显示超出 Limits 命令指定区域的栅格。
- 【遵循动态 UCS】：用于更改栅格平面以遵循动态 UCS 的 XY 平面。

3) 正交

正交是指在绘制线形图形对象时，线形对象的方向只能为水平或垂直，即当指定第一点时，第二点只能在第一点的水平方向或垂直方向。

### 2. 对象捕捉

当绘制精度要求非常高的图纸时，细小的差错也许会造成重大的失误，为尽可能提高绘图的精度，AutoCAD 提供了对象捕捉功能，这样可快速、准确地绘制图形。

使用对象捕捉功能可以迅速指定对象上的精确位置，而不必输入坐标值或绘制构造线。该功能可将指定点限制在现有对象的确切位置上，如中点或交点等，例如使用对象捕捉功能可以绘制到圆心或多段线中点的直线。

选择【工具】|【工具栏】| AutoCAD |【对象捕捉】菜单命令，如图 1-37 所示，打开【对象捕捉】工具栏，如图 1-38 所示。

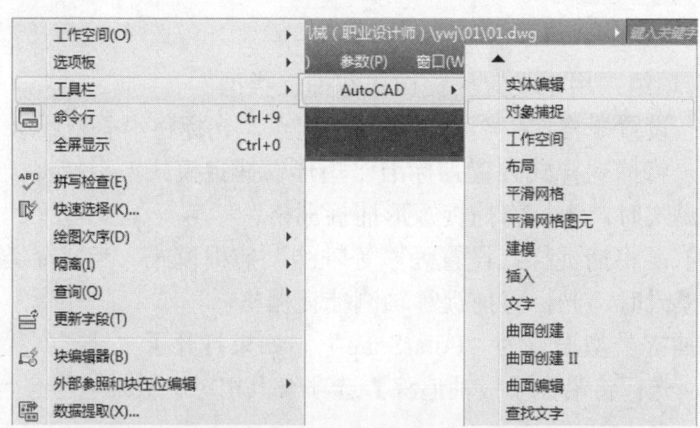


图 1-37 选择【对象捕捉】菜单命令

图 1-38 【对象捕捉】工具栏

对象捕捉名称和捕捉功能见表 1-2。

表 1-2　对象捕捉列表

| 图　标 | 命令缩写 | 对象捕捉名称 |
|---|---|---|
| | TT | 临时追踪点 |
| | FROM | 捕捉自 |
| | ENDP | 捕捉到端点 |
| | MID | 捕捉到中点 |
| | INT | 捕捉到交点 |
| | APPINT | 捕捉到外观交点 |
| | EXT | 捕捉到延长线 |
| | CEN | 捕捉到圆心 |
| | QUA | 捕捉到象限点 |
| | TAN | 捕捉到切点 |
| | PER | 捕捉到垂足 |
| | PAR | 捕捉到平行线 |
| | INS | 捕捉到插入点 |
| | NOD | 捕捉到节点 |
| | NEA | 捕捉到最近点 |
| | NON | 无捕捉 |
| | OSNAP | 对象捕捉设置 |

### 3. 使用对象捕捉

如果需要对对象捕捉属性进行设置，可选择【工具】|【草图设置】菜单命令，或者在命令行中输入 Dsettings，都会打开【草图设置】对话框，单击【对象捕捉】标签，切换到【对象捕捉】选项卡，如图 1-39 所示。

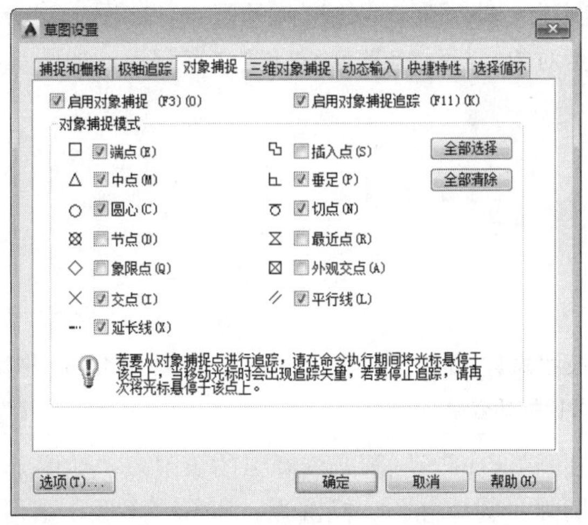


图 1-39　【草图设置】对话框中的【对象捕捉】选项卡

对象捕捉有以下两种方式。

(1) 如果在运行某个命令时设计对象捕捉，则当该命令结束时，捕捉也结束，这叫单点捕捉。这种捕捉形式一般是单击对象捕捉工具栏的相关命令按钮。

(2) 如果在运行绘图命令前设置捕捉，则该捕捉在绘图过程中一直有效，该捕捉形式在【草图设置】对话框的【对象捕捉】选项卡中进行设置。

下面将详细介绍有关【对象捕捉】选项卡的内容。

(1) 【启用对象捕捉】：打开或关闭对象捕捉。当对象捕捉打开时，在【对象捕捉模式】下选定的对象捕捉处于活动状态(OSMODE 系统变量)。

(2) 【启用对象捕捉追踪】：打开或关闭对象捕捉追踪。使用对象捕捉追踪，在命令中指定点时，光标可以沿基于其他对象捕捉点的对齐路径进行追踪。要使用对象捕捉追踪，必须打开一个或多个对象捕捉(AUTOSNAP 系统变量)。

(3) 【对象捕捉模式】选项组中列出了可以在执行对象捕捉时打开的对象捕捉模式。

- 【端点】：捕捉到圆弧、椭圆弧、直线、多线、多段线线段、样条曲线、面域或射线最近的端点，或捕捉宽线、实体或三维面域的最近角点，如图 1-40 所示。
- 【中点】：捕捉到圆弧、椭圆、椭圆弧、直线、多线、多段线线段、面域、实体、样条曲线或参照线的中点，如图 1-41 所示。

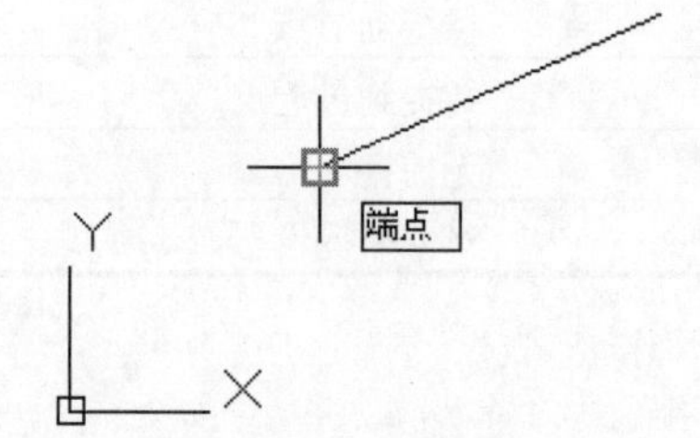


图 1-40 选择【对象捕捉模式】中的【端点】选项后捕捉的效果

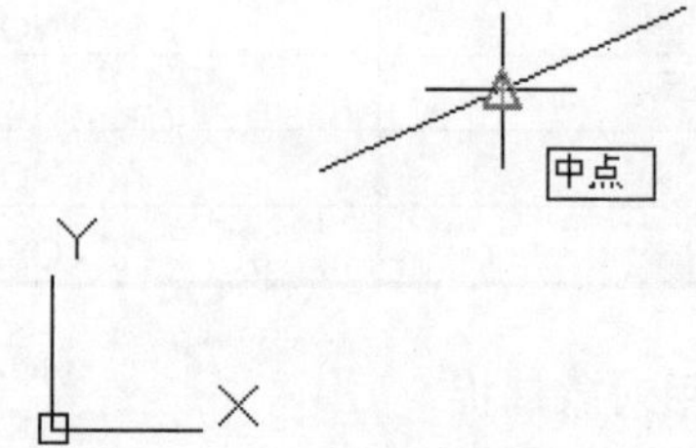


图 1-41 选择【对象捕捉模式】中的【中点】选项后捕捉的效果

- 【圆心】：捕捉到圆弧、圆、椭圆或椭圆弧的圆点，如图 1-42 所示。
- 【节点】：捕捉到点对象、标注定义点或标注文字起点，如图 1-43 所示。

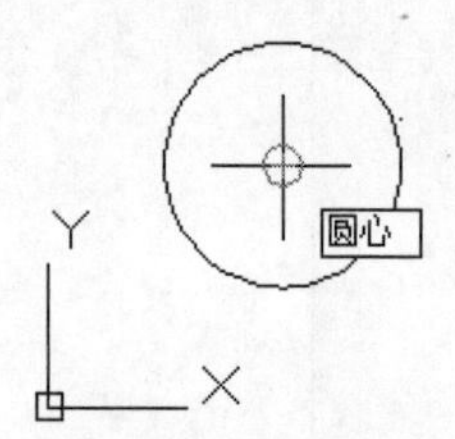


图 1-42 选择【对象捕捉模式】中的【圆心】选项后捕捉的效果

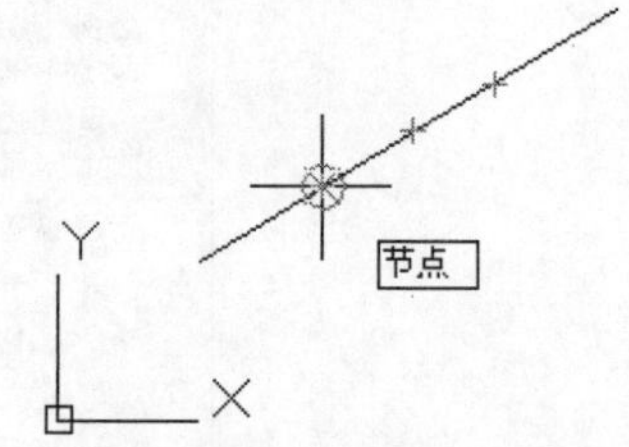


图 1-43 选择【对象捕捉模式】中的【节点】选项后捕捉的效果

- 【象限点】：捕捉到圆弧、圆、椭圆或椭圆弧的象限点，如图 1-44 所示。
- 【交点】：捕捉到圆弧、圆、椭圆、椭圆弧、直线、多线、多段线、射线、面域、样条曲线或参照线的交点。【延长线交点】不能用作执行对象捕捉模式。【交点】和【延长线交点】不能和三维实体的边或角点一起使用，如图 1-45 所示。

**提示**：如果同时打开【交点】和【外观交点】执行对象捕捉，可能会得到不同的结果。选择【延长线】选项后，当光标经过对象的端点时，显示临时延长线或圆弧，以使用户在延长线或圆弧上指定点。

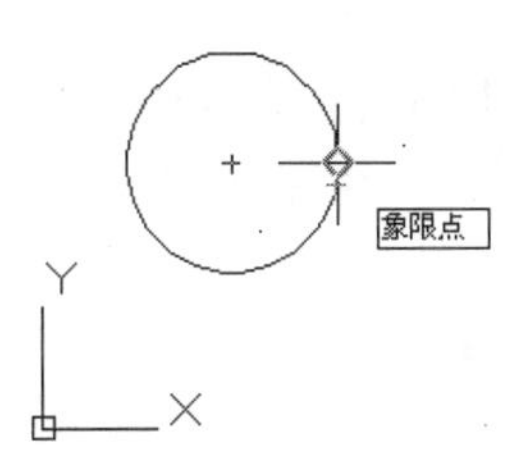


图 1-44　选择【对象捕捉模式】中的【象限点】选项后捕捉的效果

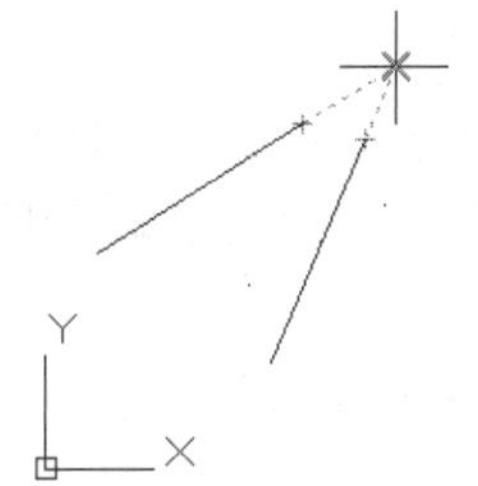


图 1-45　选择【对象捕捉模式】中的【交点】选项后捕捉的效果

- 【插入点】：捕捉到属性、块、形或文字的插入点。
- 【垂足】：捕捉圆弧、圆、椭圆、椭圆弧、直线、多线、多段线、射线、面域、实体、样条曲线或参照线的垂足。当正在绘制的对象需要捕捉多个垂足时，将自动打开“递延垂足”捕捉模式。可以用直线、圆弧、圆、多段线、射线、参照线、多线或三维实体的边作为绘制垂直线的基础对象。可以用递延垂足在这些对象之间绘制垂直线。当靶框经过递延垂足捕捉点时，将显示 AutoSnap 工具栏提示和标记，如图 1-46 所示。
- 【切点】：捕捉到圆弧、圆、椭圆、椭圆弧或样条曲线的切点。当正在绘制的对象需要捕捉多个垂足时，将自动打开“递延垂足”捕捉模式。例如，可以用递延切点来绘制与两条弧、两条多段线弧或两条圆相切的直线。当靶框经过递延切点捕捉点时，将显示标记和 AutoSnap 工具栏提示，如图 1-47 所示。

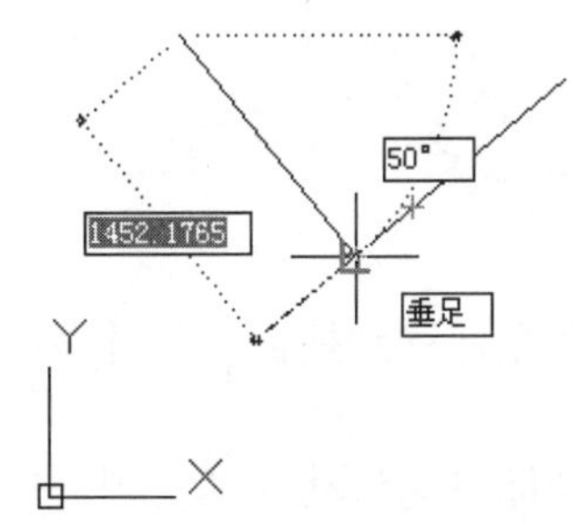


图 1-46　选择【对象捕捉模式】中的【垂足】选项后捕捉的效果

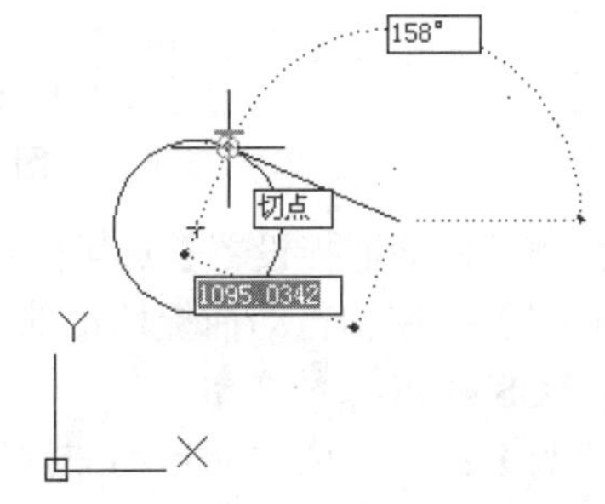


图 1-47　选择【对象捕捉模式】中的【切点】选项后捕捉的效果

- 【最近点】：捕捉到圆弧、圆、椭圆、椭圆弧、直线、多线、点、多段线、射线、样条曲线或参照线的最近点。
- 【外观交点】：捕捉到不在同一平面但是可能看起来在当前视图中相交的两个对象的外观交点。【延伸外观交点】不能用作执行对象捕捉模式。【外观交点】和【延伸外观交点】不能和三维实体的边或角点一起使用。

- 【平行线】：无论何时提示用户指定矢量的第二个点时，都要绘制与另一个对象平行的矢量。指定矢量的第一个点后，如果将光标移动到另一个对象的直线段上，即可获得第二个点。如果创建的对象的路径与这条直线段平行，将显示一条对齐路径，可用它创建平行对象。

(4) 【全部选择】按钮：打开所有对象捕捉模式。

(5) 【全部清除】按钮：关闭所有对象捕捉模式。

### 4. 自动捕捉

指定许多基本编辑选项。控制使用对象捕捉时显示的形象化辅助工具(称作自动捕捉)的相关设置。AutoSnap 设置保存在注册表中。 如果光标或靶框处在对象上，可以按 Tab 键遍历该对象的所有可用捕捉点。

### 5. 自动捕捉设置

如果需要对自动捕捉属性进行设置，则选择【工具】|【选项】菜单命令，打开如图 1-48 所示的【选项】对话框，单击【绘图】标签，切换到【绘图】选项卡。

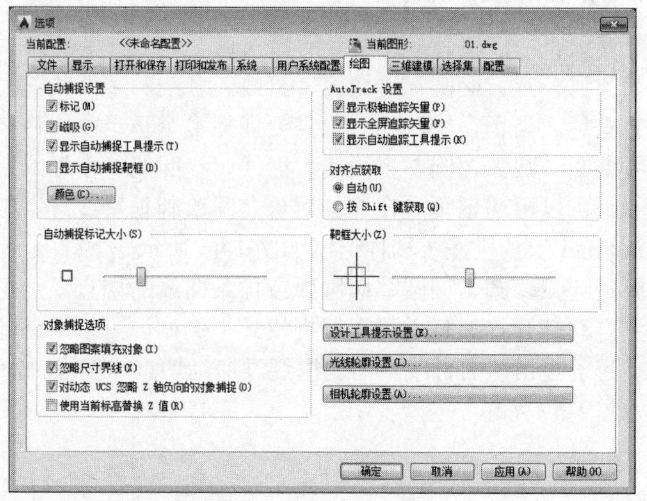

图 1-48 【绘图】选项卡

下面将介绍【自动捕捉设置】选项组中的内容。

- 【标记】：控制自动捕捉标记的显示。该标记是当十字光标移到捕捉点上时显示的几何符号(AUTOSNAP 系统变量)。
- 【磁吸】：打开或关闭自动捕捉磁吸。磁吸是指十字光标自动移动并锁定到最近的捕捉点上(AUTOSNAP 系统变量)。
- 【显示自动捕捉工具提示】：控制自动捕捉工具栏提示的显示。工具栏提示是一个标签，用来描述捕捉到的对象部分(AUTOSNAP 系统变量)。
- 【显示自动捕捉靶框】：控制自动捕捉靶框的显示。靶框是捕捉对象时出现在十字光标内部的方框(APBOX 系统变量)。
- 【颜色】：指定自动捕捉标记的颜色。单击【颜色】按钮后，打开【图形窗口颜色】对话框，在【界面元素】列表框中选择【二维自动捕捉标记】选项，在【颜色】下拉列表框中可以任意选择一种颜色，如图 1-49 所示。

### 6. 极轴追踪

控制自动追踪设置。创建或修改对象时，可以使用【极轴追踪】命令以显示由指定的极轴角度所定义的临时对齐路径。可以使用 PolarSnap 功能沿对齐路径按指定距离进行捕捉。

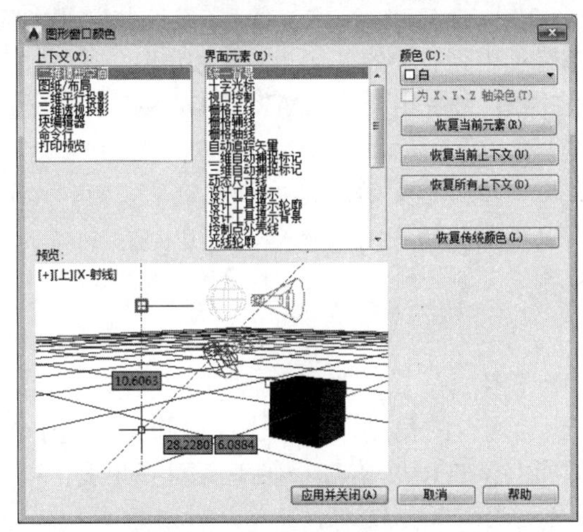

图 1-49 【图形窗口颜色】对话框

### 7. 使用极轴追踪

使用极轴追踪，光标将按指定角度进行移动。

例如，在图 1-50 中绘制一条从点 1 到点 2 的两个单位的直线，然后绘制一条到点 3 的两个单位的直线，并与第一条直线成 45 度角。如果打开了 45 度极轴角增量，当光标跨过 0 度或 45 度角时，将显示对齐路径和工具栏提示。当光标从该角度移开时，对齐路径和工具栏提示消失。

如果需要对极轴追踪属性进行设置，则可选择【工具】|【绘图设置】菜单命令，或者在命令行中输入 Dsettings，打开【草图设置】对话框，单击【极轴追踪】标签，切换到【极轴追踪】选项卡，如图 1-51 所示。

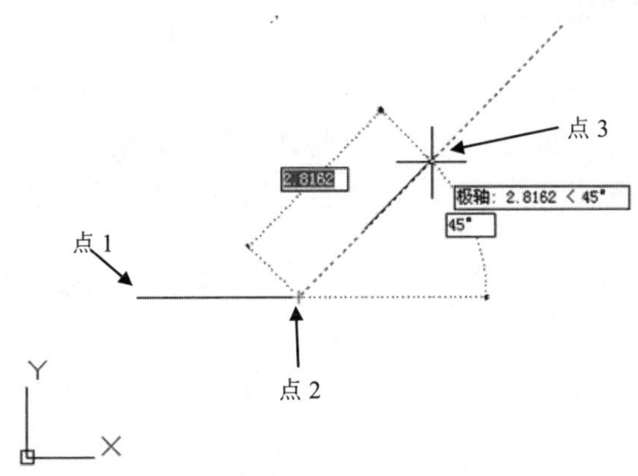


图 1-50 使用【极轴追踪】命令所示的图形

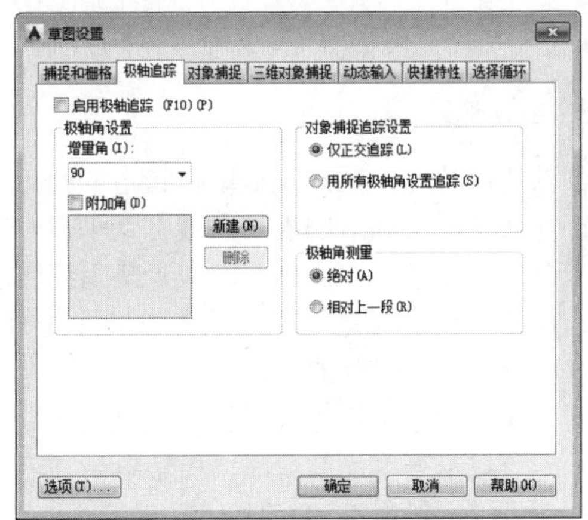

图 1-51 【极轴追踪】选项卡

下面将详细介绍有关【极轴追踪】选项卡的内容。

【启用极轴追踪】：打开或关闭极轴追踪。也可以按 F10 键或使用 AUTOSNAP 系统变量来打开或关闭极轴追踪。

【极轴角设置】选项组：设置极轴追踪的对齐角度(POLARANG 系统变量)。

- 【增量角】：设置用来显示极轴追踪对齐路径的极轴角增量。可以输入任何角度，也可以从列表中选择“90、45、30、22.5、18、15、10、5”这些常用角度。
- 【附加角】：对极轴追踪使用列表中的任何一种附加角度。【附加角】复选框也受 POLARMODE 系统变量控制。【附加角】列表也受 POLARADDANG 系统变量控制。

**提示**：附加角度是绝对的，而非增量的。添加分数角度之前，必须将 AUPREC 系统变量设置为合适的十进制精度以防止不需要的舍入。例如，AUPREC 的值为 0(默认值)，则所有输入的分数角度将舍入为最接近的整数。

- 【角度列表】如果选中【附加角】复选框，将列出可用的附加角度。要添加新的角度，请单击【新建】按钮。要删除现有的角度，请单击【删除】按钮(POLARADDANG 系统变量)。
- 【新建】按钮：最多可以添加 10 个附加极轴追踪对齐角度。
- 【删除】按钮：删除选定的附加角度。

【对象捕捉追踪设置】选项组：设置对象捕捉追踪选项。

- 【仅正交追踪】当对象捕捉追踪打开时，仅显示已获得的对象捕捉点的正交(水平/垂直)对象捕捉追踪路径(POLARMODE 系统变量)。
- 【用所有极轴角设置追踪】将极轴追踪设置应用于对象捕捉追踪。使用对象捕捉追踪时，光标将从获取的对象捕捉点起沿极轴对齐角度进行追踪(POLARMODE 系统变量)。

**注意**：单击状态栏上的【极轴】和【对象追踪】按钮也可以打开或关闭极轴追踪和对象捕捉追踪。

【极轴角测量】选项组：设置测量极轴追踪对齐角度的基准。

- 【绝对】：根据当前用户坐标系(UCS)确定极轴追踪角度。
- 【相对上一段】：根据上一个绘制线段确定极轴追踪角度。

**8. 自动追踪**

可以使用用户在绘图的过程中按指定的角度绘制对象，或与其他对象有特殊关系的对象，当此模式处于打开状态时，临时的对齐虚线有助于用户精确地绘图。用户还可以通过一些设置来更改对齐路线以适合自己的需求，这样就可以达到精确绘图的目的。

选择【工具】|【选项】菜单命令，打开如图 1-52 所示的【选项】对话框，在【AutoTrack 设置】选项组中进行自动追踪的设置。

- 【显示极轴追踪矢量】：当极轴追踪打开时，将沿指定角度显示一个矢量。使用极轴追踪，可以沿角度绘制直线。极轴角是 90 度的约数，如 45、30 和 15 度。

  可以通过将 TRACKPATH 设置为 2 取消选中【显示极轴追踪矢量】复选框。
- 【显示全屏追踪矢量】：控制追踪矢量的显示。追踪矢量是辅助用户按特定角度或与其他对象特定关系绘制对象的构造线。如果启用此复选框，对齐矢量将显示为无限长的线。

  可以通过将 TRACKPATH 设置为 1 来取消选中【显示全屏追踪矢量】复选框。

● 【显示自动追踪工具提示】：控制自动追踪工具提示的显示。工具提示是一个标签，它显示追踪坐标(AUTOSNAP 系统变量)。

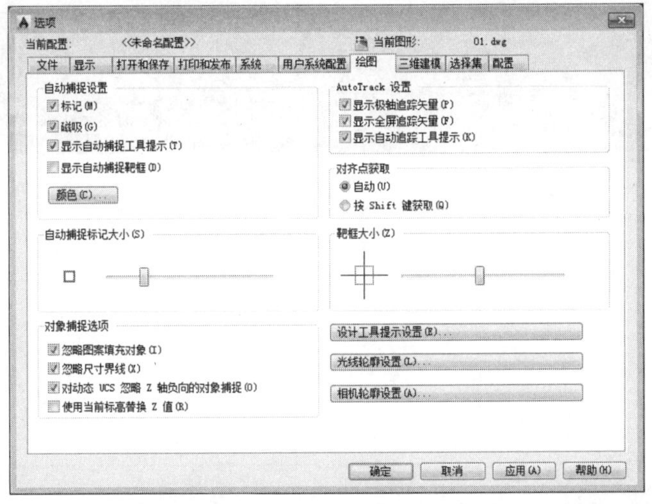


图 1-52 【选项】对话框

## 课后练习

案例文件：ywj\01\01.dwg

视频文件：光盘\视频课堂\第 1 教学日\1.4

练习案例分析及步骤如下。

本节课后练习创建放大电路，放大电路用于电路中的信号放大，在绘制时要使用三极管、电感等常用元件，如图 1-53 所示是完成的放大电路图纸。

本节案例主要练习 AutoCAD 中的基础绘制命令，使用【直线】和【圆】等命令，首先绘制电路的左部和上部支路，之后绘制三极管，进而完成图纸。绘制放大电路图纸的思路和步骤如图 1-54 所示。

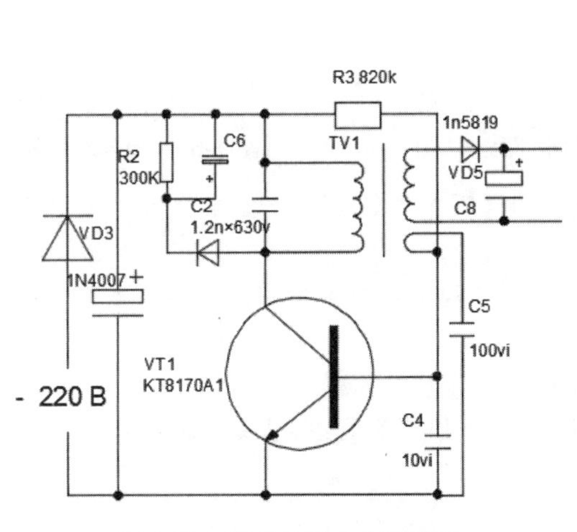


图 1-53 完成的放大电路图纸

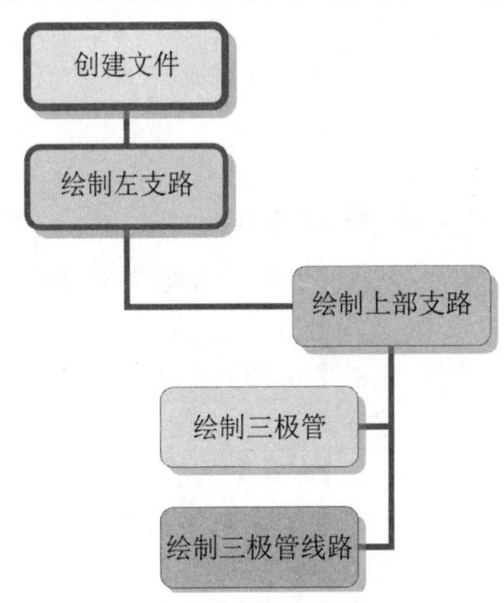


图 1-54 放大电路图纸的步骤

练习案例的操作步骤如下。

step 01 双击桌面上的快捷图标，进入 AutoCAD 2016 绘图环境，如图 1-55 所示。

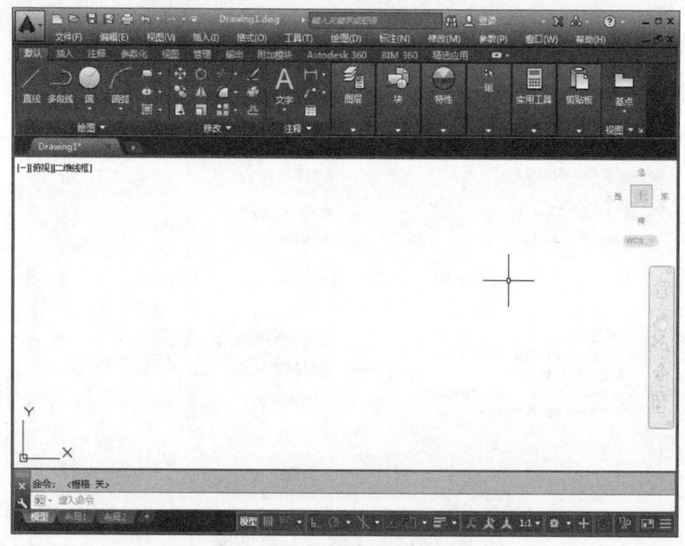

图 1-55 AutoCAD 2016 绘图环境

step 02 绘制左支路，单击【默认】选项卡【绘图】工具栏中的【直线】按钮，绘制长度分别为 20、30、30、30 和 5 的连续直线，如图 1-56 所示。

step 03 单击【默认】选项卡的【绘图】工具栏中的【直线】按钮，绘制长度为 4 的水平线，如图 1-57 所示。

step 04 单击【默认】选项卡的【绘图】工具栏中的【直线】按钮，绘制如图 1-58 所示的三角，完成二极管绘制。

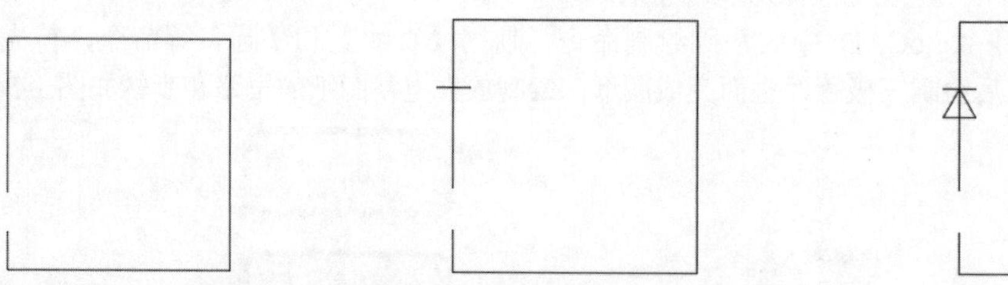

图 1-56 绘制连续直线　　图 1-57 绘制水平线　　图 1-58 绘制二极管

step 05 单击【默认】选项卡的【绘图】工具栏中的【圆】按钮，绘制半径为 0.3 的两个圆，如图 1-59 所示。

step 06 单击【默认】选项卡的【绘图】工具栏中的【图案填充】按钮，完成如图 1-60 所示圆的图案填充。

step 07 单击【默认】选项卡的【绘图】工具栏中的【直线】按钮，绘制如图 1-61 所示的垂线。

step 08 单击【默认】选项卡的【绘图】工具栏中的【矩形】按钮，绘制尺寸为 1×4 的矩形，如图 1-62 所示。

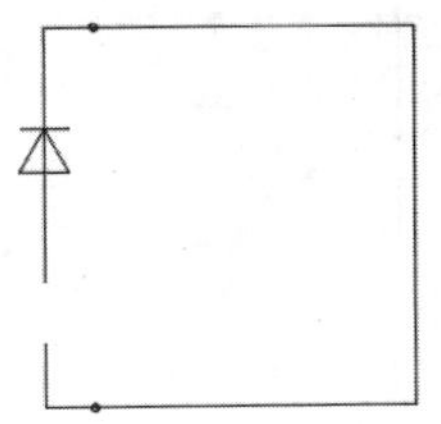

图 1-59 绘制两个圆

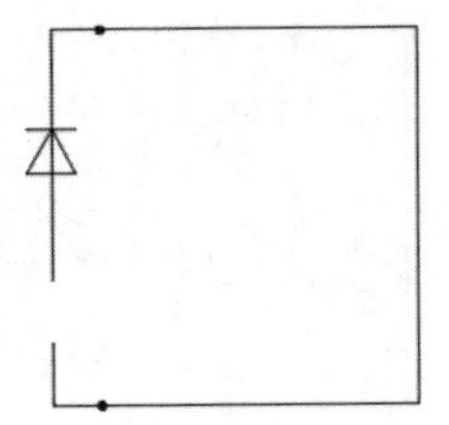

图 1-60 完成圆的图案填充

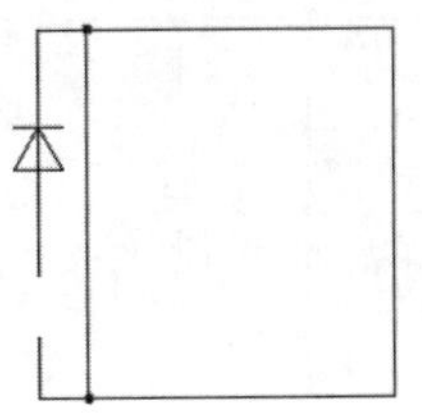

图 1-61 绘制垂线

step 09 单击【默认】选项卡的【绘图】工具栏中的【直线】按钮，绘制直线，并单击【修改】工具栏中的【修剪】按钮，快速修剪图形，如图 1-63 所示。

step 10 单击【默认】选项卡的【绘图】工具栏中的【直线】按钮，绘制长度为 1 的正极符号，完成左支路的绘制，如图 1-64 所示。

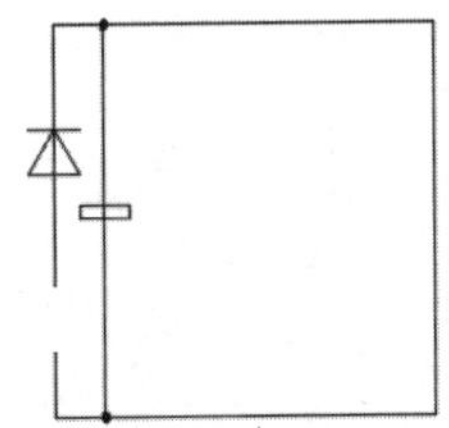

图 1-62 绘制尺寸为 1×4 的矩形

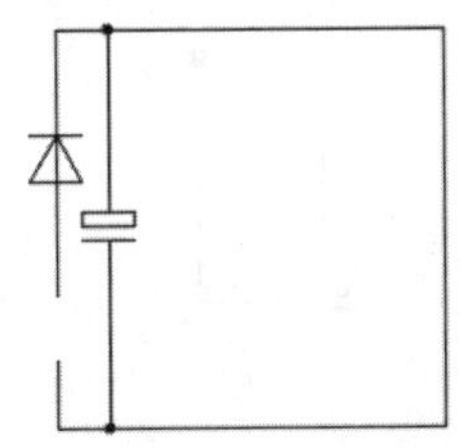

图 1-63 绘制直线并修剪图形

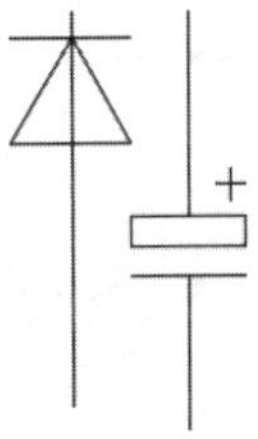

图 1-64 绘制正极符号

step 11 绘制上支路，单击【默认】选项卡的【绘图】工具栏中的【圆】按钮，绘制半径为 0.3 的圆，如图 1-65 所示。

step 12 单击【默认】选项卡的【绘图】工具栏中的【图案填充】按钮，完成如图 1-66 所示的圆形图案填充。

step 13 单击【默认】选项卡的【绘图】工具栏中的【矩形】按钮，绘制尺寸为 3×1 的电阻，如图 1-67 所示。

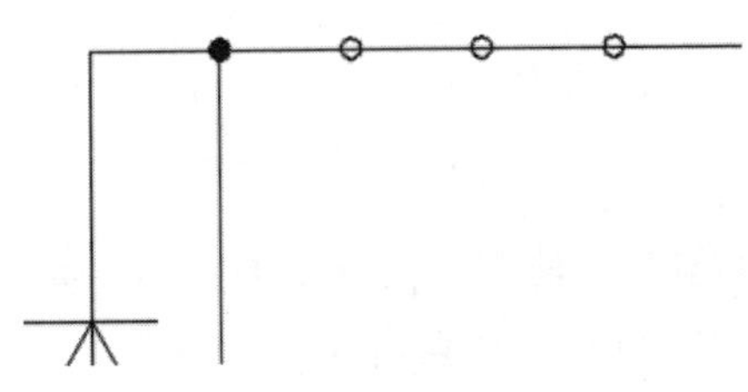

图 1-65 绘制半径为 0.3 的圆

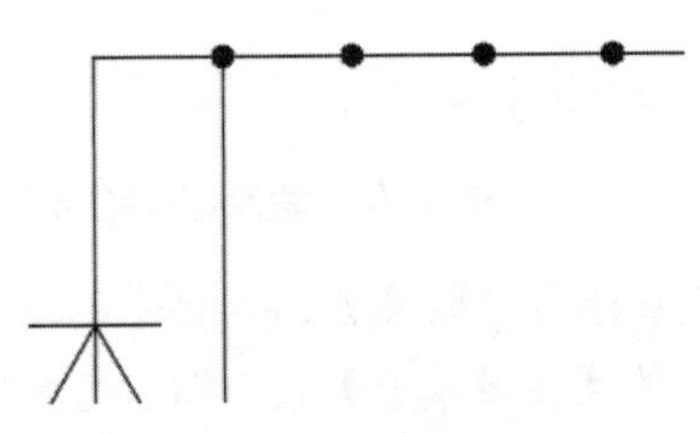

图 1-66 完成圆形图案填充

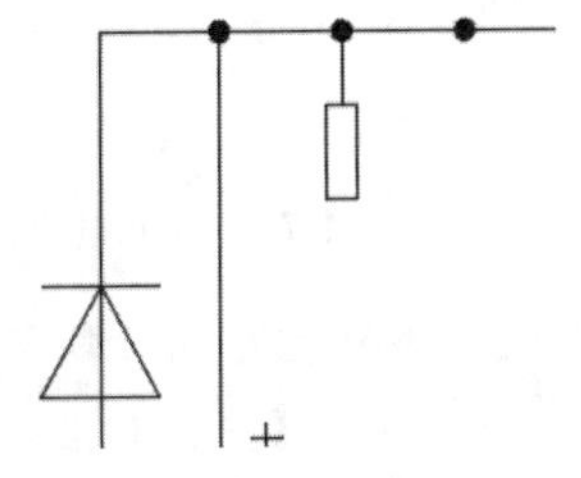


图 1-67 绘制电阻

step 14 单击【默认】选项卡的【绘图】工具栏中的【圆】按钮，绘制半径为 0.3 的节点圆，如图 1-68 所示。

step 15 单击【默认】选项卡的【绘图】工具栏中的【直线】按钮，绘制长度分别为 3 和 2 的直线，如图 1-69 所示。

step 16 单击【默认】选项卡的【绘图】工具栏中的【矩形】按钮，绘制尺寸为 0.2×2 的矩形，如图 1-70 所示。

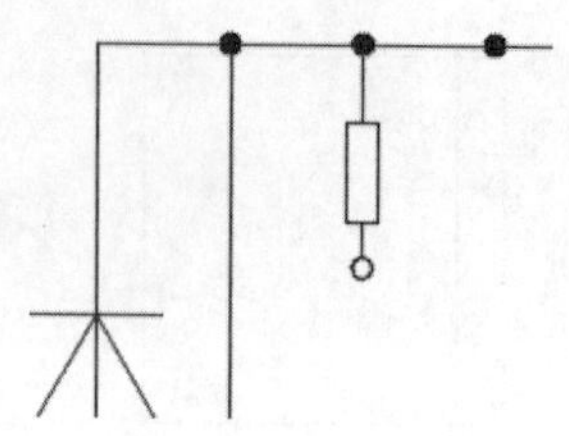

图 1-68 绘制节点圆

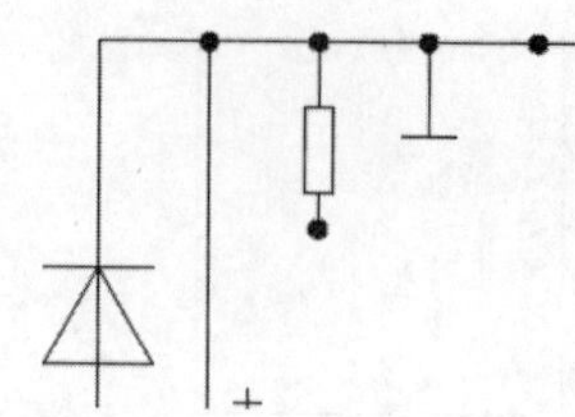

图 1-69 绘制长度分别为 3 和 2 的直线

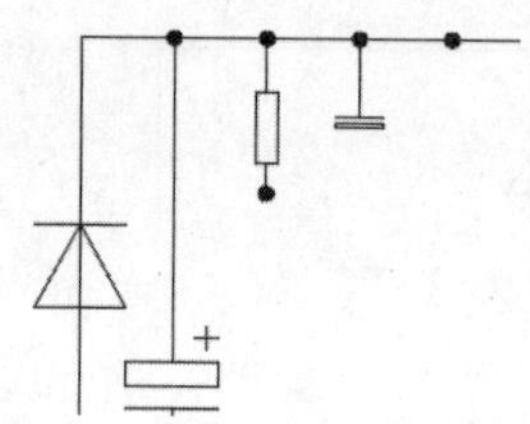

图 1-70 绘制尺寸为 0.2×2 的矩形

step 17 单击【默认】选项卡的【绘图】工具栏中的【直线】按钮，绘制如图 1-71 所示的线路。

step 18 绘制长度为 0.5 的正极符号，如图 1-72 所示。

step 19 单击【默认】选项卡的【绘图】工具栏中的【圆】按钮，绘制半径为 0.3 的节点圆，如图 1-73 所示。

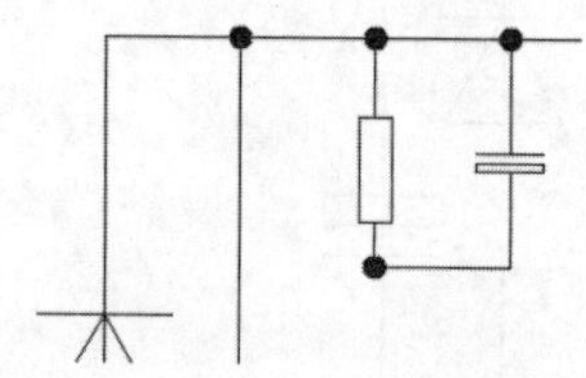

图 1-71 绘制线路

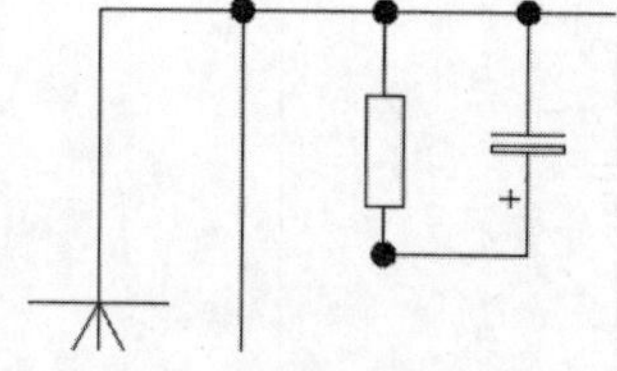

图 1-72 绘制正极符号

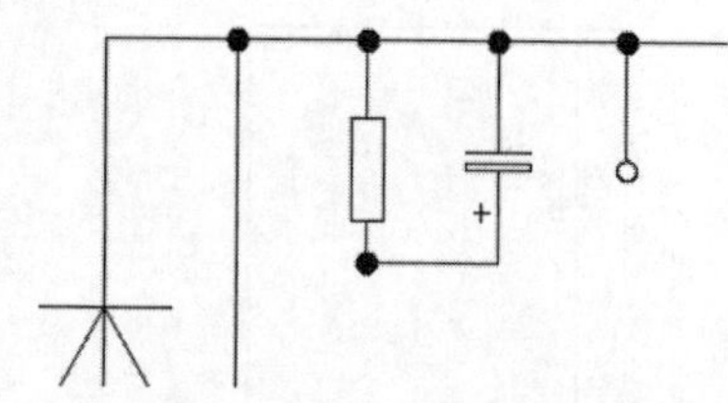

图 1-73 绘制节点圆

step 20 绘制长度为 2 的电容，如图 1-74 所示。

step 21 绘制如图 1-75 所示的连续线路。

step 22 绘制如图 1-76 所示的二极管。

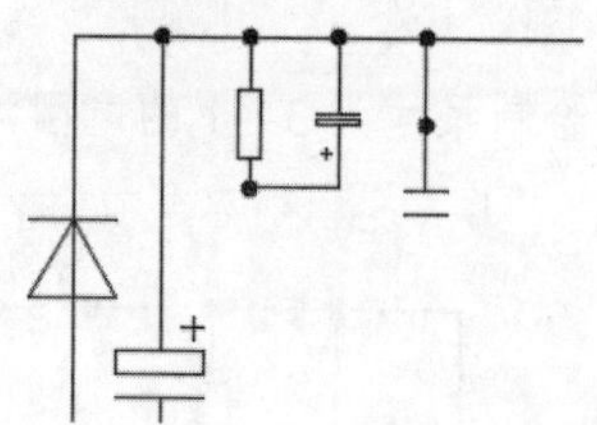

图 1-74 绘制电容

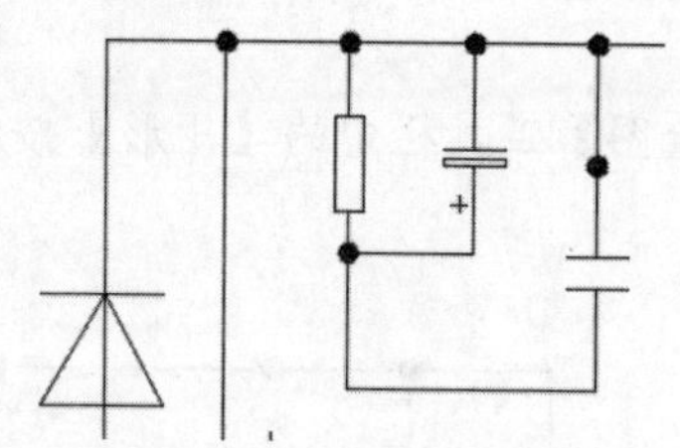

图 1-75 绘制连续线路

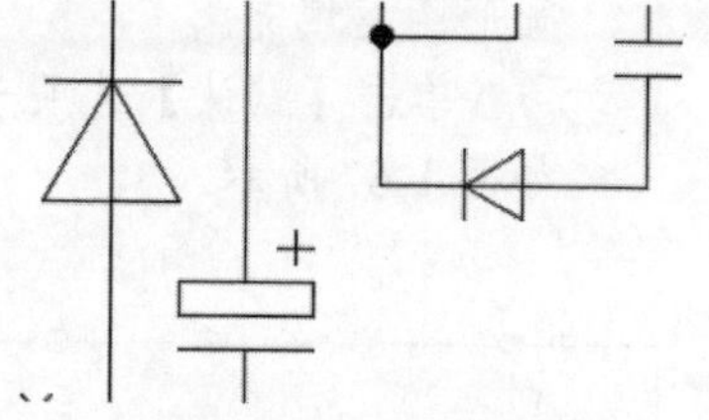

图 1-76 绘制二极管

step 23 单击【默认】选项卡的【绘图】工具栏中的【圆】按钮，绘制半径为 0.3 的圆，并单击【绘图】工具栏中的【图案填充】按钮，完成如图 1-77 所示的节点图案填充。

step 24 单击【默认】选项卡的【绘图】工具栏中的【矩形】按钮，绘制尺寸为 2×3.7 的电阻，如图 1-78 所示。

step 25 单击【默认】选项卡的【绘图】工具栏中的【直线】按钮，绘制长度为 7 的平行直线，如图 1-79 所示。

step 26 单击【默认】选项卡的【绘图】工具栏中的【圆弧】按钮，绘制如图 1-80 所示的圆弧。

step 27 单击【默认】选项卡的【修改】工具栏中的【复制】按钮，选择圆弧，完成复制，如图 1-81 所示。

step 28 单击【默认】选项卡的【绘图】工具栏中的【圆弧】按钮，绘制如图 1-82 所示的圆弧。

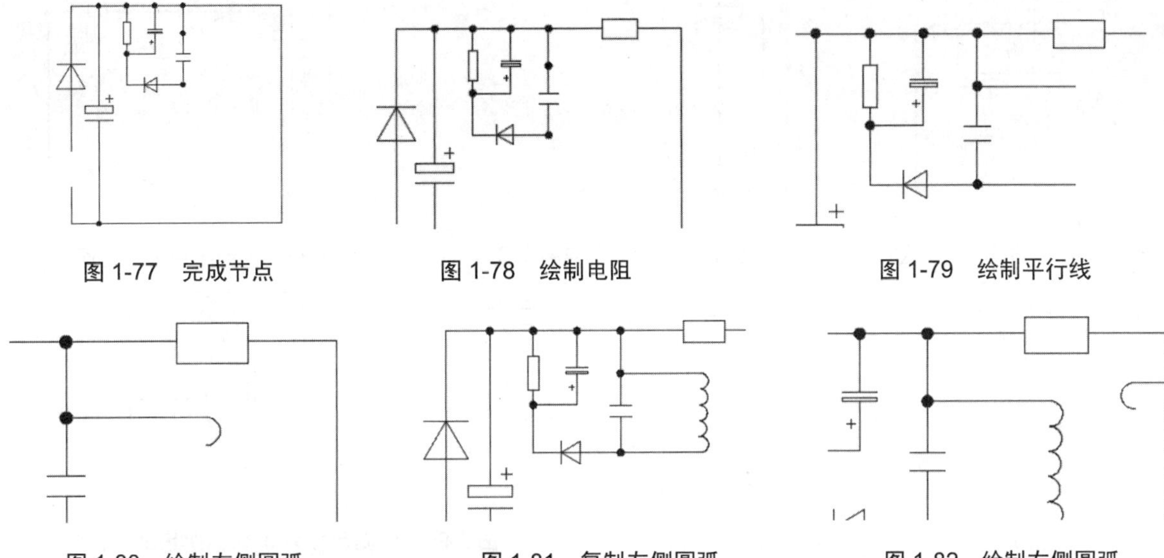

图 1-77　完成节点　　图 1-78　绘制电阻　　图 1-79　绘制平行线

图 1-80　绘制左侧圆弧　　图 1-81　复制左侧圆弧　　图 1-82　绘制右侧圆弧

step 29 单击【默认】选项卡的【修改】工具栏中的【复制】按钮，选择右侧圆弧，完成复制，如图 1-83 所示。

step 30 单击【默认】选项卡的【绘图】工具栏中的【直线】按钮，绘制直线，并单击【绘图】工具栏中的【圆弧】按钮，绘制如图 1-84 所示的图形。

step 31 单击【默认】选项卡的【绘图】工具栏中的【圆】按钮，绘制半径为 0.3 的圆，并单击【绘图】工具栏中的【图案填充】按钮，完成如图 1-85 所示的节点图案填充。

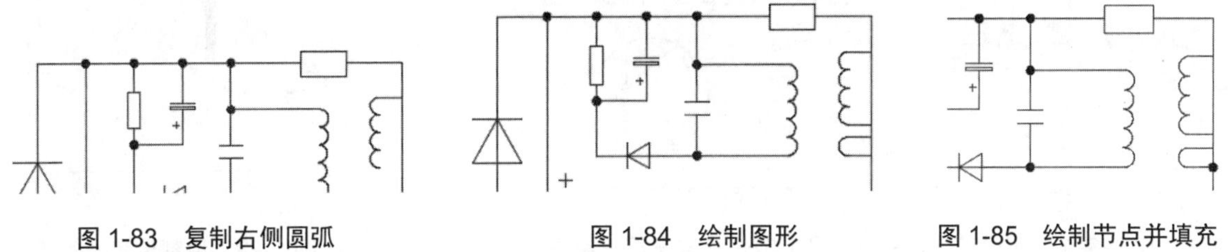

图 1-83　复制右侧圆弧　　图 1-84　绘制图形　　图 1-85　绘制节点并填充

step 32 单击【默认】选项卡的【绘图】工具栏中的【直线】按钮，绘制长度为 8.9 的垂线，如图 1-86 所示。

step 33 单击【默认】选项卡的【绘图】工具栏中的【圆】按钮，绘制半径为 0.3 的圆，并单击【绘图】工具栏中的【图案填充】按钮，完成如图 1-87 所示的节点图案填充，完成上支路的绘制。

step 34 开始绘制三极管，单击【默认】选项卡的【绘图】工具栏中的【圆】按钮，绘制半径为 6 的圆，如图 1-88 所示。

step 35 单击【默认】选项卡的【绘图】工具栏中的【圆】按钮，绘制半径为 0.3 的圆，并单击【绘图】工具栏中的【图案填充】按钮，完成如图 1-89 所示的节点图案填充。

step 36 单击【默认】选项卡的【绘图】工具栏中的【矩形】按钮，绘制尺寸为 8 × 0.5 的矩形，如图 1-90 所示。

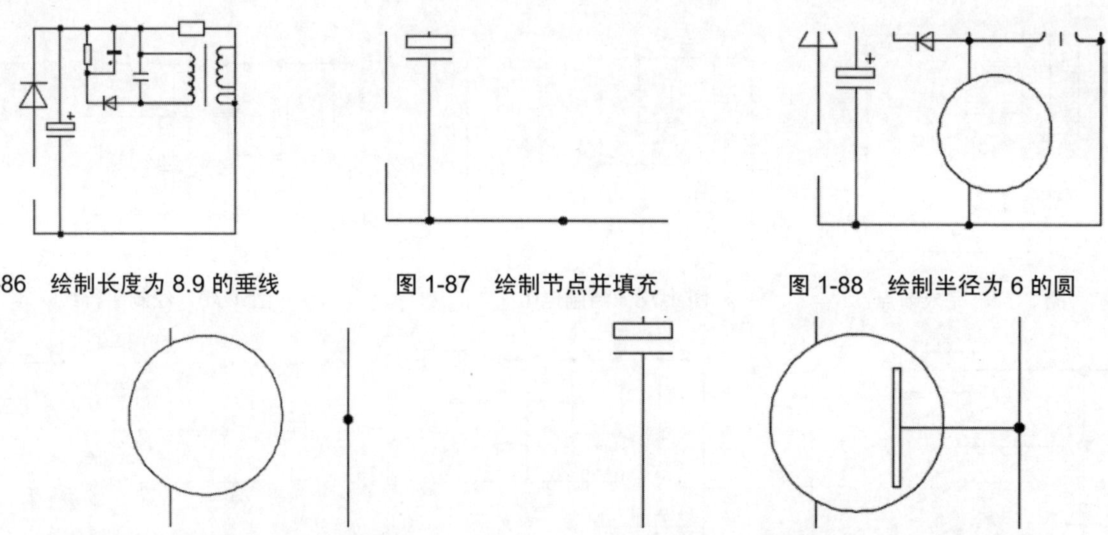
图 1-86　绘制长度为 8.9 的垂线　　图 1-87　绘制节点并填充　　图 1-88　绘制半径为 6 的圆

图 1-89　绘制节点并填充　　图 1-90　绘制尺寸为 8×0.5 的矩形

step 37 单击【默认】选项卡的【绘图】工具栏中的【图案填充】按钮，完成如图 1-91 所示的矩形填充。

step 38 单击【默认】选项卡的【绘图】工具栏中的【直线】按钮，完成如图 1-92 所示的三极管绘制。

step 39 开始绘制三极管线路，单击【默认】选项卡的【绘图】工具栏中的【直线】按钮，绘制长度为 2 的电容，如图 1-93 所示。

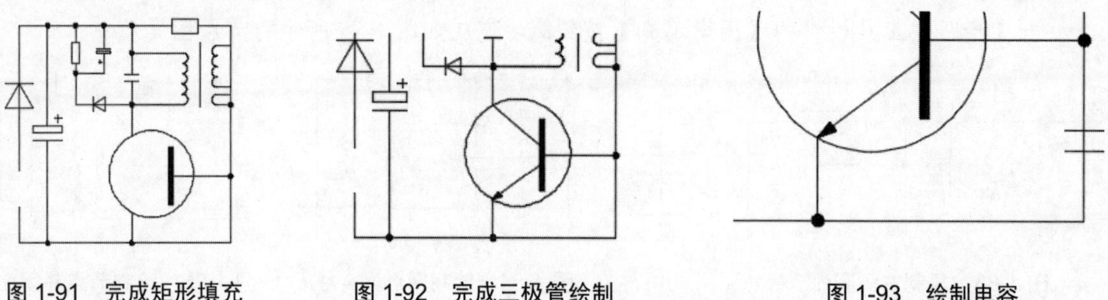
图 1-91　完成矩形填充　　图 1-92　完成三极管绘制　　图 1-93　绘制电容

step 40 单击【默认】选项卡的【修改】工具栏中的【修剪】按钮，快速修剪图形，如图 1-94 所示。

step 41 单击【默认】选项卡的【绘图】工具栏中的【圆】按钮，绘制半径为 0.3 的圆，并单击【绘图】工具栏中的【图案填充】按钮，完成如图 1-95 所示的节点图案填充。

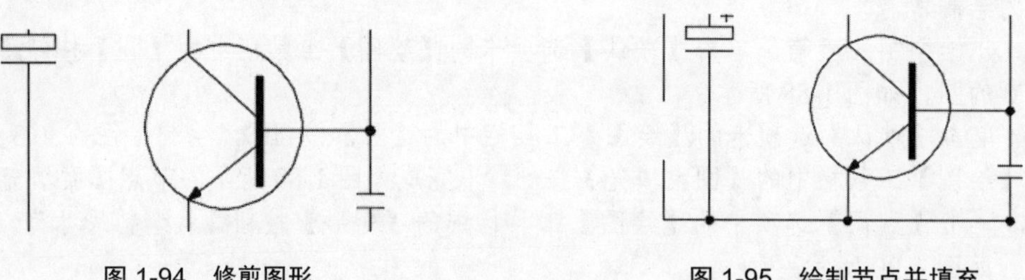
图 1-94　修剪图形　　图 1-95　绘制节点并填充

step 42 单击【默认】选项卡的【绘图】工具栏中的【直线】按钮，绘制长度分别为 2 和 20.6 的直线，如图 1-96 所示。

step 43 绘制长度为 2 的电容，如图 1-97 所示。

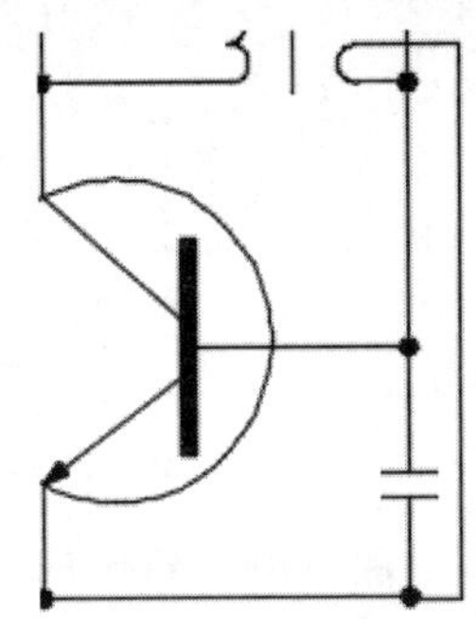

图 1-96　绘制长度分别为 2 和 20.6 的直线

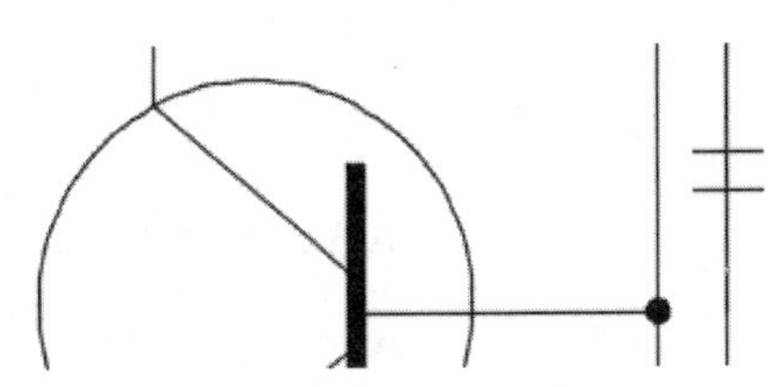

图 1-97　绘制长度为 2 的电容

step 44 单击【默认】选项卡的【修改】工具栏中的【修剪】按钮，快速修剪图形，如图 1-98 所示。

step 45 单击【默认】选项卡的【绘图】工具栏中的【直线】按钮，绘制长度为 10 的平行直线，如图 1-99 所示。

step 46 绘制如图 1-100 所示的三角形。

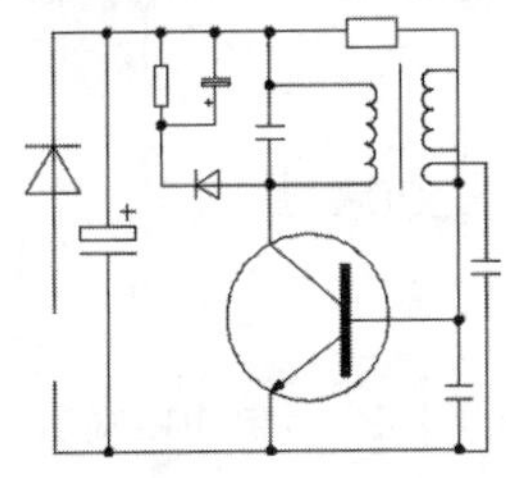

图 1-98　修剪图形

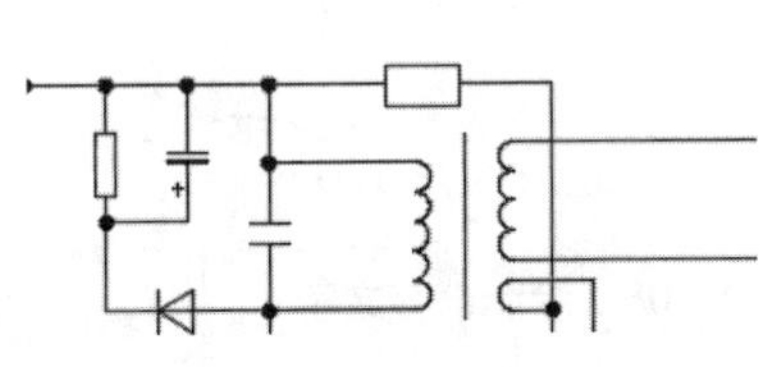

图 1-99　绘制平行线

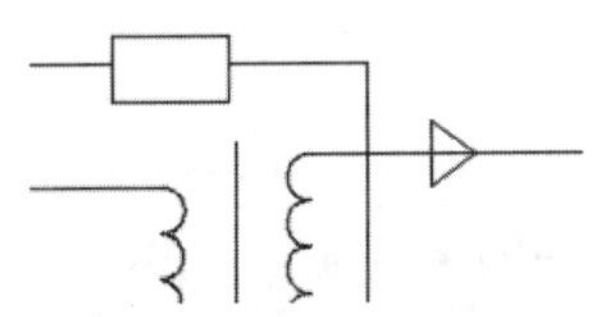

图 1-100　绘制三角形

step 47 单击【默认】选项卡的【绘图】工具栏中的【直线】按钮，绘制长度为 2 的垂线，完成二极管绘制，如图 1-101 所示。

step 48 单击【默认】选项卡的【绘图】工具栏中的【圆】按钮，绘制半径为 0.3 的圆，并单击【绘图】工具栏中的【图案填充】按钮，完成如图 1-102 所示的节点填充。

step 49 单击【默认】选项卡的【绘图】工具栏中的【圆】按钮，绘制半径为 0.3 的圆，并单击【绘图】工具栏中的【图案填充】按钮，完成如图 1-103 所示的节点填充。

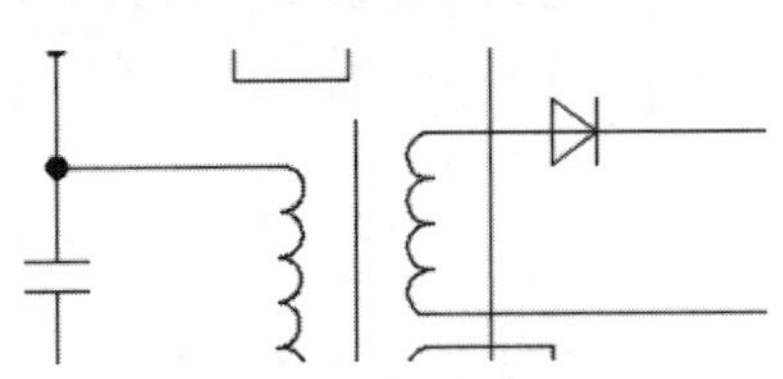

图 1-101　完成二极管绘制

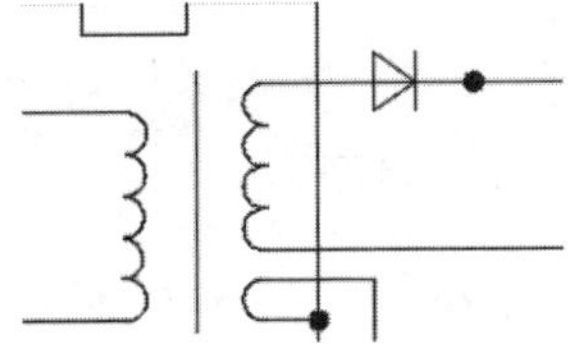

图 1-102　绘制节点并填充

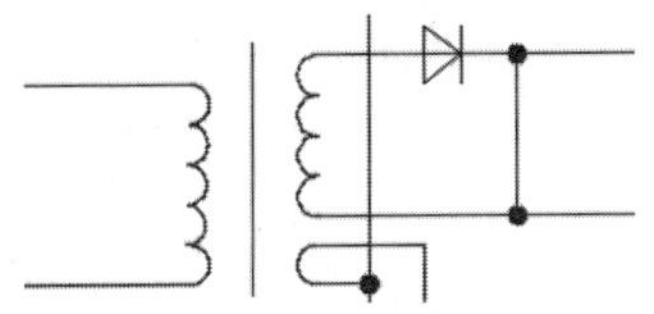

图 1-103　完成下部的节点并填充

step 50 单击【默认】选项卡的【绘图】工具栏中的【矩形】按钮，绘制尺寸为 1×3 的矩形，如图 1-104 所示。

step 51 单击【默认】选项卡的【修改】工具栏中的【修剪】按钮，快速修剪图形，如图 1-105 所示。

step 52 单击【默认】选项卡的【绘图】工具栏中的【直线】按钮，绘制长度为 0.5 的正极符号，完成三极管及其线路的绘制，如图 1-106 所示。

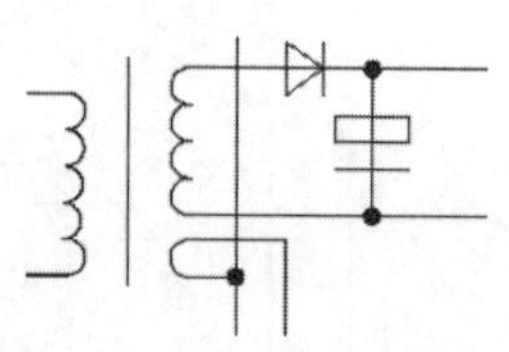
图 1-104　绘制尺寸为 1×3 的矩形

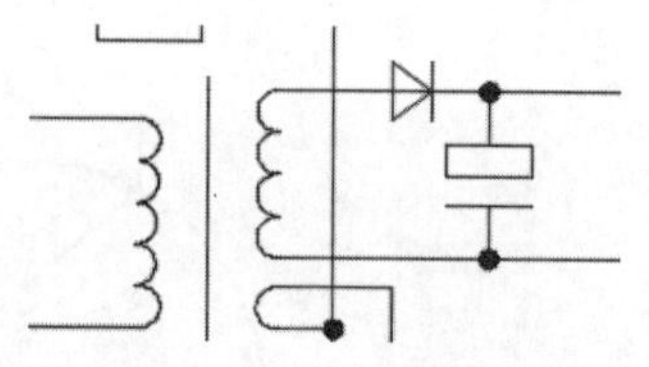
图 1-105　修剪图形

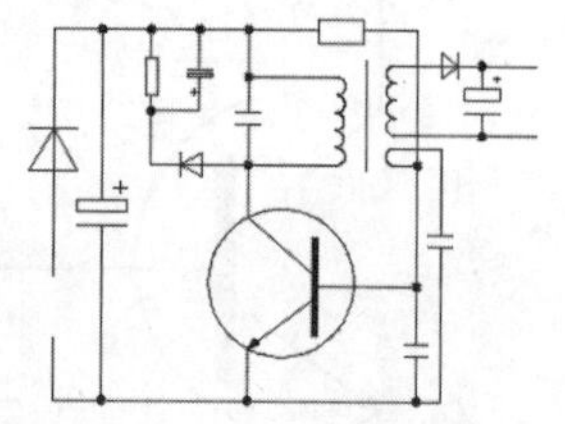
图 1-106　绘制正极符号

step 53 进行文字标注，单击【默认】选项卡的【注释】工具栏中的【文字】按钮，绘制如图 1-107 所示的电源文字。

step 54 单击【默认】选项卡的【注释】工具栏中的【文字】按钮，绘制如图 1-108 所示的电容文字。

step 55 单击【默认】选项卡的【注释】工具栏中的【文字】按钮，绘制如图 1-109 所示的电阻文字。

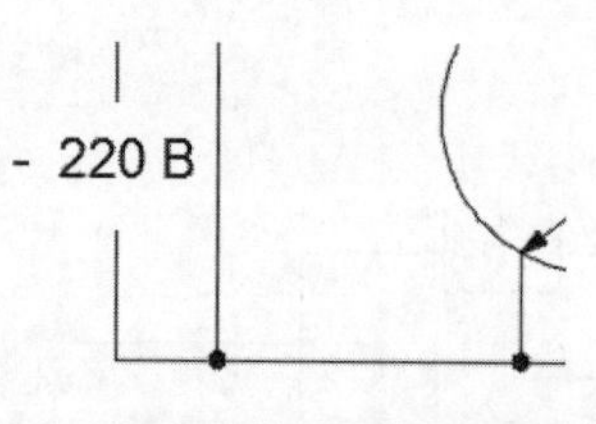

图 1-107　绘制电源文字

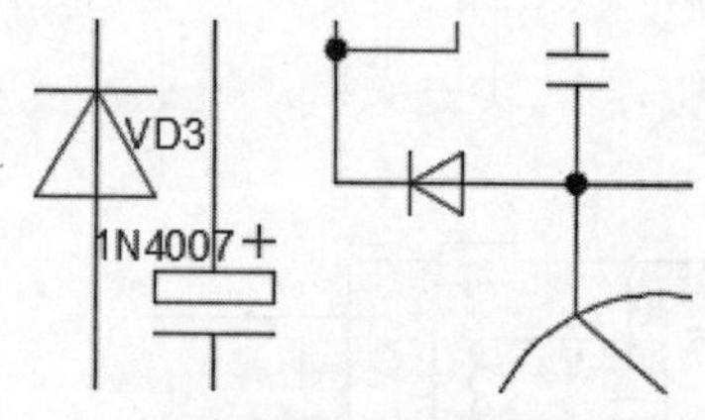

图 1-108　绘制电容文字

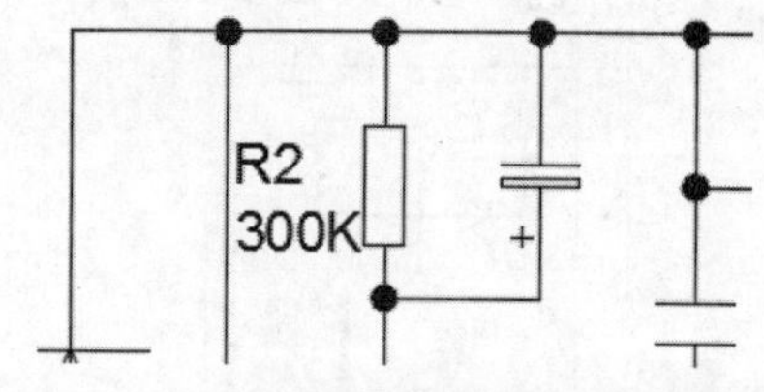

图 1-109　绘制电阻文字

step 56 单击【默认】选项卡的【注释】工具栏中的【文字】按钮，绘制如图 1-110 所示的电容“C6”文字。

step 57 单击【默认】选项卡的【注释】工具栏中的【文字】按钮，绘制如图 1-111 所示的二极管文字。

step 58 单击【默认】选项卡的【注释】工具栏中的【文字】按钮，绘制如图 1-112 所示的电感等文字。

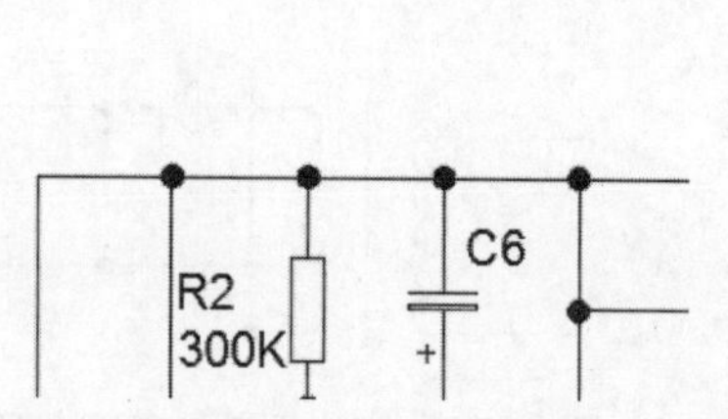

图 1-110　绘制电容“C6”文字

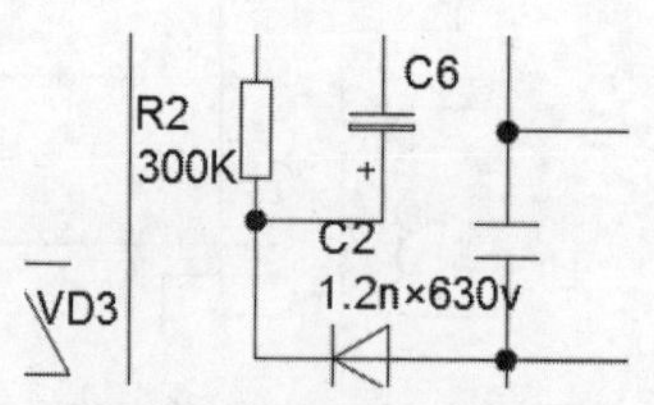

图 1-111　绘制二极管文字

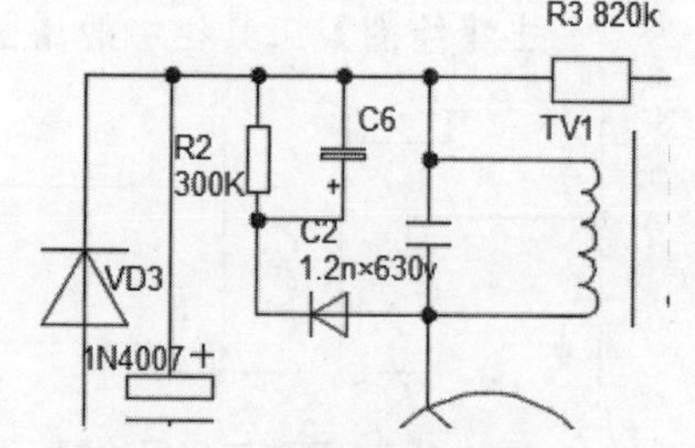

图 1-112　绘制电感等文字

step 59 单击【默认】选项卡的【注释】工具栏中的【文字】按钮，绘制如图 1-113 所示的二极管等文字。

step 60 单击【默认】选项卡的【注释】工具栏中的【文字】按钮A，绘制如图 1-114 所示的三极管文字。

step 61 单击【默认】选项卡的【注释】工具栏中的【文字】按钮A，绘制如图 1-115 所示的两个电容文字。

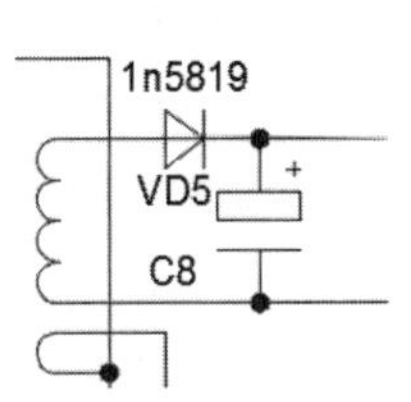


图 1-113　绘制二极管等文字

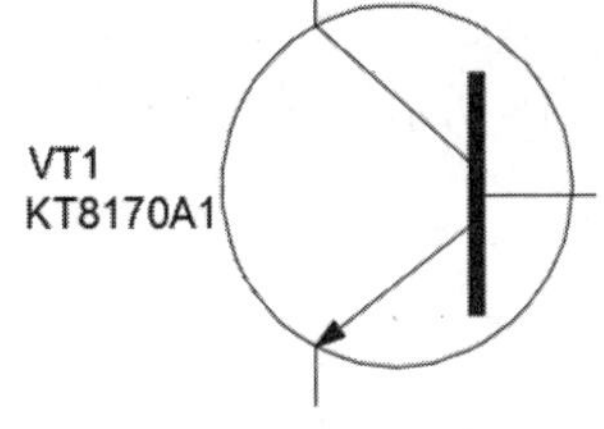


图 1-114　绘制三极管文字

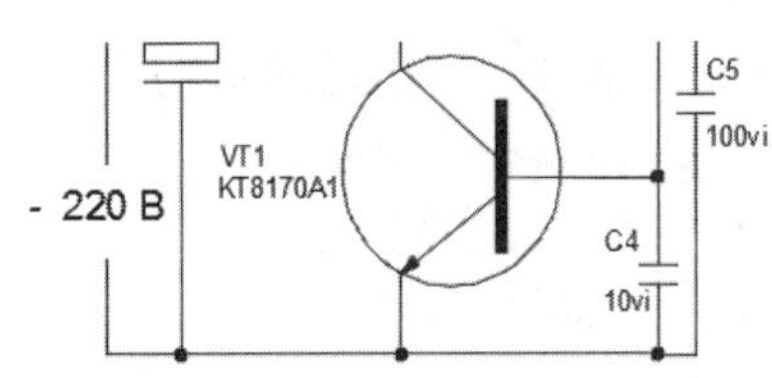


图 1-115　绘制两个电容文字

step 62 完成放大电路的绘制，如图 1-116 所示。

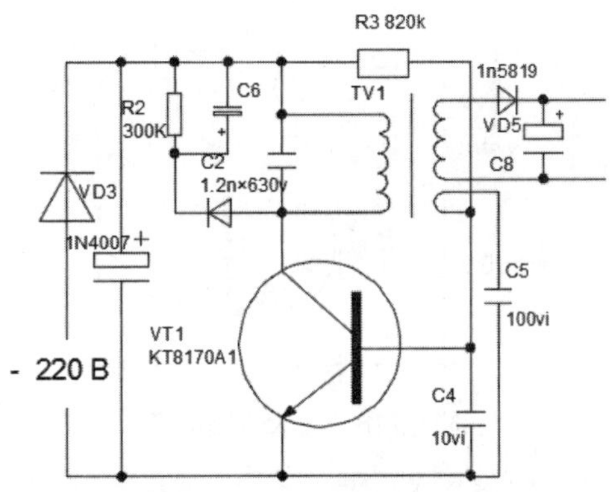


图 1-116　完成的放大电路

**电气设计实践：** 电子电路图是用导线将电源、开关（电键）、用电器、电流表、电压表等连接起来组成电路，再按照统一的符号将它们表示出来，这样绘制出的就叫做电路图。如图 1-117 所示为使用各种绘图命令绘制的电路图。

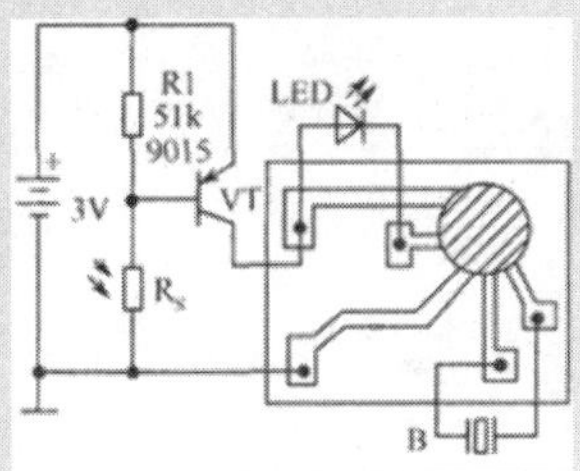


图 1-117　电路图

## 阶段进阶练习

本章主要介绍了电气图纸的基础知识、制图规范和电气符号的相关知识，以及 AutoCAD 2016 的视图操作、坐标系和辅助工具等知识。通过本章的学习，读者应该可以熟练掌握 AutoCAD 中相关命令的使用方法。

使用本教学日学过的基础命令对如图 1-118 所示的图纸进行操作。

练习步骤和内容如下。

(1) 放大缩小视图。

(2) 移动图纸。

(3) 新建坐标系。

(4) 捕捉和捕捉设置。

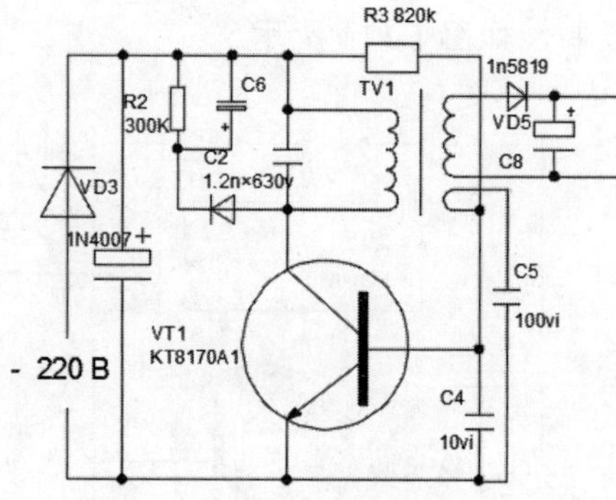


图 1-118　放大电路图纸

设计师职业培训教程

# 第2教学日

电气系统图主要有电气原理图、电器布置图、电气安装接线图等，绘图软件有电气 CAD、CAXA 等。电气原理图是电气系统图的一种，是根据控制线图工作原理绘制的，具有结构简单、层次分明等特点，主要用于研究和分析电路工作原理。

本章主要介绍 AutoCAD 2016 的界面和绘图环境，以及软件的文件管理和绘图命令操作。

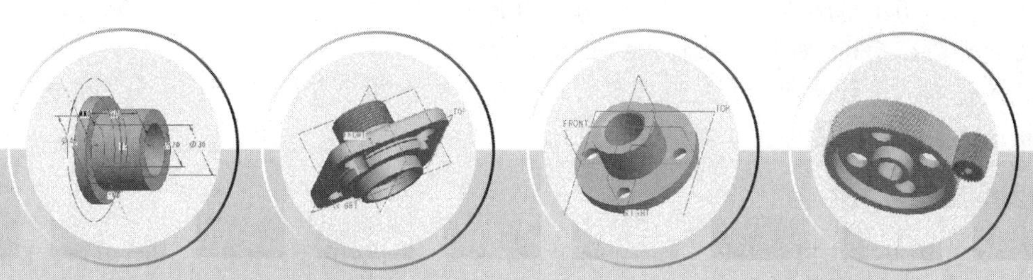

# 第1课 1课时 设计师职业知识——电气原理图

电气原理图是用来表明设备电气的工作原理及各电器元件的作用，相互之间的关系的一种表示方式。运用电气原理图的方法和技巧，对于分析电气线路，排除机床电路故障是十分有益的。电气原理图一般由主电路、控制电路、保护、配电电路等几部分组成，如图 2-1 所示。

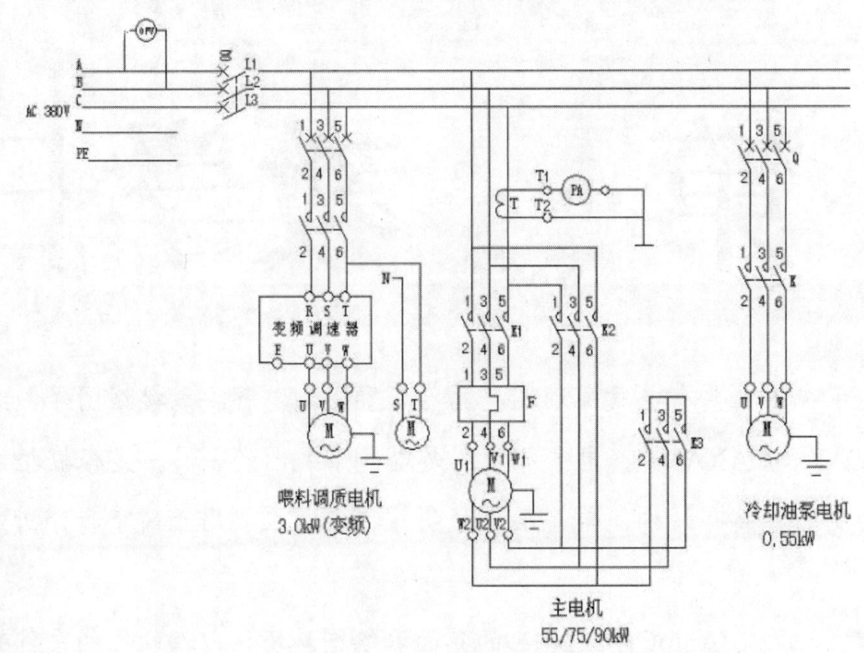


图 2-1 电气原理图

### 1. 组成结构编辑

电气布置安装图主要用来表明各种电气设备在机械设备上和电气控制柜中的实际安装位置，为机械电气在控制设备的制造、安装、维护、维修提供必要的资料。

电气安装接线图是为了进行装置、设备或成套装置的布线提供各个安装接线图项目之间电气连接的详细信息，包括连接关系，线缆种类和敷设线路。

### 2. 电气原理图标注

常见的标注有：QS 刀开关、FU 熔断器、KM 接触器、KA 中间继电器、KT 时间继电器、KS 速度继电器、FR 热继电器、SB 按钮、SQ 行程开关。

### 3. 元件技术数据

(1) 电气元件明细表：元器件名称、符号、功能、型号、数量等。

(2) 用小号字体标注在其电气原理图中的图形符号旁边。

### 4. 常用术语

(1) 失电压、欠电压保护：由接触器本身的电磁机构来实现，当电源电压严重过低或失压时，接触器的衔铁自行释放，电动机失电而停机。

(2) 点动与长动：点动按钮的作用是通过按钮给电到接触器线圈，使接触器工作；长动按钮是在点动的基础上，在接触器的常开辅助触头中再引出一组线经过开关到线圈。

(3) 联锁控制：在控制线路中一条支路通电时保证另一条支路断电。

(4) 双重互锁：双重互锁从一个运行状态到另一个运行状态可以直接切换，或者直接把电源电压加到电动机的接线端，这种控制线路结构简单，成本低，适合于电动机不频繁启动，不可实现远距离的自动控制。

(5) 欠压起动：指利用起动设备将电压适当降低后加到电动机的定子绕组上进行起动，待电动机起动运转后，再使其电压恢复到额定值正常运行。

### 5. 主要种类

电气电路图有原理图、方框图、元件装配以及符号标记图等，如图 2-2 所示是一种电路的原理图及方框图。

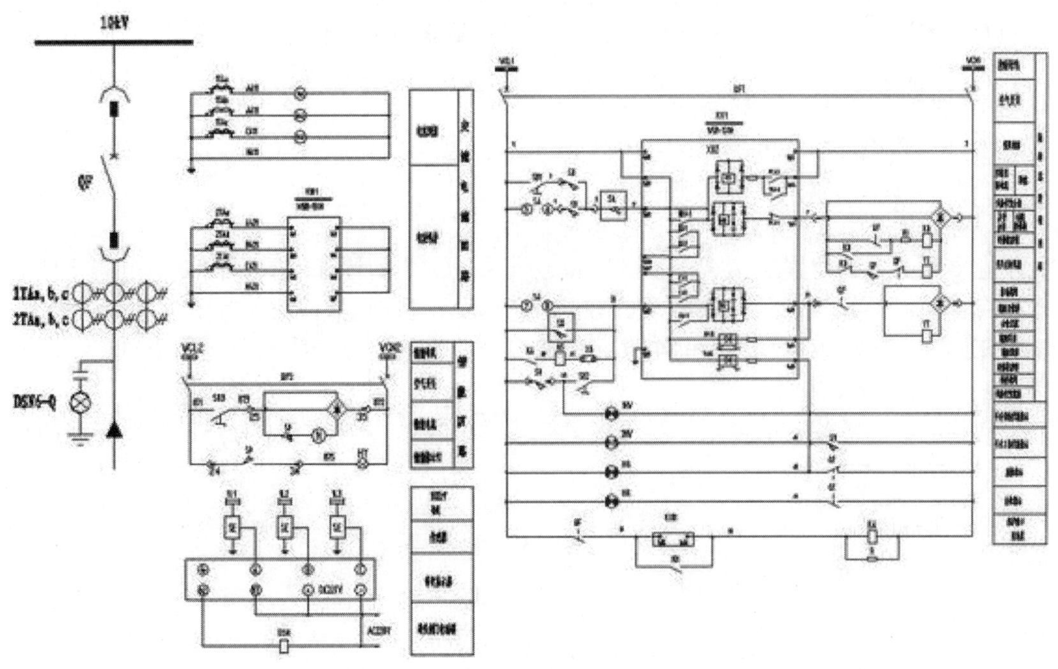


图 2-2　原理图及方框图

1) 原理图

电气原理图是用来表明设备的工作原理及各电器元件间的作用，一般由主电路、控制执行电路、检测与保护电路、配电电路等几大部分组成。这种图，由于它直接体现了电子电路与电气结构以及其相互间的逻辑关系，所以一般用在设计、分析电路中。分析电路时，通过识别图纸上所画各种电路元件符号，以及它们之间的连接方式，就可以了解电路实际工作时的情况。

电原理图又可分为整机原理图和单元部分电路原理图。整机原理图是指所有电路集合在一起的分部电路图。

2) 方框图(框图)

方框图是一种用方框和连线来表示电路工作原理和构成概况的电路图。从某种程度上说，它也是一种原理图，不过在这种图纸中，除了方框和连线，几乎就没有别的符号了。它和上面的原理图主要的区别就在于原理图上具体地绘制了电路的全部的元器件和它们的连接方式，而方框图只是简朴地将电路按照功能划分为几个部分，将每一个部分描绘成一个方框，在方框中加上简朴的文字说明，在方框间用连线(有时用带箭头的连线)说明各个方框之间的关系。所以方框图只能用来体现电路的大致工作原理，而原理图除了具体地表明电路的工作原理之外，还可以用来作为采集元件、制作电路的依据。

3) 元件装配以及符号标记图

它是为了进行电路装配而采用的一种图纸，图上的符号往往是电路元件的实物的形状图。这种电路图一般是供原理和实物对照时使用的。印刷电路板是在一块绝缘板上先覆上一层金属箔，再将电路不需要的金属箔腐蚀掉，剩下的部分金属箔作为电路元器件之间的连接线，然后将电路中的元器件安装在这块绝缘板上，利用板上剩余的导电金属箔作为元器件之间导电的连线，完成电路的连接。元器件装配图和原理图大不一样。它主要考虑所有元件的分布和连接是否合理，要考虑元件体积、散热、抗干扰、抗耦合等诸多因素，综合这些因素设计出来的印刷电路板，从外观看很难和原理图完全一致。

### 6. 电气安装接线图

一般情况下，电气安装图和原理图需配合起来使用。

绘制电气安装图应遵循的主要原则如下。

(1) 必须遵循相关国家标准绘制电气安装接线图。

(2) 各电器元器件的位置、文字符号必须和电气原理图中的标注一致，同一个电器元件的各部件(如同一个接触器的触点、线圈等)必须画在一起，各电器元件的位置应与实际安装位置一致。

(3) 不在同一安装板或电气柜上的电器元件或信号的电气连接一般应通过端子排连接，并按照电气原理图中的接线编号连接。

(4) 走向相同、功能相同的多根导线可用单线或线束表示。画连接线时，应标明导线的规格、型号、颜色、根数和穿线管的尺寸。

### 7. 电器元件布置图

电器元器件布置图的设计应遵循以下原则。

(1) 必须遵循相关国家标准设计和绘制电器元件布置图。

(2) 相同类型的电器元件布置时，应把体积较大和较重的安装在控制柜或工具栏的下方。

(3) 发热的元器件应该安装在控制柜或工具栏的上方或后方，但热继电器一般安装在接触器的下面，以方便与电机和接触器的连接。

(4) 需要经常维护、整定和检修的电器元件、操作开关、监视仪器仪表，其安装位置应高低适宜，以便工作人员操作。

(5) 强电、弱电应该分开走线，注意屏蔽层的连接，防止干扰的窜入。

电器元器件的布置应考虑安装间隙，并尽可能做到整齐、美观。

8. 电气控制系统图

为了表达生产机械电气控制系统的结构、原理等设计意图，便于电气系统的安装、调试、使用和维修，将电气控制系统中各电器元件及其连接线路用一定的图形表达出来，这就是电气控制系统图。是用导线将电机、电器、仪表等元器件按一定的要求连接起来，并实现某种特定控制要求的电路。

# 第2课 2课时 AutoCAD 2016 操作界面

## 2.2.1 AutoCAD 2016 的工作界面

**行业知识链接：**AutoCAD 每个版本的启动界面都不尽相同，比如 2016 版本的启动界面，如图 2-3 所示。

图 2-3 AutoCAD 2016 的启动界面

启用 AutoCAD 2016 后，系统默认显示的是 AutoCAD 的经典工作界面。AutoCAD 2016 二维草图与注释操作界面的主要组成元素有：标题栏、菜单栏、选项卡和工具栏、菜单浏览器、快速访问工具栏、绘图区域、坐标系、命令行窗口、选项板、空间选项卡和状态栏，如图 2-4 所示。

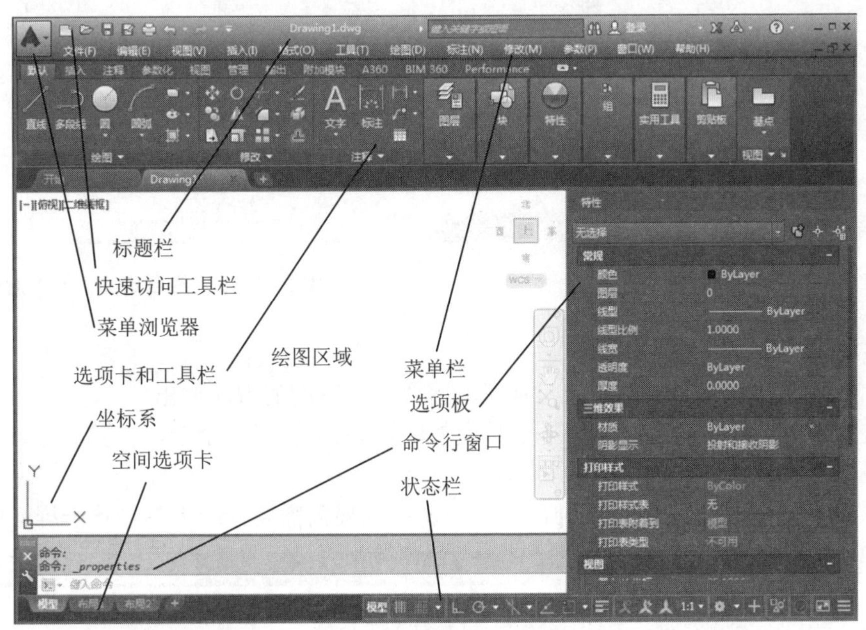


图 2-4 基本的操作界面

### 1. 标题栏

标题栏位于应用程序窗口最上方，用于显示当前正在运行的程序和文件的名称等信息。如果是 AutoCAD 默认的图形文件，其名称为“DrawingN.dwg”(N 是大于 0 的自然数)。单击标题栏最右边的 3 个按钮，可以将应用程序的窗口最小化、最大化或还原和关闭。右击标题栏，将弹出一个下拉菜单，如图 2-5 所示。利用它可以执行最大化窗口、最小化窗口、还原窗口、移动窗口和关闭应用程序等操作。

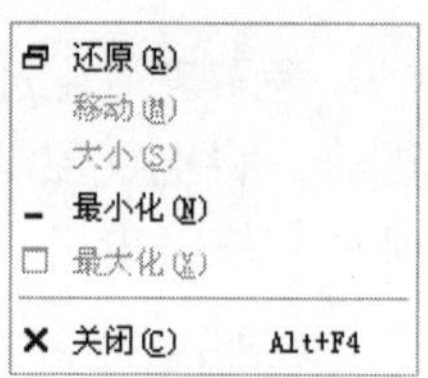


图 2-5 下拉菜单

### 2. 菜单栏

当我们初次打开 AutoCAD 2016 时，菜单栏并不显示在初始界面中，在快速访问工具栏上单击按钮，在弹出的下拉菜单中选择【显示菜单栏】命令，则菜单栏显示在操作界面中，如图 2-6 所示。

AutoCAD 2016 使用的大多数命令均可在菜单栏中找到，它包含了文件管理菜单、文件编辑菜单、绘图菜单以及信息帮助菜单等。菜单的配置可通过典型的 Windows 方式来实现。用户在命令行中输入 menu(菜单)命令，即可打开如图 2-7 所示的【选择自定义文件】对话框，可以从中选择其中的一项作为菜单文件进行设置。

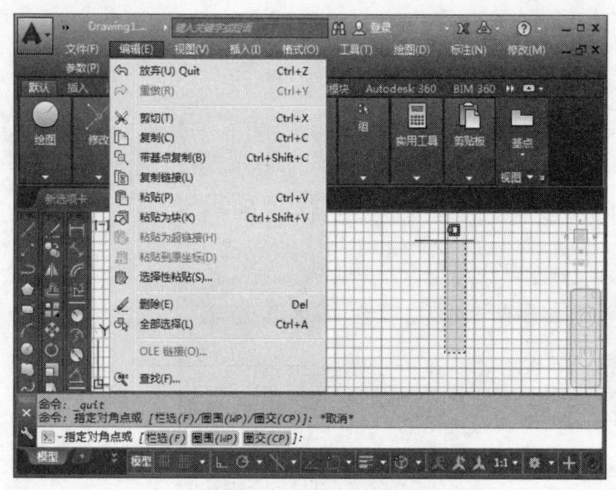

图 2-6 显示菜单栏的操作界面

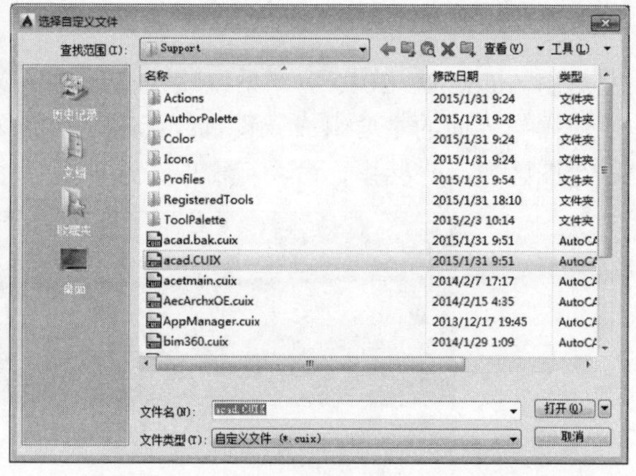


图 2-7 【选择自定义文件】对话框

### 3. 工具栏

AutoCAD 2016 在初始界面中不显示工具栏，需要通过下面的方法调出。

用户可以在菜单栏中选择【工具】|【工具栏】| AutoCAD 菜单命令，在其菜单中选择需用的工具，如图 2-8～图 2-10 所示。

利用工具栏可以快速直观地执行各种命令，用户可以根据需要拖动工具栏置于屏幕的任何位置。

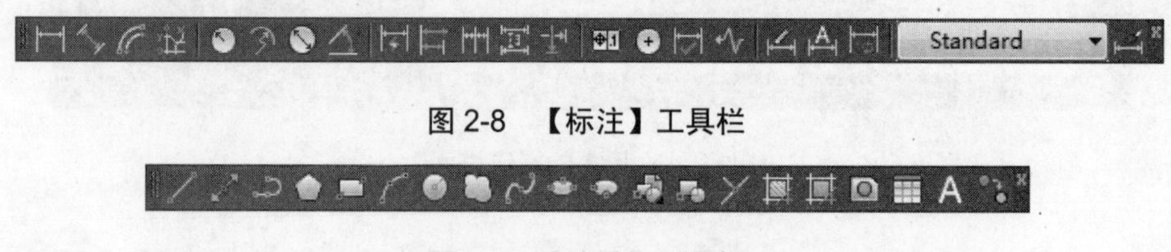


图 2-8 【标注】工具栏

图 2-9 【绘图】工具栏

图 2-10 【修改】工具栏

用户还可以选择【视图】|【工具栏】菜单命令，打开【自定义用户界面】对话框，双击工具栏选项，则展示出显示或隐藏的各种工具栏，如图 2-11 所示。

此外，AutoCAD 2016 中工具提示包括两个级别的内容：基本内容和补充内容。光标最初悬停在命令或控件上时，将显示基本工具提示。其中包含对该命令或控件的概括说明、命令名、快捷键和命令标记。当光标在命令或控件上的悬停时间累积超过一特定数值时，将显示补充工具提示。用户可以在【选项】对话框中设置累积时间。补充工具提示提供了有关命令或控件的附加信息，并且可以显示图示说明，如图 2-12 所示。

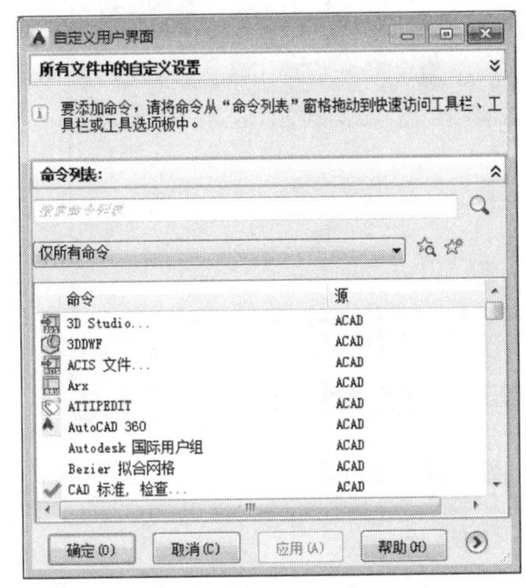


图 2-11 【自定义用户界面】对话框

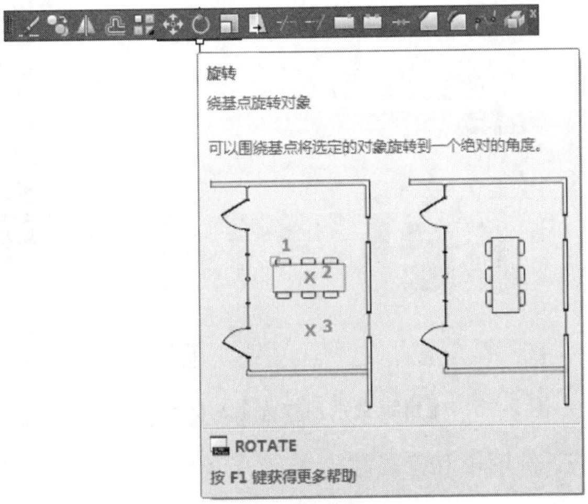

图 2-12 补充工具提示

#### 4. 菜单浏览器

单击【菜单浏览器】按钮，打开菜单浏览器，其中包含最近使用的文档，如图 2-13 所示。

【最近使用的文档】：默认情况下，在最近使用的文档列表的顶部显示的文件是最近使用的文件。

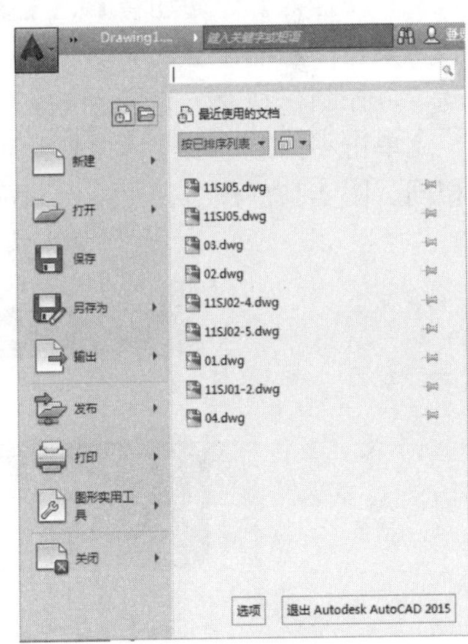


图 2-13 菜单浏览器

#### 5. 快速访问工具栏

在快速访问工具栏上(如图 2-14 所示)，包括【新建】、【打开】、【保存】、【放弃】、【重做】、【打印】和【特性】等命令，还可以存储经常使用的命令。在快速访问工具栏上右击，然后单击快捷菜单中的【自定义快速访问工具栏】命令，将打开图 2-15 所示的【自定义用户界面】对话框，并显示可用命令的列表。将想要添加的命令从【自定义用户界面】对话框的【命令列表】选项组中拖动到快速访问工具栏即可。

图 2-14　快速访问工具栏

### 6. 绘图区

绘图区主要是图形绘制和编制的区域，当光标在这个区域中移动时，便会变成一个十字游标的形式，用来定位。在某些特定的情况下，光标也会变成方框光标或其他形式的光标。绘图区如图 2-16 所示。

图 2-15　【自定义用户界面】对话框

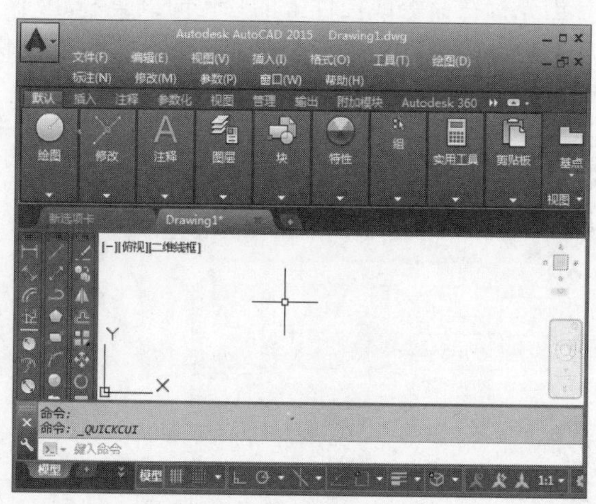


图 2-16　绘图区

### 7. 选项卡和工具栏

功能区由许多工具栏组成，这些工具栏被组织到依任务进行标记的选项卡中。选项卡由【默认】、【插入】、【注释】、【参数化】、【视图】、【管理】、【输出】等部分组成。选项卡可控制工具栏在功能区上的显示和顺序。用户可以在【自定义用户界面】对话框中将选项卡添加至工作空间，以控制在功能区中显示哪些功能区选项卡。

单击不同的选项卡可以打开相应的工具栏，工具栏包含的很多工具和控件与工具栏和对话框中的相同。图 2-17～图 2-23 展示了不同选项卡及工具栏。

图 2-17　【默认】选项卡

图 2-18　【插入】选项卡

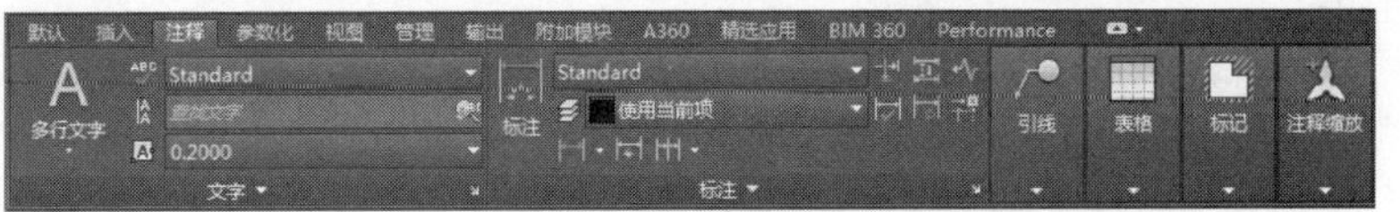

图 2-19　【注释】选项卡

图 2-20　【参数化】选项卡

图 2-21　【视图】选项卡

图 2-22　【管理】选项卡

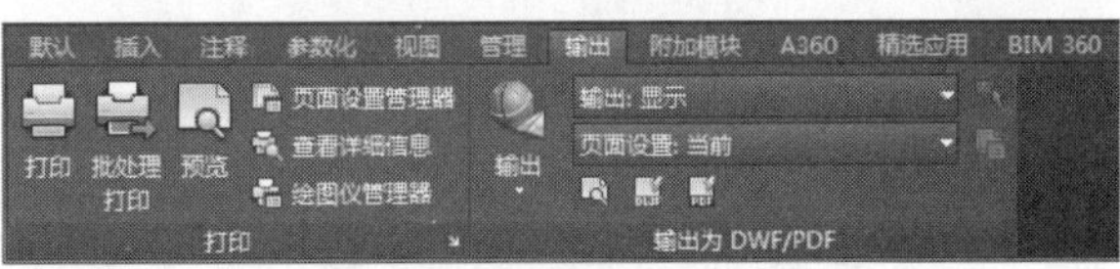

图 2-23　【输出】选项卡

## 8. 命令行

命令行用来接收用户输入的命令或数据，同时显示命令、系统变量、选项、信息，以引导用户进行下一步操作，如更正或重复命令等。初学者往往忽略命令行中的提示，实际上只有时刻关注命令行中的提示，才能真正达到灵活快速地使用。命令行可以拖动放为浮动窗口，如图 2-24 所示。

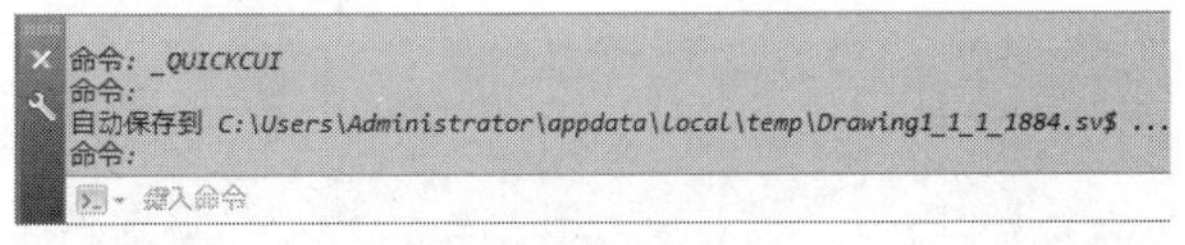


图 2-24　命令行窗口

## 9. 状态栏

状态栏主要显示当前 AutoCAD 2016 所处的状态，状态栏的左边显示当前光标的三维坐标值，右边为各种工具按钮，可以通过单击相关选项打开或关闭绘图状态。状态栏包括应用程序状态栏和图形状态栏。

(1) 应用程序状态栏中显示光标的坐标值、绘图工具、导航工具以及用于快速查看和注释缩放的工具，如图 2-25 所示。

图 2-25　应用程序状态栏

- 绘图工具：用户可以以图标或文字的形式查看图形工具按钮。通过捕捉工具、极轴工具、对象捕捉工具和对象追踪工具的快捷菜单，轻松更改这些绘图工具的设置。如图 2-26 所示为捕捉工具。
- 快速查看工具：用户可以通过快速查看工具预览打开的图形和图形中的布局，并在其间进行切换。
- 导航工具：用户可以使用导航工具在打开的图形之间进行切换和查看图形中的模型。
- 注释工具：可以显示用于注释缩放的工具。

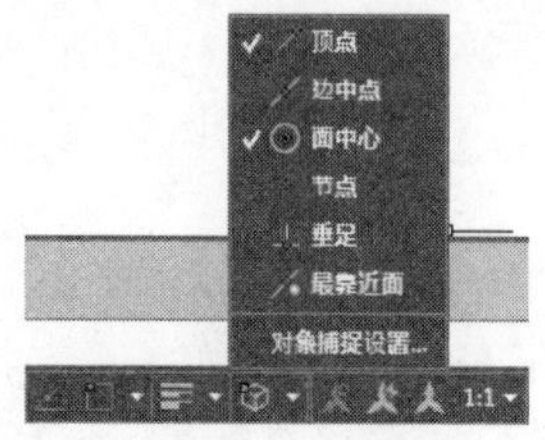


图 2-26　捕捉工具

用户可以通过单击【工作空间】按钮切换工作空间。通过单击【锁定】按钮锁定工具栏和窗口的当前位置，防止它们意外地移动。单击【全屏显示】按钮可以展开图形显示区域。

另外，还可以通过状态栏的快捷菜单向应用程序状态栏添加按钮或从中删除按钮。

(2) 图像状态栏显示缩放注释的若干工具，如图 2-27 所示。

图 2-27　图像状态栏上的工具

图形状态栏打开后，将显示在绘图区域的底部。图形状态栏关闭时，图形状态栏上的工具移至应用程序状态栏。

图形状态栏打开后，可以使用图形状态栏菜单选择要显示在状态栏上的工具。

### 10. 空间选项卡

【模型】和【布局】选项卡位于绘图区的左下方，通过单击这两个标签，可以使绘制的图形文字在模型空间和图纸空间之间切换。单击【布局】标签，进入图纸空间，此空间用于打印图形文件；单击【模型】标签，返回模型空间，在此空间进行图形设计。

在绘图区中，可以通过坐标系的显示来确认当前图形的工作空间。模型空间中的坐标系是两个互相垂直的箭头，而图纸空间中的坐标系则是一个直角三角形。

### 11. 【三维建模】工作界面

AutoCAD 2016 可以通过单击状态栏中的【切换工作空间】按钮，进行切换，如图 2-28 所示为切换至【三维建模】界面。

图 2-28　【三维建模】界面

切换至【三维建模】工作界面，还可以方便用户在三维空间中绘制图形。在功能区上有【常用】、【网格】、【实体】等选项卡，为绘制三维对象操作提供了非常便利的环境。

## 2.2.2 选择部件

**行业知识链接**：电子电路图一般有原理图、方框图、装配图和印板图等。原理图又叫作“电原理图”。由于这种图直接体现了电子电路的结构和工作原理，所以一般用在设计、分析电路中。如图 2-29 所示是一种开关电路原理图，由不同的部件组成。

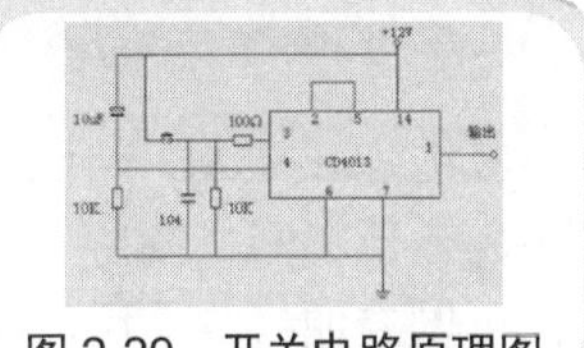

图 2-29　开关电路原理图

使用 AutoCAD 绘图，进行任何一项编辑操作都需要先指定具体的对象，及选中该对象，这样所进行的编辑操作才会有效。在 AutoCAD 中，选择对象的方法有很多，常用的有下面两种。

### 1. 直接拾取法

直接拾取法是最常用的选取方法，也是默认的对象选择方法。选择对象时，单击绘图窗口对象即可选中，被选中的对象会以虚线显示，如果要选取多个对象，只需逐个选择这些对象即可，如图 2-30 所示。

### 2. 窗口选择法

窗口选择法是一种确定选取图形对象范围的选取方法。当需要选择的对象较多时，可以使用该选择方式，这种选择方式与 Windows 的窗口选择类似。

(1) 单击并将十字光标沿右下方拖动，将所选的图形框在一个矩形框内。再次单击，形成选择框，这时所有出现在矩形框内的对象都将被选取，位于窗口外及与窗口边界相交的对象则不会被选中，如图 2-31 所示。

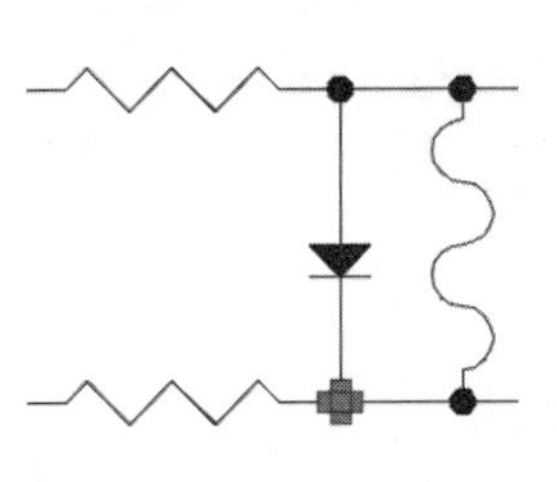

图 2-30　选择部件

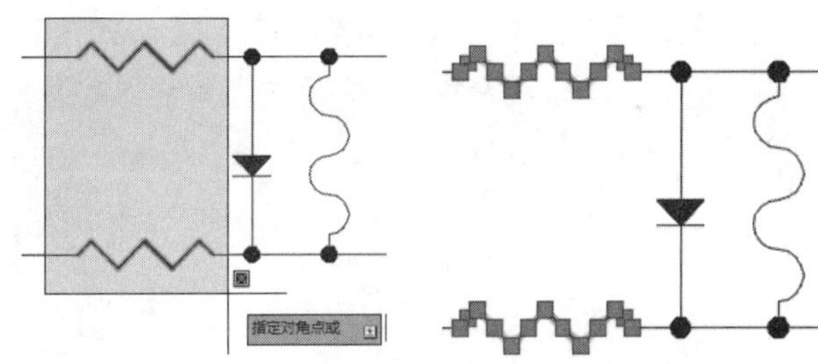



图 2-31　选择方向及选中部件

(2) 另外一种选择方式正好方向相反，鼠标从右下角开始往左上角移动，形成选择框，此时只要与交叉窗口相交或者被交叉窗口包容的对象都将被选中，如图 2-32 所示。

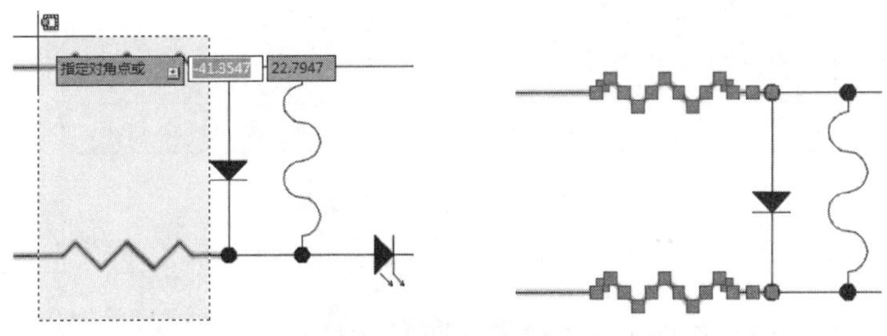



图 2-32　选择方向及选中部件

# 第3课 2课时 设置绘图环境

应用 AutoCAD 绘制图形时，需要先定义符合要求的绘图环境，如设置绘图测量单位、绘图区域大小、图形界限、图层、尺寸和文本标注方式以及设置坐标系统，设置对象捕捉、极轴跟踪等，这样不仅可以方便修改，还可以实现与团队的沟通和协调。本节将对设置绘图环境作具体的介绍。

## 2.3.1 设置工作环境

**行业知识链接**：AutoCAD 能以多种方式创建直线、圆、椭圆、多边形、样条曲线等基本图形对象，可以绘制多种机械、建筑、电气等行业图纸。如图 2-33 所示。

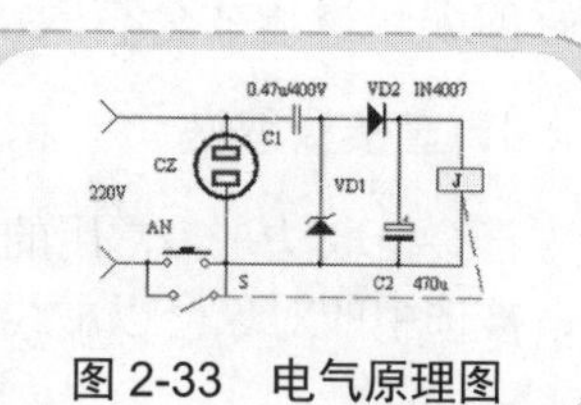


图 2-33 电气原理图

### 1. 设置参数选项

要想提高绘图的速度和质量，必须有一个合理的、适合自己绘图习惯的参数配置。

选择【工具】|【选项】菜单命令，或在命令输入行中输入 options 后按下 Enter 键。打开【选项】对话框，在对话框中包括【文件】、【显示】、【打开和保存】、【打印和发布】、【系统】、【用户系统配置】、【绘图】、【三维建模】、【选择集】、【配置】10 个选项卡，如图 2-34 所示。

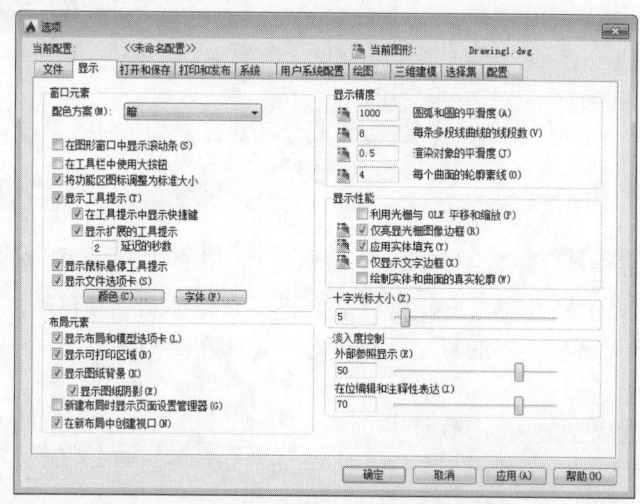


图 2-34 【选项】对话框

### 2. 鼠标的设置

在绘制图形时，灵活使用鼠标的右键将使操作更加方便快捷，在【选项】对话框中可以自定义鼠标右键的功能。

在【选项】对话框中单击【用户系统配置】标签，切换到【用户系统配置】选项卡，如图 2-35 所示。

单击【Windows 标准操作】选项组中的【自定义右键单击】按钮，弹出【自定义右键单击】对话框，如图 2-36 所示。用户可以在该对话框中根据需要进行设置。

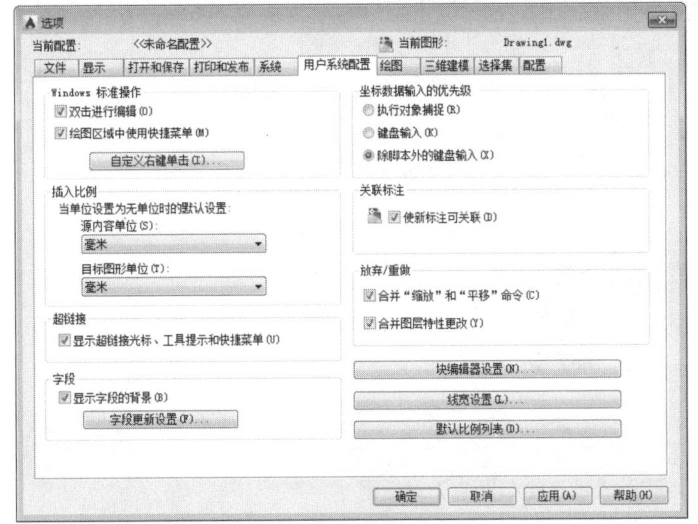


图 2-35 【用户系统配置】选项卡

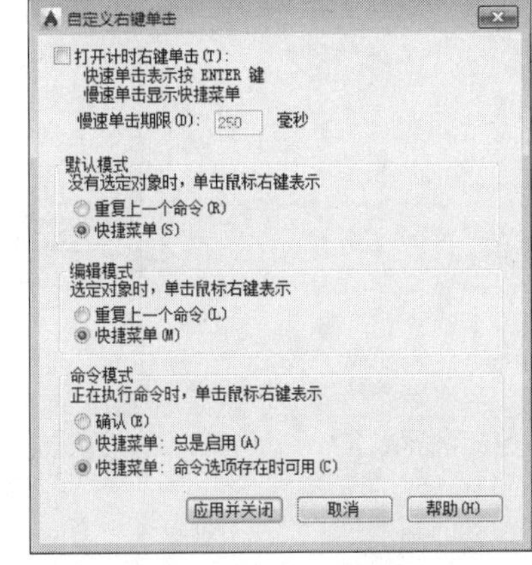


图 2-36 【自定义右键单击】对话框

- 【打开计时右键单击】复选框：控制右键单击操作。快速单击与按下 Enter 键的作用相同。缓慢单击将显示快捷菜单。可以用毫秒来设置慢速单击的持续时间。
- 【默认模式】选项组：确定未选中对象且没有命令在运行时，在绘图区域中右击所产生的结果。
- 【重复上一个命令】：禁用“默认”快捷菜单。当没有选择任何对象并且没有任何命令运行时，在绘图区域中右击与按下 Enter 键的作用相同，即重复上一次使用的命令。
- 【快捷菜单】：启用“默认”快捷菜单。
- 【编辑模式】选项组：确定当选中了一个或多个对象且没有命令在运行时，在绘图区域中右击所产生的结果。
- 【命令模式】选项组：确定当命令正在运行时，在绘图区域中右击所产生的结果。
- 【确认】：禁用“命令”快捷菜单。当某个命令正在运行时，在绘图区域中右击与按下 Enter 键的作用相同。
- 【快捷菜单：总是启用】：启用“命令”快捷菜单。
- 【快捷菜单：命令选项存在时可用】：仅当在命令提示下选项当前可用时，启用“命令”快捷菜单。在命令提示下，选项用方括号括起来。如果没有可用的选项，则右击与按下 Enter 键的作用相同。

### 3. 更改图形窗口的颜色

在【选项】对话框中单击【显示】标签，切换到【显示】选项卡，单击【颜色】按钮，打开【图形窗口颜色】对话框，如图 2-37 所示。

通过【图形窗口颜色】对话框可以方便地更改各种操作环境下各要素的显示颜色，下面介绍其各选项。

(1) 【上下文】列表框：显示程序中所有上下文的列表。上下文是指一种操作环境，例如模型空间。可以根据上下文为界面元素指定不同的颜色。

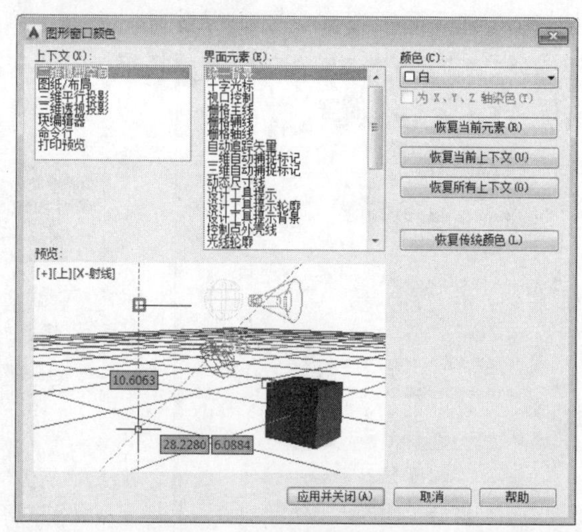


图 2-37 【图形窗口颜色】对话框

(2) 【界面元素】列表框：显示选定的上下文中所有界面元素的列表。界面元素是指一个上下文中的可见项，例如背景色。

(3) 【颜色】下拉列表框：列出应用于选定界面元素的可用颜色设置。可以从其下拉列表中选择一种颜色，或选择【选择颜色】选项，打开【选择颜色】对话框，如图 2-38 所示。用户可以从【AutoCAD 颜色索引 (ACI)】 颜色、【真彩色】和【配色系统】等选项卡的颜色中进行选择来定义界面元素的颜色。

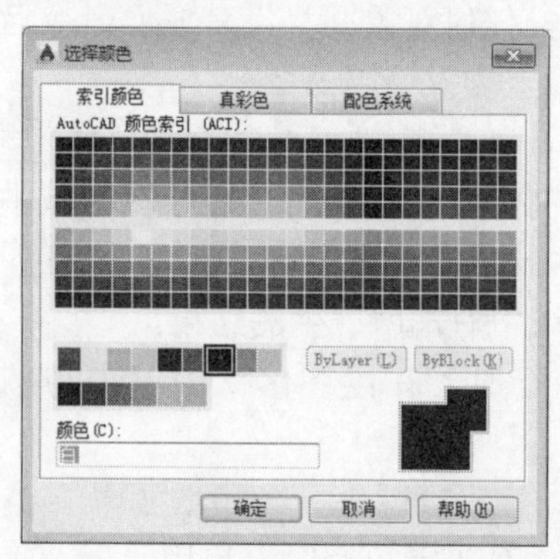

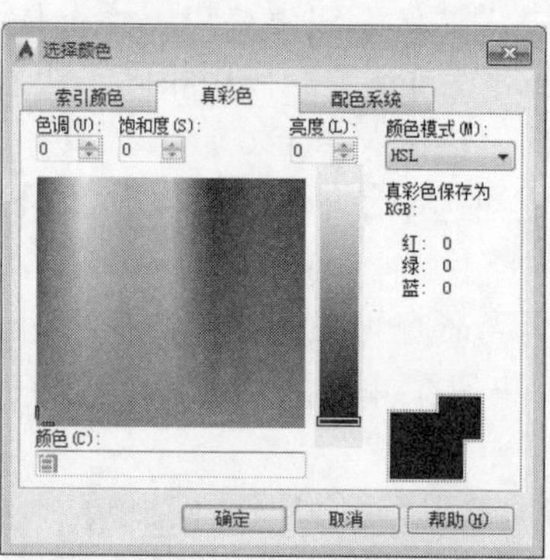

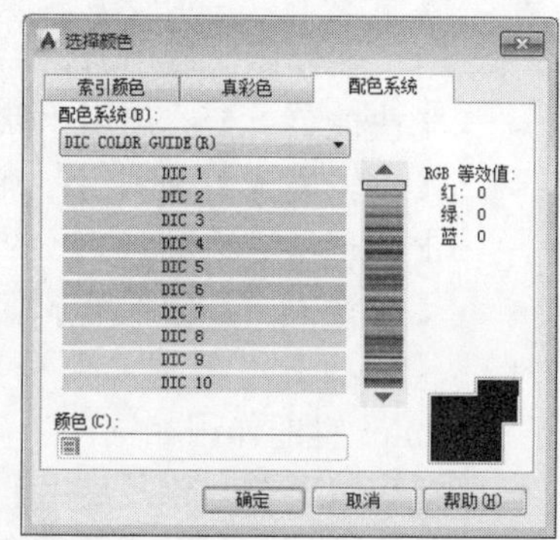


图 2-38 【选择颜色】对话框

如果为界面元素选择了新颜色，新的设置将显示在预览区域中。在图 2-38 中，就将【颜色】设置成了“白色”，改变了绘图区的背景颜色，以便进行绘制。

(4) 【为 X、Y、Z 轴染色】复选框：控制是否将 X 轴、Y 轴和 Z 轴的染色应用于以下界面元素：十字光标指针、自动追踪矢量、地平面栅格线和设计工具提示。将颜色饱和度增加 50% 时，色彩将使用用户指定的颜色亮度应用纯红色、纯蓝色和纯绿色色调。

(5) 【恢复当前元素】按钮：将当前选定的界面元素恢复为其默认颜色。

(6) 【恢复当前上下文】按钮：将当前选定的上下文中的所有界面元素恢复为其默认颜色。

(7) 【恢复所有上下文】按钮：将所有界面元素恢复为其默认颜色设置。

(8) 【恢复传统颜色】按钮：将所有界面元素恢复为 AutoCAD 2016 经典颜色设置。

#### 4. 设置绘图单位

在新建文档时，需要进行相应的绘图单位设置，以满足使用的要求。

在菜单栏选择【格式】|【单位】菜单命令或在命令输入行中输入 units 后按下 Enter 键，打开【图形单位】对话框，如图 2-39 所示。

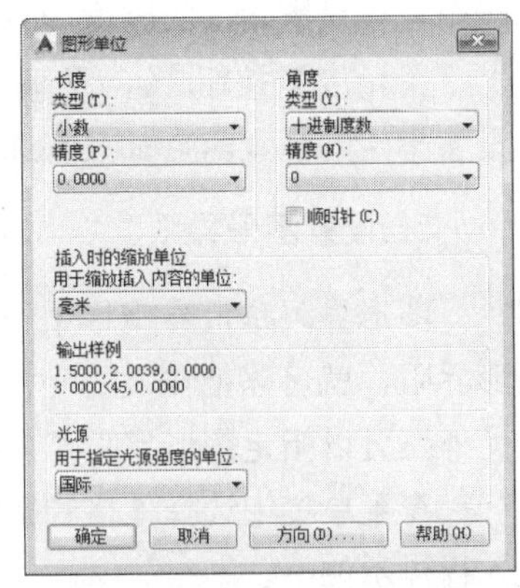


图 2-39 【图形单位】对话框

(1) 【图形单位】对话框中的【长度】选项组用来指定测量当前单位及当前单位的精度。

在【类型】下拉列表框中有 5 个选项，包括【建筑】、【小数】、【工程】、【分数】和【科学】，用于设置测量单位的当前格式。该值中，【工程】和【建筑】选项提供英尺和英寸显示并假定每个图形单位表示一英寸，【分数】和【科学】也不符合我国的制图标准，因此通常情况下选择【小数】选项。

在【精度】下拉列表框中有 9 个选项，用来设置线性测量值显示的小数位数或分数大小。

(2) 【图形单位】对话框中的【角度】选项组用来指定当前角度格式和当前角度显示的精度。

在【类型】下拉列表框中有 5 个选项，包括【百分度】、【度/分/秒】、【弧度】、【勘测单位】和【十进制度数】，用于设置当前角度格式。通常选择符合我国制图规范的【十进制度数】。

在【精度】下拉列表框中有 9 个选项，用来设置当前角度显示的精度。以下惯例用于各种角度测量。

【十进制度数】以十进制度数表示，【百分度】附带一个小写 g 后缀，【弧度】附带一个小写 r 后缀，【度/分/秒】用 d 表示度，用“'”表示分，用“"”表示秒，如“23d45'56.7"”。

【勘测单位】以方位表示角度：N 表示正北，S 表示正南，【度/分/秒】表示从正北或正南开始的偏角的大小，E 表示正东，W 表示正西，如 N 45d0'0" E。此形式只使用【度/分/秒】格式来表示角度大小，且角度值始终小于 90 度。如果角度正好是正北、正南、正东或正西，则只显示表示方向的单个字母。

【顺时针】复选框用来确定角度的正方向，当选中该复选框时，就表示角度的正方向为顺时针方向，反之则为逆时针方向。

(3) 【图形单位】对话框中的【插入时的缩放单位】选项组用来控制插入到当前图形中的块和图形的测量单位，有多个选项可供选择。如果块或图形创建时使用的单位与该选项指定的单位不同，则在插入这些块或图形时，将对其按比例缩放。插入比例是源块或图形使用的单位与目标图形使用的单位之比。如果插入块时不按指定单位缩放，则选择【无单位】选项。

**提示：**当源块或目标图形中的【插入时的缩放单位】设置为【无单位】时，将使用【选项】对话框的【用户系统配置】选项卡中的【源内容单位】和【目标图形单位】设置。

(4) 单位设置完成后，【输出样例】框中会显示出当前设置下的输出的单位样式。单击【确定】按钮，就设定了这个文件的图形单位。

(5) 接下来单击【图形单位】对话框中的【方向】按钮，打开【方向控制】对话框，如图 2-40 所示。

在【基准角度】选项组中选中【东】(默认方向)、【南】、【西】、【北】或【其他】中的任何一个可以设置角度的零度的方向。当选中【其他】单选按钮时，可以通过输入值来指定角度。

【角度】按钮，是基于假想线的角度定义图形区域中的零角度，该假想线连接用户使用定点设备指定的任意两点。只有选中【其他】单选按钮时，此选项才可用。

### 5. 设置图形界限

图形界限是世界坐标系中几个二维点，表示图形范围的左下基准线和右上基准线。如果设置了图形界限，就可以把输入的坐标限制在矩形的区域范围内。图形界限还限制显示网格点的图形范围等，另外还可以指定图形界限作为打印区域，应用到图纸的打印输出中。

在菜单栏中选择【格式】|【图形界限】菜单命令，输入图形界限的左下角和右上角位置，命令输入行提示如下。

```
命令:'_limits
重新设置模型空间界限:
指定左下角点或 [开(ON)/关(OFF)] <0.0000,0.0000>:0,0    // 输入左下角位置(0,0)后按Enter键
指定右上角点 <420.0000,297.0000>:420,297              // 输入右上角位置(420,297)后按Enter键
```

这样，所设置的绘图面积为 420×297，相当于 A3 图纸的大小。

### 6. 设置线型

选择【格式】|【线型】菜单命令，打开【线型管理器】对话框，如图 2-41 所示。

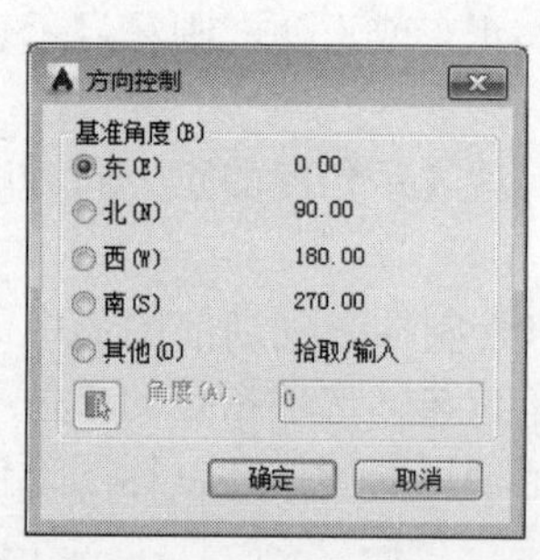


图 2-40 【方向控制】对话框

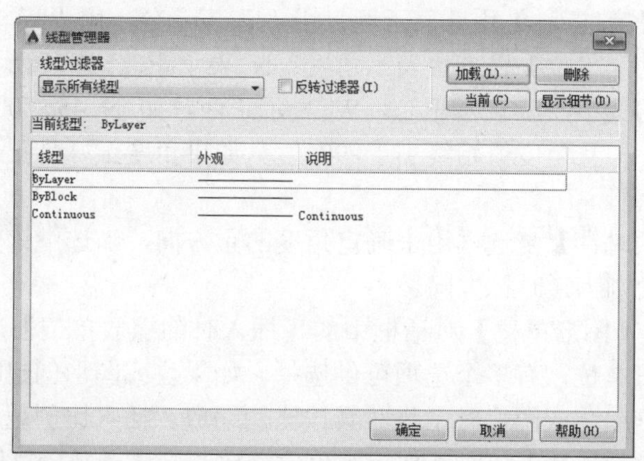


图 2-41 【线型管理器】对话框

单击【加载】按钮，打开【加载或重载线型】对话框，如图 2-42 所示。

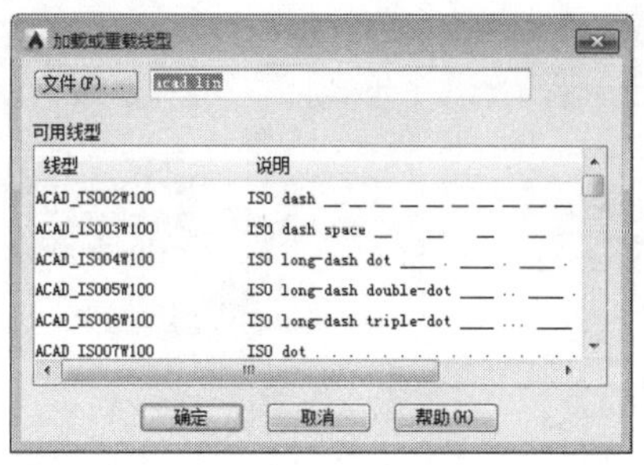


图 2-42 【加载或重载线型】对话框

从中选择绘制图形需要用到的线型，如虚线、中心线等。

本节对基本的设置绘图环境的方法就介绍到此，对于设置图层、设置文本和尺寸标注方式以及设置坐标系统、设置对象捕捉、极轴跟踪的方法将在后面的章节中作详尽的讲解。

**提示**：在绘图过程中，用户仍然可以根据需要对图形单位、线型、图层等内容进行重新设置，以免因设置不合理而影响绘图效率。

## 2.3.2 设置工作界面

**行业知识链接**：AutoCAD 2016 具有暗黑色调界面，硬件加速效果相当明显，此外底部状态栏整体优化更实用便捷。AutoCAD 2016 可用于二维绘图、详细绘制、三维设计，具有良好的操作界面，可提高制图效率。如图 2-43 所示是软件开始界面。

图 2-43 Auto CAD 2016 开始界面

在设计和绘制图形的过程中，根据用户不同的操作习惯，可以更改 AutoCAD 2016 的工作界面。

### 1. 光标大小的设置

根据在绘图过程中不同的需要，可以对十字光标的大小进行更改，这样在绘图过程中的定位就更加方便。在设置光标大小时，十字光标大小的取值范围一般为“1～100”，“100”表示十字光标全屏幕显示，其默认尺寸为“5”；数值越大，十字光标越长。

选择【工具】|【选项】菜单命令，打开【选项】对话框，如图 2-44 所示。

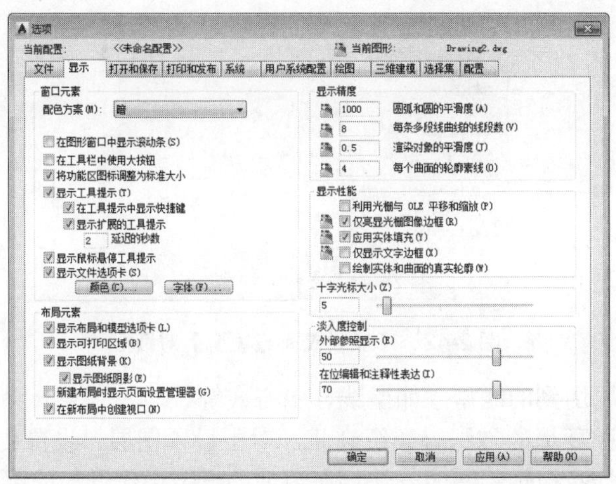


图 2-44 【选项】对话框

切换到【显示】选项卡，在【十字光标大小】选项组中拖动滑块，使文本框中的值变为 5，也可在文本框中直接输入数值，然后单击【确定】按钮即可，如图 2-45 所示。

图 2-45 改变数值

### 2. 绘图区颜色的设置

启动 AutoCAD 后，其绘图区的颜色默认为黑色，用户可根据自己的习惯对绘图区的颜色进行修改。

选择【工具】|【选项】菜单命令，打开【选项】对话框，切换到【显示】选项卡，单击【窗口元素】选项组中的【颜色】按钮，打开【图形窗口颜色】对话框，如图 2-46 所示。

在【颜色】下拉列表框中选择合适的颜色。此时可预览绘图区的背景颜色。

设置完成后，再单击【应用并关闭】按钮，此时将返回到【选项】对话框，最后单击【选项】对话框中的【确定】按钮返回到工作界面中，绘图区将以选择的颜色作为背景颜色。

如图 2-47 为背景颜色修改为白色的情况。

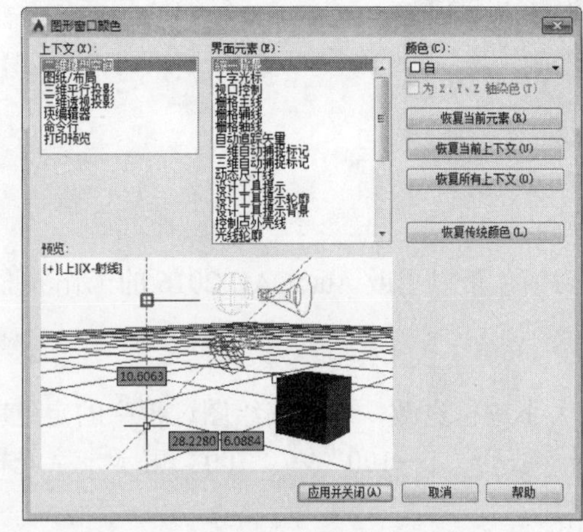


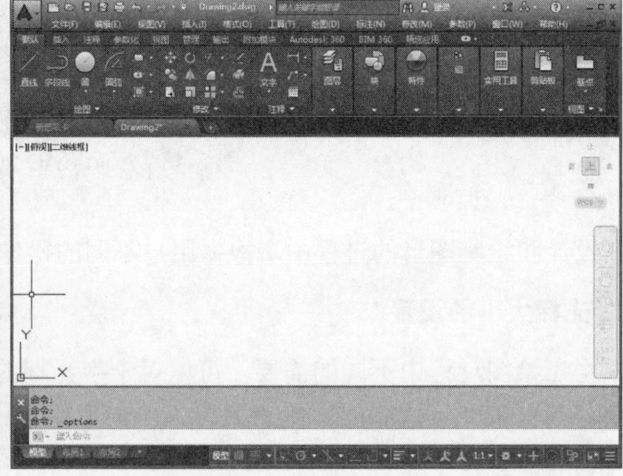

图 2-46 【图形窗口颜色】对话框

图 2-47 白色背景

### 3. 命令输入行的行数和字体大小设置

在绘制图形的过程中，用户可根据命令输入行中的内容，进行下一步的操作，设置命令输入行的行数与字体。

1) 设置命令输入行行数

在 AutoCAD 的命令输入行中默认的行数为 3 行，如果需要直接查看最近进行的操作，就需要增加命令输入行的行数。将光标移动至命令输入行与绘图区之间的边界处，当光标变为双向箭头时，按住鼠标左键向上拖动鼠标，可以增加命令输入行的行数，向下拖动鼠标可减少行数。

2) 设置命令输入行字体

在 AutoCAD 的命令输入行中默认的字体为 Courier，用户可以根据自己的需要进行更改。在设置命令输入行字体时，当在【命令行窗口字体】对话框中对字体、字形和字号进行设置后，在其下的【命令行字体样例】框中将显示其效果。

选择【工具】|【选项】菜单命令，打开【选项】对话框，切换到【显示】选项卡，在【窗口元素】选项组中单击【字体】按钮，打开【命令行窗口字体】对话框，如图 2-48 所示。

在【字体】、【字形】和【字号】列表框中选择合适的选项。

设置完成后，单击【应用并关闭】按钮，将返回到【选项】对话框中，再单击【确定】按钮，完成字体的设置。

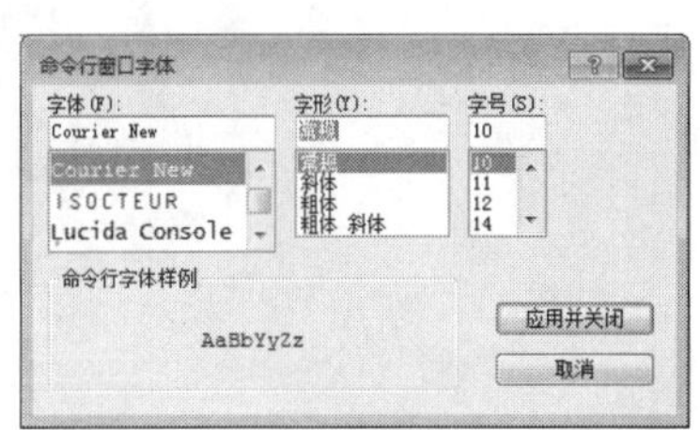


图 2-48 【命令行窗口字体】对话框

### 4. 自定义用户界面

(1) 通过【自定义用户界面】窗口可以自定义用户界面，在该窗口中包括了【自定义】和【传输】两个选项卡。其中，【自定义】选项卡用于控制当前的界面设置；【传输】选项卡用于输入菜单和设置。

选择【工具】|【自定义】|【界面】菜单命令，打开【自定义用户界面】对话框，双击【工具栏】卷展栏，展开 AutoCAD 中各工具栏的名称，如图 2-49 所示。

图 2-49 【自定义用户界面】对话框

双击【绘图】选项，展开下一级选项并选择【直线】选项，如图 2-50 所示。

在【按钮图像】卷展栏中单击【编辑】按钮，打开按钮编辑器，编辑所选对象的图标和颜色，如图 2-51 所示。

编辑完成后，单击【保存】即可。当在【直线】选项上右击时，在弹出的快捷菜单中可以对该选项进行新建、删除、替换等操作。

(2) AutoCAD 可以锁定工具栏和选项板的位置，防止它们移动，锁定状态由状态栏上的挂锁图标表示。

选择【窗口】|【锁定位置】|【全部】|【锁定】菜单命令，如图 2-52 所示。在工作界面的右下角将显示各工具栏和选项板是锁定的，其锁定图标由变成。

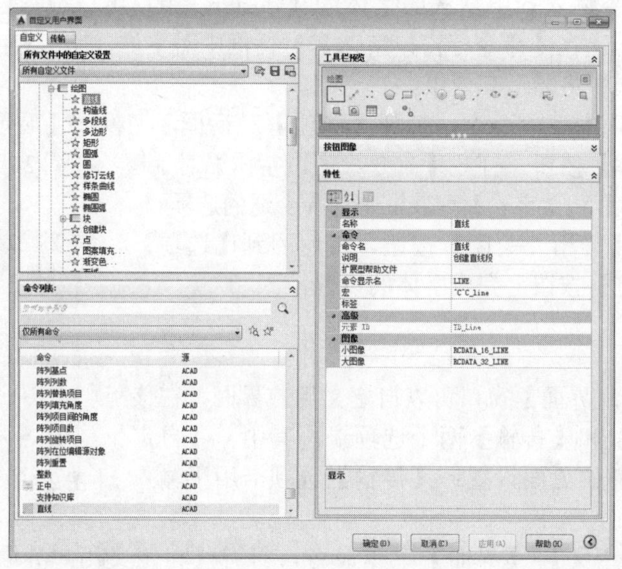


图 2-50 【绘图】选项

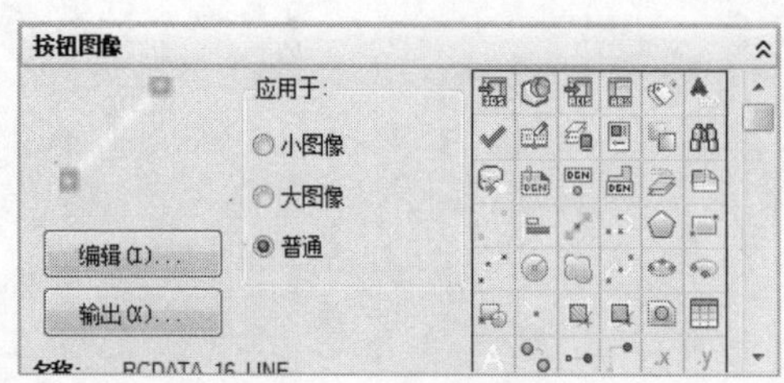


图 2-51 按钮编辑器

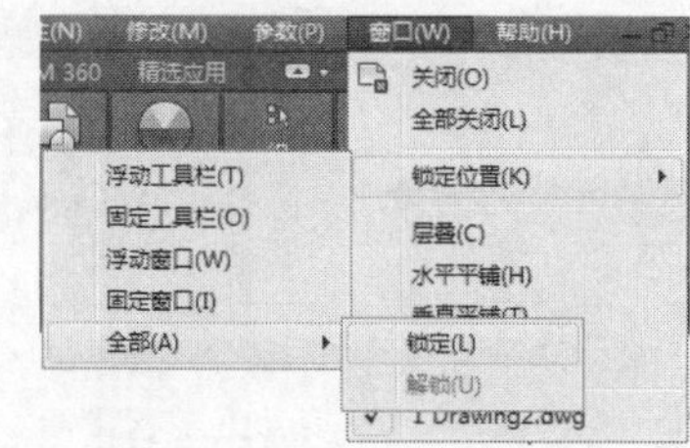


图 2-52 选择【锁定】命令

在锁定情况下，选择【窗口】|【锁定位置】|【全部】|【解锁】菜单命令即可解锁。

(3) 在 AutoCAD 中可以创建具有个性化的工作空间，还可将创建的工作空间保存起来。选择【工具】|【工作空间】|【将当前工作空间另存为】菜单命令，打开【保存工作空间】对话框，如图 2-53 所示。在【名称】文本框中输入需要保存的工作空间名称，单击【保存】按钮完成当前工作空间的保存操作。

图 2-53 【保存工作空间】对话框

## 课后练习

案例文件：ywj\02\01.dwg

视频文件：光盘\视频课堂\第 2 教学日\2.3

练习案例分析及步骤如下。

本节课后练习创建星三角自动启动电路，电机的启动电路用于安全环境，可以保证人员不直接接触电机的高压电路，如图 2-54 所示是完成的星三角自动启动电路。

本节案例主要练习星三角自动启动电路的绘制步骤，在绘制之前首先设置绘图环境，之后依次绘制电机电路、控制电路，文字一般在最后添加。绘制星三角自动启动电路的思路和步骤如图 2-55 所示。

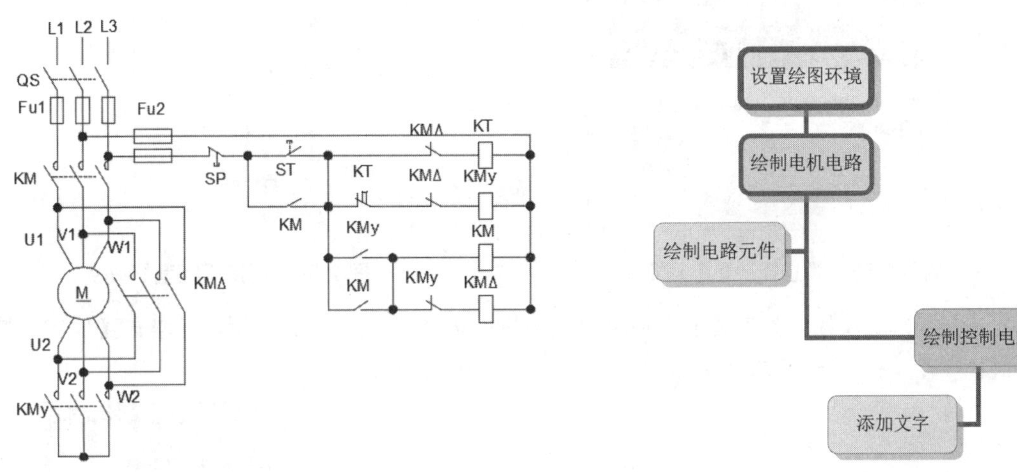


图 2-54　完成的星三角自动启动电路　　图 2-55　星三角自动启动电路的绘制步骤

练习案例的操作步骤如下。

step 01 设置绘图环境，打开 AutoCAD 软件，选择【文件】|【新建】菜单命令，创建新文件，如图 2-56 所示。

step 02 选择【格式】|【颜色】菜单命令，如图 2-57 所示。

图 2-56　创建新文件

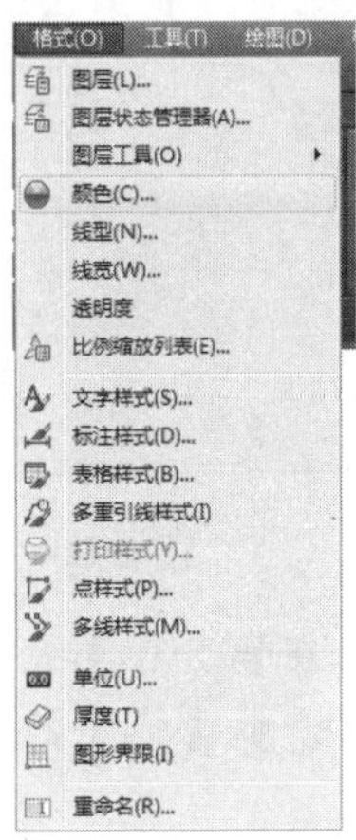


图 2-57　选择【颜色】命令

step 03 在弹出的【选择颜色】对话框中，选择颜色，如图 2-58 所示，单击【确定】按钮。

step 04 选择【格式】|【线型】菜单命令，如图 2-59 所示。

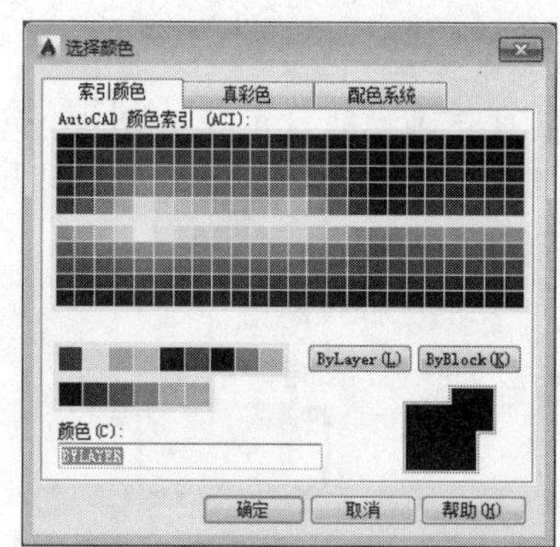


图 2-58 【选择颜色】对话框

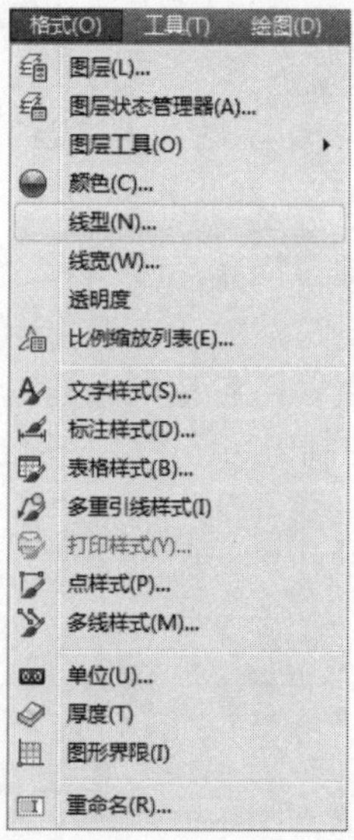


图 2-59 选择【线型】命令

step 05 在弹出的【线型管理器】对话框中，选择默认线型，如图 2-60 所示，单击【确定】按钮。

step 06 选择【格式】|【线宽】菜单命令，如图 2-61 所示。

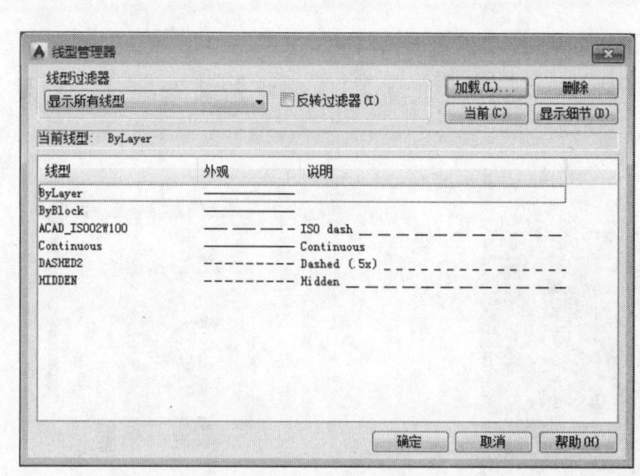


图 2-60 【线型管理器】对话框

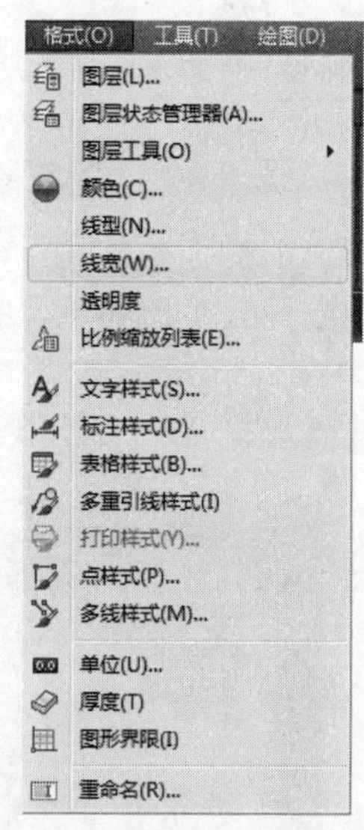


图 2-61 选择【线宽】命令

step 07 在弹出的【线宽设置】对话框中，选择默认线宽，如图 2-62 所示，单击【确定】按钮。

step 08 选择【格式】|【文字样式】菜单命令，如图 2-63 所示。

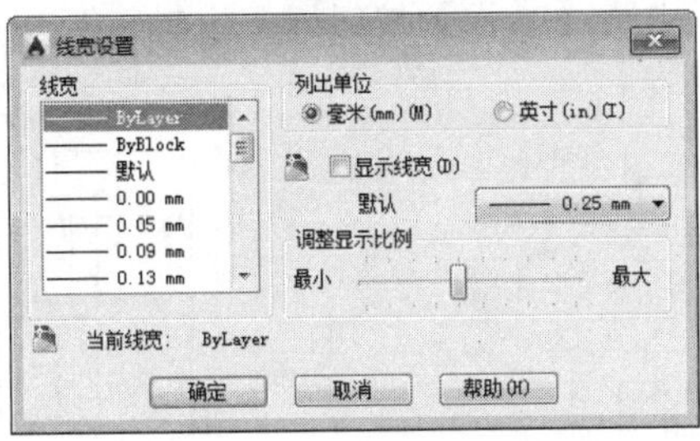


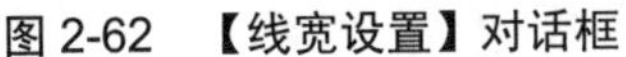
图 2-62 【线宽设置】对话框

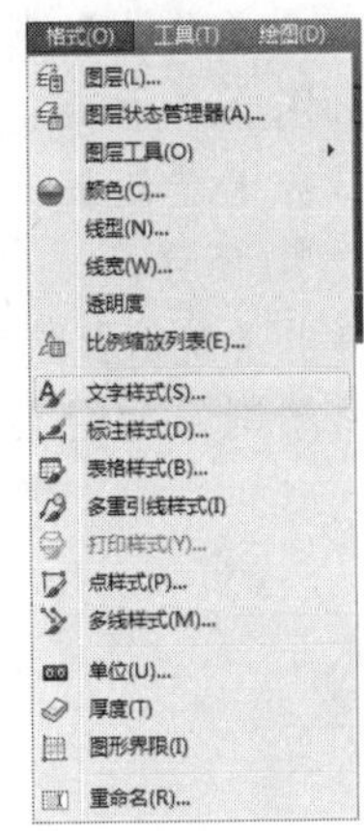


图-63 选择【文字样式】命令

step 09 在弹出的【文字样式】对话框中，设置默认的文字样式，如图 2-64 所示，单击【应用】按钮。

step 10 开始绘制电机电路，单击【默认】选项卡的【绘图】工具栏中的【直线】按钮，绘制长度为 2 的直线，如图 2-65 所示。

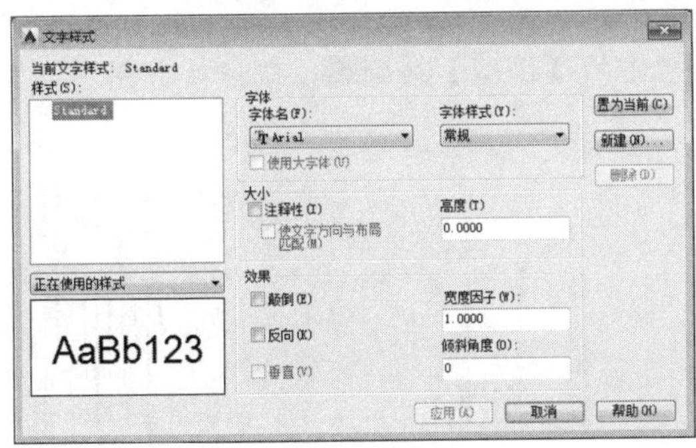


图 2-64 【文字样式】对话框

图 2-65 绘制长度为 2 的直线

step 11 单击【默认】选项卡的【修改】工具栏中的【复制】按钮，选择直线，完成复制，如图 2-66 所示。

step 12 单击【默认】选项卡的【绘图】工具栏中的【直线】按钮，绘制长度为 2 的角度线，如图 2-67 所示。

step 13 选择虚线图层，单击的【默认】选项卡的【绘图】工具栏中的【直线】按钮，绘制长度为 3.5 的虚线，完成闸刀开关绘制，如图 2-68 所示。

图 2-66 复制直线

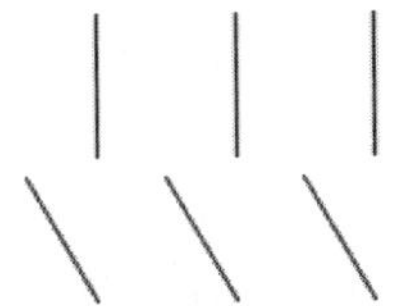
图 2-67 绘制角度线

图 2-68 闸刀开关

step 14 单击【默认】选项卡的【绘图】工具栏中的【矩形】按钮，绘制尺寸为 1×2 的矩形，如图 2-69 所示。

step 15 单击【默认】选项卡的【修改】工具栏中的【复制】按钮，选择矩形，完成复制，如图 2-70 所示。

step 16 单击【默认】选项卡的【绘图】工具栏中的【直线】按钮，绘制长度为 6 的直线，完成保险绘制，如图 2-71 所示。

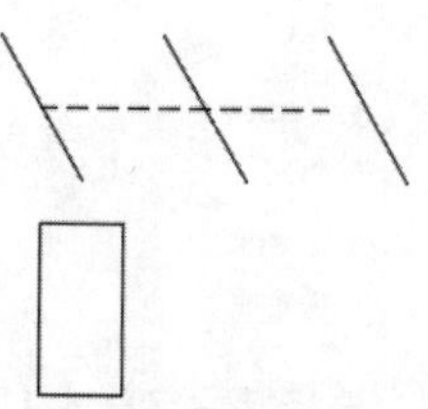

图 2-69 绘制矩形

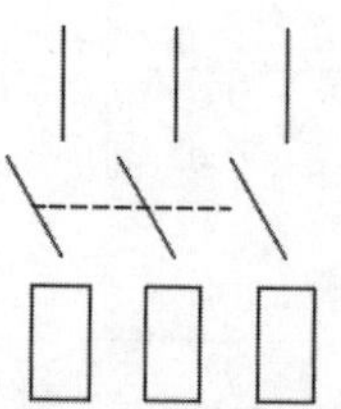

图 2-70 复制矩形

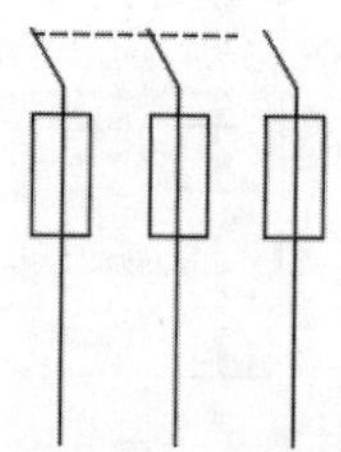

图 2-71 绘制保险

step 17 单击【默认】选项卡的【绘图】工具栏中的【圆】按钮，绘制半径为 0.3 的节点圆，如图 2-72 所示。

step 18 单击【默认】选项卡的【修改】工具栏中的【复制】按钮，选择圆形，完成复制，如图 2-73 所示。

step 19 单击【默认】选项卡的【修改】工具栏中的【修剪】按钮，快速修剪图形，完成触点绘制，如图 2-74 所示。

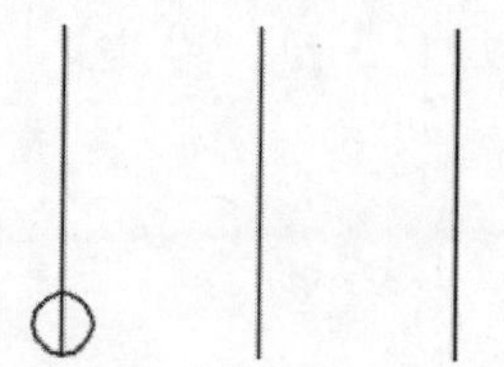

图 2-72 绘制节点圆

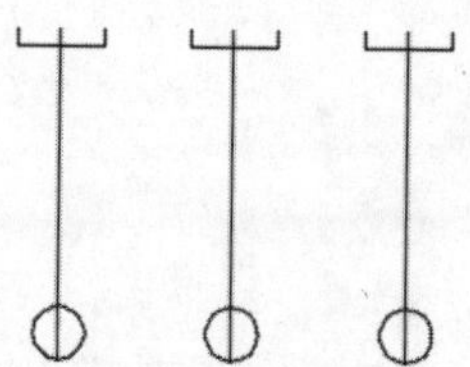

图 2-73 复制圆形

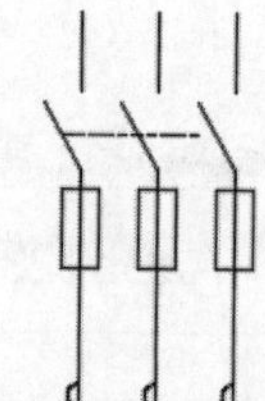

图 2-74 修剪触点图形

step 20 单击【默认】选项卡的【注释】工具栏中的【文字】按钮，绘制如图 2-75 所示的文字“L1”。

step 21 单击【默认】选项卡的【注释】工具栏中的【文字】按钮，绘制如图 2-76 所示的文字“L2 和 L3”。

step 22 单击【默认】选项卡的【注释】工具栏中的【文字】按钮，绘制如图 2-77 所示的文字“QS”。

图 2-75 添加文字“L1”

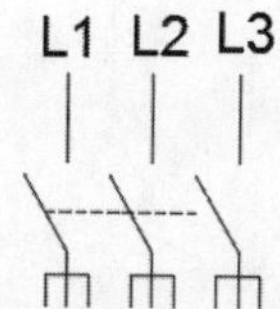


图 2-76 添加文字“L2 和 L3”

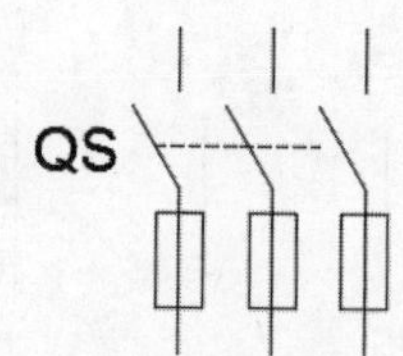


图 2-77 添加文字“QS”

step 23 单击【默认】选项卡的【注释】工具栏中的【文字】按钮A，绘制如图 2-78 所示的文字“FU1”。

step 24 单击【默认】选项卡的【绘图】工具栏中的【直线】按钮，绘制长度为 2 的角度线，如图 2-79 所示。

step 25 选择虚线图层，单击【默认】选项卡的【绘图】工具栏中的【直线】按钮，绘制长度为 3.5 的虚线，如图 2-80 所示。

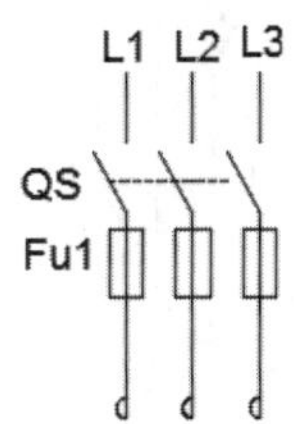


图 2-78　添加文字“FU1”

图 2-79　绘制长度为 2 的角度线

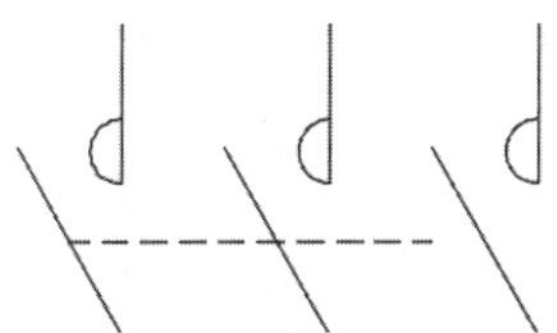

图 2-80　绘制虚线

step 26 单击【默认】选项卡的【绘图】工具栏中的【直线】按钮，绘制长度分别为 4 和 6 的直线，完成开关绘制，如图 2-81 所示。

step 27 单击【默认】选项卡的【绘图】工具栏中的【直线】按钮，绘制如图 2-82 所示的 3 条角度线。

step 28 单击【默认】选项卡的【绘图】工具栏中的【圆】按钮，绘制半径为 2 的圆，完成电机绘制，如图 2-83 所示。

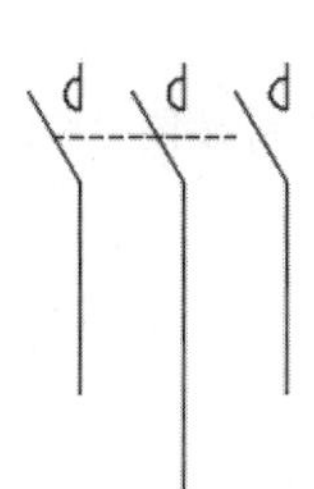

图 2-81　绘制开关

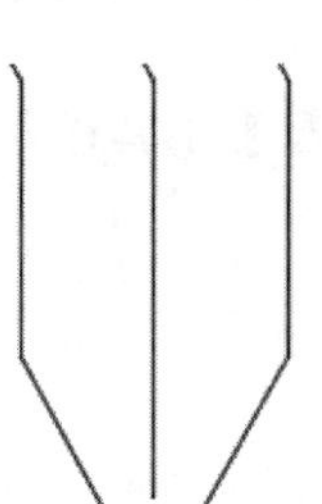

图 2-82　绘制 3 条角度线

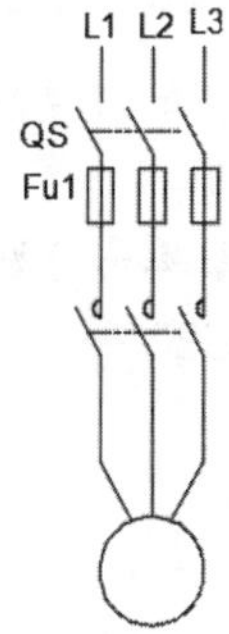


图 2-83　完成电机绘制

step 29 单击【默认】选项卡的【注释】工具栏中的【文字】按钮A，绘制如图 2-84 所示的文字“KM”。

step 30 单击【默认】选项卡的【注释】工具栏中的【文字】按钮A，绘制如图 2-85 所示的文字“U1”。

step 31 单击【默认】选项卡的【注释】工具栏中的【文字】按钮A，绘制如图 2-86 所示的电机文字。

step 32 单击【默认】选项卡的【修改】工具栏中的【复制】按钮，选择电机上的线路进行复制，完成如图 2-87 所示的图形。

step 33 单击【默认】选项卡的【绘图】工具栏中的【圆】按钮，绘制半径为 0.3 的节点圆，如图 2-88 所示。

step 34 单击【默认】选项卡的【修改】工具栏中的【复制】按钮，选择圆形进行复制，如图 2-89 所示。

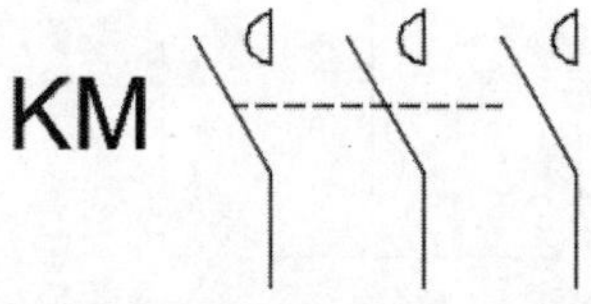

图 2-84　添加文字“KM”

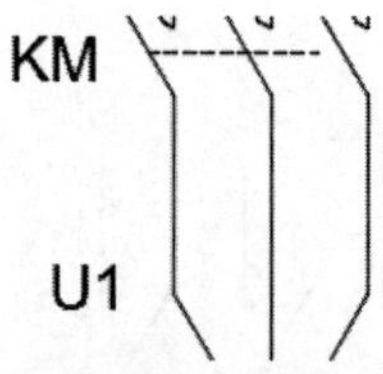

图 2-85　添加文字“U1”

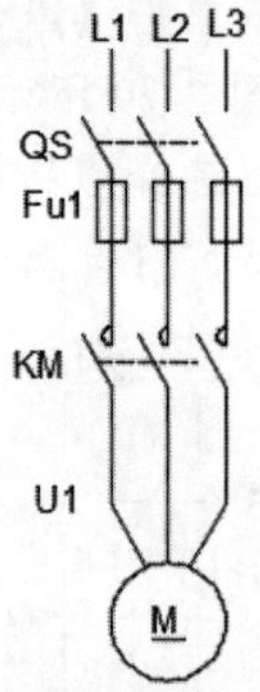

图 2-86　添加电机文字

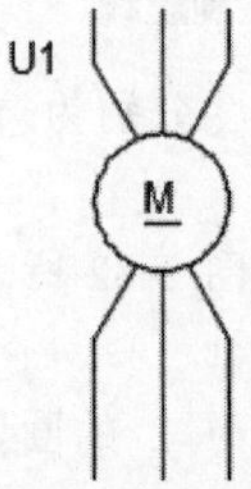

图 2-87　复制线路图形

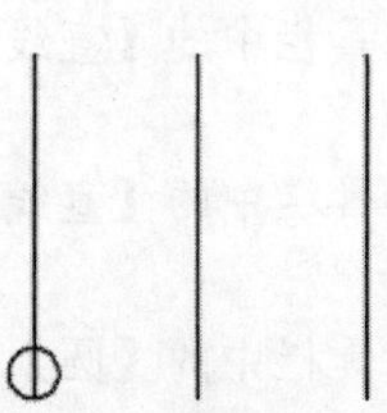

图 2-88　绘制节点圆

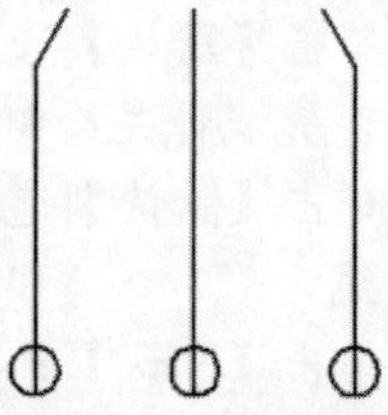

图 2-89　复制圆形

step 35 单击【默认】选项卡的【修改】工具栏中的【修剪】按钮，快速修剪图形，完成触点绘制，如图 2-90 所示。

step 36 单击【默认】选项卡的【注释】工具栏中的【文字】按钮，绘制如图 2-91 所示的文字“U2”。

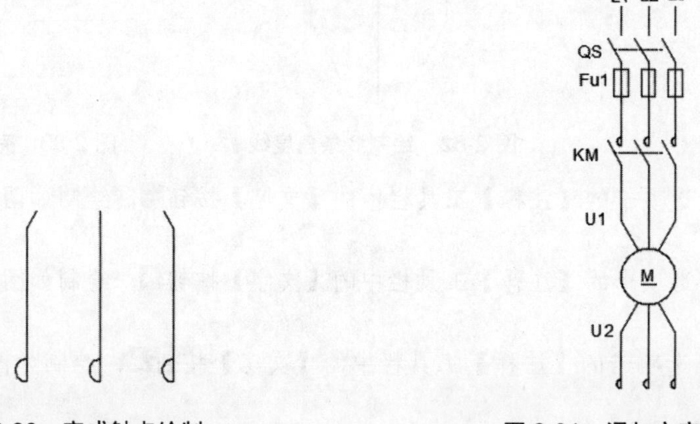


图 2-90　完成触点绘制

图 2-91　添加文字“U2”

step 37 单击【默认】选项卡的【绘图】工具栏中的【直线】按钮，绘制如图 2-92 所示的角度线。

step 38 单击【默认】选项卡的【绘图】工具栏中的【直线】按钮，绘制如图 2-93 所示的开关线路。

step 39 单击修改图层设置，单击【默认】选项卡的【绘图】工具栏中的【直线】按钮，绘制长度为 3.5 的虚线，如图 2-94 所示。

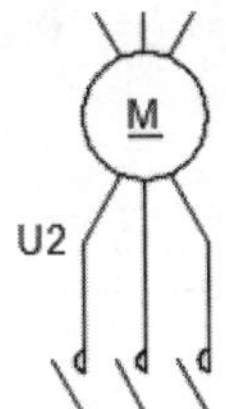


图 2-92　绘制角度线

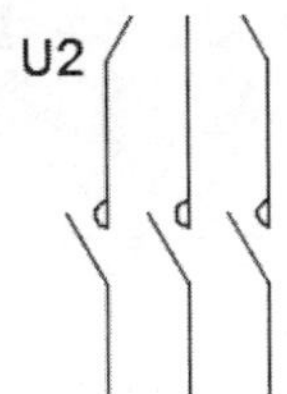


图 2-93　绘制开关线路

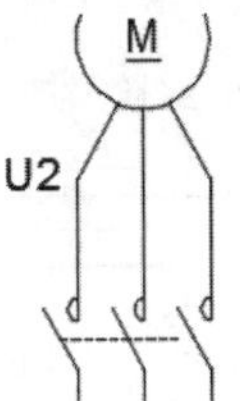


图 2-94　绘制虚线

step 40 单击【默认】选项卡的【绘图】工具栏中的【直线】按钮，绘制如图 2-95 所示的直线。

step 41 单击【默认】选项卡的【绘图】工具栏中的【圆】按钮，绘制半径为 0.3 的圆，并单击【绘图】工具栏中的【图案填充】按钮，完成如图 2-96 所示的节点绘制。

step 42 单击【默认】选项卡的【注释】工具栏中的【文字】按钮，绘制如图 2-97 所示的文字“KMy”，完成电机电路的绘制。

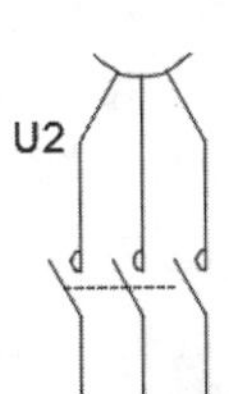


图 2-95　绘制直线

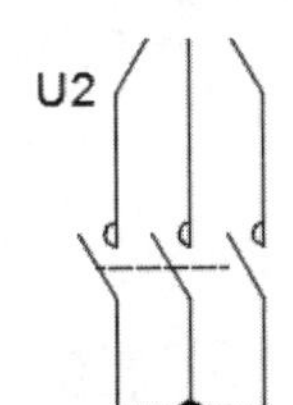


图 2-96　绘制节点

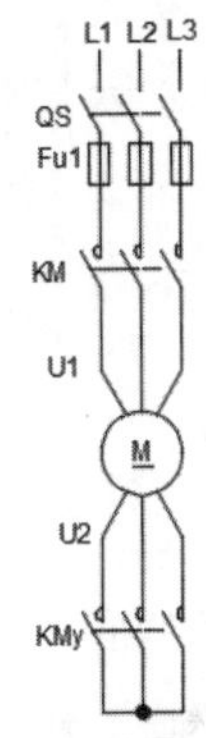


图 2-97　添加文字“KMy”

step 43 开始绘制控制电路，单击【默认】选项卡的【绘图】工具栏中的【直线】按钮，绘制如图 2-98 所示的第 1 条线路。

step 44 单击【默认】选项卡的【绘图】工具栏中的【直线】按钮，绘制如图 2-99 所示的第 2 条线路。

step 45 单击【默认】选项卡的【绘图】工具栏中的【直线】按钮，绘制如图 2-100 所示的第 3 条线路。

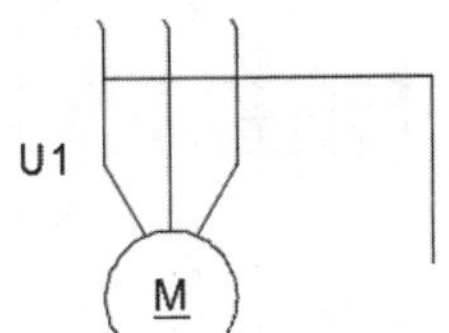


图 2-98　绘制第 1 条线路

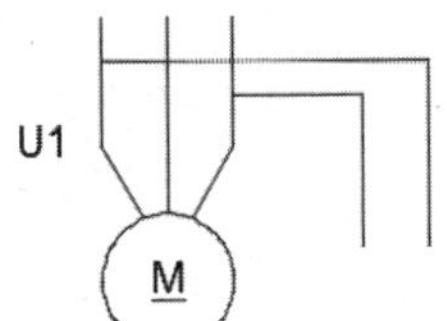


图 2-99　绘制第 2 条线路

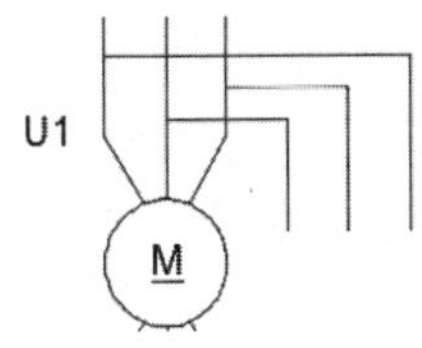


图 2-100　绘制第 3 条线路

step 46 单击【默认】选项卡的【绘图】工具栏中的【圆】按钮，绘制半径为 0.3 的节点圆，如图 2-101 所示。

step 47 单击【默认】选项卡的【修改】工具栏中的【修剪】按钮，快速修剪图形，完成触点绘制，如图 2-102 所示。

step 48 单击【默认】选项卡的【绘图】工具栏中的【圆】按钮，绘制半径为 0.3 的 3 个圆，如图 2-103 所示。

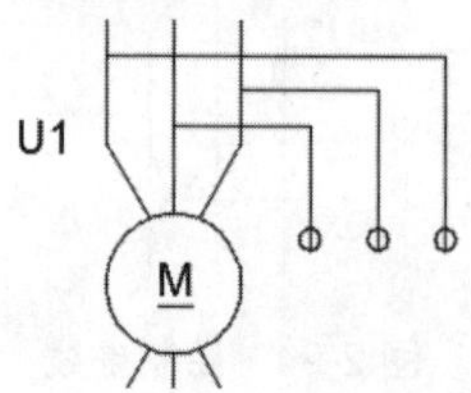

图 2-101 绘制节点圆

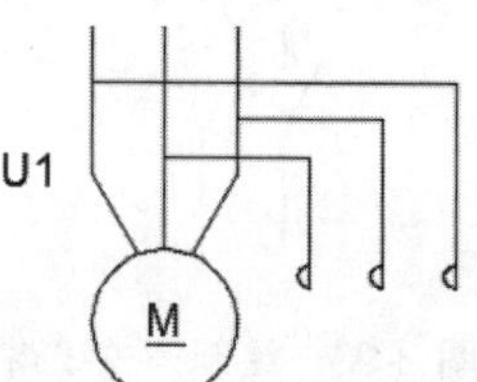

图 2-102 完成触点绘制

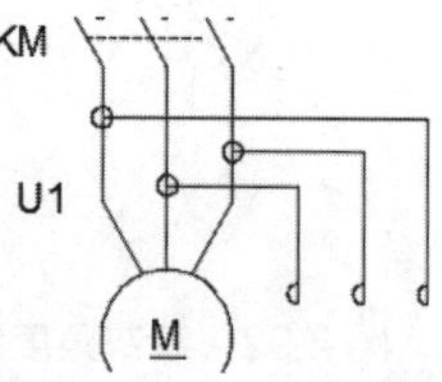

图 2-103 绘制 3 个圆

step 49 单击【默认】选项卡的【绘图】工具栏中的【图案填充】按钮，填充圆形，如图 2-104 所示。

step 50 单击【默认】选项卡的【绘图】工具栏中的【直线】按钮，绘制如图 2-105 所示的角度线。

step 51 单击【默认】选项卡的【绘图】工具栏中的【直线】按钮，绘制长度为 3.5 的开关连接线，完成开关绘制，如图 2-106 所示。

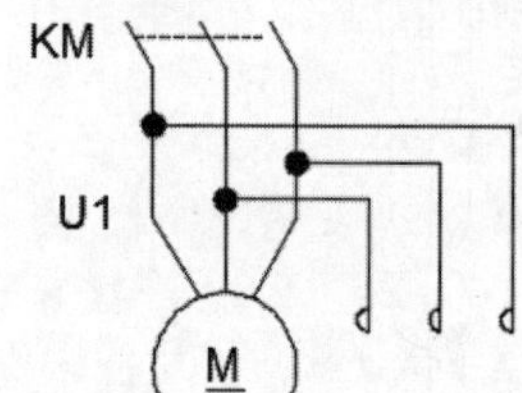

图 2-104 填充圆形

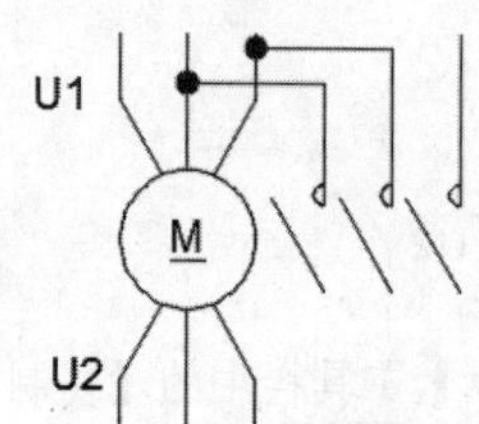

图 2-105 绘制角度线

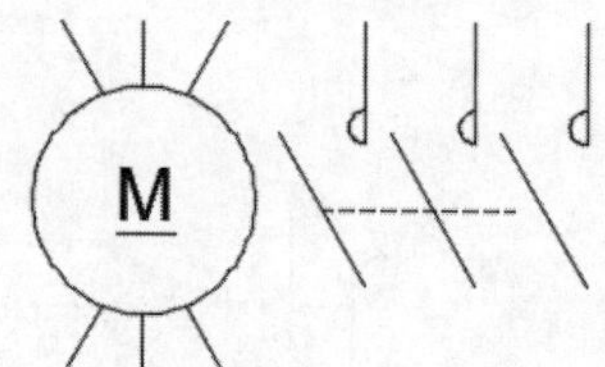

图 2-106 绘制开关

step 52 单击【默认】选项卡的【绘图】工具栏中的【直线】按钮，绘制如图 2-107 所示的 3 条线路。

step 53 单击【默认】选项卡的【绘图】工具栏中的【圆】按钮，绘制半径为 0.3 的圆，并进行填充，如图 2-108 所示。

step 54 单击【默认】选项卡的【注释】工具栏中的【文字】按钮，绘制如图 2-109 所示的文字“V1”。

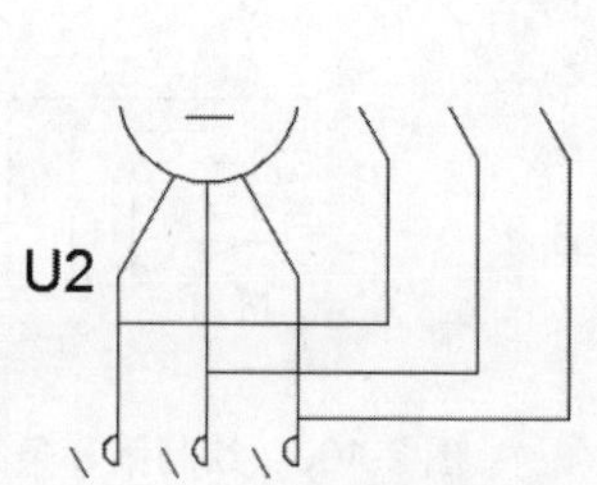

图 2-107 绘制 3 条线路

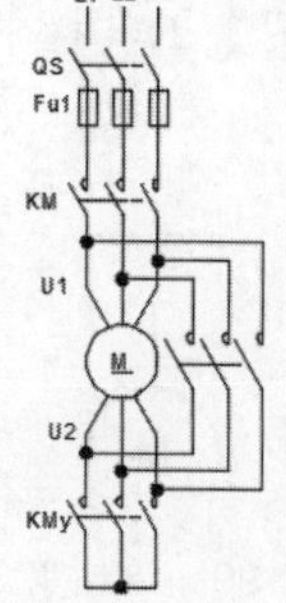

图 2-108 绘制圆并填充

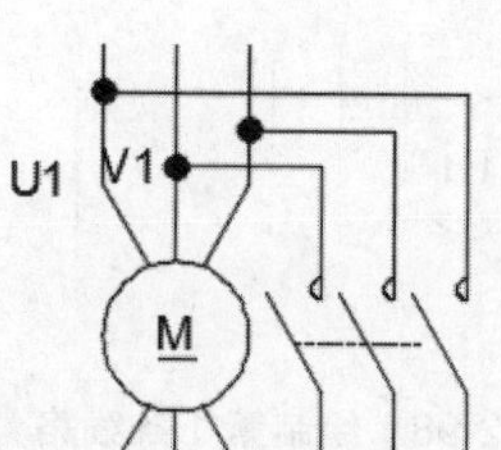

图 2-109 添加文字“V1”

step 55 单击【默认】选项卡的【注释】工具栏中的【文字】按钮A，绘制如图 2-110 所示的文字"W1"。

step 56 绘制如图 2-111 所示的文字"W2"。

step 57 绘制如图 2-112 所示的文字"KMΔ"。

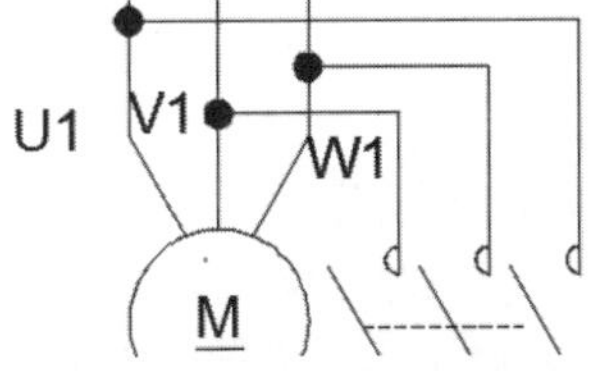

图 2-110 添加文字"W1"

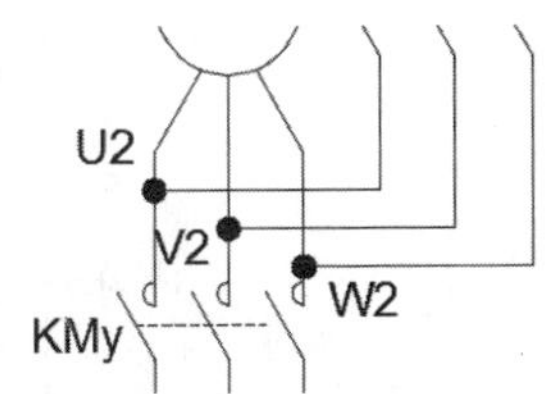

图 2-111 添加文字"W2"

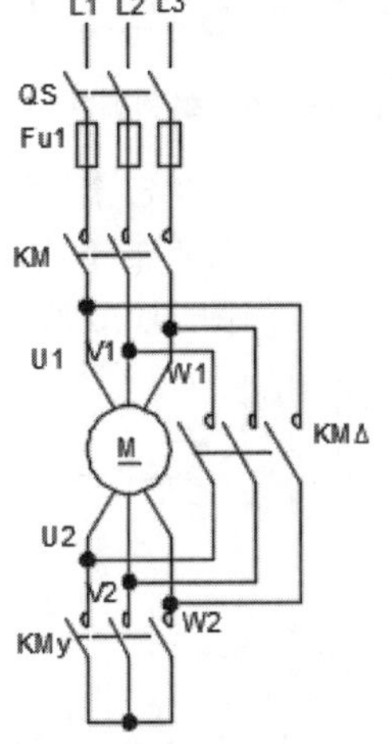

图 2-112 添加文字"KMΔ"

step 58 单击【默认】选项卡的【绘图】工具栏中的【矩形】按钮，绘制尺寸为 1×3 的电阻，如图 2-113 所示。

step 59 单击【默认】选项卡的【修改】工具栏中的【复制】按钮，选择电阻进行复制，如图 2-114 所示。

step 60 单击【默认】选项卡【绘图】工具栏中的【直线】按钮，绘制如图 2-115 所示的角度线。

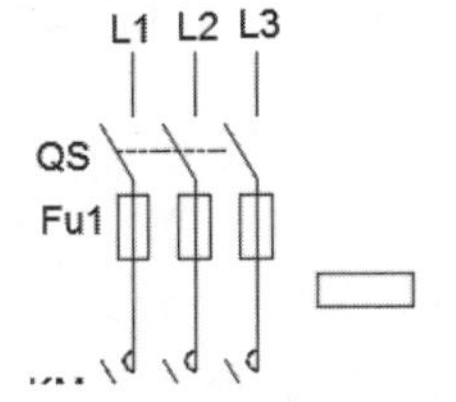

图 2-113 绘制电阻

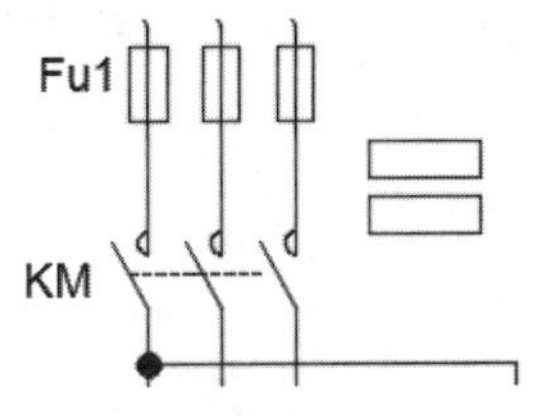

图 2-114 复制电阻

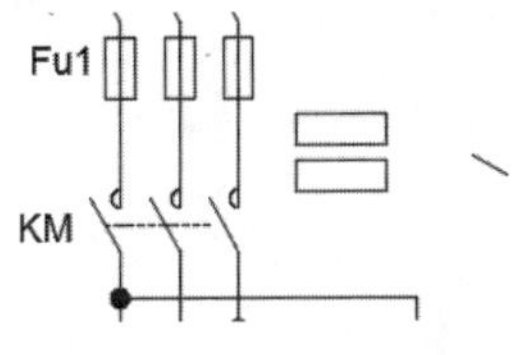

图 2-115 绘制角度线

step 61 选择虚线图层，单击【默认】选项卡的【绘图】工具栏中的【直线】按钮，绘制如图 2-116 所示的虚线。

step 62 单击【默认】选项卡的【绘图】工具栏中的【直线】按钮，完成开关绘制，如图 2-117 所示。

step 63 单击【默认】选项卡的【修改】工具栏中的【复制】按钮，选择开关进行复制，并单击【修改】工具栏中的【旋转】按钮，旋转开关图形，如图 2-118 所示。

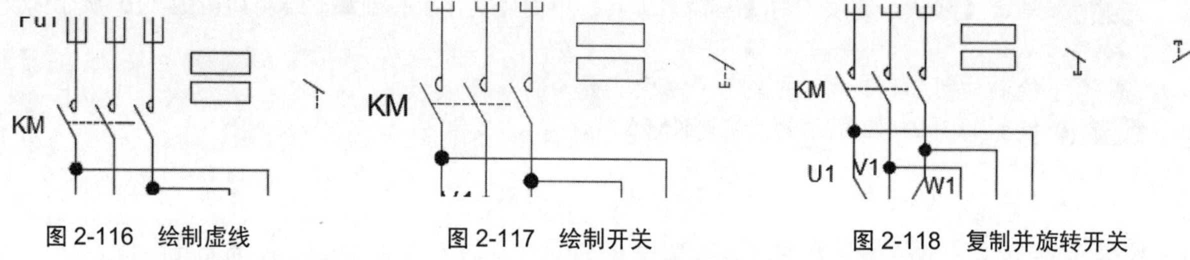


图 2-116　绘制虚线　　图 2-117　绘制开关　　图 2-118　复制并旋转开关

step 64 单击【默认】选项卡的【绘图】工具栏中的【直线】按钮，绘制如图 2-119 所示的角度线。

step 65 单击【默认】选项卡的【绘图】工具栏中的【矩形】按钮，绘制尺寸为 2×1 的电阻，如图 2-120 所示。

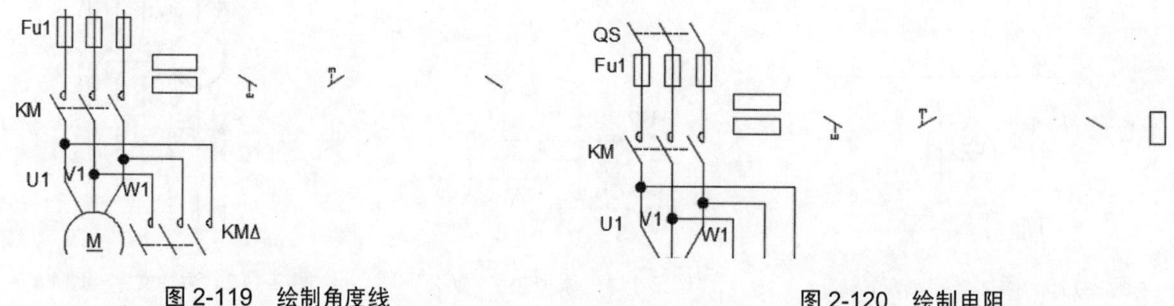


图 2-119　绘制角度线　　图 2-120　绘制电阻

step 66 单击【默认】选项卡的【修改】工具栏中的【复制】按钮，选择电阻和开关图形，进行元件复制，如图 2-121 所示。

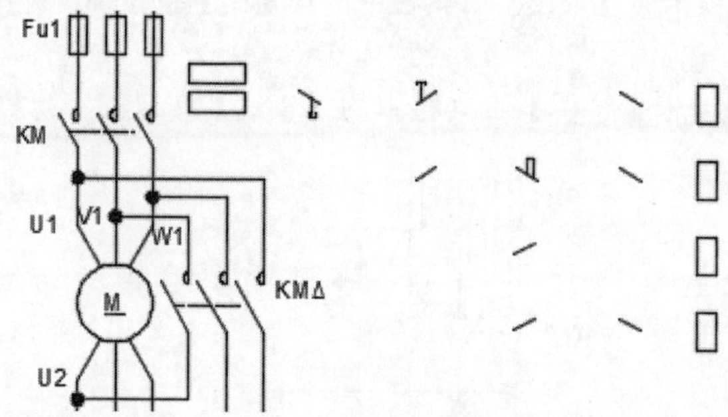


图 2-121　复制元件

step 67 单击【默认】选项卡的【绘图】工具栏中的【直线】按钮，绘制如图 2-122 所示的线路 1、2。

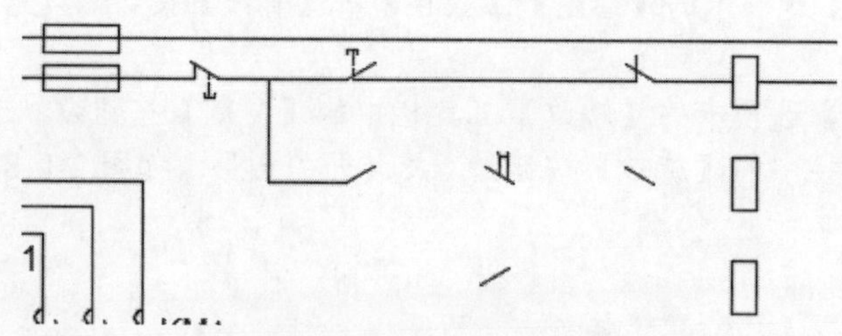


图 2-122　绘制线路 1、2

step 68 单击【默认】选项卡的【绘图】工具栏中的【直线】按钮，绘制如图2-123所示的线路3。

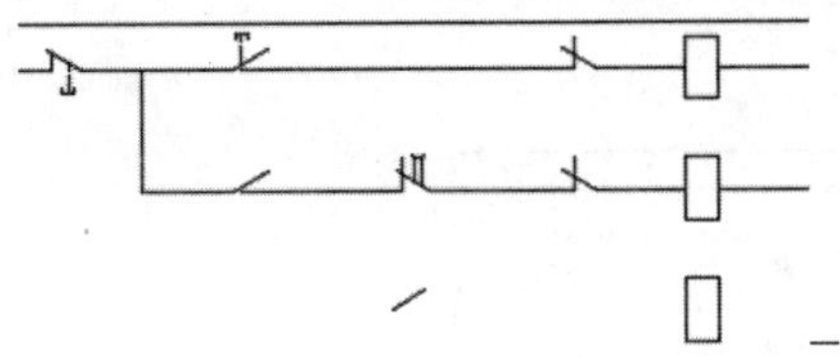

图 2-123　绘制线路 3

step 69 单击【默认】选项卡的【绘图】工具栏中的【直线】按钮，绘制如图 2-124 所示的线路 4、5。

step 70 单击【默认】选项卡的【绘图】工具栏中的【直线】按钮，绘制如图2-125所示的直线。

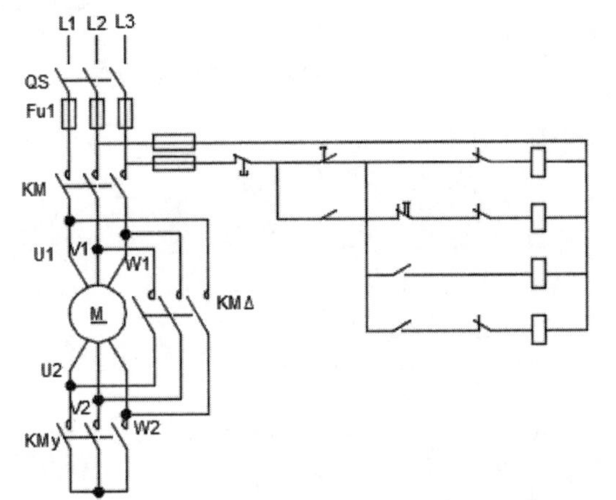


图 2-124　绘制线路 4、5

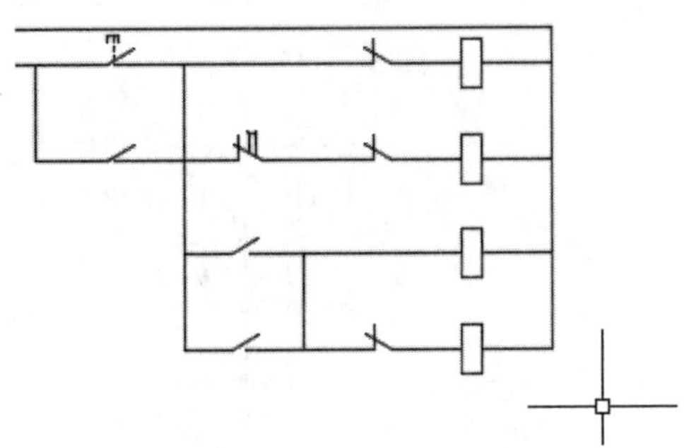

图 2-125　绘制直线

step 71 单击【默认】选项卡的【绘图】工具栏中的【圆】按钮，绘制半径为 0.3 的节点圆，如图 2-126 所示。

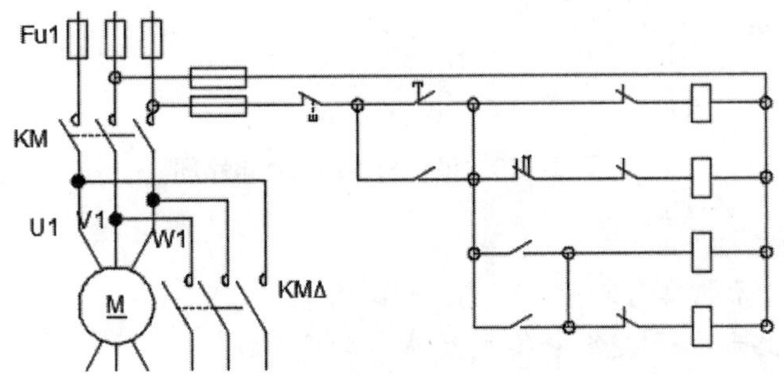


图 2-126　绘制节点圆

step 72 单击【默认】选项卡的【绘图】工具栏中的【图案填充】按钮，完成如图 2-127 所示的节点填充。

step 73 单击【默认】选项卡的【注释】工具栏中的【文字】按钮，完成支路文字绘制，如图 2-128 所示。

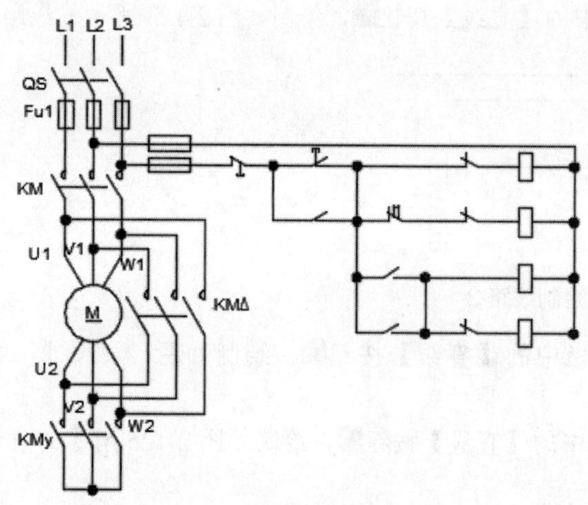


图 2-127　填充节点

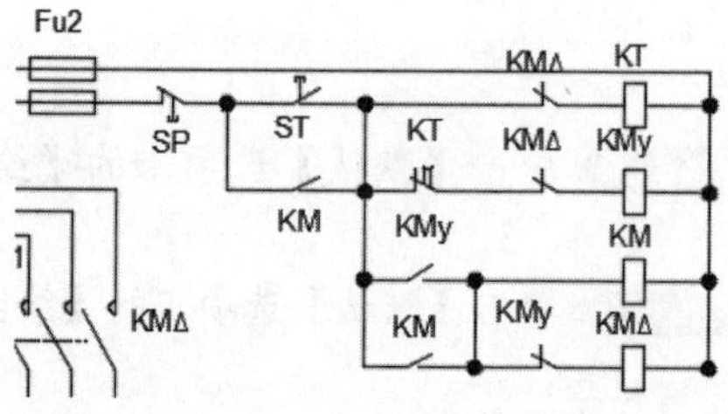


图 2-128　绘制支路文字

step 74 完成绘制的星三角自动启动电路图如图 2-129 所示。

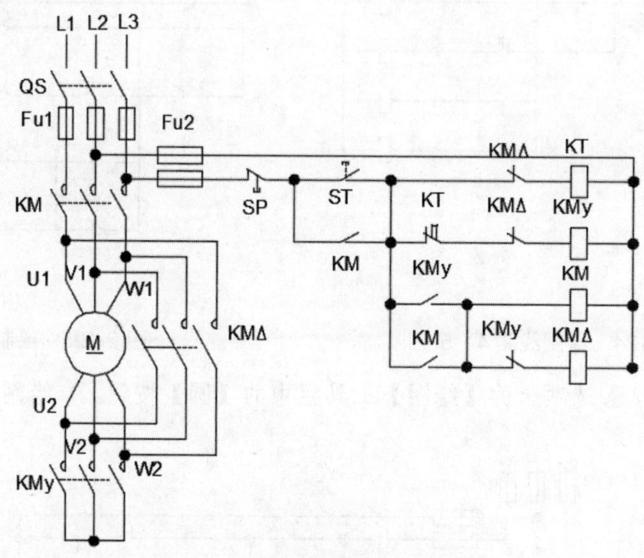


图 2-129　星三角自动启动电路图

**电气设计实践**：电子电路图又称电路图或电路原理图，它是一种反映电子产品和电子设备中各元器件的电气连接情况的图纸。它是一种工程语言，可帮助人们尽快熟悉电子设备的电路结构及工作原理。如图 2-130 所示是三开关电路原理图，用于控制灯泡明灭。

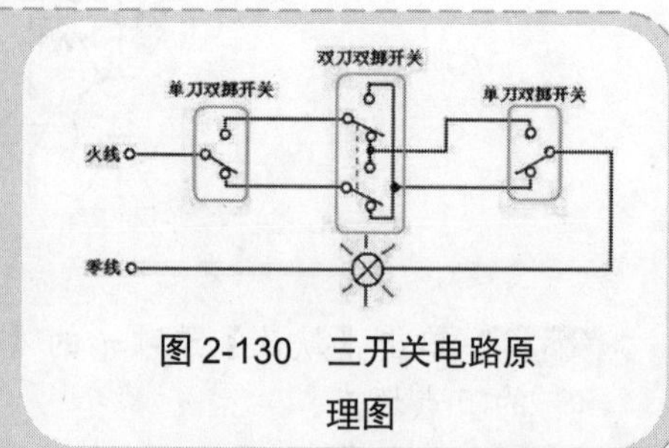


图 2-130　三开关电路原理图

# 2课时 文件管理和命令操作

## 2.4.1 文件基本操作

**行业知识链接**：AutoCAD 2016 的文件操作，和 Windows 文件操作类似，除了可以在【文件】菜单选择相应命令外，还可以在快速访问工具栏中选择文件操作按钮，如图 2-131 所示是快速访问工具栏。

图 2-131 快速访问工具栏

在 AutoCAD 2016 中，对图形文件的管理一般包括创建新文件、打开已有的图形文件、保存文件、加密文件及关闭图形文件等操作。

### 1. 创建新文件

打开 AutoCAD 2016 后，系统自动新建一个名为“Drawing1.dwg”的图形文件。另外，用户还可以根据需要选择模板来新建图形文件。

在 AutoCAD 2016 中创建新文件有以下几种方法。

(1) 在快速访问工具栏或菜单浏览器中单击【新建】按钮。

(2) 在菜单栏中选择【文件】|【新建】菜单命令。

(3) 在命令行中直接输入 New 命令后按下 Enter 键。

(4) 按 Ctrl+N 组合键。

(5) 调出【标准】工具栏，单击其中的【新建】按钮。

通过使用以上的任意一种方式，系统会打开如图 2-132 所示的【选择样板】对话框，从其列表中选择一个样板后单击【打开】按钮或直接双击选中的样板，即可建立一个新文件。如图 2-133 所示为新建立的文件“Drawing2.dwg”。

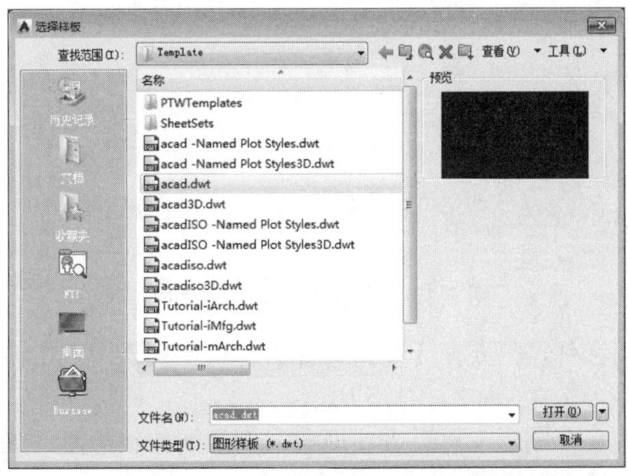


图 2-132 【选择样板】对话框

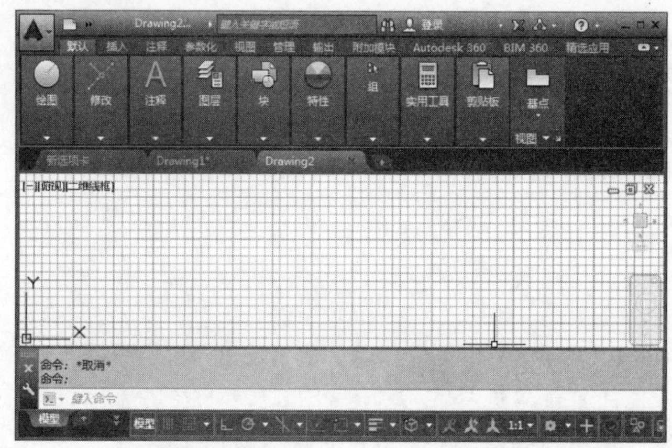

图 2-133　新建文件“Drawing2.dwg”

### 2. 打开文件

在 AutoCAD 2016 中打开现有文件，有以下几种方法。

(1) 单击快速访问工具栏或菜单浏览器中的【打开】按钮。

(2) 在菜单栏中选择【文件】|【打开】菜单命令。

(3) 在命令行中直接输入 Open 命令后按下 Enter 键。

(4) 按 Ctrl+O 组合键。

(5) 调出【标准】工具栏，单击其中的【打开】按钮。

通过使用以上的任意一种方式进行操作后，系统会打开如图 2-134 所示的【选择文件】对话框，从其列表中选择一个用户想要打开的现有文件后单击【打开】按钮或直接双击想要打开的文件。

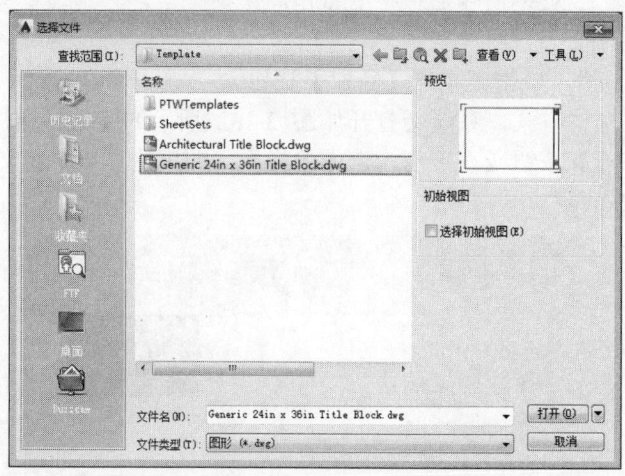


图 2-134　【选择文件】对话框

例如用户想要打开练习文件，只要在【选择文件】对话框列表中双击该文件或选择该文件后单击【打开】按钮，即可打开练习文件，如图 2-135 所示。

有时在单个任务中打开多个图形，可以方便地在它们之间传输信息。这时可以通过水平平铺或垂直平铺的方式来排列图形窗口，以便操作。

(1) 水平平铺：是以水平、不重叠的方式排列窗口。选择【窗口】|【水平平铺】菜单命令，或者在【视图】选项卡的【界面】工具栏中单击【水平平铺】按钮，排列的窗口如图2-136所示。

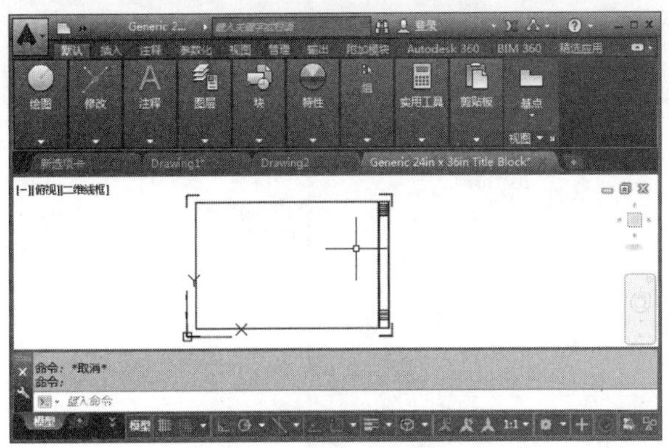

图2-135 打开的练习文件

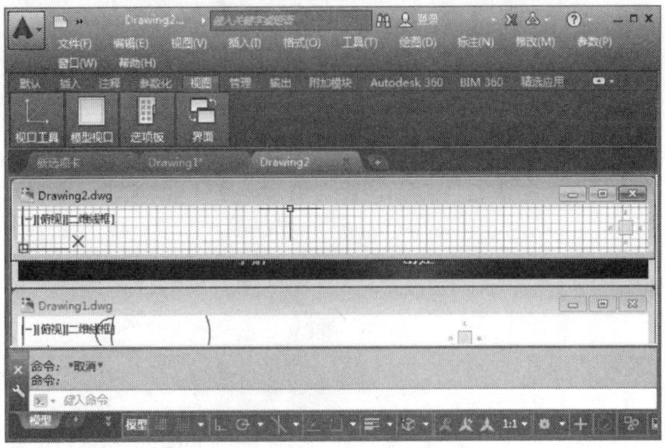

图2-136 水平平铺的窗口

(2) 垂直平铺：以垂直、不重叠的方式排列窗口。选择【窗口】|【垂直平铺】菜单命令，或者在【视图】选项卡的【界面】工具栏中单击【垂直平铺】按钮，排列的窗口如图2-137所示。

图2-137 垂直平铺的窗口

### 3. 保存文件

在AutoCAD 2016中打开现有文件，有以下几种方法。

(1) 单击快速访问工具栏或菜单浏览器中的【保存】按钮。

(2) 在菜单栏中选择【文件】|【保存】菜单命令。

(3) 在命令行中直接输入Save命令后按下Enter键。

(4) 按Ctrl+S组合键。

(5) 调出【标准】工具栏，单击其中的【保存】按钮。

通过使用以上的任意一种方式进行操作后，系统会打开如图2-138所示的【图形另存为】对话框，从【保存于】下拉列表选择保存位置后单击【保存】按钮，即可完成保存文件的操作。

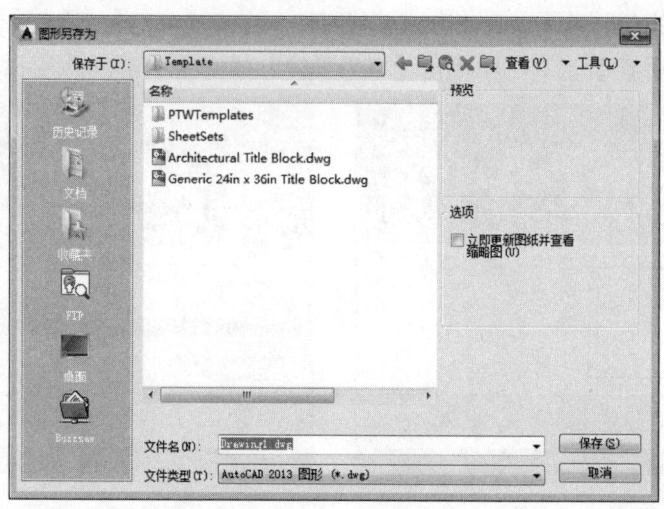


图 2-138 【图形另存为】对话框

AutoCAD 中除了图形文件后缀为 dwg 外，还使用了以下一些文件类型，其后缀分别为：图形标准 dws、图形样板 dwt、dxf 等。

### 4. 关闭文件和退出程序

本节介绍文件的关闭以及 AutoCAD 2016 程序的退出。

在 AutoCAD 2016 中关闭图形文件，有以下几种方法。

(1) 在菜单浏览器中单击【关闭】按钮，或者在菜单栏中选择【文件】|【关闭】菜单命令。

(2) 在命令行中直接输入 Close 命令后按下 Enter 键。

(3) 按 Ctrl+C 组合键。

(4) 单击工作窗口右上角的【关闭】按钮。

退出 AutoCAD 2016 有以下几种方法。

- 选择【文件】|【退出】菜单命令。
- 在命令行中直接输入 Quit 命令后按下 Enter 键。
- 单击 AutoCAD 系统窗口右上角的【关闭】按钮。
- 按 Ctrl+Q 组合键。

执行以上任意一种操作后，会退出 AutoCAD，若当前文件未保存，则系统会自动弹出如图 2-139 所示的提示框。

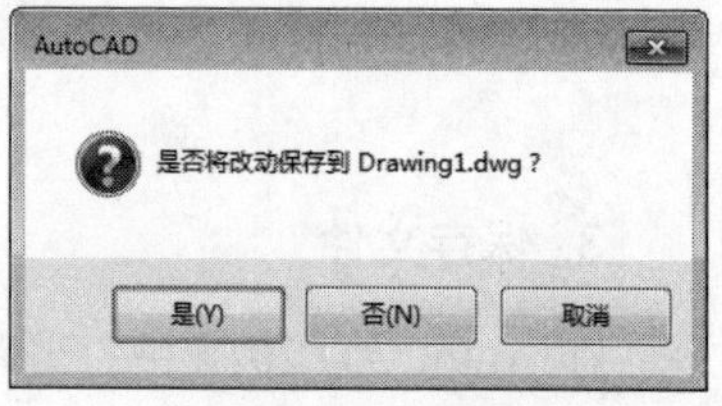


图 2-139 提示框

## 2.4.2 调用绘图命令

行业知识链接：原理图就是用来体现电子电路的工作原理的一种电路情况，绘制电路时，通过识别图纸上所画的各种电路元件符号，以及它们之间的连接方式，就可以了解电路的实际工作情况。CAD 绘图可以运用命令行命令，如图 2-140 所示是直线命令的命令行显示。

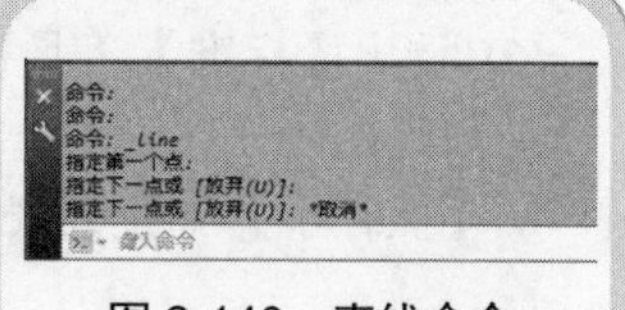


图 2-140 直线命令

在 AutoCAD 中，命令的输入和执行通常需要结合键盘和鼠标来进行，主要是利用键盘输入命令和参数，利用鼠标执行工具栏中的命令，选择对象、捕捉关键点以及拾取点等。命令是 AutoCAD 绘制与编辑图形的核心。

### 1. 命令激活方式

AutoCAD 有 4 种激活命令的方式，分别是键盘激活命令、菜单执行命令、工具栏执行命令、工具选项卡中的工具栏执行命令。

1) 通过键盘激活命令

在 AutoCAD 2016 中，默认情况下命令输入行是一个固定窗口，可以在当前状态下输入命令、对象参数等内容。对于大多数命令，命令输入行窗口可以显示刚执行完的命令提示。

当命令输入行窗口中最后一行的提示为“命令：”时，表示当前处于接受状态。此时通过键盘输入某一命令后按 Enter 键或空格键，即可激活对应的命令，然后 AutoCAD 会给出提示，提示用户进行后续操作。命令不区分大小写。下面为一段命令输入行的输入提示。

```
命令:_line 指定第一点:
指定下一点或 [放弃(U)]:
指定下一点或 [放弃(U)]:
命令:
命令:
命令: _circle 指定圆的圆心或 [三点(3P)/两点(2P)/切点、切点、半
径(T)]:
指定圆的半径或 [直径(D)]: d
指定圆的直径: 12
```

2) 通过菜单执行命令

可以通过选择菜单栏中的下拉菜单来执行命令。例如绘制一条直线，可以选择【绘图】|【直线】菜单命令，在绘图窗口进行绘制。如图 2-141 所示为菜单栏的下拉菜单。

图 2-141 【菜单栏】下拉菜单

3) 通过工具栏执行命令

通过单击工具栏中的按钮执行对应的命令在 AutoCAD 绘图中十分方便。例如单击【绘图】工具栏中的【样条曲线】按钮，即可激活【样条曲线】命令，如图 2-142 为【绘图】工具栏。

图 2-142 【绘图】工具栏

4) 通过工具选项卡中的工具栏执行命令

通过单击不同的选项卡打开相应的工具栏，单击工具栏中的按钮即执行相应的命令。

### 2. 命令的重复与撤销

在绘图当中，可以方便地重复执行同一条命令，或者撤销前面执行的一条或者多条命令。此外，撤销前面执行的命令后，还可以通过重做来恢复前面执行的命令。

1) 命令的重复

当完成某一命令的执行后，如果需要重复执行该命令，可以使用以下两种方法。

(1) 按 Enter 键或者空格键。

(2) 在绘图窗口右击，弹出快捷菜单，在菜单的第一行显示重复执行上一次执行的命令，选择即可重复命令。例如，在执行完一个正多边形命令后，右击，弹出如图 2-143 所示的快捷菜单，选择【重复 POLYGON】命令，即可重复命令。

如果想重复最近执行的某一个命令，可以在快捷菜单中选择【最近的输入】命令，在弹出子菜单中选择最近使用过的命令，单击即可重复使用该命令，如图 2-144 所示。

重复POLYGON(R)
最近的输入
剪贴板
隔离(I)
放弃(U) Polygon
重做(R) Ctrl+Y
平移(A)
缩放(Z)
SteeringWheels
动作录制器
子对象选择过滤器
快速选择(Q)...
快速计算器
查找(F)...
选项(O)...

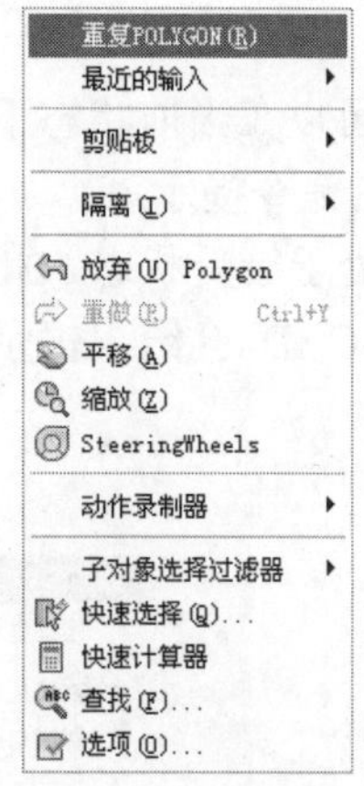

图 2-143　选择【重复 POLYGON】命令

重复POLYGON(R)
最近的输入
POLYGON
COMMANDLINE
RIBBON
剪贴板
隔离(I)
放弃(U) Polygon
重做(R) Ctrl+Y
平移(A)
缩放(Z)
SteeringWheels
动作录制器
子对象选择过滤器
快速选择(Q)...
快速计算器
查找(F)...
选项(O)...

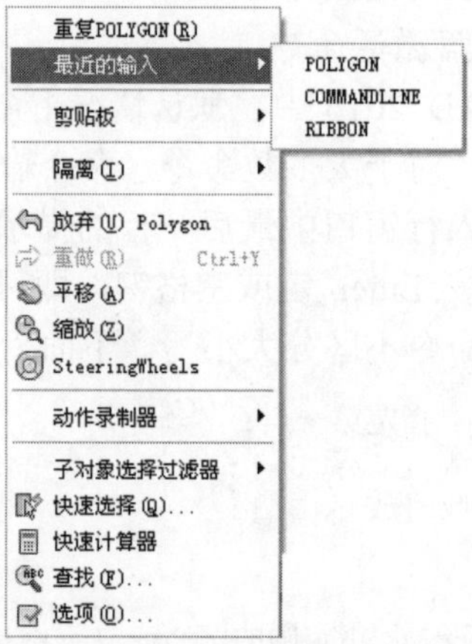

图 2-144　选择【最近的输入】命令

2) 命令的撤销与退出

当执行一条指令后，想要撤销该指令，可以选择【编辑】|【放弃】菜单命令来撤销，也可以单击快速访问工具栏的【放弃】按钮来撤销命令。

有些命令在输入后会自动返回到无命令状态，等待输入下一个命令；但是有些命令则需要用户进行退出操作才能返回无命令状态，否则会一直响应用户操作。退出命令的方法如下。

在命令执行完成后，按 Esc 键或者 Enter 键。

在绘图窗口右击，从弹出的快捷菜单中选择【确认】命令，也可以退出命令，如图 2-145 所示。

确认(E)
取消(C)
最近的输入
放弃(U)
捕捉替代(V)
平移(P)
缩放(Z)
SteeringWheels
快速计算器

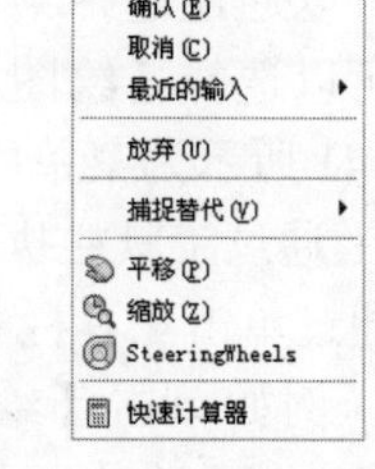

图 2-145　选择【确认】选项

## 课后练习

案例文件：ywj\02\02.dwg

视频文件：光盘\视频课堂\第 2 教学日\2.4

练习案例分析及步骤如下。

本节课后练习创建安全继电器电气原理图，继电器是控制电路，具有二极管、三极管、电阻等多种元件，三极管又会分出多个支路，绘制时要注意。如图 2-146 所示是完成的安全继电器电气原理图。

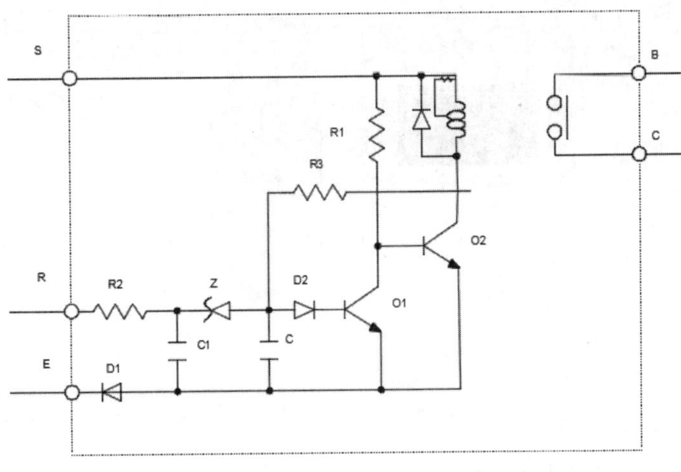


图 2-146 完成的安全继电器电气原理图

本节案例主要练习安全继电器电气原理图的绘制步骤，首先使用【直线】或者【圆】命令绘制电路元件，之后绘制线路，相同的元件进行复制，最后添加文字。绘制安全继电器电气原理图的思路和步骤如图 2-147 所示。

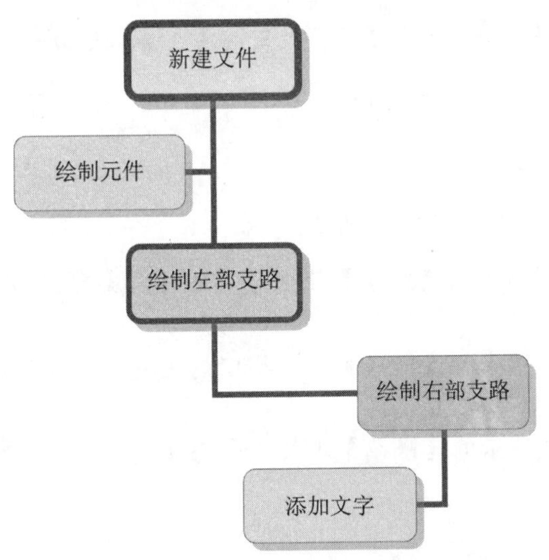


图 2-147 安全继电器电气原理图的绘制步骤

练习案例的操作步骤如下。

step 01 新建文件，选择【文件】|【新建】菜单命令，在弹出的【选择样板】对话框中选择 acad 样板，如图 2-148 所示，单击【打开】按钮。

step 02 选择【文件】|【保存】菜单命令，弹出【图形另存为】对话框，选择保存位置，如图 2-149 所示，单击【保存】按钮。

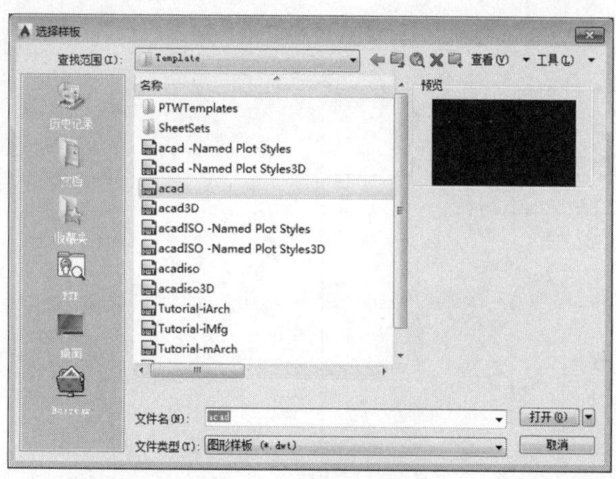

图 2-148　新建文件

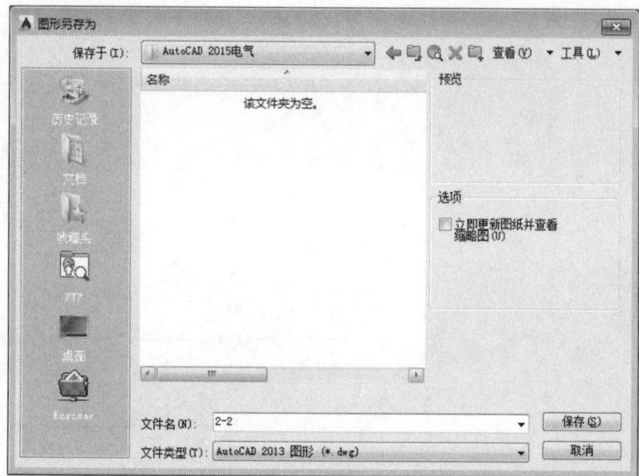

图 2-149　保存文件

step 03 开始绘制元件和左部支路，单击【默认】选项卡的【绘图】工具栏中的【直线】按钮，绘制如图 2-150 所示的电阻。

step 04 单击【默认】选项卡的【注释】工具栏中的【文字】按钮，绘制如图 2-151 所示的文字“R2”。

step 05 单击【默认】选项卡的【绘图】工具栏中的【直线】按钮，绘制如图 2-152 所示的三角。

图 2-150　绘制电阻 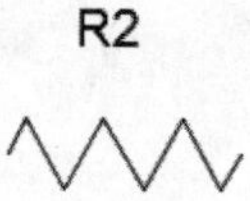　　图 2-151　添加文字“R2” 　　图 2-152　绘制三角

step 06 单击【默认】选项卡的【绘图】工具栏中的【样条曲线拟合】按钮，绘制如图 2-153 所示的曲线。

step 07 单击【默认】选项卡的【修改】工具栏中的【复制】按钮，选择三角形，完成元件复制，如图 2-154 所示。

step 08 单击【默认】选项卡的【修改】工具栏中的【旋转】按钮，选择三角形，完成旋转，如图 2-155 所示。

图 2-153　绘制曲线 　　图 2-154　复制三角形 　　图 2-155　旋转三角形

step 09 单击【默认】选项卡的【绘图】工具栏中的【直线】按钮，绘制长度为 2 的垂线，如图 2-156 所示。

step 10 单击【默认】选项卡的【修改】工具栏中的【复制】按钮，复制垂线，如图 2-157 所示。

图 2-156　绘制垂线 　　图 2-157　复制垂线

step 11 单击【默认】选项卡的【注释】工具栏中的【文字】按钮，绘制如图 2-158 所示的文字“Z 和 D2”。

step 12 单击【默认】选项卡的【绘图】工具栏中的【直线】按钮，绘制如图 2-159 所示的二极管。

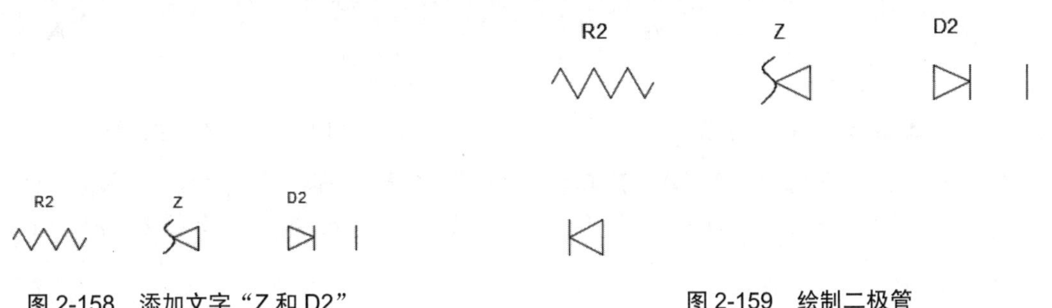


图 2-158　添加文字“Z 和 D2”　　图 2-159　绘制二极管

step 13 单击【默认】选项卡的【注释】工具栏中的【文字】按钮，绘制如图 2-160 所示的文字“D1”。

step 14 单击【默认】选项卡的【绘图】工具栏中的【直线】按钮，绘制长为 2 的电容，如图 2-161 所示。

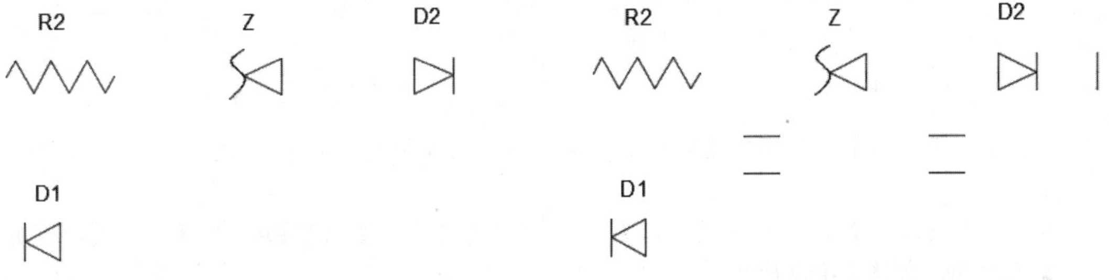


图 2-160　添加文字“D1”　　图 2-161　绘制电容

step 15 单击【默认】选项卡的【注释】工具栏中的【文字】按钮，绘制如图 2-162 所示的文字“C1 和 C”。

step 16 单击【默认】选项卡的【修改】工具栏中的【复制】按钮，选择电阻进行复制，如图 2-163 所示。

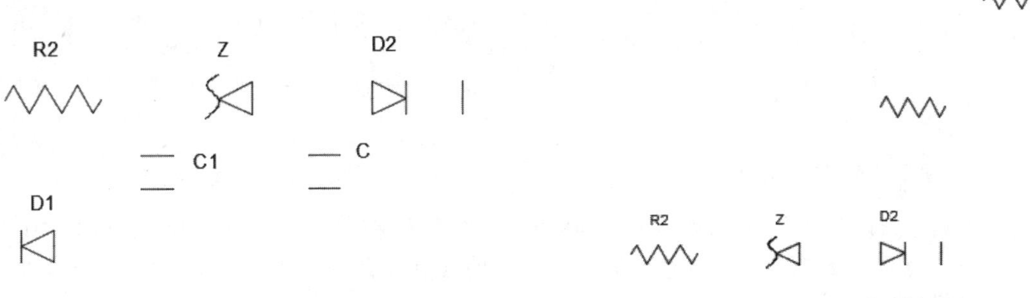


图 2-162　添加文字“C1 和 C”　　图 2-163　复制电阻

step 17 单击【默认】选项卡的【绘图】工具栏中的【直线】按钮，绘制如图 2-164 所示的三极管。

step 18 单击【默认】选项卡的【绘图】工具栏中的【图案填充】按钮，填充三角形，如图 2-165 所示。

图 2-164　绘制三极管 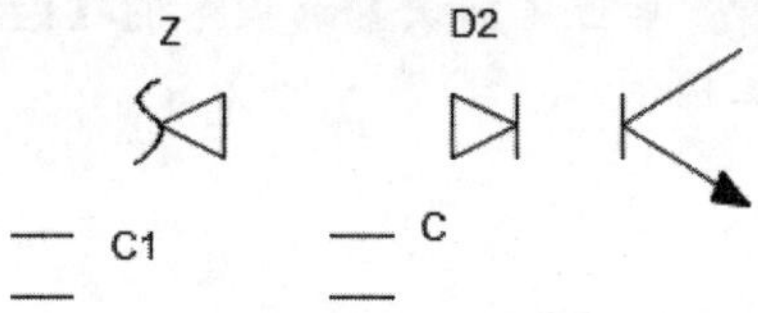　　图 2-165　填充三角形

step 19 单击【默认】选项卡的【修改】工具栏中的【复制】按钮，复制二极管，如图 2-166 所示。

step 20 单击【默认】选项卡的【绘图】工具栏中的【圆心】按钮，绘制如图 2-167 所示的椭圆。

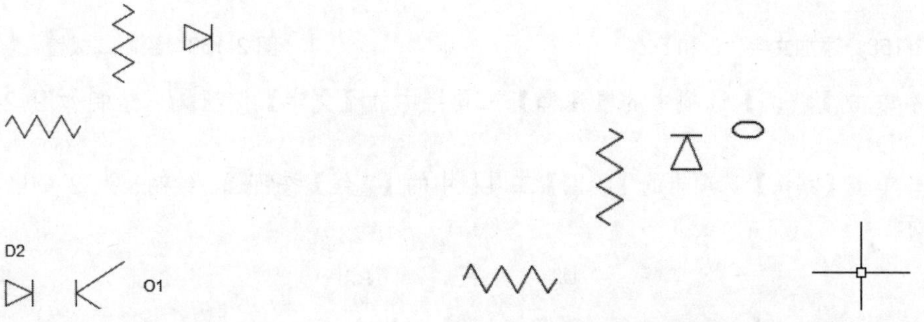


图 2-166　复制二极管　　图 2-167　绘制椭圆

step 21 单击【默认】选项卡的【修改】工具栏中的【矩形阵列】按钮，阵列椭圆，如图 2-168 所示。

step 22 单击【默认】选项卡的【修改】工具栏中的【修剪】按钮，快速修剪图形，完成变阻器的绘制，如图 2-169 所示。

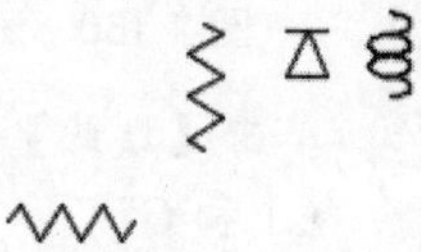

图 2-168　阵列椭圆 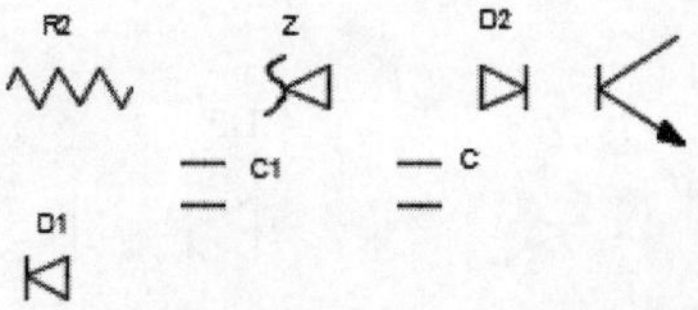　　图 2-169　修剪变阻器

step 23 单击【默认】选项卡的【修改】工具栏中的【复制】按钮，复制三极管，如图 2-170 所示。

step 24 单击【默认】选项卡的【绘图】工具栏中的【直线】按钮，完成绘制如图 2-171 所示的左侧线路。

step 25 开始绘制右部支路，单击【默认】选项卡的【绘图】工具栏中的【直线】按钮，绘制如图 2-172 所示的上边的线路。

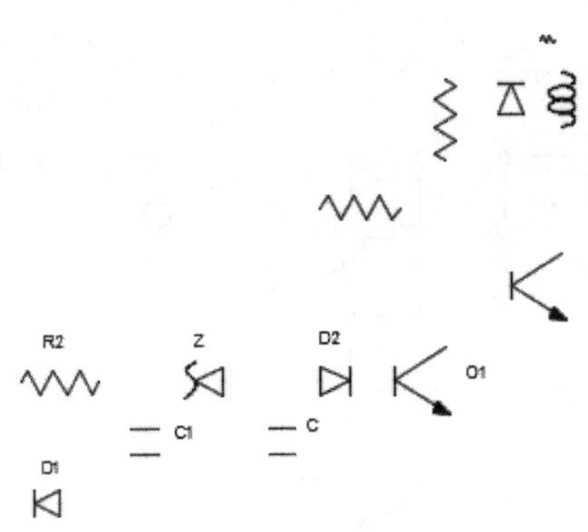


图 2-170　复制三极管

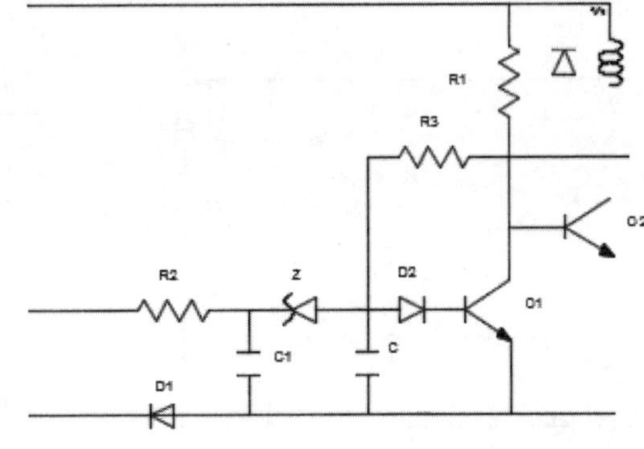


图 2-171　绘制左侧线路

step 26 单击【默认】选项卡的【绘图】工具栏中的【直线】按钮，绘制如图 2-173 所示的右侧线路。

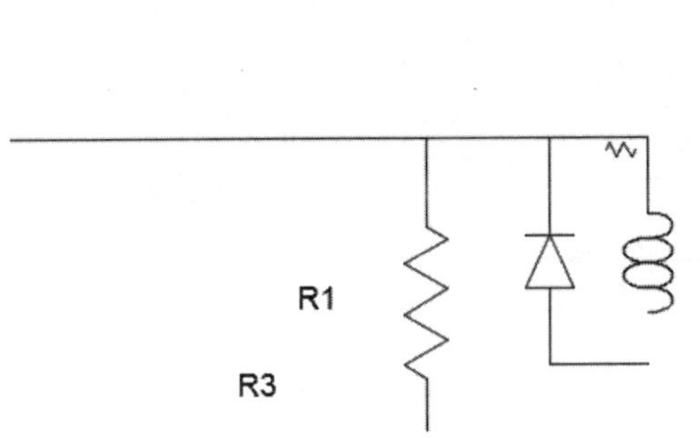


图 2-172　绘制上边的线路

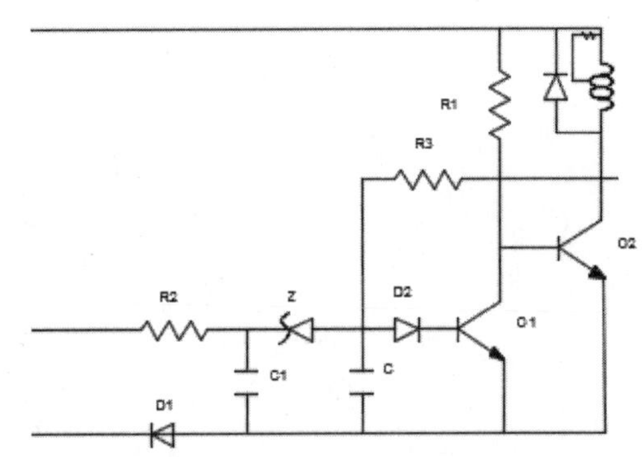


图 2-173　绘制右侧线路

step 27 单击【默认】选项卡的【修改】工具栏中的【复制】按钮，复制圆形，如图 2-174 所示。

step 28 单击【默认】选项卡的【修改】工具栏中的【修剪】按钮，快速修剪图形，如图 2-175 所示。

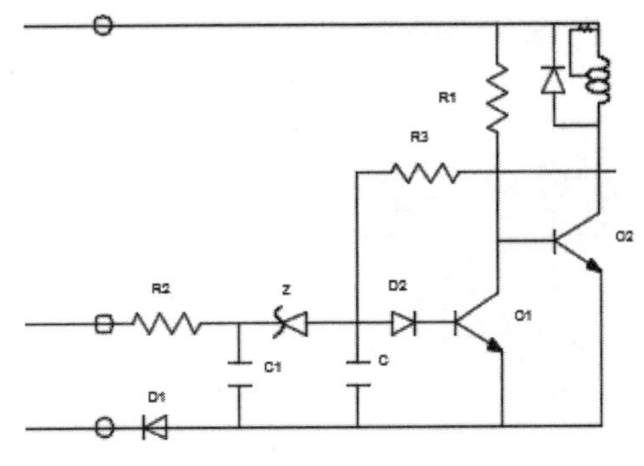


图 2-174　复制圆形

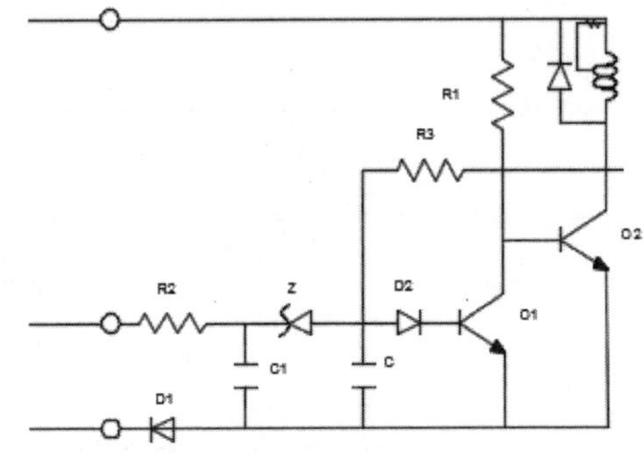


图 2-175　修剪图形

step 29 单击【默认】选项卡的【绘图】工具栏中的【圆】按钮，绘制半径为 0.3 的圆，并进行填充，完成如图 2-176 所示的节点绘制。

step 30 单击【默认】选项卡的【绘图】工具栏中的【圆】按钮，绘制半径为 0.8 的圆，如图 2-177

所示。

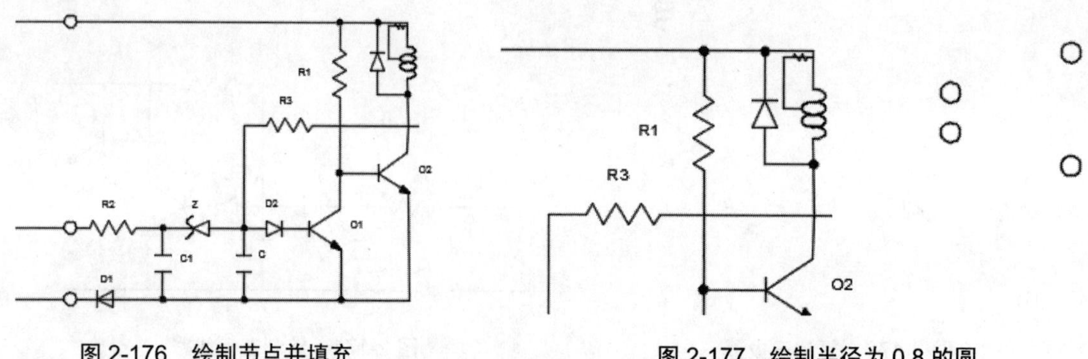


图 2-176　绘制节点并填充　　　　图 2-177　绘制半径为 0.8 的圆

step 31 单击【默认】选项卡的【绘图】工具栏中的【直线】按钮，绘制如图 2-178 所示的支路线路。

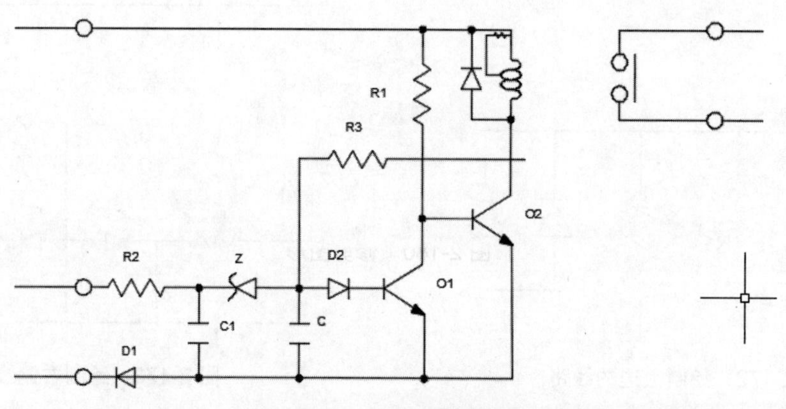


图 2-178　绘制支路线路

step 32 选择虚线图层，单击【默认】选项卡的【绘图】工具栏中的【矩形】按钮，绘制长度为 65 × 49 的矩形，如图 2-179 所示。

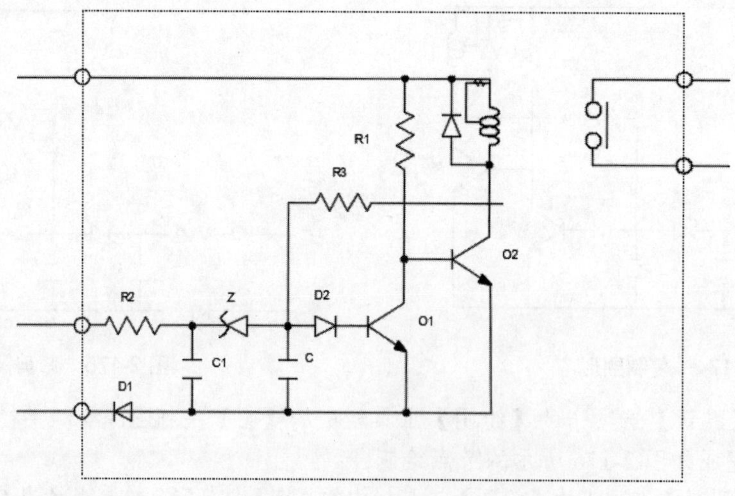


图 2-179　绘制矩形

step 33 单击【默认】选项卡的【修改】工具栏中的【修剪】按钮，快速修剪图形，如图 2-180 所示。

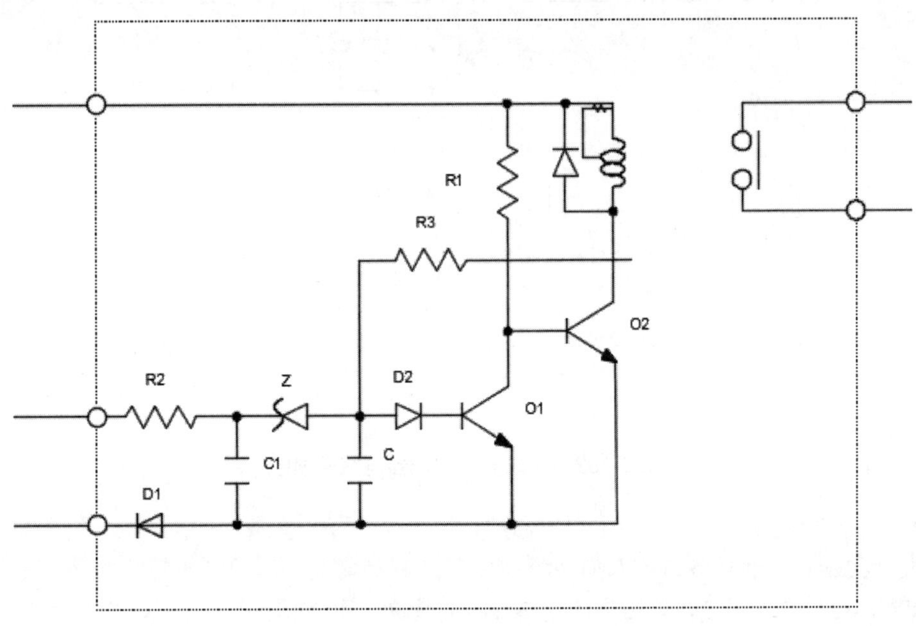


图 2-180　修剪图形

step 34 添加文字，单击【默认】选项卡的【注释】工具栏中的【文字】按钮，绘制如图 2-181 所示的支路文字。

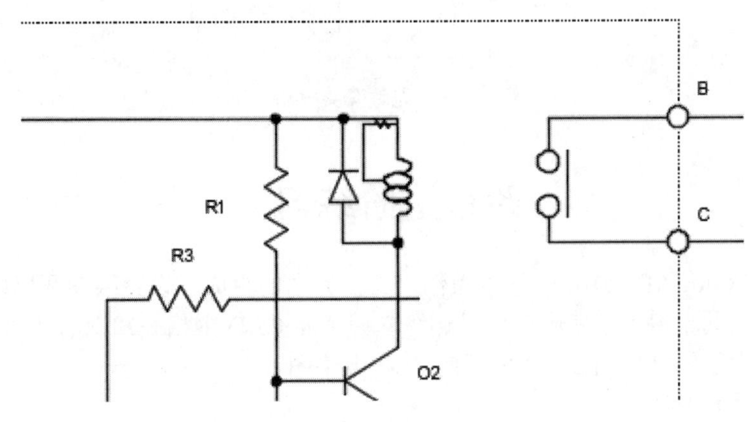


图 2-181　添加支路文字

step 35 安全继电器电气原理图绘制完成，如图 2-182 所示。

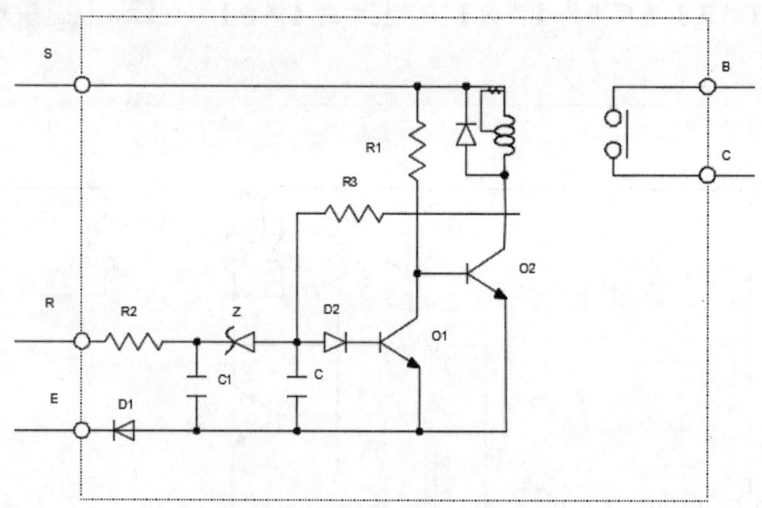


图 2-182　完成安全继电器电气原理图

**电气设计实践：** 电子电路图是人们为了研究和工程的需要，用约定的符号绘制的一种表示电路结构的图形。通过电路图可以知道实际电路连接的情况。图 2-183 所示是光敏开关电路的一部分。

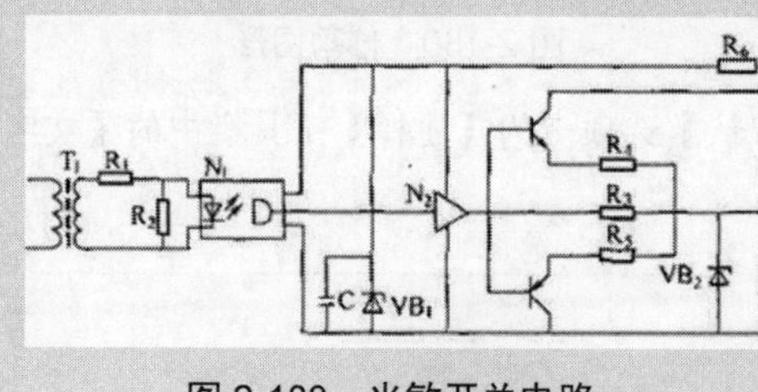


图 2-183　光敏开关电路

# 阶段进阶练习

本章主要介绍了 AutoCAD 2016 的基本操作、工作界面的组成、设置绘图环境以及图形文件管理等知识。通过本章实例的学习，读者应该可以熟练掌握 AutoCAD 中相关知识的使用方法。

使用绘图命令，尝试绘制如图 2-184 所示的 PLC 电路图。

一般图纸创建步骤和方法如下。

(1) 绘制电气元件。

(2) 绘制 PLC 块。

(3) 绘制线路。

(4) 添加文字。

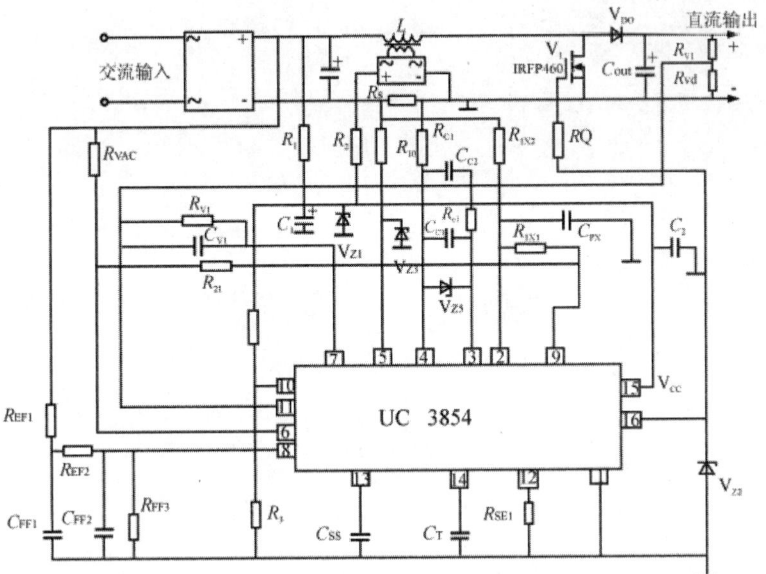


图 2-184　PLC 电路图纸

设计师职业培训教程

# 第3教学日

电气元件是由一些基本的元素组成，如圆、直线和多边形等，而绘制这些元件是绘制复杂电路图的基础。本章主要介绍各种绘图命令的运用，包括【直线】、【多边形】、【圆】等相关命令，最后介绍填充图形和【云线】命令，目的是使读者学会如何绘制一些基本图形与掌握一些基本的绘图技巧，为以后进一步绘图打下坚实的基础。

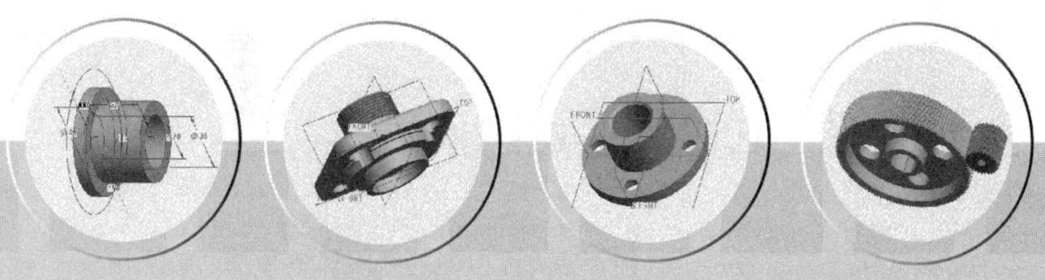

# 第1课 1课时 设计师职业知识——原理图读图和绘制

### 1. 绘制电气原理图的一般规律

绘制主电路时，应依规定的电气图形符号用粗实线画出主要控制、保护等。

电气原理图是用导线连接各种电气符号的电路图纸，在原理图中还要依次标明相关的文字符号，如图 3-1 所示。

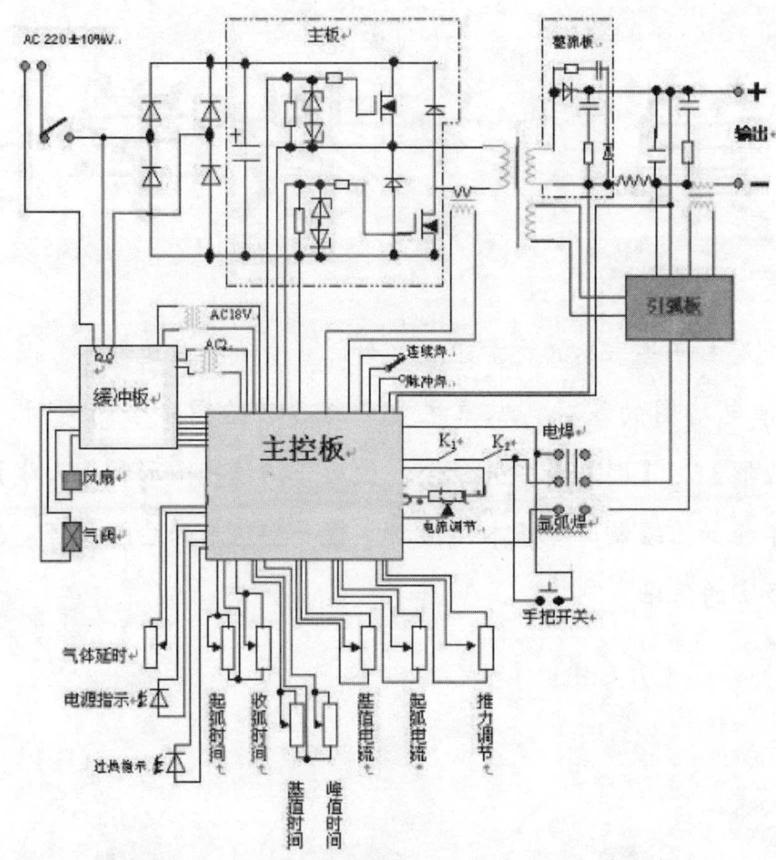


图 3-1　WSM160 电气原理图

### 2. 画控制电路

控制电路一般是由开关、按钮、信号指示、接触器、继电器的线圈和各种辅助触点构成，无论简单还是复杂的控制电路，一般均由各种典型电路(如延时电路、联锁电路、顺控电路等)组合而成，用以控制主电路中受控设备的“起动”、“运行”、“停止”，使主电路中的设备按设计工艺的要求正常工作。对于简单的控制电路，要依据主电路要实现的功能，结合生产工艺要求及设备动作的先后顺序依次分析，仔细绘制。对于复杂的控制电路，要按各部分所完成的功能，分割成若干个局部控制电路，然后与典型电路相对照，找出相同之处，本着先简后繁、先易后难的原则逐个画出每个局部环节，再找到各环节的相互关系。

3. 识别方法

看电气控制电路图的一般方法是先看主电路，再看辅助电路，并用辅助电路的回路去研究主电路的控制程序。

1) 看主电路的步骤

第一步，看清主电路中的用电设备。用电设备指消耗电能的用电器具或电气设备，看图首先要看清楚有几个用电器，它们的类别、用途、接线方式及一些不同要求等。

第二步，要弄清楚用电设备是用什么电器元件控制的。控制电气设备的方法很多，有的直接用开关控制，有的用各种启动器控制，有的用接触器控制。

第三步，了解主电路中所用的控制电器及保护电器。前者是指除常规接触器以外的其他控制元件，如电源开关(转换开关及空气断路器)、万能转换开关。后者是指短路保护器件及过载保护器件，如空气断路器中电磁脱扣器及热过载脱扣器的规格、熔断器、热继电器及过电流继电器等元件的用途及规格。一般来说，对主电路作如上的分析以后，即可分析辅助电路。

第四步，看电源。要了解电源电压等级，是 380V 还是 220V，是从母线汇流排供电还是配电屏供电，还是从发电机组接出来的。

2) 看辅助电路的步骤

辅助电路包含控制电路、信号电路和照明电路。

分析控制电路。根据主电路中各电动机和执行电器的控制要求，逐一找出控制电路中的其他控制环节，将控制线路“化整为零”，按功能不同划分成若干个局部控制线路来进行分析。如果控制线路较复杂，则可先排除照明、显示等与控制关系不密切的电路，以便集中精力进行分析。

第一步，看电源。首先看清电源的种类，是交流还是直流。其次，要看清辅助电路的电源是从什么地方接来的，及其电压等级。电源一般是从主电路的两条相线上接来，其电压为 380V。也有从主电路的一条相线和一零线上接来，电压为单相 220V；此外，也可以从专用隔离电源变压器接来，电压有 140V、127V、36V、6.3V 等。辅助电路为直流时，直流电源可从整流器、发电机组或放大器上接来，其电压一般为 24V、12V、6V、4.5V、3V 等。辅助电路中的一切电器元件的线圈额定电压必须与辅助电路电源电压一致。否则，电压低时电路元件不动作；电压高时，则会把电器元件线圈烧坏。

第二步，了解控制电路中所采用的各种继电器、接触器的用途，如果采用了一些特殊结构的继电器，还应了解它们的动作原理。

第三步，根据辅助电路来研究主电路的动作情况。

分析了上面这些内容再结合主电路中的要求，就可以分析辅助电路的动作过程。

控制电路总是按动作顺序画在两条水平电源线或两条垂直电源线之间的，因此，也就可从左到右或从上到下来进行分析。对复杂的辅助电路，在电路中整个辅助电路构成一条大回路，在这条大回路中又分成几条独立的小回路，每条小回路控制一个用电器或一个动作。当某条小回路形成闭合回路有电流流过时，在回路中的电器元件(接触器或继电器)则动作，把用电设备接入或切除电源。在辅助电路中一般是靠按钮或转换开关把电路接通的。对于控制电路的分析必须随时结合主电路的动作要求来进行，只有全面了解主电路对控制电路的要求以后，才能真正掌握控制电路的动作原理，不可孤立地看待各部分的动作原理，而应注意各个动作之间是否有互相制约的关系，如电动机正、反转之间应设有联锁等。

第四步，研究电器元件之间的相互关系。电路中的一切电器元件都不是孤立存在的，而是相互联系、相互制约的。这种互相控制的关系有时表现在一条回路中，有时表现在几条回路中。

第五步，研究其他电气设备和电器元件。如整流设备、照明灯等。

#### 4. 操作步骤

(1) 电气原理图一般分主电路和辅助电路两部分。
(2) 图中所有元件都应采用国家标准中统一规定的图形符号和文字符号。
(3) 布局。
(4) 文字符号标注。
(5) 图形符号表示要点：未通电或无外力状态。
(6) 线条交叉及图形方向。
(7) 图区和索引。

主电路：是电气控制线路中大电流通过的部分，包括从电源到电机之间相连的电器元件，一般由组合开关、主熔断器、接触器主触点、热继电器的热元件和电动机等组成。

辅助电路：是控制线路中除主电路以外的电路，其流过的电流比较小。辅助电路包括控制电路、照明电路、信号电路和保护电路。其中控制电路是由按钮、接触器和继电器的线圈及辅助触点、热继电器触点、保护电器触点等组成。

#### 5. 技术参数编辑

- 电气图形符号和文字符号的国家标准。
- 图形符号基本上是统一的国家标准。
- 应按 GB 4728—1985、GBT l59—1987、GB 6988—1986 等规定的标准绘制。

## 第 2 课 2 课时 绘制直线类图形

### 3.2.1 绘制直线

**行业知识链接**：绘制直线命令是 CAD 的基础命令，几乎所有的绘图当中都会用到。如图 3-2 所示是一种较简单的开关装配原理图，其中使用了【直线】命令绘制连线。

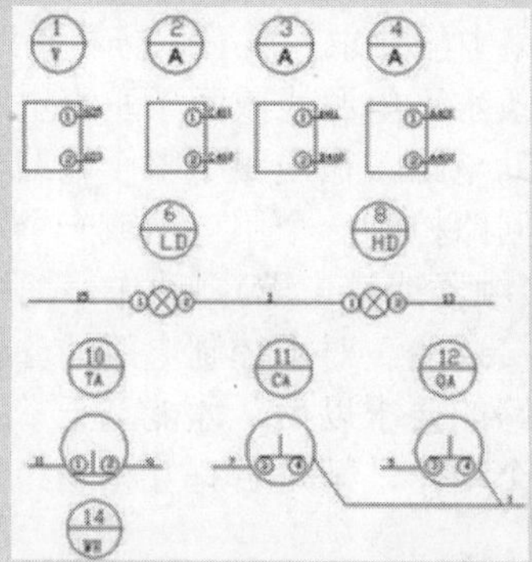


图 3-2 开关装配原理图

### 1. 绘制直线

首先介绍绘制直线的具体方法。

1) 调用绘制直线命令

调用绘制直线命令的方法有以下几种。

- 单击【绘图】工具栏中的【直线】按钮▨。
- 在命令行中输入 line 后按下 Enter 键。
- 在菜单栏中选择【绘图】|【直线】菜单命令。

2) 绘制直线的方法

执行命令后，命令行将提示用户指定第一点的坐标值，命令行窗口提示如下。

```
命令:line 指定第一点:
```

指定第一点后绘图区如图 3-3 所示。

输入第一点后，命令行将提示用户指定下一点的坐标值或放弃，命令行窗口提示如下。

```
指定下一点或 [放弃(U)]:
```

指定第二点后绘图区如图 3-4 所示。

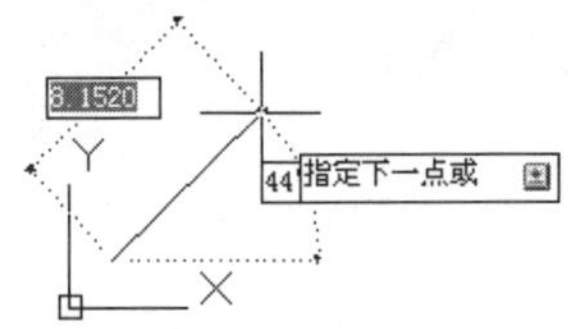


图 3-3　指定第一点后绘图区所显示的图形

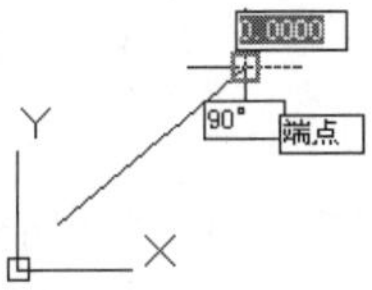

图 3-4　指定第二点后绘图区所显示的图形

输入第二点后，命令行将提示用户再次指定下一点的坐标值或放弃，命令行窗口提示如下。

```
指定下一点或 [放弃(U)]:
```

指定第三点后绘图区如图 3-5 所示。

完成以上操作后，命令行将提示用户指定下一点或闭合/放弃，在此输入 c 按下 Enter 键。命令行窗口提示如下。

```
指定下一点或 [闭合(C)/放弃(U)]:c
```

所绘制图形如图 3-6 所示。

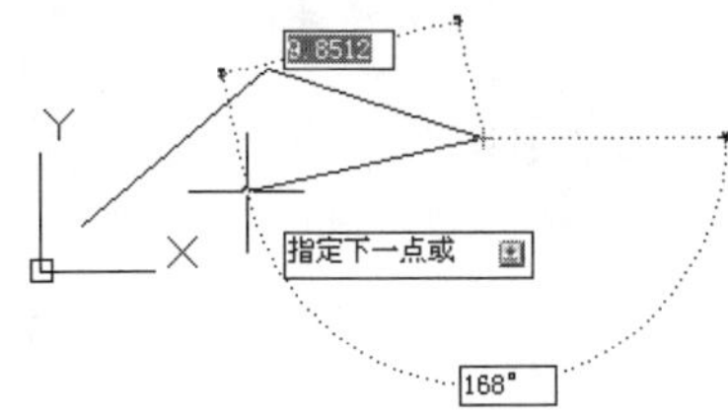


图 3-5　指定第三点后绘图区所显示的图形

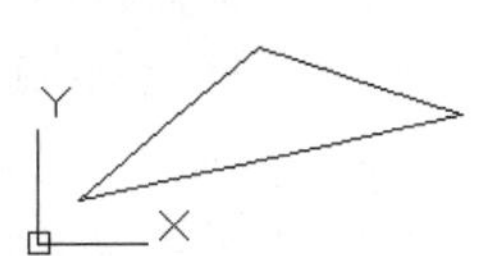


图 3-6　用 line 命令绘制的直线

命令中的选项说明如下。

- 【放弃】：取消最后绘制的直线。
- 【闭合】：由当前点和起始点生成的封闭线。

### 2. 绘制射线

射线是一种单向无限延伸的直线，在机械图形绘制中它常用作绘图辅助线来确定一些特殊点或边界。

1) 调用绘制射线命令

调用绘制射线命令的方法如下。

- 在命令行中输入 ray 后按下 Enter 键。
- 在菜单栏中选择【绘图】|【射线】菜单命令。

2) 绘制射线的方法

选择【射线】命令后，命令行将提示用户指定起点，输入射线的起点坐标值。命令行窗口提示如下。

```
命令：_ray 指定起点：
```

指定起点后绘图区如图 3-7 所示。

在输入起点之后，命令行将提示用户指定通过点。命令行窗口提示如下。

```
指定通过点：
```

指定通过点后绘图区如图 3-8 所示。

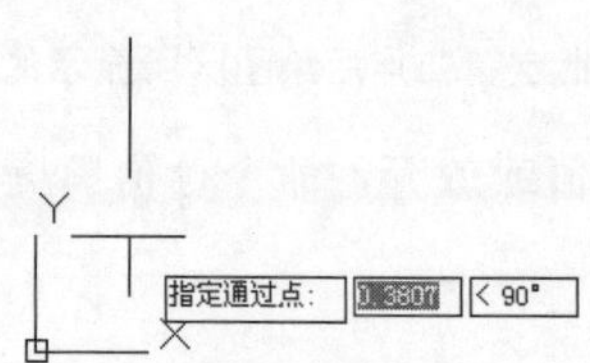


图 3-7　指定起点后绘图区所显示的图形

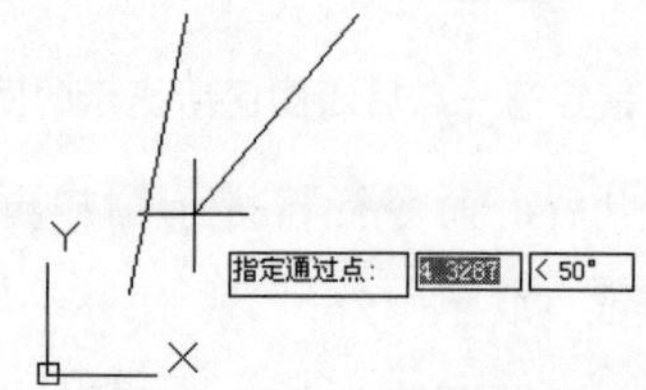


图 3-8　指定通过点后绘图区所显示的图形

在 ray 命令下，AutoCAD 默认用户会画第 2 条射线，在此为演示用故此只画一条射线后，右击或按下 Enter 键后结束。如图 3-9 所示即为用 ray 命令绘制的图形，可以看出，射线从起点沿射线方向一直延伸到无限远处。

图 3-9　用 ray 命令绘制的射线

### 3. 绘制构造线

构造线是一种双向无限延伸的直线，在机械图形绘制中它也常用作绘图辅助线，来确定一些特殊点或边界。

1) 调用绘制构造线命令

调用绘制构造线命令的方法有如下几种。

- 单击【绘图】工具栏中的【构造线】按钮。
- 在命令行中输入 xline 后按下 Enter 键。
- 在菜单栏中选择【绘图】|【构造线】菜单命令。

2) 绘制构造线的方法

选择【构造线】命令后，命令行将提示用户指定点或[水平(H)/垂直(V)/角度(A)/二等份(B)/偏移(O)]，命令行窗口提示如下。

```
命令:xline 指定点或 [水平(H)/垂直(V)/角度(A)/二等份(B)/偏移(O)]:
```

指定点后绘图区如图 3-10 所示。

输入第 1 点的坐标值后，命令行将提示用户指定通过点，命令行窗口提示如下。

```
指定通过点:
```

指定通过点后绘图区如图 3-11 所示。

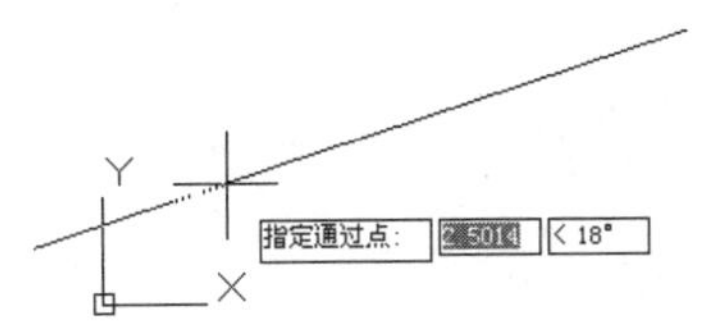


图 3-10　指定点后绘图区所显示的图形

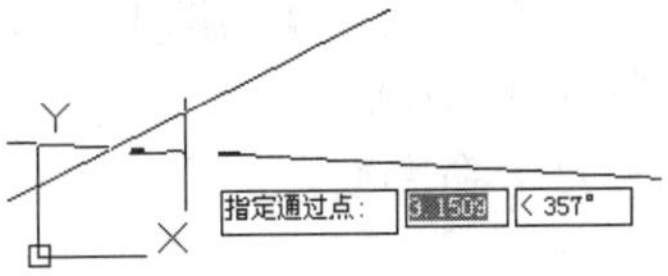

图 3-11　指定通过点后绘图区所显示的图形

输入通过点的坐标值后，命令行将再次提示用户指定通过点，命令行窗口提示如下。

```
指定通过点:
```

右击或按下 Enter 键后结束。由以上命令绘制的图形如图 3-12 所示。

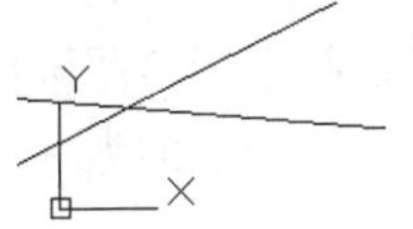


图 3-12　用 xline 命令绘制的构造线

在执行【构造线】命令时，会出现部分让用户选择的选项，下面对这些命令作如下说明。

- 【水平】：放置水平构造线。
- 【垂直】：放置垂直构造线。
- 【角度】：在某一个角度上放置构造线。
- 【二等分】：用构造线平分一个角度。
- 【偏移】：放置平行于另一个对象的构造线。

## 3.2.2　绘制多线

**行业知识链接：**电路图中的方框图是将电路按照功能划分为几个部分，将每一个部分描绘成一个方框，在方框中加上简单的文字说明，在方框间用连线(有时用带箭头的连线)说明各个方框之间的关系。如图 3-13 所示是电路方框原理图，连线部分使用了多线进行绘制。

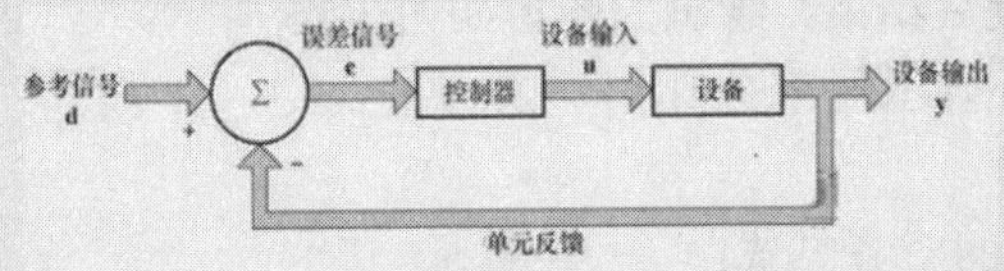


图 3-13　电路方框原理图

### 1. 绘制多线

多线是工程中常用的一种对象，多线对象由 1～16 条平行线组成，这些平行线称为元素。绘制多线时，可以使用包含两个元素的 STANDARD 样式，也可以指定一个以前创建的样式。开始绘制之前，可以修改多线的对正和比例。要修改多线及其元素，可以使用通用编辑命令、多线编辑命令和多线样式。

绘制多线的命令可以同时绘制若干条平行线，大大减轻了用 line 命令绘制平行线的工作量。在机械图形绘制中，这条命令常用于绘制厚度均匀零件的剖切面轮廓线或它在某视图上的轮廓线。

1) 绘制多线命令调用方法

- 在命令行中输入 mline 后按下 Enter 键。
- 在菜单栏中选择【绘图】|【多线】菜单命令。

2) 绘制多线的方法

选择【多线】命令后，命令行窗口所示如下。

```
命令:mline
当前设置:对正 = 上，比例=20.00,样式 = STANDARD
```

然后在命令行中将提示用户指定起点或 [对正(J)/比例(S)/样式(ST)]，命令行窗口提示如下。

```
指定起点或 [对正(J)/比例(S)/样式(ST)]:
```

指定起点后绘图区如图 3-14 所示。

输入第一点的坐标值后，命令行将提示用户指定下一点，命令行窗口提示如下。

```
指定下一点:
```

指定下一点后绘图区如图 3-15 所示。

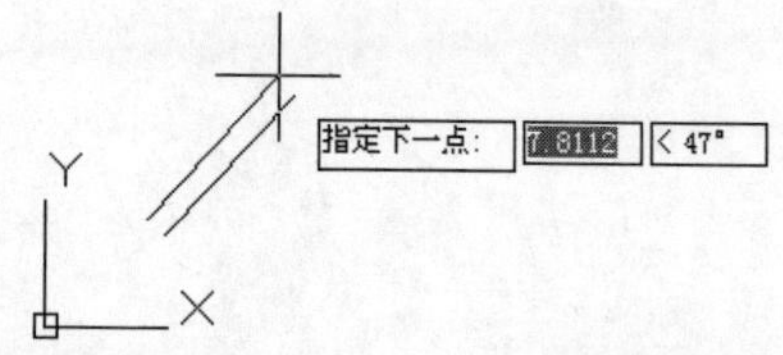


图 3-14　指定起点后绘图区所显示的图形

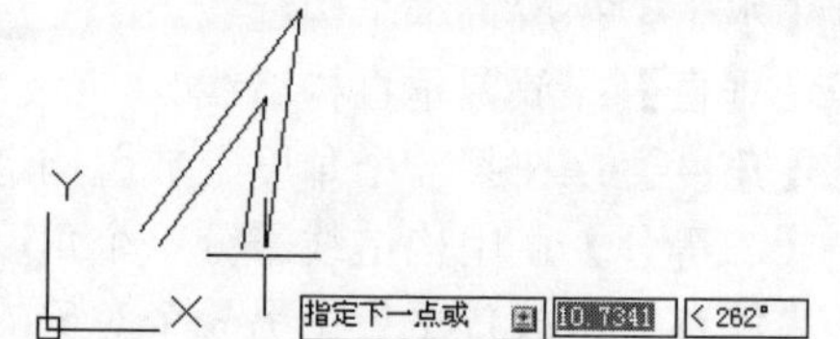


图 3-15　指定下一点后绘图区所显示的图形

在 mline 命令下，AutoCAD 默认用户画第 2 条多线。命令行将提示用户指定下一点或[放弃(U)]，命令行窗口提示如下。

```
指定下一点或 [放弃(U)]:
```

第二条多线从第一条多线的终点开始，以刚输入的点坐标为终点，画完后右击或按下 Enter 键后结束。绘制的图形如图 3-16 所示。

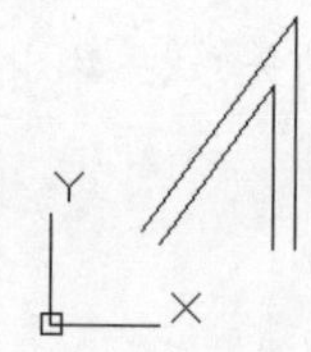


图 3-16　用 mline 命令绘制的多线

在执行【多线】命令时，会出现部分让用户选择的命令，下面将作如下说明。

- 【对正】：指定多线的对齐方式。
- 【比例】：指定多线宽度缩放比例系数。
- 【样式】：指定多线样式名。

2. 编辑多线

用户可以通过编辑来增加、删除顶点或者控制角点连接的显示等，还可以编辑多线的样式来改变各个直线元素的属性等。

1) 增加或删除多线的顶点

用户可以在多线的任何一处增加或删除顶点。增加或删除顶点的步骤如下。

(1) 在命令行中输入 mledit 后按下 Enter 键；或者选择【修改】|【对象】|【多线】菜单命令。

(2) 执行此命令后，AutoCAD 将打开如图 3-17 所示的【多线编辑工具】对话框。

图 3-17　【多线编辑工具】对话框

(3) 在【多线编辑工具】对话框中单击如图 3-18 所示的【删除顶点】按钮。

(4) 选择在多线中将要删除的顶点。绘制的图形如图 3-19 和图 3-20 所示。

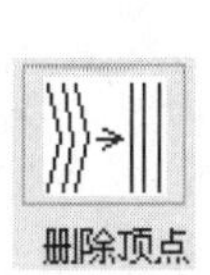


图 3-18　【删除顶点】按钮

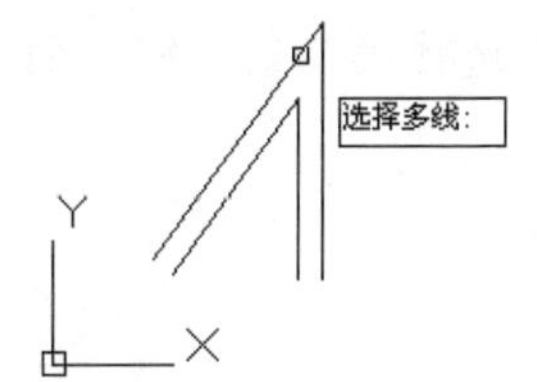


图 3-19　多线中要删除的顶点

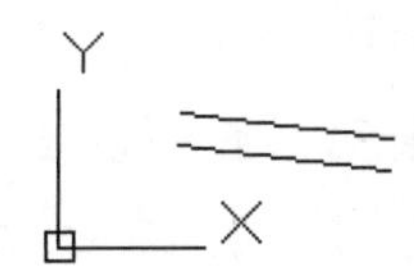


图 3-20　删除顶点后的多线

2) 编辑相交的多线

如果在图形中有相交的多线，用户能够通过编辑相交的多线来控制它们相交的方式。多线可以相交成十字形或 T 字形，并且十字形或 T 字形可以被闭合、打开或合并。编辑相交多线的步骤如下。

(1) 在命令行中输入 mledit 后按下 Enter 键；或者选择【修改】|【对象】|【多线】菜单命令。

(2) 执行此命令后，打开【多线编辑工具】对话框。

(3) 在此对话框中，单击如图 3-21 所示的【十字合并】按钮。

图 3-21　【十字合并】按钮

选择此项后，AutoCAD 会提示用户选择第一条多线，命令行窗口提示如下。

```
命令:mledit
选择第一条多线:
```

选择第一条多线后绘图区如图 3-22 所示。

选择第一条多线后，命令行将提示用户选择第二条多线，命令行窗口提示如下。

```
选择第二条多线:
```

选择第二条多线后绘图区如图 3-23 所示。

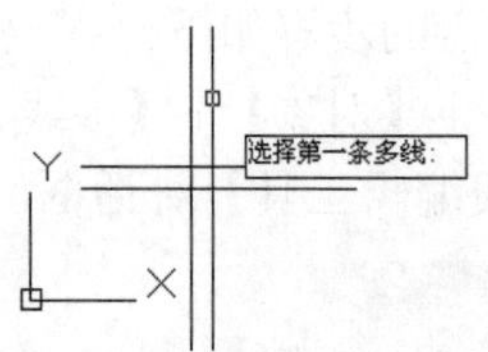


图 3-22　选择第一条多线后绘图区所显示的图形

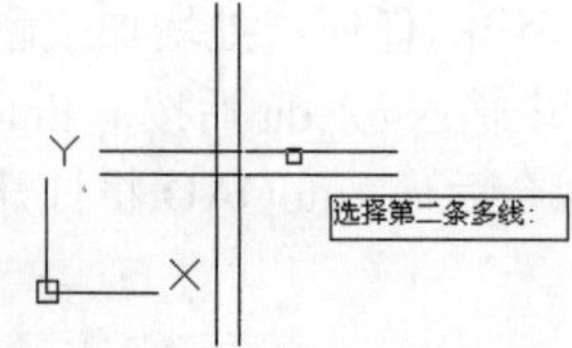


图 3-23　选择第二条多线后绘图区所显示的图形

绘制的图形如图 3-24 所示。

(4) 在【多线编辑工具】对话框中单击如图 3-25 所示的【T 形闭合】按钮。

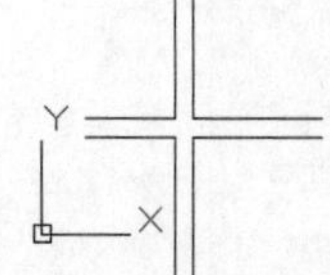

图 3-24　用【十字合并】命令编辑的相交多线

图 3-25　【T 形闭合】按钮

选择此项后，AutoCAD 会提示用户选择第一条多线，命令行窗口提示如下。

```
命令:mledit
选择第一条多线:
```

选择第一条多线后绘图区如图 3-26 所示。

选择第一条多线后，命令行将提示用户选择第二条多线，命令行窗口提示如下。

```
选择第二条多线:
```

选择第二条多线后绘图区如图 3-27 所示。

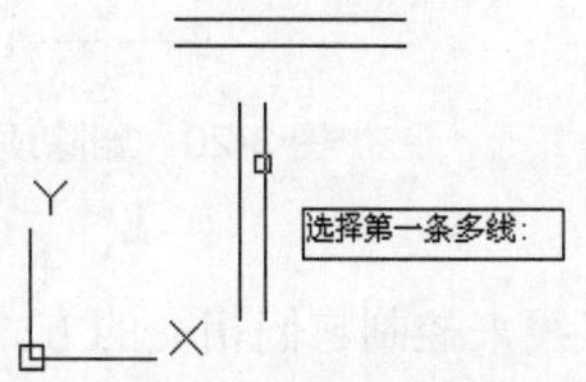


图 3-26　选择第一条多线后绘图区所显示的图形

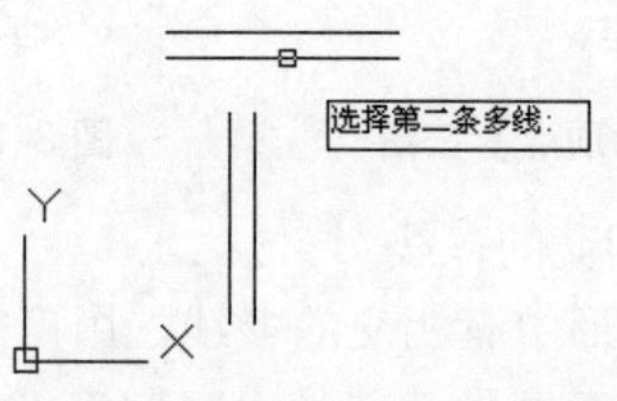


图 3-27　选择第二条多线后绘图区所显示的图形

绘制的图形如图 3-28 所示。

3) 编辑多线的样式

多线样式用于控制多线中直线元素的数目、颜色、线型、线宽以及每个元素的偏移量。还可以修改合并的显示、端点封口和背景填充。

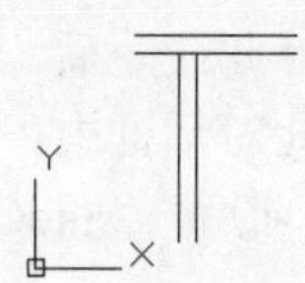

图 3-28　用【T 形闭合】命令编辑的多线

多线样式具有以下限制。

(1) 不能编辑 STANDARD 多线样式或图形中已使用的任何多线样式的元素和多线特性。

(2) 要编辑现有的多线样式，必须在用此样式绘制多线之前进行。

编辑多线样式的步骤如下。

(1) 在命令行中输入 mlstyle 后按下 Enter 键，或者选择【格式】|【多线样式】菜单命令。执行此命令后打开如图 3-29 所示的【多线样式】对话框。

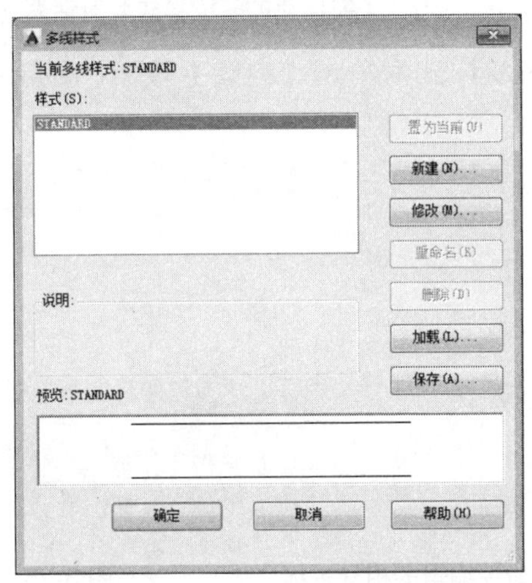


图 3-29 【多线样式】对话框

(2) 在此对话框中，可以对多线进行编辑操作，如新建、修改、重命名、删除、加载、保存多线样式。

下面将详细介绍【多线样式】对话框中的内容。

【当前多线样式】：显示当前多线样式的名称，该样式将在后续创建的多线中用到。

【样式】：显示已加载到图形中的多线样式列表。

多线样式列表中可以包含外部参照的多线样式，即存在于外部参照图形中的多线样式。外部参照的多线样式名称使用与其他外部依赖非图形对象所使用的语法相同。

【说明】：显示选定多线样式的说明。

【预览】：显示选定多线样式的名称和图像。

【置为当前】按钮：设置用于后续创建的多线的当前多线样式。从【样式】列表框中选择一个名称，然后单击【置为当前】按钮。

> **提示：**不能将外部参照中的多线样式设置为当前样式。

【新建】按钮：单击后显示如图 3-30 所示的【创建新的多线样式】对话框，从中可以创建新的多线样式。

【新样式名】：命名新的多线样式。只有输入新名称并单击【继续】按钮后，元素和多线特征才可用。

【基础样式】：确定要用于创建新多线样式的多线样式。要节省时间，请选择与要创建的多线样式相似的多线样式。

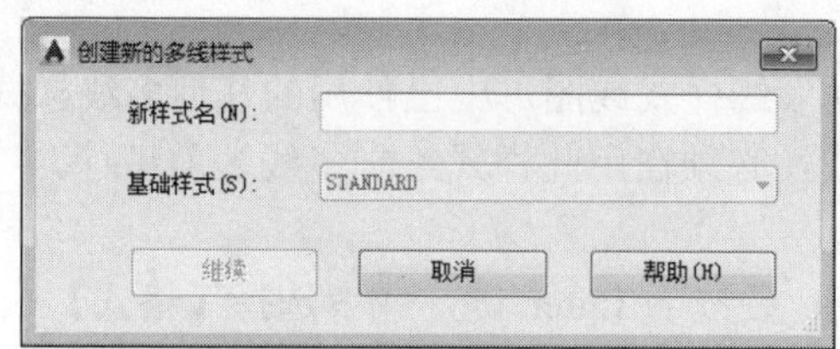


图 3-30 【创建新的多线样式】对话框

【继续】按钮：命名新的多线样式后单击【继续】按钮，显示如图 3-31 所示的【新建多线样式】对话框。

图 3-31 【新建多线样式】对话框

【说明】：为多线样式添加说明。最多可以输入 255 个字符(包括空格)。

【封口】：控制多线起点和端点封口。

【直线】：显示穿过多线每一端的直线段，如图 3-32 所示。

【外弧】：显示多线的最外端元素之间的圆弧，如图 3-33 所示。

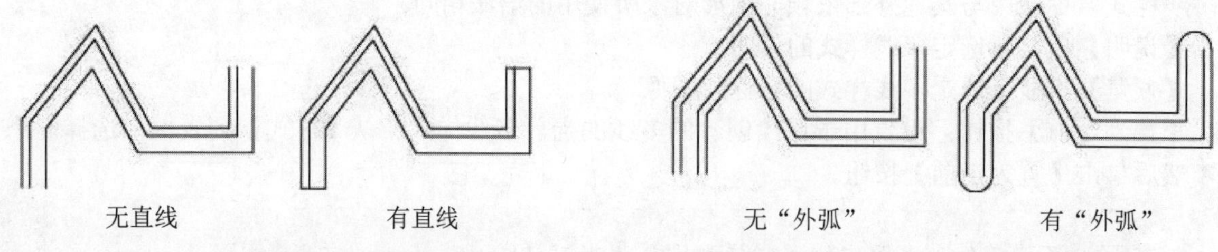

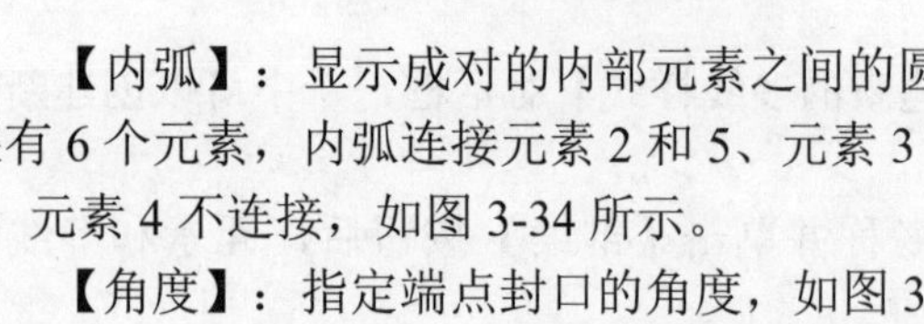

图 3-32 穿过多线每一端的直线段

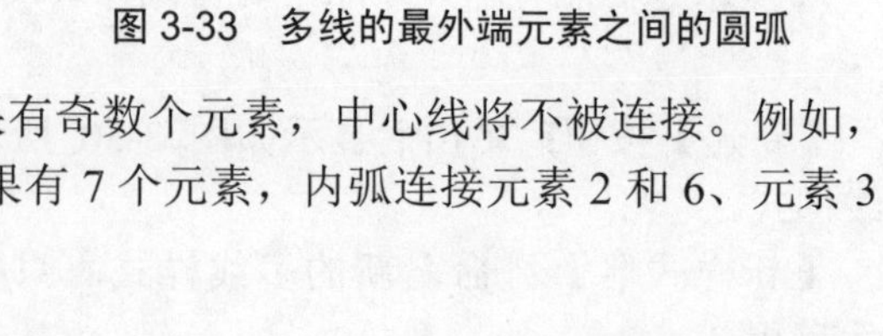

图 3-33 多线的最外端元素之间的圆弧

【内弧】：显示成对的内部元素之间的圆弧。如果有奇数个元素，中心线将不被连接。例如，如果有 6 个元素，内弧连接元素 2 和 5、元素 3 和 4。如果有 7 个元素，内弧连接元素 2 和 6、元素 3 和 5；元素 4 不连接，如图 3-34 所示。

【角度】：指定端点封口的角度，如图 3-35 所示。

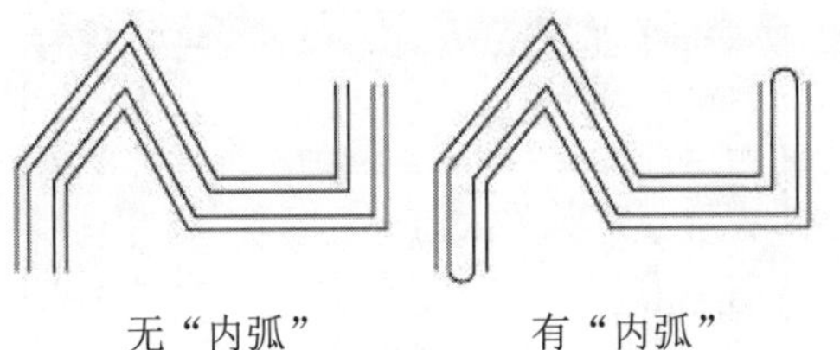


图 3-34 成对的内部元素之间的圆弧

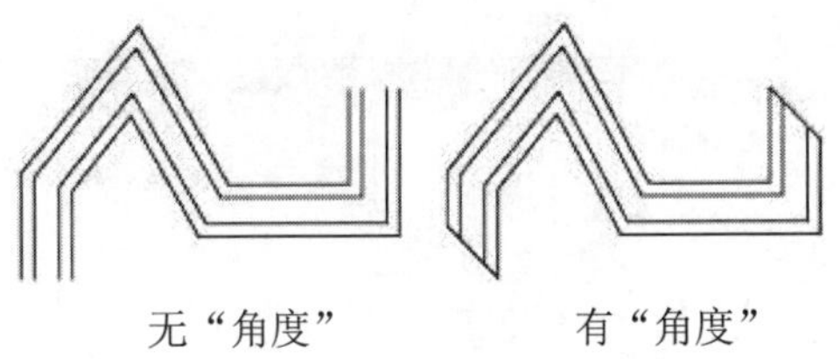


图 3-35 指定端点封口的角度

【填充】：控制多线的背景填充。

【填充颜色】：设置多线的背景填充色，【填充颜色】下拉列表框如图 3-36 所示。

【显示连接】：控制每条多线线段顶点处连接的显示。接头也称为斜接，如图 3-37 所示。

图 3-36 【填充颜色】下拉列表框

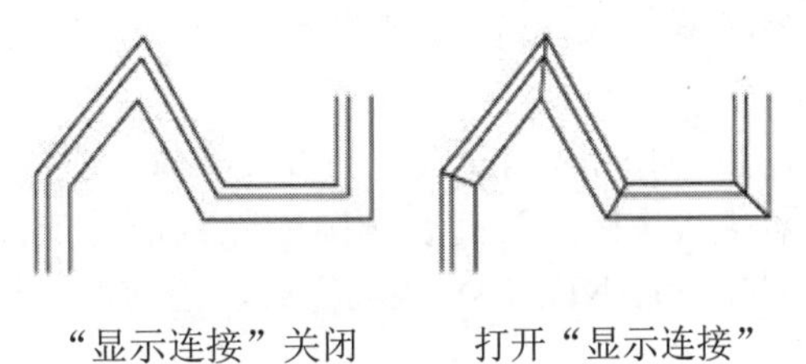


图 3-37 多线线段顶点处连接的显示

【图元】：设置新的和现有的多线元素的元素特性，例如偏移、颜色和线型。

【偏移】、【颜色】和【线型】：显示当前多线样式中的所有元素。样式中的每个元素由其相对于多线的中心、颜色及其线型定义。元素始终按它们的偏移值降序显示。

【添加】按钮：将新元素添加到多线样式。只有为除 STANDARD 以外的多线样式选择了颜色或线型后，此选项才可用。

【删除】：从多线样式中删除元素。

【偏移】：为多线样式中的每个元素指定偏移值，如图 3-38 所示。

【颜色】：显示并设置多线样式中元素的颜色，【颜色】下拉列表框如图 3-39 所示。

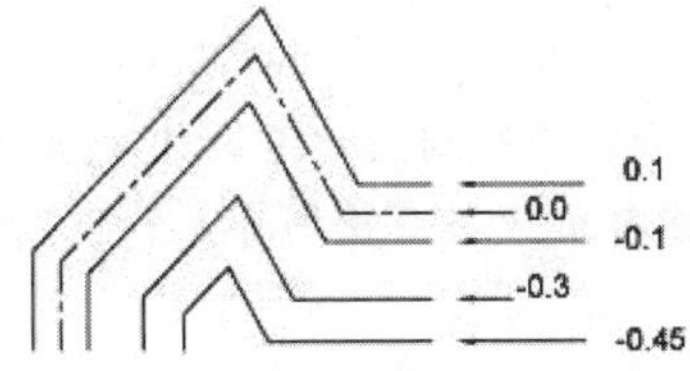


图 3-38 为多线样式中的每个元素指定偏移值

图 3-39 【颜色】下拉列表框

【线型】：显示并设置多线样式中元素的线型。如果选择【线型】选项，将显示如图 3-40 所示的【选择线型】对话框，该对话框列出了已加载的线型。要加载新线型，则单击【加载】按钮，将显示如图 3-41 所示的【加载或重载线型】对话框。

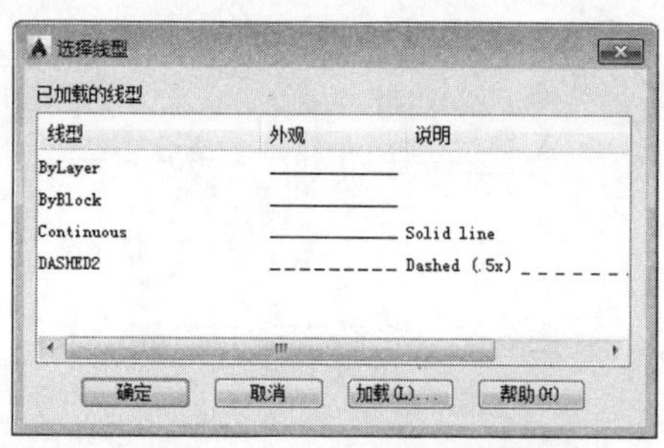


图 3-40 【选择线型】对话框

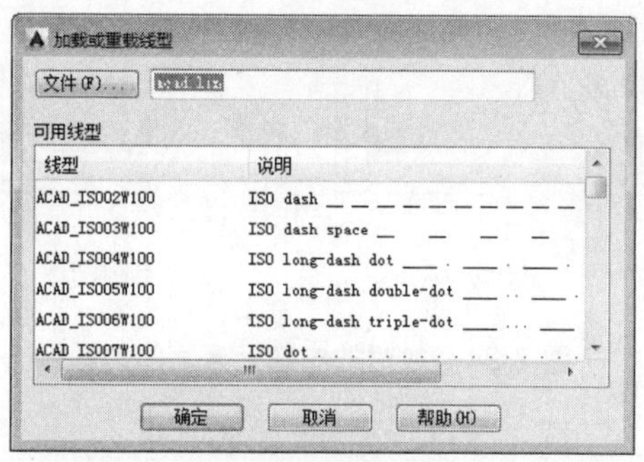


图 3-41 【加载或重载线型】对话框

**提示**:不能编辑STANDARD多线样式或图形中正在使用的任何多线样式的元素和多线特性。要编辑现有多线样式，必须在使用该样式绘制任何多线之前进行。

【重命名】：重命名当前选定的多线样式。不能重命名 STANDARD 多线样式。

【删除】：从【样式】列表框中删除当前选定的多线样式。此操作并不会删除 MLN 文件中的样式。不能删除 STANDARD 多线样式、当前多线样式或正在使用的多线样式。

【加载】：单击该按钮，显示如图 3-42 所示的【加载多线样式】对话框，从中可以从指定的 MLN 文件加载多线样式。

【文件】：单击该按钮，显示标准文件选择对话框，从中可以定位和选择另一个多线库文件。

列表框：列出当前多线库文件中可用的多线样式。要加载另一种多线样式，请从列表中选择一种样式并单击【确定】按钮。

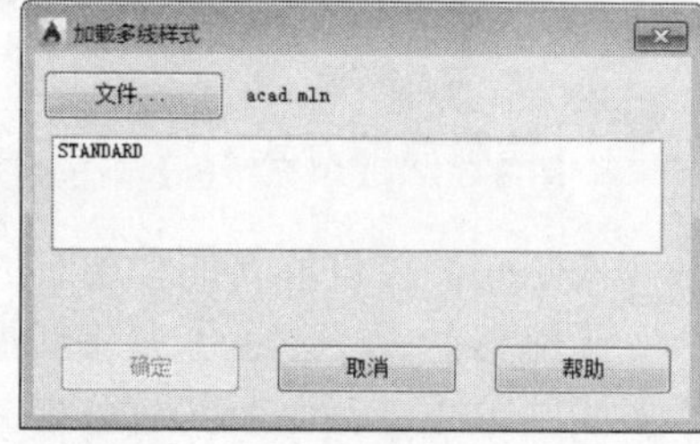


图 3-42 【加载多线样式】对话框

【确定】：将多线样式保存或复制到多线库(MLN)文件。如果指定了一个已存在的 MLN 文件，新样式定义将添加到此文件中，并且不会删除其中已有的定义。默认文件名是 acad.mln。

### 3.2.3 绘制点

**行业知识链接**:点一般用于表达几何参数的位置，一般绘制曲线前会创建几个位置固定的点，以便绘制曲线。如图 3-43 所示是电机控制回路示意图，其中电机和开关可使用【点】命令进行定位。

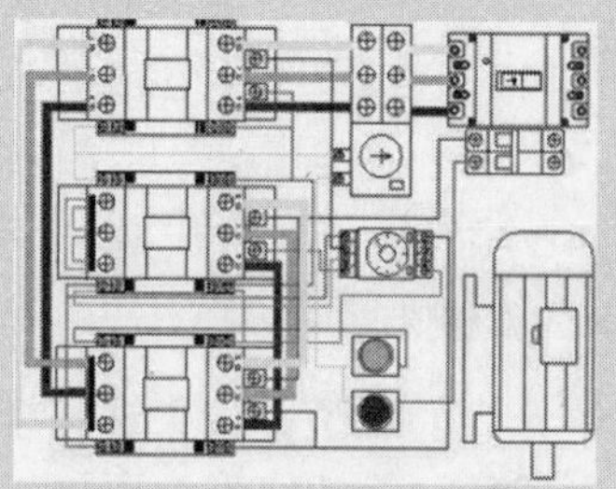

图 3-43 电机控制回路

点是构成图形最基本的元素之一。

AutoCAD 2016 提供的绘制点的方法有以下几种。

(1) 在【绘图】工具栏中单击▼按钮，”显示绘制点的按钮，从中进行选择，如图 3-44 所示。

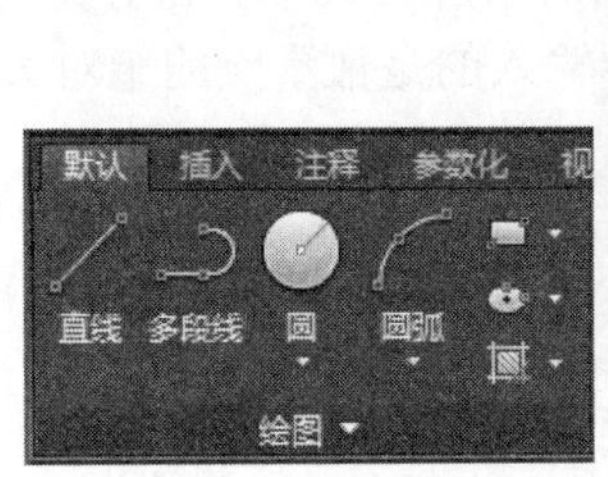


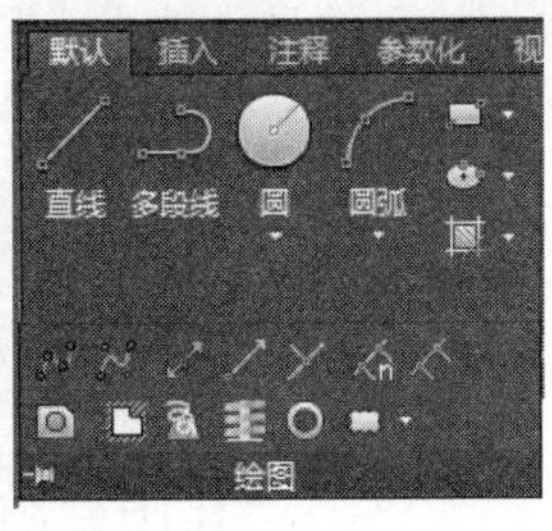


图 3-44 【绘图】工具栏

> 提示：单击【多点】按钮也可进行单点的绘制，在【绘图】工具栏中没有显示【单点】按钮，若需要使用，可在菜单栏中选择。

(2) 在命令行中输入 point 后，按下 Enter 键。

(3) 在菜单栏中选择【绘图】|【点】菜单命令。

### 1. 绘制点的方式

绘制点的方式有以下几种。

(1) 单点：用户确定了点的位置后，绘图区出现一个点，如图 3-45(a)所示。

(2) 多点：用户可以同时画多个点，如图 3-45(b)所示。

(3) 定数等分画点：用户可以指定一个实体，然后输入该实体被等分的数目后，AutoCAD 2016 会自动在相应的位置上画出点，如图 3-45(c)所示。

(4) 定距等分画点：用户选择一个实体，输入每一段的长度值后，AutoCAD 2016 会自动在相应的位置上画出点，如图 3-45(d)所示。

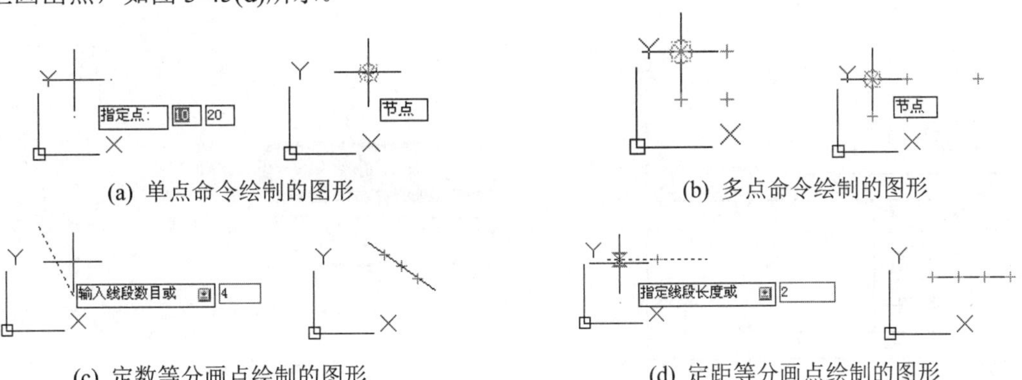


(a) 单点命令绘制的图形

(b) 多点命令绘制的图形

(c) 定数等分画点绘制的图形

(d) 定距等分画点绘制的图形

图 3-45 几种画点方式绘制的点

### 2. 设置点

在绘制点的过程中，可以改变点的形状和大小。

选择【格式】|【点样式】菜单命令，打开如图 3-46 所示的【点样式】对话框。在此对话框中，可以先选取上面点的形状，然后选择【相对于屏幕设置大小】或【按绝对单位设置大小】两个单选按钮中的一个，最后在【点大小】文本框中输入所需的数字。当选中【相对于屏幕设置大小】单选按钮时，在【点大小】文本框输入的是点的大小相对于屏幕大小的百分比的数值；当选中【按绝对单位设置大小】单选按钮时，在【点大小】文本框中输入的是像素点的绝对大小。

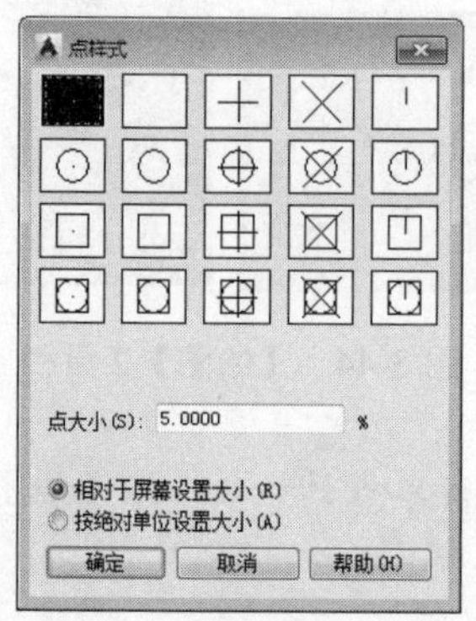


图 3-46 【点样式】对话框

## 课后练习

案例文件：ywj\03\01.dwg

视频文件：光盘\视频课堂\第 3 教学日\3.2

练习案例分析及步骤如下。

本节课后练习创建电机支路图纸，电机支路是典型电气原理图图纸，绘制时要大量运用复制命令，以便绘制重复的元件，如图 3-47 所示是完成的电机支路图纸。

本节案例主要练习电机支路图纸中各种元件和相关线路的绘制，是典型电路图操作步骤，从绘制元件开始，之后绘制线路，最后添加文字。绘制电机支路图纸的思路和步骤如图 3-48 所示。

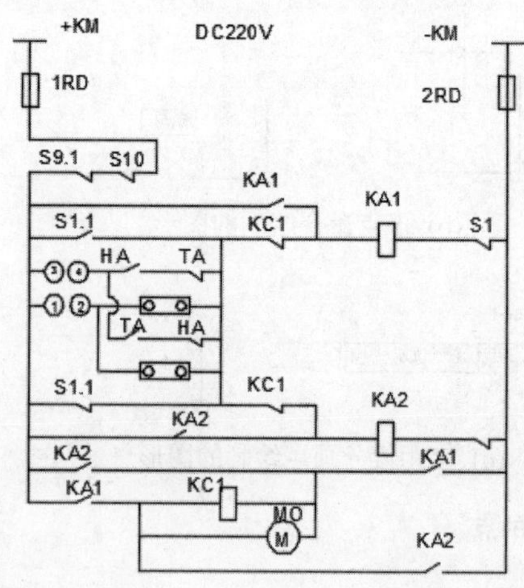


图 3-47 完成的电机支路图纸

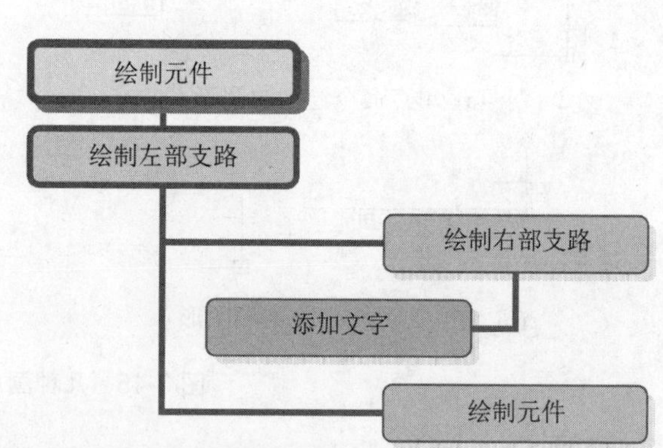


图 3-48 电机支路图纸的绘制步骤

练习案例的操作步骤如下。

step 01 创建元件，绘制左部支路，单击【默认】选项卡的【绘图】工具栏中的【直线】按钮，绘制长度为 2 的直线，如图 3-49 所示。

step 02 单击【默认】选项卡的【绘图】工具栏中的【矩形】按钮，绘制尺寸为 2×1 的电阻，如图 3-50 所示。

step 03 单击【默认】选项卡的【修改】工具栏中的【复制】按钮，选择矩形和直线进行复制，如图 3-51 所示。

图 3-49　绘制长度为 2 的直线　　图 3-50　绘制电阻　　图 3-51　复制矩形和直线

step 04 单击【默认】选项卡的【绘图】工具栏中的【直线】按钮，绘制长度为 1 的开关，如图 3-52 所示。

step 05 单击【默认】选项卡的【修改】工具栏中的【复制】按钮，复制电阻，如图 3-53 所示。

图 3-52　绘制开关　　图 3-53　复制电阻

step 06 单击【默认】选项卡的【绘图】工具栏中的【矩形】按钮，绘制尺寸为 1×3 的电阻，如图 3-54 所示。

step 07 单击【默认】选项卡的【绘图】工具栏中的【圆】按钮，绘制半径为 0.3 的圆，如图 3-55 所示。

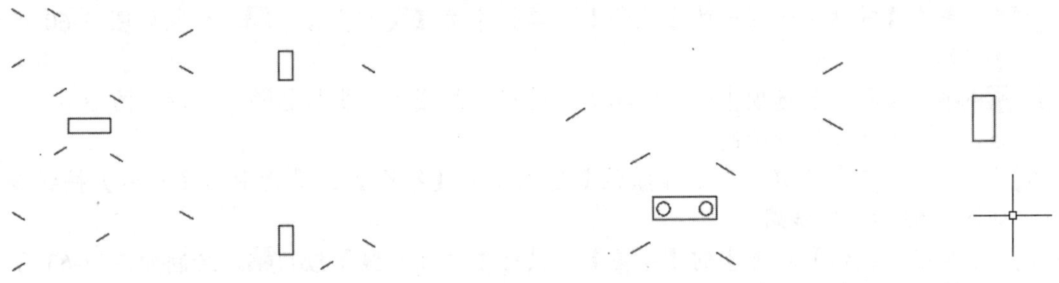

图 3-54　绘制尺寸为 1×3 的电阻　　图 3-55　绘制半径为 0.3 的圆

step 08 单击【默认】选项卡的【修改】工具栏中的【复制】按钮，选择矩形和圆进行复制，如图 3-56 所示。

step 09 单击【默认】选项卡的【绘图】工具栏中的【圆】按钮，绘制半径为 0.6 的圆，如图 3-57 所示。

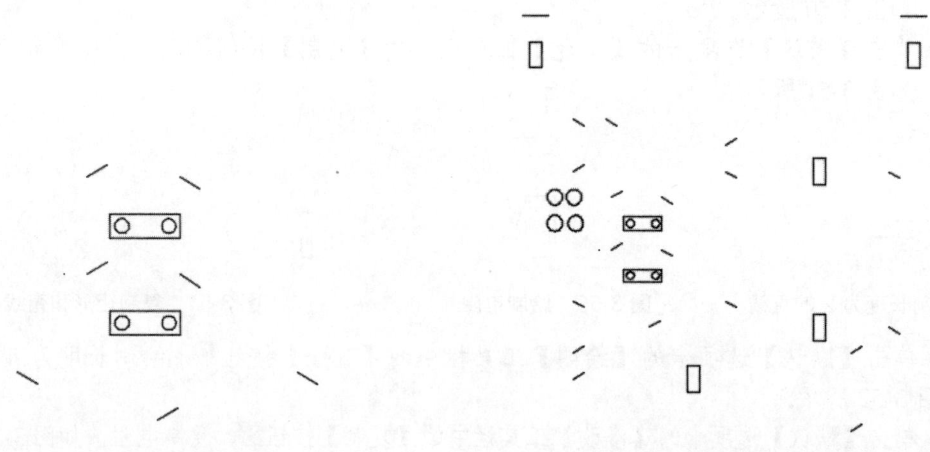

图 3-56　复制矩形和圆　　　图 3-57　绘制半径为 0.6 的圆

step 10 单击【默认】选项卡的【注释】工具栏中的【文字】按钮，绘制如图 3-58 所示的文字“1～4”。

step 11 单击【默认】选项卡的【绘图】工具栏中的【圆】按钮，绘制半径为 1 的圆，如图 3-59 所示。

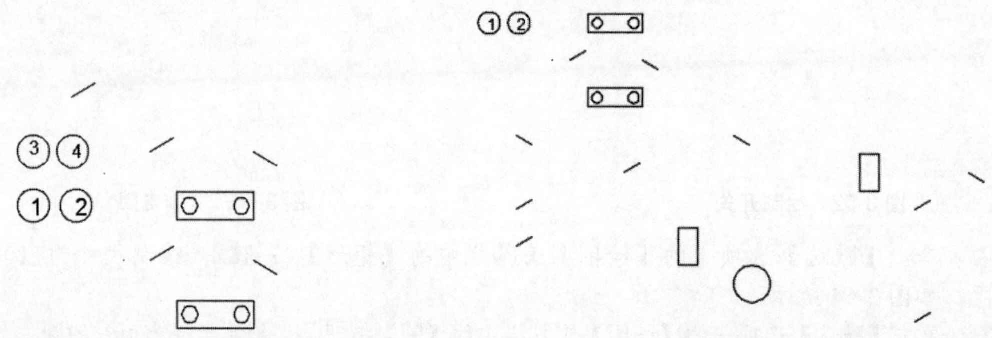


图 3-58　添加文字“1～4”　　　图 3-59　绘制半径为 1 的圆

step 12 单击【默认】选项卡的【注释】工具栏中的【文字】按钮，绘制如图 3-60 所示的文字“M”。

step 13 单击【默认】选项卡的【绘图】工具栏中的【直线】按钮，绘制如图 3-61 所示的线路，完成左部支路的绘制。

step 14 再绘制右部支路，单击【默认】选项卡的【绘图】工具栏中的【直线】按钮，绘制如图 3-62 所示的线路。

step 15 单击【默认】选项卡的【绘图】工具栏中的【直线】按钮，绘制如图 3-63 所示的线路，完成右部支路的绘制。

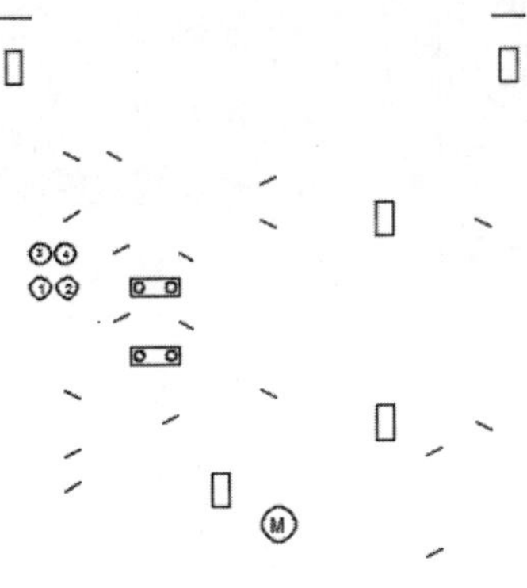


图 3-60　添加文字“M”

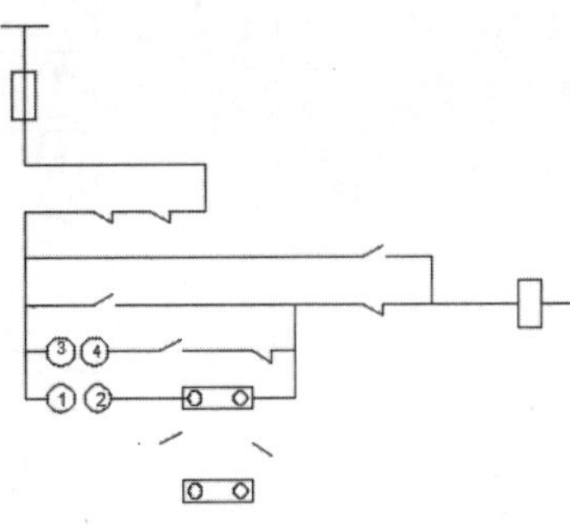

图 3-61　绘制左部支路的线路

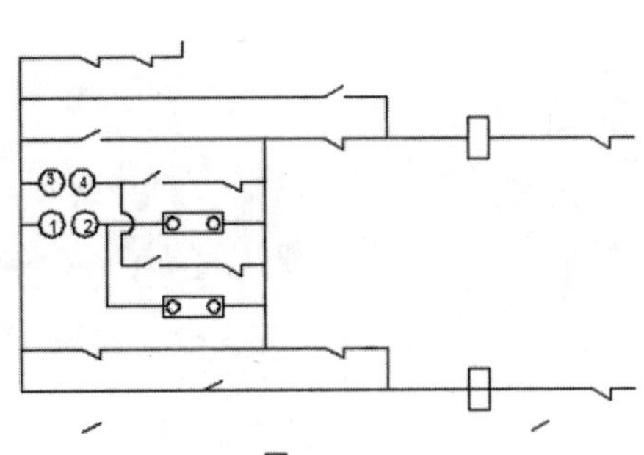

图 3-62　绘制右部支路的线路

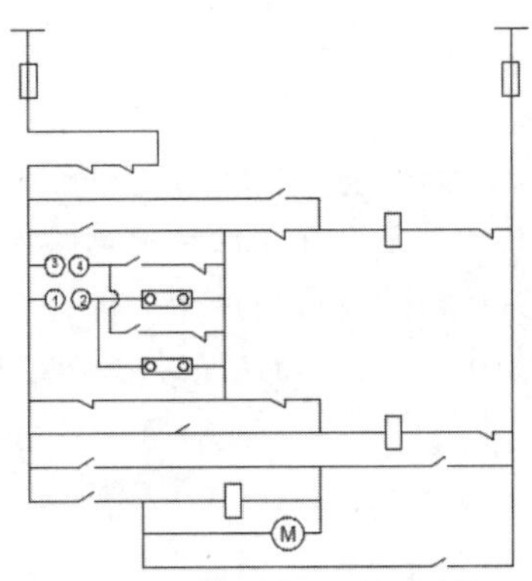


图 3-63　完成右部支路绘制

step 16 添加文字，单击【默认】选项卡的【注释】工具栏中的【文字】按钮A，绘制如图 3-64 所示的电路上部文字。

step 17 单击【默认】选项卡的【注释】工具栏中的【文字】按钮A，绘制如图 3-65 所示的电路下部文字。

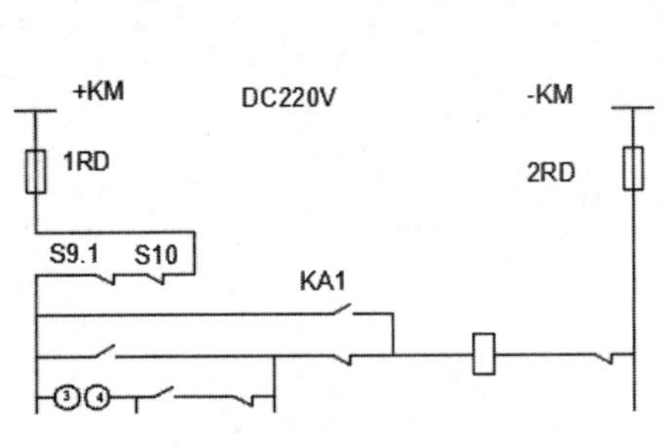


图 3-64　绘制电路上部文字

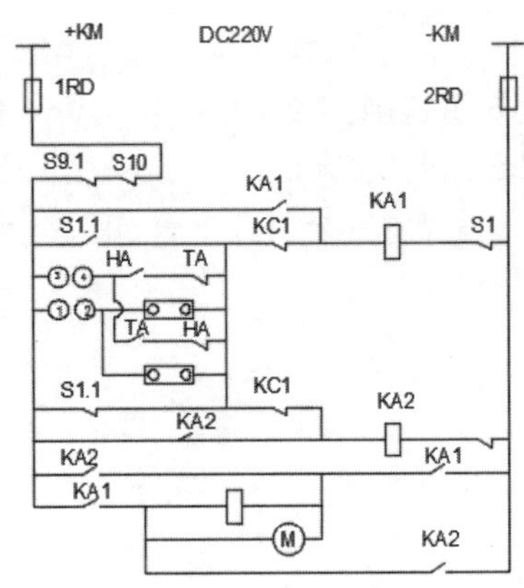


图 3-65　绘制电路下部文字

step 18 完成电机支路图纸的绘制，如图 3-66 所示。

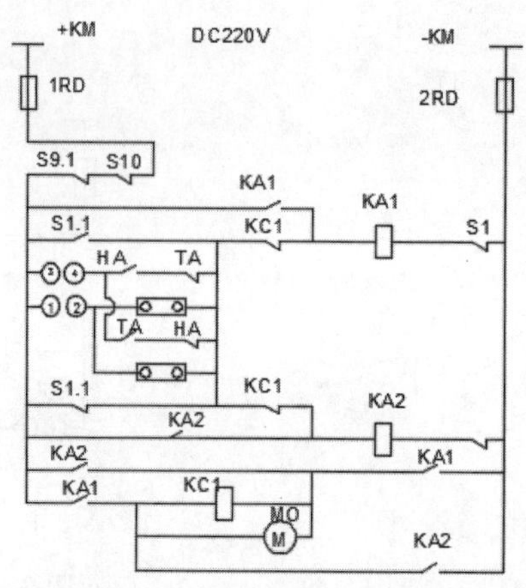


图 3-66　完成的电机支路图纸

**机械设计实践：**装配图是为了进行电路装配而采用的一种图纸，图上的符号往往是电路元件的实物的外形图。我们只要照着图上画的样子，依样把一些电路元器件连接起来就能够完成电路的装配。如图 3-67 所示是电器柜的装配图。

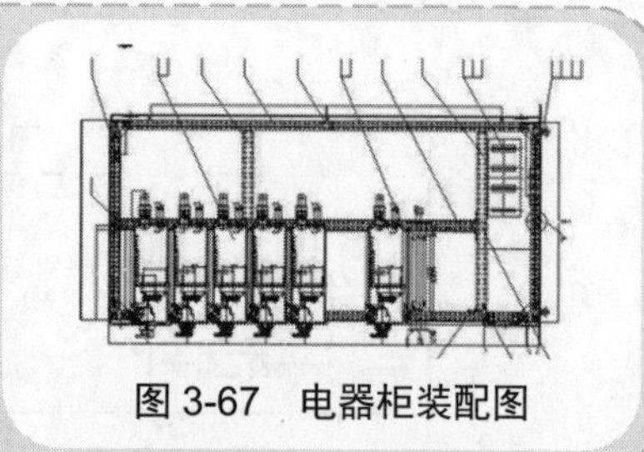

图 3-67　电器柜装配图

## 第3课　2课时　绘制多边形

### 3.3.1　绘制矩形

**行业知识链接：**绘制电路图前，可能会用到方框图，方框图是一种用方框和连线来表示电路工作原理和构成概况的电路图。从根本上说，这也是一种原理图，不过在这种图纸中，除了方框和连线，几乎就没有别的符号了。如图 3-68 所示是一个单片机原理方框图，绘制时用到【矩形】命令。

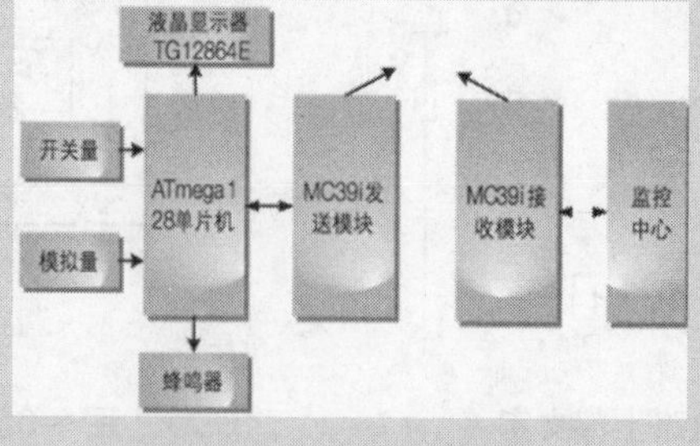


图 3-68　单片机原理方框图

【矩形】命令的功能是绘制四边形，同时也可以绘制有倒角或者圆角的四边形，甚至可以设置厚度和宽度。

执行【矩形】命令的三种方法如下。

(1) 单击【绘图】工具栏上的【矩形】按钮。

(2) 在命令行中输入 rectang 命令后按下 Enter 键。

(3) 在菜单栏中选择【绘图】|【矩形】菜单命令。

选择【矩形】命令后，在命令行中会出现提示，要求用户指定第一个角点，同时可以设置是否创建其他形式的矩形。绘制矩形的命令如下。

```
命令:_rectang
指定第一个角点或 [倒角(C)/标高(E)/圆角(F)/厚度(T)/宽度(W)]:
指定另一个角点或 [面积(A)/尺寸(D)/旋转(R)]:d
指定矩形的长度 <10.0000>:20
指定矩形的宽度 <10.0000>:10
指定另一个角点或 [面积(A)/尺寸(D)/旋转(R)]:
```

创建的矩形如图 3-69 所示。

在选择【矩形】命令后，设置倒角，可创建有倒角的矩形，如图 3-70 所示，命令行提示如下。

```
命令: _rectang
指定第一个角点或 [倒角(C)/标高(E)/圆角(F)/厚度(T)/宽度(W)]:c
指定矩形的第一个倒角距离 <0.0000>:2
指定矩形的第二个倒角距离 <2.0000>:2
指定第一个角点或 [倒角(C)/标高(E)/圆角(F)/厚度(T)/宽度(W)]:
指定另一个角点或 [面积(A)/尺寸(D)/旋转(R)]:
```

在选择【矩形】命令后，设置圆角，可创建圆角的矩形，如图 3-71 所示，命令行提示如下。

```
命令:_rectang
当前矩形模式:倒角=2.0000 x 2.0000
指定第一个角点或 [倒角(C)/标高(E)/圆角(F)/厚度(T)/宽度(W)]:f
指定矩形的圆角半径 <2.0000>: 2
指定第一个角点或 [倒角(C)/标高(E)/圆角(F)/厚度(T)/宽度(W)]:
指定另一个角点或 [面积(A)/尺寸(D)/旋转(R)]:
```

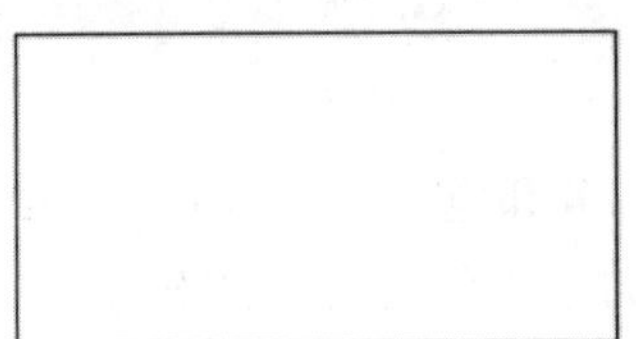
图 3-69　创建的普通矩形

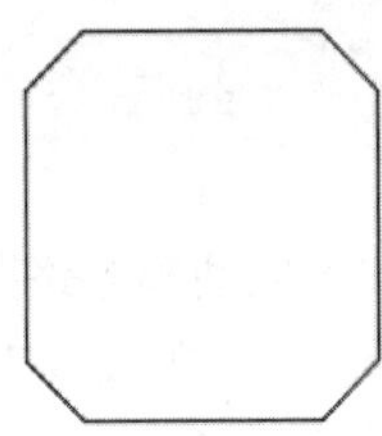
图 3-70　倒角矩形

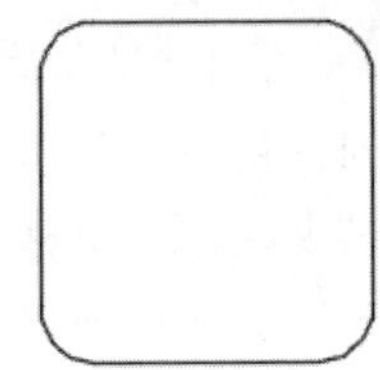
图 3-71　圆角矩形

### 3.3.2 绘制多边形

**行业知识链接**：方框图只能用来体现电路的大致工作原理，而原理图除了详细地表明电路的工作原理之外，还可以用来作为采集元件、制作电路的依据。如图 3-72 所示是 PLC 原理图，使用了【多边形】命令绘制元件。

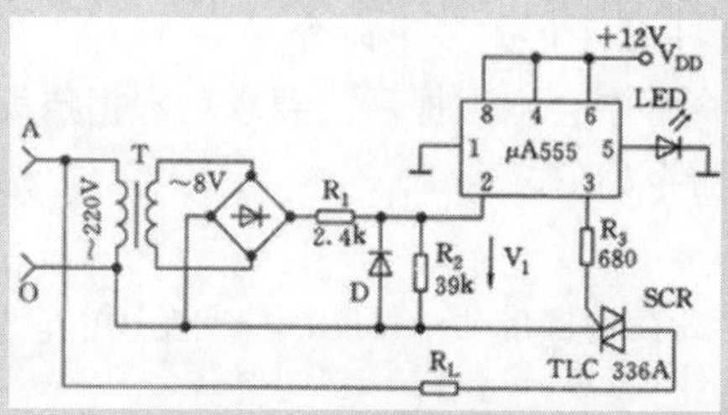


图 3-72　PLC 原理图

【多边形】命令可以创建边长相等的多边形。

执行【多边形】命令的三种方法如下。

(1) 单击【绘图】工具栏上的【多边形】按钮。

(2) 在命令行中输入 polygon 命令后按下 Enter 键。

(3) 在菜单栏中选择【绘图】|【多边形】菜单命令。

选择【多边形】命令后，在命令行中出现提示，要求用户选择多边形中心点，随后设置内接或外切圆半径，命令行如下。

```
命令:_polygon 输入侧面数 <4>:6
指定正多边形的中心点或 [边(E)]:
输入选项 [内接于圆(I)/外切于圆(C)] <I>:i
指定圆的半径:
```

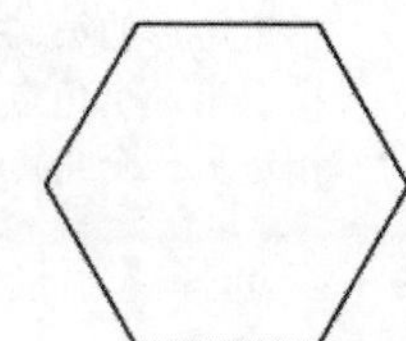

图 3-73　等边六边形

创建的六边形如图 3-73 所示。

## 课后练习

案例文件：ywj\03\02.dwg

视频文件：光盘\视频课堂\第 3 教学日\3.3

练习案例分析及步骤如下。

本节课后练习创建电动车电气原理图，电动车电路图主要由控制部分和电机部分组成，其中的控制器是示意表示，所以本练习的图纸用于布线。如图 3-74 所示是完成的电动车电气原理图。

本节案例主要练习电动车电气原理图的布线，通过线路将电路元件进行连接，先绘制元件，如控制器、电机等，之后进行布线，最后添加文字。绘制电动车电气原理图的思路和步骤如图 3-75 所示。

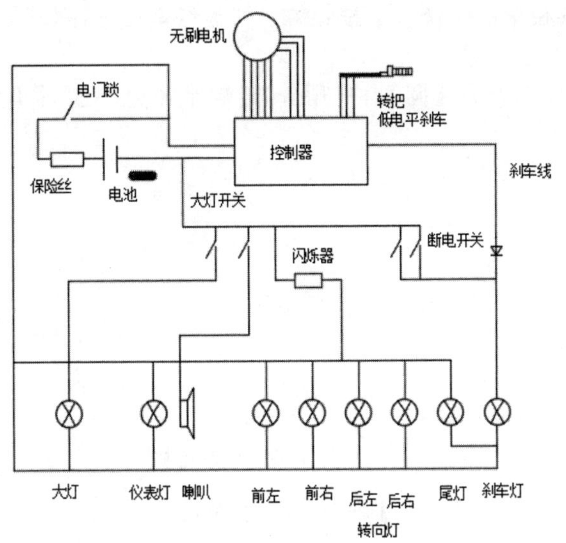


图 3-74　完成的电动车电气原理图

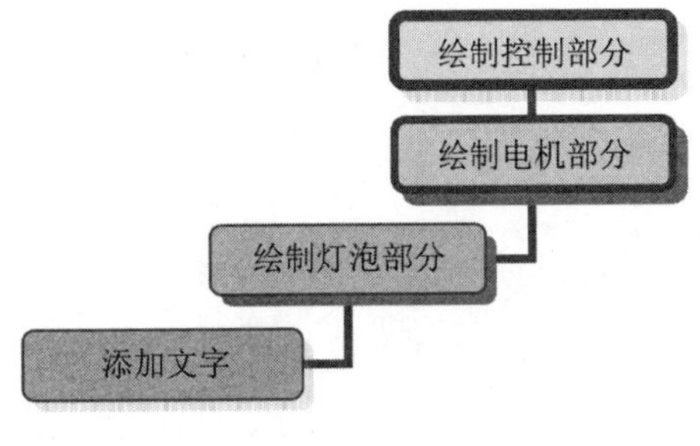


图 3-75　电动车电气原理图的绘制步骤

练习案例的操作步骤如下。

step 01 绘制控制部分，单击【默认】选项卡的【绘图】工具栏中的【直线】按钮，绘制长度为 3 的开关，如图 3-76 所示。

step 02 单击【默认】选项卡的【绘图】工具栏中的【矩形】按钮，绘制尺寸为 2×5 电阻，如图 3-77 所示。

step 03 单击【默认】选项卡的【绘图】工具栏中的【直线】按钮，绘制长度为 6 和 4 的电源，如图 3-78 所示。

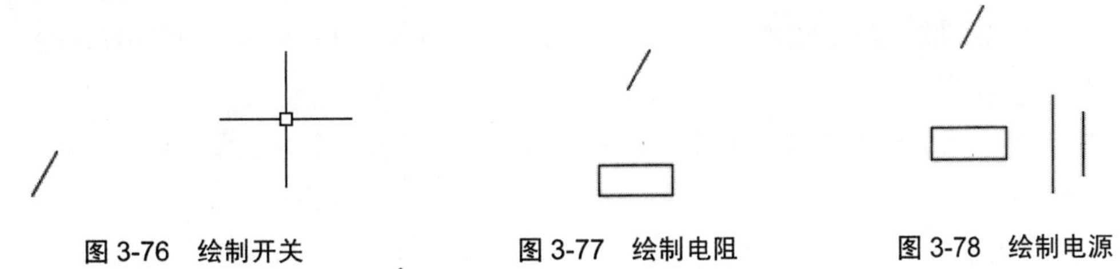

图 3-76　绘制开关　　图 3-77　绘制电阻　　图 3-78　绘制电源

step 04 单击【默认】选项卡的【绘图】工具栏中的【矩形】按钮，绘制尺寸为 1×4 的矩形，如图 3-79 所示。

step 05 单击【默认】选项卡的【绘图】工具栏中的【圆】按钮，绘制半径为 0.5 的圆，如图 3-80 所示。

图 3-79　绘制尺寸为 1×4 的矩形　　图 3-80　绘制半径为 0.5 的圆

step 06 单击【默认】选项卡的【修改】工具栏中的【修剪】按钮，快速修剪图形，如图 3-81 所示。

step 07 单击【默认】选项卡的【绘图】工具栏中的【圆】按钮，绘制半径为 3.5 的电机，如图 3-82 所示。

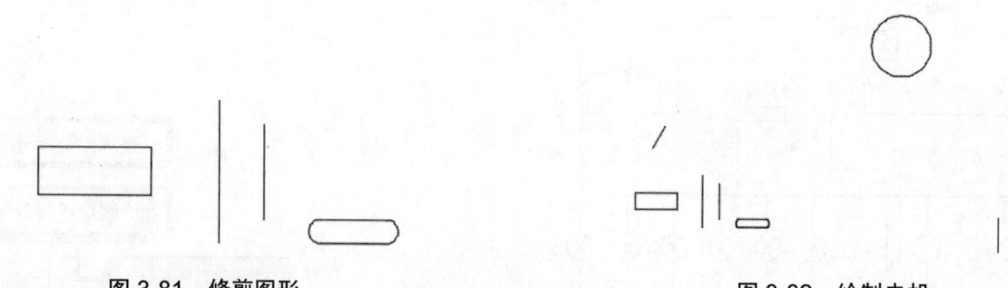

图 3-81　修剪图形　　图 3-82　绘制电机

step 08 单击【默认】选项卡的【绘图】工具栏中的【矩形】按钮，绘制尺寸为 10×20 的控制器，如图 3-83 所示。

step 09 绘制尺寸为 0.5×6 的矩形，如图 3-84 所示。

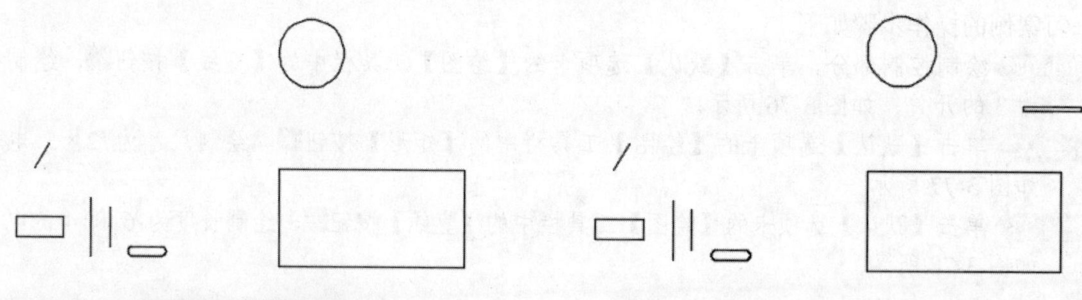

图 3-83　绘制控制器　　图 3-84　绘制 0.5×6 的矩形

step 10 绘制尺寸为 0.6×1、1.5×0.8 和 1×3 的多个矩形，如图 3-85 所示。

step 11 单击【默认】选项卡的【绘图】工具栏中的【直线】按钮，绘制长度为 3 的开关，如图 3-86 所示。

图 3-85　绘制多个矩形　　图 3-86　绘制长度为 3 的开关

step 12 单击【默认】选项卡的【绘图】工具栏中的【矩形】按钮，绘制尺寸为 2×4 的电阻，如图 3-87 所示。

step 13 单击【默认】选项卡的【绘图】工具栏中的【直线】按钮，绘制如图 3-88 所示的二极管。

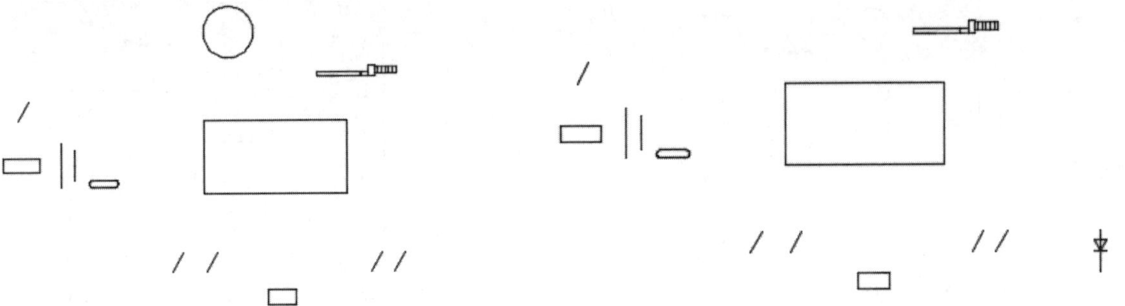

图 3-87　绘制尺寸为 2×4 的电阻　　　　图 3-88　绘制二极管

step 14 单击【默认】选项卡的【绘图】工具栏中的【圆】按钮，绘制半径为 2 的圆，如图 3-89 所示。

step 15 单击【默认】选项卡的【绘图】工具栏中的【直线】按钮，绘制如图 3-90 所示的指示灯。

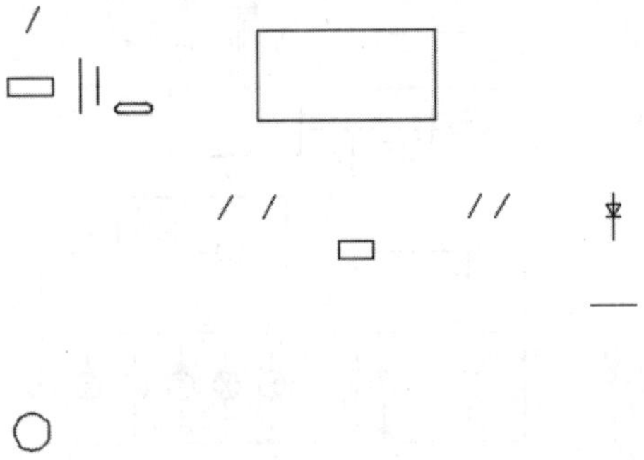

图 3-89　绘制半径为 2 的圆 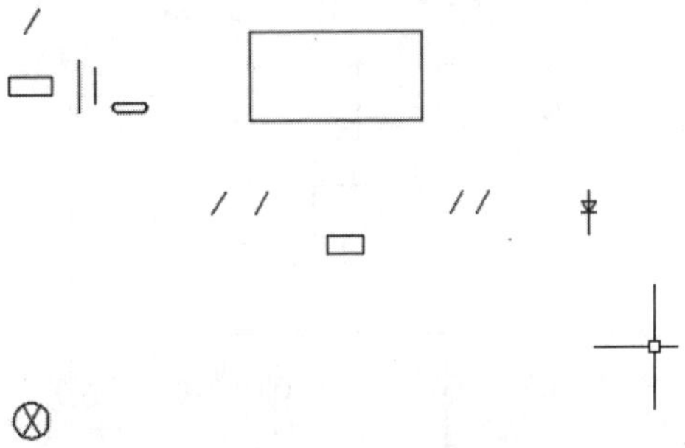　　　　图 3-90　绘制指示灯

step 16 单击【默认】选项卡的【修改】工具栏中的【复制】按钮，选择指示灯进行复制，如图 3-91 所示。

step 17 单击【默认】选项卡的【绘图】工具栏中的【矩形】按钮，绘制尺寸为 4×1 的矩形，如图 3-92 所示。

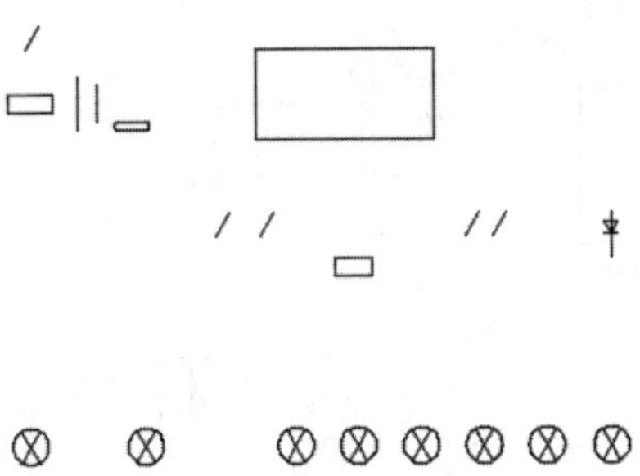

图 3-91　复制指示灯 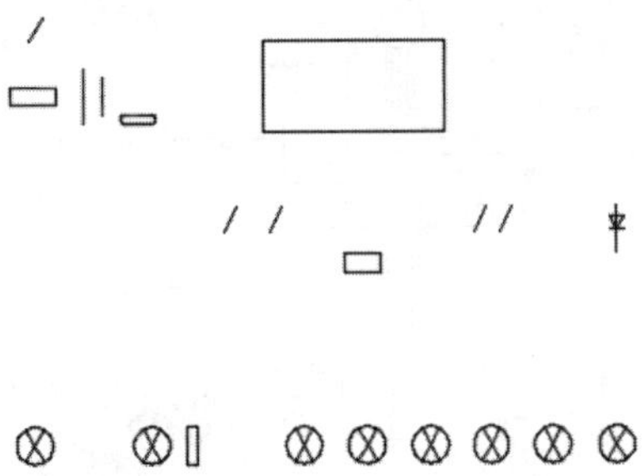　　　　图 3-92　绘制尺寸为 4×1 的矩形

step 18 单击【默认】选项卡的【绘图】工具栏中的【直线】按钮，绘制如图3-93所示的喇叭。

step 19 绘制如图3-94所示的四周线路。

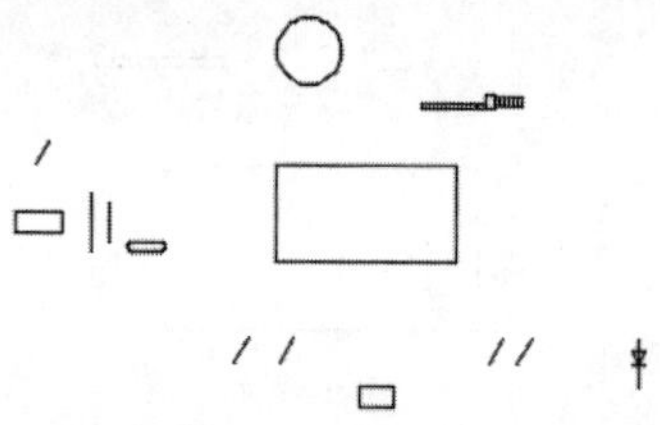

图3-93 绘制喇叭

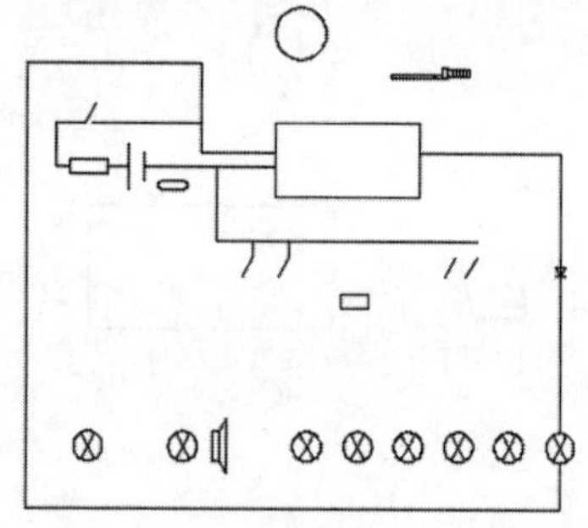

图3-94 绘制四周线路

step 20 单击【默认】选项卡的【绘图】工具栏中的【直线】按钮，绘制如图3-95所示的内部线路，完成控制部分电路的绘制。

step 21 绘制如图3-96所示的电机线路。

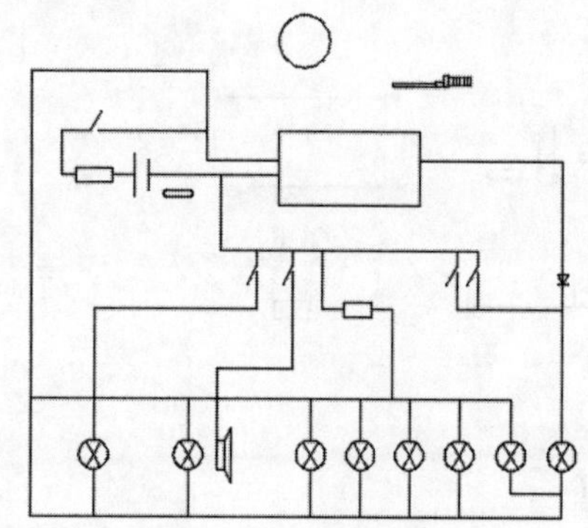

图3-95 绘制内部线路

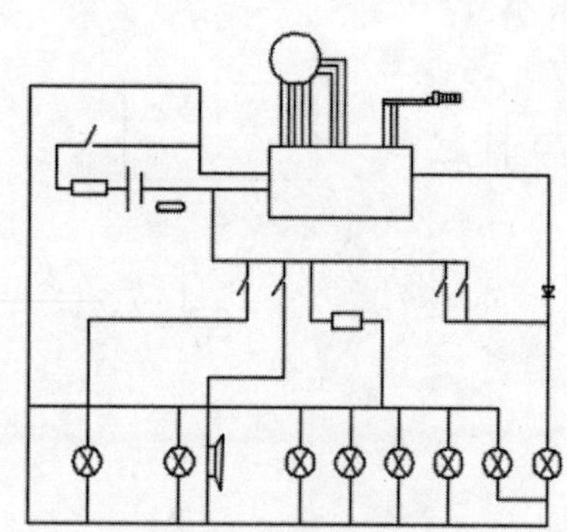

图3-96 绘制电机线路

step 22 单击【默认】选项卡的【绘图】工具栏中的【图案填充】按钮，完成如图3-97所示的图案填充。

step 23 添加文字，单击【默认】选项卡的【注释】工具栏中的【文字】按钮，绘制如图3-98所示的上部文字。

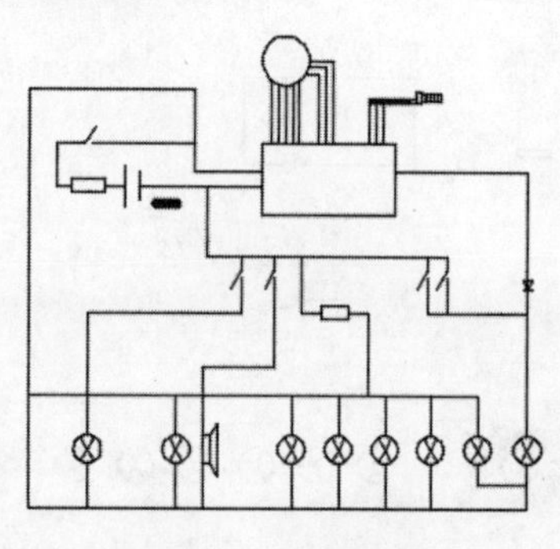

图3-97 填充图案

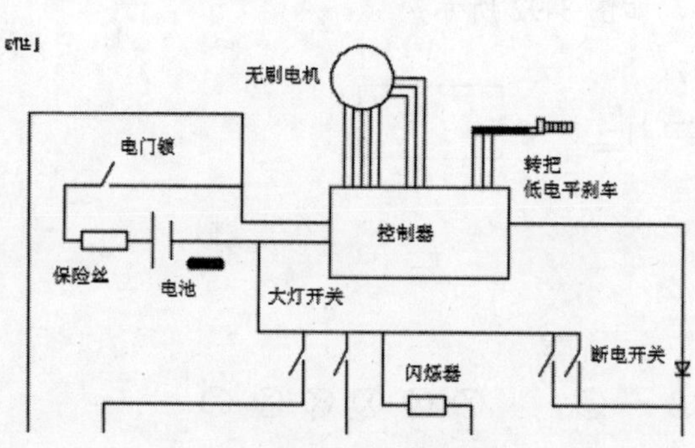


图3-98 添加上部文字

step 24 绘制如图 3-99 所示的下部文字。

step 25 绘制如图 3-100 所示的文字“刹车线”。

step 26 完成电动车电气原理图的绘制，如图 3-101 所示。

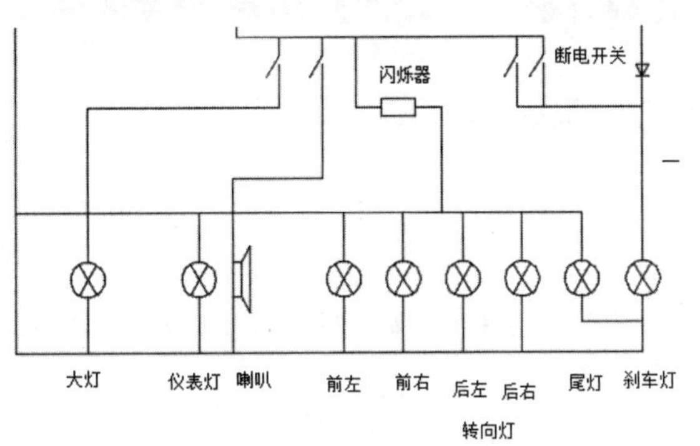


图 3-99　添加下部文字

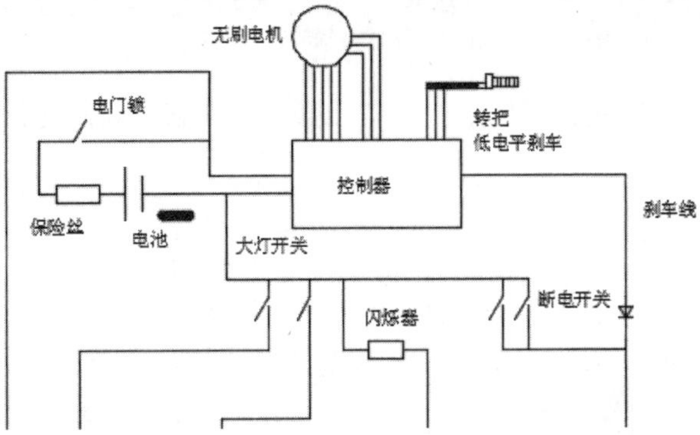

图 3-100　添加文字“刹车线”

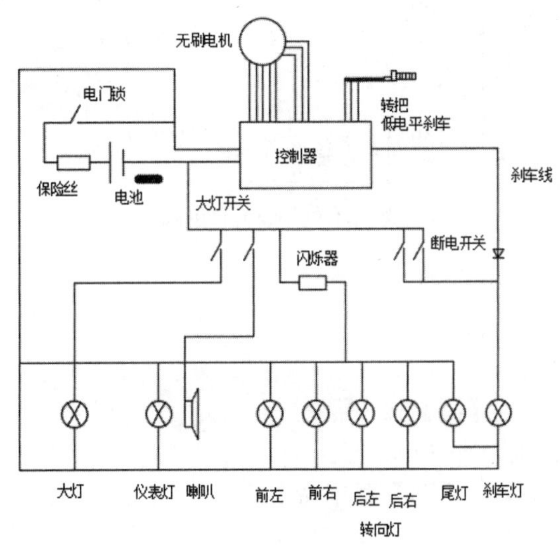


图 3-101　完成的电动车电气原理图

**机械设计实践：**印刷版原理图和其他原理图类似，但是实际制作时线路会发生改变。印板图的全名是“印刷电路板图”或“印刷线路板图”，它和装配图其实属于同一类的电路图，都是供装配实际电路使用的。如图 3-102 所示是印刷电路板的真实布局。

图 3-102　印刷电路板

# 第 4 课 2 课时 绘制圆类图形

圆是构成图形的基本元素之一。它的绘制方法有多种，下面将依次介绍。

## 3.4.1 绘制圆

**行业知识链接：**电路中有很多元件是圆形的，这时候需要使用【圆】命令进行绘制。如图 3-103 所示是发射机电路，其中使用【圆】命令绘制了三极管元件。

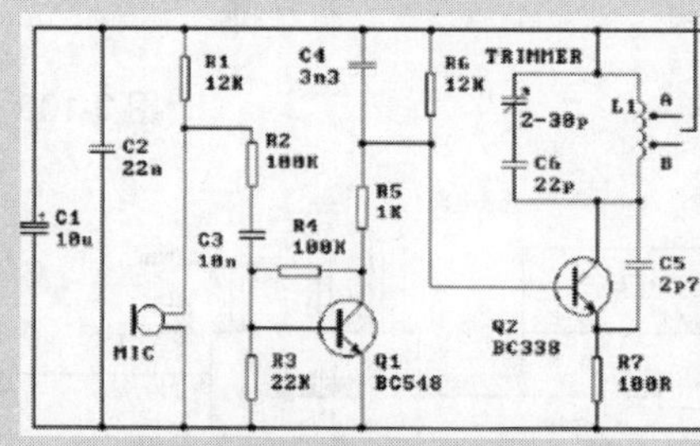


图 3-103　发射机电路

### 1. 调用绘制圆命令

调用绘制圆命令的方法如下。

(1) 单击【绘图】工具栏中的【圆】按钮。

(2) 在命令行中输入 circle 后按下 Enter 键。

(3) 在菜单栏中选择【绘图】|【圆】菜单命令。

### 2. 多种绘制圆的方法

绘制圆的方法有多种，下面来分别介绍。

1) 圆心和半径画圆

这是 AutoCAD 默认的画圆方式。

选择命令后，命令行将提示用户指定圆的圆心或 [三点(3P)/两点(2P)/相切、相切、半径(T)]，命令行窗口提示如下。

```
命令:circle 指定圆的圆心或 [三点(3P)/两点(2P)/相切、相切、半径(T)]:
```

指定圆的圆心后绘图区如图 3-104 所示。

输入圆心坐标值后，命令行将提示用户指定圆的半径或 [直径(D)]，命令行窗口提示如下。

```
指定圆的半径或 [直径(D)]:
```

绘制的图形如图 3-105 所示。

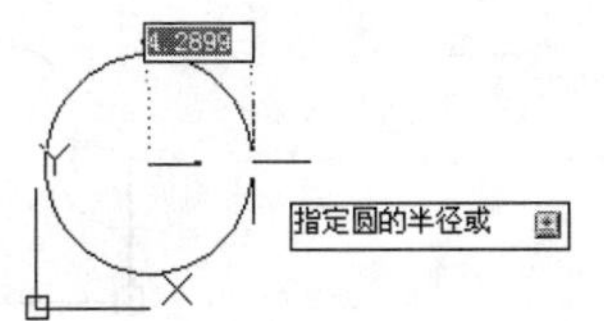


图 3-104　指定圆的圆心后绘图区所显示的图形

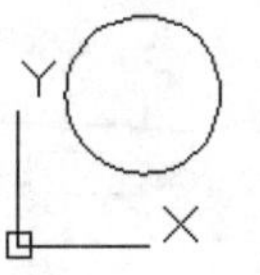


图 3-105　用圆心、半径命令绘制的圆

在执行【圆】命令时，会出现部分让用户选择的命令，下面将作如下说明。

- 【圆心】：基于圆心和直径(或半径)绘制圆。
- 【三点】：指定圆周上的 3 点绘制圆。
- 【两点】：指定直径的两点绘制圆。
- 【相切、相切、半径】：根据与两个对象相切的指定半径绘制圆。

2) 圆心、直径画圆

选择命令后，命令行将提示用户指定圆的圆心或 [三点(3P)/两点(2P)/相切、相切、半径(T)]，命令行窗口提示如下。

```
命令:circle 指定圆的圆心或 [三点(3P)/两点(2P)/相切、相切、半径(T)]:
```

指定圆的圆心后绘图区如图 3-106 所示。

输入圆心坐标值后，命令行将提示用户指定圆的半径或 [直径(D)] <100.0000>: _d 指定圆的直径 <200.0000>，命令行窗口提示如下。

```
指定圆的半径或 [直径(D)] <100.0000>:d 指定圆的直径 <200.0000>:160
```

绘制的图形如图 3-107 所示。

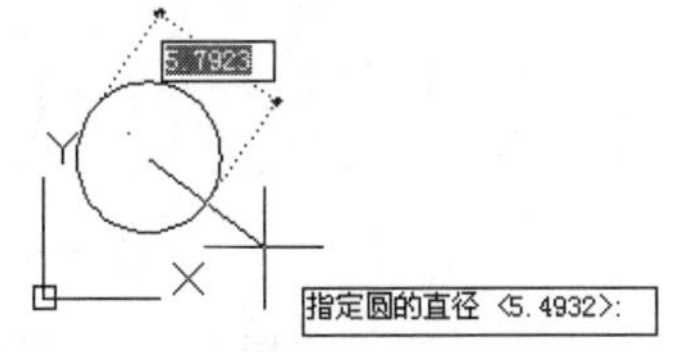


图 3-106　指定圆的圆心后绘图区所显示的图形

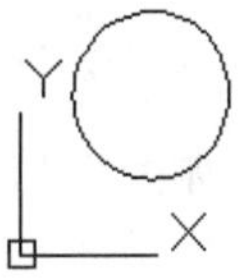

图 3-107　用圆心、直径命令绘制的圆

3) 两点画圆

选择命令后，命令行将提示用户指定圆的圆心或 [三点(3P)/两点(2P)/相切、相切、半径(T)]: _2p 指定圆直径的第一个端点，命令行窗口提示如下。

```
命令:circle 指定圆的圆心或 [三点(3P)/两点(2P)/相切、相切、半径(T)]:2p 指定圆直径的第一个
端点:
```

指定圆直径的第一个端点后绘图区如图 3-108 所示。

输入第一个端点的数值后，命令行将提示用户指定圆直径的第二个端点(AutoCAD 认为首末两点的距离为直径)，命令行窗口提示如下。

```
指定圆直径的第二个端点:
```

绘制的图形如图 3-109 所示。

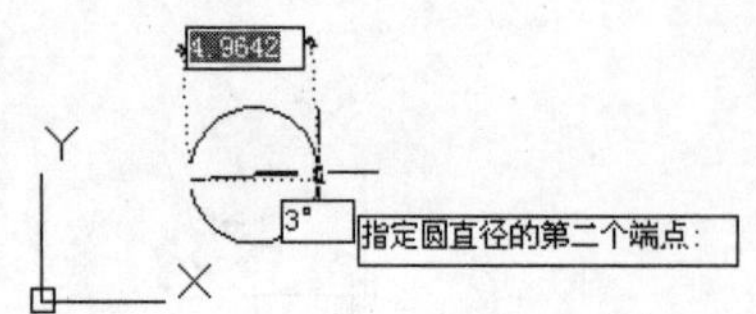


图 3-108　指定圆直径的第一端点后绘图区所显示的图形

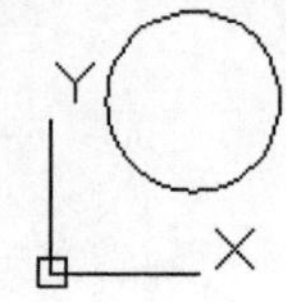

图 3-109　用两点命令绘制的圆

4) 三点画圆

选择命令后，命令行将提示用户指定圆的圆心或 [三点(3P)/两点(2P)/相切、相切、半径(T)]: _3p 指定圆上的第一个点，命令行窗口提示如下。

命令:circle 指定圆的圆心或 [三点(3P)/两点(2P)/相切、相切、半径(T)]:3p 指定圆上的第一个点:

指定圆上的第一个点后绘图区如图 3-110 所示。

指定第一个点的坐标值后，命令行将提示用户指定圆上的第二个点，命令行窗口提示如下。

指定圆上的第二个点:

指定圆上的第二个点后绘图区如图 3-111 所示。

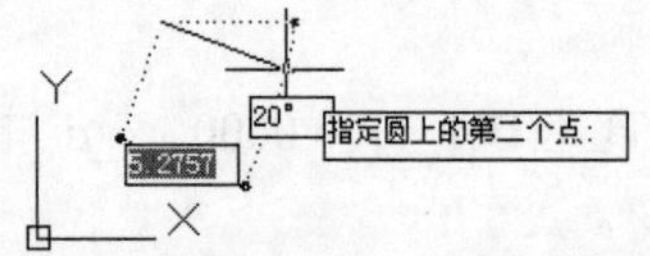


图 3-110　指定圆上的第一个点后绘图区所显示的图形

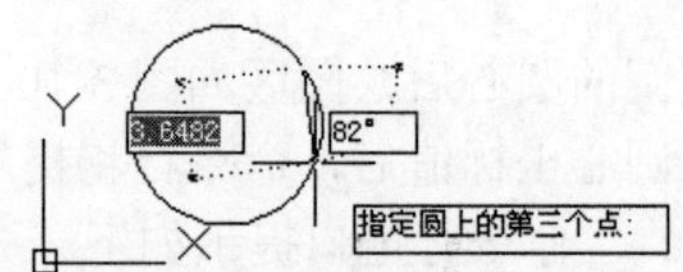


图 3-111　指定圆上的第二个点后绘图区所显示的图形

指定第二个点的坐标值后，命令行将提示用户指定圆上的第三个点，命令行窗口提示如下。

指定圆上的第三个点:

绘制的图形如图 3-112 所示。

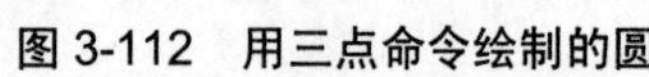

图 3-112　用三点命令绘制的圆

5) 两个相切、半径

选择命令后，命令行将提示用户指定圆的圆心或 [三点(3P)/两点(2P)/相切、相切、半径(T)]，命令行窗口提示如下。

命令:circle 指定圆的圆心或 [三点(3P)/两点(2P)/相切、相切、半径(T)]:ttr

选取与之相切的实体，命令行将提示用户指定对象与圆的第一个切点和第二个切点，命令行窗口提示如下。

指定对象与圆的第一个切点:

指定第一个切点时绘图区如图 3-113 所示。

指定对象与圆的第二个切点:

指定第二个切点时绘图区如图 3-114 所示。

指定两个切点后，命令行将提示用户指定圆的半径<119.1384>，命令行窗口提示如下。

指定圆的半径 <119.1384>:指定第二点:

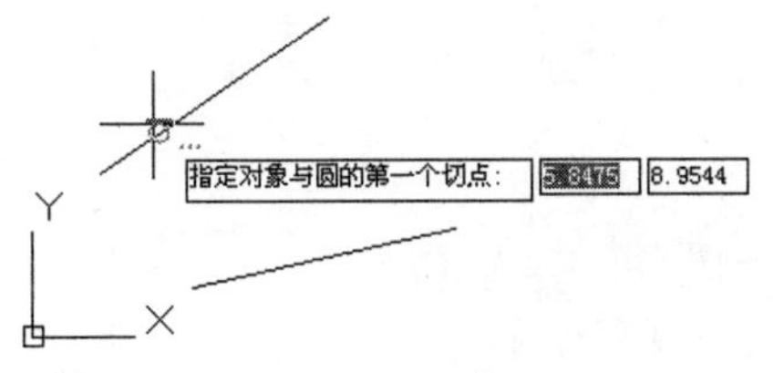


图 3-113　指定第一个切点时绘图区所显示的图形

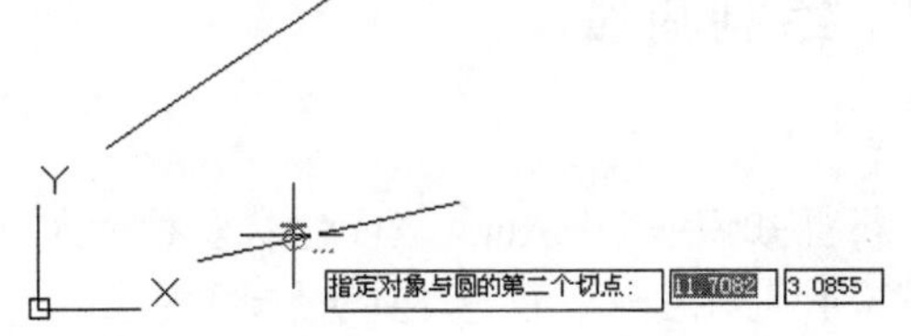


图 3-114　指定第二个切点时绘图区所显示的图形

指定圆的半径和第二点时绘图区如图 3-115 所示。

绘制的图形如图 3-116 所示。

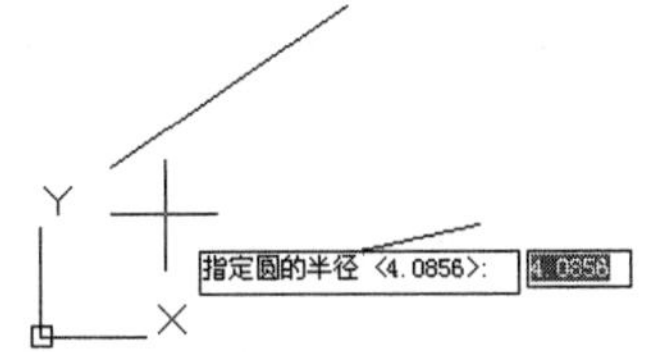


图 3-115　指定圆的半径和第二点绘图区所显示的图形

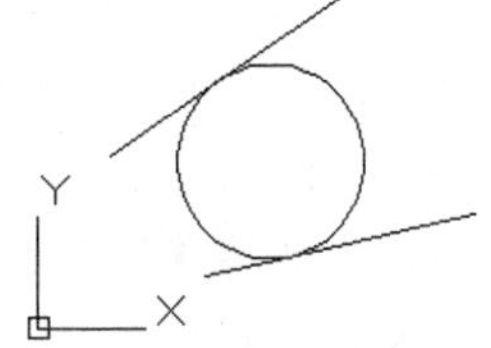


图 3-116　用两个相切、半径命令绘制的圆

6) 三个相切

选择命令后，选取与之相切的实体，命令行窗口提示如下。

```
命令:_circle 指定圆的圆心或 [三点(3P)/两点(2P)/相切、相切、半径(T)]:_3p 指定圆上的第一个点:_tan 到
```

指定圆上的第一个点时绘图区如图 3-117 所示。

```
指定圆上的第二个点:_tan 到
```

指定圆上的第二个点时绘图区如图 3-118 所示。

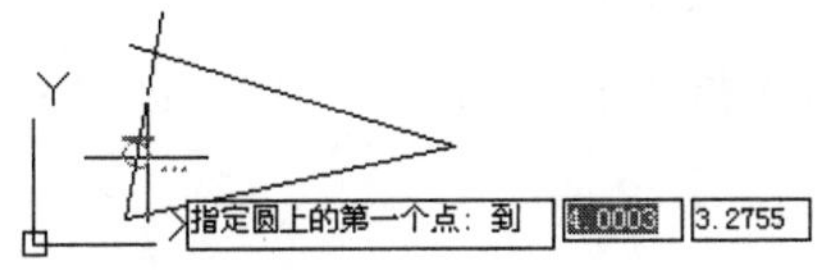


图 3-117　指定圆上的第一个点时绘图区所显示的图形

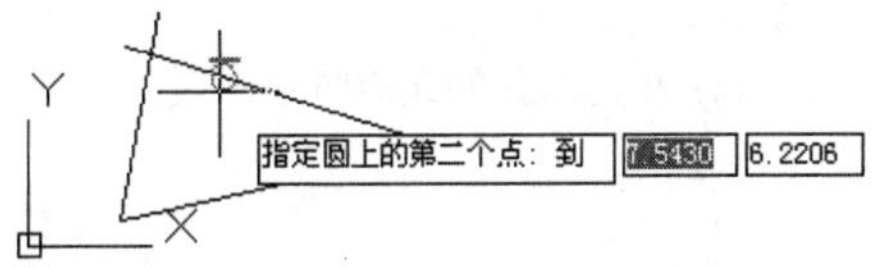


图 3-118　指定圆上的第二个点时绘图区所显示的图形

```
指定圆上的第三个点: _tan 到
```

指定圆上的第三个点时绘图区如图 3-119 所示。

绘制的图形如图 3-120 所示。

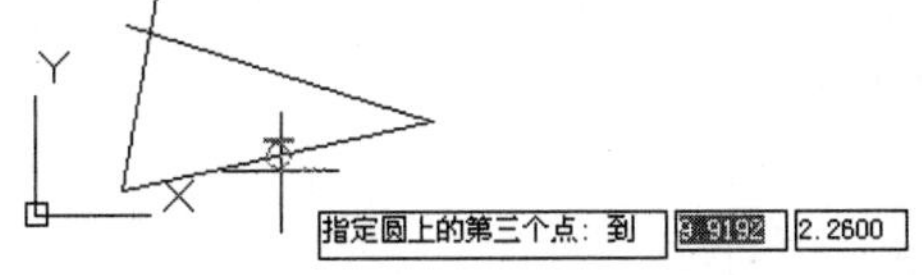


图 3-119　指定圆上的第三个点时绘图区所显示的图形

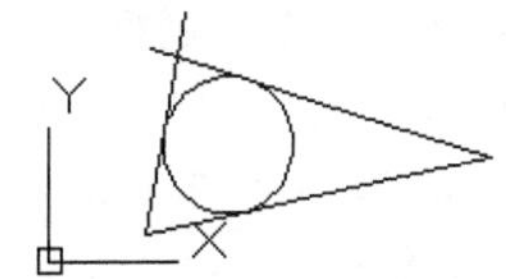


图 3-120　用三个相切命令绘制的圆

## 3.4.2 绘制圆弧

行业知识链接：AutoCAD 能以多种方式创建圆和圆弧图形，可以绘制多种电气图纸。图 3-121 所示是变压器符号就可以使用【圆弧】命令绘制。

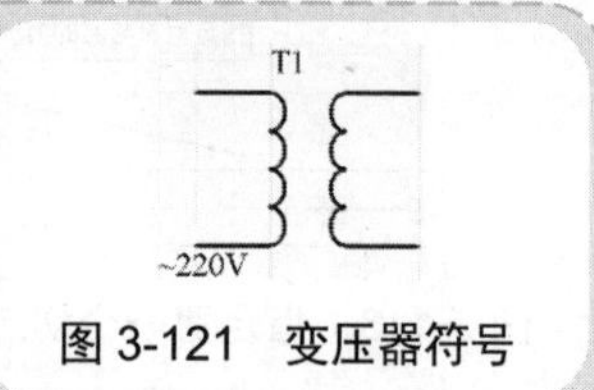


图 3-121 变压器符号

### 1. 调用绘制圆弧命令

调用绘制圆弧命令的方法如下。

(1) 单击【绘图】工具栏中的【圆弧】按钮。

(2) 在命令行中输入 arc 后按下 Enter 键。

(3) 在菜单栏中选择【绘图】|【圆弧】菜单命令。

### 2. 绘制圆弧的方法

绘制圆弧的方法有多种，下面来分别介绍。

1) 三点画弧

AutoCAD 提示用户输入起点、第二点和端点，顺时针或逆时针绘制圆弧，绘图区显示的图形如图 3-122 所示。用此命令绘制的图形如图 3-123 所示。

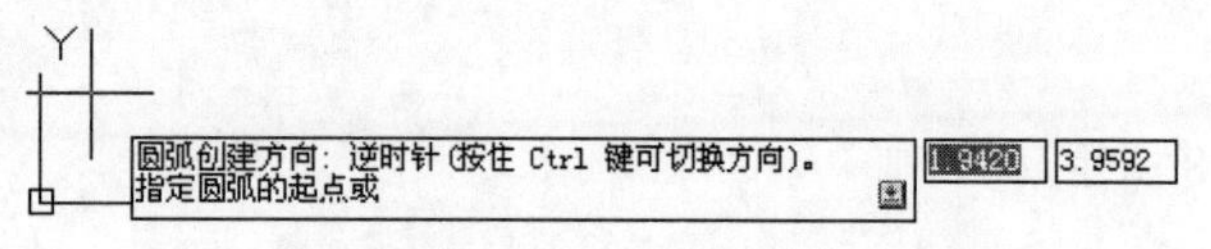


(a) 指定圆弧的起点时绘图区所显示的图形

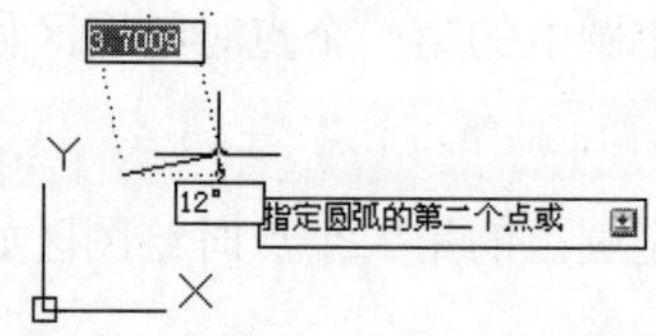


(b) 指定圆弧的第二个点时绘图区所显示的图形

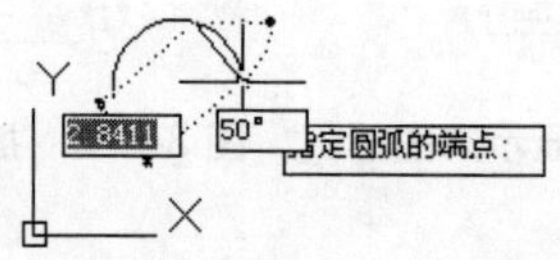


(c) 指定圆弧的端点时绘图区所显示的图形

图 3-122 三点画弧的绘制步骤

2) 起点、圆心、端点

AutoCAD 提示用户输入起点、圆心、端点，绘图区显示的图形如图 3-124～图 3-126 所示。在给出圆弧的起点和圆心后，弧的半径就确定了，端点只是决定弧长，因此，圆弧不一定通过终点。用此命令绘制的圆弧如图 3-127 所示。

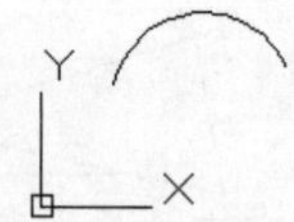


图 3-123 用三点画弧命令绘制的圆弧

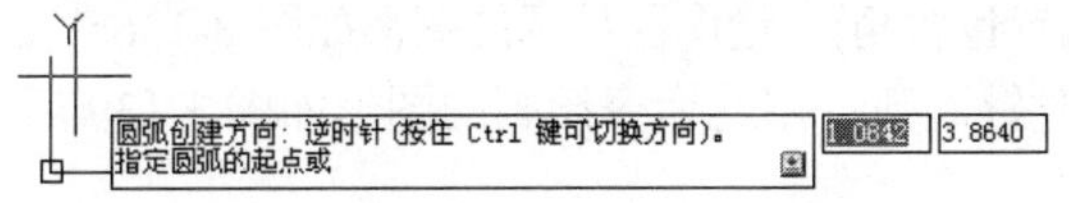


图 3-124　指定圆弧的起点时绘图区所显示的图形

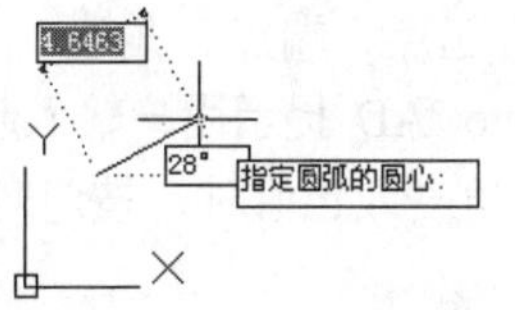


图 3-125　指定圆弧的圆心时绘图区所显示的图形

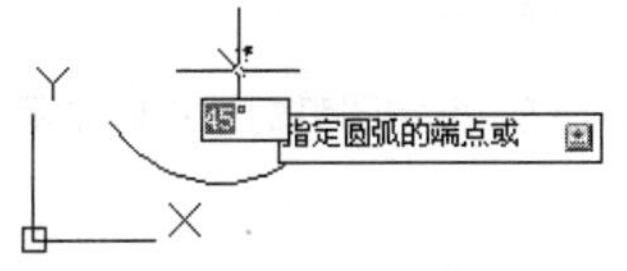


图 3-126　指定圆弧的端点时绘图区所显示的图形

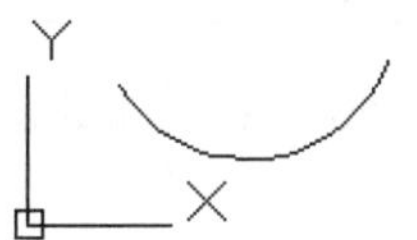

图 3-127　用起点、圆心、端点命令绘制的圆弧

3) 起点、圆心、角度

AutoCAD 提示用户输入起点、圆心、角度(此处的角度为包含角，即为圆弧的中心到两个端点的两条射线之间的夹角，如夹角为正值，按顺时针方向画弧，如为负值，则按逆时针方向画弧)，绘图区显示的图形如图 3-128～图 3-130 所示。用此命令绘制的圆弧如图 3-131 所示。

4) 起点、圆心、长度

AutoCAD 提示用户输入起点、圆心、弦长。绘图区显示的图形如图 3-132～图 3-134 所示。当逆时针画弧时，如果弦长为正值，则绘制的是与给定弦长相对应的最小圆弧，如果弦长为负值，则绘制的是与给定弦长相对应的最大圆弧；顺时针画弧则正好相反。用此命令绘制的图形如图 3-135 所示。

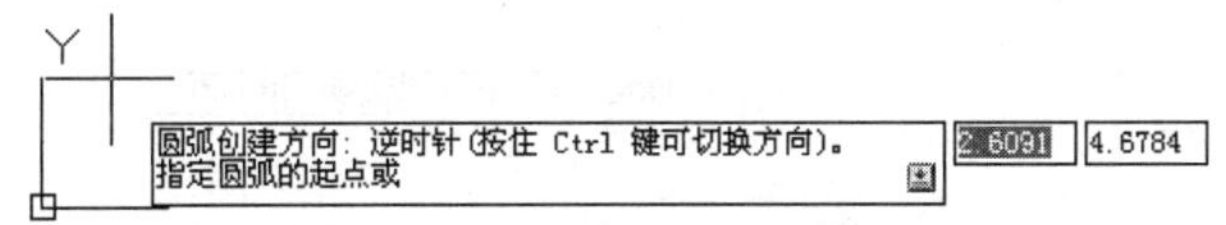


图 3-128　指定圆弧的起点时绘图区所显示的图形

图 3-129　指定圆弧的圆心时绘图区所显示的图形

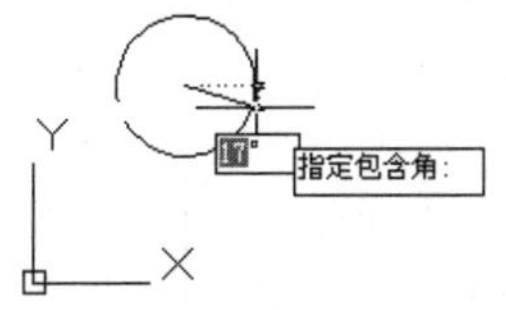


图 3-130　指定包含角时绘图区所显示的图形

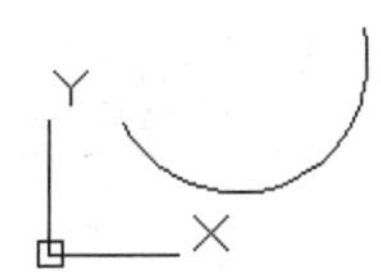

图 3-131　用起点、圆心、角度命令绘制的圆弧

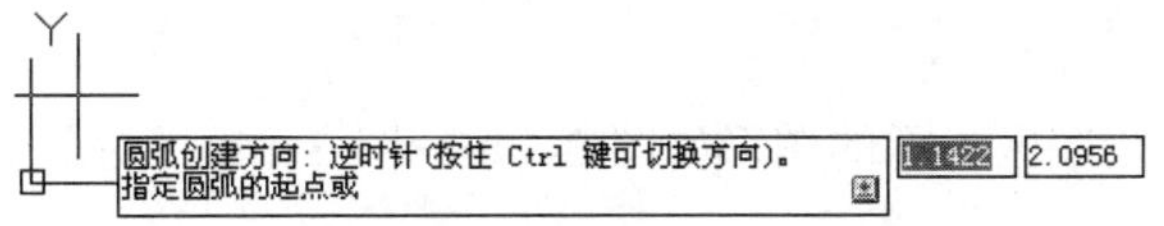


图 3-132　指定圆弧的起点时绘图区所显示的图形

图 3-133　指定圆弧的圆心时绘图区所显示的图形

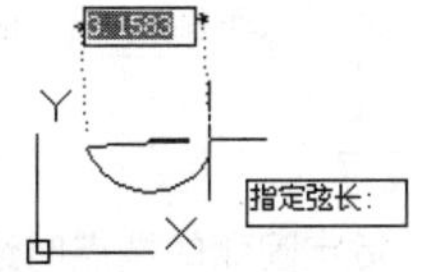


图 3-134　指定弦长时绘图区所显示的图形

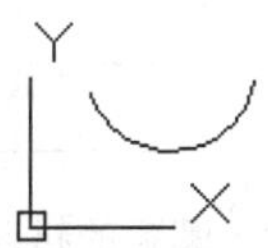

图 3-135　用起点、圆心、长度命令绘制的圆弧

5) 起点、端点、角度

AutoCAD 提示用户输入起点、端点、角度(或者包含角)，绘图区显示的图形如图 3-136～图 3-138 所示。当角度为正值时，按逆时针画弧，否则按顺时针画弧。用此命令绘制的图形如图 3-139 所示。

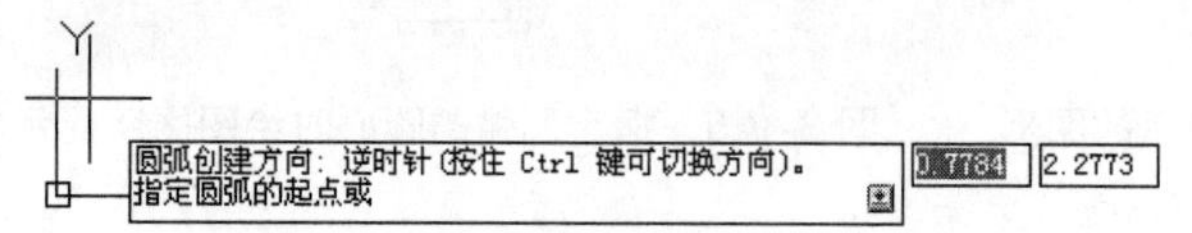


图 3-136　指定圆弧的起点时绘图区所显示的图形

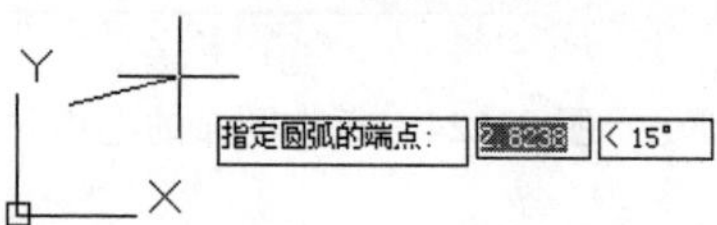


图 3-137　指定圆弧的端点时绘图区所显示的图形

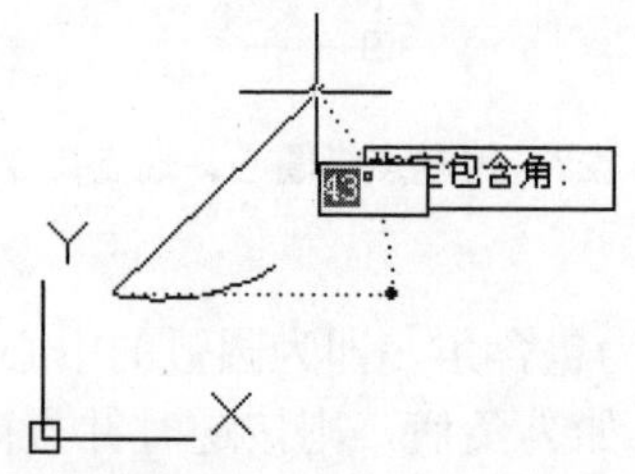


图 3-138　指定包含角时绘图区所显示的图形

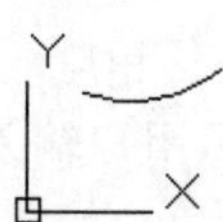

图 3-139　用起点、端点、角度命令绘制的圆弧

6) 起点、端点、方向

AutoCAD 提示用户输入起点、端点、方向(所谓方向，指的是圆弧的起点切线方向，以度数来表示)，绘图区显示的图形如图 3-140～图 3-142 所示。用此命令绘制的图形如图 3-143 所示。

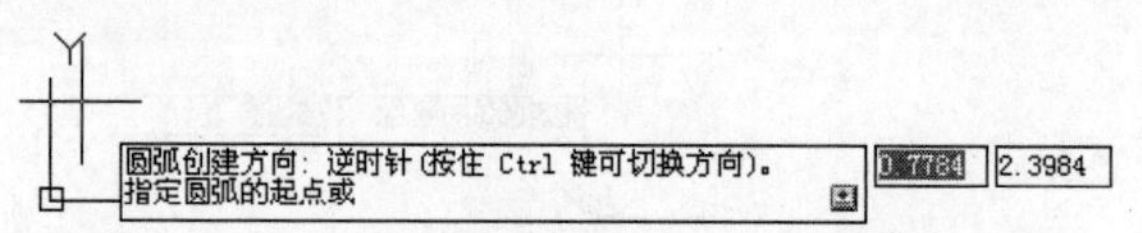


图 3-140　指定圆弧的起点时绘图区所显示的图形

图 3-141　指定圆弧的端点时绘图区所显示的图形

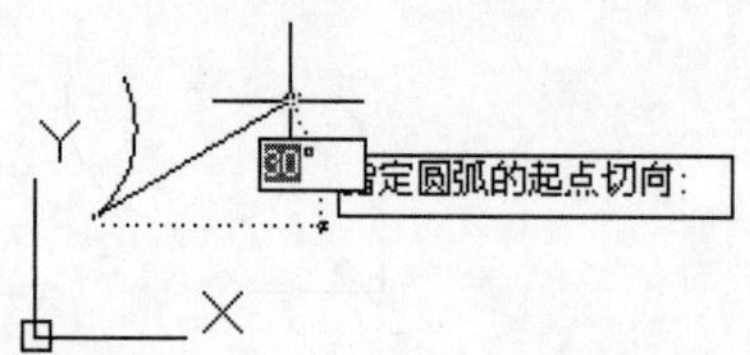


图 3-142　指定圆弧的起点切向时绘图区所显示的图形

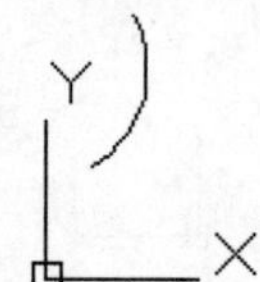

图 3-143　用起点、端点、方向命令绘制的圆弧

7) 起点、端点、半径

AutoCAD 提示用户输入起点、端点、半径，绘图区显示的图形如图 3-144～图 3-146 所示。此命令绘制的图形如图 3-147 所示。

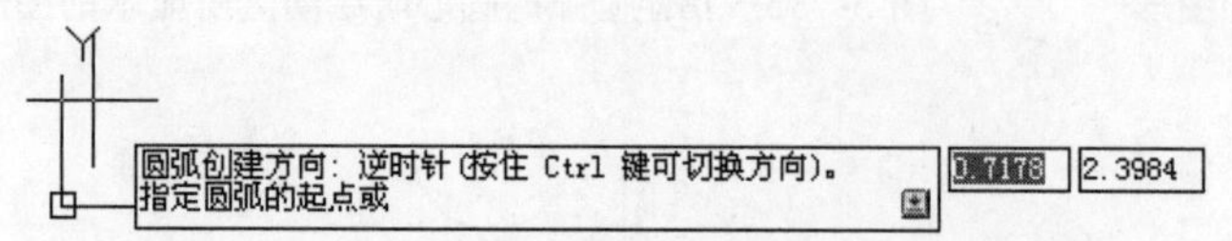


图 3-144　指定圆弧的起点时绘图区所显示的图形

图 3-145　指定圆弧的端点时绘图区所显示的图形

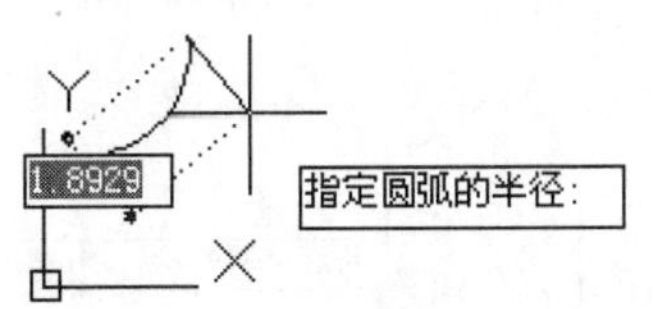


图 3-146 指定圆弧的半径时绘图区所显示的图形

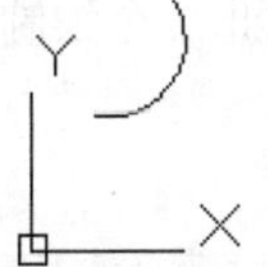

图 3-147 用起点、端点、半径命令绘制的圆弧

**提示：**在此情况下，用户只能沿逆时针方向画弧，如果半径是正值，则绘制的是起点与终点之间的短弧，否则为长弧。

8) 圆心、起点、端点

AutoCAD 提示用户输入圆心、起点、端点，绘图区显示的图形如图 3-148～图 3-150 所示。此命令绘制的图形如图 3-151 所示。

图 3-148 指定圆弧的圆心时绘图区所显示的图形

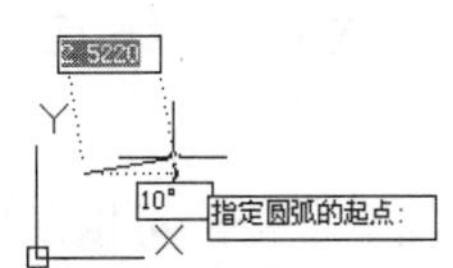


图 3-149 指定圆弧的起点时绘图区所显示的图形

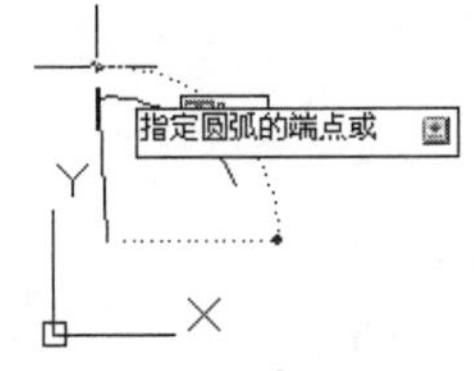


图 3-150 指定圆弧的端点时绘图区所显示的图形

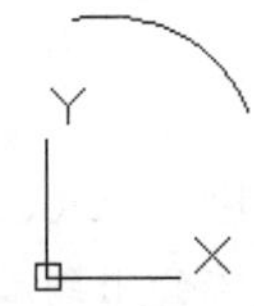

图 3-151 用圆心、起点、端点命令绘制的圆弧

9) 圆心、起点、角度

AutoCAD 提示用户输入圆心、起点、角度，绘图区显示的图形如图 3-152～图 3-154 所示。此命令绘制的图形如图 3-155 所示。

图 3-152 指定圆弧的圆心时绘图区所显示的图形

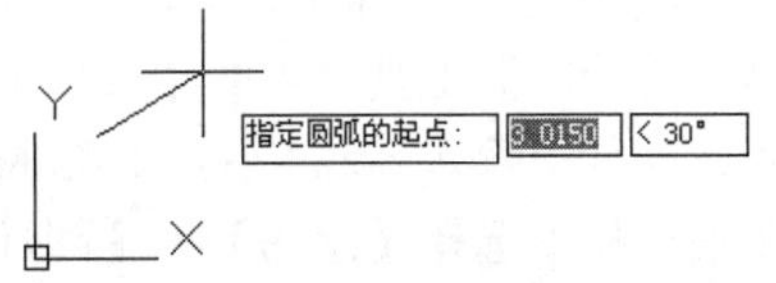


图 3-153 指定圆弧的起点时绘图区所显示的图形

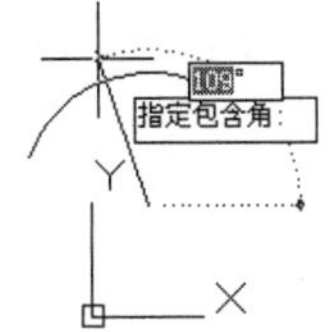


图 3-154 指定包含角时绘图区所显示的图形

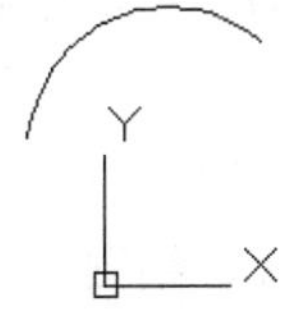

图 3-155 用圆心、起点、角度命令绘制的圆弧

10) 圆心、起点、长度

AutoCAD 提示用户输入圆心、起点、长度(此长度也为弦长)，绘图区显示的图形如图 3-156～

图 3-158 所示。此命令绘制的图形如图 3-159 所示。

图 3-156　指定圆弧的圆心时绘图区所显示的图形

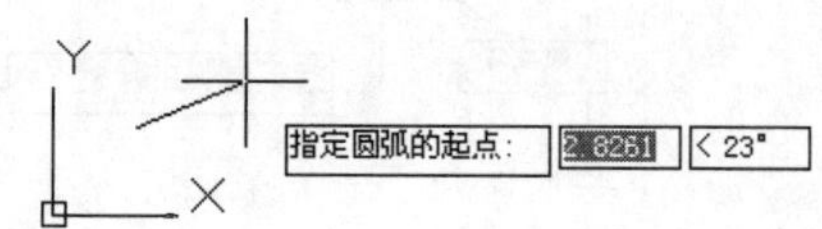


图 3-157　指定圆弧的起点时绘图区所显示的图形

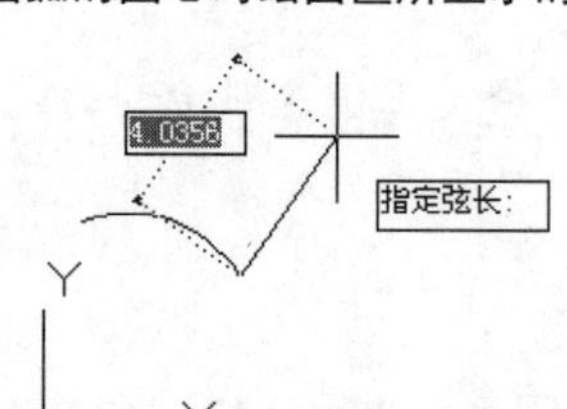


图 3-158　指定弦长时绘图区所显示的图形

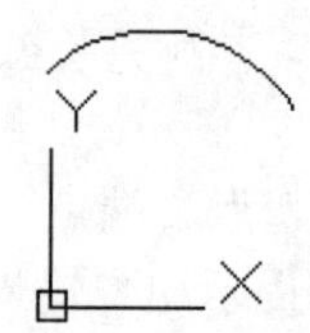


图 3-159　用圆心、起点、长度命令绘制的圆弧

11) 继续

在这种方式下，用户可以从以前绘制的圆弧的终点开始继续下一段圆弧。在此方式下画弧时，每段圆弧都与以前的圆弧相切。以前圆弧或直线的终点和方向就是此圆弧的起点和方向。

## 3.4.3　绘制圆环

**行业知识链接**：AutoCAD 的【圆环】命令可以快速创建同心圆。电气原理图有时候会用到圆环图，像饼图一样，圆环图显示各个部分与整体之间的关系。如图 3-160 所示是圆环图示意图。

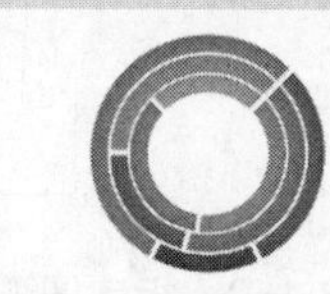

图 3-160　圆环图

### 1. 调用绘制圆环命令

调用绘制圆环命令的方法如下。

(1) 单击【绘图】工具栏中的【圆环】按钮。

(2) 在命令行中输入 donut 后按下 Enter 键。

(3) 在菜单栏中选择【绘图】|【圆环】菜单命令。

### 2. 绘制圆环的步骤

选择命令后，命令行将提示用户指定圆环的内径，命令行窗口提示如下。

```
命令:_donut
指定圆环的内径 <50.0000>:
```

指定圆环的内径，绘图区显示如图 3-161 所示。

指定圆环的内径后，命令行将提示用户指定圆环的外径，命令行窗口提示如下。

```
指定圆环的外径 <60.0000>:
```

指定圆环的外径，绘图区显示如图 3-162 所示。

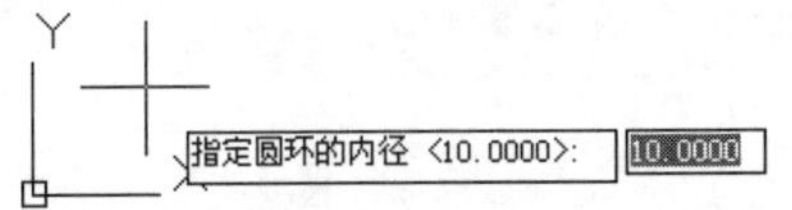


图 3-161　指定圆环的内径后绘图区所显示的图形

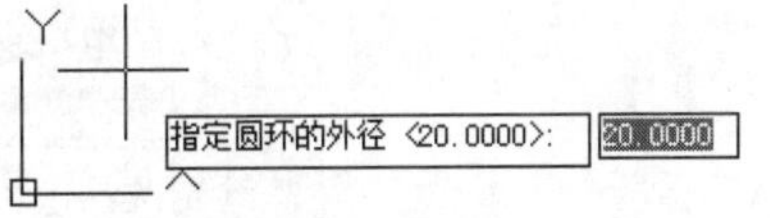


图 3-162　指定圆环的外径后绘图区所显示的图形

指定圆环的外径后，命令行将提示用户指定圆环的中心点或 <退出>，命令行窗口提示如下。

指定圆环的中心点或 <退出>:

指定圆环的中心点后绘图区如图 3-163 所示。

绘制的图形如图 3-164 所示。

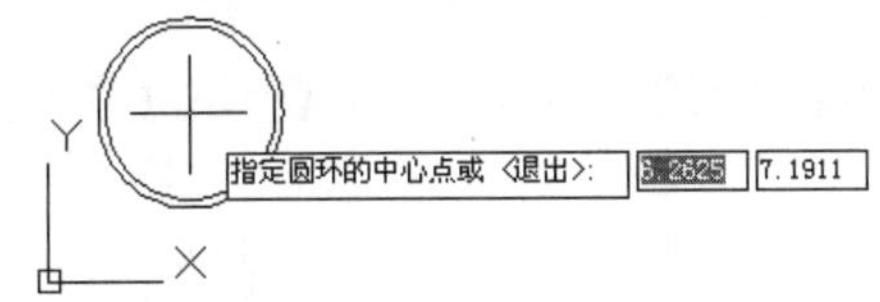


图 3-163　指定圆环的中心点后绘图区所显示的图形

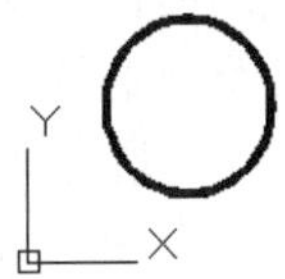

图 3-164　用 donut 命令绘制的圆环

## 课后练习

案例文件：ywj\03\03.dwg

视频文件：光盘\视频课堂\第 3 教学日\3.4

练习案例分析如下。

本节课后练习创建空压机电气原理图，空压机的作用是压缩空气，这里增加了一个 PLC 控制电路，可以对空压机电机进行控制。如图 3-165 所示是完成的空压机电气原理图。

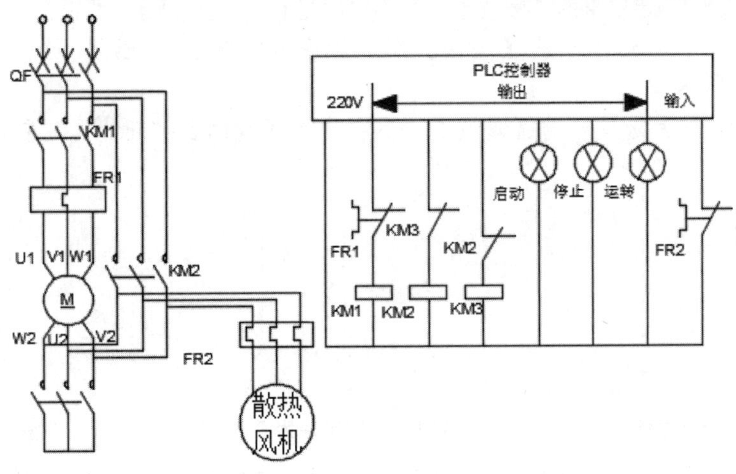


图 3-165　完成的空压机电气原理图

本节案例主要练习空压机电气原理图的绘制，使用了【圆】、【直线】等命令，绘制顺序是从绘制电机电路开始，最后绘制 PLC 控制器。绘制空压机电气原理图的思路和步骤如图 3-166 所示。

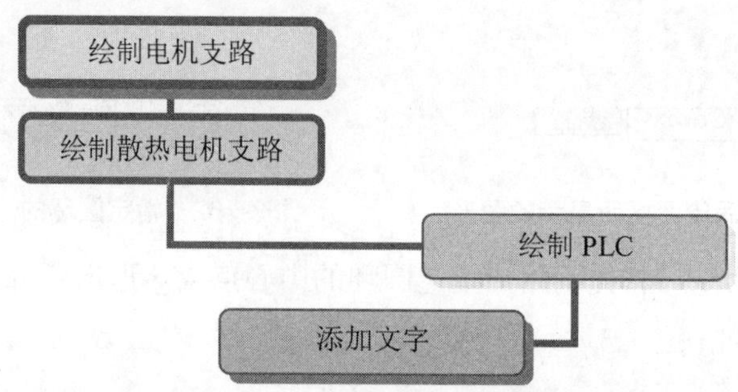


图 3-166　空压机电气原理图的绘制步骤

练习案例的操作步骤如下

step 01 绘制电机支路，单击【默认】选项卡的【绘图】工具栏中的【直线】按钮，绘制如图 3-167 所示的交叉线。

step 02 单击【默认】选项卡的【修改】工具栏中的【复制】按钮，复制交叉线，如图 3-168 所示。

step 03 单击【默认】选项卡的【绘图】工具栏中的【直线】按钮，绘制如图 3-169 所示的直线。

图 3-167　绘制交叉线　　图 3-168　复制交叉线　　图 3-169　绘制直线

step 04 单击【默认】选项卡的【修改】工具栏中的【复制】按钮，复制直线，如图 3-170 所示。

step 05 单击【默认】选项卡的【绘图】工具栏中的【圆】按钮，绘制半径为 0.3 的圆，如图 3-171 所示。

step 06 单击【默认】选项卡的【修改】工具栏中的【复制】按钮，复制节点圆，如图 3-172 所示。

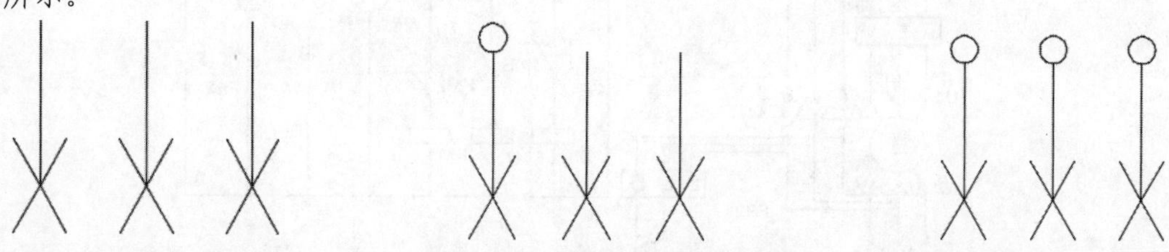

图 3-170　复制直线　　图 3-171　绘制半径为 0.3 的圆　　图 3-172　复制节点圆

step 07 单击【默认】选项卡的【绘图】工具栏中的【直线】按钮，绘制如图 3-173 所示的开关。

step 08 单击【默认】选项卡的【修改】工具栏中的【复制】按钮，复制开关，如图 3-174 所示。

step 09 单击【默认】选项卡的【绘图】工具栏中的【直线】按钮，绘制如图 3-175 所示的开关线路。

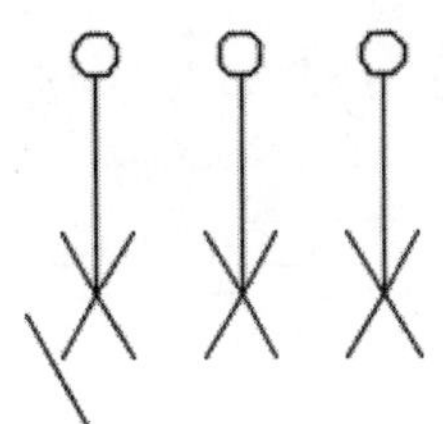
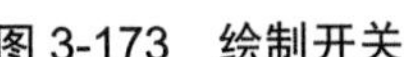

图 3-173　绘制开关

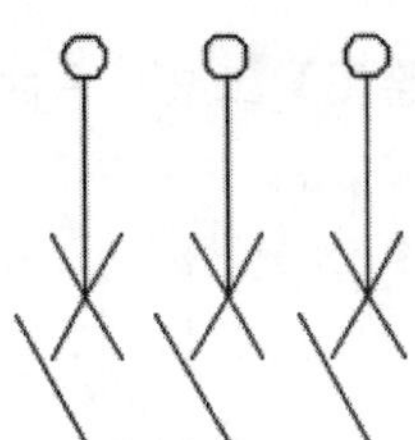

图 3-174　复制开关

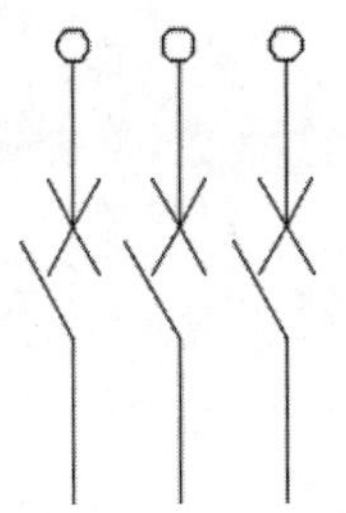

图 3-175　绘制开关线路

step 10 单击【默认】选项卡的【绘图】工具栏中的【圆】按钮，绘制半径为 0.3 的圆，如图 3-176 所示。

step 11 单击【默认】选项卡的【修改】工具栏中的【修剪】按钮，快速修剪节点圆，如图 3-177 所示。

step 12 选择虚线图层，单击的【默认】选项卡的【绘图】工具栏中的【直线】按钮，绘制虚线，如图 3-178 所示。

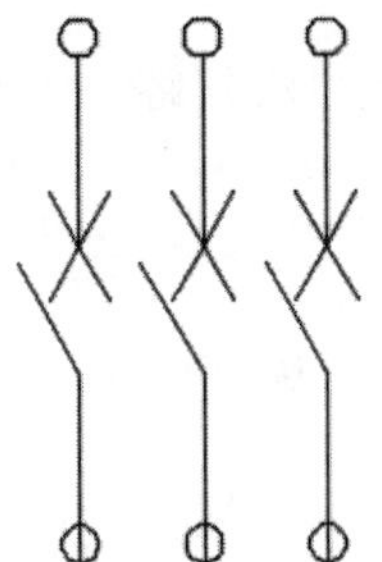

图 3-176　绘制半径为 0.3 的圆

图 3-177　修剪节点圆

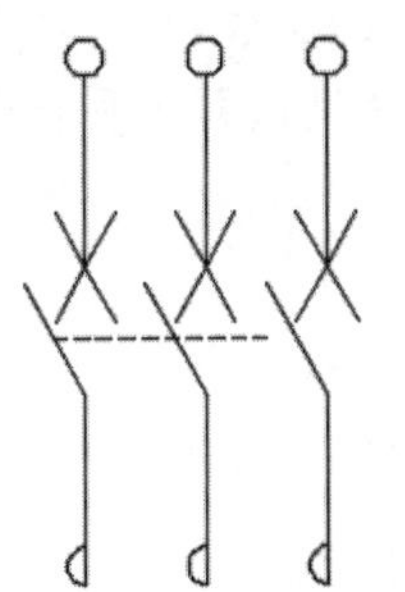
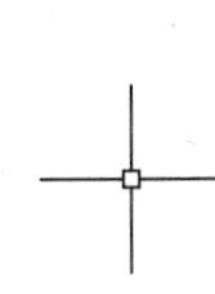

图 3-178　绘制虚线

step 13 单击【默认】选项卡的【注释】工具栏中的【文字】按钮，绘制如图 3-179 所示的文字“QF”。

step 14 单击修改图层设置，单击【默认】选项卡的【绘图】工具栏中的【直线】按钮，绘制水平虚线，如图 3-180 所示。

step 15 单击【默认】选项卡的【绘图】工具栏中的【矩形】按钮，绘制尺寸为 2×6 的矩形，如图 3-181 所示。

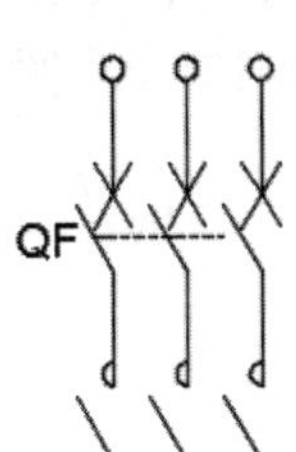


图 3-179　添加文字“QF”

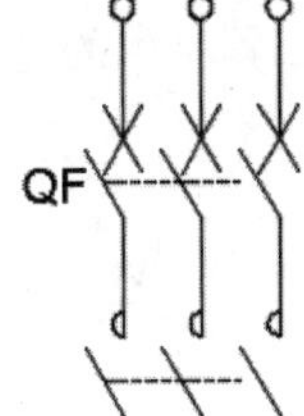


图 3-180　绘制水平虚线

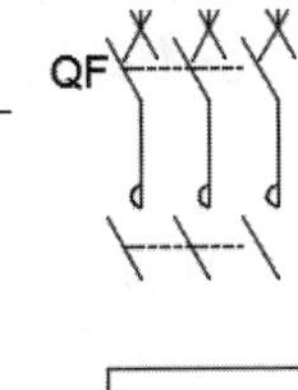


图 3-181　绘制 2×6 的矩形

step 16 单击【默认】选项卡的【绘图】工具栏中的【直线】按钮，绘制如图 3-182 所示的矩形内的图形。

step 17 单击【默认】选项卡的【绘图】工具栏中的【直线】按钮，绘制如图 3-183 所示的开关线路。

step 18 单击【默认】选项卡的【绘图】工具栏中的【直线】按钮，绘制如图 3-184 所示的电机线路。

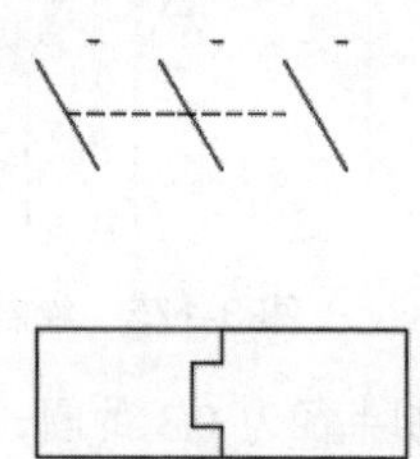

图 3-182　绘制矩形内的图形

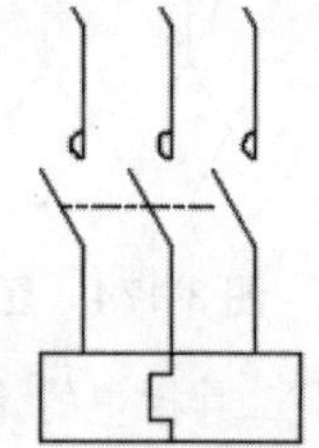

图 3-183　绘制开关线路

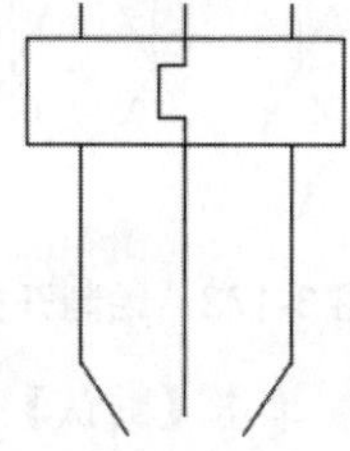

图 3-184　绘制电机线路

step 19 单击【默认】选项卡的【绘图】工具栏中的【圆】按钮，绘制半径为 2 的电机，如图 3-185 所示。

step 20 单击【默认】选项卡的【注释】工具栏中的【文字】按钮，绘制如图 3-186 所示的文字“U1、V1、W1”，完成电机支路绘制。

step 21 单击【默认】选项卡的【修改】工具栏中的【复制】按钮，复制电机线路，如图 3-187 所示。

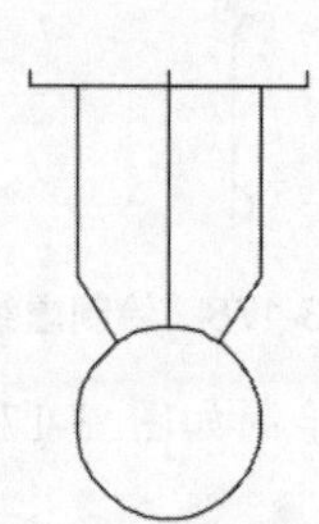

图 3-185　绘制电机

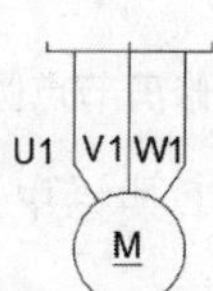


图 3-186　添加文字“U1、V1、W1”

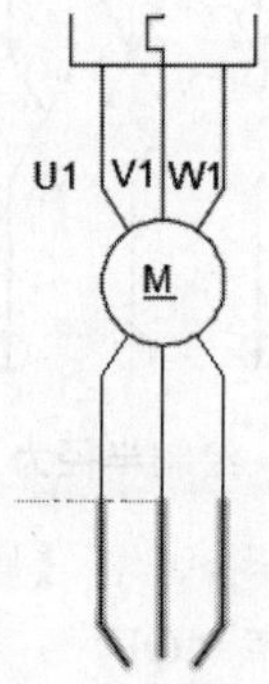


图 3-187　复制电机线路

step 22 单击【默认】选项卡的【绘图】工具栏中的【圆】按钮，绘制半径为 0.3 的节点圆，如图 3-188 所示。

step 23 单击【默认】选项卡的【修改】工具栏中的【复制】按钮，复制节点圆，如图 3-189 所示。

step 24 单击【默认】选项卡的【修改】工具栏中的【修剪】按钮，快速修剪节点圆，如图 3-190 所示。

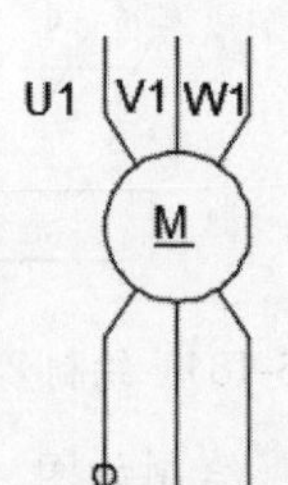


图 3-188　绘制节点圆

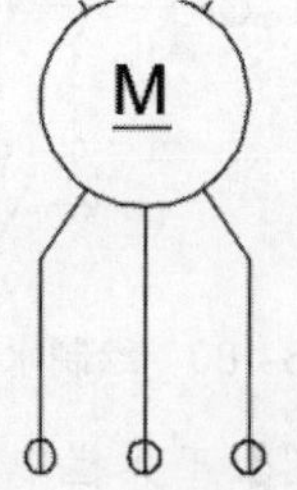


图 3-189　复制节点圆

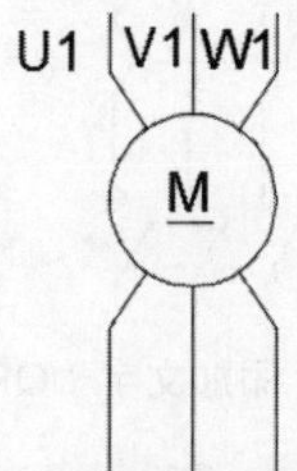


图 3-190　修剪节点圆

step 25 单击【默认】选项卡的【注释】工具栏中的【文字】按钮A，绘制如图 3-191 所示的文字“W2、U2、V2”。

step 26 单击【默认】选项卡的【绘图】工具栏中的【直线】按钮，绘制如图 3-192 所示的斜线。

step 27 单击【默认】选项卡的【绘图】工具栏中的【直线】按钮，绘制虚线，如图 3-193 所示。

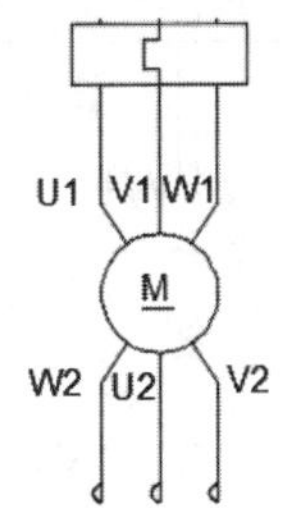


图 3-191　添加文字“W2、U2、V2”

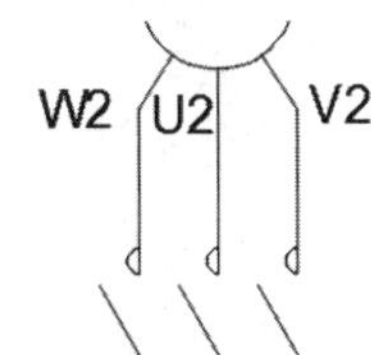


图 3-192　绘制斜线

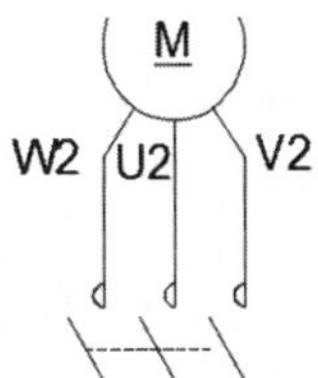


图 3-193　绘制虚线

step 28 单击【默认】选项卡的【绘图】工具栏中的【直线】按钮，绘制如图 3-194 所示的开关线路。

step 29 完成如图 3-195 所示的电机支路图形绘制。

step 30 创建散热电机支路，单击【默认】选项卡的【绘图】工具栏中的【直线】按钮，绘制如图 3-196 所示的 3 条线路。

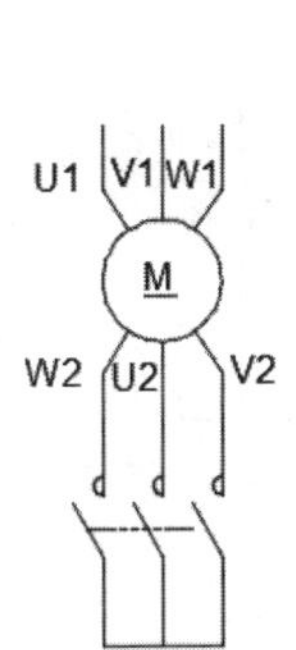


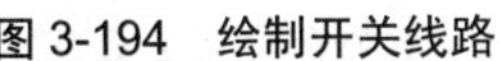

图 3-194　绘制开关线路

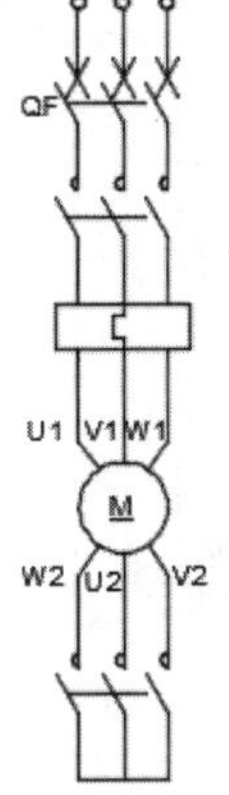


图 3-195　完成电机支路

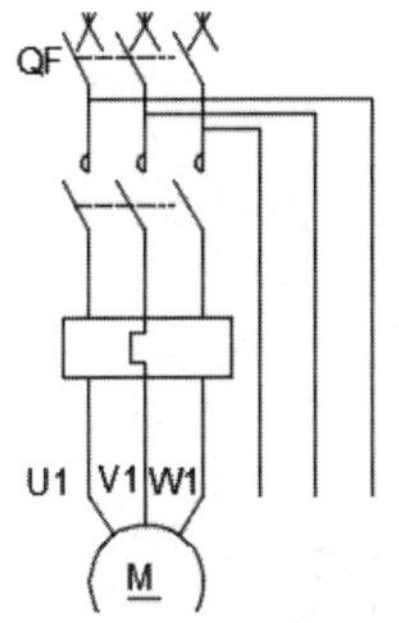


图 3-196　绘制 3 条线路

step 31 单击【默认】选项卡的【绘图】工具栏中的【圆】按钮，绘制半径为 0.3 的节点圆，如图 3-197 所示。

step 32 单击【默认】选项卡的【修改】工具栏中的【修剪】按钮，快速修剪节点圆，如图 3-198 所示。

step 33 单击【默认】选项卡的【绘图】工具栏中的【直线】按钮，绘制如图 3-199 所示的 3 条斜线。

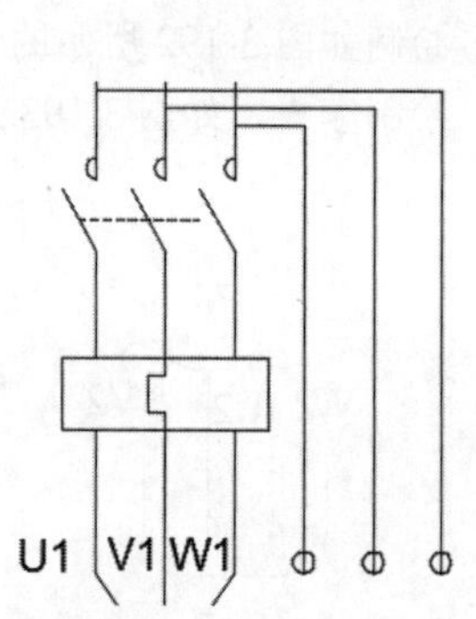

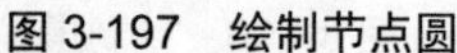

图 3-197　绘制节点圆

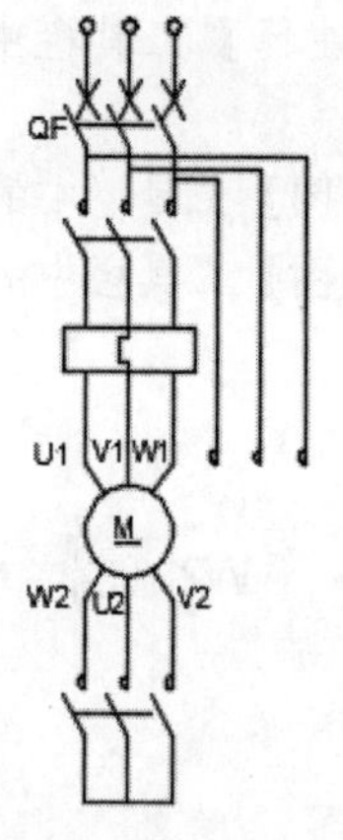


图 3-198　修剪节点圆

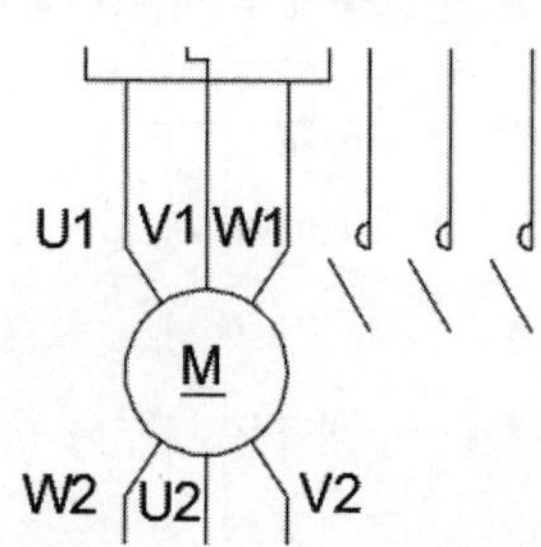


图 3-199　绘制 3 条斜线

step 34 单击【默认】选项卡的【绘图】工具栏中的【直线】按钮，绘制虚线，如图 3-200 所示。

step 35 单击【默认】选项卡的【绘图】工具栏中的【直线】按钮，绘制如图 3-201 所示的开关线路。

step 36 单击【默认】选项卡的【绘图】工具栏中的【矩形】按钮，绘制尺寸为 2×6 的矩形，如图 3-202 所示。

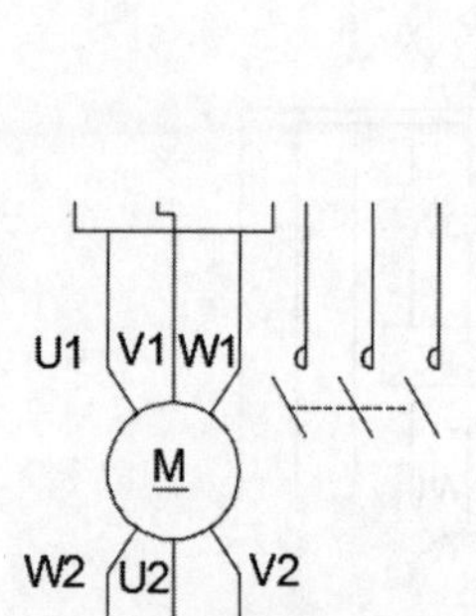


图 3-200　绘制虚线

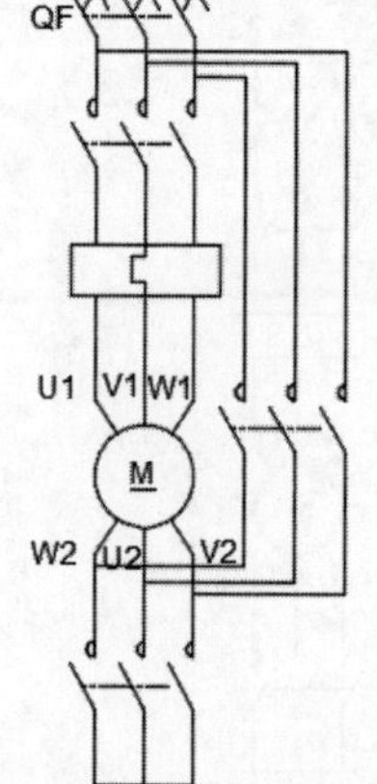


图 3-201　绘制开关线路

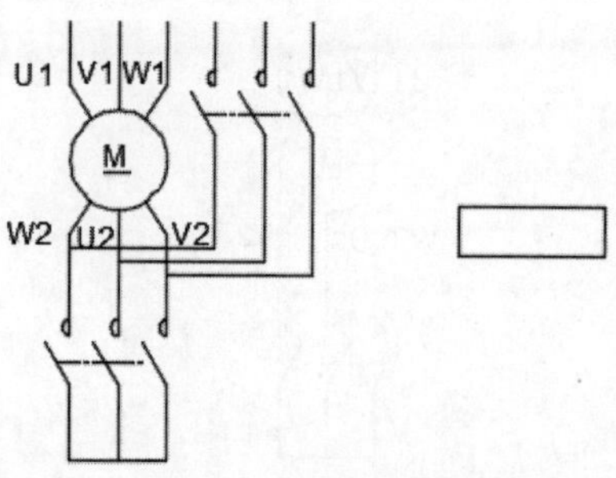


图 3-202　绘制尺寸为 2×6 的矩形

step 37 单击【默认】选项卡的【绘图】工具栏中的【直线】按钮，绘制如图 3-203 所示的矩形内图形。

step 38 单击【默认】选项卡的【绘图】工具栏中的【圆】按钮，绘制半径为 3 的圆，如图 3-204 所示。

step 39 单击【默认】选项卡的【注释】工具栏中的【文字】按钮，绘制如图 3-205 所示的文字“散热风机”。

step 40 单击【默认】选项卡的【绘图】工具栏中的【直线】按钮，绘制如图 3-206 所示的电机线路。

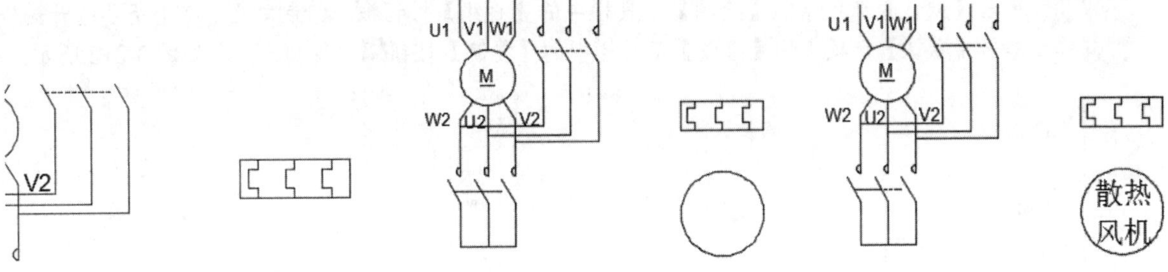


图 3-203　绘制矩形内图形　　图 3-204　绘制半径为 3 的圆　　图 3-205　添加文字“散热风机”

step 41 单击【默认】选项卡的【注释】工具栏中的【文字】按钮，绘制如图 3-207 所示的文字“KM2、FR2”，完成散热电机电路绘制。

step 42 再绘制 PLC 电路，单击【默认】选项卡的【绘图】工具栏中的【直线】按钮，绘制如图 3-208 所示的斜线。

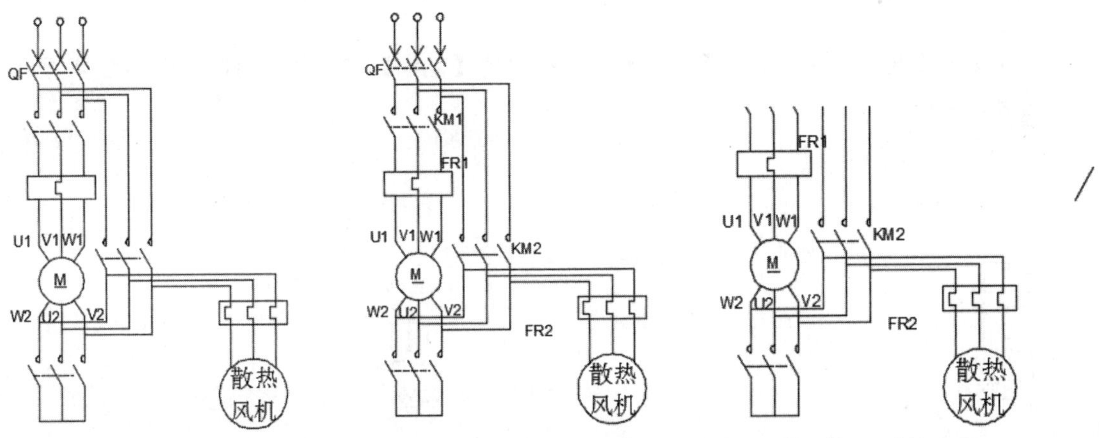


图 3-206　绘制电机线路　　图 3-207　添加文字“KM2、FR2”　　图 3-208　绘制斜线

step 43 单击【默认】选项卡的【绘图】工具栏中的【矩形】按钮，绘制尺寸为 1×3 的矩形，如图 3-209 所示。

step 44 单击【默认】选项卡的【修改】工具栏中的【复制】按钮，复制斜线，如图 3-210 所示。

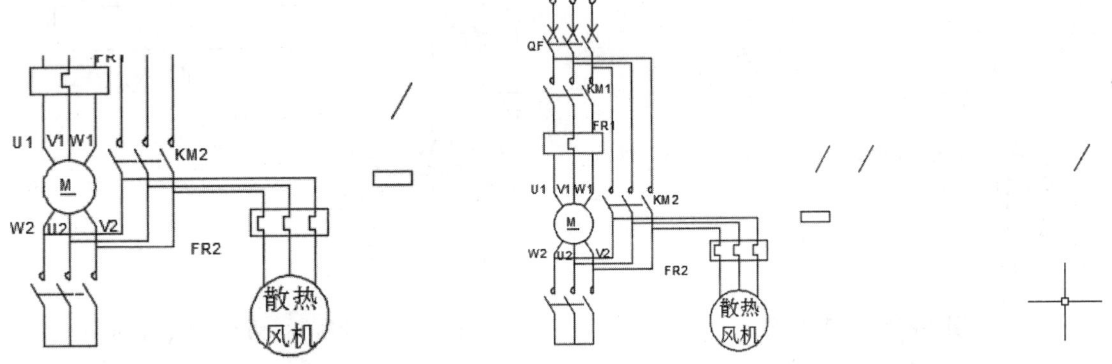


图 3-209　绘制尺寸为 1×3 的矩形　　图 3-210　复制斜线

step 45 单击【默认】选项卡的【绘图】工具栏中的【直线】按钮，绘制如图 3-211 所示的开关。

step 46 单击【默认】选项卡的【修改】工具栏中的【复制】按钮，复制开关，如图 3-212 所示。

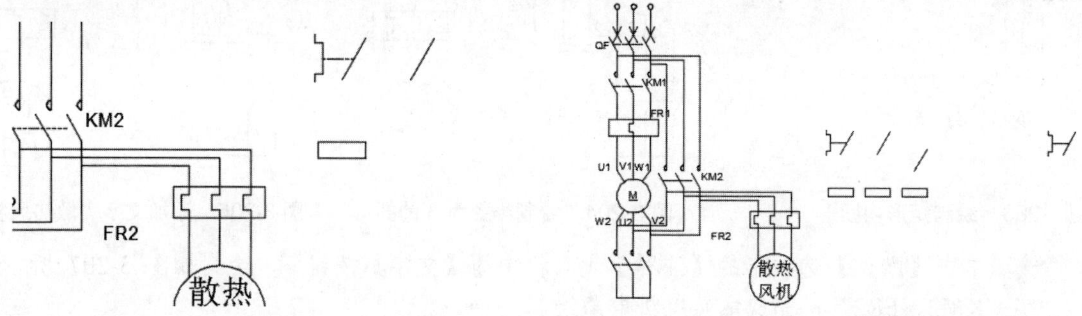


图 3-211　绘制开关　　　　图 3-212　复制开关

step 47 单击【默认】选项卡的【绘图】工具栏中的【圆】按钮，绘制半径为 1.5 的圆，如图 3-213 所示。

step 48 单击【默认】选项卡的【绘图】工具栏中的【直线】按钮，绘制如图 3-214 所示的交叉直线。

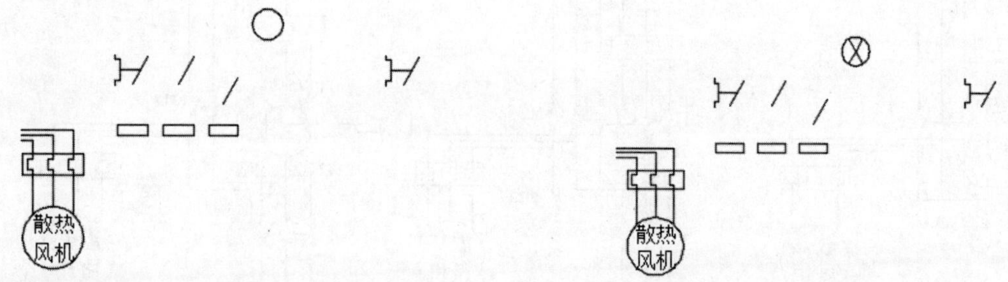


图 3-213　绘制半径为 1.5 的圆　　　　图 3-214　绘制交叉直线

step 49 单击【默认】选项卡的【修改】工具栏中的【复制】按钮，复制灯泡，如图 3-215 所示。

step 50 单击【默认】选项卡的【绘图】工具栏中的【矩形】按钮，绘制尺寸为 5×33 的矩形，如图 3-216 所示。

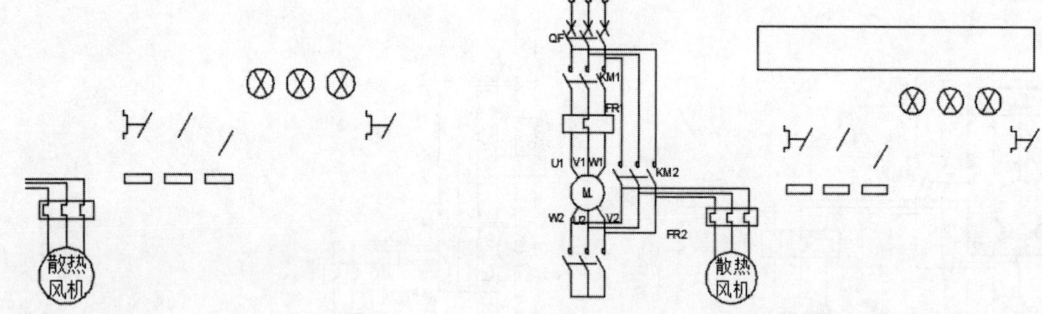


图 3-215　复制灯泡　　　　图 3-216　绘制尺寸为 5×33 的矩形

step 51 单击【默认】选项卡的【绘图】工具栏中的【直线】按钮，绘制如图 3-217 所示的左侧线路。

step 52 单击【默认】选项卡的【绘图】工具栏中的【直线】按钮，绘制如图 3-218 所示的右侧线路。

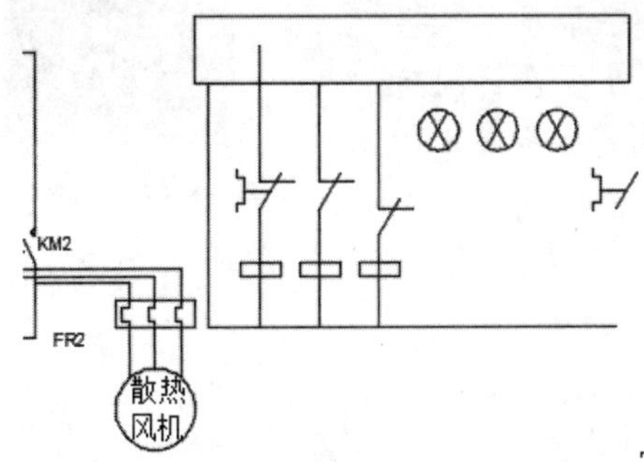

图 3-217 绘制左侧线路

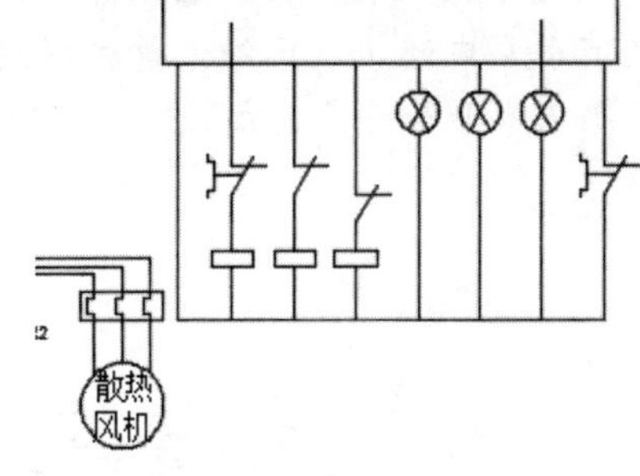

图 3-218 绘制右侧线路

step 53 单击【默认】选项卡的【绘图】工具栏中的【直线】按钮，绘制如图 3-219 所示的箭头。

step 54 单击【默认】选项卡的【绘图】工具栏中的【图案填充】按钮，完成如图 3-220 所示的图案填充，完成 PLC 电路。

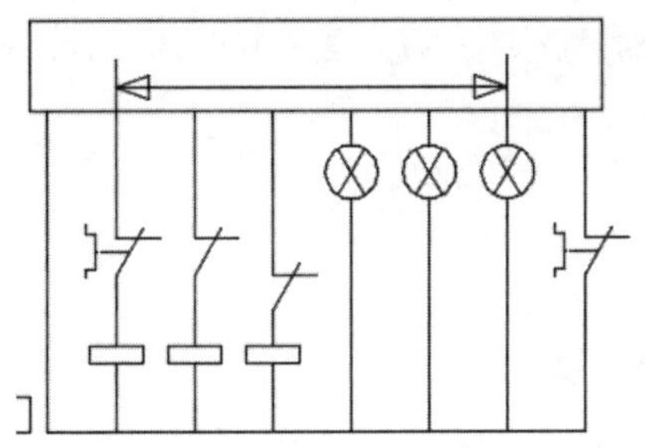
图 3-219 绘制箭头

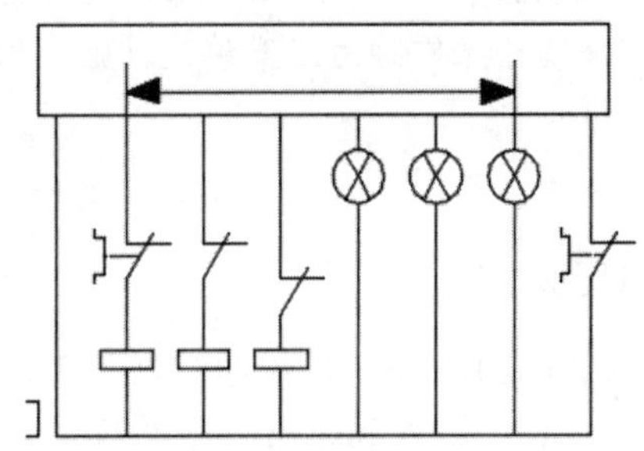
图 3-220 图案填充

step 55 最后添加文字，单击【默认】选项卡的【注释】工具栏中的【文字】按钮，绘制如图 3-221 所示的控制线路文字。

step 56 完成空压机电气原理图的绘制，如图 3-222 所示。

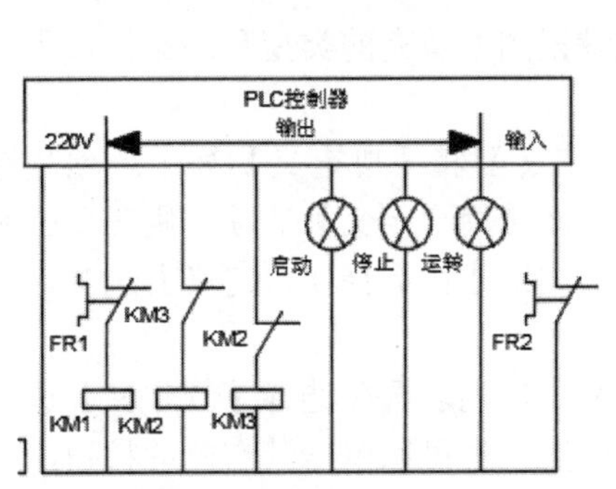

图 3-221 添加控制线路文字

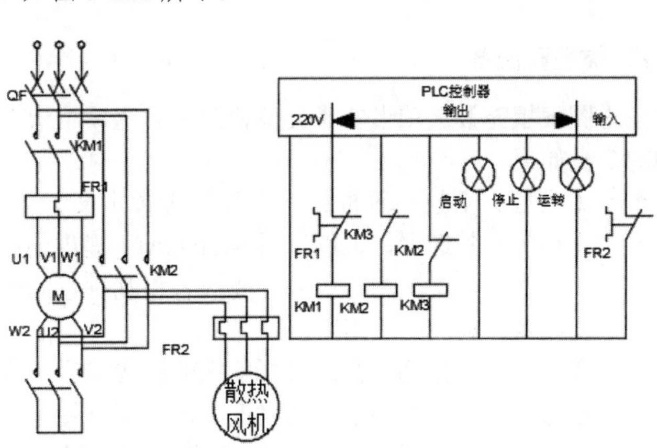

图 3-222 完成的空压机电气原理图

**电气设计实践**：电路图绘制常应用于电路板，随着科技的发展，现在印刷线路板的制作技术已经有了很大的发展，除了单层、双层外，还有多层电路板，已经大量运用到日常生活、工业生产、国防建设、航天事业等许多领域。如图 3-223 所示是电脑内存，也属于印刷电路板。

图 3-223　电脑内存

## 第 5 课　2 课时　填充图形和云线

### 3.5.1　图案填充

**行业知识链接**：在绘图中，经常需要将某种特定的图案填充到某个区域，从而表达该区域的特征，这种填充操作称为图案填充。图案填充的应用非常广泛，例如，在绘制电路图时，可以填充吸线路节点。

#### 1. 设置图案填充

在 AutoCAD 2016 中，可以通过以下 3 种方法设置图案填充。

(1) 在命令行中输入 bhatch 命令并按下 Enter 键。

(2) 在菜单栏中选择【绘图】|【图案填充】菜单命令。

(3) 单击【绘图】工具栏中的【图案填充】按钮。

使用以上任意一种方法，输入 t 命令，按 Enter 键，均能弹出【图案填充和渐变色】对话框，在其中的【图案填充】选项卡中，可以设置图案填充时的类型和图案、角度和比例等特性，如图 3-224 所示。

#### 2. 类型和图案

在【图案填充】选项卡的【类型和图案】选项组中，可以设置图案填充的类型和图案，其中主要选项的含义如下。

- 【类型】下拉列表框：其中包括【预定义】、【用户定义】和【自定义】3 个选项。选择【预定义】选项，可以使用 AutoCAD 提供的图案；选择【用户定义】选项，则需要临时定义图案，该图案由一组平行线或者相互垂直的两组平行线组成；选择【自定义】选项，可以使用事先定义好的图案。
- 【图案】下拉列表框：设置填充的图案，当在【类型】下拉列表框中选择【预定义】选项时该选项可用。在该下拉列表框中可以根据图案名选择图案，也可以单击其右侧的按钮，弹出【填充图案选项板】对话框，如图 3-225 所示，在其中用户可根据需要进行相应的选择。
- 【样例】预览框：显示当前选中的图案样例，单击该预览框，也可以弹出【填充图案选项板】对话框。

- 【自定义图案】下拉列表框：在【类型】下拉列表框中选择【自定义】选项时，该选项可用。

### 3. 角度和比例

在【图案填充】选项卡的【角度和比例】选项组中，可以设置用户所定义类型的图案填充的角度和比例等参数，其中主要选项的含义如下。

- 【角度】下拉列表框：设置图案填充的旋转角度。
- 【比例】下拉列表框：设置图案填充时的比例值。

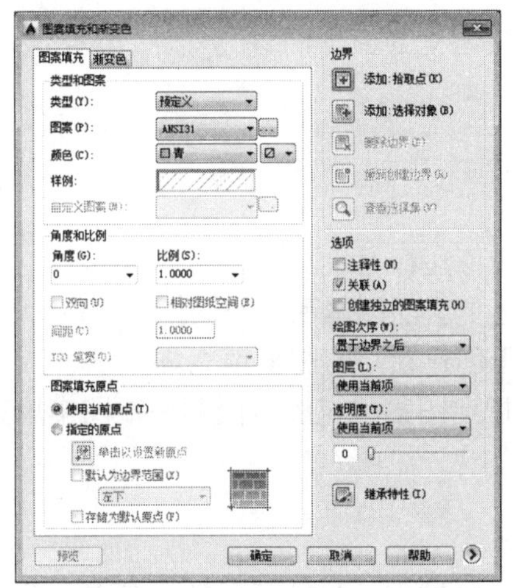


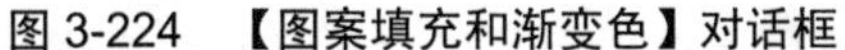
图 3-224 【图案填充和渐变色】对话框

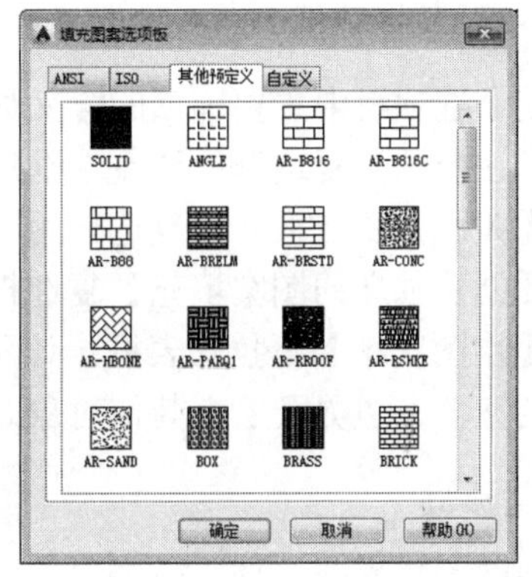

图 3-225 【填充图案选项板】对话框

- 【相对图纸空间】复选框：设置填充平行线之间的距离。当在【类型】下拉列表框中选择【用户定义】选项时，该选项才可用。
- 【ISO 笔宽】下拉列表框：设置笔的宽度。当填充图案采用 ISO 图案时，该选项才可用。

### 4. 图案填充原点

在【图案填充】选项卡的【图案填充原点】选项组中，可以设置图案填充原点的位置，因为许多图案填充需要对齐边界上的某一个点。该选项组中主要选项的含义如下。

- 【使用当前原点】单选按钮：可以使用当前 UCS 的坐标原点(0，0)作为图案填充原点。
- 【指定的原点】单选按钮：可以指定一个点作为图案填充原点。

### 5. 边界

在【图案填充】选项卡的【边界】选项组中包括【添加：拾取点】、【添加：选择对象】等按钮，主要按钮的含义如下。

- 【添加：拾取点】按钮：以拾取点的形式来指定填充区域的边界。
- 【添加：选择对象】按钮：单击该按钮，将切换到绘图区域，可以通过选择对象的方式来定义填充区域。
- 【删除边界】按钮：单击该按钮，可以取消系统自动计算或用户指定的边界，如图 3-226 所示为包含边界与删除边界的效果对比图。

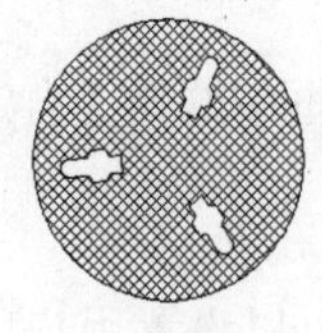
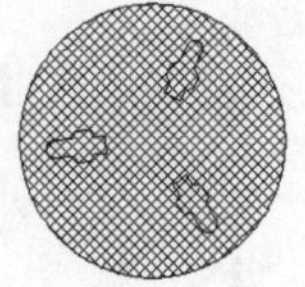
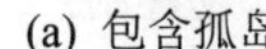

(a) 包含孤岛　　(b) 删除孤岛

图 3-226　图案填充效果对比图

- 【重新创建边界】按钮：重新创建图案填充的边界。
- 【查看选择集】按钮：查看已定义的填充边界。单击该按钮，将切换到绘图区域，已定义的填充边界将显亮。

### 6. 选项及其他功能

【选项】选项组中主要选项的含义如下。

- 【注释性】复选框：该复选框用于将图案定义为可注释对象。
- 【关联】复选框：该复选框用于创建边界时随之更新的图案和填充。
- 【创建独立的图案填充】复选框：该复选框用于创建独立的图案填充。
- 【绘图次序】下拉列表框：该下拉列表框用于指定图案填充的绘图顺序，图案填充可以放在图案填充边界及所有其他对象之后或之前。

### 7. 设置孤岛

在进行图案填充时，通常将位于一个已定义好的填充区域内的封闭区域称为孤岛。单击【图案填充和渐变色】对话框右下角的【更多选项】按钮，将显示更多选项，可以对孤岛和边界进行设置，如图 3-227 所示。

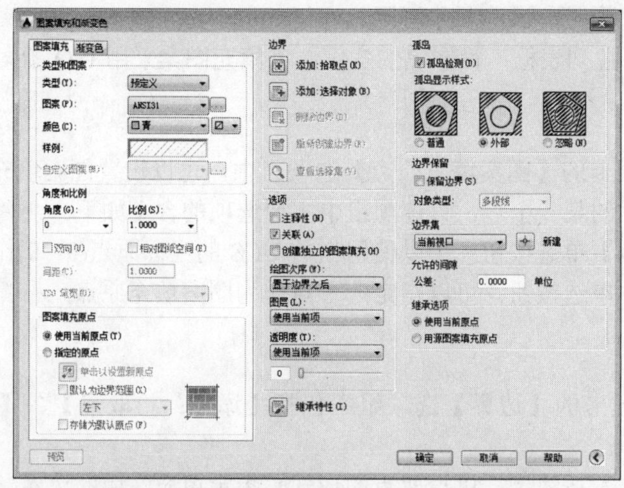


图 3-227　【图案填充和渐变色】对话框

在【孤岛】选项组中，选中【孤岛检测】复选框，可以指定在最外层边界内填充对象的方法，包括【普通】、【外部】和【忽略】3 种填充方法，各填充方法的效果图如图 3-228 所示。

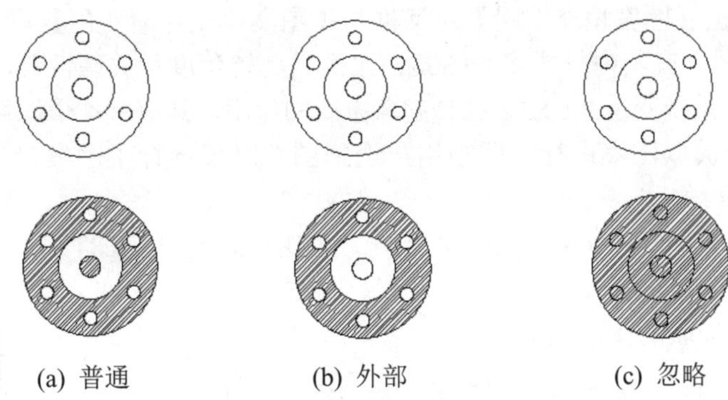


图 3-228　孤岛的 3 种填充效果

- 【普通】方式：从最外边界向里填充图形，遇到与之相交的内部边界时断开填充线，遇到下一个内部边界时再继续绘制填充线，系统变量 HPNAME 设置为 N。以【普通】方式填充图形时，如果填充边界内有诸如文字、属性这样的特殊对象，且在选择填充边界时也选择了它们，填充时图案填充在这些对象处会自动断开，如图 3-229 所示。
- 【外部】方式：从最外边界向里填充图形，遇到与之相交的内部边界时断开填充线，不再继续往里填充图形，系统变量 HPNAME 设置为 0。
- 【忽略】方式：忽略边界内的对象，所有内部结构都被填充线覆盖，系统变量 HPNAME 设置为 1。

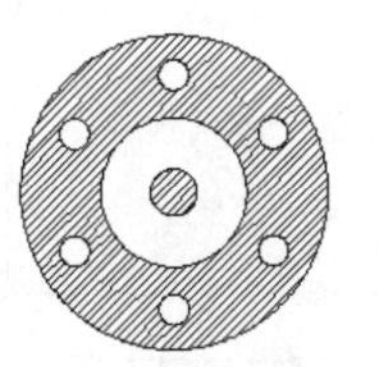

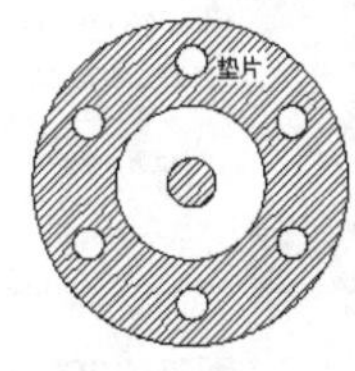


图 3-229　包含文字对象的图案填充

展开【图案填充和渐变色】对话框后，其他主要选项的含义如下。

- 【边界集】选项组：可以定义填充的对象集，AutoCAD 将根据这些对象来确定填充边界。默认情况下，系统根据【当前视口】中的所有可见对象确定填充边界。也可以单击【新建】按钮，切换到绘图区域，然后通过指定对象类型定义边界集，此时【边界集】下拉列表框中将显示【现有集合】选项。
- 【允许的间隙】选项组：通过【公差】文本框设置填充时填充区域所允许的间隙大小。在该参数范围内，可以将一个几乎封闭的区域看作一个封闭的填充边界，默认值为 0，这时填充对象必须是完全封闭的区域。
- 【继续选项】选项组：用于确定在使用继承属性创建图案填充时图案填充原点的位置，可以是当前原点或原图案填充的原点。

### 8. 编辑图案填充

创建图案填充后，如果需要修改填充区域的边界，可以选择【修改】|【对象】|【图案填充】菜单命令，然后在绘图区域中单击需要编辑的图案填充对象，这时将弹出【图案填充编辑】对话框，如

图 3-230 所示。可以看出【图案填充编辑】对话框与【图案填充和渐变色】对话框的内容基本相同，只是某些选项被禁止使用，在其中只能修改图案、比例、旋转角度和关联性等，而不能修改其边界。

在编辑图案填充时，系统变量 PICKSTYLE 起着重要的作用，其值有 4 个，各值的主要作用如下：

- 0：禁止编组或关联图案选择，即当用户选择图案时仅选择了图案自身，而不会选择与之关联的对象。
- 1：允许编组对象，即图案可以被加入到对象编组中，是 PICKSTYLE 的默认设置。
- 2：允许关联的图案选择。
- 3：允许编组和关联的图案选择。

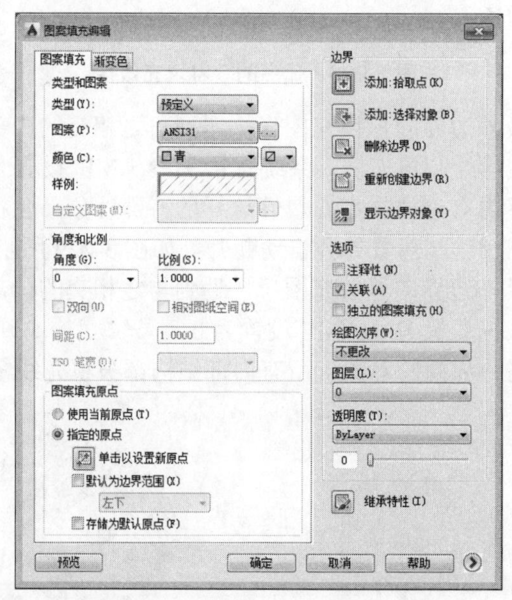


图 3-230 【图案填充编辑】对话框

9. 分解填充的图案

图案是一种特殊的块，称为匿名块，无论形状多么复杂，它都是一个单独的对象。可以选择【修改】|【分解】菜单命令，来分解一个已存在的关联图案。图案被分解后，它将不再是一个单一的对象，而是一组组成图案的线条，同时，分解后图案也失去了与图形的关联性，因此，将无法再选择【修改】|【对象】|【图案填充】菜单命令来编辑。

## 3.5.2 渐变色填充

**行业知识链接**：渐变色填充用于填充需要特殊效果的场合，如特殊的符号、需要注意的位置等，如图 3-231 所示是字体的渐变色填充。

123456

图 3-231 渐变色填充

切换到【图案填充和渐变色】对话框中的【渐变色】选项卡，如图 3-232 所示，在其中可以创建单色或双色渐变色，并对图形进行填充。其中主要选项的含义如下。

- 【单色】单选按钮：选中该单选按钮，可以使用颜色从较深着色到较浅着色调平滑过渡的单色填充。
- 【双色】单选按钮：选中该单选按钮，可以指定在两种颜色之间平滑过渡的双色渐变填充，如图 3-233 所示。
- 【角度】下拉列表框：在该下拉列表框中选择相应的选项，可以相对当前 UCS 指定渐变色的角度。
- 渐变图案预览框：在该预览框中显示当前设置的渐变色效果。

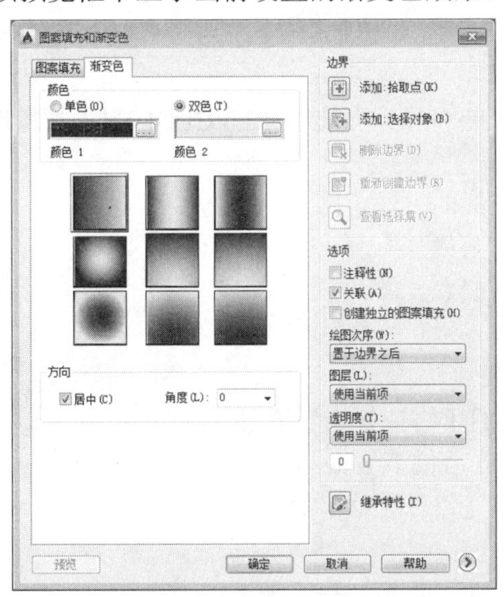


图 3-232 【渐变色】选项卡

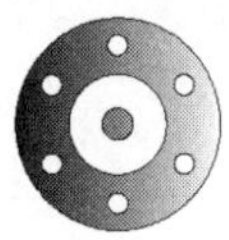

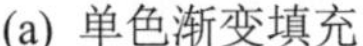
(a) 单色渐变填充

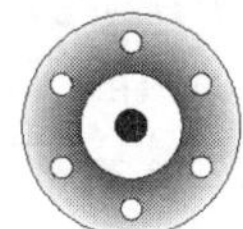

(b) 双色渐变填充

图 3-233 渐变色填充图形

## 3.5.3 修订云线

**行业知识链接：**云线用于标注特殊部分或者绘制范围，如图 3-234 所示是控制电路中使用云线标示的特殊区域。

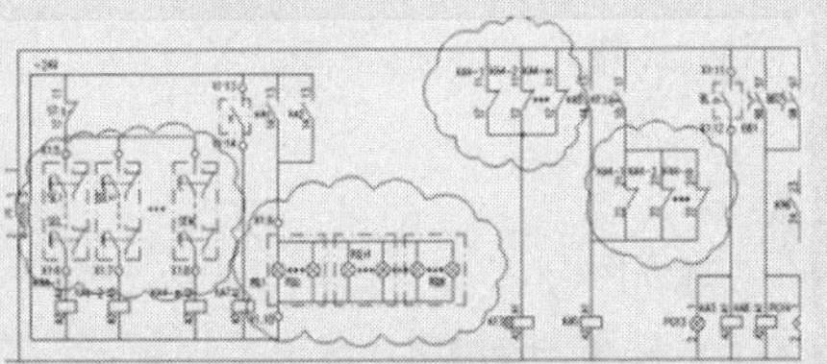

图 3-234 云线标示

修订云线是由连续圆弧组成的多段线。用于在检查阶段提醒用户注意图形的某个部分。

在检查或用红线圈阅图形时，可以使用修订云线功能亮显标记以提高工作效率。REVCLOUD 用于创建由连续圆弧组成的多段线以构成云线对象。用户可以为修订云线选择样式：【普通】或【手绘】。如果选择【画笔】选项，修订云线看起来像是用画笔绘制的。

可以从头开始创建修订云线，也可以将对象(例如圆、椭圆、多段线或样条曲线)转换为修订云线。将对象转换为修订云线时，如果 DELOBJ 设置为 1(默认值)，原始对象将被删除。

可以为修订云线的弧长设置默认的最小值和最大值。绘制修订云线时，可以使用拾取点选择较短的弧线段来更改圆弧的大小。也可以通过调整拾取点来编辑修订云线的单个弧长和弦长。

REVCLOUD 用于存储上一次使用的圆弧长度作为多个 DIMSCALE 系统变量的值，这样，就可以统一使用不同比例因子的图形。

在执行此命令之前，请确保能够看见要使用 REVCLOUD 添加轮廓的整个区域。REVCLOUD 不支持透明以及实时平移和缩放。

下面将介绍几种创建修订云线的方法。

- 使用普通样式创建修订云线。
- 使用手绘样式创建修订云线。
- 将对象转换为修订云线。

1) 使用普通样式创建修订云线

(1) 单击【绘图】工具栏上的【修订云线】按钮。

(2) 在命令行中输入 revcloud 后按下 Enter 键。

在菜单栏中选择【绘图】|【修订云线】菜单命令。

创建修订云线。

执行【修订云线】命令后，命令行窗口提示如下。

```
命令:_revcloud
最小弧长:15    最大弧长:15    样式:手绘
指定起点或 [弧长(A)/对象(O)/样式(S)] <对象>:s
选择圆弧样式 [普通(N)/手绘(C)] <手绘>:n
圆弧样式 = 普通
指定起点或 [弧长(A)/对象(O)/样式(S)] <对象>:
沿云线路径引导十字光标...
修订云线完成。
```

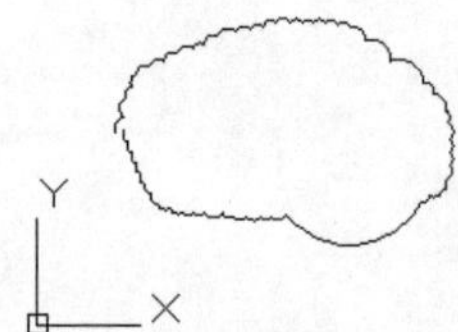

图 3-235　使用普通样式创建的修订云线

使用普通样式创建的修订云线如图 3-235 所示。

> **提示：**默认的弧长最小值和最大值设置为 0.5000 个单位。弧长的最大值不能超过最小值的三倍。

可以随时按 Enter 键停止绘制修订云线。

要闭合修订云线，请返回到它的起点。

2) 使用手绘样式创建修订云线

使用手绘样式创建修订云线的步骤如下。

单击【绘图】工具栏上的【修订云线】按钮。

或在命令行中输入 revcloud 后按下 Enter 键。

或选择【绘图】|【修订云线】菜单命令。

创建修订云线。

选择【修订云线】命令后，命令行窗口提示如下。

```
命令:_revcloud
最小弧长:15    最大弧长: 15    样式: 手绘
指定起点或 [弧长(A)/对象(O)/样式(S)] <对象>:a
指定最小弧长 <15>:30
指定最大弧长 <30>:30
指定起点或 [弧长(A)/对象(O)/样式(S)] <对象>:s
选择圆弧样式 [普通(N)/手绘(C)] <手绘>:c
圆弧样式 = 手绘
指定起点或 [弧长(A)/对象(O)/样式(S)] <对象>:
沿云线路径引导十字光标...
修订云线完成。
```

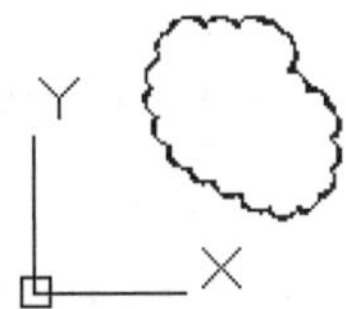

图 3-236　使用手绘样式创建的修订云线

使用手绘样式创建的修订云线如图 3-236 所示。

3) 将对象转换为修订云线

将对象转换为修订云线的步骤如下。

绘制一个要转换为修订云线的圆、椭圆、多段线或样条曲线。

单击【绘图】工具栏上的【修订云线】按钮。

或在命令行中输入 revcloud 后按下 Enter 键。

或选择【绘图】|【修订云线】菜单命令。

将对象转换为修订云线。

在这里我们绘制一个圆形来转换为修订云线，如图 3-237 所示。

选择【修订云线】命令后，命令行窗口提示如下。

```
命令: _revcloud
最小弧长: 30   最大弧长: 30   样式: 手绘
指定起点或 [弧长(A)/对象(O)/样式(S)] <对象>: a
指定最小弧长 <30>: 60
指定最大弧长 <60>: 60
指定起点或 [弧长(A)/对象(O)/样式(S)] <对象>: o
选择对象:
反转方向 [是(Y)/否(N)] <否>: N
修订云线完成。
```

将圆转换为修订云线如图 3-238 所示。

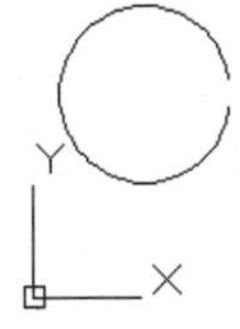

图 3-237　将要转换为修订云线的圆

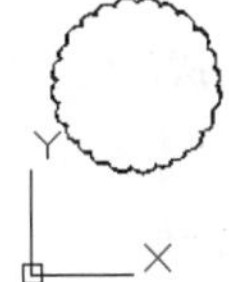

图 3-238　圆转换为修订云线

将多段线转换为修订云线如图 3-239 和图 3-240 所示。

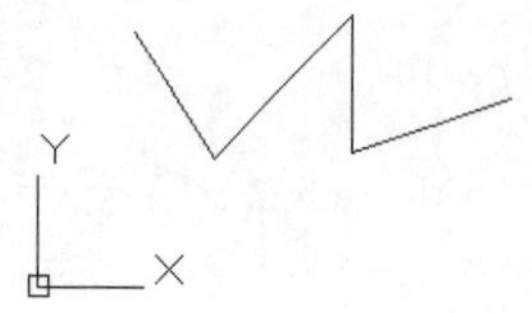


图 3-239 多段线

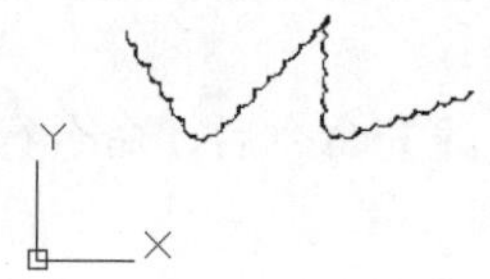


图 3-240 多段线转换为修订云线

## 课后练习

案例文件：ywj\03\04.dwg

视频文件：光盘\视频课堂\第 3 教学日\3.5

练习案例分析及步骤如下。

本节课后练习创建电机支路及说明，本节电机电路分为两条，保险都对支路产生作用，并增加有支路说明，如图 3-241 所示是完成的电机支路及说明。

本节案例主要练习电机支路及说明，绘制的步骤按照从上到下、从左到右的顺序，绘制完左部的支路后再绘制右部支路，最后添加说明。绘制电机支路及说明的思路和步骤如图 3-242 所示。

| 电源保护 | 开关 | 移动电机 | | 夹紧电机 | |
|---|---|---|---|---|---|
| | | 正转 | 反转 | 正转 | 反转 |

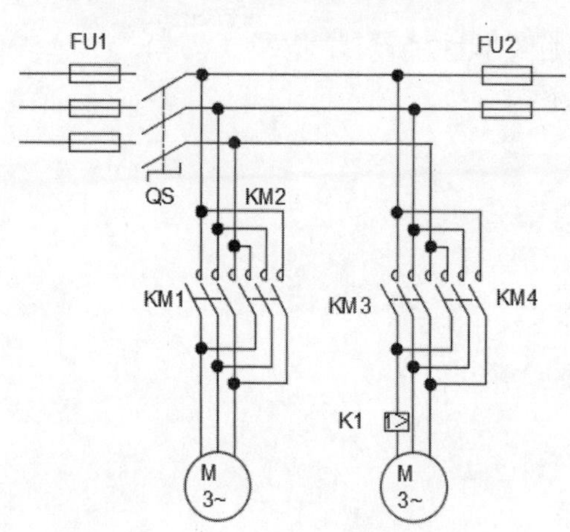


图 3-241 完成的电机支路及说明

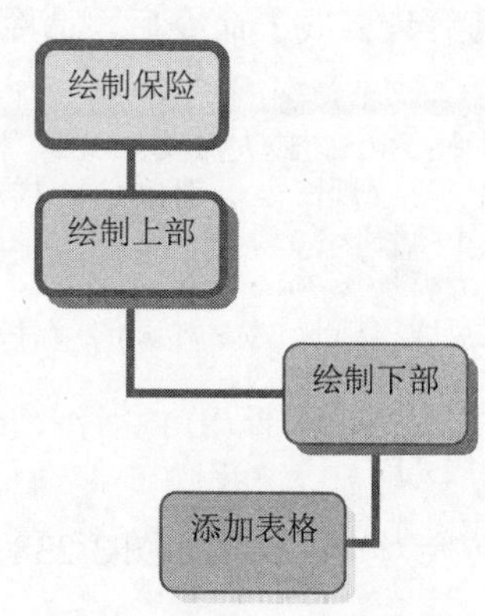


图 3-242 绘制电机支路及说明的步骤

练习案例的操作步骤如下。

step 01 绘制线路的保险部分，单击【默认】选项卡的【绘图】工具栏中的【矩形】按钮，绘制长度为 1×3 电阻，如图 3-243 所示。

step 02 单击【默认】选项卡的【修改】工具栏中的【复制】按钮，复制电阻，如图 3-244 所示。

step 03 单击【默认】选项卡的【绘图】工具栏中的【直线】按钮，绘制如图 3-245 所示的直线。

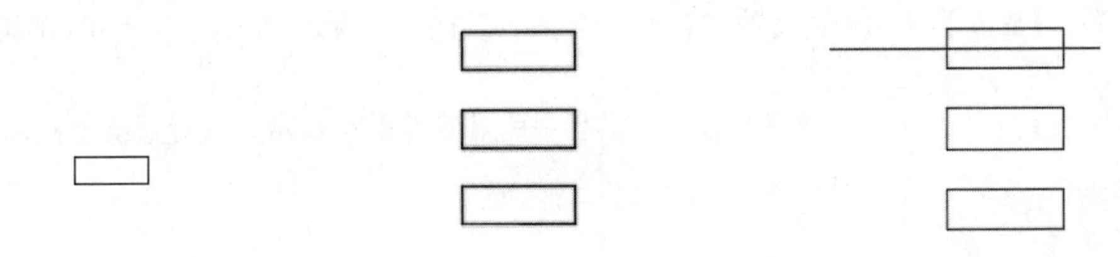

图 3-243　绘制电阻　　图 3-244　复制电阻　　图 3-245　绘制直线

step 04 单击【默认】选项卡的【修改】工具栏中的【复制】按钮，复制线路，如图 3-246 所示。

step 05 单击【默认】选项卡的【注释】工具栏中的【文字】按钮A，绘制如图 3-247 所示的文字"FU1"。

step 06 接着绘制线路上半部分，单击【默认】选项卡的【绘图】工具栏中的【直线】按钮，绘制如图 3-248 所示的斜线。

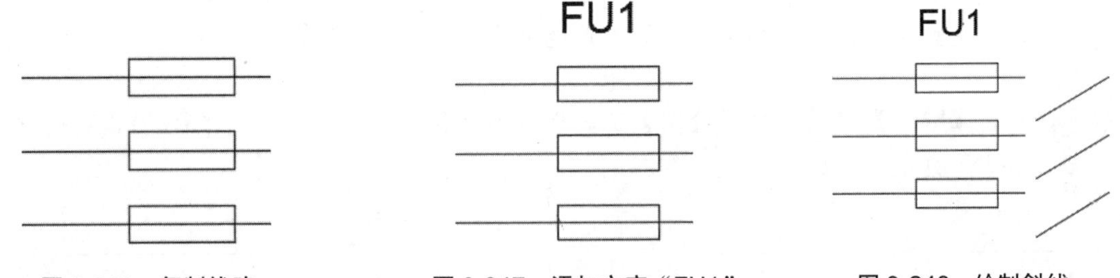


图 3-246　复制线路　　图 3-247　添加文字"FU1"　　图 3-248　绘制斜线

step 07 单击【默认】选项卡的【绘图】工具栏中的【直线】按钮，绘制如图 3-249 所示的虚线。

step 08 单击【默认】选项卡的【绘图】工具栏中的【直线】按钮，完成绘制开关，如图 3-250 所示。

step 09 单击【默认】选项卡的【修改】工具栏中的【复制】按钮，复制电阻，如图 3-251 所示。

图 3-249　绘制虚线　　图 3-250　绘制开关　　图 3-251　复制电阻

step 10 单击【默认】选项卡的【绘图】工具栏中的【直线】按钮，绘制如图 3-252 所示的水平线路。

step 11 单击【默认】选项卡的【绘图】工具栏中的【直线】按钮，绘制如图 3-253 所示的垂直线路。

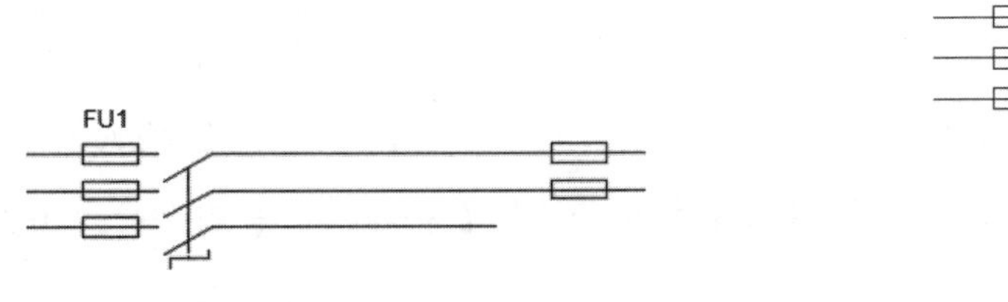


图 3-252　绘制水平线路　　图 3-253　绘制垂直线路

step 12 单击【默认】选项卡的【绘图】工具栏中的【圆】按钮，绘制半径为 0.3 的圆，如图 3-254 所示。

step 13 单击【默认】选项卡的【修改】工具栏中的【修剪】按钮，快速修剪节点圆，如图 3-255 所示。

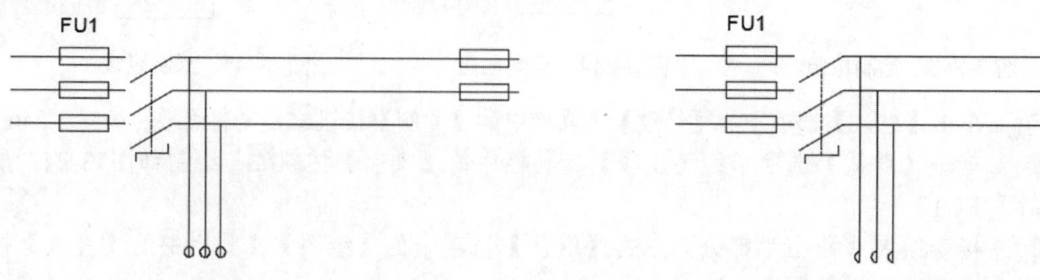


图 3-254　绘制圆　　图 3-255　修剪节点圆

step 14 单击【默认】选项卡的【绘图】工具栏中的【直线】按钮，绘制如图 3-256 所示的 3 条线路。

step 15 单击【默认】选项卡的【绘图】工具栏中的【圆】按钮，绘制半径为 0.3 的节点圆，如图 3-257 所示。

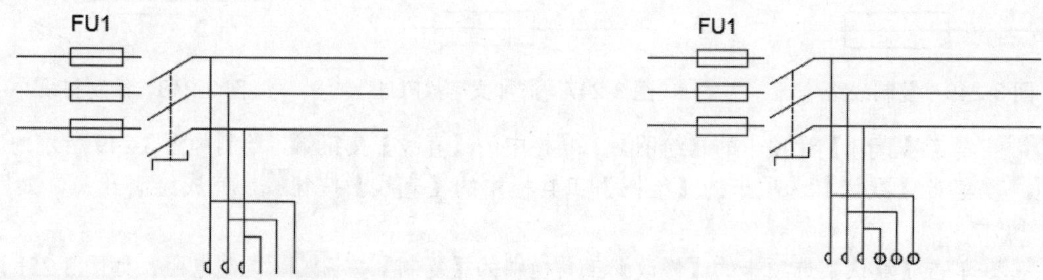


图 3-256　绘制 3 条线路　　图 3-257　绘制节点圆

step 16 单击【默认】选项卡的【修改】工具栏中的【修剪】按钮，快速修剪节点圆，如图 3-258 所示。

step 17 单击【默认】选项卡的【修改】工具栏中的【复制】按钮，复制线路，如图 3-259 所示。

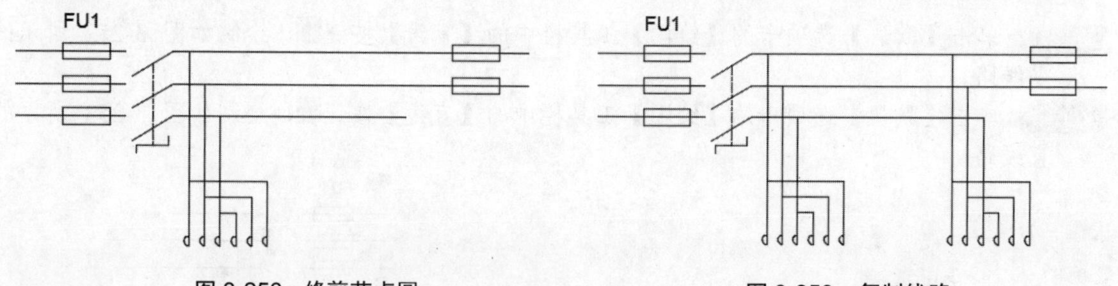


图 3-258　修剪节点圆　　图 3-259　复制线路

step 18 单击【默认】选项卡的【绘图】工具栏中的【圆】按钮，绘制半径为 0.3 的节点圆，如图 3-260 所示。

step 19 单击【默认】选项卡的【绘图】工具栏中的【图案填充】按钮，填充节点，如图 3-261

所示。

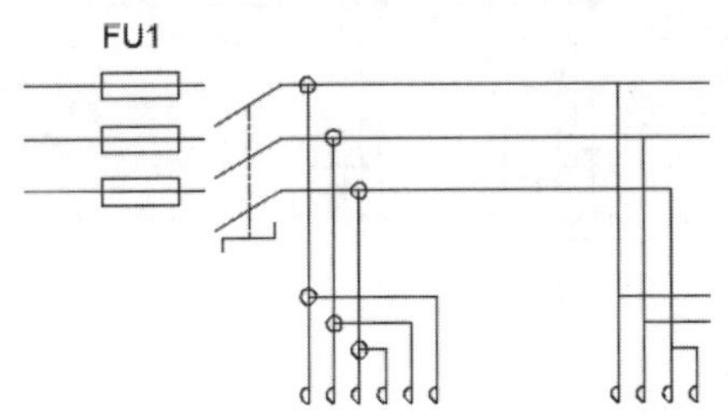


图 3-260　绘制节点圆

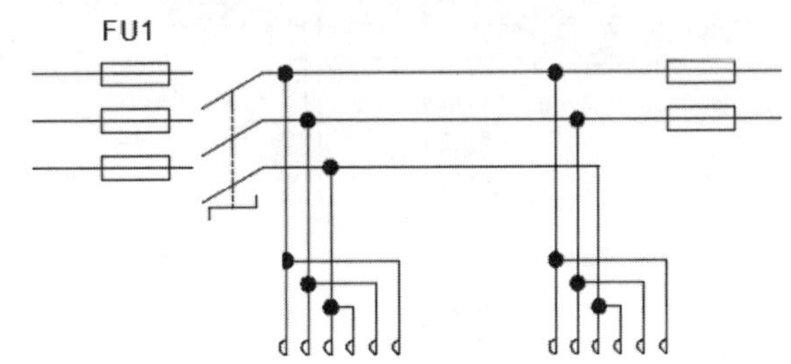


图 3-261　填充节点

step 20 单击【默认】选项卡的【注释】工具栏中的【文字】按钮，绘制如图 3-262 所示的文字“QS、KM2、FU2”。

step 21 接着绘制线路下半部分，单击【默认】选项卡的【绘图】工具栏中的【直线】按钮，绘制如图 3-263 所示的斜线。

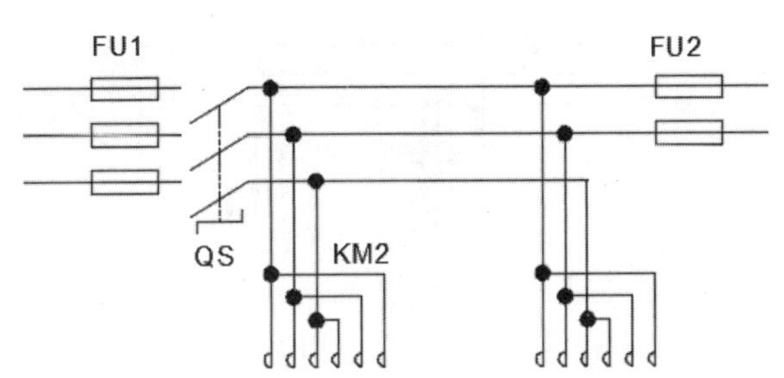


图 3-262　添加文字“QS、KM2、FU2”

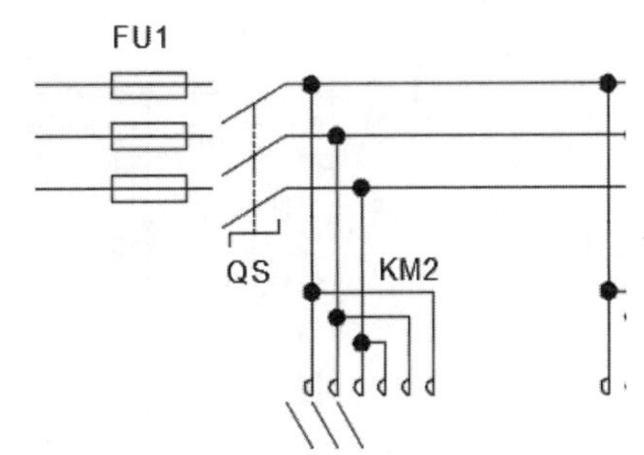


图 3-263　绘制斜线

step 22 单击【默认】选项卡的【绘图】工具栏中的【直线】按钮，绘制如图 3-264 所示的虚线。

step 23 单击【默认】选项卡的【绘图】工具栏中的【圆】按钮，绘制半径为 2 的电机，如图 3-265 所示。

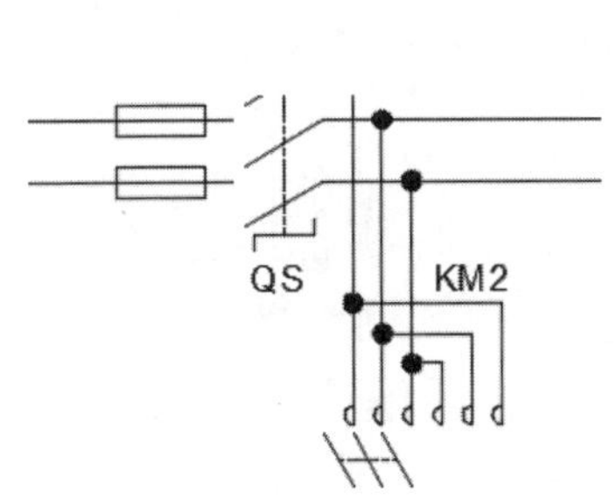


图 3-264　绘制虚线

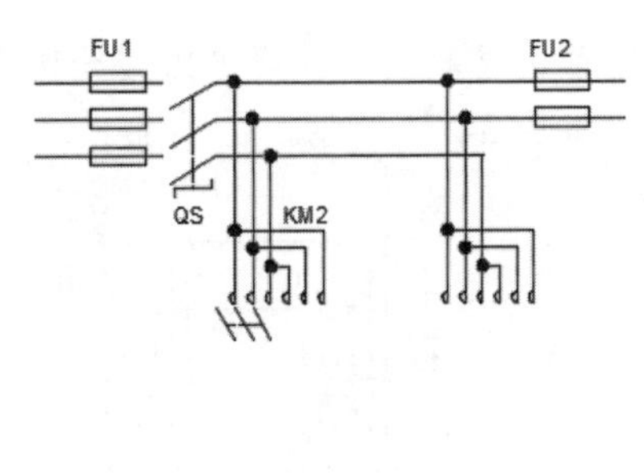


图 3-265　绘制电机

step 24 单击【默认】选项卡的【注释】工具栏中的【文字】按钮，绘制如图 3-266 所示的文字“M3 ~ ”。

step 25 单击【默认】选项卡的【绘图】工具栏中的【直线】按钮，绘制如图 3-267 所示的电机线路。

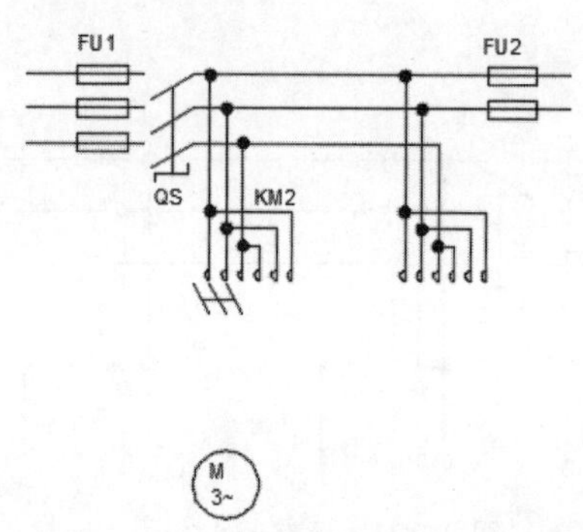


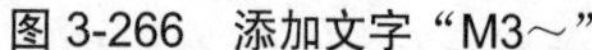

图 3-266　添加文字“M3～”

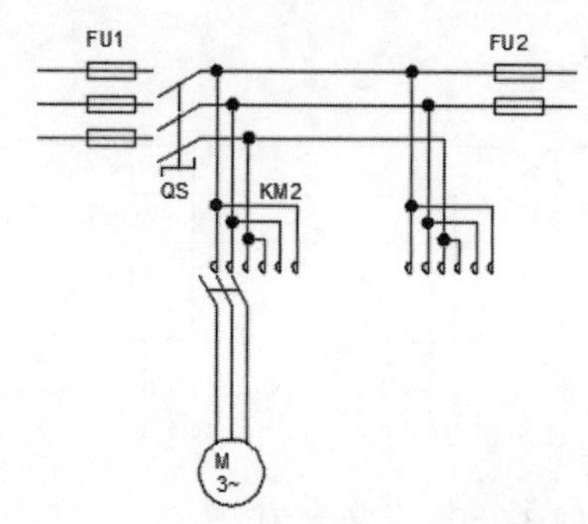


图 3-267　绘制电机线路

step 26 单击【默认】选项卡的【修改】工具栏中的【复制】按钮，复制开关，如图 3-268 所示。

step 27 单击【默认】选项卡的【绘图】工具栏中的【直线】按钮，绘制如图 3-269 所示的开关线路。

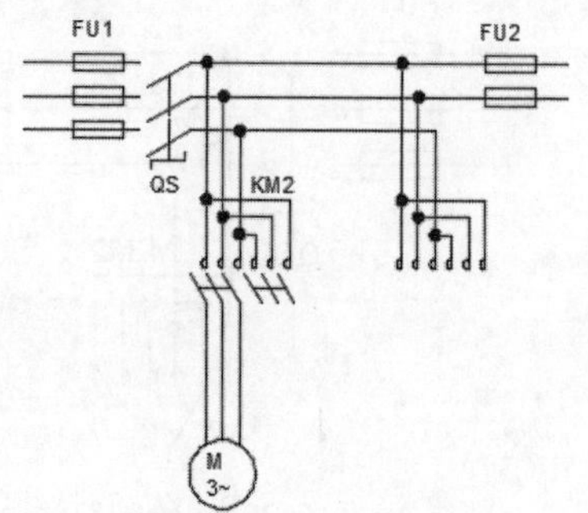


图 3-268　复制开关

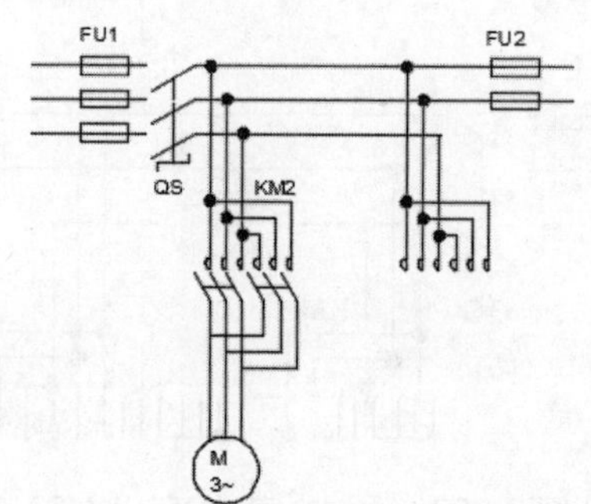


图 3-269　绘制开关线路

step 28 单击【默认】选项卡的【修改】工具栏中的【复制】按钮，复制线路和电机，如图 3-270 所示。

step 29 单击【默认】选项卡的【绘图】工具栏中的【矩形】按钮，绘制尺寸为 1×1.5 的矩形，如图 3-271 所示。

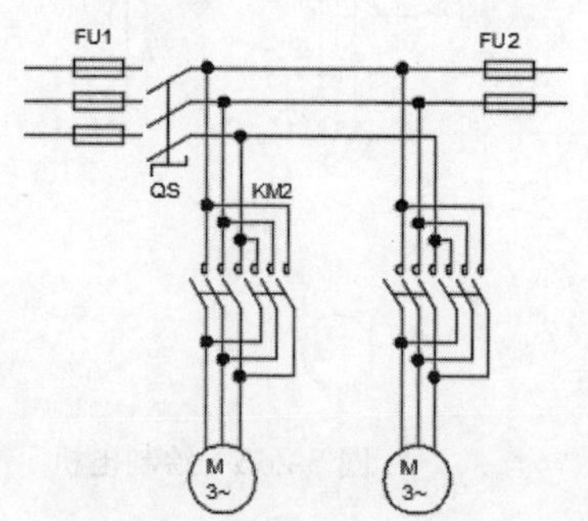


图 3-270　复制线路和电机

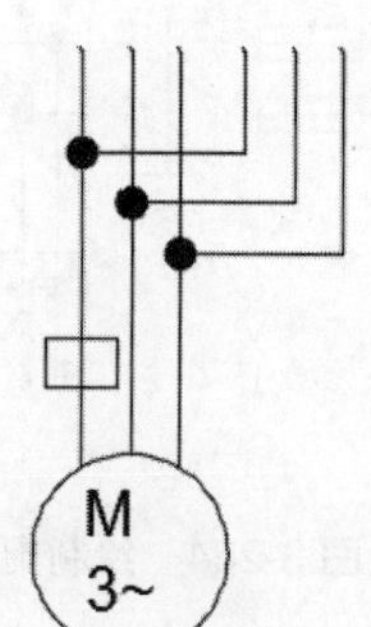


图 3-271　绘制尺寸为 1×1.5 的矩形

step 30 单击【默认】选项卡的【修改】工具栏中的【修剪】按钮，快速修剪电机线路，如图 3-272 所示，完成下半部分线路的绘制。

step 31 添加文字和表格，单击【默认】选项卡的【注释】工具栏中的【文字】按钮A，绘制如图 3-273 所示的文字“1>”。

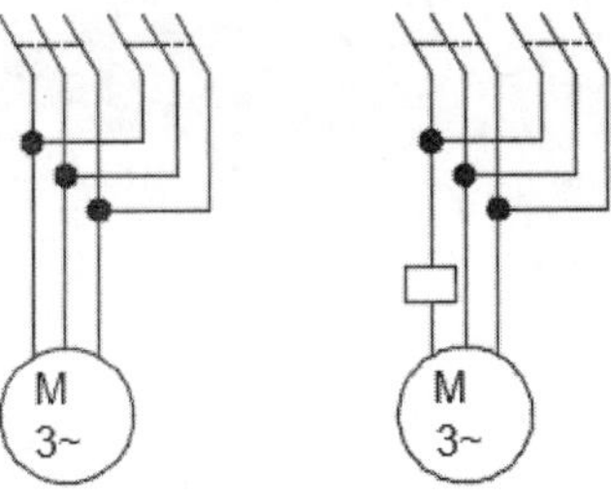

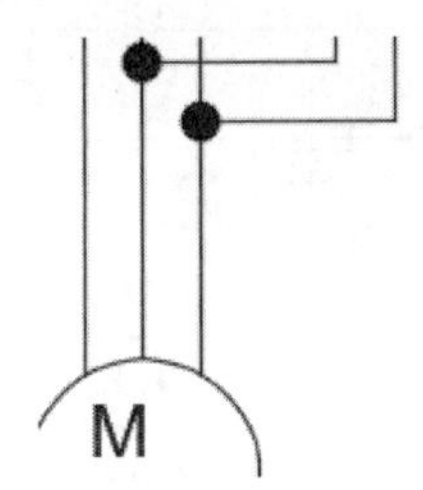


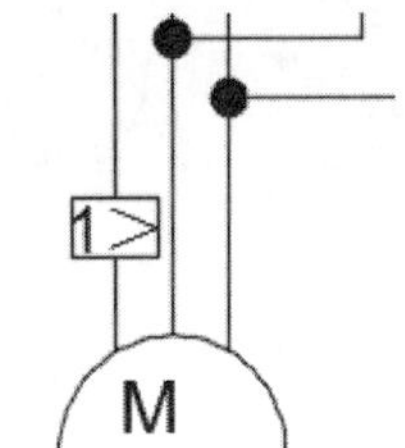


图 3-272 修剪电机线路

图 3-273 添加文字“1>”

step 32 单击【默认】选项卡的【注释】工具栏中的【文字】按钮A，绘制如图 3-274 所示的线路其他文字，完成电机图纸部分。

step 33 单击【默认】选项卡的【绘图】工具栏中的【矩形】按钮，绘制尺寸为 5 × 33 的矩形，如图 3-275 所示。

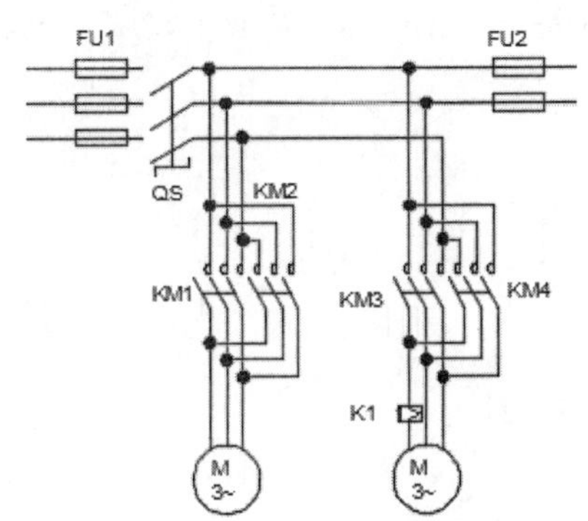


图 3-274 完成电机图纸

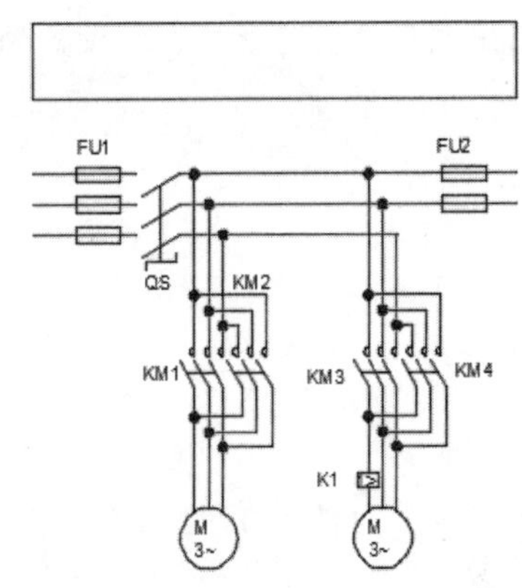


图 3-275 绘制尺寸为 5×33 的矩形

step 34 单击【默认】选项卡的【绘图】工具栏中的【直线】按钮，绘制如图 3-276 所示的表格。

step 35 单击【默认】选项卡的【注释】工具栏中的【文字】按钮A，添加如图 3-277 所示的表格文字。

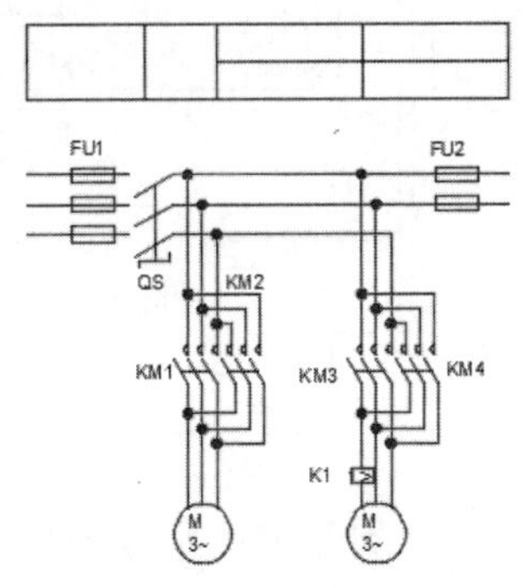


图 3-276 绘制表格

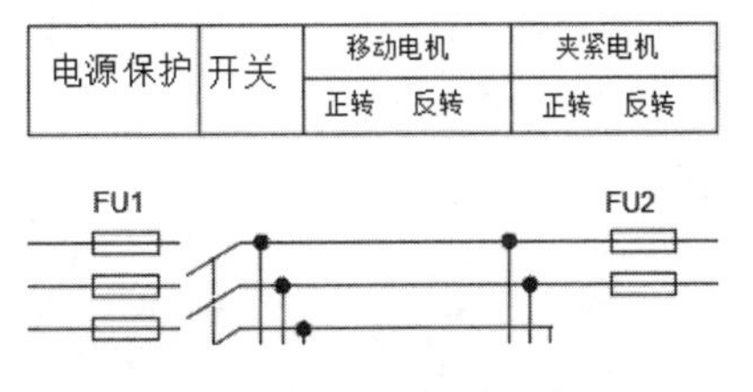


图 3-277 添加表格文字

step 36 完成电机支路及说明的绘制，如图 3-278 所示。

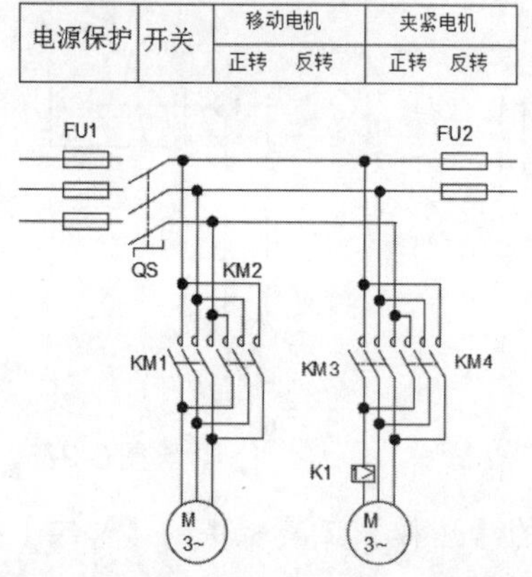


图 3-278 完成的电机支路及说明

**电气设计实践：**电气控制系统一般称为电气设备二次控制回路，不同的设备有不同的控制回路，而且高压电气设备与低压电气设备的控制方式也不相同。如图 3-279 所示是低压电路方向变换器。

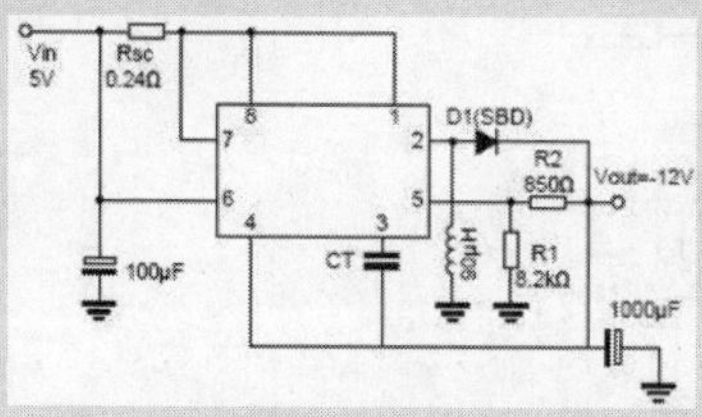


图 3-279 低压电路方向变换器

## 阶段进阶练习

本章主要介绍了 AutoCAD 2016 中二维平面绘图命令，并对 AutoCAD 绘制平面图形的技巧进行了详细的讲解。通过本章的学习，读者可以熟练掌握 AutoCAD 2016 中绘制基本二维图形的方法。

使用本教学日学过的各种命令来创建如图 3-280 所示的低压控制电路。

一般创建步骤和方法如下。

(1) 绘制电路元件。

(2) 绘制 CW200 块线路。

(3) 绘制线路。

(4) 添加文字。

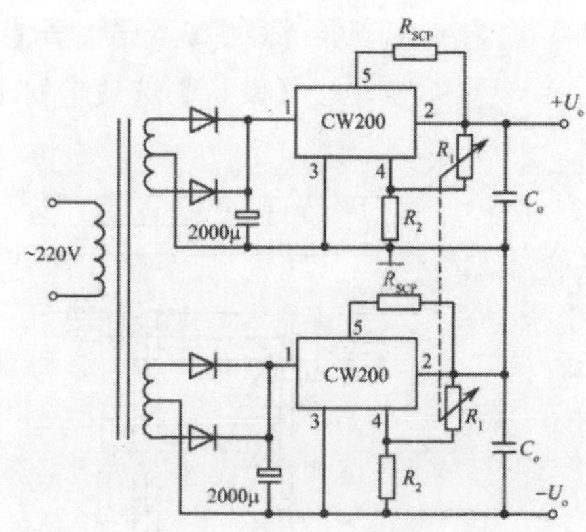


图 3-280 低压控制电路

设计师职业培训教程

# 第4教学日

第 3 教学日介绍了如何绘制一些基本的图形。在绘图的过程中，会发现某些图形不是一次就可以绘制出来的，并且不可避免地会出现一些错误操作，这时就要用到编辑命令。通过本教学日的学习，读者应学会一些基本的编辑命令，如【镜像】、【偏移】、【阵列】、【移动】、【旋转】、【缩放】、【拉伸】等命令。

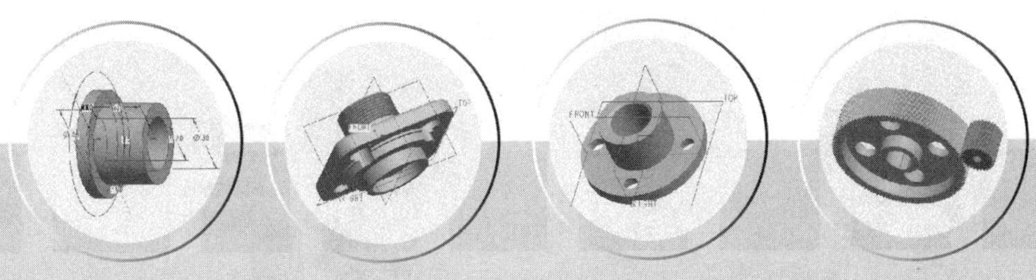

# 第 1 课 1 课时 设计师职业知识——电气元件

电子元件是组成电子产品的基础，了解常用电子元件的种类、结构、性能并能正确选用是学习、掌握电子技术的基础。常用的电子元件有电阻、电容、电感、电位器、变压器、三极管、二极管、IC 等，就安装方式而言，目前可分为传统安装(又称通孔装即 DIP)和表面安装两大类(即又称 SMT 或 SMD)。

## 1. 常见元件——电阻和电容

(1) 电阻器简称电阻(Resistor，通常用 R 表示)是所有电子电路中使用最多的元件，如图 4-1 所示是常见类型的电阻。电阻的主要物理特征是变电能为热能，也可说它是一个耗能元件，电流经过它就产生内能。电阻在电路中通常起分压分流的作用，对信号来说，交流与直流信号都可以通过电阻。

导体对电流的阻碍作用就叫该导体的电阻。电阻小的物质称为电导体，简称导体。电阻大的物质称为电绝缘体，简称绝缘体。在物理学中，用电阻(Resistance)来表示导体对电流阻碍作用的大小。导体的电阻越大，表示导体对电流的阻碍作用越大。不同的导体，电阻一般不同，电阻是导体本身的一种性质。导体的电阻通常用字母 R 表示，电阻的单位是欧姆(Ohm)，简称欧，符号是Ω。比较大的单位有千欧(kΩ)、兆欧(MΩ)。

(2) 电容(或称电容量)是表征电容器容纳电荷本领的物理量。我们把电容器的两极板间的电势差增加 1 伏所需的电量，叫作电容器的电容。从物理学上讲，电容器是一种静态电荷存储介质(就像一只水桶一样，你可以把电荷充存进去，在没有放电回路的情况下，刨除介质漏电自放电效应/电解电容比较明显，可能电荷会永久存在，这是它的特征)，它的用途较广，它是电子、电力领域中不可缺少的电子元件。电容主要用于电源滤波、信号滤波、信号耦合、谐振、隔直流等电路中。电容的符号是 C。

很多电子产品中，电容器都是必不可少的电子元器件，它在电子设备中充当整流器的平滑滤波、电源和退耦、交流信号的旁路、交直流电路的交流耦合等。由于电容器的类型和结构种类比较多，因此，使用者不仅需要了解各类电容器的性能指标和一般特性，还必须了解在给定用途下各种元件的优缺点、机械或环境的限制条件等。如图 4-2 是常见的电容类型。

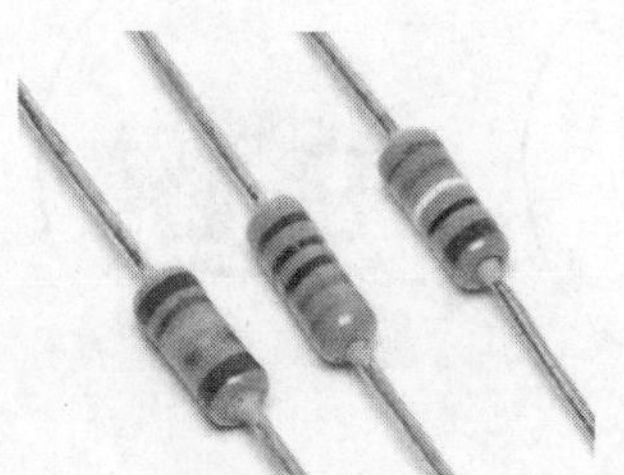

图 4-1 电阻

图 4-2 电容

### 2. 电气元件损坏的特点

1) 电阻损坏的特点

电阻是电器设备中数量最多的元件，但不是损坏率最高的元件。电阻损坏以开路最常见，阻值变大较少见，阻值变小十分少见。常见的有碳膜电阻、金属膜电阻、线绕电阻和保险电阻几种。前两种电阻应用最广，其损坏的特点一是低阻值(100Ω以下)和高阻值(100kΩ以上)的损坏率较高，中间阻值(如几百欧到几千欧)的极少损坏；二是低阻值电阻损坏时往往是烧焦发黑，很容易发现，而高阻值电阻损坏时很少有痕迹。线绕电阻一般用作大电流限流，阻值不大。圆柱形线绕电阻烧坏时有的会发黑或表面爆皮、裂纹，有的没有痕迹。水泥电阻是线绕电阻的一种，烧坏时可能会断裂，否则也没有可见痕迹。保险电阻烧坏时有的表面会炸掉一块皮，有的也没有什么痕迹，但绝不会烧焦发黑。根据以上特点，在检查电阻时可有所侧重，以快速找出损坏的电阻。

2) 电解电容损坏的特点

电解电容在电器设备中的用量很大，故障率很高。电解电容损坏有以下几种表现：一是完全失去容量或容量变小；二是轻微或严重漏电；三是失去容量或容量变小兼有漏电。查找损坏的电解电容方法有以下几种。

(1) 看：有的电容损坏时会漏液，电容下面的电路板表面甚至电容外表都会有一层油渍，这种电容绝对不能再用；有的电容损坏后会鼓起，这种电容也不能继续使用。

(2) 摸：开机后有些漏电严重的电解电容会发热，用手触摸时甚至会烫手，这种电容必须更换。

(3) 电解电容内部有电解液，长时间烘烤会使电解液变干，导致电容量减小，所以要重点检查散热片及大功率元器件附近的电容，离其越近，损坏的可能性就越大。

3) 二、三极管等半导体器件损坏的特点

二、三极管的损坏一般是 PN 结击穿或开路，其中以击穿短路居多。此外还有两种损坏表现：一是热稳定性变差，表现为开机时正常，工作一段时间后，发生软击穿；另一种是 PN 结的特性变差，用万用表 R×1k 测，各 PN 结均正常，但上机后不能正常工作，如果用 R×10 或 R×1 低量程挡测，就会发现其 PN 结正向阻值比正常值大。测量二、三极管可以用指针万用表在路测量，较准确的方法是：将万用表置 R×10 或 R×1 挡(一般用 R×10 挡，不明显时再用 R×1 挡)在路测二、三极管的 PN 结正、反向电阻，如果正向电阻不太大(相对正常值)，反向电阻足够大(相对正向值)，表明该 PN 结正常；反之就值得怀疑，需焊下后再测。这是因为一般电路的二、三极管外围电阻大多在几百、几千欧以上，用万用表低阻值挡在路测量，可以基本忽略外围电阻对 PN 结电阻的影响。

### 3. 集成电路损坏的特点

集成电路内部结构复杂，功能很多，任何一部分损坏都无法正常工作。集成电路的损坏也有两种：彻底损坏、热稳定性不良。彻底损坏时，可将其拆下，与正常同型号集成电路对比测其每一引脚对地的正、反向电阻，总能找到其中一只或几只引脚阻值异常。对热稳定性差的，可以在设备工作时，用无水酒精冷却被怀疑的集成电路，如果故障发生时间推迟或不再发生故障，即可判定。对于这种损坏，通常只能更换集成电路来排除。

### 4. 产业发展

随着世界电子信息产业的快速发展，作为电子信息产业基础的电子元件产业发展也异常迅速。2005 年，世界电子元件市场需求约 3000 亿美元，占世界电子产品市场的 15%，年均增长率在 10%左右，而新型电子元器件需求增长最快，为 1500～1800 亿美元。

电子元件正进入以新型电子元件为主体的新一代元器件时代，它将基本上取代传统元器件，电子元器件由原来只为适应整机的小型化及其新工艺要求为主的改进，变成以满足数字技术、微电子技术发展所提出的特性要求为主，而且是成套满足的产业化发展阶段。

中国电子工业的持续高速增长，带动了电子元件产业的强劲发展。中国已经成为扬声器、铝电解电容器、显像管、印制电路板、半导体分立器件等电子元件的世界生产基地。

# 第 2 课 2 课时 对象选择和删除恢复

## 4.2.1 对象选择

**行业知识链接：**高压和大电流开关设备是体积很大的电气产品，一般都采用操作系统来控制分、合闸，特别是当设备出了故障时，需要开关自动切断电路，这就需要有一套自动控制的电气操作设备，对供电设备进行自动控制。如图 4-3 所示是电机控制电路，绘制时可以使用【复制】命令，复制元件时，首先要选择元件。

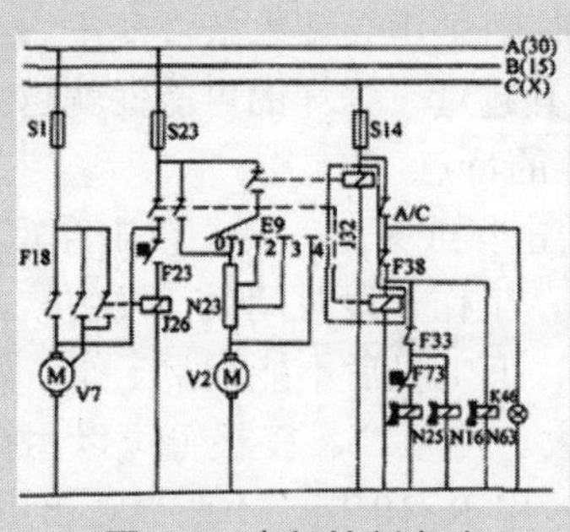


图 4-3 电机控制电路

使用 AutoCAD 绘图，进行任何一项编辑操作都需要先指定具体的对象，即选中该对象，这样所进行的编辑操作才会有效。在 AutoCAD 中，选择对象的方法有很多，一般分为下面两种。

### 1. 直接拾取法

直接拾取法是最常用的选取方法，也是默认的对象选择方法。选择对象时，单击绘图窗口的对象即可选中，被选中的对象会以虚线显示，如果要选取多个对象，只需逐个选择这些对象即可，如图 4-4 所示。

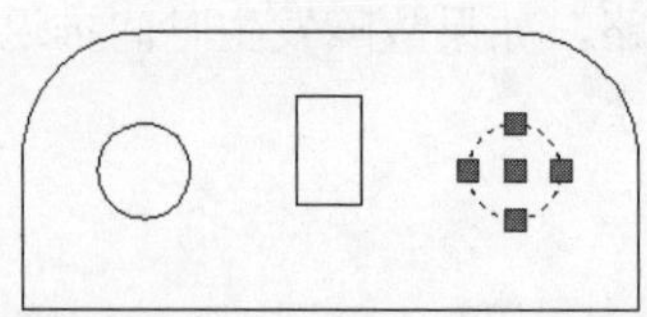

图 4-4 选择部件

### 2. 窗口选择法

窗口选择是一种确定选取图形对象范围的选取方法。当需要选择的对象较多时，可以使用该选择方式，这种选择方式与 Windows 的窗口选择类似。

单击并将十字光标沿右下方拖动，将所选的图形框在一个矩形框内。再次单击，形成选择框，这时所有出现在矩形框内的对象都将被选取，位于窗口外及与窗口边界相交的对象则不会被选中，如图 4-5 所示。

另外一种选择方式正好方向相反，光标从右下角开始往左上角移动，形成选择框，此时只要与交叉窗口相交或者被交叉窗口包容的对象，都将被选中，如图 4-6 所示。

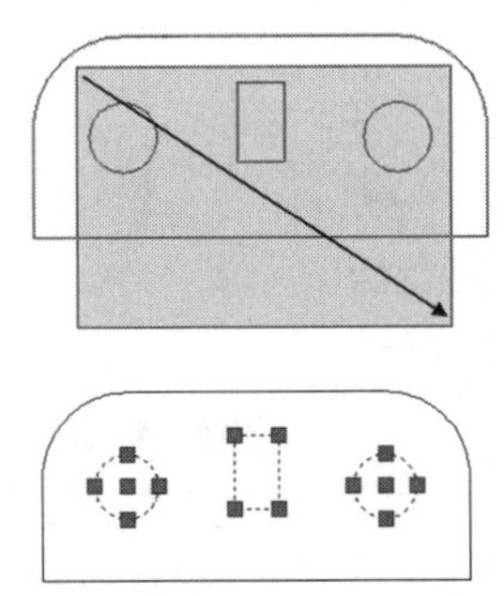

图 4-5　选择方向及选中部件(1)

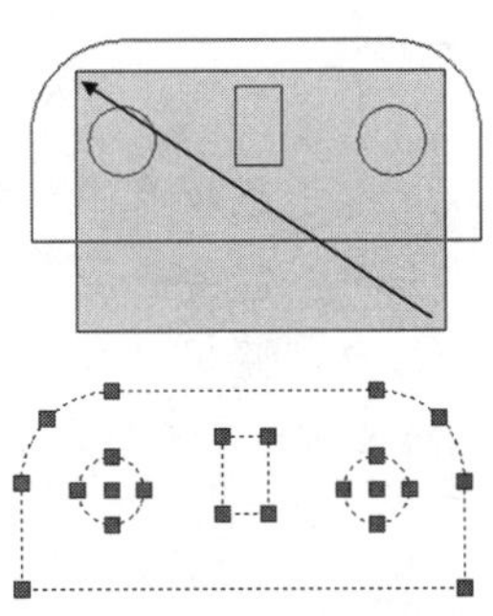

图 4-6　选择方向及选中部件(2)

## 4.2.2　删除和恢复图形

**行业知识链接：**电气设备与线路在运行过程中会发生故障，电流(或电压)会超过设备与线路允许工作的范围与限度，这就需要一套检测这些故障信号并对设备和线路进行自动调整(断开、切换等)的保护设备。同样的，如果电路中有错误部分，就要进行删除。如图 4-7 所示是信号转换电路，删除部分后进行了恢复。

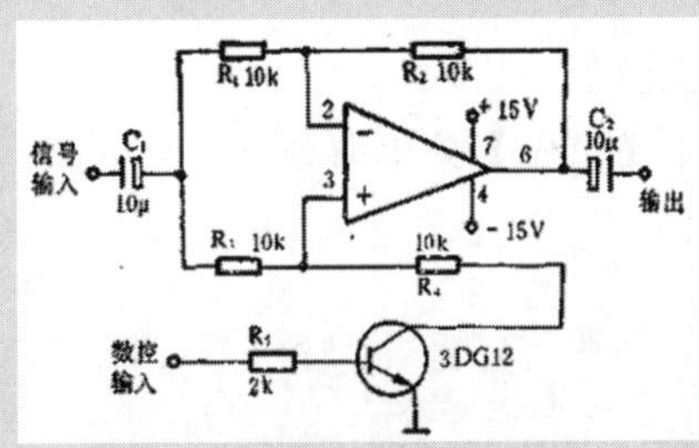


图 4-7　信号转换电路

### 1. 删除图形

在绘图的过程中，删除一些多余的图形是常见的，这时就要用到删除命令。

执行【删除】命令的方法如下。

(1) 单击【修改】工具栏上的【删除】按钮。

(2) 在命令输入行中输入 E 后按下 Enter 键。

(3) 选择【修改】|【删除】菜单命令。

使用上面的任意一种方法后在编辑区会出现图标□，而后移动光标到要删除图形对象的位置，单击图形后再用鼠标右键单击或按下 Enter 键，即可完成删除图形的操作。

2. 恢复图形

如果要恢复上一步的图形，只要单击快速访问面板上的【放弃】按钮，就可以退回到先前的操作，再次单击可以一直退回到最近保存后的一步。

## 4.2.3 放弃和重做

**行业知识链接：** 电是眼睛看不见的，一台设备是否带电或断电，从外表看无法分辨，需要设置各种视听信号，如灯光和音响等，对电气设备进行电气监视。如果电路出现问题，可以进行放弃或者重做。如图 4-8 所示是双联控制开关。

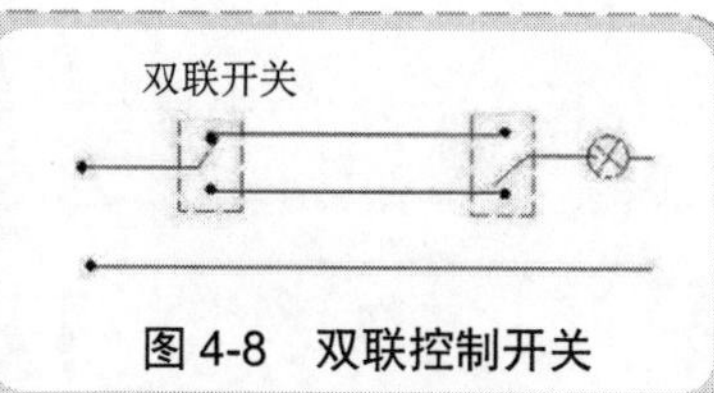

图 4-8 双联控制开关

1. 放弃

在绘图的过程中，想要放弃这一步图形，恢复到上一步的图形，这时就要用到【放弃】命令。

选择【放弃】命令的方法如下。

(1) 单击快速访问面板上的【放弃】按钮。

(2) 在菜单栏中选择【编辑】|【放弃】菜单命令。

2. 重做

在绘图的过程中，恢复上一个用 UNDO 或 U 命令放弃的效果，这时就要用到重做命令。

选择【重做】命令的方法如下。

(1) 单击快速访问面板上的【重做】按钮。

(2) 在菜单栏中选择【编辑】|【重做】菜单命令。

## 课后练习

案例文件： ywj\04\01.dwg

视频文件： 光盘\视频课堂\第 4 教学日\4.2

练习案例分析及步骤如下。

本节课后练习创建电机变频控制电路，很多变频器控制电动机正反转调速电路，通常都利用交流接触器来实现其正转、反转、停止，以及外接信号的控制，其优点是动作可靠、线路简单。如图 4-9 所示是完成的电机变频控制电路图。

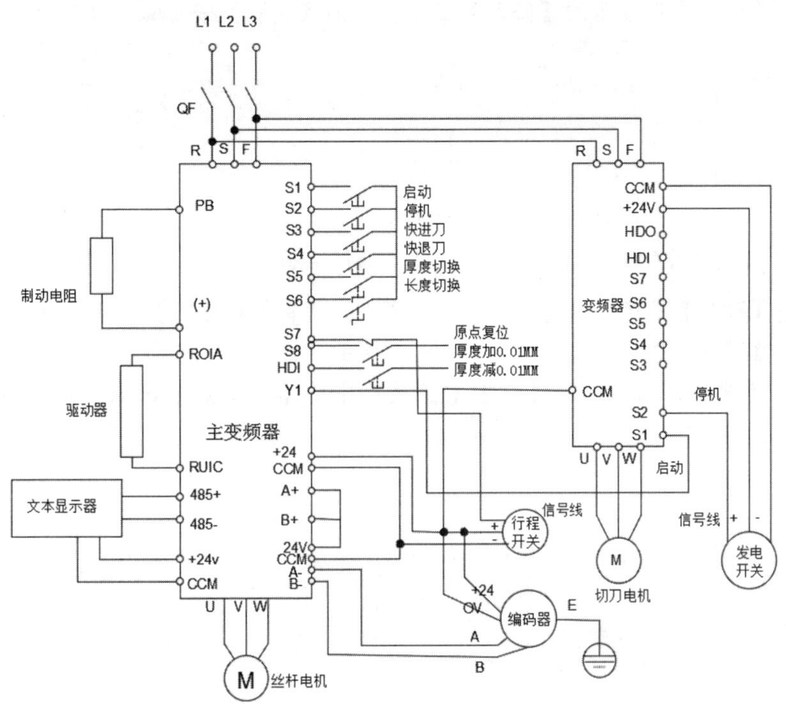


图 4-9　完成的电机变频控制电路图

本节案例主要练习电机变频控制电路的绘制，变频控制电路分为两个部分，首先绘制左侧的主变频器电路，之后绘制辅变频器电路，最后添加文字。绘制电机变频控制电路图的思路和步骤如图 4-10 所示。

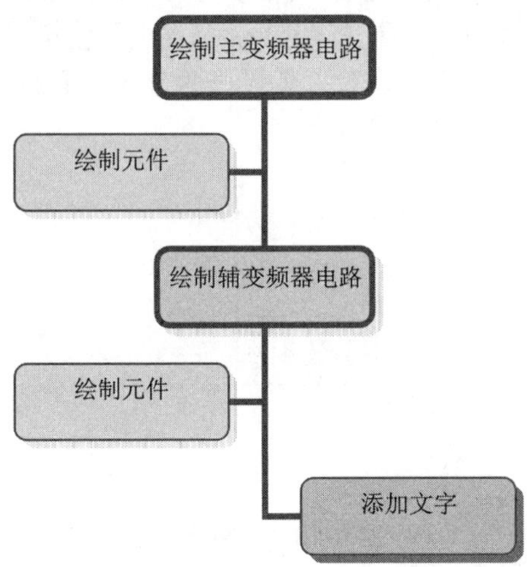


图 4-10　电机变频控制电路图的绘制步骤

练习案例的操作步骤如下。

step 01 绘制主变频器电路，单击【默认】选项卡的【绘图】工具栏中的【直线】按钮，绘制如图 4-11 所示的 3 条直线。

step 02 单击【默认】选项卡的【绘图】工具栏中的【圆】按钮，绘制如图 4-12 所示的节点圆。

step 03 单击【默认】选项卡的【修改】工具栏中的【复制】按钮，复制节点，如图4-13所示。

图4-11　绘制3条直线

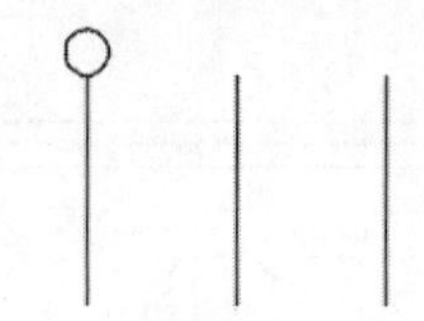

图4-12　绘制节点圆

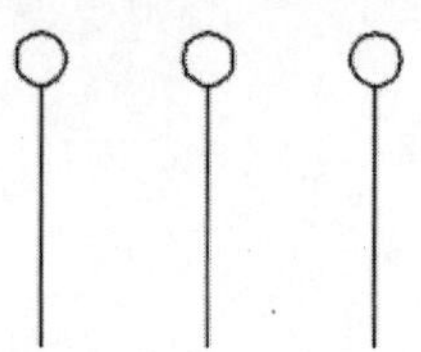

图4-13　复制节点

step 04 单击【默认】选项卡的【绘图】工具栏中的【直线】按钮，绘制如图4-14所示的斜线。

step 05 单击【默认】选项卡的【绘图】工具栏中的【矩形】按钮，绘制如图4-15所示的矩形。

step 06 单击【默认】选项卡的【绘图】工具栏中的【直线】按钮，绘制如图4-16所示的开关线路。

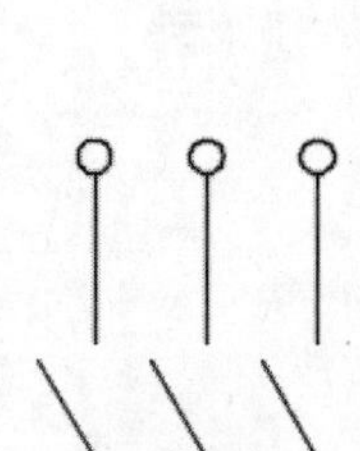

图4-14　绘制斜线

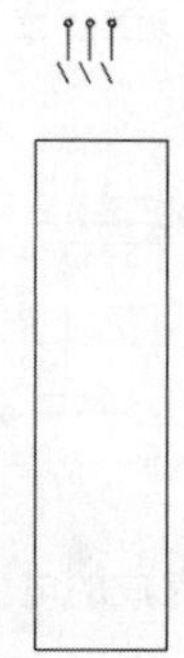

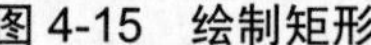

图4-15　绘制矩形

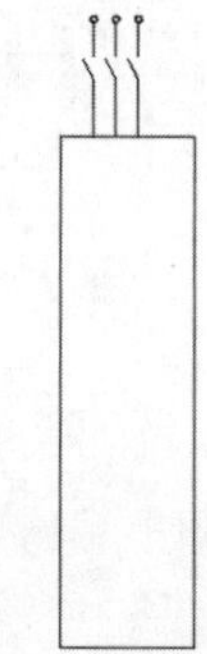

图4-16　绘制开关线路

step 07 单击【默认】选项卡的【绘图】工具栏中的【圆】按钮，绘制如图4-17所示的节点圆。

step 08 单击【默认】选项卡的【修改】工具栏中的【复制】按钮，复制节点圆，如图4-18所示。

step 09 单击【默认】选项卡的【修改】工具栏中的【修剪】按钮，快速修剪圆形，如图4-19所示。

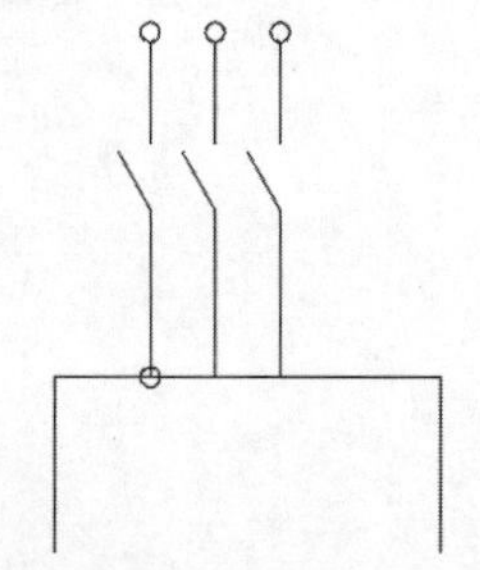

图4-17　绘制节点圆

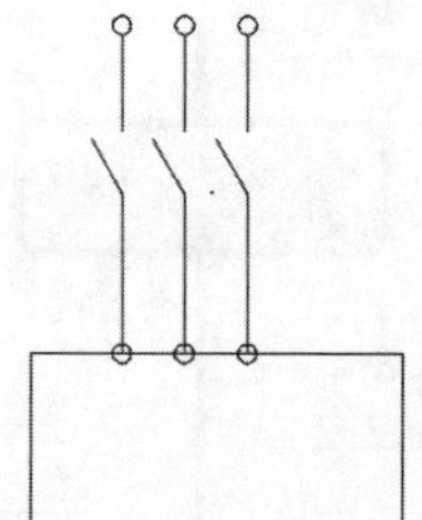

图4-18　复制节点圆

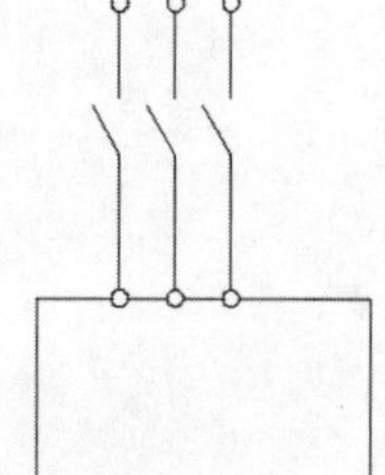

图4-19　修剪圆形

step 10 单击【默认】选项卡的【绘图】工具栏中的【矩形】按钮，绘制如图4-20所示的3个矩形。

step 11 单击【默认】选项卡的【绘图】工具栏中的【直线】按钮，绘制如图4-21所示的电阻线路。

step 12 单击【默认】选项卡的【绘图】工具栏中的【直线】按钮，绘制如图4-22所示的显示器线路。

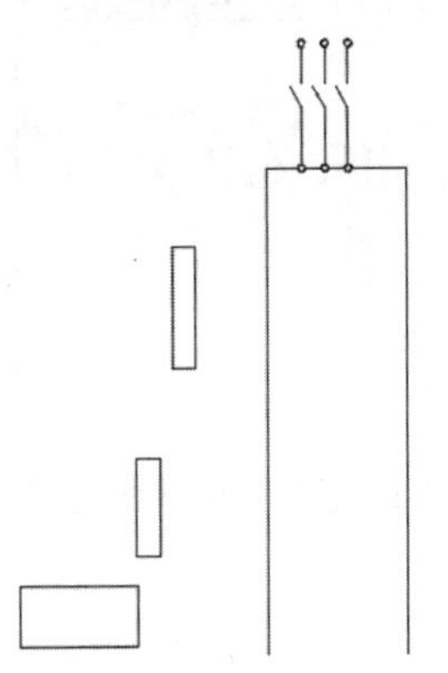
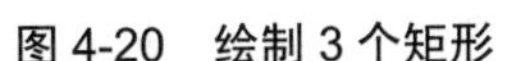

图 4-20　绘制 3 个矩形

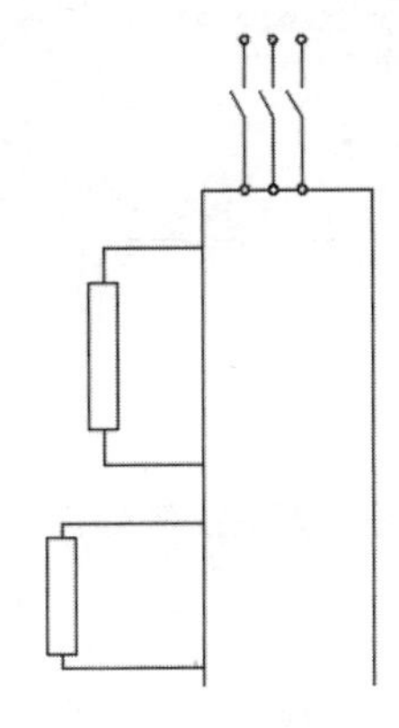

图 4-21　绘制电阻线路

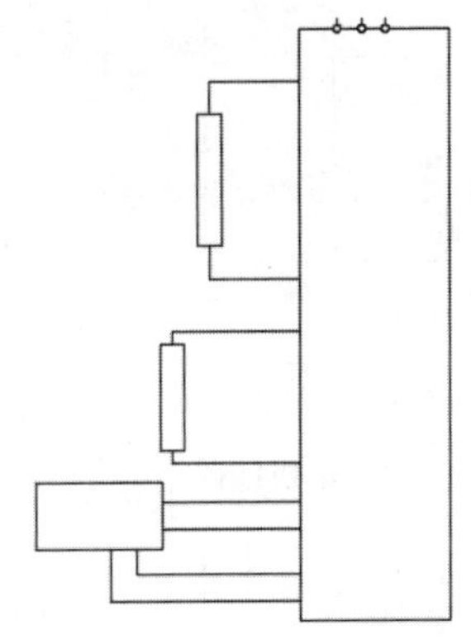

图 4-22　绘制显示器线路

step 13 单击【默认】选项卡的【修改】工具栏中的【复制】按钮，复制节点圆，如图 4-23 所示。

step 14 单击【默认】选项卡的【修改】工具栏中的【修剪】按钮，快速修剪圆形，如图 4-24 所示。

step 15 单击【默认】选项卡的【绘图】工具栏中的【圆】按钮，绘制如图 4-25 所示的电机圆形。

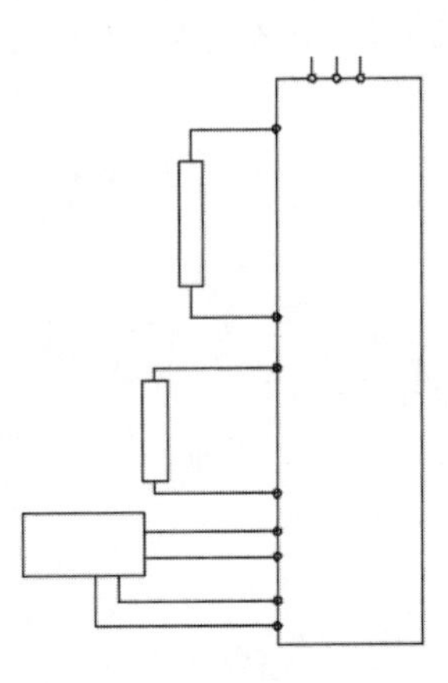

图 4-23　复制节点圆

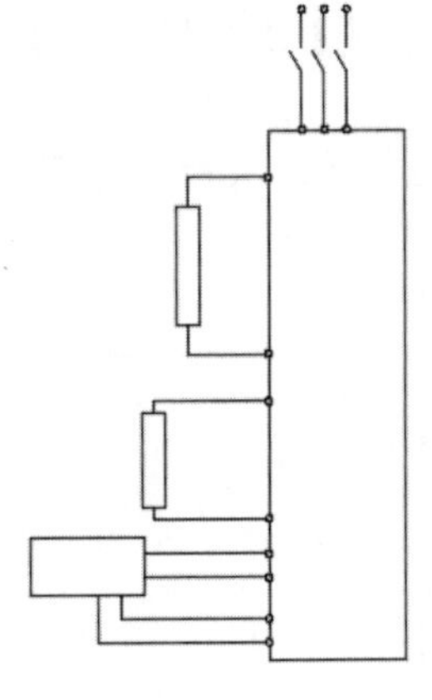

图 4-24　修剪圆形

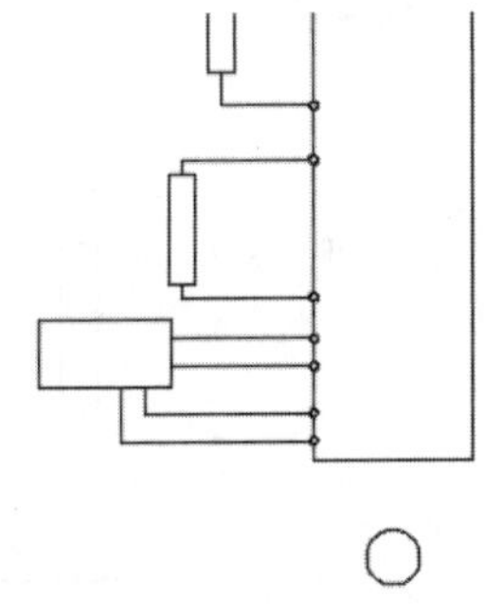

图 4-25　绘制电机圆形

step 16 单击【默认】选项卡的【绘图】工具栏中的【直线】按钮，绘制如图 4-26 所示的电机线路。

step 17 单击【默认】选项卡的【注释】工具栏中的【文字】按钮，绘制如图 4-27 所示的开关线路文字。

step 18 单击【默认】选项卡的【注释】工具栏中的【文字】按钮，绘制如图 4-28 所示的电阻线路文字。

step 19 单击【默认】选项卡的【注释】工具栏中的【文字】按钮，绘制如图 4-29 所示的显示器线路文字。

step 20 单击【默认】选项卡的【注释】工具栏中的【文字】按钮，绘制如图 4-30 所示的电机文字。

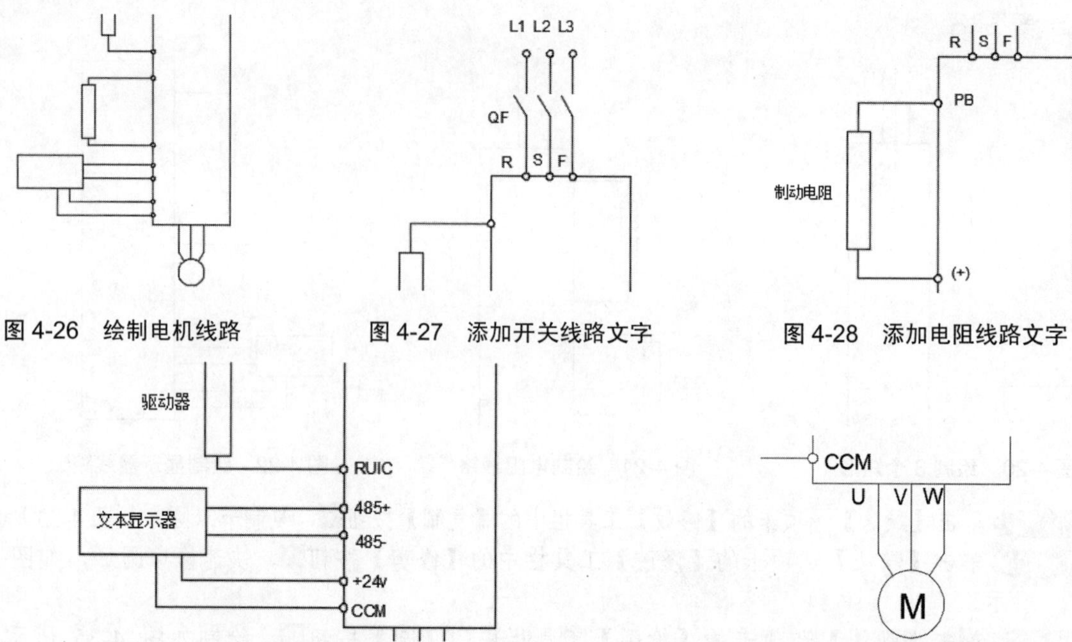


图 4-26 绘制电机线路　图 4-27 添加开关线路文字　图 4-28 添加电阻线路文字

图 4-29 添加显示器线路文字　图 4-30 添加电机文字

step 21 单击【默认】选项卡的【注释】工具栏中的【文字】按钮，绘制如图 4-31 所示的文字"主变频器、丝杆电机"。

step 22 单击【默认】选项卡的【绘图】工具栏中的【直线】按钮，绘制如图 4-32 所示的开关。

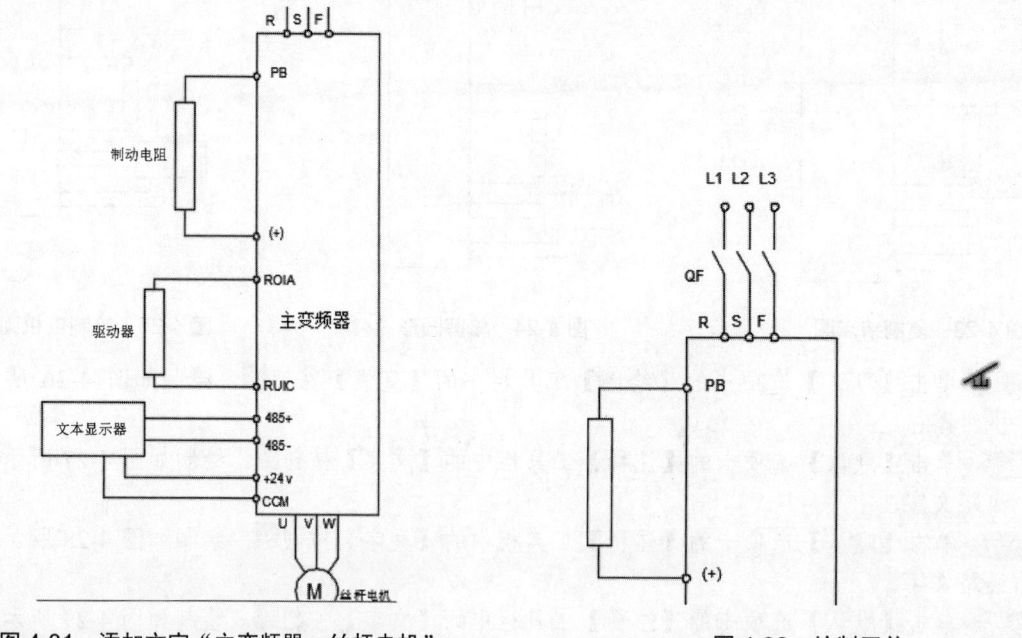


图 4-31 添加文字"主变频器、丝杆电机"　图 4-32 绘制开关

step 23 单击【默认】选项卡的【修改】工具栏中的【复制】按钮，复制开关，如图 4-33 所示，完成主变频器电路。

step 24 创建辅变频器电路，单击【默认】选项卡的【绘图】工具栏中的【矩形】按钮，绘制如图4-34所示的矩形。

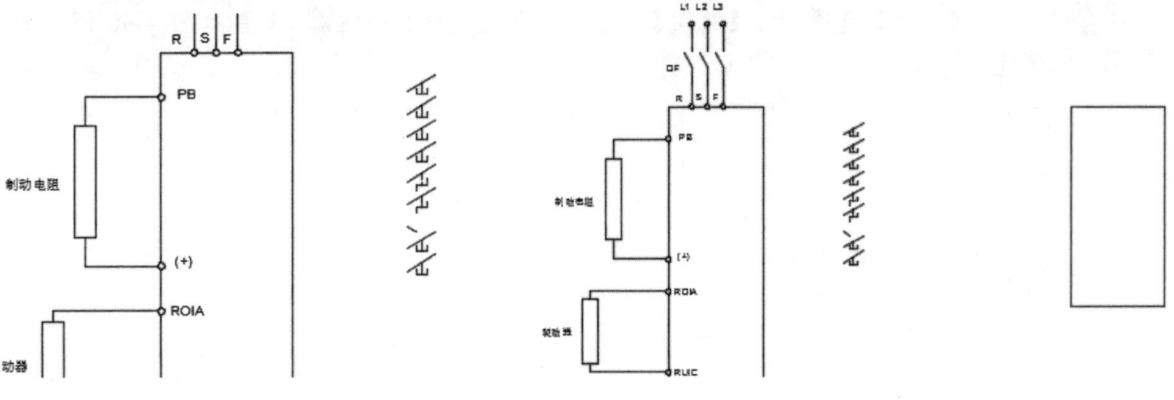


图4-33　复制开关

图4-34　绘制矩形

step 25 单击【默认】选项卡的【注释】工具栏中的【文字】按钮，绘制如图4-35所示的文字“变频器”。

step 26 单击【默认】选项卡的【绘图】工具栏中的【圆】按钮，绘制如图4-36所示的圆形。

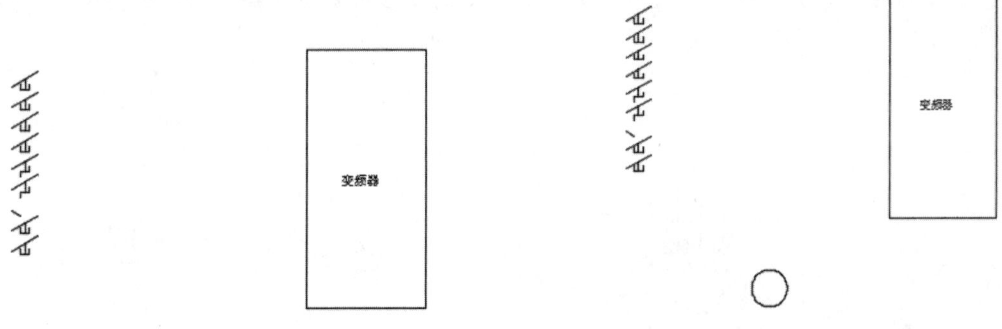


图4-35　添加文字“变频器”

图4-36　绘制圆形

step 27 单击【默认】选项卡的【注释】工具栏中的【文字】按钮，绘制如图4-37所示的文字“行程开关”。

step 28 单击【默认】选项卡的【绘图】工具栏中的【圆】按钮，绘制如图4-38所示的圆形。

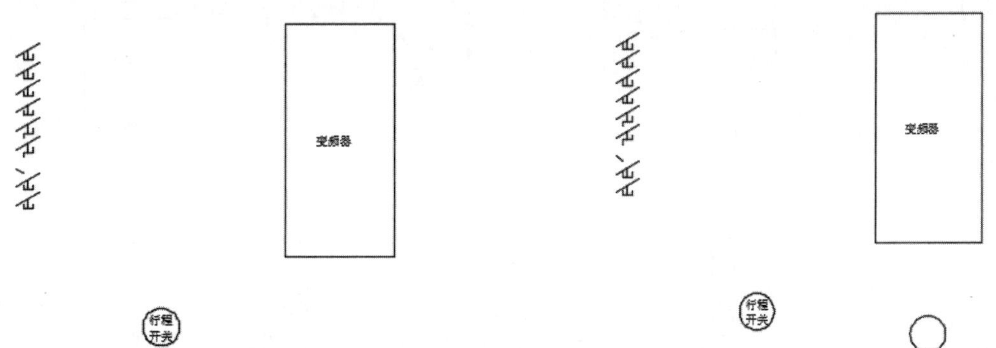


图4-37　添加文字“行程开关”

图4-38　绘制圆形

step 29 单击【默认】选项卡的【注释】工具栏中的【文字】按钮A，绘制如图4-39所示的文字“M”。

step 30 单击【默认】选项卡的【绘图】工具栏中的【直线】按钮，绘制如图4-40所示的电机线路。

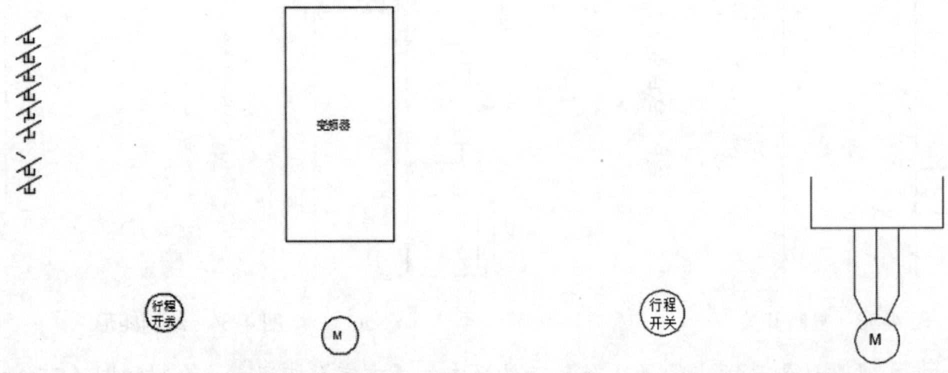


图4-39　添加文字“M”　　　图4-40　绘制电机线路

step 31 单击【默认】选项卡的【绘图】工具栏中的【圆】按钮，绘制如图4-41所示的节点圆。

step 32 单击【默认】选项卡的【修改】工具栏中的【修剪】按钮，快速修剪圆形，如图4-42所示。

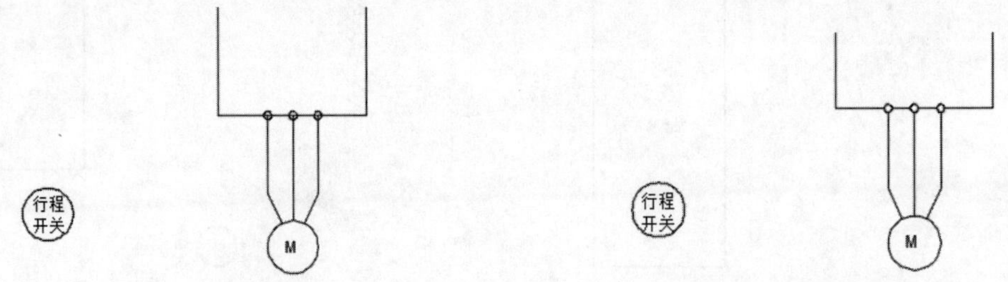


图4-41　绘制节点圆　　　图4-42　修剪圆形

step 33 单击【默认】选项卡的【绘图】工具栏中的【圆】按钮，绘制如图4-43所示的圆形。

step 34 单击【默认】选项卡的【注释】工具栏中的【文字】按钮A，绘制如图4-44所示的文字“发电开关”。

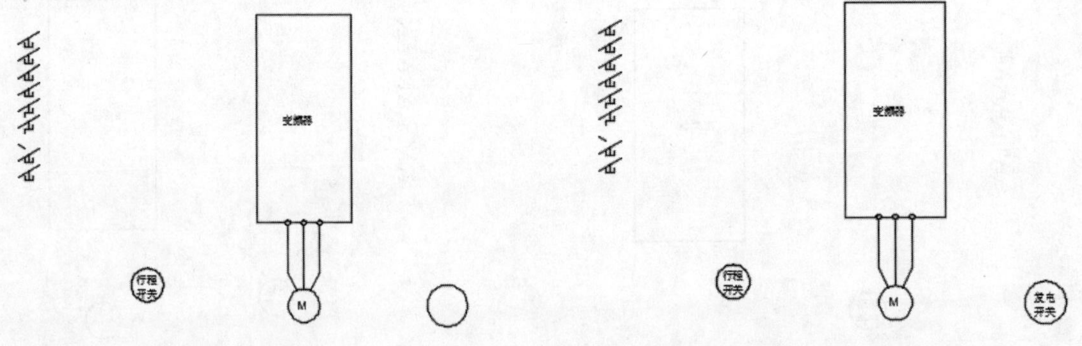


图4-43　绘制圆形　　　图4-44　添加文字“发电开关”

step 35 单击【默认】选项卡的【绘图】工具栏中的【圆】按钮，绘制如图 4-45 所示的圆形。

step 36 单击【默认】选项卡的【注释】工具栏中的【文字】按钮，绘制如图 4-46 所示的文字“编码器”。

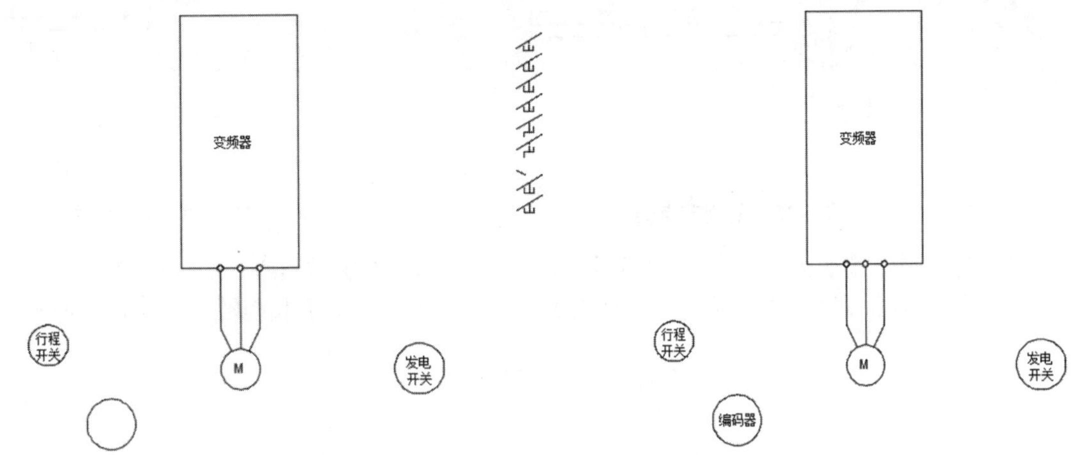


图 4-45 绘制圆形

图 4-46 添加文字“编码器”

step 37 单击【默认】选项卡的【绘图】工具栏中的【圆】按钮，并单击【绘图】工具栏中的【直线】按钮，绘制如图 4-47 所示的接地图形。

step 38 单击【默认】选项卡的【绘图】工具栏中的【直线】按钮，绘制如图 4-48 所示的 3 条线路。

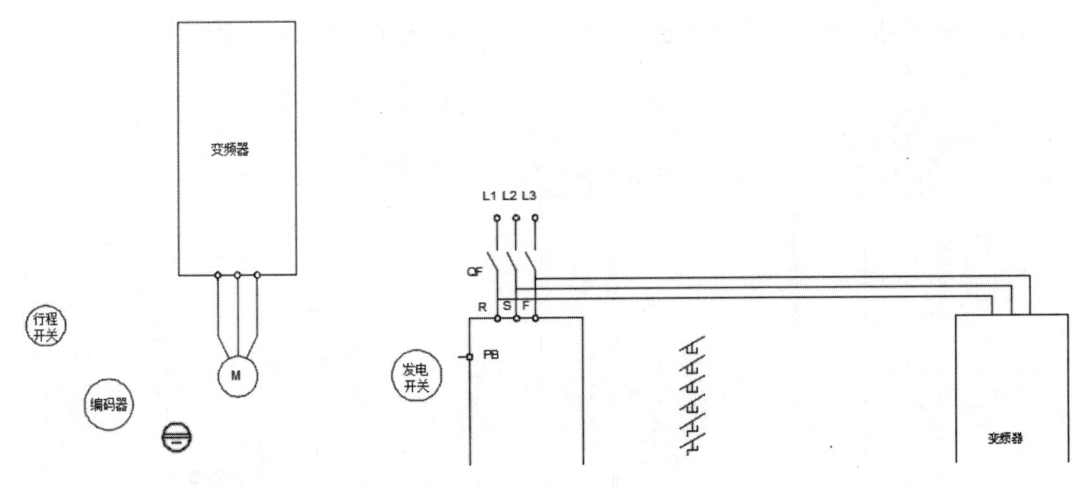


图 4-47 绘制接地图形

图 4-48 绘制 3 条线路

step 39 单击【默认】选项卡的【修改】工具栏中的【复制】按钮，选择复制图形，完成复制节点圆，如图 4-49 所示。

step 40 单击【默认】选项卡的【绘图】工具栏中的【图案填充】按钮，完成如图 4-50 所示的节点圆填充。

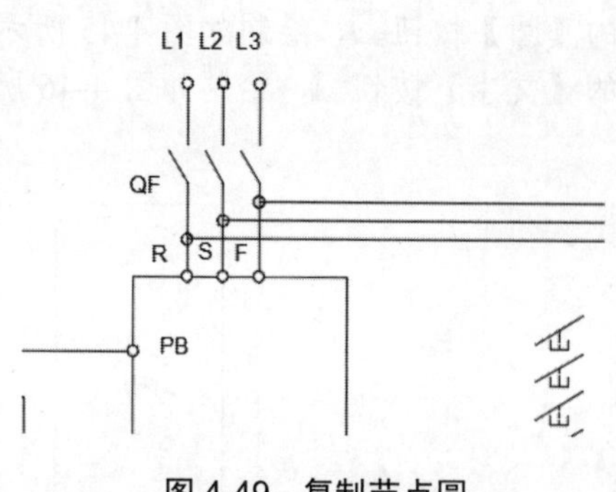


图 4-49 复制节点圆

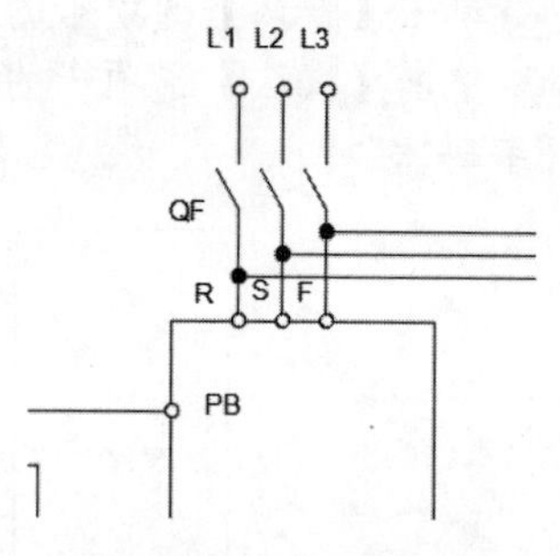


图 4-50 节点圆填充

step 41 单击【默认】选项卡的【修改】工具栏中的【复制】按钮，复制节点圆，如图 4-51 所示。

step 42 单击【默认】选项卡的【修改】工具栏中的【修剪】按钮，快速修剪圆形，如图 4-52 所示。

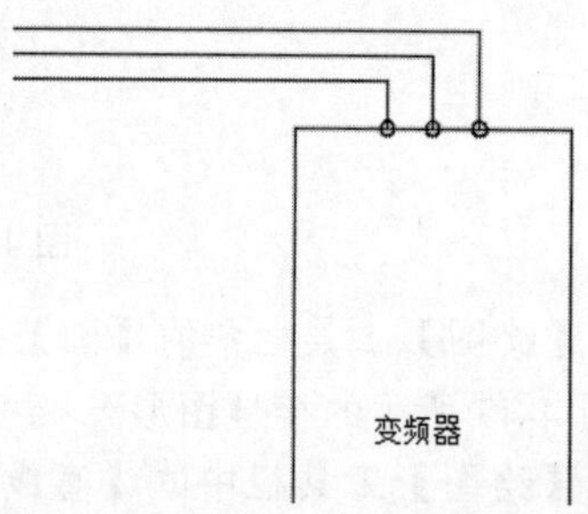


图 4-51 复制节点圆

step 43 单击【默认】选项卡的【绘图】工具栏中的【直线】按钮，绘制如图 4-53 所示的开关线路。

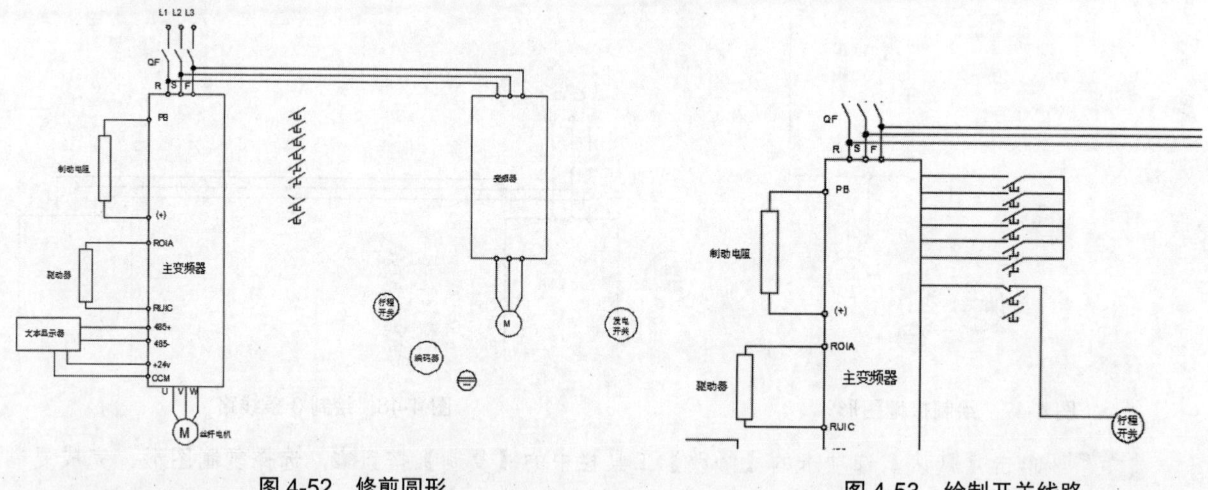


图 4-52 修剪圆形

图 4-53 绘制开关线路

step 44 单击【默认】选项卡的【绘图】工具栏中的【直线】按钮，绘制如图 4-54 所示的编码器线路。

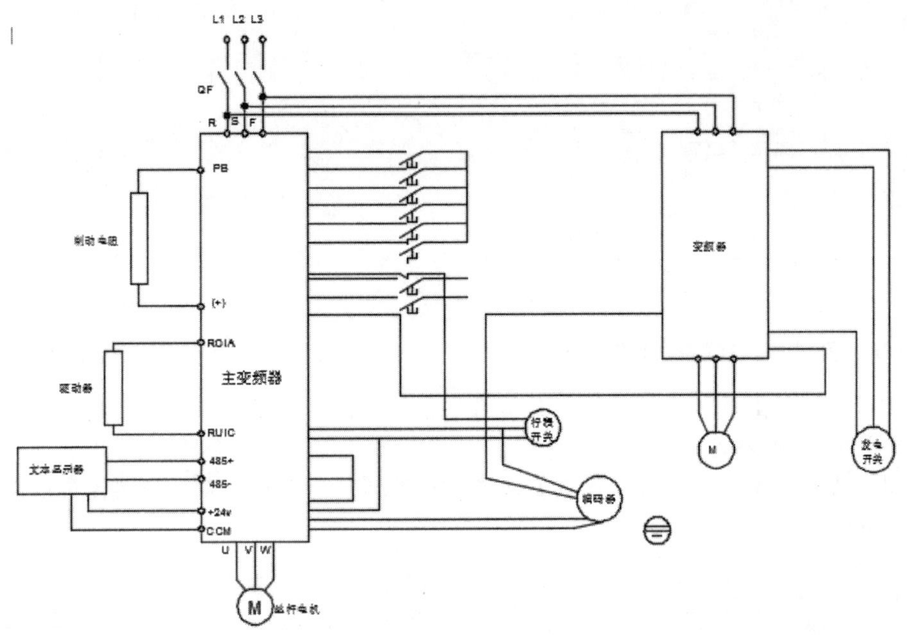


图 4-54 绘制编码器线路

step 45 单击【默认】选项卡的【绘图】工具栏中的【直线】按钮，绘制如图 4-55 所示的接地符号。

step 46 单击【默认】选项卡的【修改】工具栏中的【复制】按钮，复制主变频器上的节点圆，如图 4-56 所示。

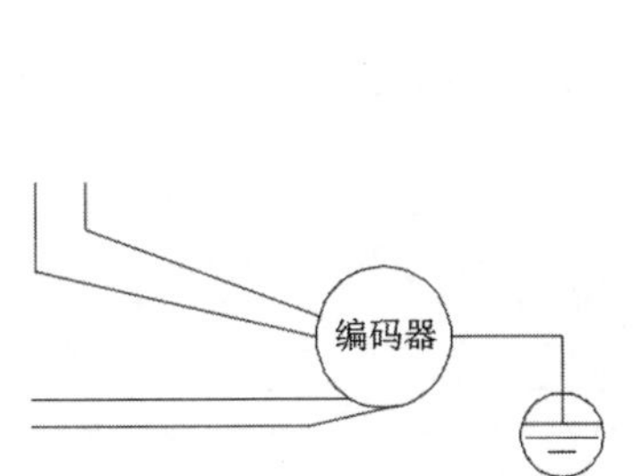


图 4-55 绘制接地符号

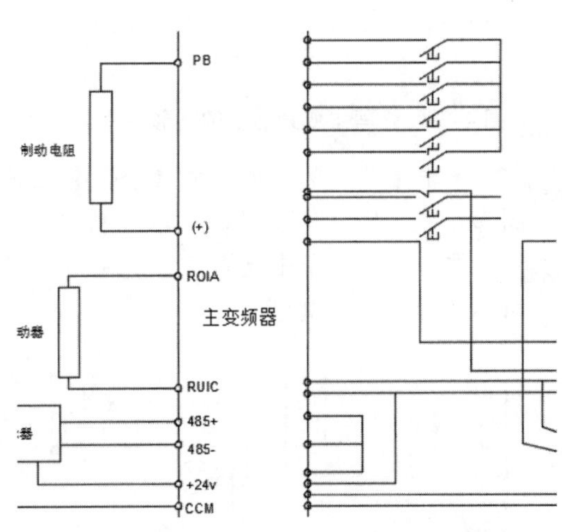


图 4-56 复制主变频器上的节点圆

step 47 单击【默认】选项卡的【修改】工具栏中的【复制】按钮，复制编码器线路上的节点圆，如图 4-57 所示。

step 48 单击【默认】选项卡的【修改】工具栏中的【复制】按钮，复制变频器线路上的节点圆，如图 4-58 所示。

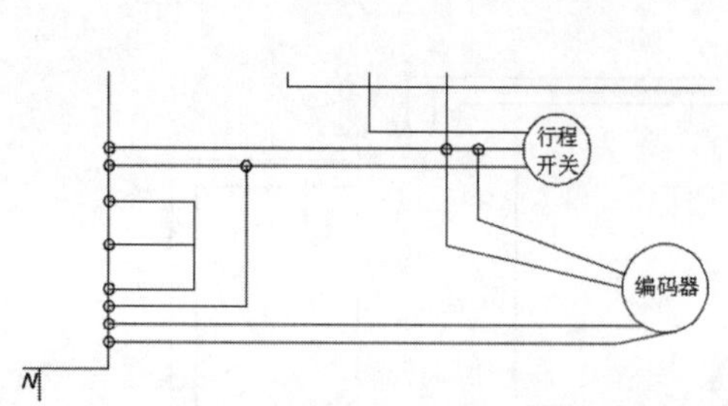


图 4-57　复制编码器线路上的节点圆

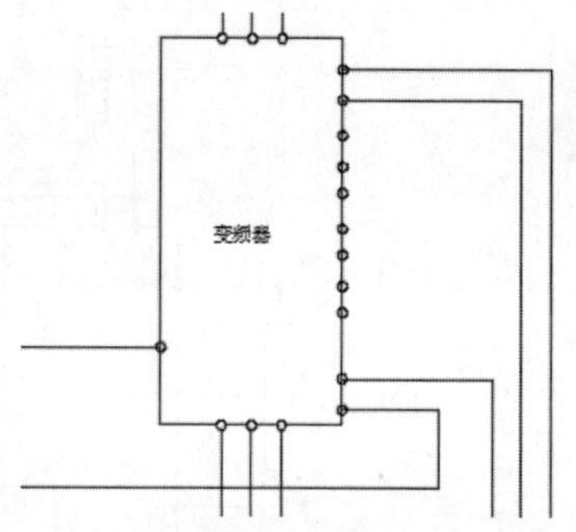


图 4-58　复制变频器线路上的节点圆

step 49 单击【默认】选项卡的【修改】工具栏中的【修剪】按钮，快速修剪主变频器上的圆形，如图 4-59 所示。

step 50 单击【默认】选项卡的【修改】工具栏中的【修剪】按钮，快速修剪线路上的圆形，如图 4-60 所示。

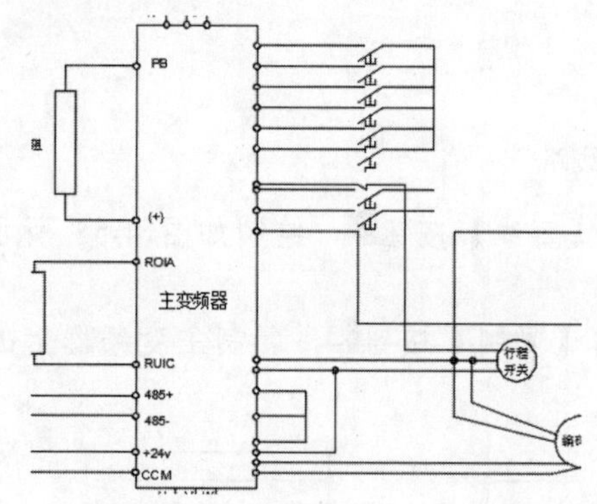


图 4-59　修剪主变频器上的圆形

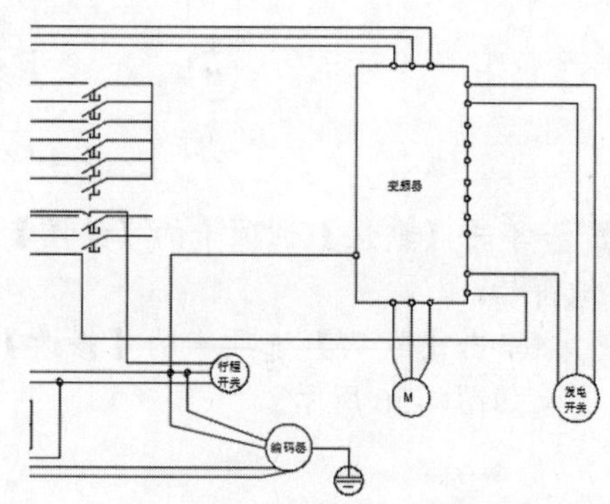


图 4-60　修剪线路上的圆形

step 51 单击【默认】选项卡的【绘图】工具栏中的【图案填充】按钮，完成如图 4-61 所示的圆形填充，完成辅变频器电路绘制。

step 52 添加文字，单击【默认】选项卡的【注释】工具栏中的【文字】按钮，绘制如图 4-62 所示的开关线路文字。

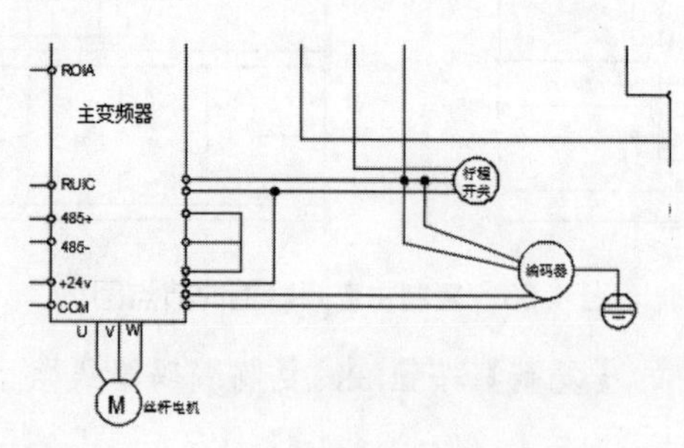


图 4-61　圆形填充

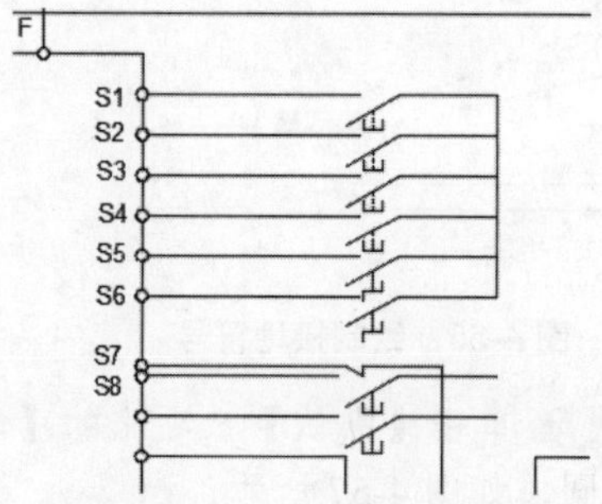


图 4-62　添加开关线路文字

step 53 单击【默认】选项卡的【注释】工具栏中的【文字】按钮，绘制如图 4-63 所示的行程开关线路文字。

step 54 单击【默认】选项卡的【注释】工具栏中的【文字】按钮A，绘制如图 4-64 所示的主变频器文字。

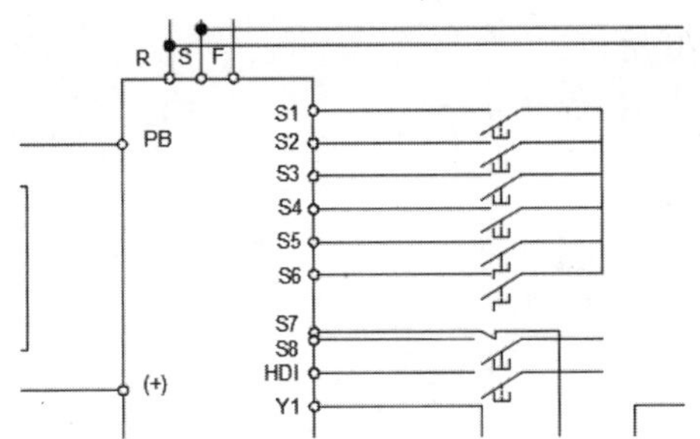


图 4-63　添加行程开关线路文字

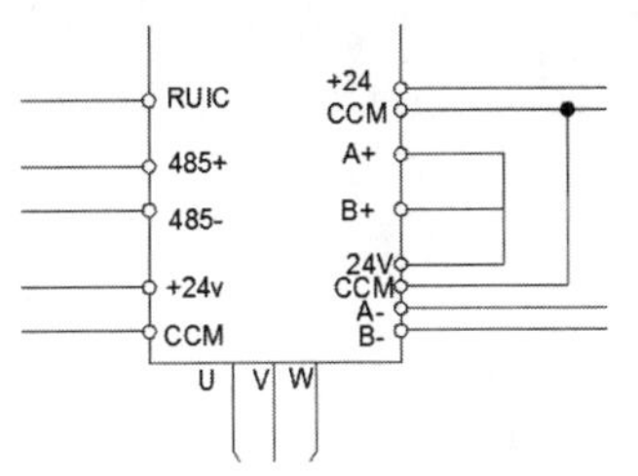


图 4-64　添加主变频器文字

step 55 单击【默认】选项卡的【注释】工具栏中的【文字】按钮A，绘制如图 4-65 所示的线路注释文字。

step 56 单击【默认】选项卡的【注释】工具栏中的【文字】按钮A，绘制如图 4-66 所示的支路文字。

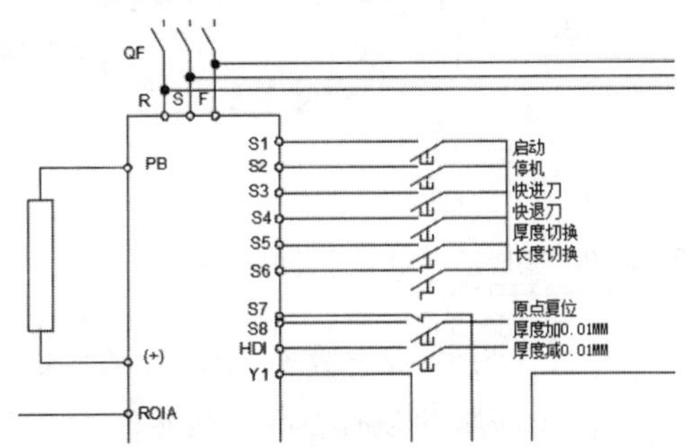


图 4-65　添加线路注释文字

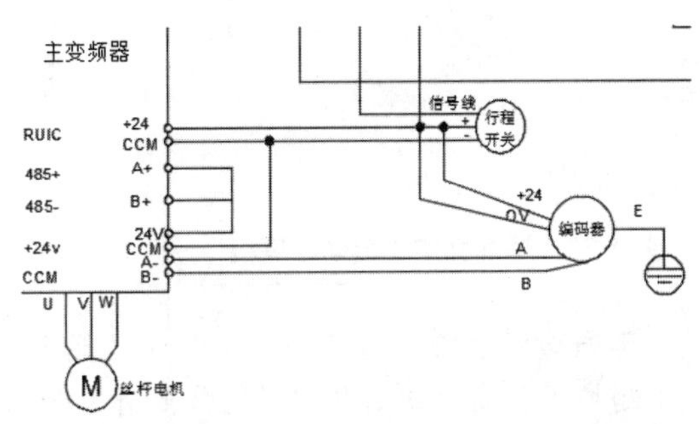


图 4-66　添加支路文字

step 57 单击【默认】选项卡的【注释】工具栏中的【文字】按钮A，绘制如图 4-67 所示的变频器文字。

step 58 单击【默认】选项卡的【注释】工具栏中的【文字】按钮A，绘制如图 4-68 所示的文字“发电开关”。

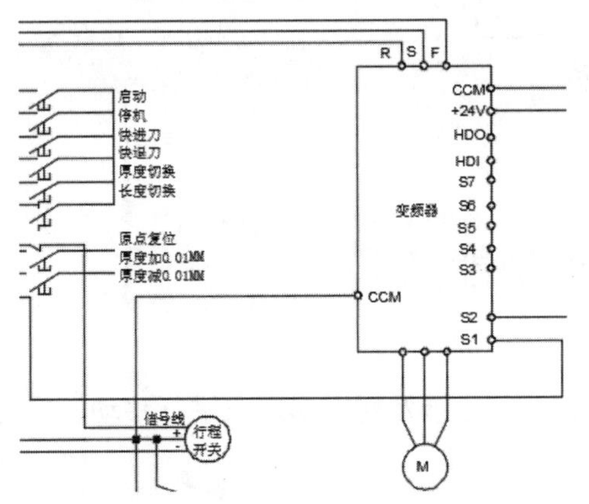


图 4-67　添加变频器文字

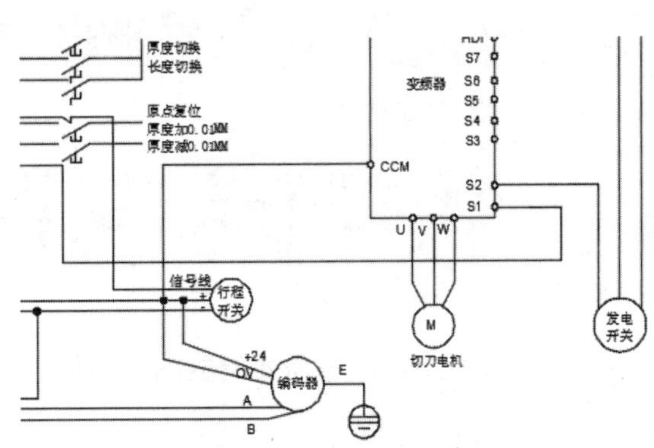


图 4-68　添加文字“发电开关”

step 59 单击【默认】选项卡的【注释】工具栏中的【文字】按钮A，绘制如图 4-69 所示的文字“启动、停机”。

step 60 完成电机变频控制电路的绘制，如图 4-70 所示。

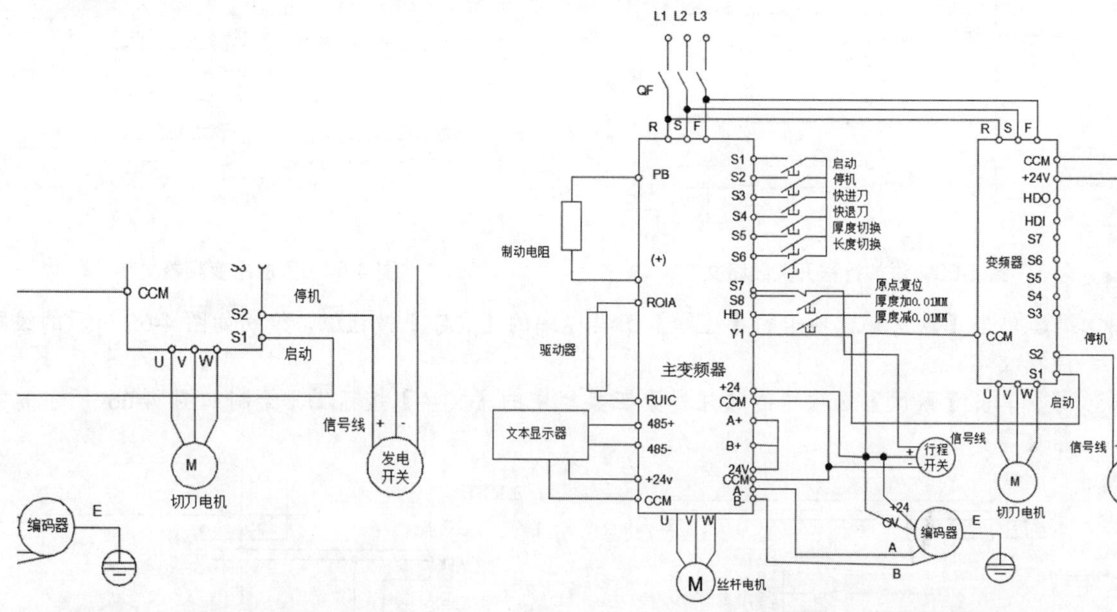


图 4-69 添加文字“启动、停机”　　　　图 4-70 完成的电机变频控制电路

**电气设计实践：** 灯光和音响信号只能定性地表明设备的工作状态(有电或断电)，如果想定量地知道电气设备的工作情况，还需要有各种仪表测量设备，测量线路的各种参数，如电压、电流、频率和功率的大小等。如图 4-71 所示是音响电路，绘制时灵活运用对象选择命令。

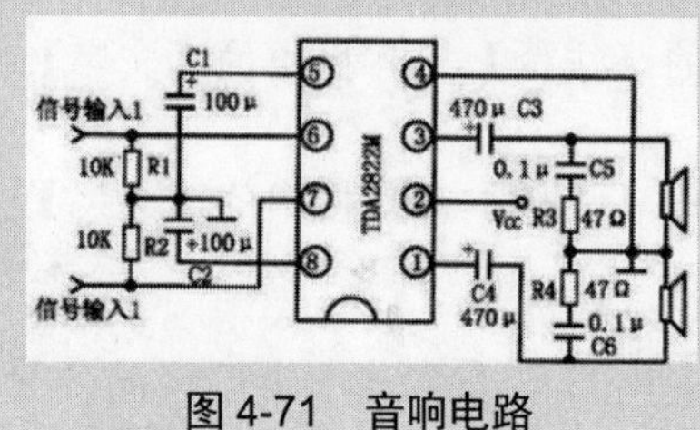


图 4-71 音响电路

## 第 3 课 2 课时 移动复制类功能

在绘制图形过程中，经常需要调整图形的位置和方向，这就会涉及对图形对象进行移动、旋转等编辑操作。

AutoCAD 2016 编辑工具包含【删除】、【复制】、【镜像】、【偏移】、【阵列】、【移动】、【旋转】、【比例】、【拉伸】、【修剪】、【延伸】、【拉断于点】、【打断】、【合并】、【倒角】、【圆角】、【分解】等命令。编辑图形对象的【修改】工具栏如图 4-72 所示。

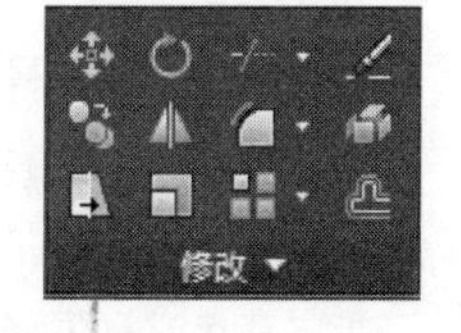


图 4-72 【修改】工具栏

工具栏中的基本编辑命令及其功能说明如表 4-1 所示，本节将详细介绍较为常用的几种基本编辑命令。

表 4-1 编辑图形的图标及其功用

| 图 标 | 功能说明 | 图 标 | 功能说明 |
|---|---|---|---|
| | 删除图形对象 | | 复制图形对象 |
| | 镜像图形对象 | | 偏移图形对象 |
| | 阵列图形对象 | | 移动图形对象 |
| | 旋转图形对象 | | 缩放图形对象 |
| | 拉伸图形对象 | | 修剪图形对象 |
| | 延伸图形对象 | | 在图形对象某点打断 |
| | 删除打断某图形对象 | | 合并图形对象 |
| | 对某图形对象倒角 | | 对某图形对象倒圆 |
| | 分解图形对象 | | 拉长图形对象 |

## 4.3.1 移动图形

**行业知识链接：**【移动】命令是草绘当中的编辑命令，是对已有图形的位置进行改变。在设备操作与监视当中，传统的操作组件、控制电器、仪表和信号等设备大多可被电脑控制系统及电子组件所取代，但在小型设备和就地局部控制的电路中仍有一定的应用范围。如图 4-73 所示是交直流稳压电路，绘制二极管时要用到【移动】命令。

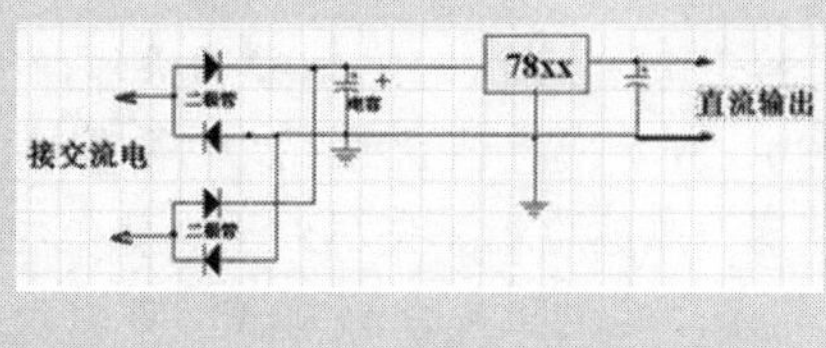


图 4-73 稳压电路

移动图形对象是使某一图形沿着基点移动一段距离，使对象到达合适的位置。

选择【移动】命令的 3 种方法如下。

(1) 单击【修改】工具栏上的【移动】按钮。

(2) 在命令行中输入 M 命令后按下 Enter 键。

(3) 选择【修改】|【移动】菜单命令。

选择【移动】命令后出现□图标，移动光标到要移动的图形对象上。单击选择需要移动的图形对象，然后右击。AutoCAD 提示用户选择基点，选择基点后移动光标至相应的位置，命令行窗口提示如下。

```
命令:_move
选择对象: 找到 1 个
```

选取实体后绘图区如图 4-74 所示。

```
选择对象:
指定基点或 [位移(D)] <位移>:指定第二个点或 <使用第一个点作为位移>:
```

指定基点后绘图区如图 4-75 所示。

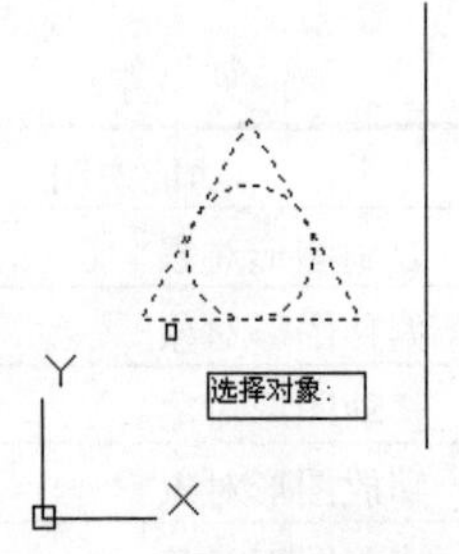


图 4-74　选取实体后绘图区所显示的图形

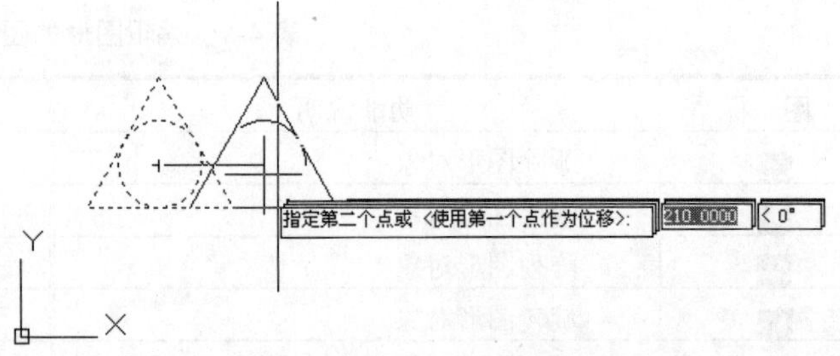


图 4-75　指定基点后绘图区所显示的图形

最终绘制的图形如图 4-76 所示。

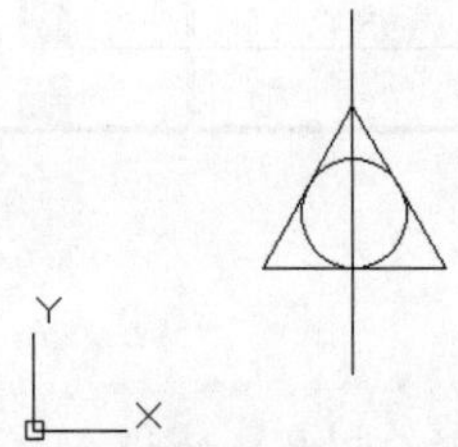


图 4-76　用【移动】命令将图形对象由原来位置移动到需要的位置

## 4.3.2　旋转图形

行业知识链接：【旋转】命令可对图形进行绕轴移动操作，可以生成特定角度的图形。保护(辅助)回路的工作电源有单相 220、36V 或直流 220、24V 等多种，对电气设备和线路进行短路、过载和失压等各种保护，由熔断器、热继电器、失压线圈、整流组件和稳压组件等保护组件组成。如图 4-77 所示是整流电路的一部分，其电阻部分的直线，可以使用【旋转】命令创建。

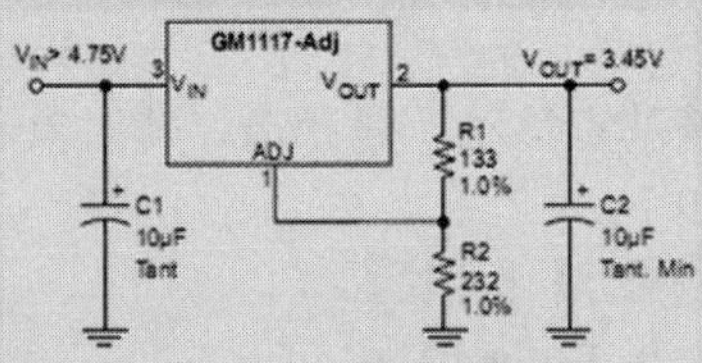


图 4-77　整流电路部分

旋转对象是指用户将图形对象转一个角度使之符合用户的要求，旋转后的对象与原对象的距离取决于旋转的基点与被旋转对象的距离。

选择【旋转】命令的 3 种方法如下。

(1) 单击【修改】工具栏上的【旋转】按钮。

(2) 在命令行中输入 rotate 命令后按下 Enter 键。

(3) 在菜单栏中，选择【修改】|【旋转】菜单命令。

执行此命令后出现图标，移动光标到要旋转的图形对象上，单击选择要移动的图形对象后右击，AutoCAD 提示用户选择基点，选择基点后移动光标至相应的位置，命令行窗口提示如下。

```
命令:_rotate
UCS 当前的正角方向:ANGDIR=逆时针  ANGBASE=0
选择对象:找到 1 个
```

此时绘图区如图 4-78 所示。

```
选择对象:
指定基点:
```

指定基点后绘图区如图 4-79 所示。

```
指定旋转角度，或 [复制(C)/参照(R)] <0>:
```

最终绘制的图形如图 4-80 所示。

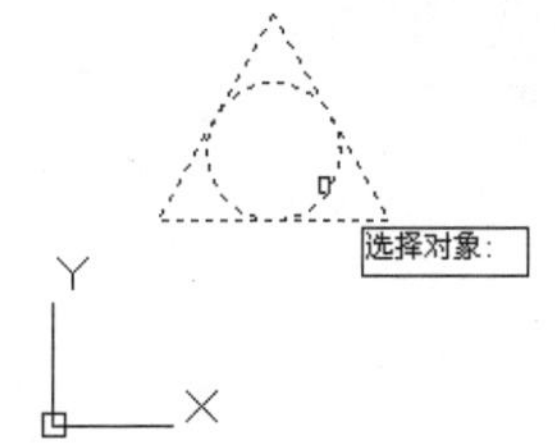


图 4-78　选取实体后绘图区所显示的图形

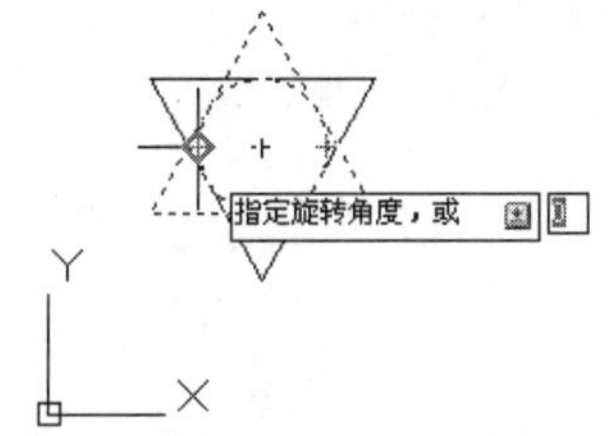


图 4-79　指定基点后绘图区所显示的图形

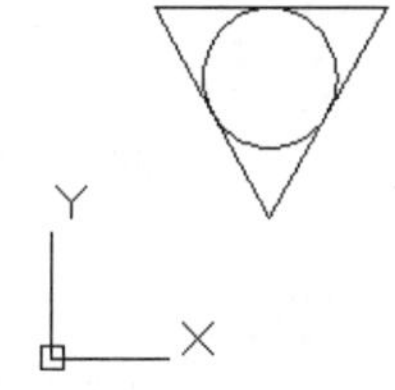


图 4-80　用【旋转】命令绘制的图形

## 4.3.3　缩放图形

**行业知识链接：**【缩放】命令可以放大或者缩小草图图形，是方便绘制相同外形但是比例不同的方法。信号回路能及时反映或显示设备和线路正常与非正常工作状态信息的回路，如不同颜色的信号灯、不同声响的音响设备等。如图 4-81 所示是低压供电电路，其中矩形元件可由【缩放】命令创建。

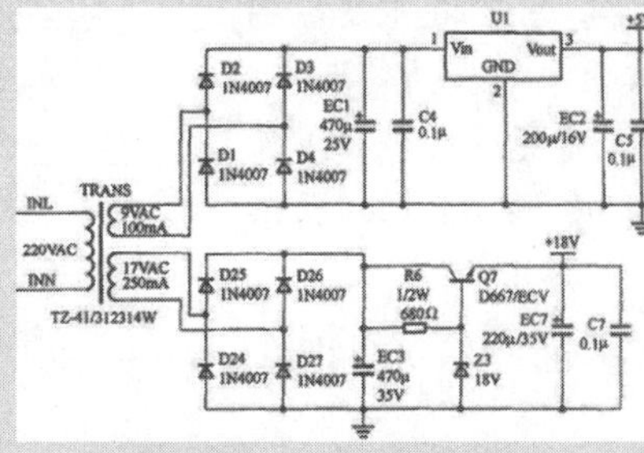

图 4-81　低压供电电路

在 AutoCAD 中，可以通过【缩放】命令来使实际的图形对象放大或缩小。

选择【缩放】命令的 3 种方法如下。

(1) 单击【修改】工具栏上的【缩放】按钮。

(2) 在命令行中输入 scale 命令后按下 Enter 键。

(3) 在菜单栏中，选择【修改】|【缩放】菜单命令。

执行此命令后出现图标，AutoCAD 提示用户选择需要缩放的图形对象后移动光标到要缩放的图形对象位置。单击选择需要缩放的图形对象后右击，AutoCAD 提示用户选择基点。选择基点后在命令行中输入缩放比例系数后按下 Enter 键，缩放完毕。命令行窗口提示如下。

```
命令:_scale
选择对象:找到 1 个
```

选取实体后绘图区如图 4-82 所示。

```
选择对象:
指定基点:
```

指定基点后绘图区如图 4-83 所示。

```
指定比例因子或 [复制(C)/参照(R)] <1.5000>:
```

绘制的图形如图 4-84 所示。

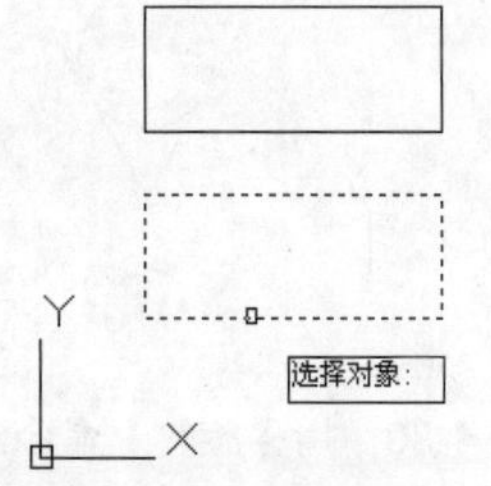


图 4-82　选取实体后绘图区所显示的图形

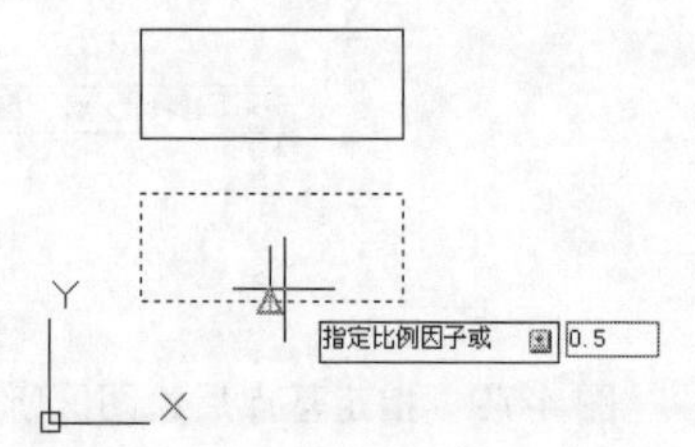


图 4-83　指定基点后绘图区所显示的图形

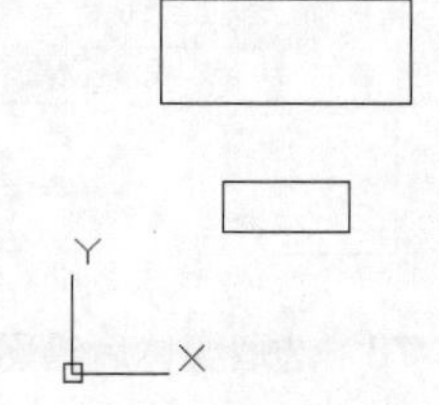


图 4-84　用【缩放】命令将图形对象缩小的最终效果

## 4.3.4　镜像图形

行业知识链接：【镜像】命令是绘图中使用频率相当高的命令。为了提高工作效率，一般电气设备都设有自动环节，但在安装、调试及紧急事故的处理中，控制线路中还需要设置手动环节，通过组合开关或转换开关等实现自动与手动方式的转换。如图 4-85 所示是镜像的电气设备原理图。

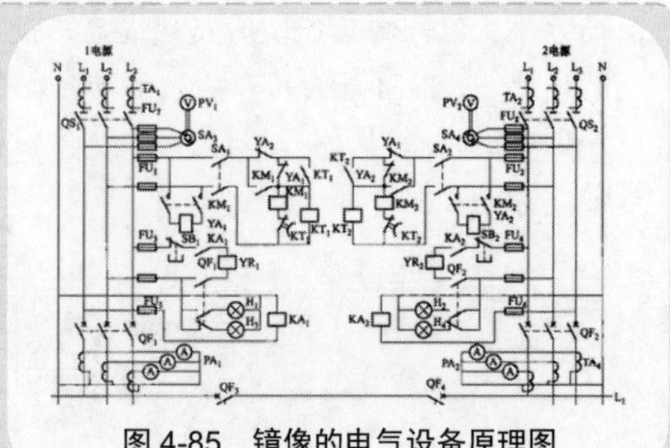

图 4-85　镜像的电气设备原理图

AutoCAD 为用户提供了【镜像】命令，可把已绘制好的图形复制到其他的地方。

执行【镜像】命令的 3 种方法如下。

(1) 单击【修改】工具栏上的【镜像】按钮。

(2) 在命令行中输入 mirror 命令后按下 Enter 键。

(3) 在菜单栏中，选择【修改】|【镜像】菜单命令。

命令行窗口提示如下。

```
命令:_mirror
选择对象:找到 1 个
```

选取实体后绘图区如图 4-86 所示。

```
选择对象:
```

在 AutoCAD 中，此命令默认用户会继续选择下一个实体，右击或按下 Enter 键即可结束选择。然后在提示下选取镜像线的第 1 点和第 2 点。

```
指定镜像线的第一点:指定镜像线的第二点:
```

指定镜像线的第一点后绘图区如图 4-87 所示。

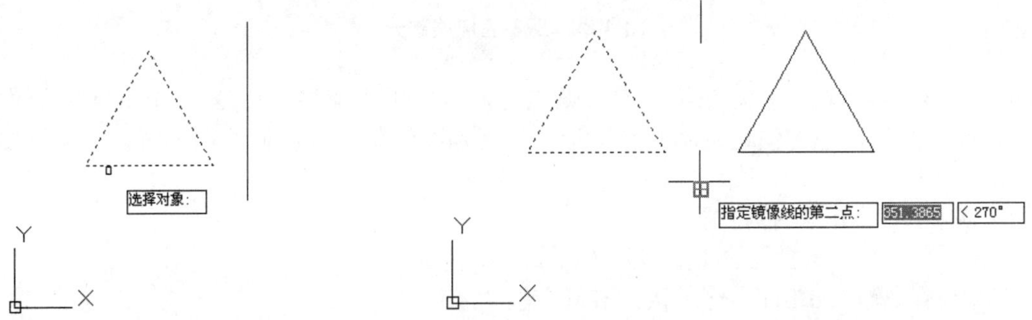


**图 4-86　选取实体后绘图区所显示的图形**　　**图 4-87　指定镜像线的第一点后绘图区所显示的图形**

AutoCAD 会询问用户是否要删除原图形，在此输入 N 后按下 Enter 键。

```
要删除源对象吗?[是(Y)/否(N)] <N>:n
```

用此命令绘制的图形如图 4-88 所示。

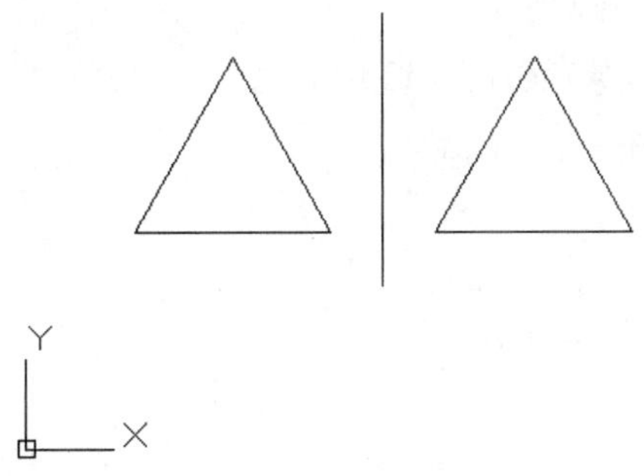


**图 4-88　用【镜像】命令绘制的图形**

## 4.3.5 偏移图形

**行业知识链接：**【偏移】命令用于对直线或者曲线的等距离平行移动复制。制动停车回路是切断电路的供电电源，并采取某些制动措施，使电动机迅速停车的控制环节，如能耗制动、电源反接制动、倒拉反接制动和再生发电制动等。如图 4-89 所示是三极管电路的一部分，电容元件可由【偏移】命令创建。

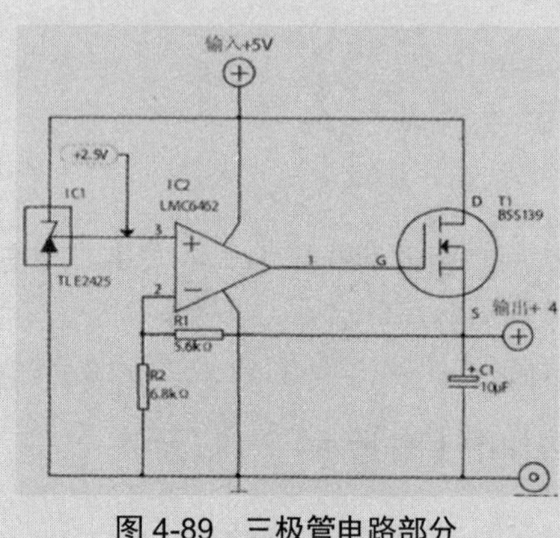


图 4-89 三极管电路部分

当两个图形严格相似，只是在位置上有偏差时，可以用【偏移】命令。AutoCAD 提供了【偏移】命令，使用户可以很方便地绘制此类图形，特别是要绘制许多相似的图形时，此命令要比使用【拷贝】命令快捷。

执行【偏移】命令的 3 种方法如下。

(1) 单击【修改】工具栏上的【偏移】按钮。

(2) 在命令行中输入 offset 命令后按下 Enter 键。

(3) 在菜单栏中选择【修改】|【偏移】菜单命令。

命令行窗口提示如下。

```
命令:_offset
当前设置:删除源=否  图层=源  OFFSETGAPTYPE=0
指定偏移距离或 [通过(T)/删除(E)/图层(L)] <10.0000>:20
```

指定偏移距离后绘图区如图 4-90 所示。

```
选择要偏移的对象,或 [退出(E)/放弃(U)] <退出>:
```

选择要偏移的对象后绘图区如图 4-91 所示。

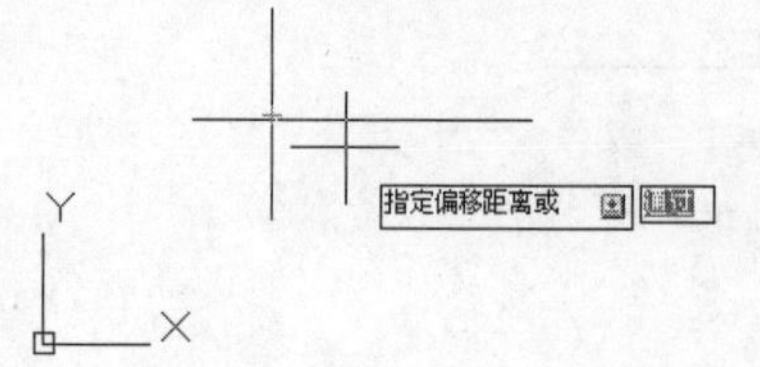


图 4-90 指定偏移距离后绘图区所显示的图形

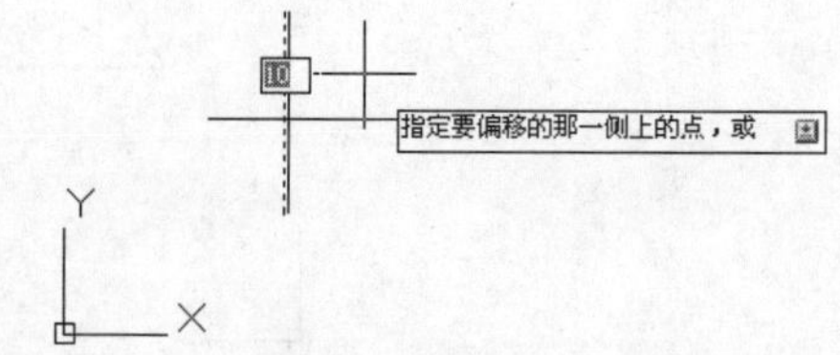


图 4-91 选择要偏移的对象后绘图区所显示的图形

指定要偏移的那一侧上的点,或 [退出(E)/多个(M)/放弃(U)] <退出>:

指定要偏移的那一侧上的点后绘制的图形如图 4-92 所示。

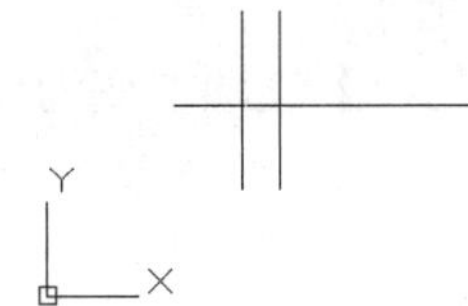

图 4-92 用【偏移】命令绘制的图形

## 4.3.6 阵列图形

**行业知识链接：**【阵列】命令用于快速规律地复制草图特征。自锁及闭锁同路指启动按钮松开后，线路保持通电，电气设备能继续工作的电气环节叫自锁环节，如接触器的动合触点串联在线圈电路中。两台或两台以上的电气装置和组件，为了保证设备运行的安全与可靠，只能一台通电启动，另一台不能通电启动的保护环节，叫闭锁环节。如图 4-93 所示是自锁供电电路，其元件可由【阵列】命令创建。

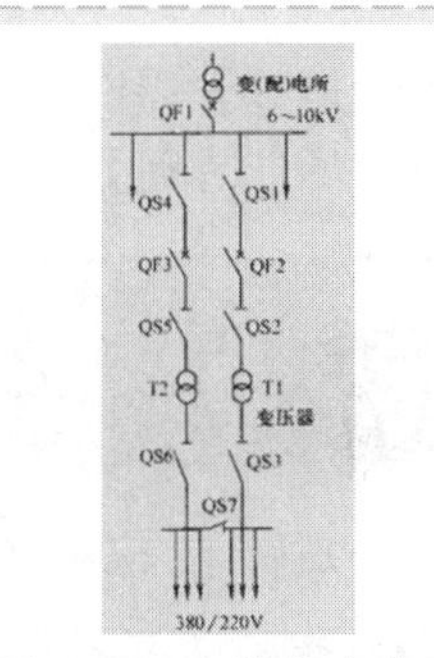

图 4-93 自锁供电电路

AutoCAD 为用户提供了【阵列】命令，把已绘制的图形复制到其他的地方。

执行【阵列】命令的 3 种方法如下。

(1) 单击【修改】工具栏上的【阵列】按钮。

(2) 在命令行中输入 arrayclassic 命令后按下 Enter 键。

(3) 在菜单栏中选择【修改】|【阵列】菜单命令。

AutoCAD 会自动打开如图 4-94 所示的【阵列创建】选项卡。命令行显示如下。

```
命令:_arrayrect
选择对象:找到 1 个
选择对象:
类型 = 矩形  关联 = 是
选择夹点以编辑阵列或 [关联(AS)/基点(B)/计数(COU)/间距(S)/列数(COL)/行数(R)/层数(L)/退出(X)]
<退出>:
```

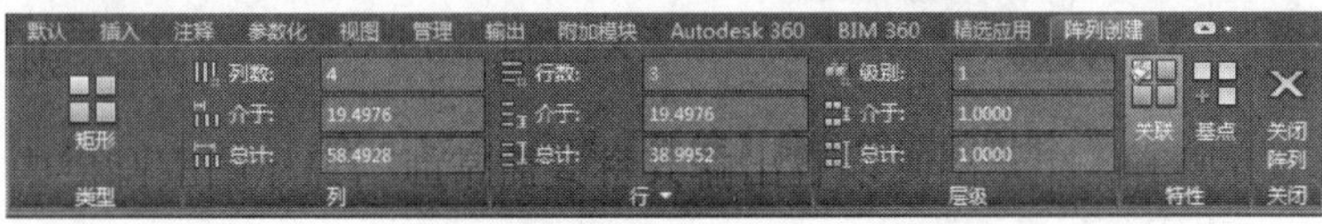

图 4-94 【阵列创建】选项卡

下面介绍【阵列创建】选项卡中各参数项的设置。

在左边有【矩形】单选按钮，是阵列的方式。使用【矩形】选项创建选定对象的副本的行和列阵列。

【行数】和【列数】文本框中可输入阵列的行数和列数。

【介于】：按单位指定行或列间距。若要向下添加行，则指定负值。

【基点】按钮：指定阵列基点。

用【矩形】命令绘制的图形如图 4-95 所示。

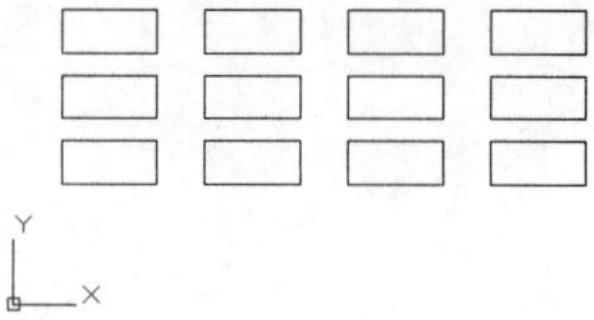

图 4-95　矩形阵列的图形

单击【环形阵列】按钮后，【阵列创建】选项卡变为如图 4-96 所示。命令行显示如下。

```
命令:_arraypolar
选择对象:找到 1 个
选择对象:
类型 = 极轴  关联 = 是
指定阵列的中心点或 [基点(B)/旋转轴(A)]:
选择夹点以编辑阵列或 [关联(AS)/基点(B)/项目(I)/项目间角度(A)/填充角度(F)/行(ROW)/层(L)/旋转项目(ROT)/退出(X)] <退出>:
```

【项目数】：设置在结果阵列中显示的对象数目。默认值为 6。

用【环形阵列】命令绘制的图形如图 4-97 所示。

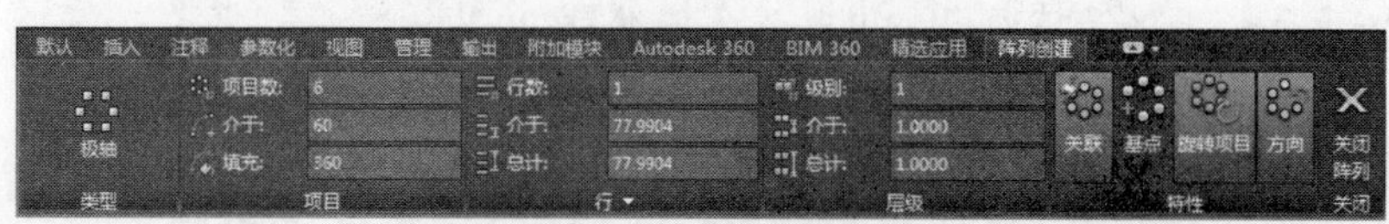


图 4-96　单击【环形阵列】按钮后的【阵列创建】选项卡

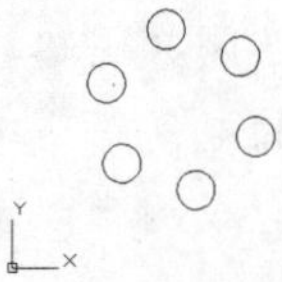

图 4-97　环形阵列的图形

## 课后练习

案例文件：ywj\04\02.dwg

视频文件：光盘\视频课堂\第 4 教学日\4.3

练习案例分析及步骤如下。

本节课后练习创建 PK-3D-J 电气接线图，它是根据电气设备和电器元件的实际位置和安装情况绘制的，主要用于安装接线、线路的检查维修和故障处理。如图 4-98 所示是完成的 PK-3D-J 电气接线图。

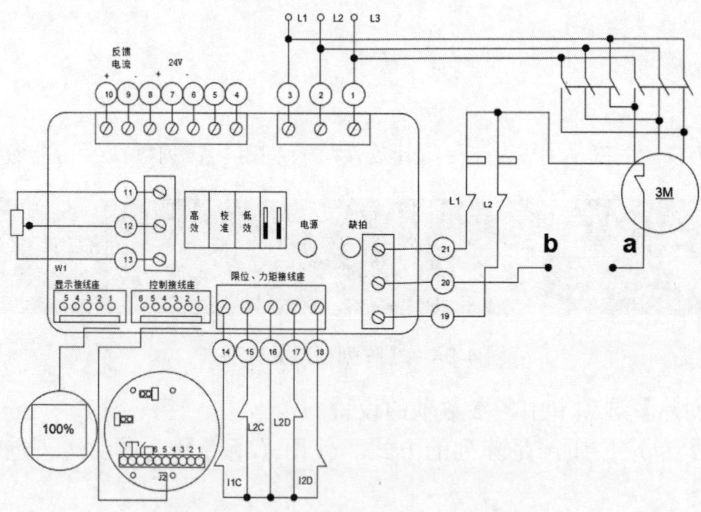


图 4-98　完成的 PK-3D-J 电气接线图

本节案例主要练习 PK-3D-J 电气接线图的绘制，电气接线图需要多种元件，首先要绘制不同的元件，之后绘制元件盒外部的元件，最后进行布线和文字添加。绘制 PK-3D-J 电气接线图的思路和步骤如图 4-99 所示。

练习案例的操作步骤如下。

step 01 绘制元件盒零件，单击【默认】选项卡的【绘图】工具栏中的【矩形】按钮，绘制尺寸为 4×2 的矩形，如图 4-100 所示。

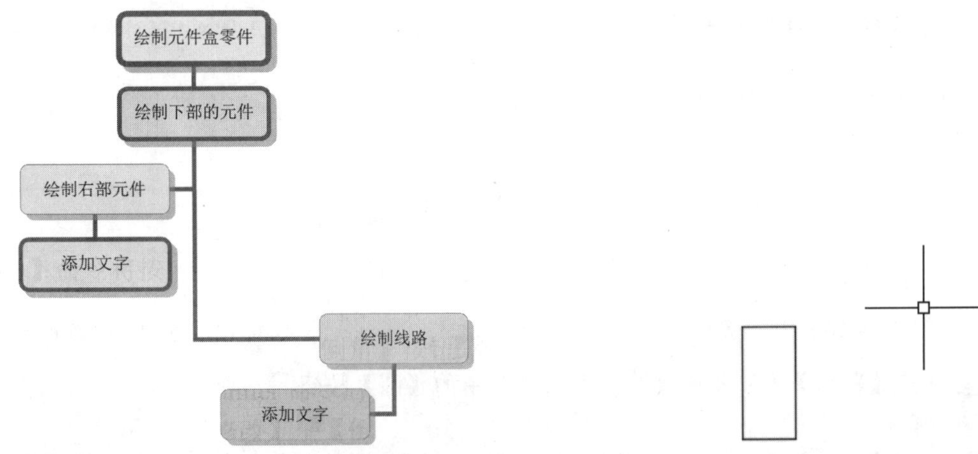


图 4-99　绘制 PK-3D-J 电气接线图的步骤

图 4-100　绘制尺寸为 4×2 的矩形

step 02 单击【默认】选项卡的【绘图】工具栏中的【矩形】按钮，绘制尺寸为 35×61 的矩形，如图 4-101 所示。

step 03 单击【默认】选项卡的【修改】工具栏中的【圆角】按钮，绘制半径为 5 的圆角，如图 4-102 所示。

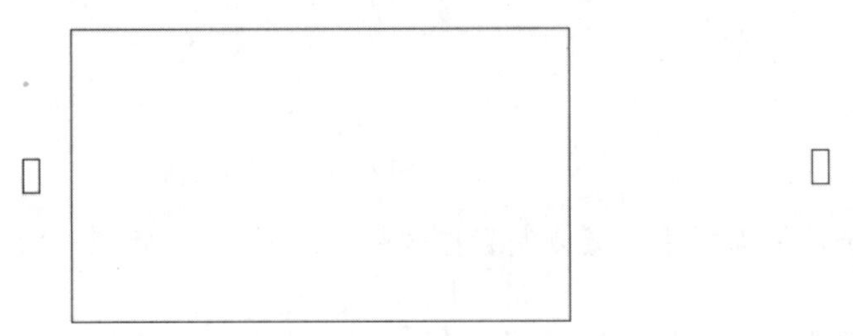

图 4-101　绘制尺寸为 35×61 的矩形

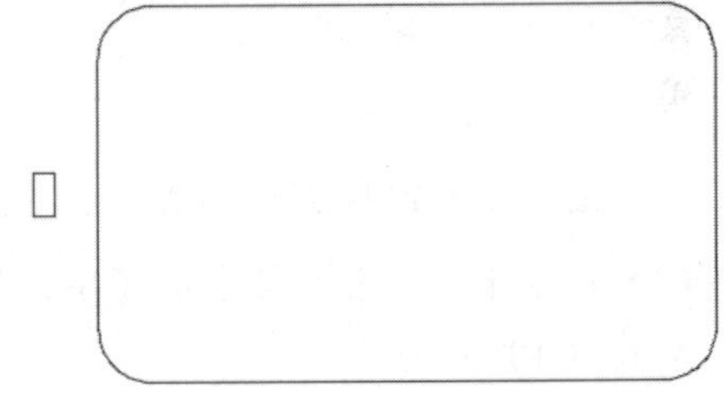

图 4-102　绘制圆角

step 04 单击【默认】选项卡的【绘图】工具栏中的【矩形】按钮，绘制上部的矩形，如图 4-103 所示。

step 05 单击【默认】选项卡的【绘图】工具栏中的【圆】按钮，绘制如图 4-104 所示的圆。

step 06 单击【默认】选项卡的【修改】工具栏中的【矩形阵列】按钮，完成如图 4-105 所示的阵列图形。

step 07 单击【默认】选项卡的【修改】面板中的【复制】按钮，复制 3 个圆形，如图 4-106 所示。

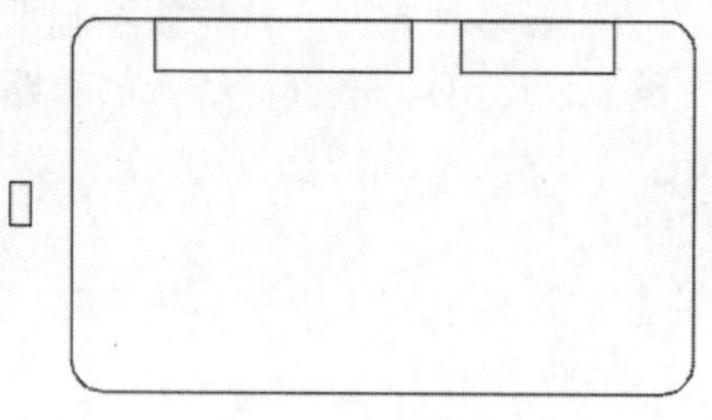

图 4-103　绘制上部的矩形

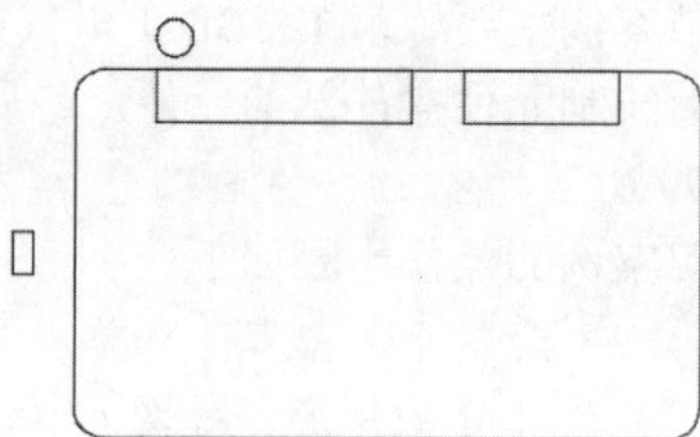

图 4-104　绘制圆

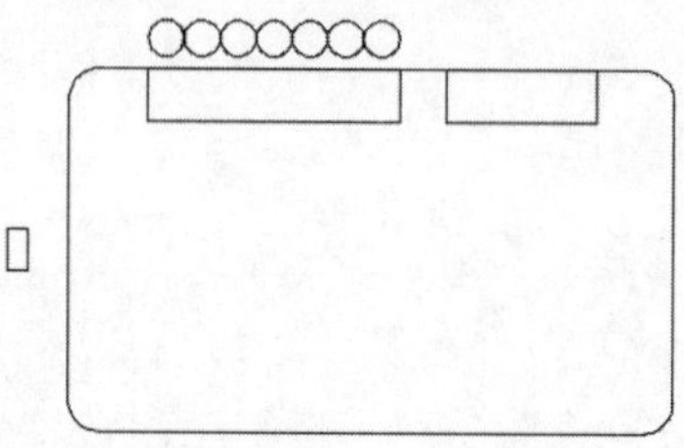

图 4-105　阵列圆形

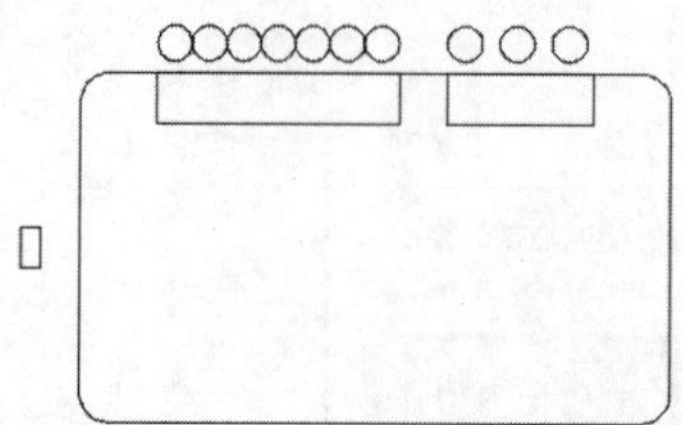

图 4-106　复制 3 个圆形

step 08 单击【默认】选项卡的【绘图】工具栏中的【圆】按钮，绘制如图 4-107 所示的矩形内的圆。

step 09 单击【默认】选项卡的【修改】工具栏中的【矩形阵列】按钮，完成矩形内的阵列圆形，如图 4-108 所示。

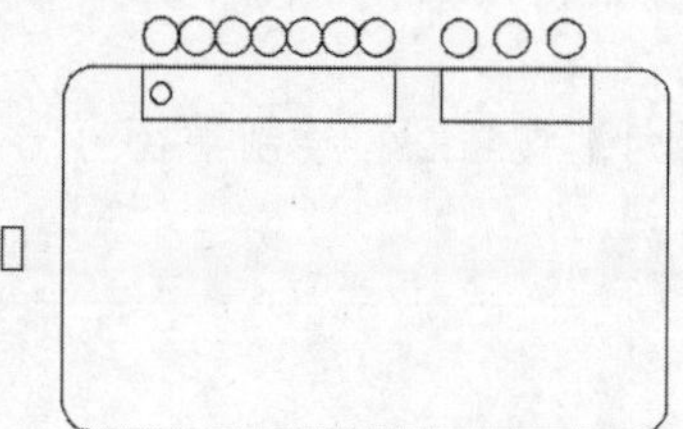

图 4-107　绘制矩形内的圆

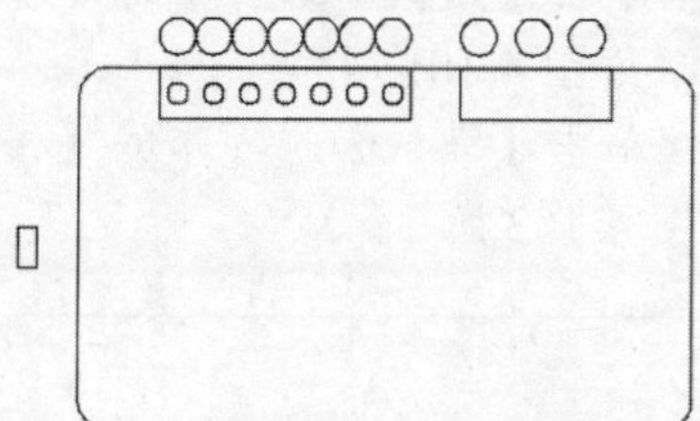

图 4-108　阵列圆形

step 10 单击【默认】选项卡的【修改】面板中的【复制】按钮，复制 3 个矩形内的圆形，如图 4-109 所示。

step 11 单击【默认】选项卡的【绘图】工具栏中的【直线】按钮，绘制如图 4-110 所示的斜线。

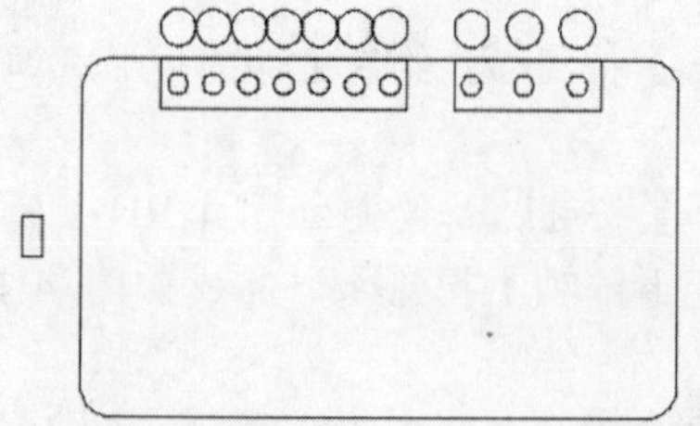

图 4-109　复制 3 个矩形内的圆形

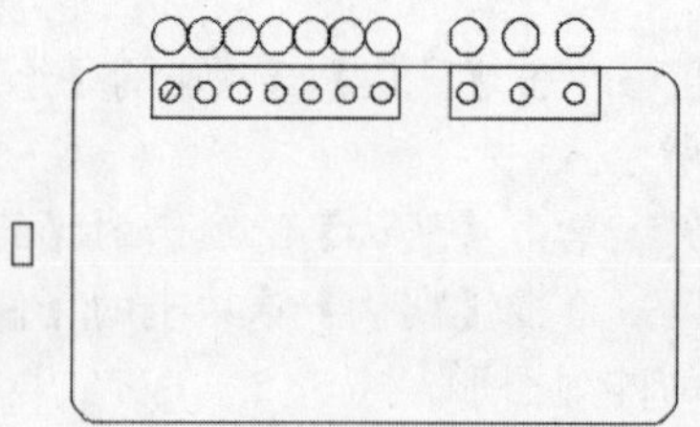

图 4-110　绘制斜线

step 12 单击【默认】选项卡的【修改】工具栏中的【复制】按钮，复制斜线，如图 4-111 所示。

step 13 单击【默认】选项卡的【修改】工具栏中的【复制】按钮，复制圆形和矩形，如图 4-112 所示。

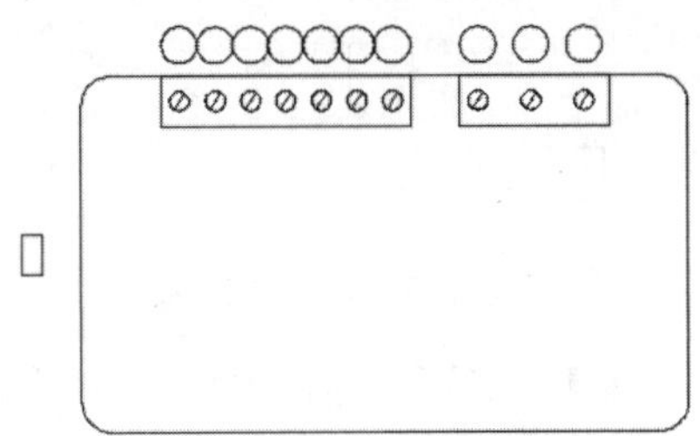

图 4-111　复制斜线

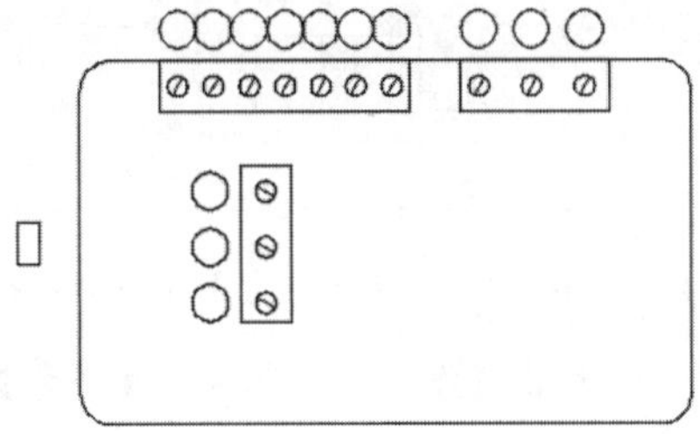

图 4-112　复制圆形和矩形

step 14 单击【默认】选项卡的【绘图】工具栏中的【矩形】按钮，绘制尺寸为 7.5 × 14 的矩形，如图 4-113 所示。

step 15 单击【默认】选项卡的【绘图】工具栏中的【直线】按钮，绘制如图 4-114 所示的矩形内线段。

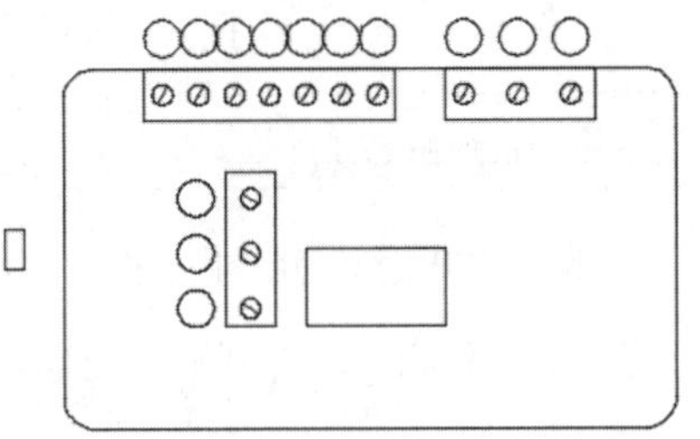

图 4-113　绘制 7.5×14 的矩形

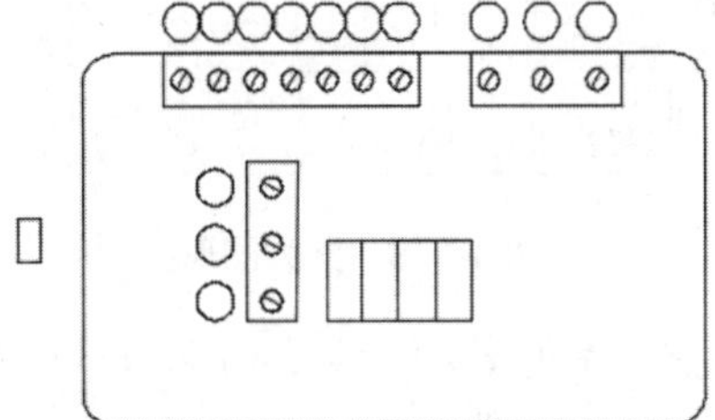

图 4-114　绘制矩形内线段

step 16 单击【默认】选项卡的【绘图】工具栏中的【圆】按钮，绘制半径为 1.5 的圆，如图 4-115 所示。

step 17 单击【默认】选项卡的【绘图】工具栏中的【矩形】按钮，绘制尺寸为 5 × 12 和 5 × 13 的两个矩形，如图 4-116 所示。

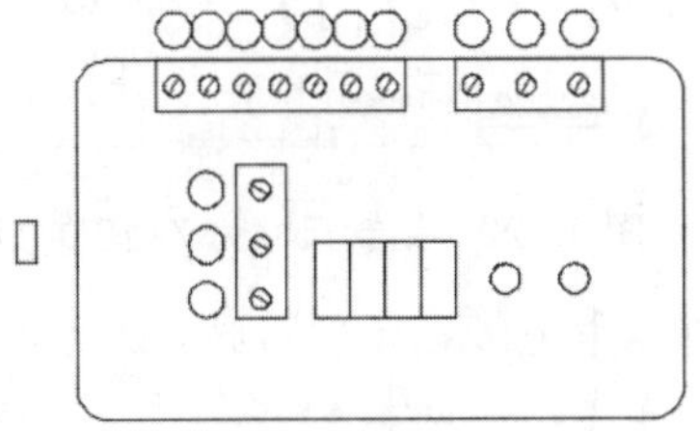

图 4-115　绘制半径为 1.5 的圆

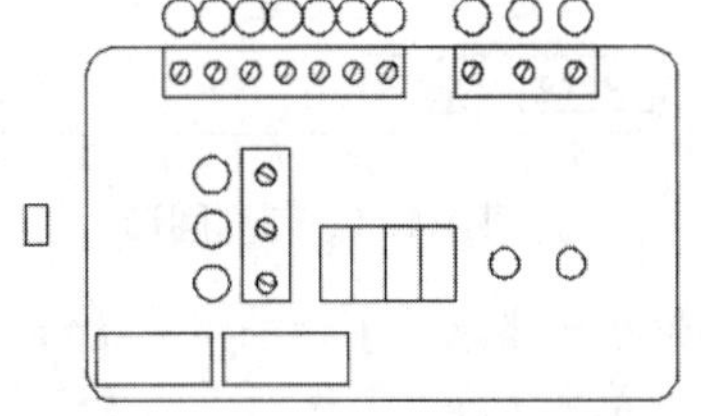

图 4-116　绘制两个矩形

step 18 单击【默认】选项卡的【绘图】工具栏中的【矩形】按钮，绘制尺寸为 1 × 10 的矩形，如图 4-117 所示。

step 19 单击【默认】选项卡的【绘图】工具栏中的【圆】按钮，绘制如图 4-118 所示的矩形内小圆。

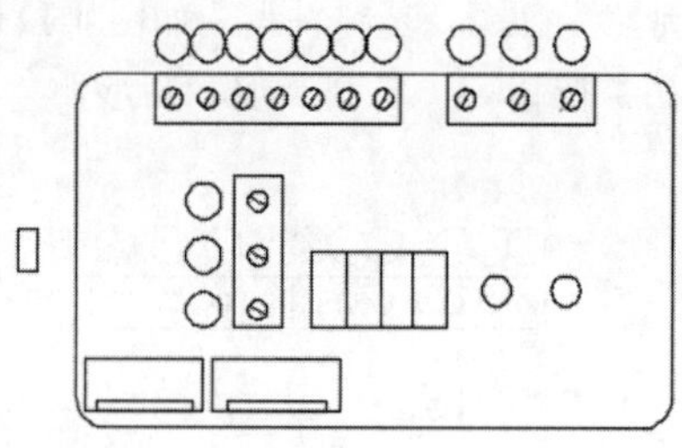
图 4-117　绘制尺寸为 1×10 的矩形

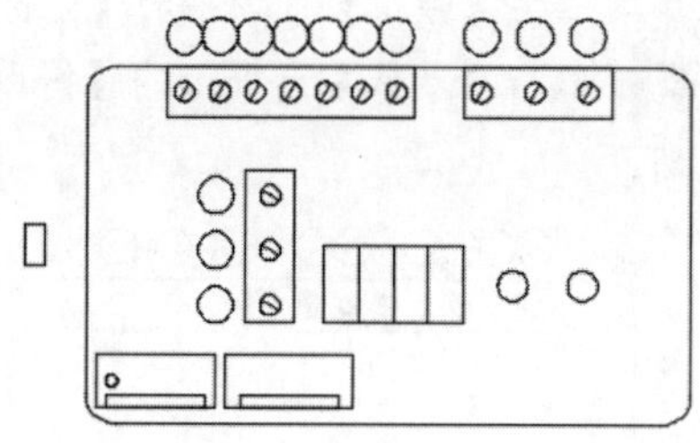
图 4-118　绘制矩形内小圆

step 20 单击【默认】选项卡的【修改】工具栏中的【矩形阵列】按钮，选择圆形，完成如图 4-119 所示的阵列。

step 21 单击【默认】选项卡的【绘图】工具栏中的【圆】按钮，绘制如图 4-120 所示的矩形内小圆。

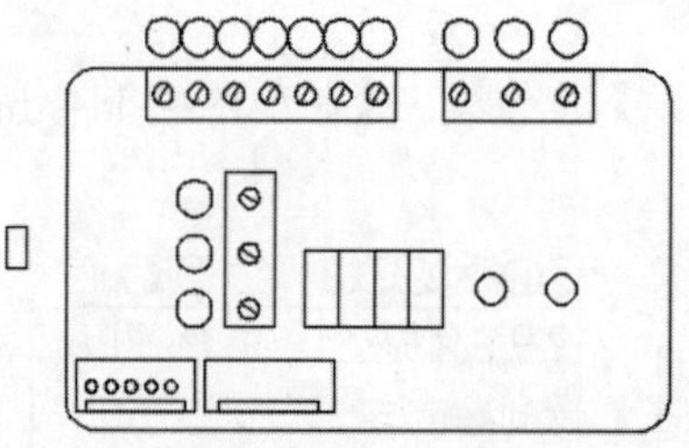
图 4-119　阵列圆形

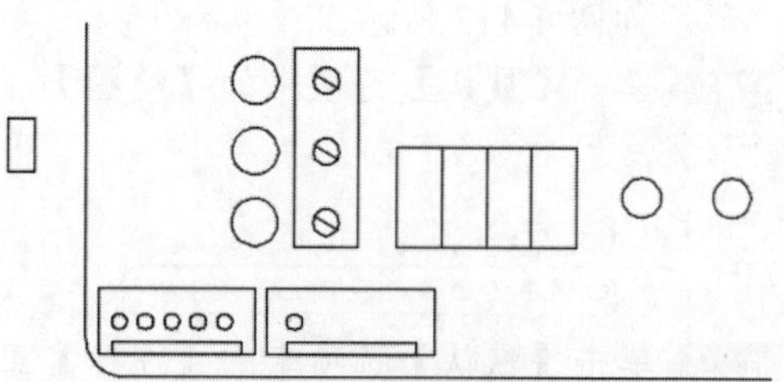
图 4-120　绘制矩形内小圆

step 22 单击【默认】选项卡的【修改】工具栏中的【矩形阵列】按钮，选择圆形，完成如图 4-121 所示的阵列。

step 23 单击【默认】选项卡的【绘图】工具栏中的【矩形】按钮，绘制尺寸为 7×18 的矩形，如图 4-122 所示。

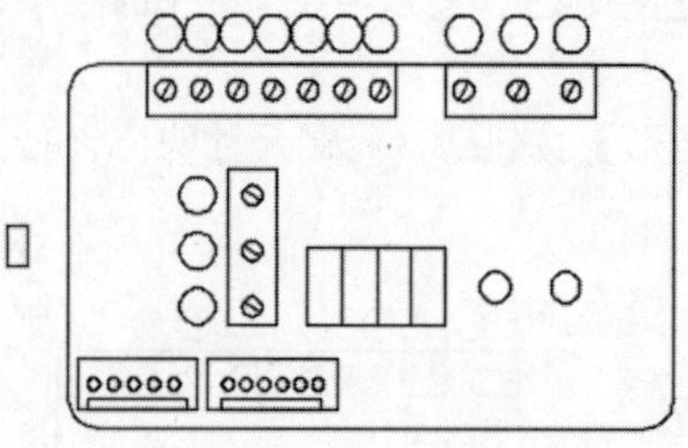
图 4-121　阵列圆形

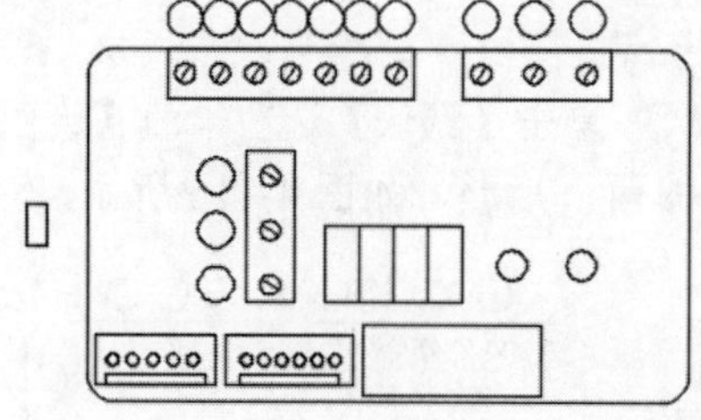
图 4-122　绘制尺寸为 7×18 的矩形

step 24 单击【默认】选项卡的【修改】工具栏中的【复制】按钮，复制圆形，如图 4-123 所示。

step 25 单击【默认】选项卡的【修改】工具栏中的【矩形阵列】按钮，选择圆形，完成如图 4-124 所示的阵列，完成元件盒零件的绘制。

step 26 绘制下部元件，单击【默认】选项卡的【修改】工具栏中的【复制】按钮，选择元件盒外的圆形进行复制，如图 4-125 所示。

step 27 单击【默认】选项卡的【注释】工具栏中的【文字】按钮，绘制如图 4-126 所示的顶部数字。

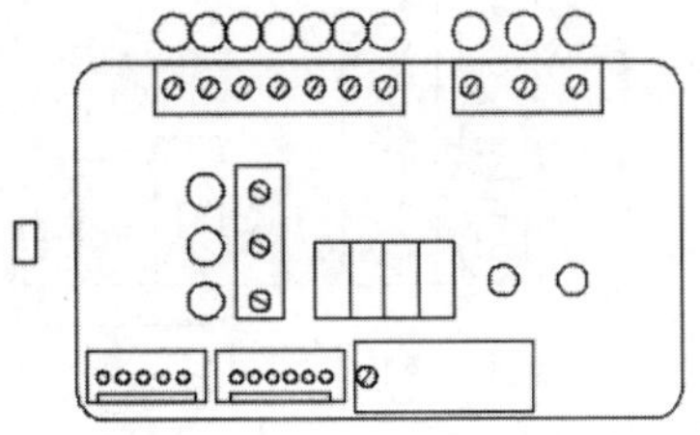

图 4-123　复制圆形

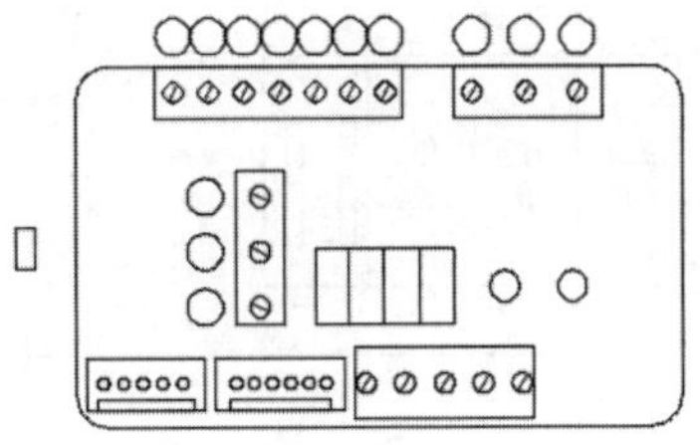

图 4-124　阵列圆形

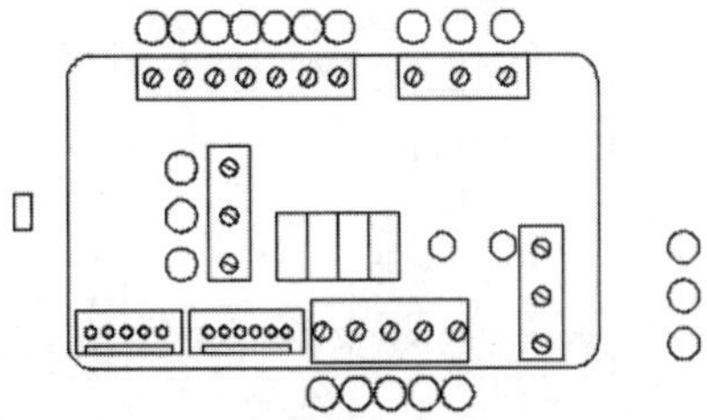

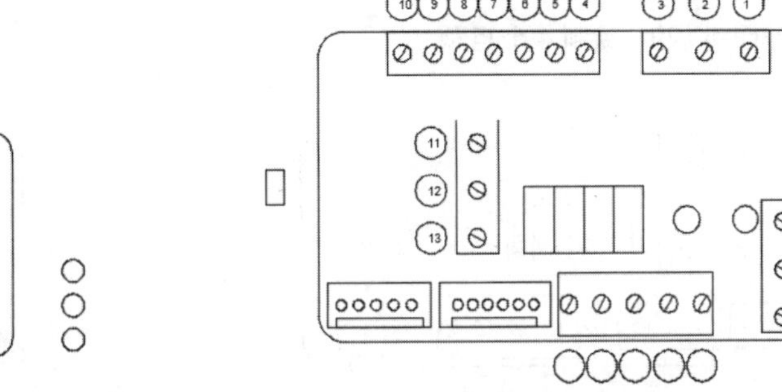


图 4-125　复制元件盒外的圆形

图 4-126　添加顶部数字

step 28 单击【默认】选项卡的【注释】工具栏中的【文字】按钮A，绘制如图 4-127 所示的底部数字。

step 29 单击【默认】选项卡的【注释】工具栏中的【文字】按钮A，绘制如图 4-128 所示的底部文字。

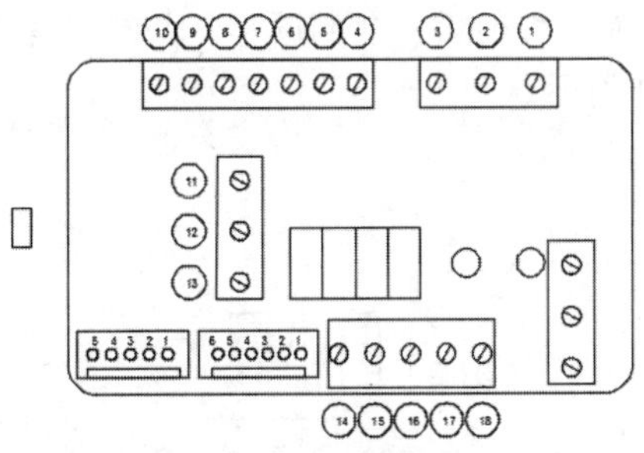

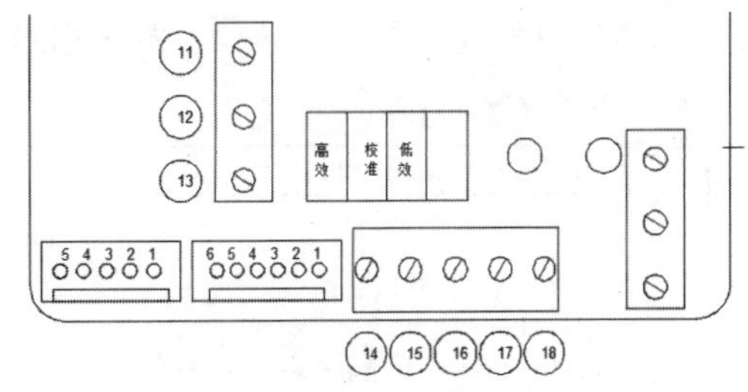


图 4-127　添加底部数字

图 4-128　添加底部文字

step 30 单击【默认】选项卡的【绘图】工具栏中的【矩形】按钮，绘制如图 4-129 所示的 4 个矩形。

step 31 单击【默认】选项卡的【绘图】工具栏中的【图案填充】按钮，完成如图 4-130 所示的矩形填充。

step 32 单击【默认】选项卡的【修改】工具栏中的【复制】按钮，复制圆形，并单击【修改】工具栏中的【缩放】按钮，放大圆形，如图 4-131 所示。

step 33 单击【默认】选项卡的【修改】工具栏中的【移动】按钮，移动圆形，如图 4-132 所示。

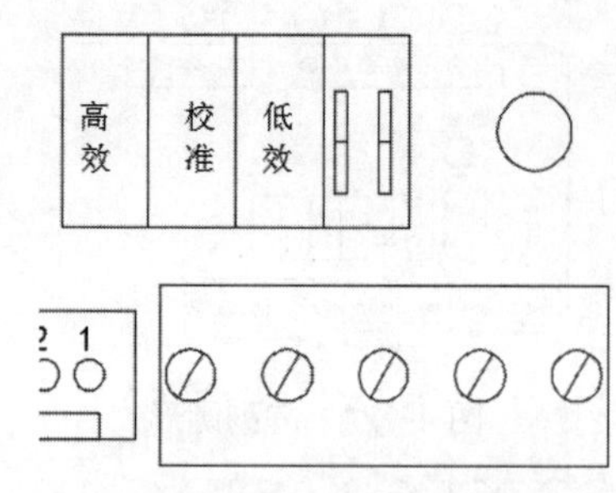


图 4-129　绘制 4 个矩形

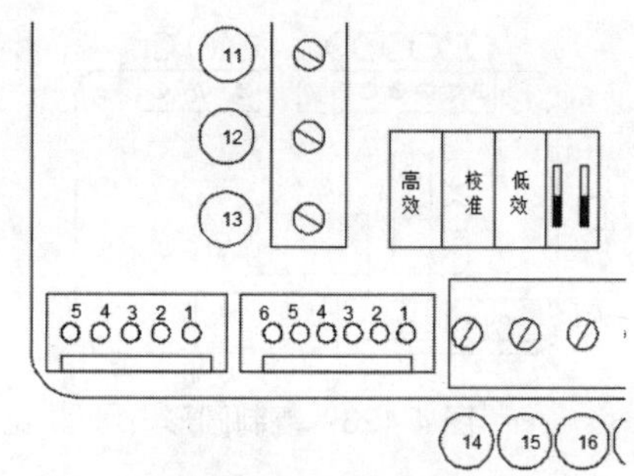


图 4-130　矩形填充

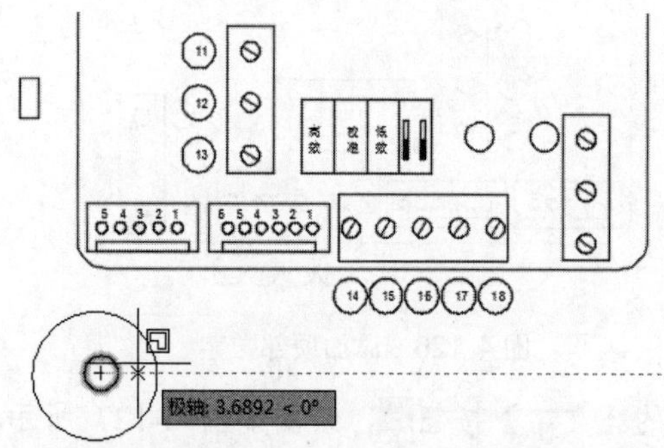


图 4-131　复制放大圆形

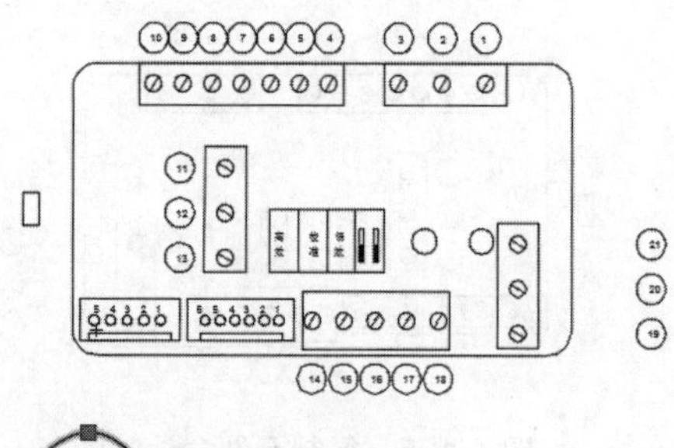
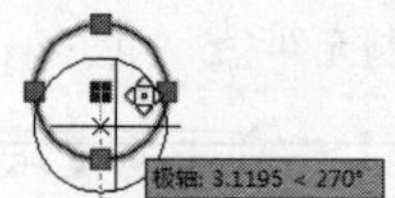


图 4-132　移动圆形

step 34 完成的电气元件盒部分如图 4-133 所示。

step 35 单击【默认】选项卡的【修改】工具栏中的【复制】按钮，复制圆形，并单击【修改】工具栏中的【缩放】按钮，放大图形，如图 4-134 所示。

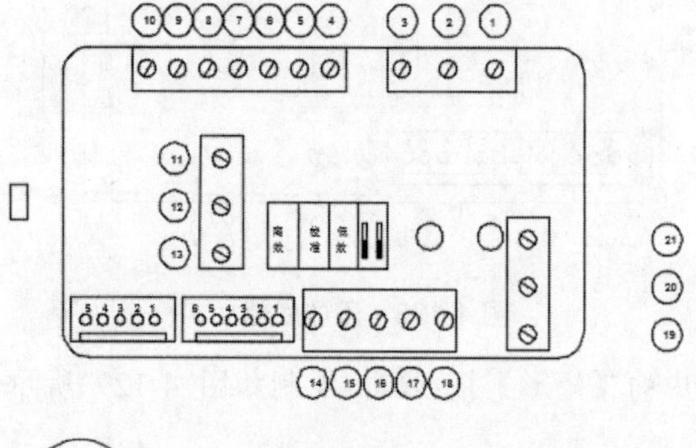

图 4-133　完成的电气元件盒

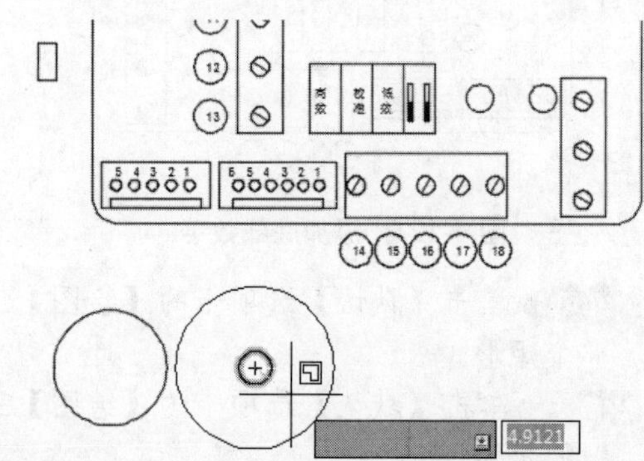


图 4-134　复制放大图形

step 36 单击【默认】选项卡的【修改】工具栏中的【移动】按钮，移动圆形，如图 4-135 所示。

step 37 单击【默认】选项卡的【绘图】工具栏中的【矩形】按钮，绘制如图 4-136 所示的矩形。

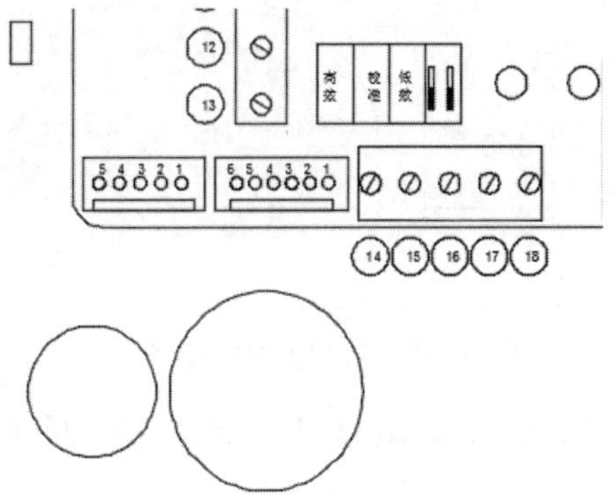

图 4-135　移动圆形

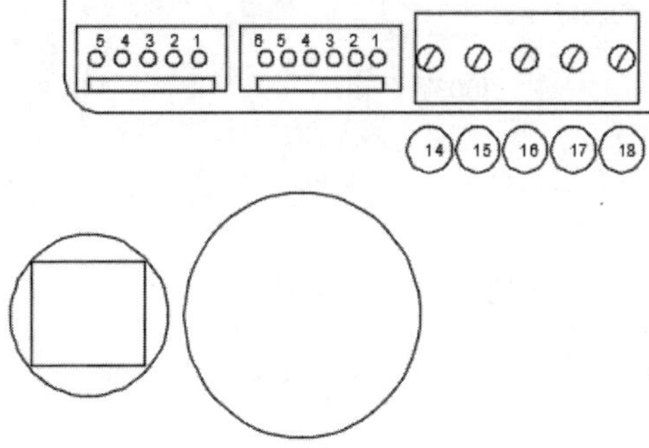

图 4-136　绘制矩形

step 38 单击【默认】选项卡的【注释】工具栏中的【文字】按钮，绘制如图 4-137 所示的文字“100%”。

step 39 单击【默认】选项卡的【绘图】工具栏中的【矩形】按钮，绘制如图 4-138 所示的两个矩形。

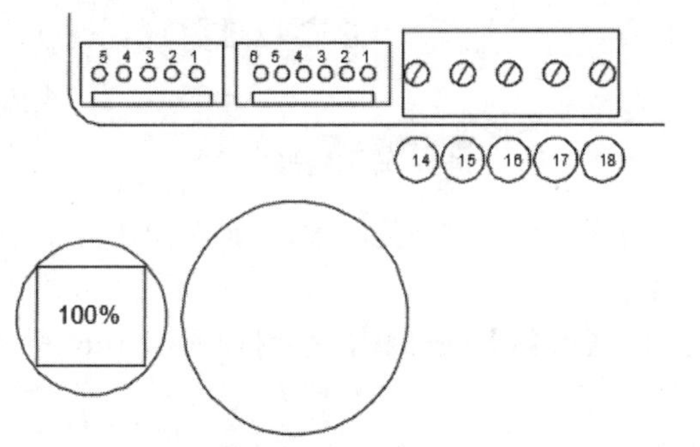


图 4-137　添加文字“100%”

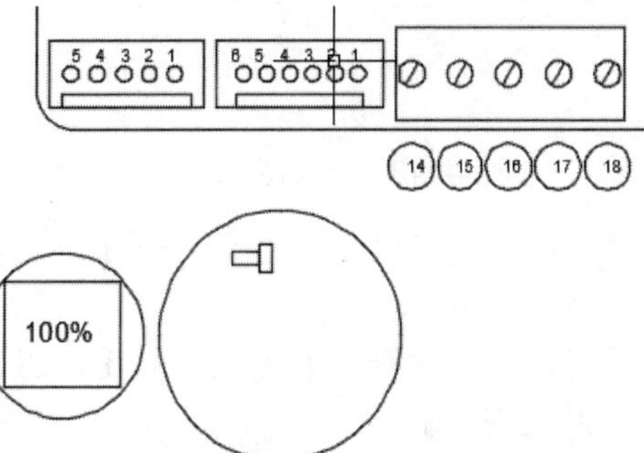


图 4-138　绘制两个矩形

step 40 单击【默认】选项卡的【绘图】工具栏中的【圆】按钮，绘制如图 4-139 所示的两个圆。

step 41 单击【默认】选项卡的【绘图】工具栏中的【圆】按钮，绘制如图 4-140 所示的圆内的两个圆。

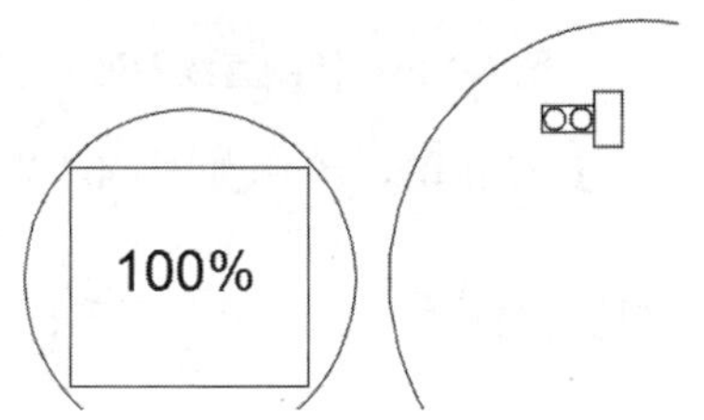


图 4-139　绘制两个圆

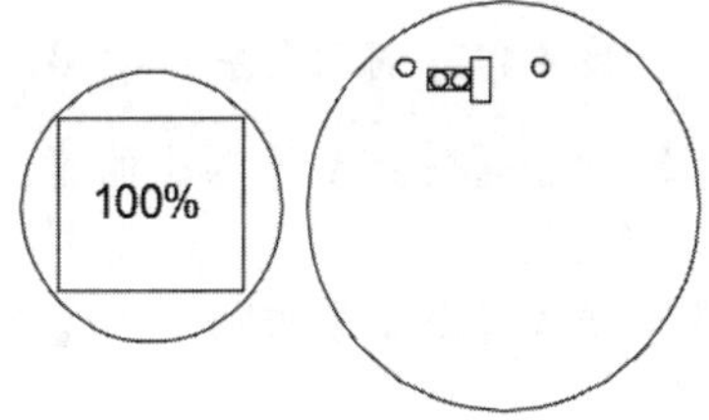


图 4-140　绘制圆内的两个圆

step 42 单击【默认】选项卡的【修改】工具栏中的【复制】按钮，复制圆形和矩形，如图 4-141 所示。

step 43 单击【默认】选项卡的【绘图】工具栏中的【矩形】按钮，绘制如图 4-142 所示的圆内的矩形。

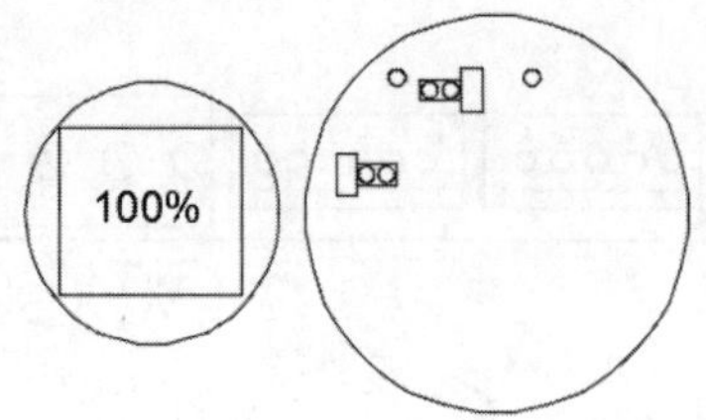

图 4-141　复制圆形和矩形

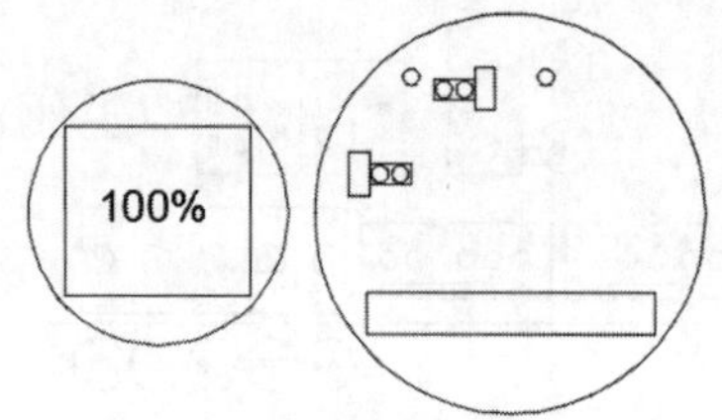

图 4-142　绘制圆内的矩形

step 44 单击【默认】选项卡的【绘图】工具栏中的【圆】按钮，绘制如图 4-143 所示的矩形内的圆。

step 45 单击【默认】选项卡的【修改】工具栏中的【矩形阵列】按钮，选择矩形内的圆，进行如图 4-144 所示的阵列。

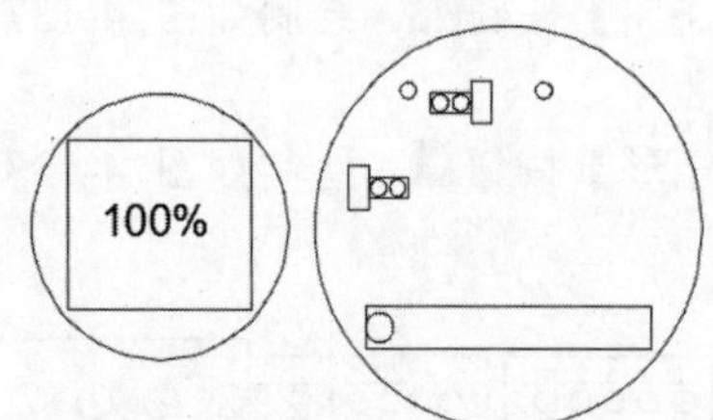

图 4-143　绘制矩形内的圆

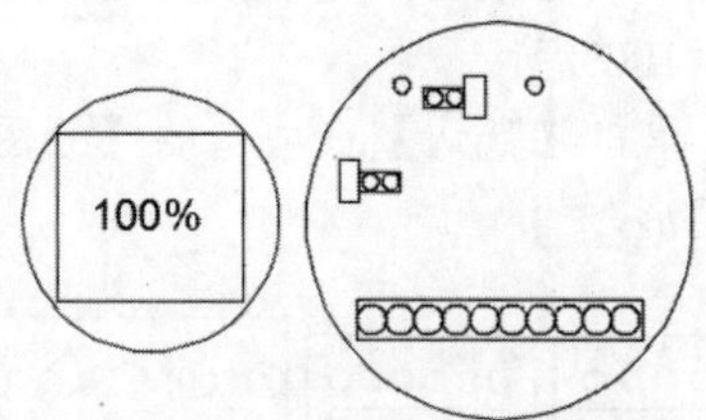

图 4-144　阵列矩形内的圆

step 46 单击【默认】选项卡的【注释】工具栏中的【文字】按钮，绘制如图 4-145 所示的文字“1～6”。

step 47 单击【默认】选项卡的【绘图】工具栏中的【直线】按钮，绘制如图 4-146 所示的直线图形。

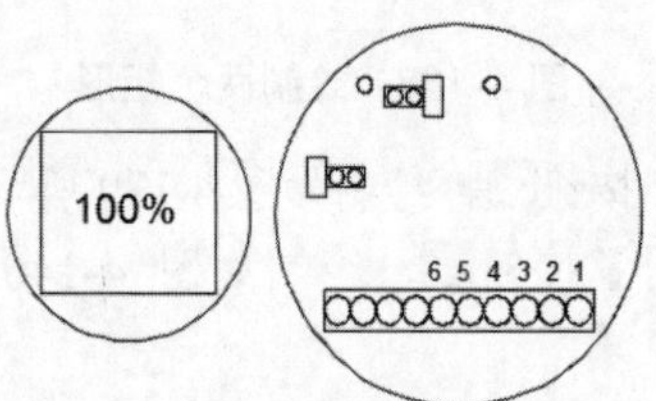

图 4-145　添加文字“1～6”

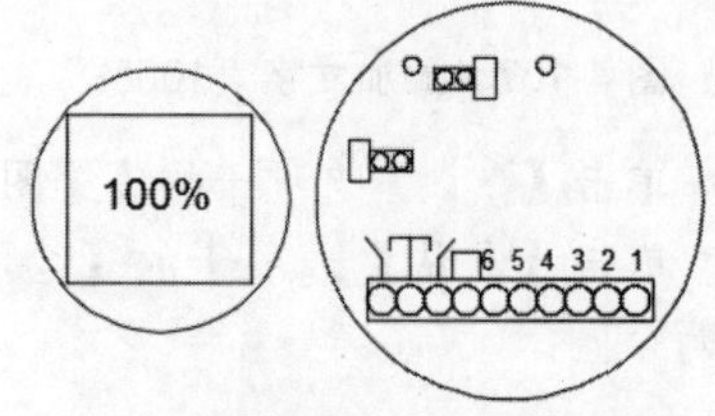

图 4-146　绘制直线图形

step 48 单击【默认】选项卡的【注释】工具栏中的【文字】按钮，绘制如图 4-147 所示的文字“J2”。

step 49 单击【默认】选项卡的【修改】工具栏中的【复制】按钮，复制两个圆形，如图 4-148 所示。

step 50 单击【默认】选项卡的【绘图】工具栏中的【直线】按钮，绘制 4 条斜线，如图 4-149 所示，完成下部元件的绘制。

step 51 绘制右部元件，单击【默认】选项卡的【绘图】工具栏中的【直线】按钮，绘制两条斜线，如图 4-150 所示。

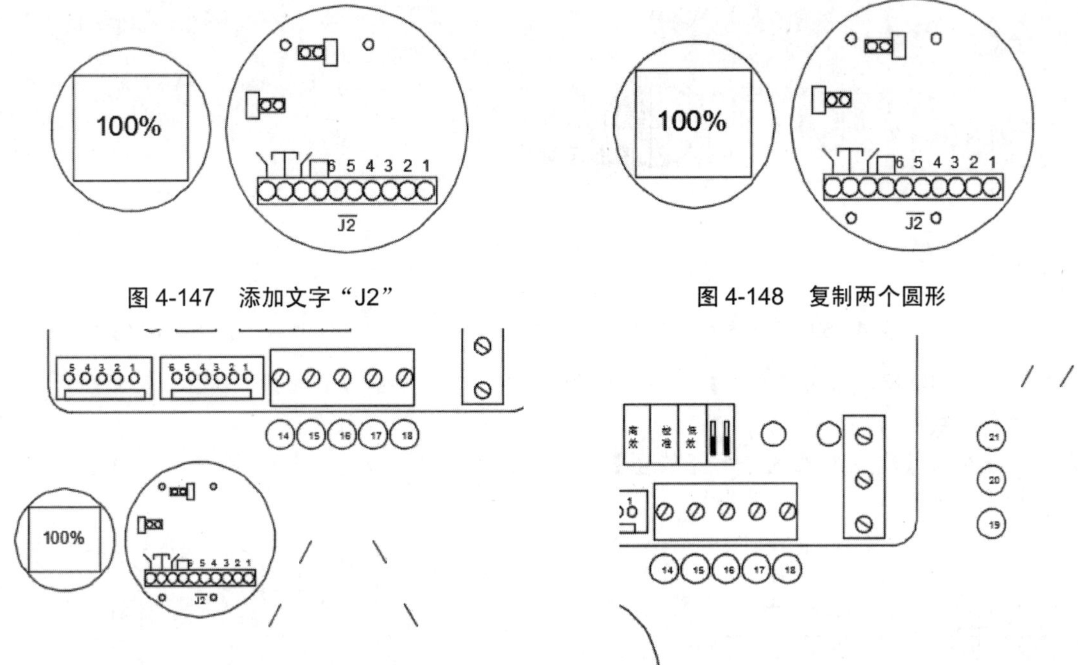


图 4-147　添加文字“J2”　　图 4-148　复制两个圆形

图 4-149　绘制 4 条斜线　　图 4-150　绘制两条斜线

step 52 单击【默认】选项卡的【绘图】工具栏中的【矩形】按钮，绘制尺寸为 1×3 的矩形，如图 4-151 所示。

step 53 单击【默认】选项卡的【绘图】工具栏中的【直线】按钮，绘制如图 4-152 所示的 6 条斜线。

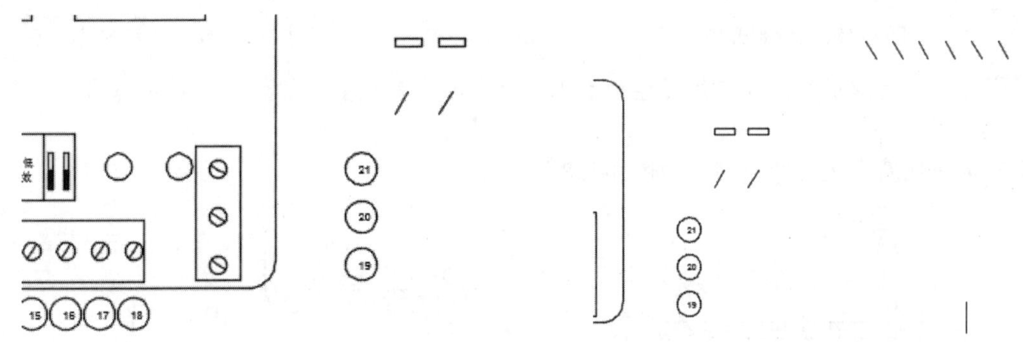


图 4-151　绘制尺寸为 1×3 的矩形　　图 4-152　绘制 6 条斜线

step 54 单击【默认】选项卡的【修改】工具栏中的【复制】按钮，复制圆形，并单击【修改】工具栏中的【缩放】按钮，放大圆形，如图 4-153 所示。

step 55 单击【默认】选项卡的【注释】工具栏中的【文字】按钮，绘制如图 4-154 所示的文字“3M”，完成右部元件的绘制。

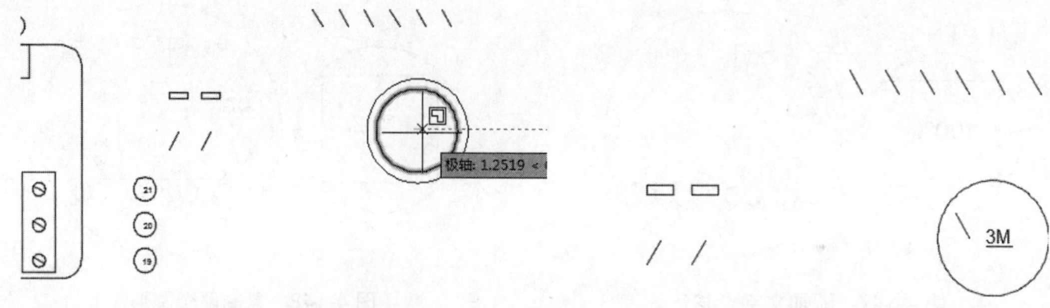


图 4-153　复制放大圆形　　　　图 4-154　添加文字“3M”

step 56 绘制线路，单击【默认】选项卡的【绘图】工具栏中的【直线】按钮，绘制如图 4-155 所示的开关。

step 57 单击【默认】选项卡的【绘图】工具栏中的【直线】按钮，绘制如图 4-156 所示的下部支路线路。

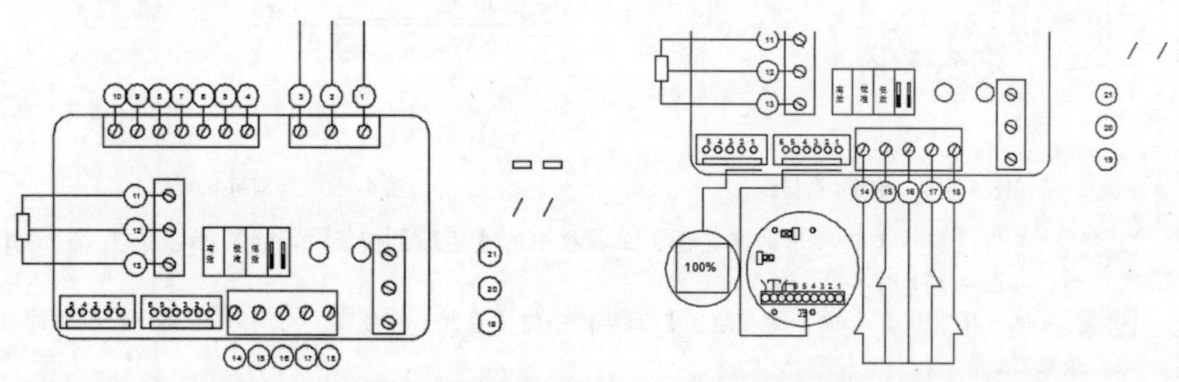


图 4-155　绘制开关　　　　图 4-156　绘制下部支路线路

step 58 单击【默认】选项卡的【绘图】工具栏中的【直线】按钮，绘制如图 4-157 所示的右侧支路线路。

step 59 完成基本线路的绘制，如图 4-158 所示。

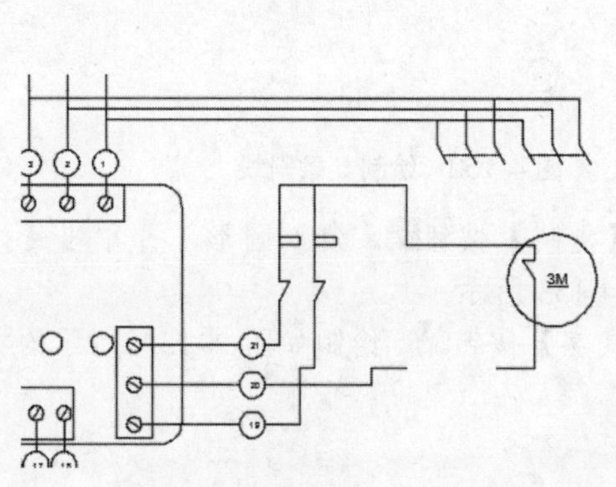


图 4-157　绘制右侧支路线路

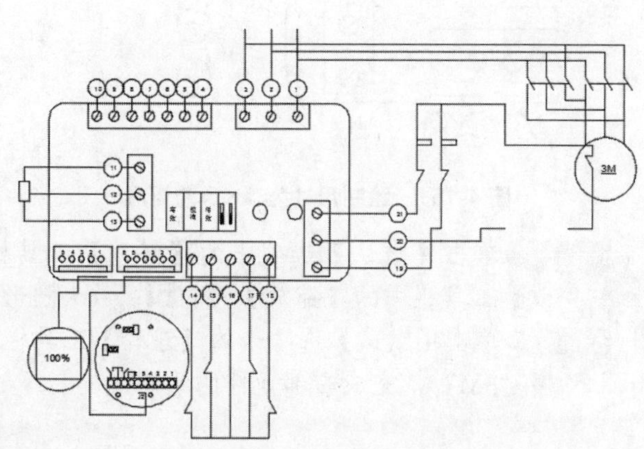


图 4-158　完成基本线路

step 60 单击【默认】选项卡的【绘图】工具栏中的【圆】按钮，绘制半径为 0.5 的圆，如图 4-159 所示。

step 61 单击【默认】选项卡的【修改】工具栏中的【复制】按钮，复制圆形，如图 4-160 所示。

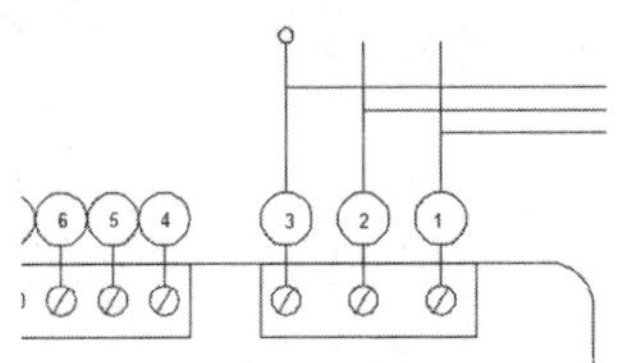

图 4-159　绘制半径为 0.5 的圆

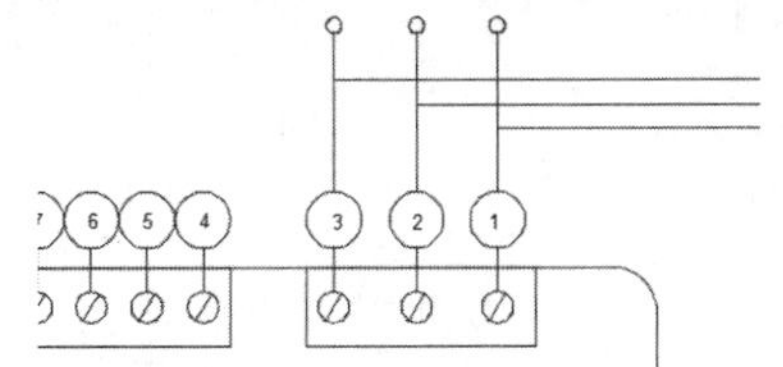

图 4-160　复制圆形

step 62 单击【默认】选项卡的【修改】工具栏中的【复制】按钮，复制节点圆，如图 4-161 所示。

step 63 单击【默认】选项卡的【绘图】工具栏中的【图案填充】按钮，完成如图 4-162 所示的圆形填充。

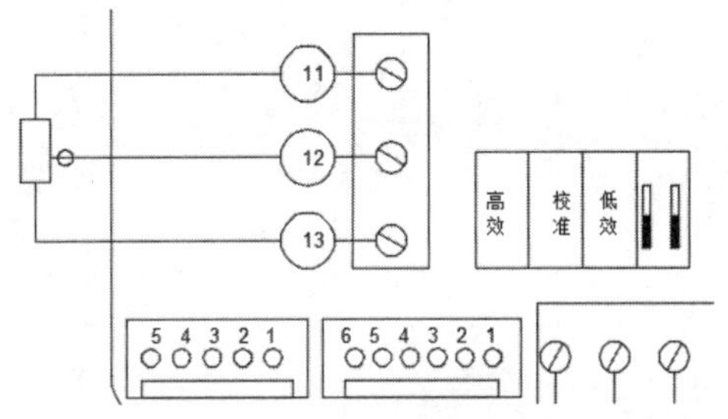


图 4-161　复制节点圆

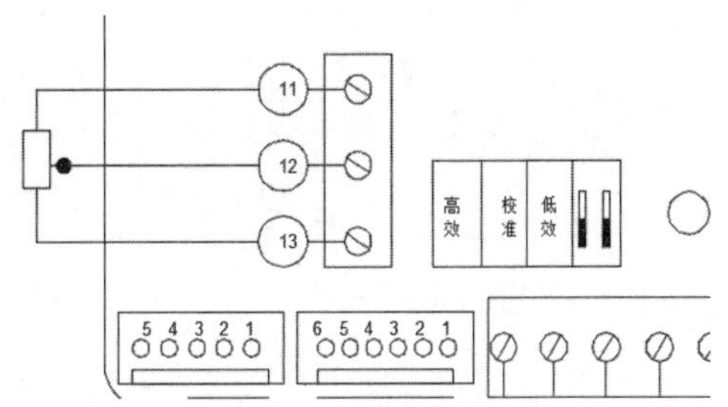


图 4-162　圆形填充

step 64 单击【默认】选项卡的【修改】工具栏中的【复制】按钮，复制节点圆，如图 4-163 所示。

step 65 单击【默认】选项卡的【注释】工具栏中的【文字】按钮，绘制如图 4-164 所示的元件盒文字。

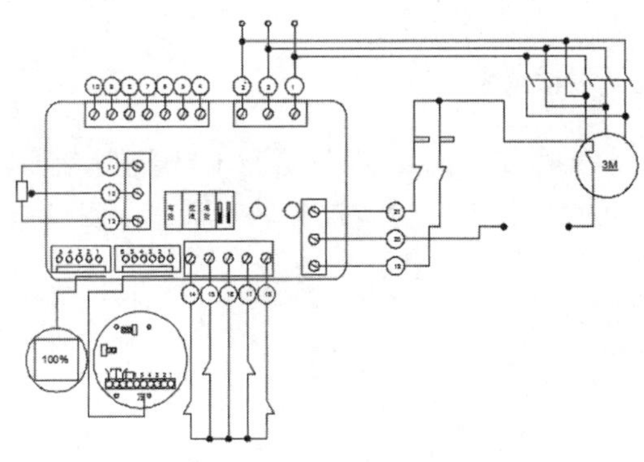

图 4-163　复制节点圆

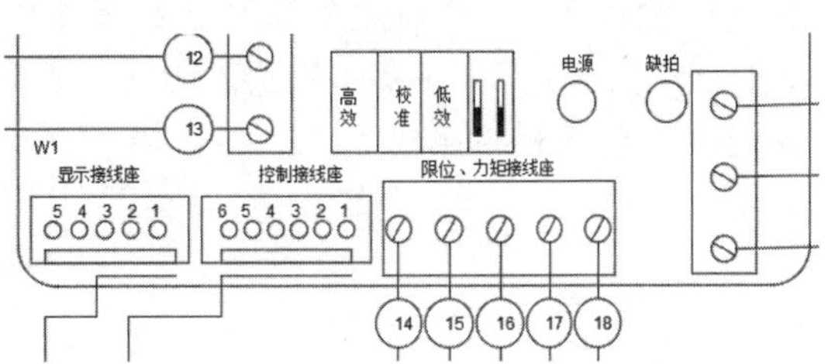


图 4-164　添加元件盒文字

step 66 单击【默认】选项卡的【注释】工具栏中的【文字】按钮，绘制如图 4-165 所示的下部支路文字。

step 67 单击【默认】选项卡的【注释】工具栏中的【文字】按钮A，绘制如图 4-166 所示的右侧支路文字。

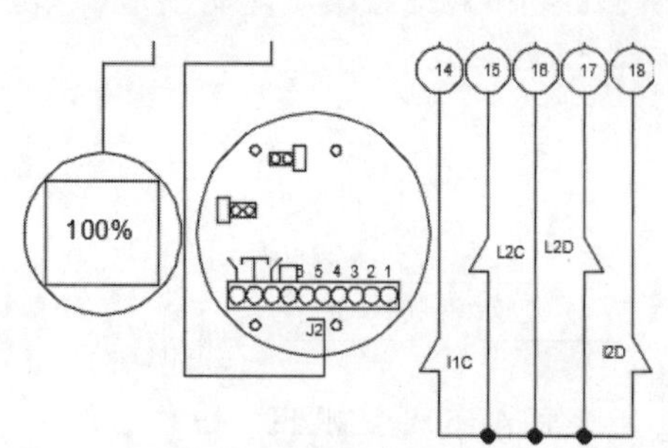


图 4-165 添加下部支路文字

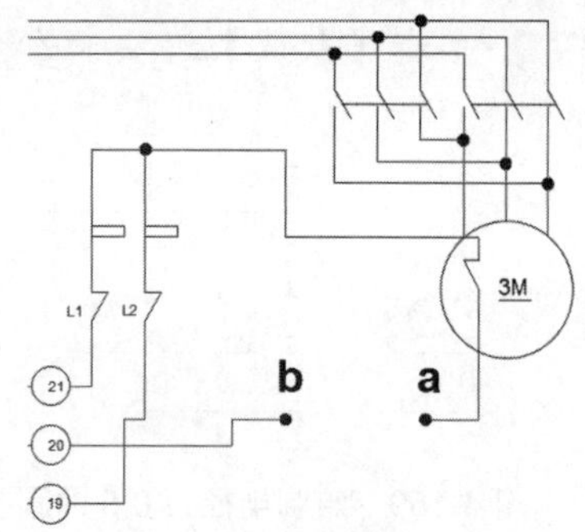


图 4-166 添加右侧支路文字

step 68 完成 PK-3D-J 电气接线图的绘制，如图 4-167 所示。

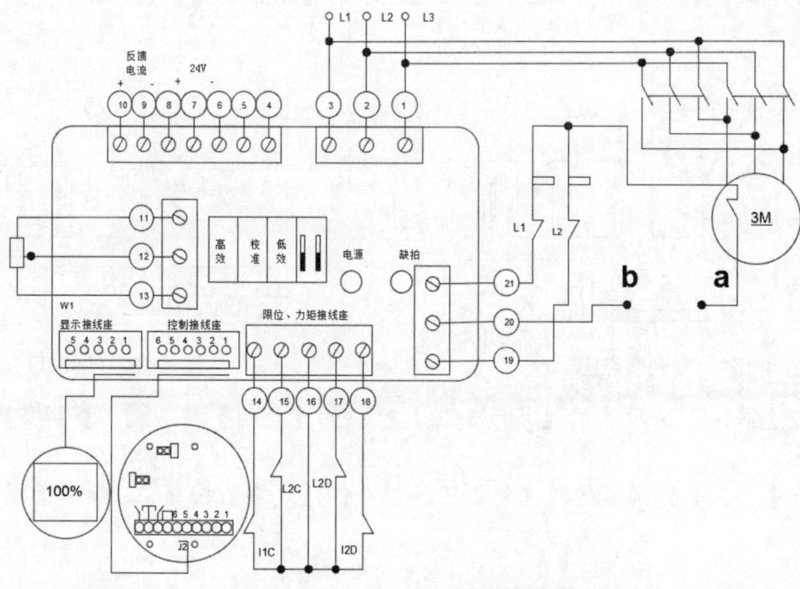


图 4-167 完成 PK-3D-J 电气接线图

**电气设计实践：**电气系统微机保护装置的数字核心一般由 CPU、存储器、定时器/计数器、Watchdog 等组成。数字核心的主流为嵌入式微控制器(MCU)，即通常所说的单片机。如图 4-168 所示是数字稳压器的原理图。

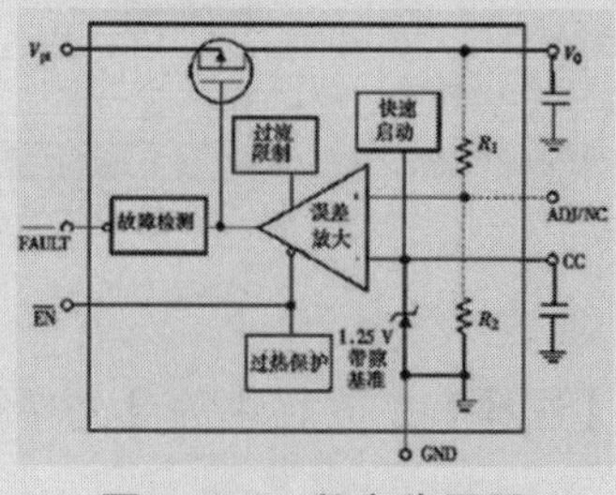


图 4-168 数字稳压器

# 第4课 2课时 图形变换类功能

## 4.4.1 拉伸图形

**行业知识链接：**【拉伸】命令可以延长草图图形，同时外形不发生变化。电气系统输入输出通道包括模拟量输入通道(将 CT、PT 所测量的量转换成更低的适合内部 A/D 转换的电压量，±2.5V、±5V 或±10V)和数字量输入输出通道(人机接口和各种告警信号、跳闸信号及电脉冲等)，如图 4-169 所示是循环控制电路，线路和元件可以通过【拉伸】命令进行调整。

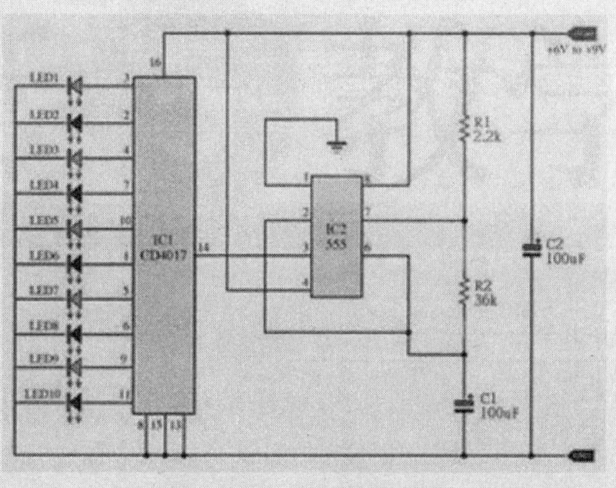


图 4-169 循环控制电路

在 AutoCAD 中，允许将对象端点拉伸到不同的位置。当将对象的端点放在鼠标选择框的内部时，可以单方向拉伸图形对象，而新的对象与原对象的关系保持不变。

选择【拉伸】命令的 3 种方法如下。

(1) 单击【修改】工具栏上的【拉伸】按钮。

(2) 在命令行中输入 stretch 命令后按下 Enter 键。

(3) 在菜单栏中选择【修改】|【拉伸】菜单命令。

选择【拉伸】命令后出现□图标，命令行窗口提示如下。

```
命令:_stretch
以交叉窗口或交叉多边形选择要拉伸的对象...
选择对象:
```

选择对象后绘图区如图 4-170 所示。

```
指定对角点:找到 1 个,总计 1 个
```

指定对角点后绘图区如图 4-171 所示。

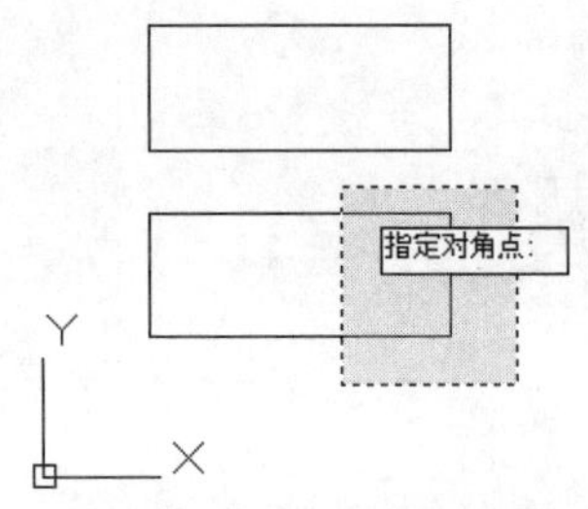


图 4-170　选择对象后绘图区所显示的图形

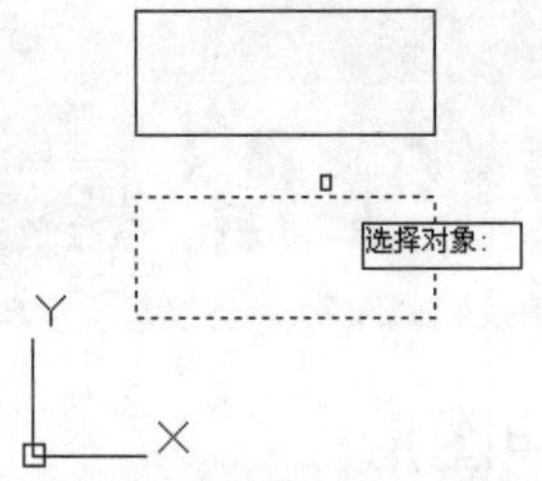


图 4-171　指定对角点后绘图区所显示的图形

选择对象：
指定基点或 [位移(D)] <位移>:

指定基点后绘图区如图 4-172 所示。

指定第二个点或 <使用第一个点作为位移>:

指定第二个点后绘制的图形如图 4-173 所示。

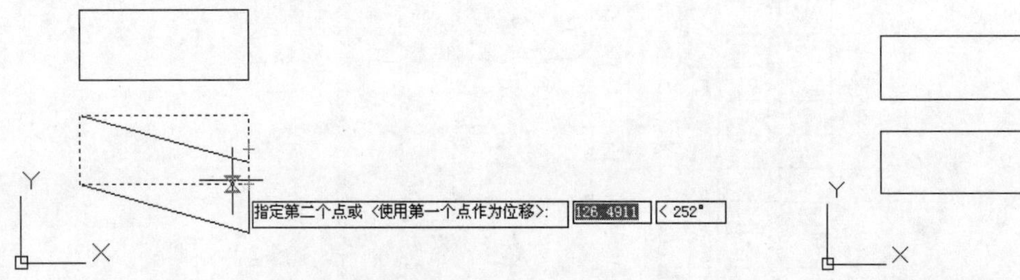


图 4-172　指定基点后绘图区所显示的图形　　图 4-173　选择【拉伸】命令绘制的图形

**提示**：圆等不能拉伸，选择【拉伸】命令时圆、点、块以及文字是特例，当基点在圆心、点的中心、块的插入点或文字行的最左边的点时是移动图形对象而不会拉伸。当基点在此中心之外，不会产生任何影响。

## 4.4.2　延伸图形

**行业知识链接**：【延伸】命令用于加长直线或者曲线，以到达某一位置。电气系统微机保护装置是用微型计算机构成的继电保护，是电力系统继电保护的发展方向(现已基本实现，尚需发展)，它具有高可靠性、高选择性、高灵敏度。微机保护装置硬件包括微处理器(单片机)为核心，配以输入、输出通道，人机接口和通信接口等。如图 4-174 所示是稳压器集成电路，输出线路可以进行延伸。

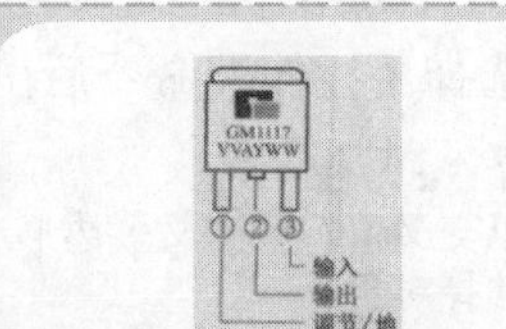


图 4-174　稳压器集成电路

AutoCAD 提供的【延伸】命令正好与【修剪】命令相反，它是将一个对象或它的投影面作为边界进行延长编辑。

选择【延伸】命令的 3 种方法如下。

(1) 单击【修改】工具栏上的【延伸】按钮。

(2) 在命令行中输入 extend 命令后按下 Enter 键。

(3) 在菜单栏中选择【修改】|【延伸】菜单命令。

执行【延伸】命令后出现捕捉按钮图标，在命令行中出现如下提示，要求用户选择实体作为将要被延伸的边界，这时可选取延伸实体的边界。

命令行窗口所示如下。

```
命令:_extend
当前设置:投影=视图,边=延伸
选择边界的边...
选择对象或 <全部选择>:找到 1 个
```

选取对象后绘图区如图 4-175 所示。

```
选择对象:
选择要延伸的对象,或按住 Shift 键选择要修剪的对象,或
[栏选(F)/窗交(C)/投影(P)/边(E)/放弃(U)]:e
```

选择边(E)后绘图区如图 4-176 所示。

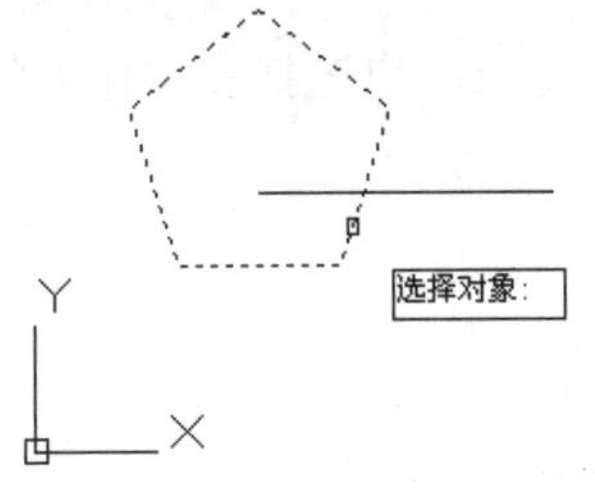


图 4-175　选择对象后绘图区所显示的图形

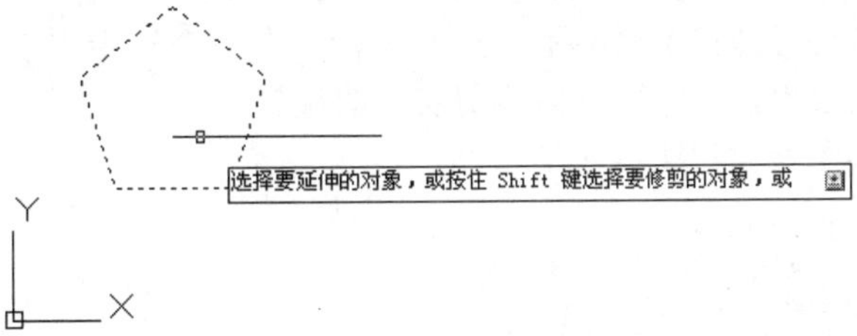

图 4-176　选择边(E)后绘图区所显示的图形

```
输入隐含边延伸模式 [延伸(E)/不延伸(N)] <延伸>:e
选择要延伸的对象,或按住 Shift 键选择要修剪的对象,或[栏选(F)/窗交(C)/投影(P)/边(E)/放弃(U)]:
```

选择【延伸】命令绘制的图形如图 4-177 所示。

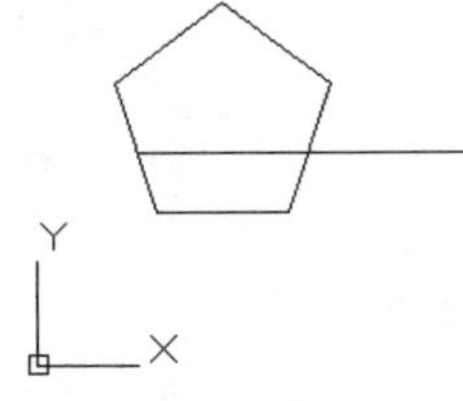


图 4-177　选择【延伸】命令绘制的图形

**提示**：在【延伸】命令中，AutoCAD 会一直认为用户要延伸实体，直至用户按下空格键或按下 Enter 键为止。

## 4.4.3 修剪图形

**行业知识链接**：修剪是完成草图线条绘制后的步骤，用于对多余线条的去除。如图 4-178 所示是互感电路原理图，绘制其中的元件时要使用【修剪】命令。

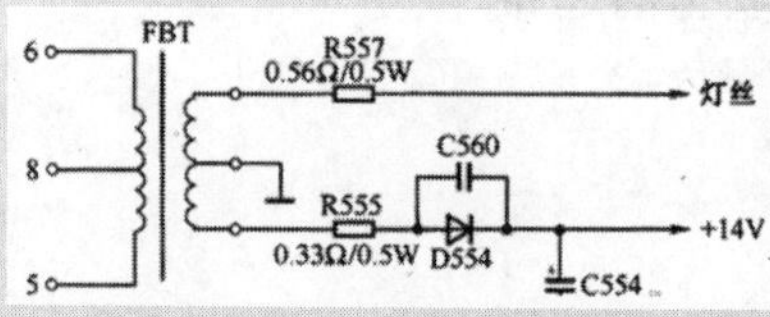


图 4-178 互感电路电路原理图

【修剪】命令的功能是将一个对象以另一个对象或它的投影面作为边界进行精确的修剪编辑。

选择【修剪】命令的 3 种方法如下。

(1) 单击【修改】工具栏上的【修剪】按钮。

(2) 在命令行中输入 trim 命令后按下 Enter 键。

(3) 在菜单栏中选择【修改】|【修剪】菜单命令。

选择【修剪】命令后出现□图标，在命令行中出现如下提示，要求用户选择实体作为将要被修剪实体的边界，这时可选取修剪实体的边界。

命令行窗口所示如下。

```
命令:_trim
当前设置:投影=UCS,边=延伸
选择剪切边...
选择对象或 <全部选择>:找到 1 个
```

选择对象后绘图区如图 4-179 所示。

```
选择对象:
选择要修剪的对象,或按住 Shift 键选择要延伸的对象,或
[栏选(F)/窗交(C)/投影(P)/边(E)/删除(R)/放弃(U)]:e
```

选择边(E)后绘图区如图 4-180 所示。

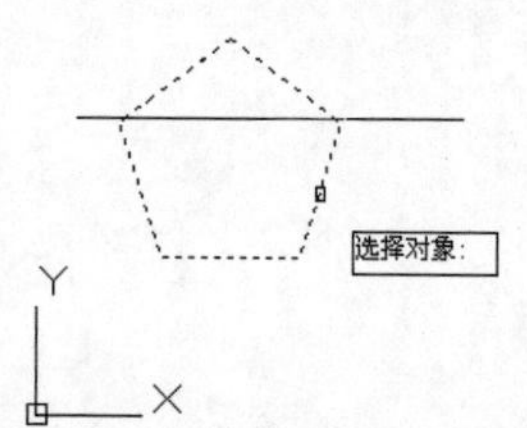


图 4-179 选择对象后绘图区所显示的图形

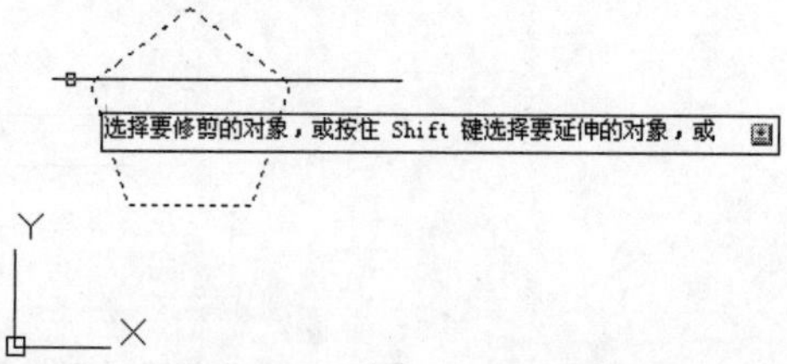

图 4-180 选择边(E)后绘图区所显示的图形

```
输入隐含边延伸模式 [延伸(E)/不延伸(N)] <延伸>:N
选择要修剪的对象,或按住 Shift 键选择要延伸的对象,或[栏选
(F)/窗交(C)/投影(P)/边(E)/删除(R)/放弃(U)]:
```

选择【修剪】命令绘制的图形如图 4-181 所示。

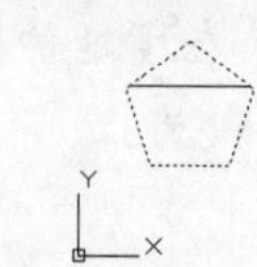


图 4-181 选择【修剪】命令绘制的图形

**提示：** 在【修剪】命令中，AutoCAD 会一直认为用户要修剪实体，直至按下空格键或 Enter 键为止。

## 4.4.4 倒角

**行业知识链接：**【倒角】命令用于对线条的直线连接，倒角时可设置距离、标高厚度、宽度等参数。如图 4-182 所示是线路的倒角示意图。

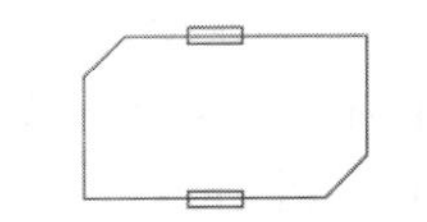

图 4-182 线路倒角示意图

【倒角】命令将按照要求的角度和距离对两条线进行连接。

执行【倒角】命令的 3 种方法如下。

(1) 单击【修改】工具栏上的【倒角】按钮。

(2) 在命令行中输入 chamfer 命令后按下 Enter 键。

(3) 在菜单栏中选择【修改】|【倒角】菜单命令。

选择【倒角】命令后，在命令行中出现如下提示，要求用户选择倒角直线，这时可选取倒角形式。

命令行窗口所示如下。

```
命令:_chamfer
(修剪模式) 当前倒角长度 = 45.0000, 角度 = 45
选择第一条直线或 [放弃(U)/多段线(P)/距离(D)/角度(A)/修剪(T)/方式(E)/多个(M)]:a
指定第一条直线的倒角长度 <45.0000>:2
指定第一条直线的倒角角度 <45>:45
选择第一条直线或 [放弃(U)/多段线(P)/距离(D)/角度(A)/修剪(T)/方式(E)/多个(M)]:
```

完成后绘图区如图 4-183 所示。

创建不同倒角距离的倒角，如图 4-184 所示。

```
命令:_chamfer
(修剪模式)当前倒角长度 = 2.0000,角度 = 45
选择第一条直线或 [放弃(U)/多段线(P)/距离(D)/角度(A)/修剪(T)/方式(E)/多个(M)]:d
指定第一个倒角距离 <0.0000>:2
指定第二个倒角距离 <2.0000>:1
选择第一条直线或 [放弃(U)/多段线(P)/距离(D)/角度(A)/修剪(T)/方式(E)/多个(M)]:
选择第二条直线,或按住 Shift 键选择直线以应用角点或 [距离(D)/角度(A)/方法(M)]:
```

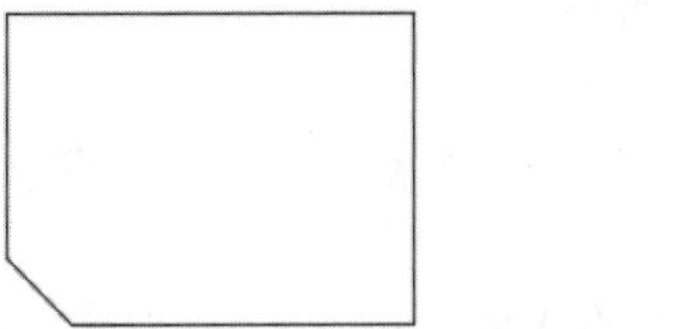

图 4-183 选择【倒角】命令绘制的图形

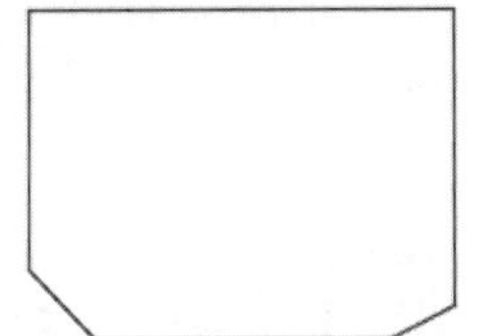

图 4-184 距离倒角

## 4.4.5 圆角

行业知识链接：【圆角】命令用于对直线的圆弧连接，如图 4-185 所示是电路原理图的圆弧连接示意图。

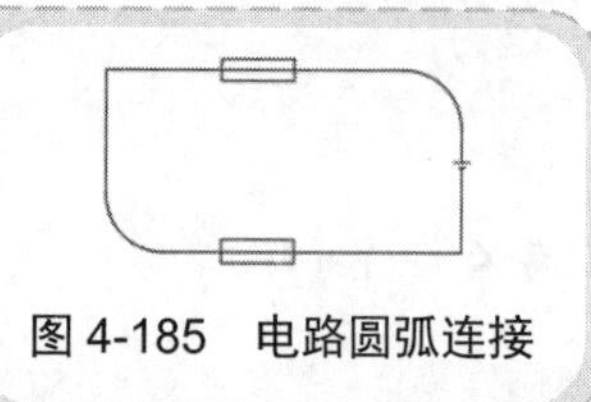

图 4-185　电路圆弧连接

【圆角】命令可以以一定半径的圆弧连接直线。

选择【圆角】命令的 3 种方法如下。

(1) 单击【修改】工具栏上的【圆角】按钮。

(2) 在命令行中输入 fillet 命令后按下 Enter 键。

(3) 在菜单栏中选择【修改】|【圆角】菜单命令。

选择【圆角】命令后，在命令行中出现如下提示，要求用户选择圆角对象，这时可选取圆角的两条边，并设置圆角半径，创建圆角。

命令行窗口所示如下：

```
命令:_fillet
当前设置:模式 = 修剪,半径 = 0.0000
选择第一个对象或[放弃(U)/多段线(P)/半径(R)/修剪(T)/多个(M)]:r
指定圆角半径 <0.0000>:3
选择第一个对象或[放弃(U)/多段线(P)/半径(R)/修剪(T)/多个(M)]:
选择第二个对象,或按住 Shift 键选择对象以应用角点或[半径(R)]:
```

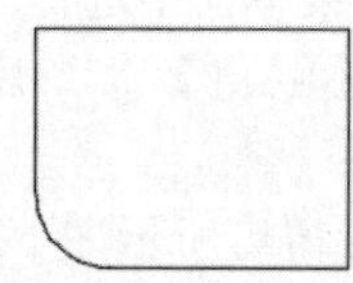

图 4-186　选择【圆角】命令绘制的图形

完成后绘图区如图 4-186 所示。

## 课后练习

案例文件：ywj\04\03.dwg

视频文件：光盘\视频课堂\第 4 教学日\4.4

练习案例分析及步骤如下。

本节课后练习创建 MSG1080 型磨床电气原理图，磨床是利用磨具对工件表面进行磨削加工的机床。大多数的磨床是使用高速旋转的砂轮进行磨削加工，少数的是使用油石、砂带等其他磨具和游离磨料进行加工。如图 4-187 所示是完成的 MSG1080 型磨床电气原理图。

本节案例主要练习 MSG1080 型磨床电气原理图的绘制，原理图分为不同区域，首先绘制电感部分，即左半部分支路，之后绘制右部主要支路，最后绘制右下部的支路，最后添加文字。绘制 MSG1080 型磨床电气原理图的思路和步骤如图 4-188 所示。

练习案例的操作步骤如下。

step 01 绘制电路的左半部分支路，单击【默认】选项卡的【绘图】工具栏中的【矩形】按钮，绘制如图 4-189 所示的电阻。

step 02 单击【默认】选项卡的【绘图】工具栏中的【图案填充】按钮，完成如图 4-190 所示的电阻图案填充。

step 03 单击【默认】选项卡的【绘图】工具栏中的【圆弧】按钮，绘制如图 4-191 所示的圆弧。

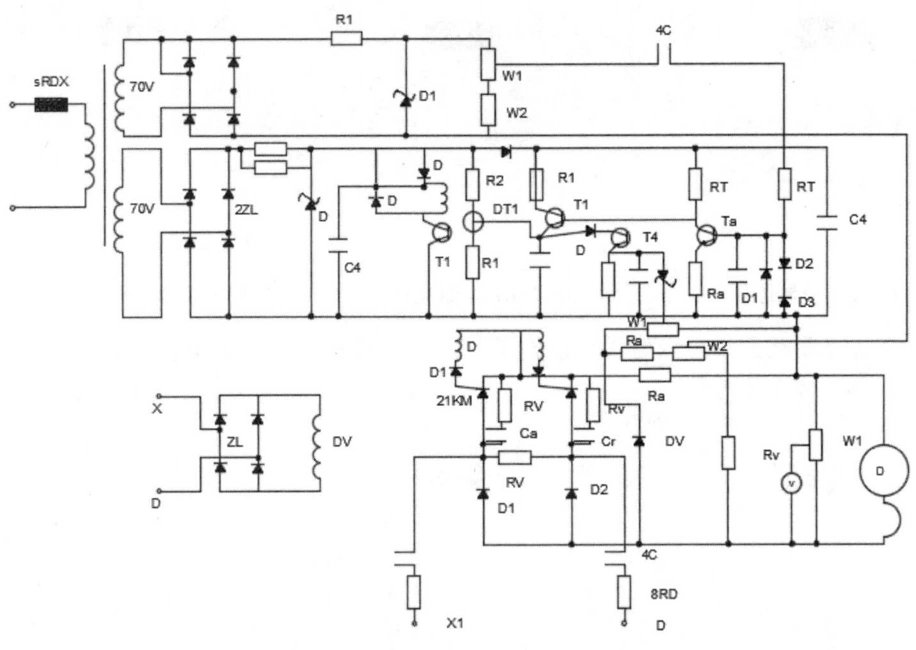


图 4-187　完成的 MSG1080 型磨床电气原理图

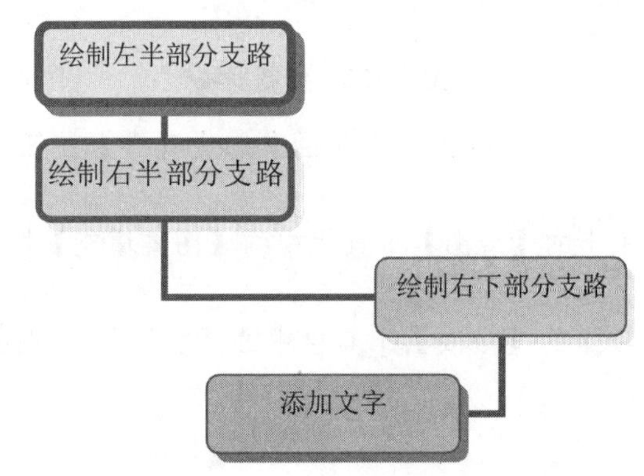


图 4-188　绘制 MSG1080 型磨床电气原理图的步骤

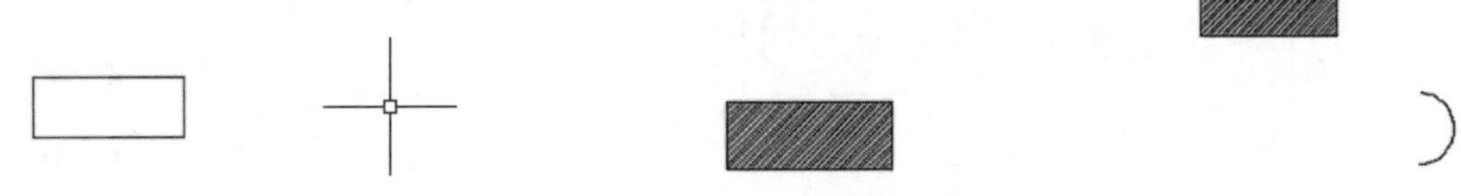

图 4-189　绘制电阻　　图 4-190　电阻图案填充　　图 4-191　绘制圆弧

step 04 单击【默认】选项卡的【修改】工具栏中的【复制】按钮，复制圆弧，如图 4-192 所示。

step 05 单击【默认】选项卡的【绘图】工具栏中的【直线】按钮，绘制如图 4-193 所示的线路。

step 06 单击【默认】选项卡的【绘图】工具栏中的【圆】按钮，绘制如图 4-194 所示的节点圆。

step 07 单击【默认】选项卡的【修改】工具栏中的【修剪】按钮，快速修剪圆形，如图 4-195 所示。

step 08 单击【默认】选项卡的【绘图】工具栏中的【直线】按钮，绘制如图 4-196 所示的垂线。

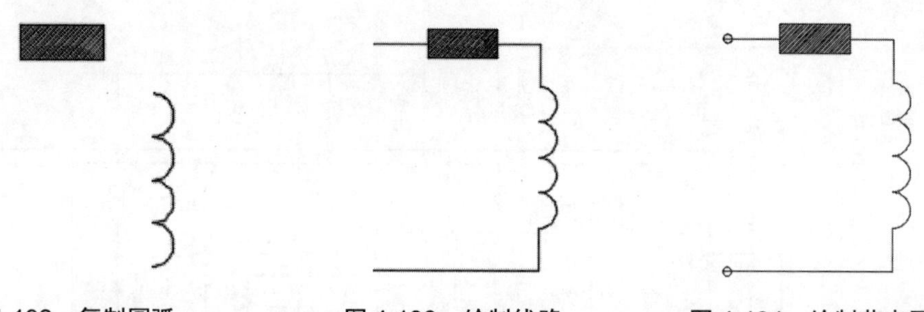

图 4-192 复制圆弧　　图 4-193 绘制线路　　图 4-194 绘制节点圆

step 09 单击【默认】选项卡的【修改】工具栏中的【复制】按钮，复制圆弧，完成电感线圈复制，如图 4-197 所示。

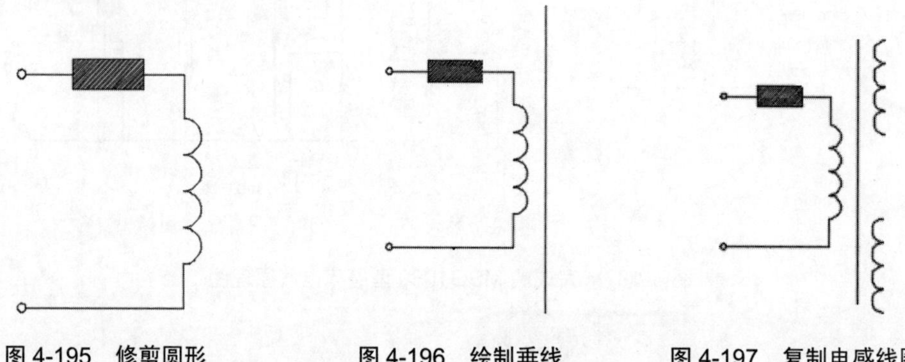

图 4-195 修剪圆形　　图 4-196 绘制垂线　　图 4-197 复制电感线圈

step 10 单击【默认】选项卡的【绘图】工具栏中的【直线】按钮，绘制如图 4-198 所示的二极管。

step 11 单击【默认】选项卡的【绘图】工具栏中的【图案填充】按钮，完成如图 4-199 所示的图案填充。

step 12 单击【默认】选项卡的【修改】工具栏中的【复制】按钮，复制二极管，如图 4-200 所示。

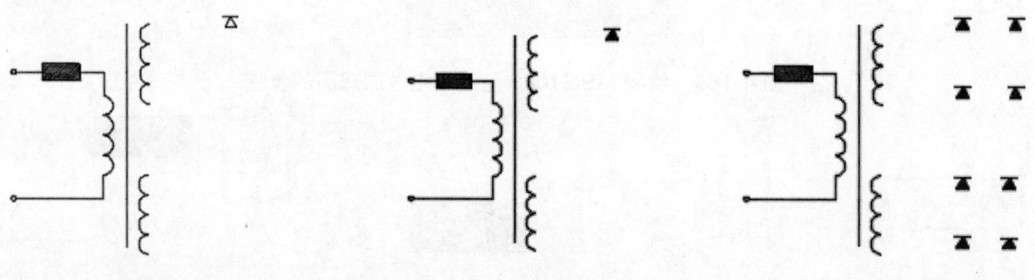

图 4-198 绘制二极管　　图 4-199 填充图案　　图 4-200 复制二极管

step 13 单击【默认】选项卡的【绘图】工具栏中的【矩形】按钮，绘制如图 4-201 所示的电阻。

step 14 单击【默认】选项卡的【绘图】工具栏中的【直线】按钮，绘制如图 4-202 所示的图形。

step 15 单击【默认】选项卡的【修改】工具栏中的【复制】按钮，复制电阻等元件，如图 4-203 所示。

step 16 单击【默认】选项卡的【绘图】工具栏中的【直线】按钮，绘制如图 4-204 所示的平行线。

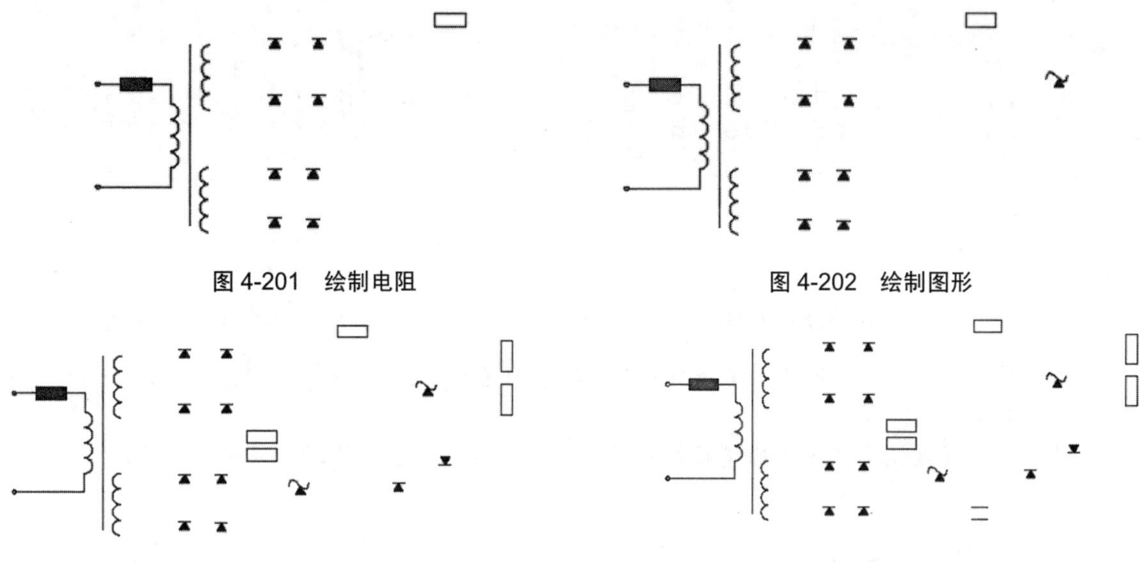

图 4-201 绘制电阻

图 4-202 绘制图形

图 4-203 复制电阻等元件

图 4-204 绘制平行线

step 17 单击【默认】选项卡的【绘图】工具栏中的【圆弧】按钮，绘制如图 4-205 所示的圆弧。

step 18 单击【默认】选项卡的【绘图】工具栏中的【圆】按钮，绘制如图 4-206 所示的圆。

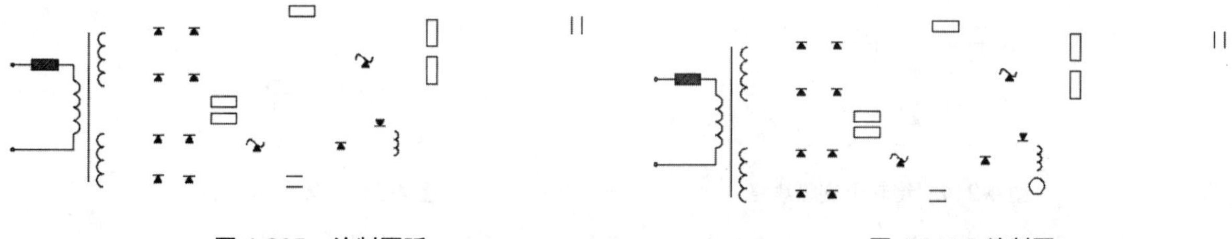

图 4-205 绘制圆弧

图 4-206 绘制圆

step 19 单击【默认】选项卡的【绘图】工具栏中的【直线】按钮，绘制如图 4-207 所示的三极管。

step 20 单击【默认】选项卡的【修改】工具栏中的【复制】按钮，复制三极管、电容等元件，如图 4-208 所示。

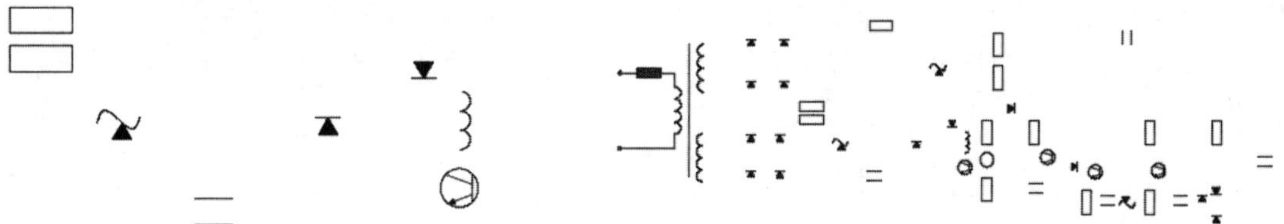

图 4-207 绘制三极管

图 4-208 复制三极管、电容等元件

step 21 单击【默认】选项卡的【修改】工具栏中的【复制】按钮，复制二极管，如图 4-209 所示。

step 22 单击【默认】选项卡的【修改】工具栏中的【复制】按钮，复制线圈，如图 4-210 所示。

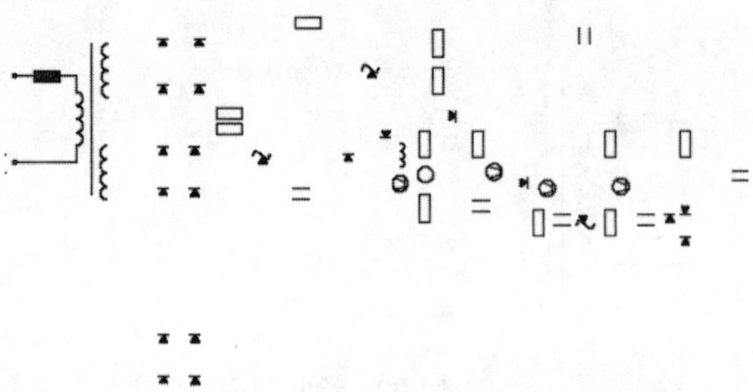

图 4-209 复制二极管

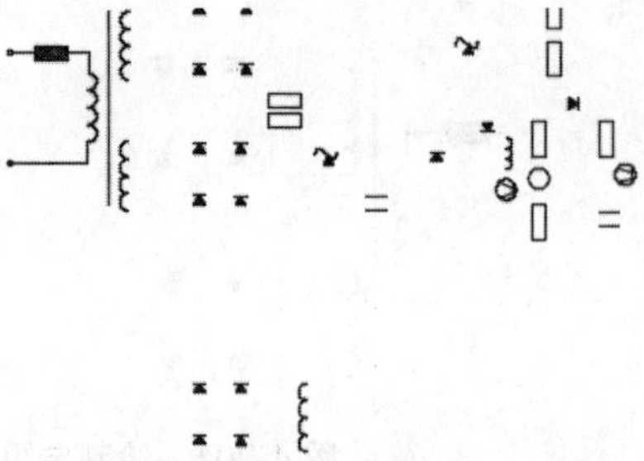

图 4-210 复制线圈

step 23 单击【默认】选项卡的【绘图】工具栏中的【直线】按钮，绘制如图 4-211 所示的小支路线路。

step 24 单击【默认】选项卡的【修改】工具栏中的【复制】按钮，复制节点圆，如图 4-212 所示。

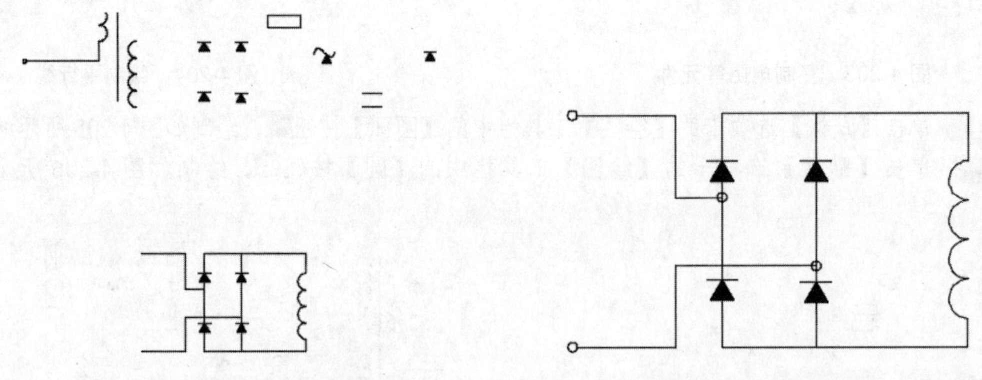

图 4-211 绘制小支路线路

图 4-212 复制节点圆

step 25 单击【默认】选项卡的【修改】工具栏中的【复制】按钮，复制电阻、电容和二极管，如图 4-213 所示，完成电路左半部分支路的绘制。

step 26 开始绘制右半部分支路，单击【默认】选项卡的【绘图】工具栏中的【圆】按钮，绘制如图 4-214 所示的圆。

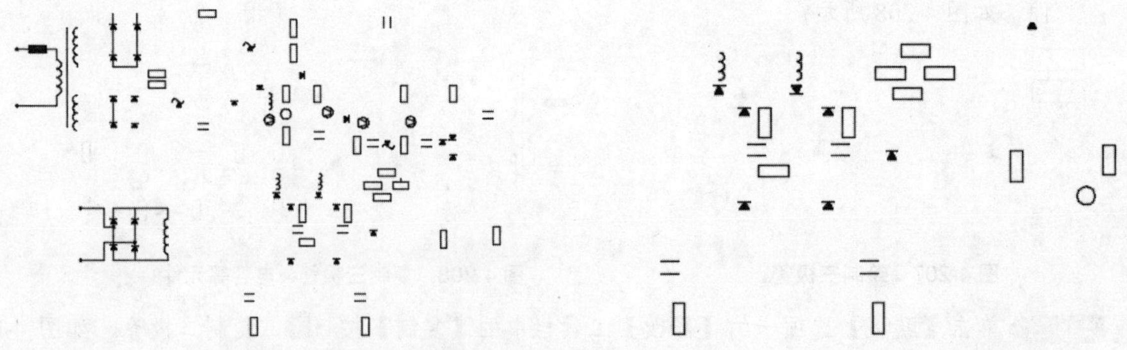

图 4-213 复制电阻、电容和二极管

图 4-214 绘制圆

step 27 单击【默认】选项卡的【注释】工具栏中的【文字】按钮A，绘制如图 4-215 所示的文字“V”。

step 28 单击【默认】选项卡的【绘图】工具栏中的【圆】按钮，绘制如图4-216所示的大圆。

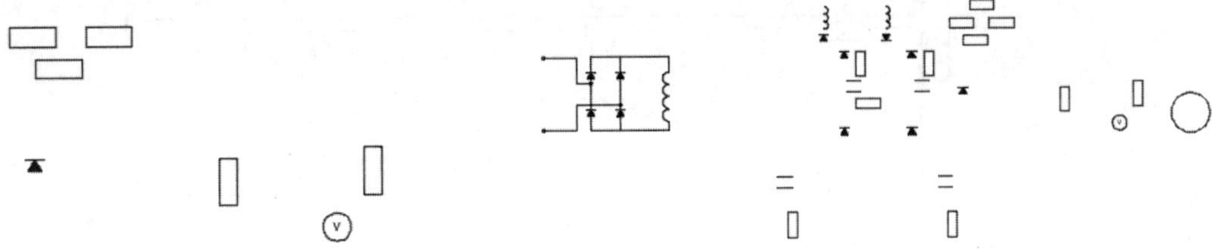

图4-215 添加文字“V”

图4-216 绘制大圆

step 29 单击【默认】选项卡的【注释】工具栏中的【文字】按钮A，绘制如图4-217所示的文字“D”。

step 30 单击【默认】选项卡的【绘图】工具栏中的【直线】按钮，绘制如图4-218所示的上部线路。

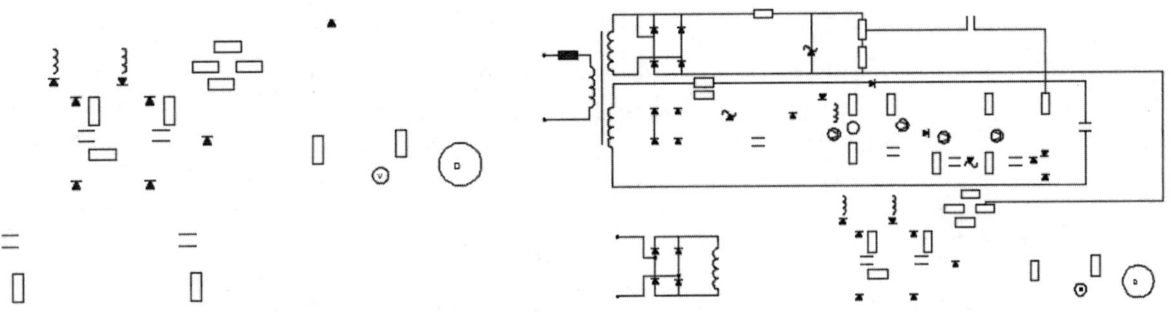

图4-217 添加文字“D”

图4-218 绘制上部线路

step 31 单击【默认】选项卡的【绘图】工具栏中的【直线】按钮，绘制如图4-219所示的下部线路。

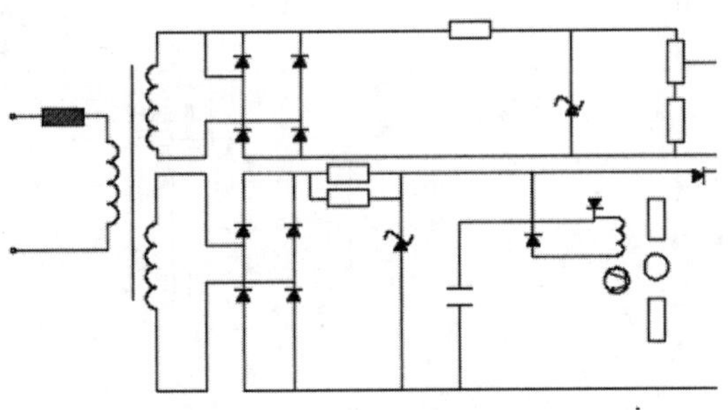

图4-219 绘制下部线路

step 32 单击【默认】选项卡的【绘图】工具栏中的【直线】按钮，绘制如图4-220所示的右部线路。

step 33 单击【默认】选项卡的【绘图】工具栏中的【直线】按钮，绘制如图4-221所示的支路线路。

step 34 完成右部支路的绘制，如图4-222所示。

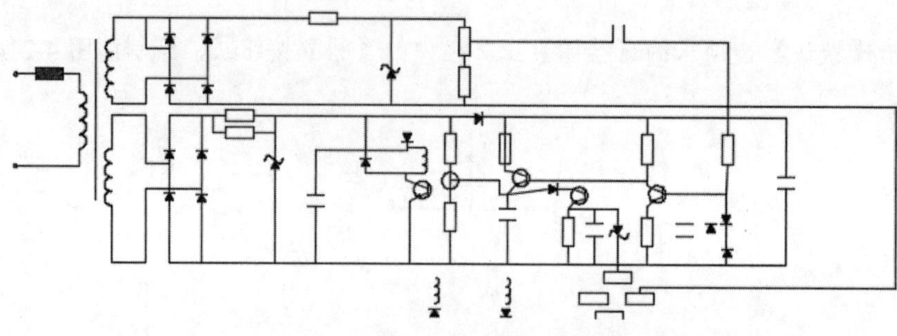

图 4-220　绘制右部线路

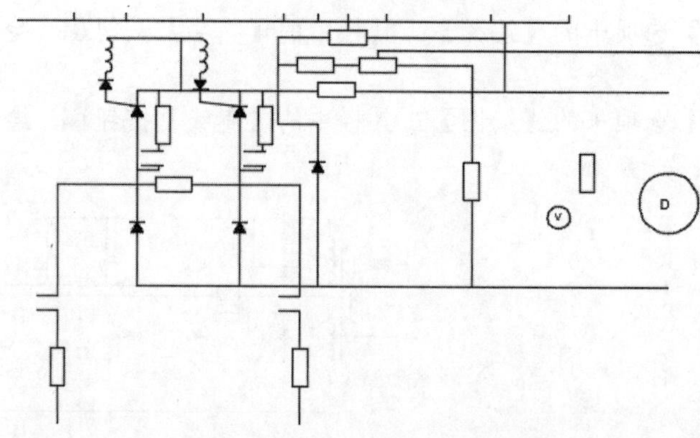

图 4-221　绘制支路线路

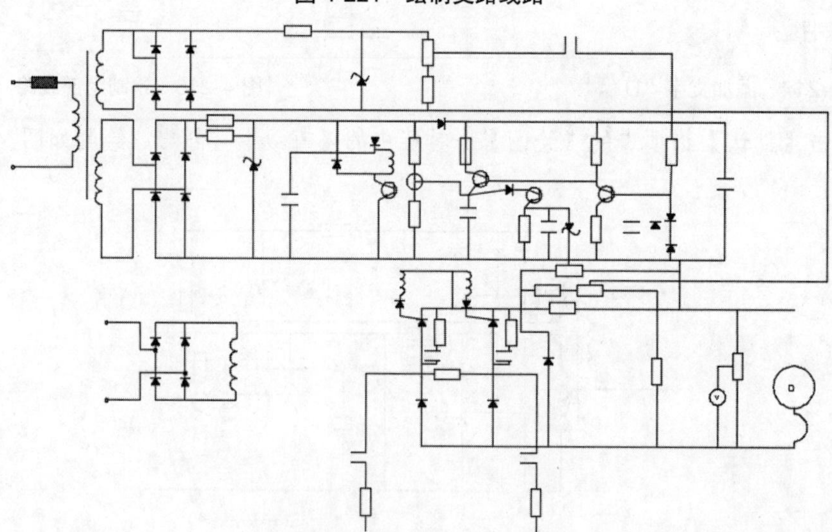

图 4-222　完成右部支路

step 35 绘制下部支路，单击【默认】选项卡的【修改】工具栏中的【复制】按钮，复制节点圆，如图 4-223 所示。

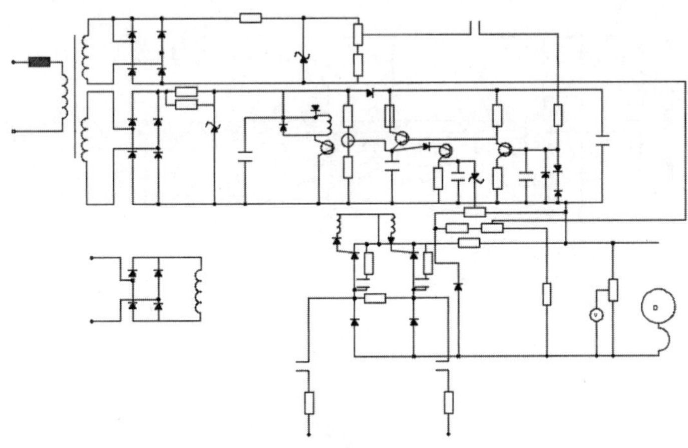

图 4-223　复制节点圆

step 36 单击【默认】选项卡的【注释】工具栏中的【文字】按钮A，绘制如图 4-224 所示的线路上部文字。

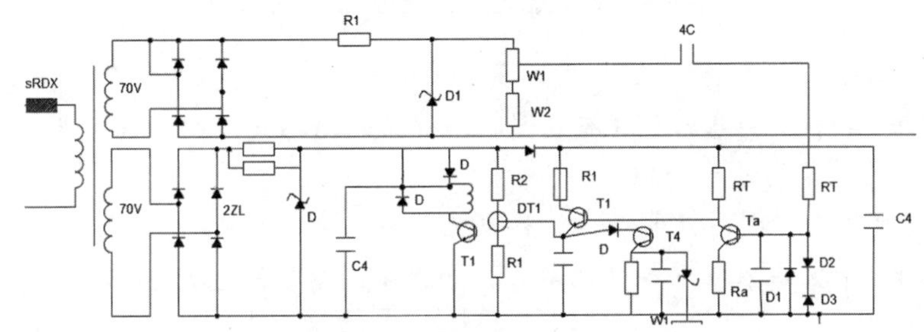


图 4-224　添加线路上部文字

step 37 单击【默认】选项卡的【注释】工具栏中的【文字】按钮A，绘制如图 4-225 所示的线路下部文字。

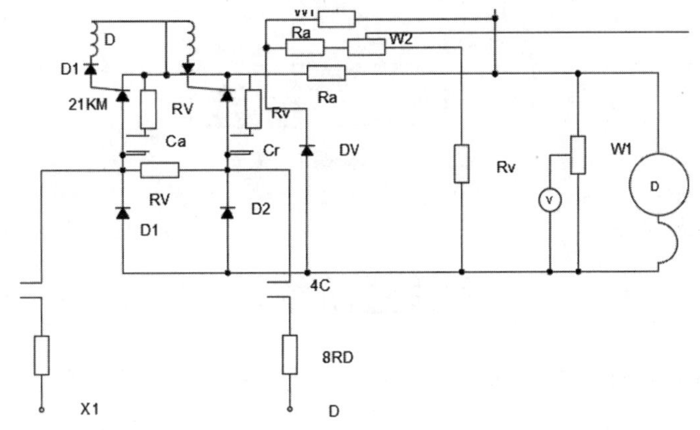


图 4-225　添加线路下部文字

step 38 完成 MSG1080 型磨床电气原理图的绘制，如图 4-226 所示。

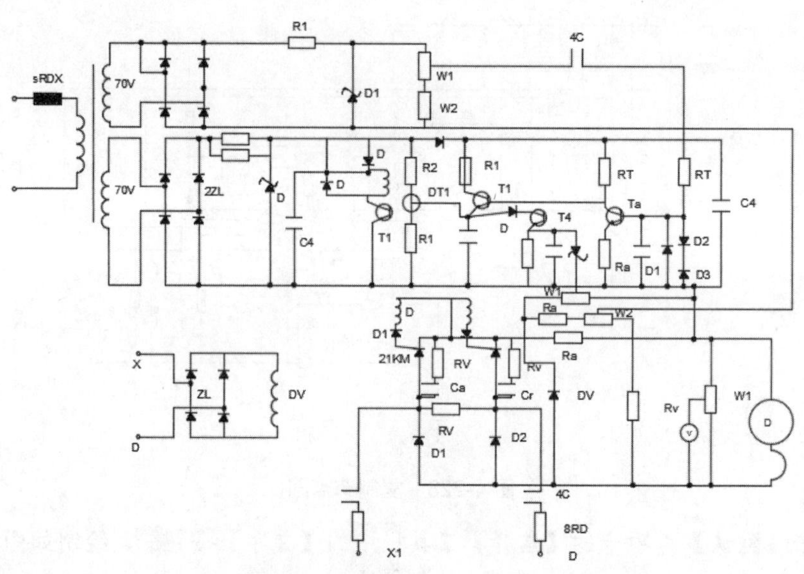

图 4-226　完成 MSG1080 型磨床电气原理图

**电气设计实践：**(1) 绘制电器元件布置图时，机床的轮廓线用细实线或点划线表示，电器元件均用粗实线绘制出简单的外形轮廓。

(2) 绘制电器元件布置图时，电动机要和被拖动的机械装置画在一起；行程开关应画在获取信息的地方；操作手柄应画在便于操作的地方。如图 4-227 所示是控制电路的一部分。

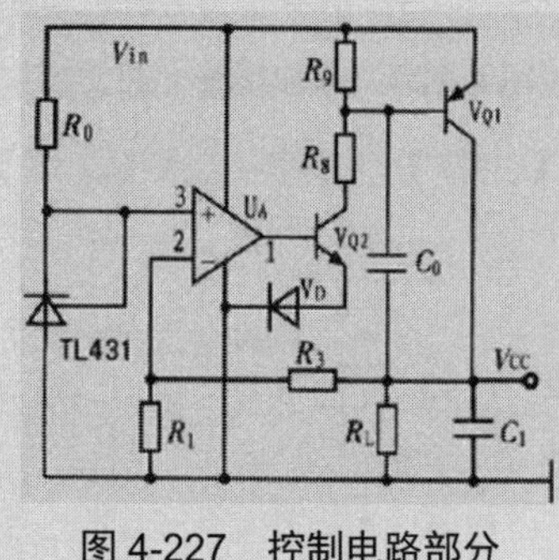

图 4-227　控制电路部分

## 阶段进阶练习

本章主要介绍了 AutoCAD 2016 中如何更加快捷地选择图形以及图形编辑命令，并对 AutoCAD 的图形编辑技巧进行了详细的讲解，包括删除图形、恢复图形、复制图形、镜像图形以及修改图形等。通过本章的学习，读者应该可以熟练掌握 AutoCAD 2016 中选择、编辑图形的方法。

绘制电器元件布置图时，各电器元件之间，上、下、左、右应保持一定的间距，并且应考虑器件的发热和散热因素，应便于布线、接线和检修。使用本教学日学过的各种命令来创建如图 4-228 所示的输出开关电源电路图纸。

一般创建步骤和方法如下。

(1) 使用【直线】、【矩形】等命令绘制圆角。

(2) 使用【直线】命令绘制线路。

(3) 绘制电感线圈。

(4) 标注文字。

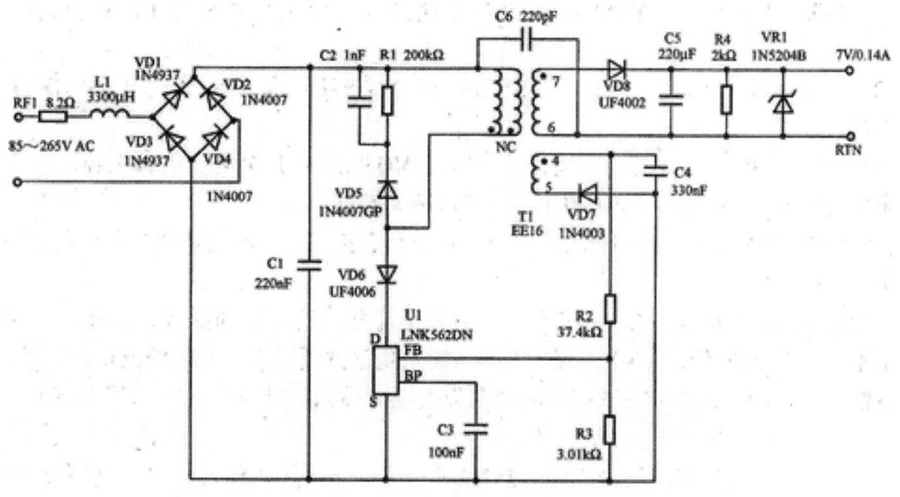


图 4-228　输出开关电源电路

设计师职业培训教程

# 第5教学日

在 AutoCAD 中使用精确定位功能可以迅速到达需要的位置进行绘图，使用追踪和捕捉功能可以得到需要的图形或目标。通常，绘制图纸时，要新建图层，使用不同的图层可以有效区分不同属性的图线。本章将详细介绍如【捕捉】、【约束】、【追踪】，以及【新建图层】等命令的使用方法。

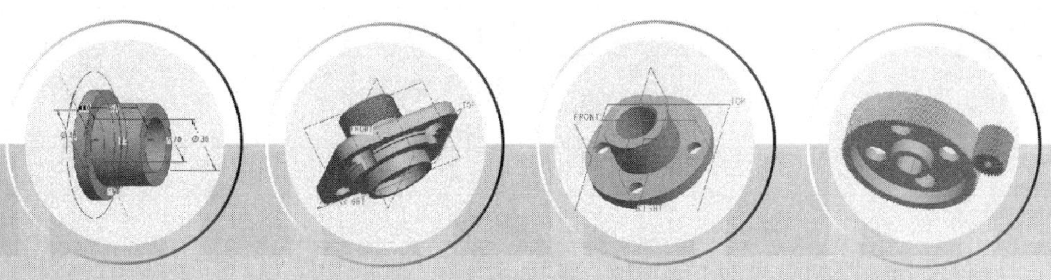

# 第1课 1课时 设计师职业知识——电气符号

常用电气设备的文字符号有：自动重合闸装置的文字符号为 ARD，电容、电容器的文字符号为C，避雷器的文字符号为 F，熔断器的文字符号为 FU，发电机、电源的文字符号为 G，指示灯、信号灯的文字符号为 HL，继电器、接触器的文字符号为 K，电流继电器的文字符号为 KA，中间继电器的文字符号为 KM，热继电器、温度继电器的文字符号为 KH，时间继电器的文字符号为 KT，电动机的文字符号为 M，中性线的文字符号为 N，电流表的文字符号为 PA，保护线的文字符号为 PE，保护中性线的文字符号为 PEN，电能表的文字符号为 PJ，电压表的文字符号为 PV，电力开关的文字符号为Q，断路器的文字符号为 QF，刀开关的文字符号为 QK，隔离开关的文字符号为 QS，电阻器的文字符号为 R，启辉器的文字符号为 S，按钮的文字符号为 SB，变压器的文字符号为 T，电流互感器的文字符号为 TA，电压互感器的文字符号为 TV，变流器、整流器的文字符号为 U，导线、母线的文字符号为 W，端子板的文字符号为 X，电磁铁的文字符号为 YA，跳闸线圈、脱扣器的文字符号为 YR 等。

一些常用的电气图形符号如表 5-1 所示。

表 5-1　电气图形符号

| 序　号 | 图形符号 | 说　明 |
|---|---|---|
| 1 | | 开关(机械式) |
| 2 | | 当操作器件被吸合时延时，闭合的动合触点 |
| 3 | | 当操作器件被吸合或释放时，暂时闭合的过渡动合触点 |
| 4 | | 双绕组变压器 |
| 5 | | 三绕组变压器 |
| 6 | | 电阻器的一般符号 |
| 7 | | 可变电阻器<br>可调电阻器 |
| 8 | | 滑动触点电位器 |
| 9 | | 电压表 |
| 10 | | 电流表 |
| 11 | | 控制及信号线路(电力及照明用) |
| 12 | | 原电池或蓄电池 |
| 13 | | 原电池组或蓄电池组 |

续表

| 序　号 | 图形符号 | 说　明 |
|---|---|---|
| 14 | | 接地的一般符号 |
| 15 | | 接机壳或接底板 |
| 16 | | 电铃 |
| 17 | | 扬声器 |
| 18 | | 发声器 |
| 19 | | 电话机 |

## 5.2.1　设置界限和单位

**机械设计实践：**绘图界限可以约束打印范围。电气安装接线图主要用于电气设备的安装配线、线路检查、线路维修和故障处理。如图5-1所示是PLC接线图，要表示出各电气设备、电器元件之间的实际接线情况，并标注出外部接线所需的数据，打印时要设置界限。

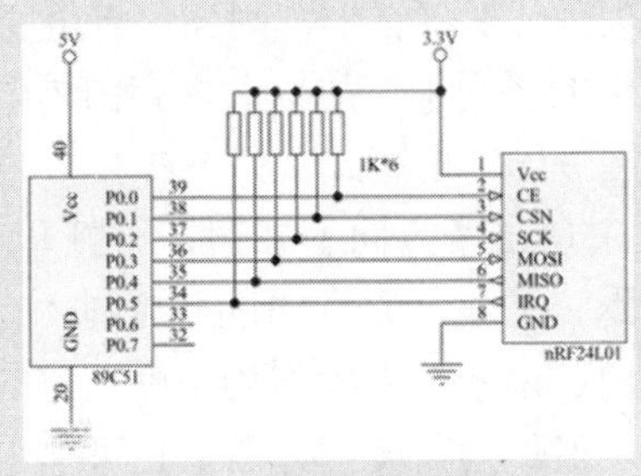


图5-1　PLC接线图

绘制图形的过程中，绘图界限和绘图单位的设置是非常重要的，在一般情况下，绘图界限和绘图单位都采用样板文件的默认设置。

### 1. 设置绘图界限

在AutoCAD中绘制完图形后，通常需要将其输出打印到图纸上。在现实生活中常用的图纸规格为0～5号图纸(A5～A0)，B5也是常用图纸规格之一，所以应根据图纸的大小设置对应的绘图范围。

绘图界限是代表绘图极限范围的两个二维点，这两个二维点分别表示绘图范围的左下角至右上角的图形边界。

设置绘图界限首先需要选择【图形界限】命令，其方法有如下几种。

(1) 选择【格式】|【图形界限】菜单命令。

(2) 在命令输入行中输入limits命令。

范例：选择【图形界限】命令，设定绘图界限范围为 594mm×420mm(3 号图纸)。

选择【图形界限】命令，设置绘图界限，命令输入行提示如下。

```
命令:limits                                          //选择【图形界限】命令
重新设置模型空间界限:                                 //系统提示
指定左下角点或 [开(ON)/关(OFF)] <0.0000,0.0000>:      //按 Enter 键确定左下角坐标
指定右上角点<420.0000,297.0000>:594,420               //输入右上角坐标
```

在命令的执行过程中，命令输入行将提示“开(ON)/关(OFF)”选项,该选项起着控制打开或关闭检查功能的作用。在打开(ON)的状态下只能在设置的绘图范围内进行绘图,而在关闭(OFF)状态下绘制的图形并不受图形界限的限制。

### 2. 设置绘图单位

使用 AutoCAD 编辑图形时，一般需要对绘图单位进行设置，即设置在绘图过程中采用的单位。

设置绘图单位首先需要选择【单位】命令，其方法有如下几种。

(1) 选择【格式】|【单位】菜单命令。

(2) 在命令输入行中输入 units/ddunits/un 命令。

执行上面任意一种方法后，都将打开【图形单位】对话框，如图 5-2 所示，可以进行如下设置。

在【长度】选项组的【类型】下拉列表框中设置长度尺寸的单位类型。选择了相应的单位类型后，即可在【精度】下拉列表框中选择相应的单位精度值。

在【角度】选项组中为角度尺寸设置单位类型及单位精度。AutoCAD 默认角度方向为逆时针方向。若在【角度】选项组中选中【顺时针】复选框，则表示将角度方向设置为顺时针方向。

在【插入时的缩放单位】选项组的【用于缩放插入内容的单位】下拉列表框中，用户可设置在绘图过程中需要调用其他图形到绘图区中的单位制式。

另外，在【图形单位】对话框中单击【方向】按钮，可打开【方向控制】对话框，如图 5-3 所示。通过该对话框可对 AutoCAD 默认的角度正方向进行控制，有【东】、【北】、【西】、【南】及【其他】选项，即可以东、北、西、南四个方向作为角度正方向。若选择【其他】单选按钮，则可在【角度】文本框中指定相应的角度值作为角度正方向，也可单击【拾取角度】按钮，然后在绘图区中拾取两点作为角度正方向。在【图形单位】对话框中设置完参数后，单击【确定】按钮即可。

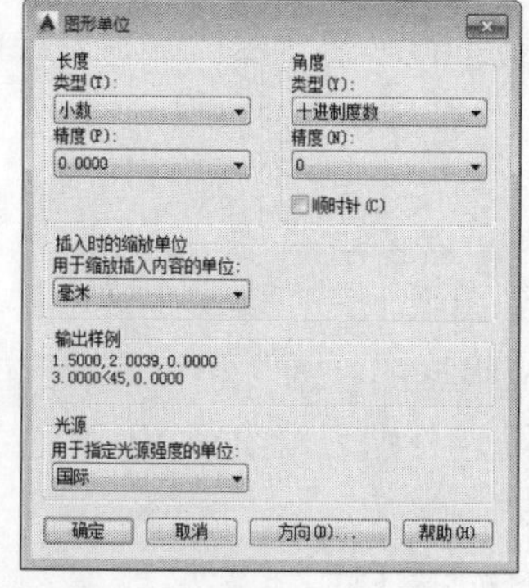


图 5-2 【图形单位】对话框

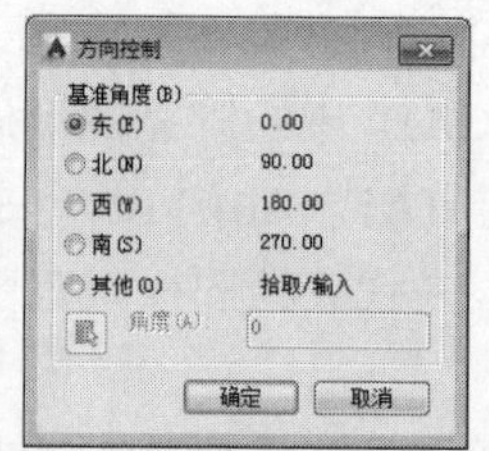


图 5-3 【方向控制】对话框

## 5.2.2 设置精确绘图的辅助功能

**行业知识链接：**绘制电气安装接线图时，各电器元件均按其在安装底板中的实际位置绘出。元件所占图面按实际尺寸以统一比例绘制。如图 5-4 所示是配电柜接线图，绘制元件接线时需要开启捕捉功能。

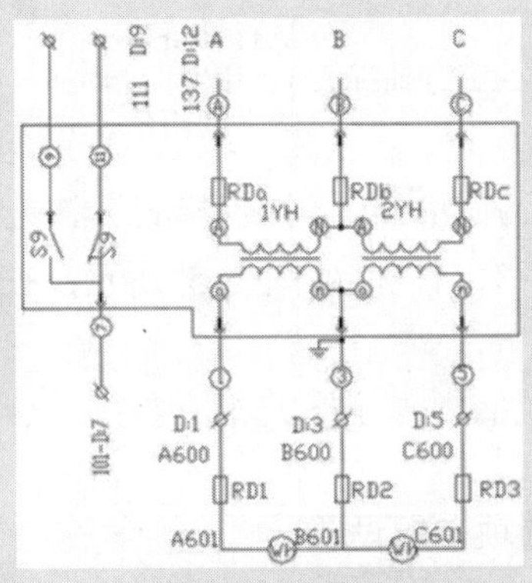


图 5-4 配电柜接线图

在绘制图形的过程中，充分利用栅格和捕捉、正交模式、对象捕捉、对象追踪等辅助功能，将提高绘图的速度。

### 1. 使用捕捉与栅格功能

使用栅格和捕捉功能在绘图过程中能更好地定位坐标位置。

使用捕捉功能可快速在绘图区中拾取固定的点，从而方便绘制需要的图形。

单击状态栏中的【对象捕捉】按钮，当该按钮显示为蓝色时，表示启用了捕捉功能。此时若启动绘图命令，绘图光标在绘图中将会按一定的间隔移动。再次单击【对象捕捉】按钮，当该按钮显示为灰色时，则表示关闭捕捉功能。

使用 snap 命令可设置在绘图区中间隔移动的间距值。

范例：启用捕捉功能，并将绘图光标在绘图区中的捕捉间距值设为 30。

单击【对象捕捉】按钮，使其处于蓝色状态。

执行 snap 命令，设置绘图光标在绘图区的捕捉间距值，命令输入行提示如下。

```
命令:snap                                         //执行捕捉命令
指定捕捉间距或 [打开(ON)/关闭(OFF)/纵横向间距(A)/传统(L)/样式(S)/类型(T)] <10.0000>:30
//输入间距值,并按 Enter 键
```

### 2. 使用栅格功能

启用了捕捉功能后，用户并不能看到绘图区中的捕捉点，此时可通过栅格功能来进行辅助以提高制图效率。

通过单击状态栏中的【栅格显示】按钮，可按用户指定的 X、Y 方向间距在绘图界限内显示栅格点阵。使用栅格功能是为了让用户在绘图时有一个直观的定位参照。单击【栅格显示】按钮，可开启或关闭栅格显示。

使用 grid 命令可对栅格功能参数进行设置，如点间距、开关状态等。

范例：启用栅格功能，并将绘图光标在绘图区中的栅格间距值设为 30。

单击【栅格显示】按钮，使其处于选中状态。

执行 grid 命令，设置绘图光标在绘图区的栅格间距值，命令输入行提示如下。

```
命令:grid                                        //执行栅格命令
指定栅格间距(X) 或 [开(ON)/关(OFF)/捕捉(S)/主(M)/自适应(D)/界限(L)/跟随(F)/纵横向间距(A)]
<10.0000>:50                                     //输入间距值，并按 Enter 键
```

若用户在状态栏的【栅格显示】按钮或【捕捉模式】按钮上右击，在弹出的快捷菜单中选择【设置】选项，会打开【草图设置】对话框，如图 5-5 所示，在其中也可设置捕捉和栅格的间距及开关状态。

用户应注意，要在对话框中设置捕捉与栅格的相应参数，首先得启用捕捉与栅格功能，即应选中【启用捕捉】和【启用栅格】复选框。

下面详细介绍【捕捉和栅格】选项卡的设置。

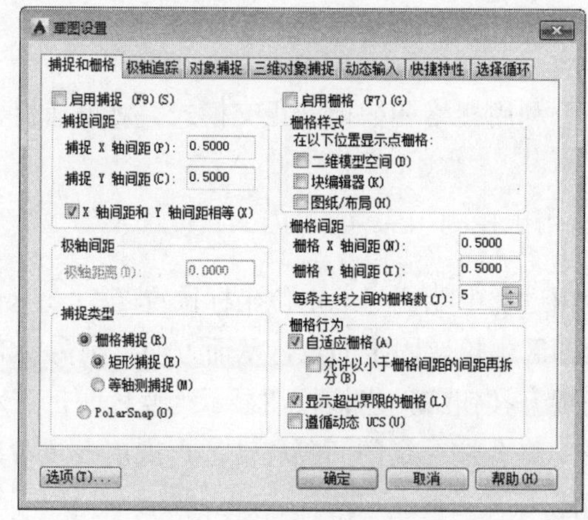


图 5-5 【草图设置】对话框

(1) 【启用捕捉】复选框：用于打开或关闭捕捉模式。用户也可以通过单击状态栏上的【捕捉】按钮，或按 F9 键，或使用 SNAPMODE 系统变量，来打开或关闭捕捉模式。

(2) 【捕捉间距】选项组：用于控制捕捉位置处的不可见矩形栅格，以限制光标仅在指定的 X 和 Y 间隔内移动。

- 【捕捉 X 轴间距】：指定 X 方向的捕捉间距。间距值必须为正实数。
- 【捕捉 Y 轴间距】：指定 Y 方向的捕捉间距。间距值必须为正实数。
- 【X 轴间距和 Y 轴间距相等】：为捕捉间距和栅格间距强制使用同一 X 和 Y 间距值。捕捉间距可以与栅格间距不同。

(3) 【极轴间距】选项组：用于控制极轴捕捉增量距离。

【极轴距离】：在选中【捕捉类型】选项组下的 PolarSnap 单选按钮时，设置捕捉增量距离。如果该值为 0，则极轴捕捉距离采用【捕捉 X 轴间距】的值。

(4) 【捕捉类型】选项组：用于设置捕捉样式和捕捉类型。

- 【栅格捕捉】：设置栅格捕捉类型。如果指定点，光标将沿垂直或水平栅格点进行捕捉。
- 【矩形捕捉】：将捕捉样式设置为标准“矩形”捕捉模式。当捕捉类型设置为“栅格”并且打开“捕捉”模式时，光标将捕捉矩形栅格。
- 【等轴测捕捉】：将捕捉样式设置为“等轴测”捕捉模式。当捕捉类型设置为“栅格”并且打开“捕捉”模式时，光标将捕捉等轴测捕捉栅格。
- PolarSnap：将捕捉类型设置为 PolarSnap。如果打开了“捕捉”模式并在极轴追踪打开的情况下指定点，光标将沿在【极轴追踪】选项卡上相对于极轴追踪起点设置的极轴对齐角度进行捕捉。

(5) 【启用栅格】复选框：用于打开或关闭栅格。用户也可以通过单击状态栏上的【栅格】按钮，或按 F7 键，或使用 GRIDMODE 系统变量，来打开或关闭栅格模式。

(6) 【栅格间距】选项组：用于控制栅格的显示，有助于形象化显示距离。注意：limits 命令和 GRIDDISPLAY 系统变量控制栅格的界限。

- 【栅格 X 轴间距】：指定 X 轴方向上的栅格间距。如果该值为 0，则栅格采用【捕捉 X 轴间距】的值。
- 【栅格 Y 轴间距】：指定 Y 轴方向上的栅格间距。如果该值为 0，则栅格采用【捕捉 Y 轴间距】的值。
- 【每条主线之间的栅格数】：指定主栅格线相对于次栅格线的频率。VSCURRENT 设置为除二维线框之外的任何视觉样式时，将显示栅格线而不是栅格点。

(7) 【栅格行为】选项组：用于控制当 VSCURRENT 设置为除二维线框之外的任何视觉样式时，所显示栅格线的外观。

- 【自适应栅格】：栅格间距缩小时，限制栅格密度。
- 【允许以小于栅格间距的间距再拆分】：栅格间距放大时，生成更多间距更小的栅格线。主栅格线的频率确定这些栅格线的频率。
- 【显示超出界线的栅格】：用于显示超出 limits 命令指定区域的栅格。
- 【遵循动态 UCS】：用于更改栅格平面以遵循动态 UCS 的 XY 平面。

## 5.2.3 使用正交与极轴功能

**行业知识链接：**绘制电气安装接线图时，一个元件的所有部件应绘制在一起，并用点划线框起来，有时也将多个电器元件用点划线框起来，表示它们是安装在同一安装底板上的。如图 5-6 所示是电表接线图，水平和竖直线路的绘制，都需要开启正交功能。

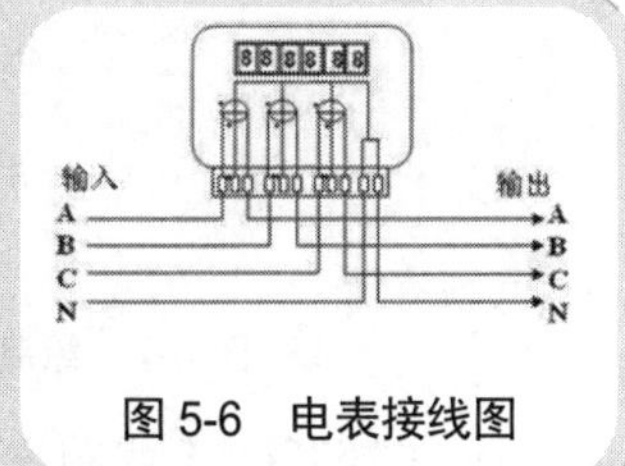


图 5-6 电表接线图

正交是指在绘制线形图形对象时，线形对象的方向只能为水平或垂直，即当指定第一点时，第二点只能在第一点的水平方向或垂直方向。使用正交与极轴功能可以更好地辅助绘图。

### 1. 使用正交功能

使用正交功能可在绘图区中手动绘制绝对水平或垂直的直线。单击状态栏中的【正交模式】按钮，当该按钮呈蓝色时，表示启用了正交模式，此时，用户可在绘图区中绘制水平或垂直的直线。再次单击该按钮，该按钮显示为灰色时，即表示关闭了正交功能。

范例：启用正交功能，绘制一个直角三角形。

单击【正交模式】按钮，使其呈蓝色。

选择【直线】命令，绘制直角三角形，如图 5-7 所示，命令输入行提示如下。

```
命令:_line                                  //选择【直线】命令
指定第一点:                                 //在 A 点单击
指定下一点或 [放弃(U)]:                     //在 B 点单击
指定下一点或 [放弃(U)]:                     //在 C 点单击
指定下一点或 [闭合(C)/放弃(U)]:c
                                            //选择“闭合”选项
```

### 2. 使用极轴功能

使用极轴功能可在绘图区中根据用户指定的极轴角度，绘制或编辑具有一定角度的直线。但极轴功能与正交功能不能同时启用。单击状态栏中的【极轴追踪】按钮，当按钮呈蓝色时，则启用了极轴功能，此时，在绘图区中使用绘图光标手动绘制直线，当绘图光标靠近用户指定的极轴角度时，在绘图光标的一侧总是会显示当前点距离前一点的长度、角度及极轴追踪的轨迹。再次单击该按钮，该按钮呈灰色时，即表示关闭了极轴功能。

系统默认极轴追踪角度为 90°，用户可以通过【草图设置】对话框进行设置。

范例：通过【草图设置】对话框，设置极轴追踪的角度为 30°，附加角为 15°。

具体操作步骤如下。

(1) 在状态栏中的【极轴追踪】按钮上右击，在弹出的快捷菜单中选择【正在追踪设置】选项，如图 5-8 所示。

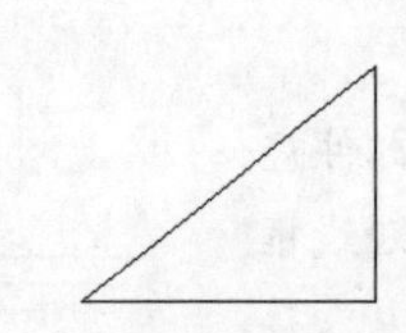

图 5-7　绘制直角三角形

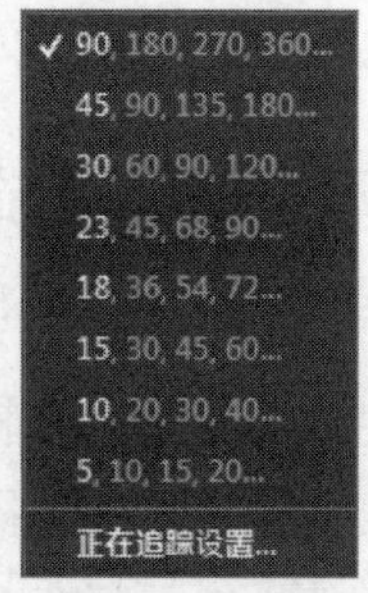


图 5-8　快捷菜单

(2) 在打开的【草图设置】对话框中选中【启用极轴追踪】复选框，启用极轴功能，如图 5-9 所示。

(3) 在【极轴角设置】选项组的【增量角】下拉列表框中选择追踪角度，如选择 45，表示以 45° 或 45° 角的整数倍进行追踪。并选中【附加角】复选框，如图 5-10 所示。

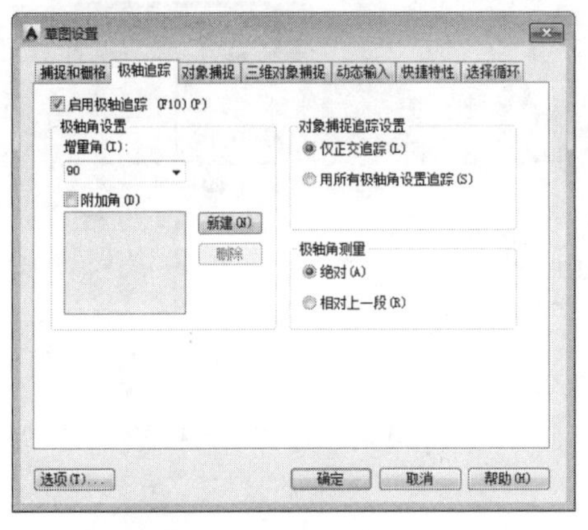


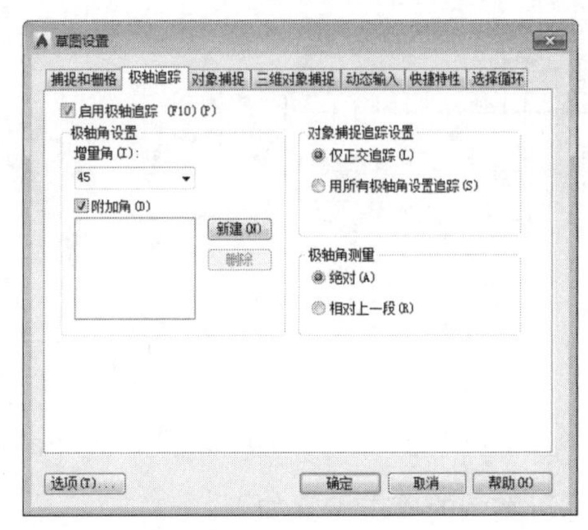


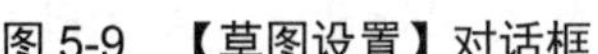
图 5-9 【草图设置】对话框

图 5-10 设置参数

(4) 单击【新建】按钮，添加一个 15° 的附加追踪值。在【对象捕捉追踪设置】选项组中选中【仅正交追踪】单选按钮，在【极轴角测量】选项组中选中【绝对】单选按钮，单击【确定】按钮完成设置，如图 5-11 所示。

当启用了极轴功能以后，用户在绘图区中绘制直线对象时，每当绘图光标移动到用户指定的极轴角度时，都会出现相应的追踪轨迹。

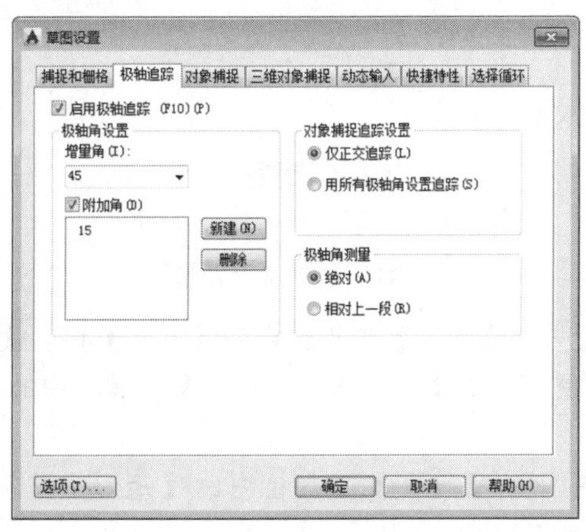


图 5-11 【草图设置】对话框设置

## 课后练习

案例文件：ywj\05\01.dwg

视频文件：光盘\视频课堂\第 5 教学日\5.2

练习案例分析及步骤如下。

本节课后练习创建车床控制电路。车床主要是用车刀对旋转的工件进行车削加工的机床，在车床上还可用钻头、扩孔钻、铰刀、丝锥、板牙和滚花工具等进行相应的加工。如图 5-12 所示是完成的车床控制电路图。

本节案例主要练习车床控制电路的绘制，首先绘制电机电路，电机电路由 3 个电机组成，之后绘制控制电路和低压控制电路，最后添加文字。绘制车床控制电路图的思路和步骤如图 5-13 所示。

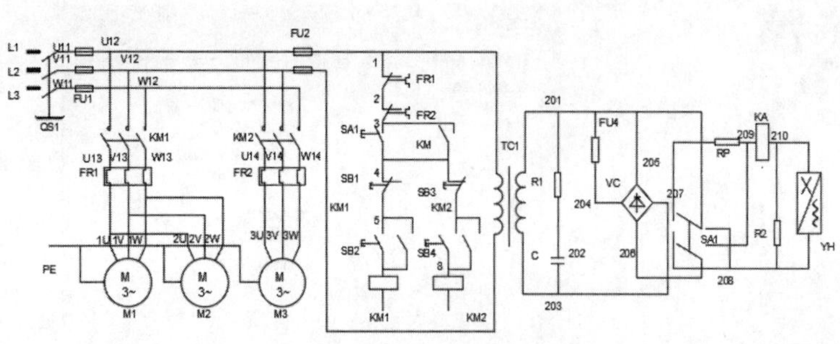


图 5-12　车床控制电路

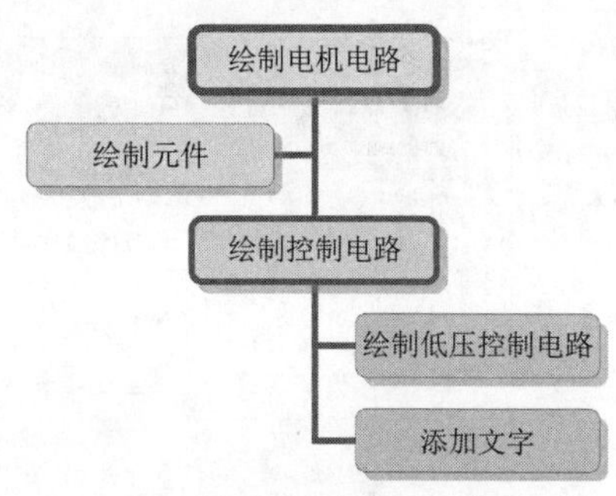


图 5-13　绘制车床控制电路的步骤

练习案例的操作步骤如下。

step 01 绘制电机电路，单击【默认】选项卡的【绘图】工具栏中的【矩形】按钮，绘制如图 5-14 所示的矩形。

step 02 单击【默认】选项卡的【绘图】工具栏中的【图案填充】按钮，填充矩形，如图 5-15 所示。

step 03 单击【默认】选项卡的【修改】工具栏中的【复制】按钮，复制矩形，如图 5-16 所示。

图 5-14　绘制矩形　　图 5-15　填充矩形　　图 5-16　复制矩形

step 04 单击【默认】选项卡的【绘图】工具栏中的【直线】按钮，绘制如图 5-17 所示的斜线。

step 05 选择虚线图层，单击【默认】选项卡的【绘图】工具栏中的【直线】按钮，绘制如图 5-18 所示的虚线。

step 06 单击【默认】选项卡的【绘图】工具栏中的【矩形】按钮，绘制矩形，并填充，完成如图 5-19 所示的开关绘制。

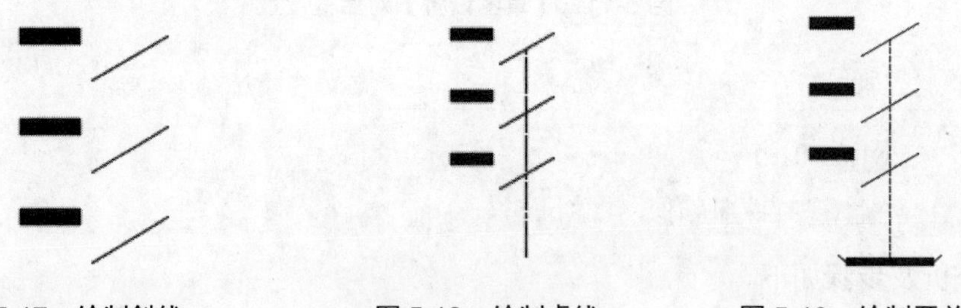

图 5-17　绘制斜线　　图 5-18　绘制虚线　　图 5-19　绘制开关

step 07 单击【默认】选项卡的【绘图】工具栏中的【矩形】按钮，绘制如图 5-20 所示的电阻。

step 08 单击【默认】选项卡的【修改】工具栏中的【复制】按钮，复制电阻，如图 5-21 所示。

step 09 单击【默认】选项卡的【绘图】工具栏中的【直线】按钮，绘制如图 5-22 所示的线路。

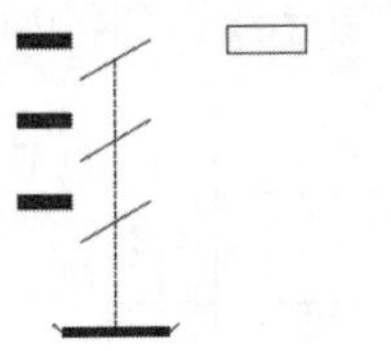
图 5-20　绘制电阻

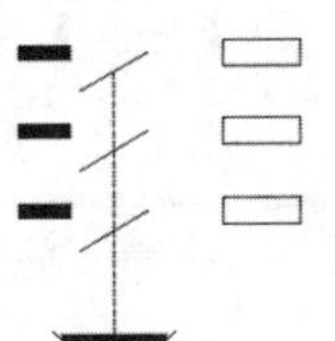
图 5-21　复制电阻

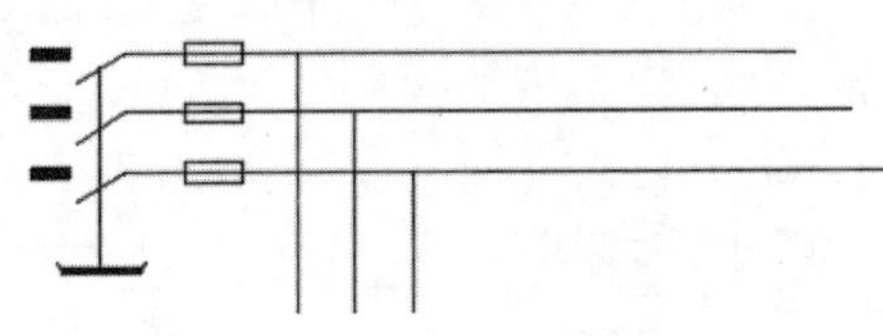
图 5-22　绘制线路

step 10 单击【默认】选项卡的【绘图】工具栏中的【圆】按钮，绘制如图 5-23 所示的节点圆。

step 11 单击【默认】选项卡的【修改】工具栏中的【复制】按钮，复制节点圆，如图 5-24 所示。

step 12 单击【默认】选项卡的【修改】工具栏中的【修剪】按钮，快速修剪圆形，如图 5-25 所示。

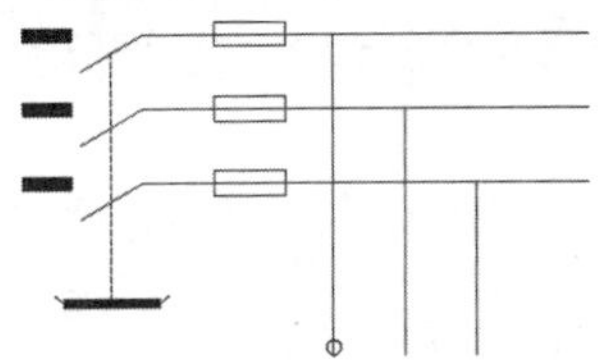
图 5-23　绘制节点圆

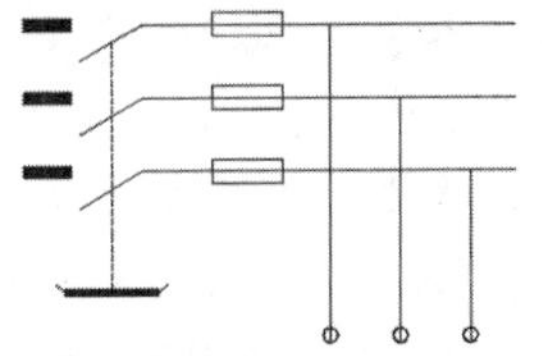
图 5-24　复制节点圆

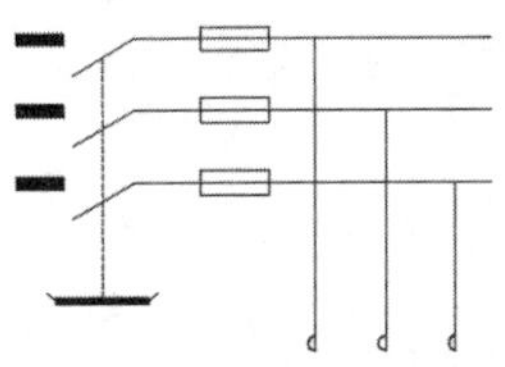
图 5-25　修剪圆形

step 13 单击【默认】选项卡的【修改】工具栏中的【复制】按钮，复制节点圆弧，如图 5-26 所示。

step 14 单击【默认】选项卡的【绘图】工具栏中的【直线】按钮，绘制如图 5-27 所示的斜线。

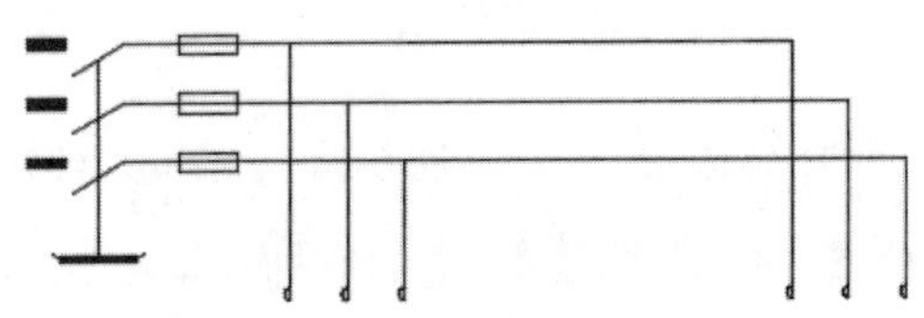
图 5-26　复制节点圆弧

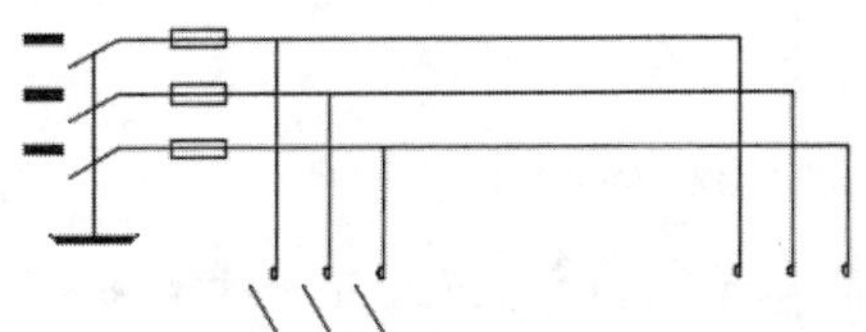
图 5-27　绘制斜线

step 15 单击【默认】选项卡的【绘图】工具栏中的【直线】按钮，绘制如图 5-28 所示的水平虚线。

step 16 单击【默认】选项卡的【绘图】工具栏中的【矩形】按钮，绘制如图 5-29 所示的矩形。

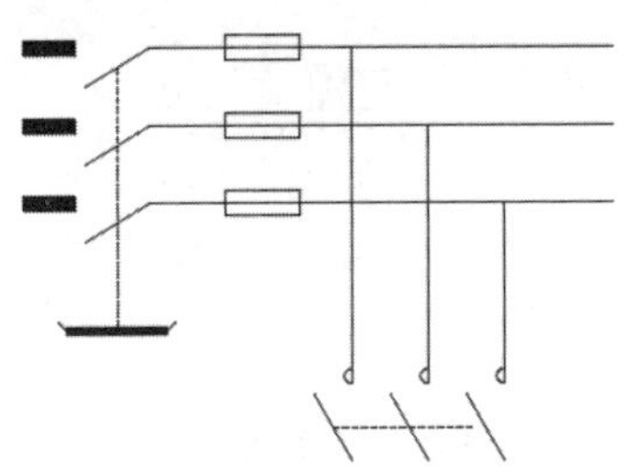
图 5-28　绘制水平虚线

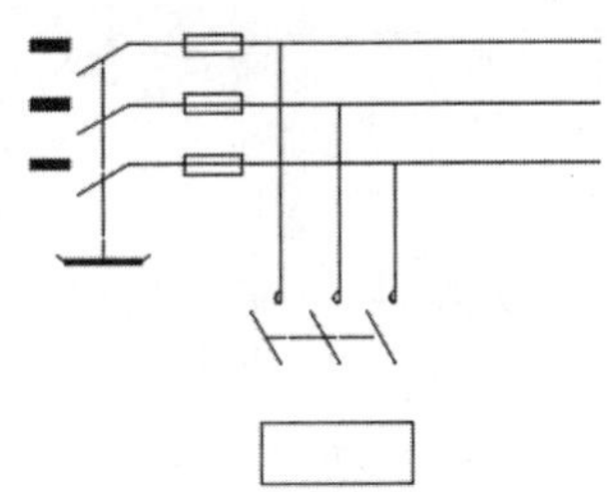
图 5-29　绘制矩形

step 17 单击【默认】选项卡的【绘图】工具栏中的【直线】按钮，绘制如图 5-30 所示的直线图形。

step 18 单击【默认】选项卡的【修改】工具栏中的【复制】按钮，复制直线图形，如图 5-31 所示。

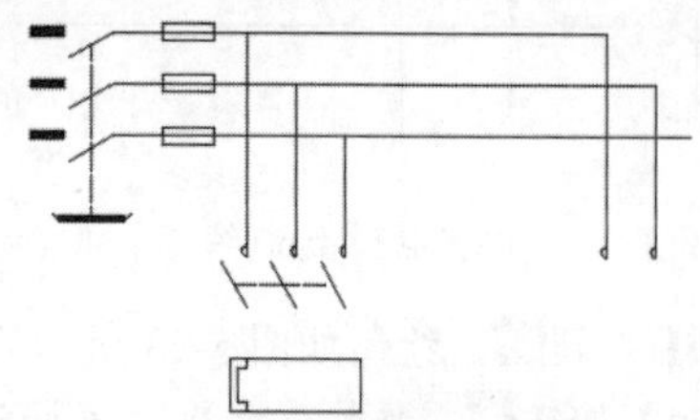

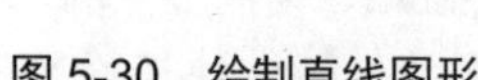

图 5-30　绘制直线图形

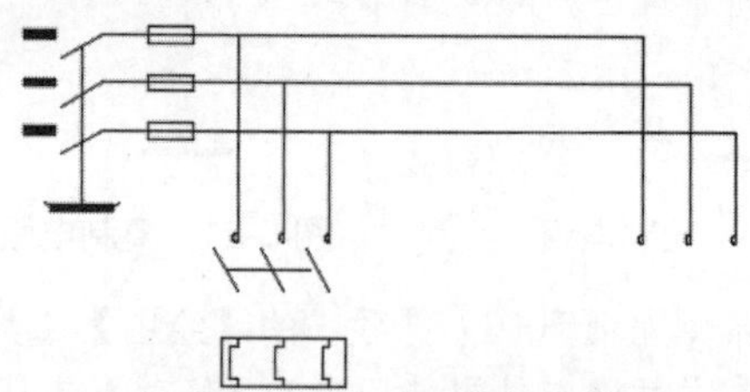

图 5-31　复制直线图形

step 19 单击【默认】选项卡的【绘图】工具栏中的【圆】按钮，绘制如图 5-32 所示的电机圆形。

step 20 单击【默认】选项卡的【注释】工具栏中的【文字】按钮，绘制如图 5-33 所示的文字“M3～”。

step 21 单击【默认】选项卡的【绘图】工具栏中的【直线】按钮，绘制如图 5-34 所示的电机线路。

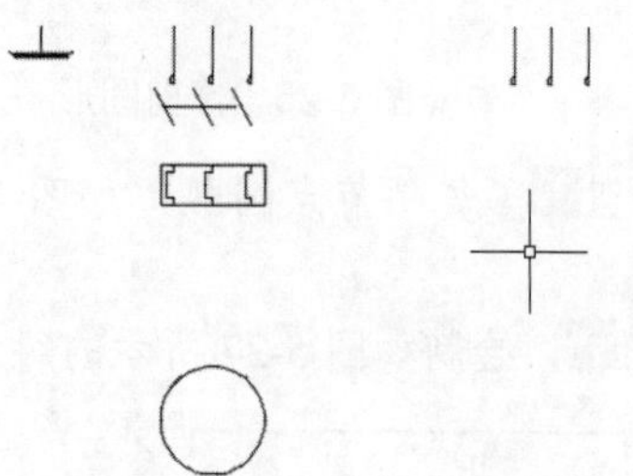

图 5-32　绘制电机圆形

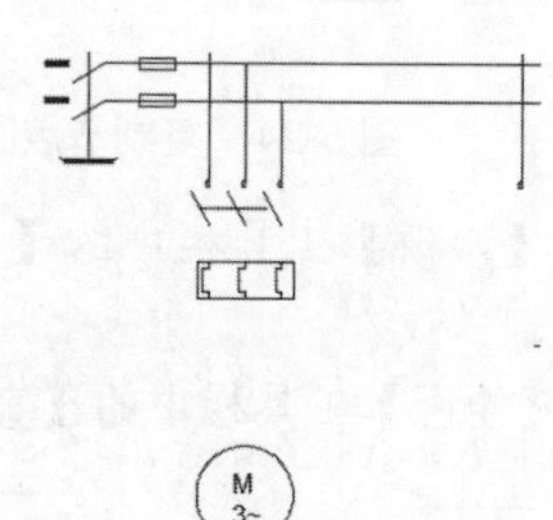


图 5-33　添加文字“M3～”

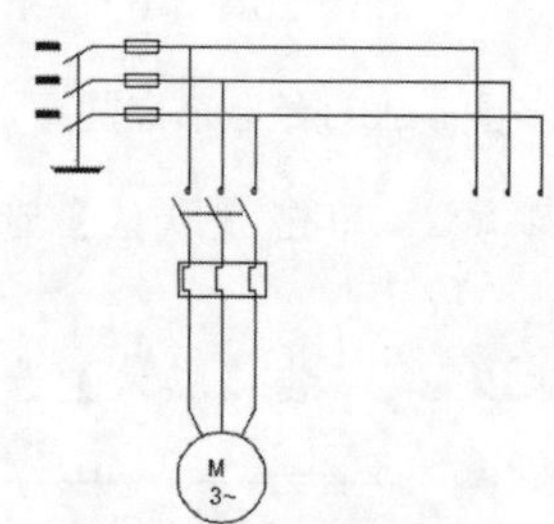


图 5-34　绘制电机线路

step 22 单击【默认】选项卡的【修改】工具栏中的【复制】按钮，复制电机，如图 5-35 所示。

step 23 单击【默认】选项卡的【绘图】工具栏中的【直线】按钮，绘制如图 5-36 所示的电机线路。

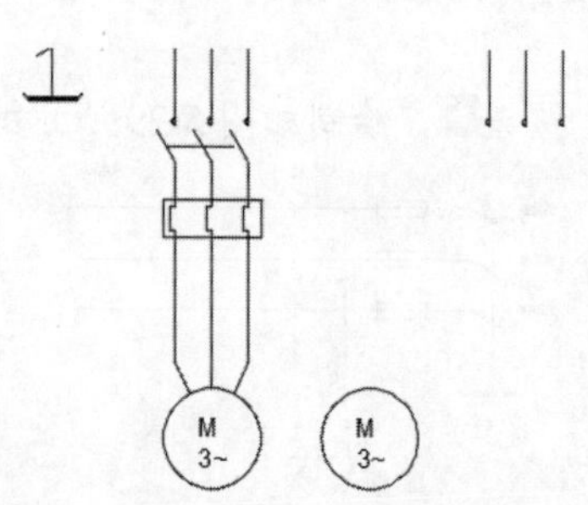


图 5-35　复制电机

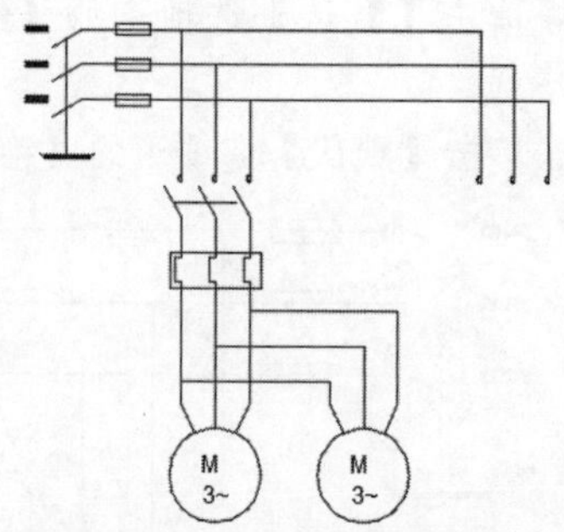


图 5-36　绘制电机线路

step 24 单击【默认】选项卡的【修改】工具栏中的【复制】按钮，复制支路，如图 5-37 所示。

step 25 单击【默认】选项卡的【绘图】工具栏中的【直线】按钮，绘制如图 5-38 所示的连接线路，完成电机电路的绘制。

step 26 接着绘制控制电路，单击【默认】选项卡的【绘图】工具栏中的【直线】按钮，绘制如图 5-39 所示的开关和矩形。

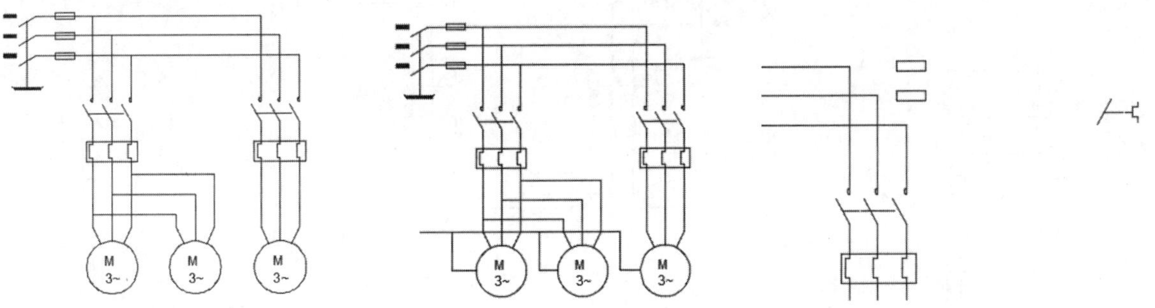


图 5-37　复制支路　　图 5-38　绘制连接线路　　图 5-39　绘制开关和矩形

step 27 单击【默认】选项卡的【修改】工具栏中的【复制】按钮，复制开关和矩形，如图 5-40 所示。

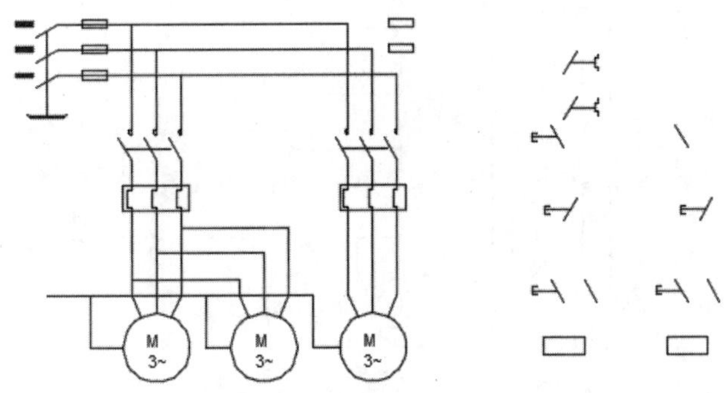


图 5-40　复制开关和矩形

step 28 单击【默认】选项卡的【绘图】工具栏中的【直线】按钮，绘制如图 5-41 所示的支路线路。

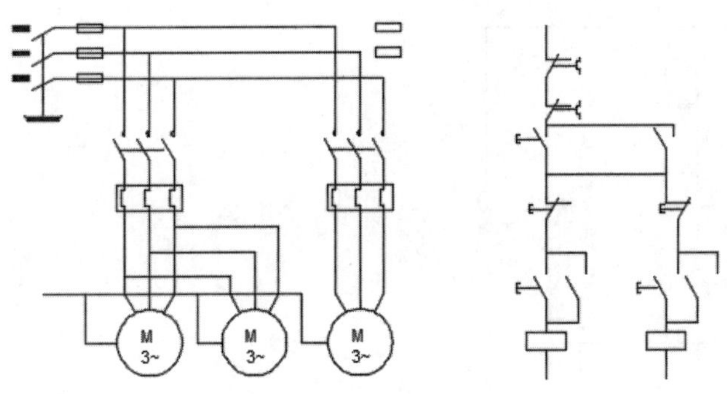


图 5-41　绘制支路线路

step 29 单击【默认】选项卡的【绘图】工具栏中的【圆弧】按钮，绘制如图 5-42 所示的圆弧线圈，完成控制电路。

step 30 再绘制低压控制电路，单击【默认】选项卡的【绘图】工具栏中的【直线】按钮，绘制如图 5-43 所示的支路线路。

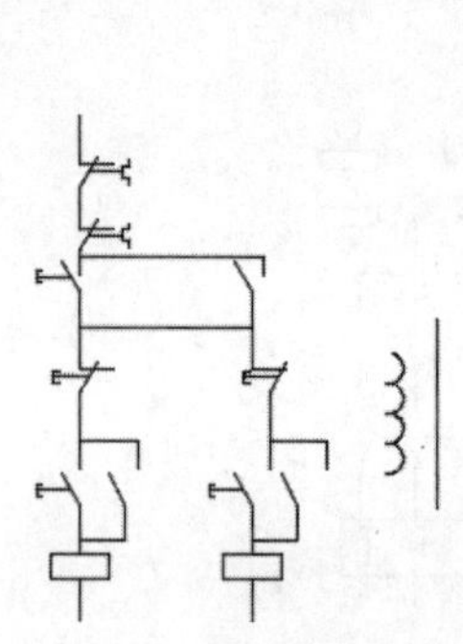
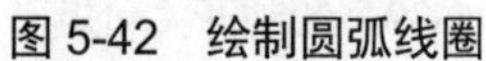

图 5-42　绘制圆弧线圈

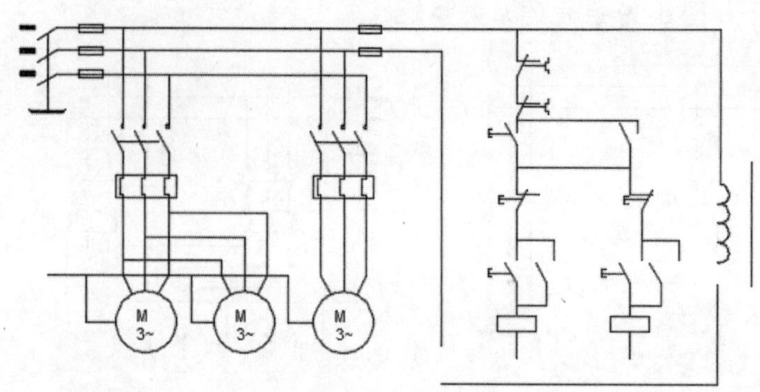


图 5-43　绘制支路线路

step 31 单击【默认】选项卡的【修改】工具栏中的【复制】按钮，复制线圈，如图 5-44 所示。

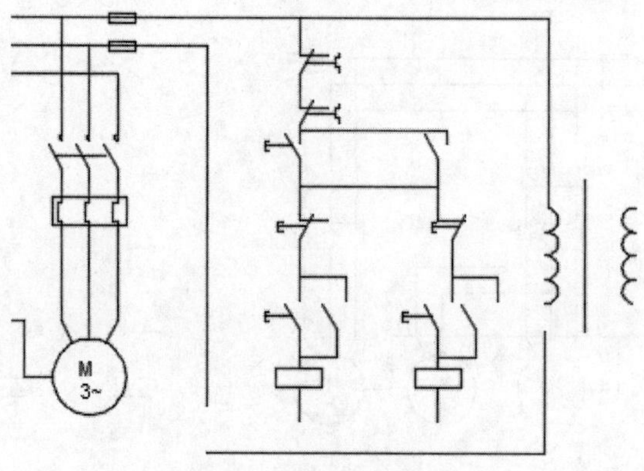


图 5-44　复制线圈

step 32 单击【默认】选项卡的【绘图】工具栏中的【矩形】按钮和【直线】按钮，绘制多个元件，如图 5-45 所示。

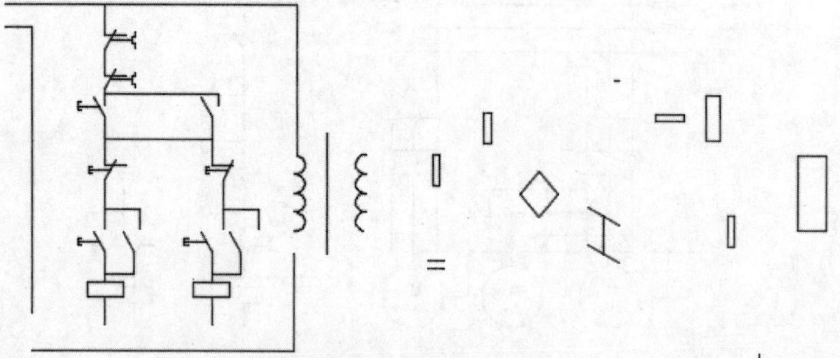

图 5-45　绘制多个元件

step 33 单击【默认】选项卡的【绘图】工具栏中的【直线】按钮，绘制如图 5-46 所示的元件图形。

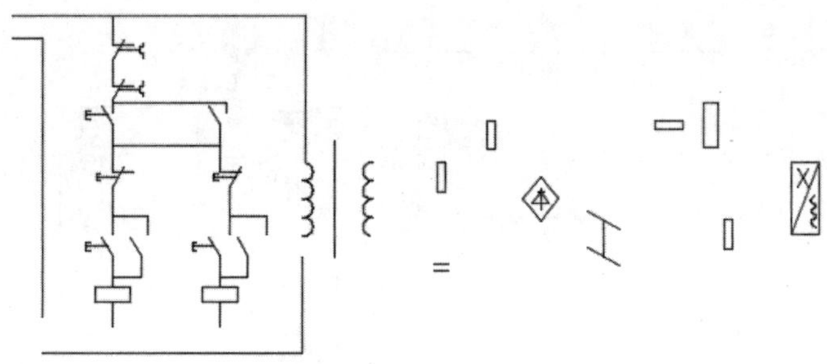

图 5-46 绘制元件图形

step 34 单击【默认】选项卡的【绘图】工具栏中的【直线】按钮，绘制如图 5-47 所示的低压线路，完成控制电路的绘制。

step 35 添加文字，单击【默认】选项卡的【注释】工具栏中的【文字】按钮，绘制如图 5-48 所示的电机电路文字。

step 36 单击【默认】选项卡的【注释】工具栏中的【文字】按钮，绘制如图 5-49 所示的控制线路文字。

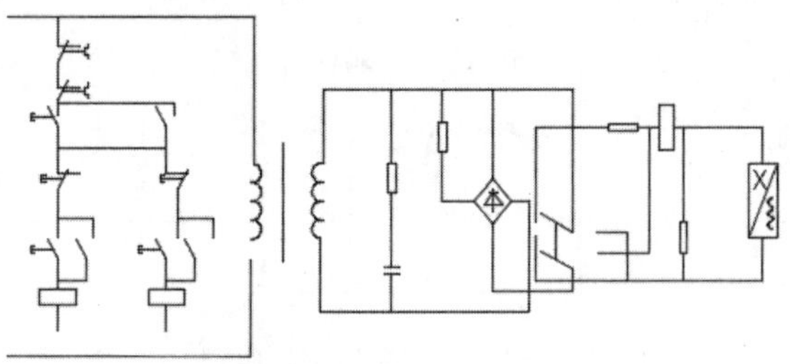

图 5-47 绘制低压线路

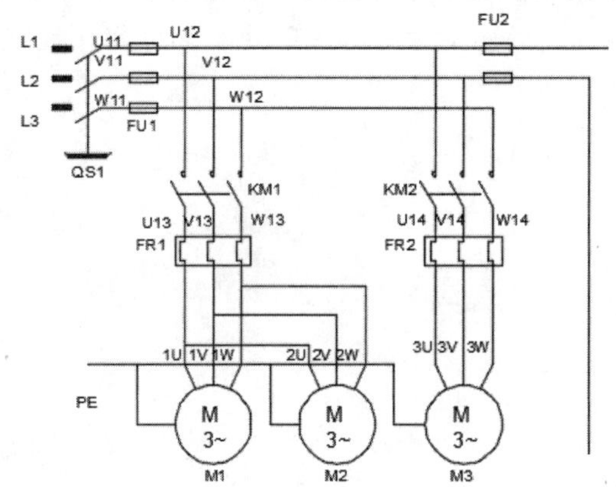


图 5-48 添加电机电路文字

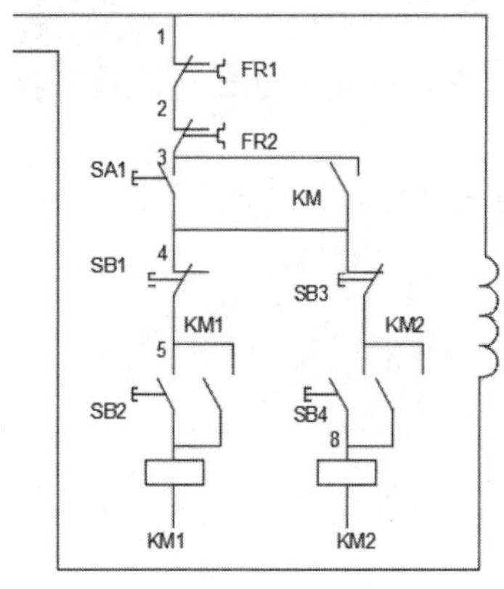


图 5-49 添加控制线路文字

step 37 单击【默认】选项卡的【注释】工具栏中的【文字】按钮，绘制如图 5-50 所示的低压控制线路文字。

step 38 完成车床控制电路的绘制，如图 5-51 所示。

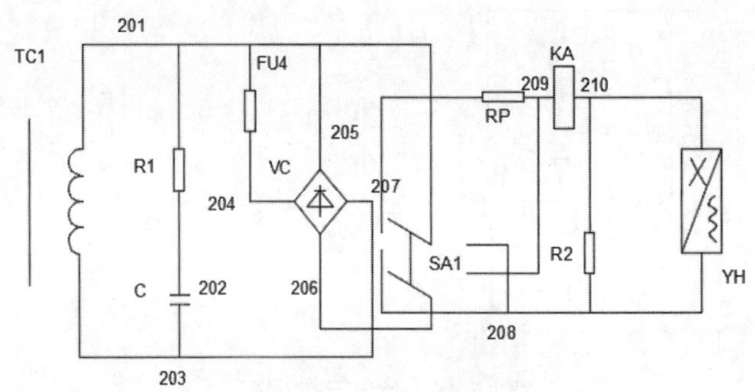


图 5-50　添加低压控制线路文字

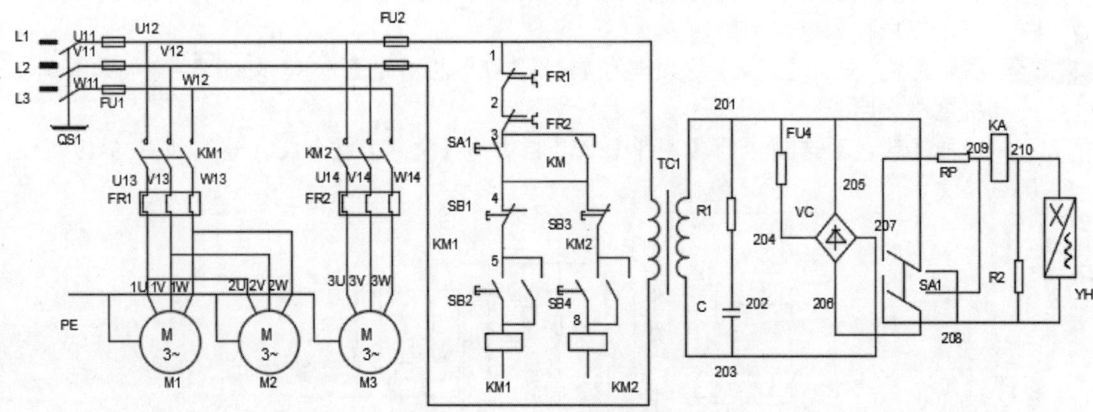


图 5-51　完成车床控制电路

**行业知识链接：**电路设计中，交流回路是从火线到中性线(例如电流、电压回路，变压器的风冷回路)到一个回路的火线(A、B、C 相开始，按照电流的流动方向，看到中性线(N 极))为止。如图 5-52 所示是继电器交流线路接线图。

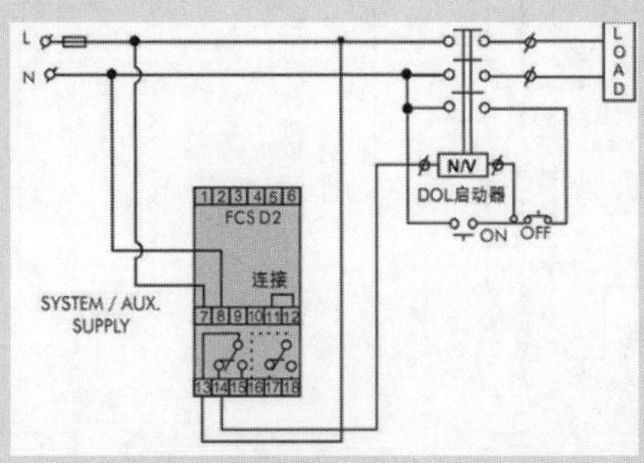


图 5-52　继电器交流线路接线图

# 第3课 2课时 对象约束、捕捉和追踪

## 5.3.1 对象捕捉与追踪

**行业知识链接：** 绘制电气安装接线图时，安装底板内外的电器元件之间的连线通过接线端子板进行连接，安装底板上有几条接至外电路的引线，端子板上就应绘出几个线的接点。如图 5-53 所示为 PLC 外伸接线图，绘制时需要开启自动捕捉与追踪功能。

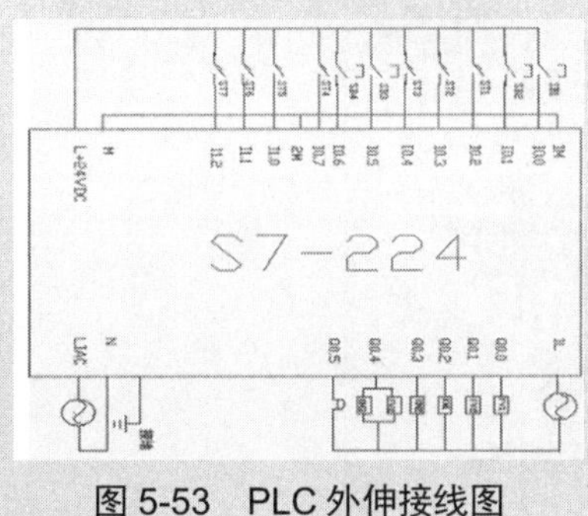


图 5-53 PLC 外伸接线图

使用对象捕捉与对象追踪功能可以更好地辅助绘图。

### 1. 对象捕捉功能

AutoCAD 为用户提供了多种对象捕捉类型，使用对象捕捉功能，可以快速准确地捕捉到实体，从而提高工作效率。

单击状态栏中的【对象捕捉】按钮，当该按钮显示为蓝色时，表示启用了捕捉功能。再次单击【对象捕捉】按钮，该按钮变为灰色时，则表示关闭了对象捕捉功能。

对象捕捉是一种特殊点的输入方法，该操作不能单独进行，只有在执行某个命令需要指定点时才能调用。在 AutoCAD 中，系统提供的对象捕捉类型如表 5-2 所示。

表 5-2 对象捕捉类型及图示

| 捕捉类型 | 表示方式 | 命令形式 | 捕捉类型 | 表示方式 | 命令形式 |
|---|---|---|---|---|---|
| 端点捕捉 | □ | END | 垂足捕捉 | ⊾ | PER |
| 中点捕捉 | △ | MID | 切点捕捉 | ◯̄ | TAN |
| 圆心捕捉 | ○ | CEN | 最近点捕捉 | ⧖ | NEA |
| 节点圆捕捉 | ⊗ | NOD | 外观交点捕捉 | ⊠ | APPINT |
| 象限点捕捉 | ◇ | QUA | 平行捕捉 | // | PAR |
| 交点捕捉 | × | INT | 临时追踪点捕捉 | | TT |
| 延伸捕捉 | -·· | EXT | 基点捕捉 | | FRO |
| 插入点捕捉 | ⧉ | INS | | | |

启用对象捕捉方式的常用方法有如下几种。

(1) 打开【草图设置】工具栏，在工具栏中选择相应的捕捉方式即可。

(2) 在命令输入行中直接输入所需对象捕捉命令的英文缩写。

(3) 在绘图区中按住 Shift 键再右击，从弹出的快捷菜单中选择相应的捕捉方式。

在使用对象捕捉功能时，应先设置要启用的对象捕捉方式，其方法如下。

在状态栏中的【对象捕捉】按钮上右击，从弹出的快捷菜单中选择【设置】选项，打开【草图设置】对话框。选中【启用对象捕捉】复选框即启用了对象捕捉功能。在【对象捕捉模式】选项组中选中相应的复选框，即表示启用相应的对象捕捉方式，如图 5-54 所示。

- 【端点】：捕捉到圆弧、椭圆弧、直线、多线、多段线线段、样条曲线、面域或射线最近的端点，或捕捉宽线、实体或三维面域的最近角点，如图 5-55 所示。

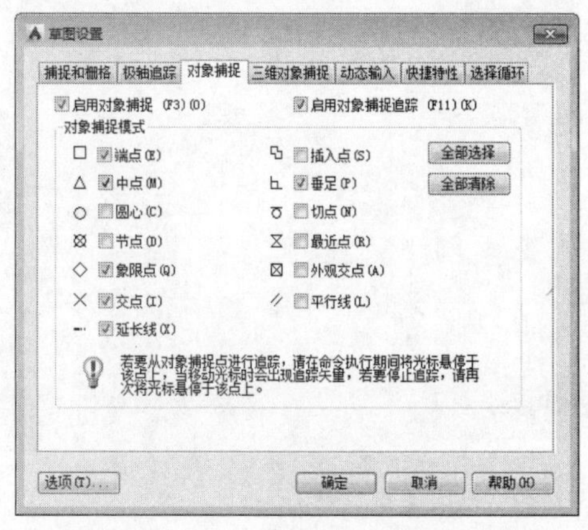


图 5-54　设置对象捕捉模式

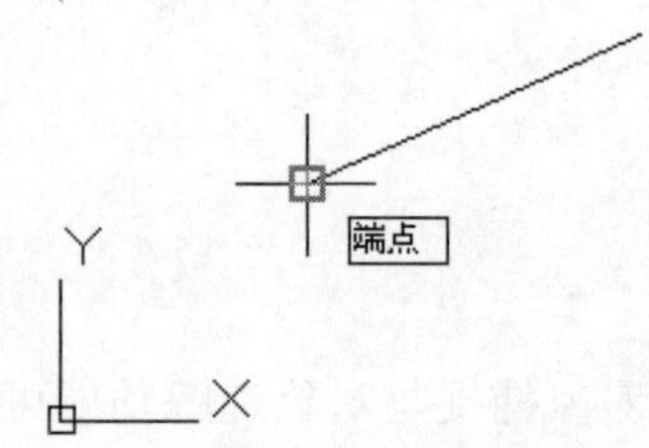


图 5-55　选择【端点】选项后捕捉的效果

- 【中点】：捕捉到圆弧、椭圆、椭圆弧、直线、多线、多段线线段、面域、实体、样条曲线或参照线的中点，如图 5-56 所示。
- 【圆心】：捕捉到圆弧、圆、椭圆或椭圆弧的圆点，如图 5-57 所示。

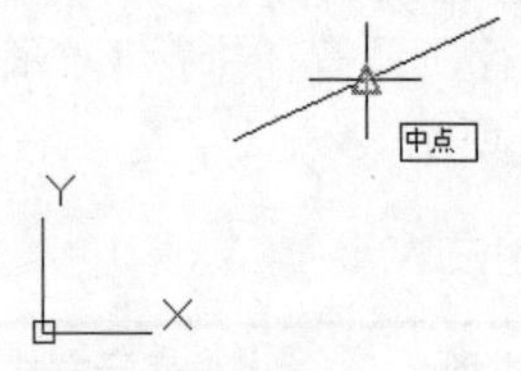


图 5-56　选择【中点】选项后捕捉的效果

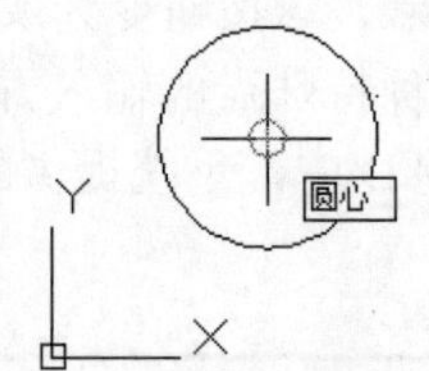


图 5-57　选择【圆心】选项后捕捉的效果

- 【节点】：捕捉到点对象、标注定义点或标注文字起点，如图 5-58 所示。
- 【象限点】：捕捉到圆弧、圆、椭圆或椭圆弧的象限点，如图 5-59 所示。
- 【交点】：捕捉到圆弧、圆、椭圆、椭圆弧、直线、多线、多段线、射线、面域、样条曲线或参照线的交点。
- 【延长线】：不能用作执行对象捕捉模式。【交点】和【延长线】不能和三维实体的边或角点一起使用，如图 5-60 所示。

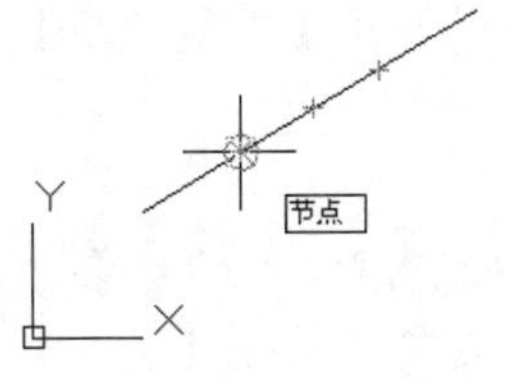


图 5-58　选择【节点】选项后捕捉的效果

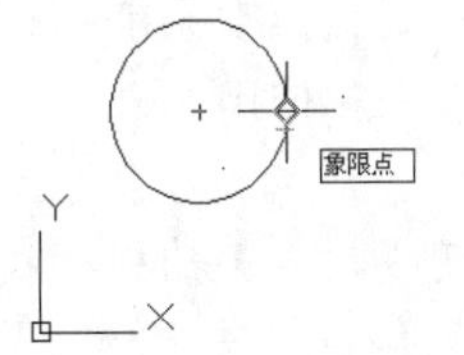


图 5-59　选择【象限点】选项后捕捉的效果

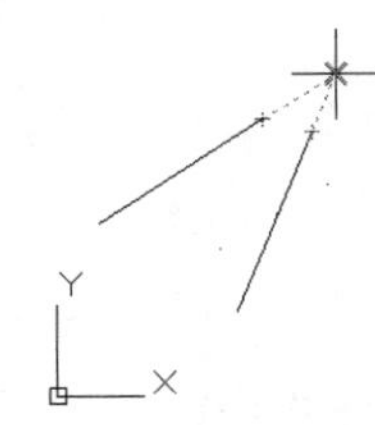


图 5-60　选择【交点】选项后捕捉的效果

**提示：**如果同时打开【交点】和【外观交点】模式执行对象捕捉，可能会得到不同的结果。若选中【延长线】复选框，则当光标经过对象的端点时，将显示临时延长线或圆弧，以便用户在延长线或圆弧上指定点。

- 【插入点】：捕捉到属性、块、形或文字的插入点。
- 【垂足】：捕捉圆弧、圆、椭圆、椭圆弧、直线、多线、多段线、射线、面域、实体、样条曲线或参照线的垂足。当正在绘制的对象需要捕捉多个垂足时，将自动打开【递延垂足】捕捉模式。可以用直线、圆弧、圆、多段线、射线、参照线、多线或三维实体的边作为绘制垂直线的基础对象，可以用递延垂足在这些对象之间绘制垂直线。当靶框经过递延垂足捕捉点时，将显示 AutoSnap 工具栏提示和标记，如图 5-61 所示。
- 【切点】：捕捉到圆弧、圆、椭圆、椭圆弧或样条曲线的切点。当正在绘制的对象需要捕捉多个垂足时，将自动打开【递延垂足】捕捉模式。例如，可以用【切点】来绘制与两条弧、两条多段线弧或两条圆相切的直线。当靶框经过【切点】捕捉点时，将显示标记和 AutoSnap 工具栏提示，如图 5-62 所示。

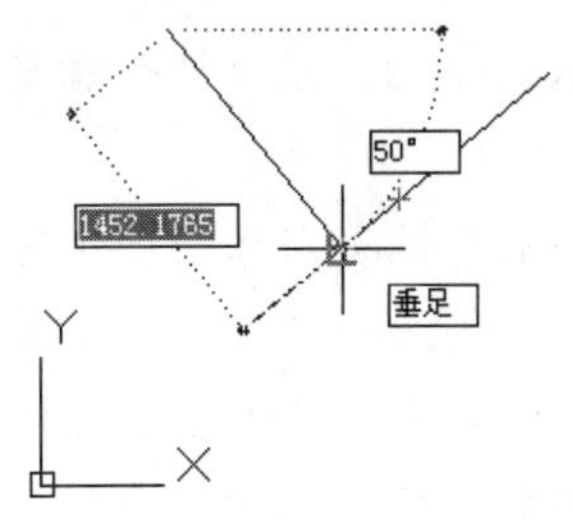


图 5-61　选择【垂足】选项后捕捉的效果

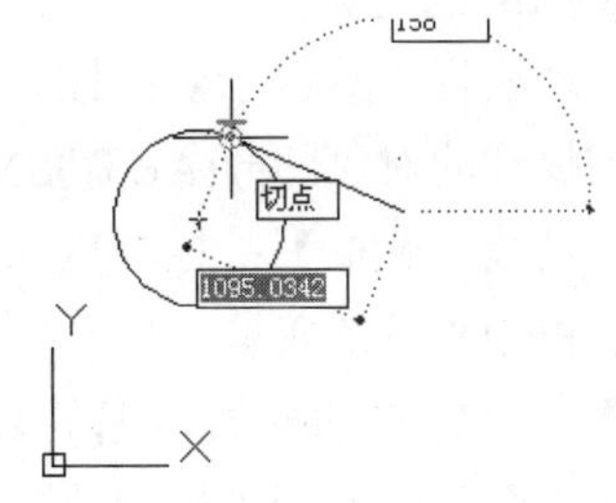


图 5-62　选择【切点】选项后捕捉的效果

- 【最近点】：捕捉到圆弧、圆、椭圆、椭圆弧、直线、多线、点、多段线、射线、样条曲线或参照线的最近点。
- 【外观交点】：捕捉到不在同一平面但是可能看起来在当前视图中相交的两个对象的外观交

点。【外观交点】不能用作执行对象捕捉模式。【交点】和【外观交点】不能和三维实体的边或角点一起使用。

提示：当用【切点】捕捉模式来绘制除开始于圆弧或圆的直线以外的对象时，第一个绘制的点是与在绘图区域最后选定的点相关的圆弧或圆的切点。如果同时打开【交点】和【外观交点】执行对象捕捉，可能会得到不同的结果。

- 【平行线】：无论何时提示用户指定矢量的第二个点时，都要绘制与另一个对象平行的矢量。指定矢量的第一个点后，如果将光标移动到另一个对象的直线段上，即可获得第二个点。如果创建的对象的路径与这条直线段平行，将显示一条对齐路径，可用它创建平行对象。
- 【全部选择】：打开所有对象捕捉模式。
- 【全部清除】：关闭所有对象捕捉模式。

### 2. 对象捕捉追踪功能

对象追踪的特征点也可在【草图设置】对话框的【对象捕捉】选项卡中设置，其设置方法与对象捕捉特征点的设置方法相同。

单击状态栏中的【对象捕捉追踪】按钮，当该按钮为蓝色时，则表示启用了对象追踪功能，再次单击该按钮，该按钮变为灰色时，则表示关闭了对象追踪功能。

### 3. 自动捕捉

如果需要对【自动捕捉】属性进行设置，则选择【工具】|【选项】菜单命令，打开如图 5-63 所示的【选项】对话框，单击【绘图】标签，切换到【绘图】选项卡。

下面将介绍【自动捕捉设置】选项组中的内容。

- 【标记】：控制自动捕捉标记的显示。该标记是当十字光标移到捕捉点上时显示的几何符号(AUTOSNAP 系统变量)。
- 【磁吸】：打开或关闭自动捕捉磁吸。磁吸是指十字光标自动移动并锁定到最近的捕捉点上(AUTOSNAP 系统变量)。
- 【显示自动捕捉工具提示】：控制自动捕捉工具栏提示的显示。工具栏提示是一个标签，用来描述捕捉到的对象部分(AUTOSNAP 系统变量)。
- 【显示自动捕捉靶框】：控制自动捕捉靶框的显示。靶框是捕捉对象时出现在十字光标内部的方框(APBOX 系统变量)。
- 【颜色】：指定自动捕捉标记的颜色。单击【颜色】按钮后，打开【图形窗口颜色】对话框，在【界面元素】列表框中选择【二维自动捕捉标记】选项，在【颜色】下拉列表框中可以任意选择一种颜色，如图 5-64 所示。

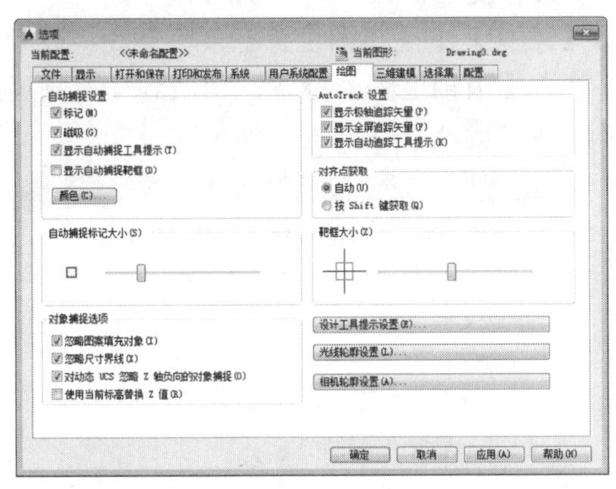


图 5-63 【选项】对话框中的【绘图】选项卡

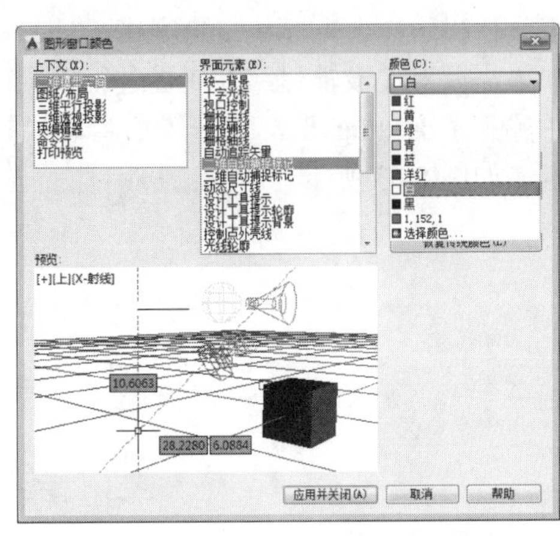


图 5-64 【图形窗口颜色】对话框

4. 线宽功能的使用

若用户为绘图区中的线段指定了线宽，则可通过状态栏中的【显示/隐藏线宽】按钮来控制绘图区中线段的线宽显示状态。

单击【显示/隐藏线宽】按钮，该按钮变为蓝色时，则表示启用了线宽显示功能，再次单击该按钮，该按钮变为灰色时，则表示关闭了线宽显示功能。为对象指定线宽的方法在后面的章节会详细介绍。

## 5.3.2 极轴追踪

创建或修改对象时，可以使用【极轴追踪】命令以显示由指定的极轴角度所定义的临时对齐路径。可以使用 PolarSnap 功能沿对齐路径按指定距离进行捕捉。

默认的极轴追踪是正交方向的，可以在草图中设置增量角度，如图 5-55 所示。

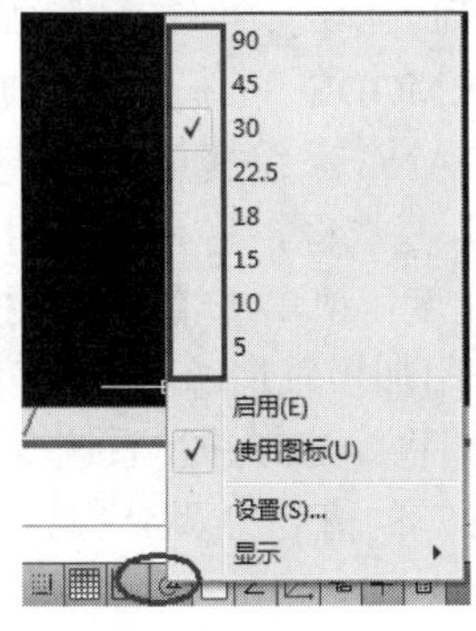


图 5-55 设置增量角度

1. 使用极轴追踪

使用极轴追踪，光标将按指定角度进行移动。

例如，绘制一条从点 1 到点 2 的两个单位的直线，然后绘制一条到点 3 的两个单位的直线，并与第一条直线成 45 度角。如果打开了 45 度极轴角增量，当光标跨过 0 度或 45 度角时，将显示对齐路径和工具栏提示；当光标从该角度移开时，对齐路径和工具栏提示消失，如图 5-66 所示。

如果需要对【极轴追踪】属性进行设置，则可选择【工具】|【绘图设置】菜单命令，或者在命令行中输入“dsettings”，打开【草图设置】对话框，单击【极轴追踪】标签，切换到【极轴追踪】选项卡，如图 5-67 所示。

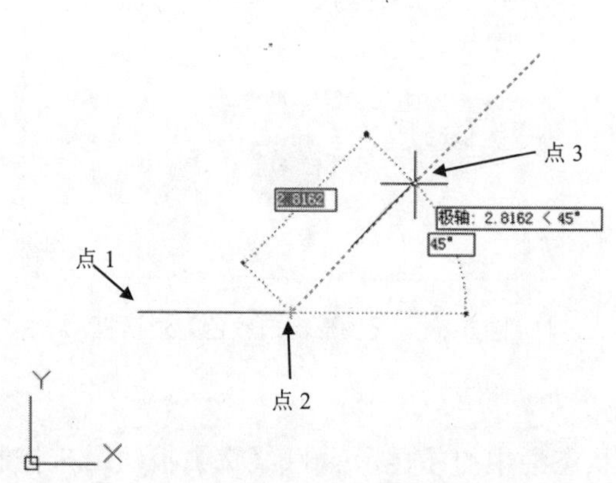


图 5-66 使用【极轴追踪】命令所示的图形

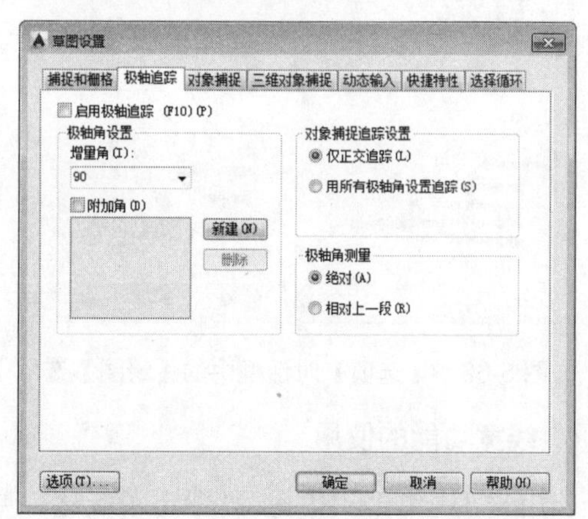


图 5-67 【极轴追踪】选项卡

下面将详细介绍【极轴追踪】选项卡的内容。

(1) 【启用极轴追踪】：打开或关闭极轴追踪。也可以按 F10 键或使用 AUTOSNAP 系统变量来打开或关闭极轴追踪。

(2) 【极轴角设置】：设置极轴追踪的对齐角度(POLARANG 系统变量)。

- 【增量角】：设置用来显示极轴追踪对齐路径的极轴角增量。可以输入任何角度，也可以从列表中选择 90、45、30、22.5、18、15、10 或 5 这些常用角度(POLARANG 系统变量)。【增量角】下拉列表框如图 5-68 所示。

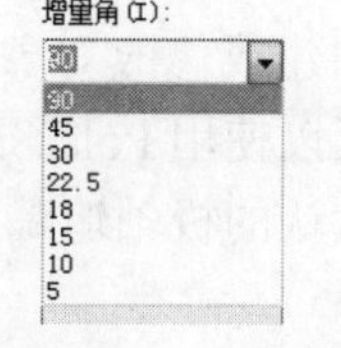


图 5-68 【增量角】下拉列表框

- 【附加角】：对极轴追踪使用列表中的任何一种附加角度。【附加角】复选框也受 POLARMODE 系统变量控制。【附加角】列表框也受 POLARADDANG 系统变量控制。
- 角度列表：如果选中【附加角】复选框，将列出可用的附加角度。要添加新的角度，请单击【新建】按钮。要删除现有的角度，请单击【删除】按钮(POLARADDANG 系统变量)。
- 【新建】：最多可以添加 10 个附加极轴追踪对齐角度。
  注意：添加分数角度之前，必须将 AUPREC 系统变量设置为合适的十进制精度以防止不需要的舍入。例如，如果 AUPREC 的值为 0(默认值)，则所有输入的分数角度将舍入为最接近的整数。
- 【删除】：删除选定的附加角度。

(3) 【对象捕捉追踪设置】：设置对象捕捉追踪选项。

- 【仅正交追踪】：当对象捕捉追踪打开时，仅显示已获得的对象捕捉点的正交(水平/垂直)对象捕捉追踪路径(POLARMODE 系统变量)。
- 【用所有极轴角设置追踪】：将极轴追踪设置应用于对象捕捉追踪。使用对象捕捉追踪时，光标将从获取的对象捕捉点起沿极轴对齐角度进行追踪(POLARMODE 系统变量)。

注意：单击状态栏上的【极轴】和【对象追踪】按钮也可以打开或关闭极轴追踪和对象捕捉追踪。

(4) 【极轴角测量】：设置测量极轴追踪对齐角度的基准。

- 【绝对】：根据当前用户坐标系(UCS)确定极轴追踪角度。
- 【相对上一段】：根据上一个绘制线段确定极轴追踪角度。

### 2. 自动追踪

可以使用户在绘图的过程中按指定的角度绘制对象，或与其他对象有特殊关系的对象，当此模式处于打开状态时，临时的对齐虚线有助于用户精确地绘图。用户还可以通过一些设置来更改对齐路线以适合自己的需求，这样就可以达到精确绘图的目的。

选择【工具】|【选项】菜单命令，打开如图 5-69 所示的【选项】对话框，在【AutoTrack 设置】选项组中进行【自动追踪】的设置。

图 5-69 【选项】对话框

- 【显示极轴追踪矢量】：当极轴追踪打开时，将沿指定角度显示一个矢量。使用极轴追踪，可以沿角度绘制直线。极轴角是 90 度的约数，如 45、30 和 15 度。
  可以通过将 TRACKPATH 设置为 2 取消选中【显示极轴追踪矢量】复选框。
- 【显示全屏追踪矢量】：控制追踪矢量的显示。追踪矢量是辅助用户按特定角度或与其他对象的特定关系绘制对象的构造线。如果选中此复选框，对齐矢量将显示为无限长的线。
  可以通过将 TRACKPATH 设置为 1 来取消选中【显示全屏追踪矢量】复选框。
- 【显示自动追踪工具提示】：控制自动追踪工具提示的显示。工具提示是一个标签，用于显示追踪坐标(AUTOSNAP 系统变量)。

## 课后练习

案例文件：ywj\05\02.dwg

视频文件：光盘\视频课堂\第 5 教学日\5.3

练习案例分析及步骤如下。

本节课后练习创建收音机电气原理图。收音机由机械器件、电子器件、磁铁等构造而成，图 5-70

所示是完成的收音机电气原理图。

本节案例主要练习收音机电气原理图的绘制，按照从左向右的顺序，先绘制元件，再绘制线路，重复使用【复制】命令，可快捷方便地绘制图纸。绘制收音机电气原理图的思路和步骤如图 5-71 所示。

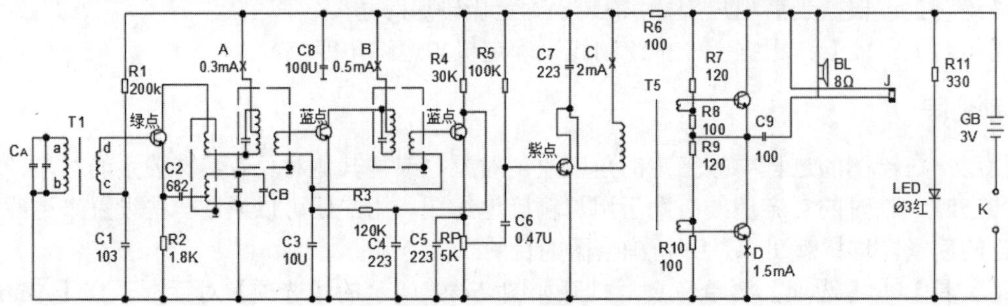


图 5-70　收音机电气原理图

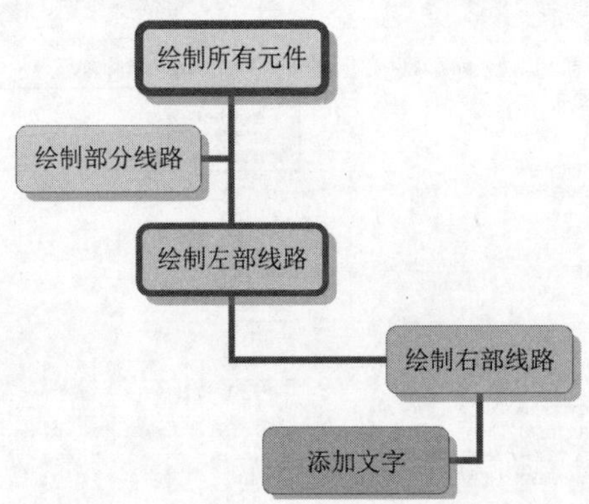


图 5-71　收音机电气原理图的绘制步骤

练习案例的操作步骤如下。

step 01 绘制所有元件，单击【默认】选项卡的【绘图】工具栏中的【直线】按钮，绘制如图 5-72 所示的电容。

step 02 单击【默认】选项卡的【绘图】工具栏中的【圆弧】按钮，绘制如图 5-73 所示的圆弧线圈。

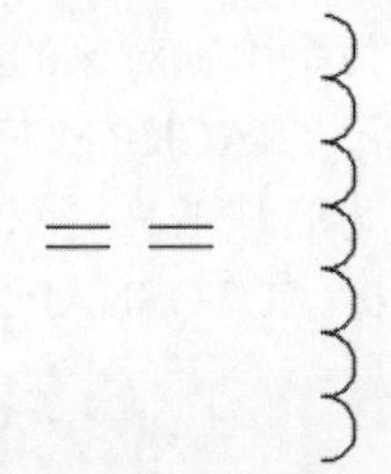

图 5-72　绘制电容

图 5-73　绘制圆弧线圈

step 03 选择虚线图层，单击【默认】选项卡的【绘图】工具栏中的【直线】按钮，绘制如图 5-74 所示的虚线。

step 04 单击【默认】选项卡的【修改】工具栏中的【复制】按钮，复制线圈，如图 5-75 所示。

step 05 单击【默认】选项卡的【绘图】工具栏中的【矩形】按钮，绘制如图 5-76 所示的电阻。

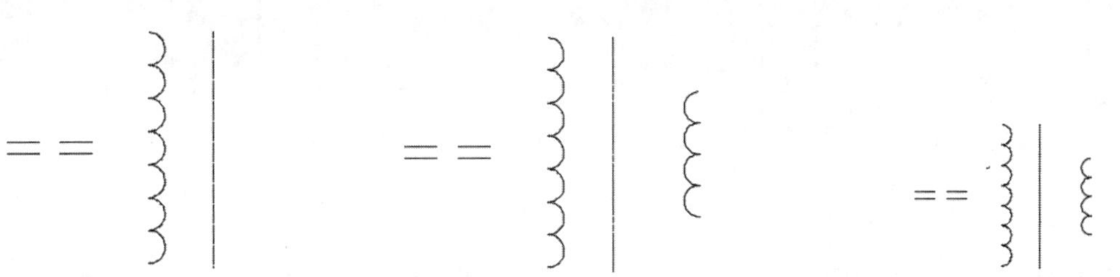

图 5-74　绘制虚线　　图 5-75　复制线圈　　图 5-76　绘制电阻

step 06 单击【默认】选项卡的【修改】工具栏中的【复制】按钮，复制电容，如图 5-77 所示。

step 07 单击【默认】选项卡的【绘图】工具栏中的【圆】按钮，绘制圆，并单击【直线】按钮，绘制出三极管，如图 5-78 所示。

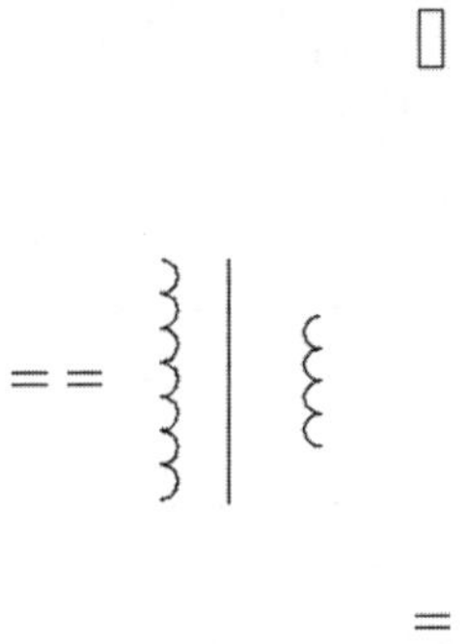

图 5-77　复制电容 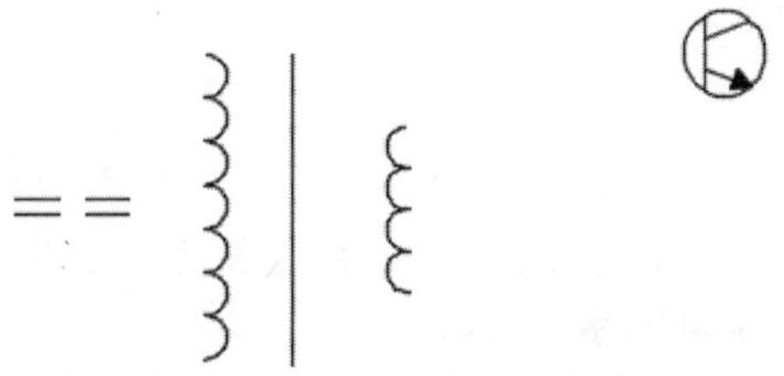　　图 5-78　绘制三极管

step 08 单击【默认】选项卡的【修改】工具栏中的【复制】按钮，复制两个线圈，如图 5-79 所示。

step 09 选择虚线图层，单击【默认】选项卡的【绘图】工具栏中的【矩形】按钮，绘制如图 5-80 所示的大的矩形。

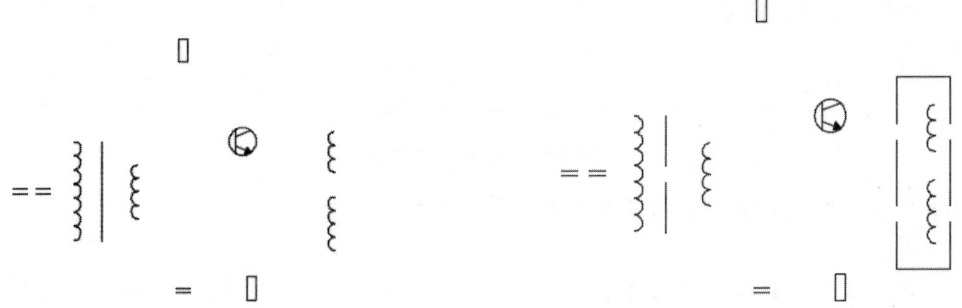

图 5-79　复制两个线圈　　图 5-80　绘制大的矩形

step 10 单击【默认】选项卡的【修改】工具栏中的【复制】按钮，复制矩形和线圈，如图 5-81 所示。

step 11 单击【默认】选项卡的【修改】工具栏中的【复制】按钮，复制最右侧的矩形和线圈，如图 5-82 所示。

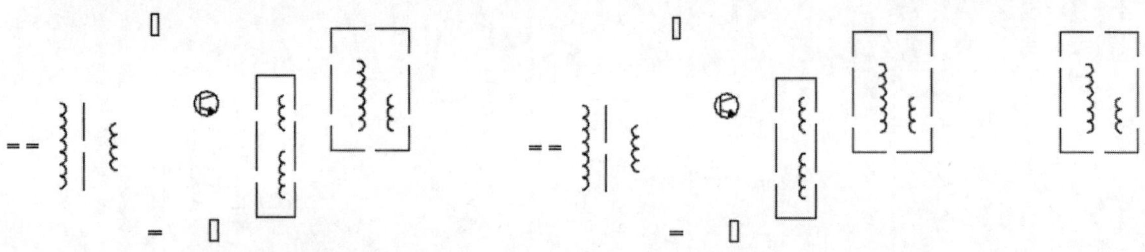

图 5-81　复制矩形和线圈　　图 5-82　复制最右侧的矩形和线圈

step 12 单击【默认】选项卡的【修改】工具栏中的【复制】按钮，复制线路元件，如图 5-83 所示。

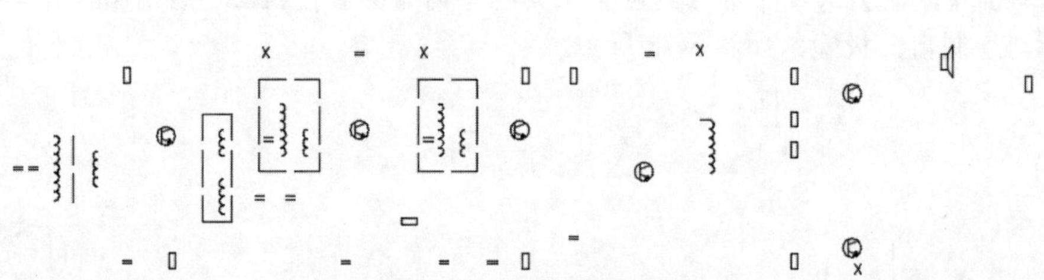

图 5-83　复制线路元件

step 13 单击【默认】选项卡的【绘图】工具栏中的【直线】按钮，绘制如图 5-84 所示的电源

图 5-84　绘制电源

step 14 开始绘制左部线路，单击【默认】选项卡的【绘图】工具栏中的【直线】按钮，绘制如图 5-85 所示的外围线路。

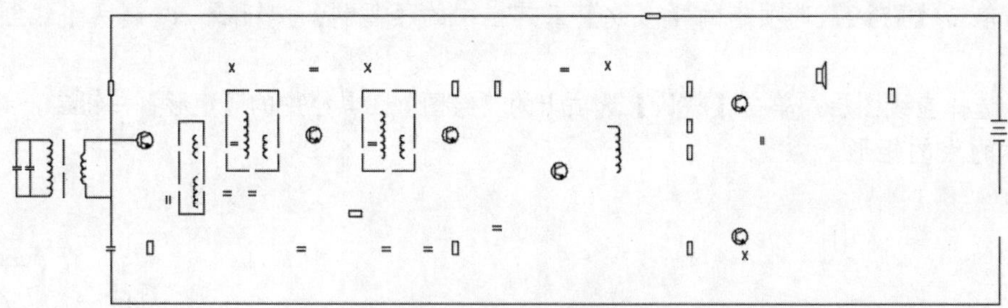

图 5-85　绘制外围线路

step 15 单击【默认】选项卡的【绘图】工具栏中的【直线】按钮，绘制如图 5-86 所示的 4 条支路。

step 16 单击【默认】选项卡的【绘图】工具栏中的【直线】按钮，绘制如图 5-87 所示的 3 条支路。

step 17 单击【默认】选项卡的【绘图】工具栏中的【直线】按钮，绘制如图 5-88 所示的电源线路。

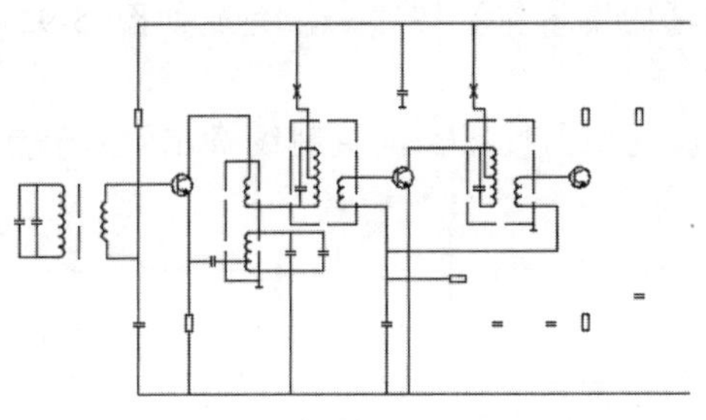
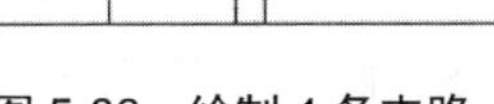

图 5-86　绘制 4 条支路

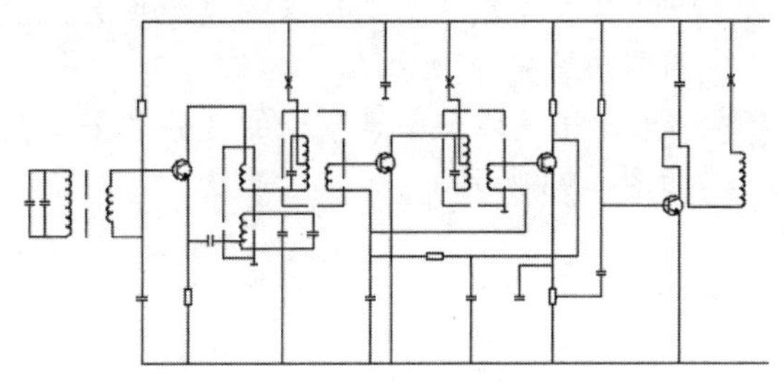

图 5-87　绘制 3 条支路

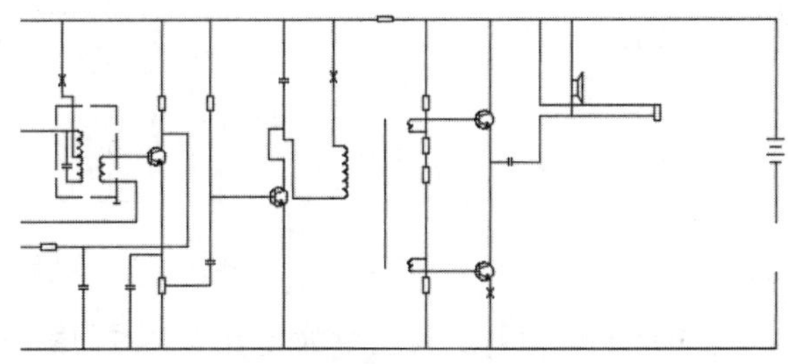

图 5-88　绘制电源线路

step 18 接着绘制右部线路，单击【默认】选项卡的【绘图】工具栏中的【直线】按钮，绘制如图 5-89 所示的二极管线路。

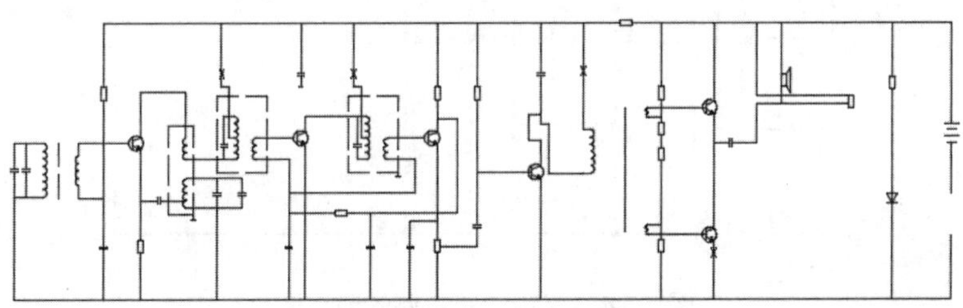

图 5-89　绘制二极管线路

step 19 单击【默认】选项卡的【绘图】工具栏中的【圆】按钮，绘制如图 5-90 所示的两个节点圆。

step 20 单击【默认】选项卡的【绘图】工具栏中的【圆】按钮，绘制如图 5-91 所示的 1 个节点圆。

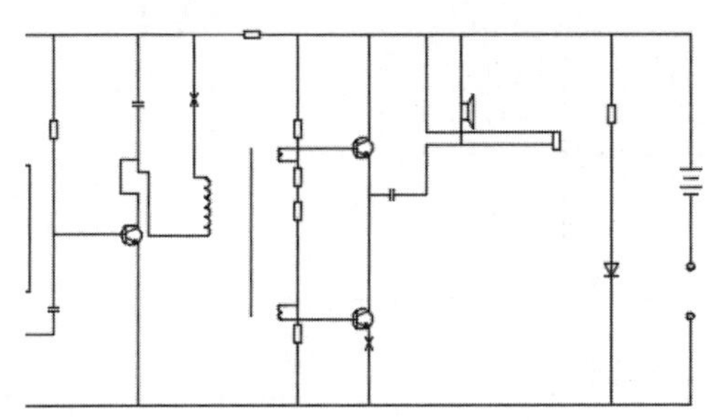

图 5-90　绘制两个节点圆

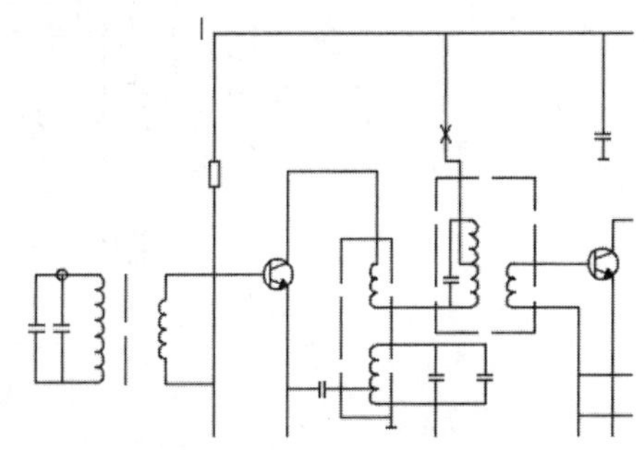

图 5-91　绘制 1 个节点圆

step 21 单击【默认】选项卡的【绘图】工具栏中的【图案填充】按钮，完成如图 5-92 所示的圆形填充。

step 22 单击【默认】选项卡的【修改】工具栏中的【复制】按钮，复制线路左侧的节点圆，如图 5-93 所示。

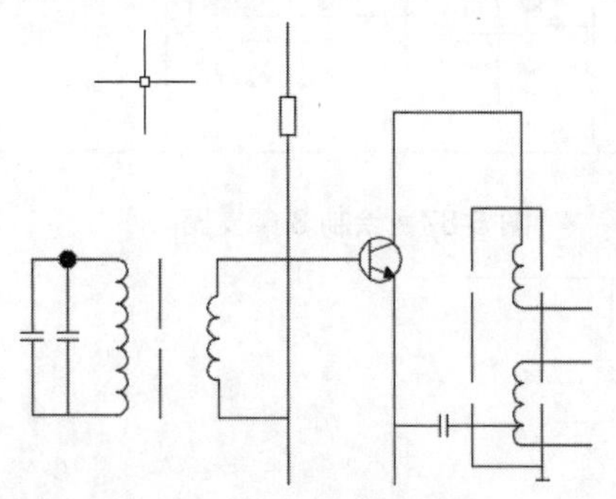

图 5-92　填充圆形

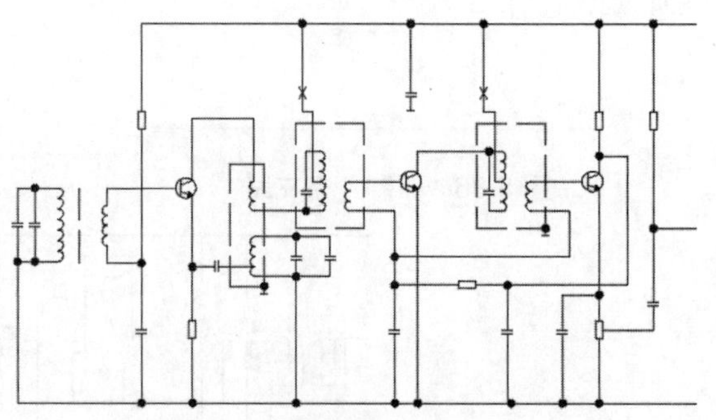

图 5-93　复制线路左侧的节点圆

step 23 单击【默认】选项卡的【修改】工具栏中的【复制】按钮，复制线路右侧的节点圆，如图 5-94 所示，完成线路的绘制。

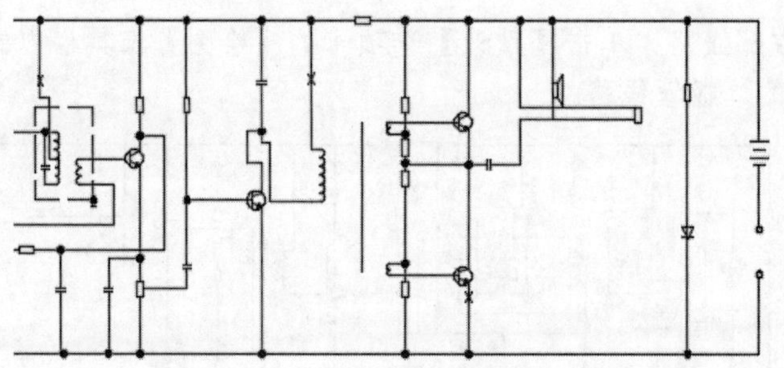

图 5-94　复制线路右侧的节点圆

step 24 添加文字，单击【默认】选项卡的【注释】工具栏中的【文字】按钮，绘制如图 5-95 所示的线路左侧文字。

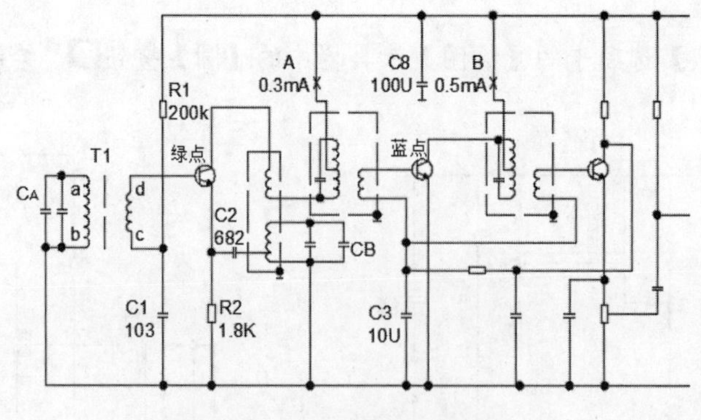


图 5-95　添加线路左侧文字

step 25 单击【默认】选项卡的【注释】工具栏中的【文字】按钮，绘制如图 5-96 所示的线路中间文字。

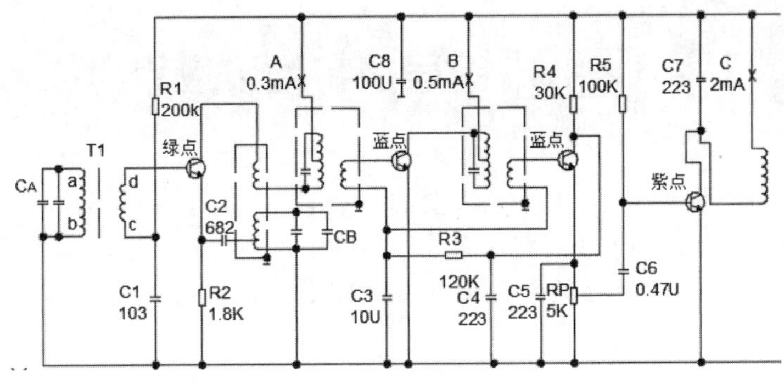


图 5-96　添加线路中间文字

step 26 单击【默认】选项卡的【注释】工具栏中的【文字】按钮A，绘制如图 5-97 所示的线路右侧文字。

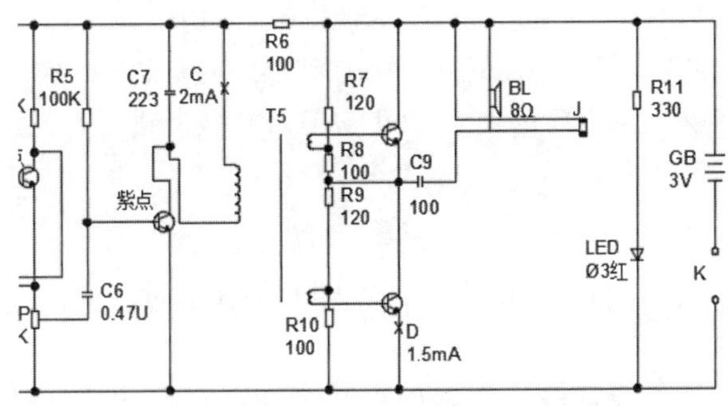


图 5-97　添加线路右侧文字

step 27 完成收音机电气原理图的绘制，如图 5-98 所示。

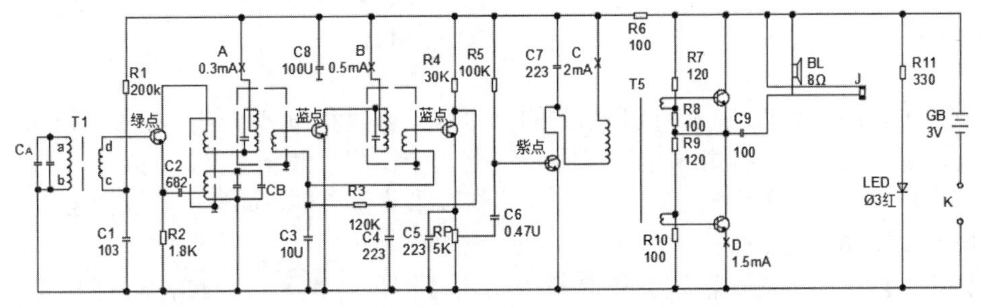


图 5-98　完成收音机电气原理图

**电气设计实践：**在线路接线图中，接点要接到控制该接点的继电器或接触器的线圈位置。线圈所在的回路是接点的控制回路，以分析接点动作的条件。线圈要找出它的所有接点，以便找出该继电器控制的所有接点(对象)。如图 5-99 所示是插头的接线图，接合本节学习的内容进行绘制。

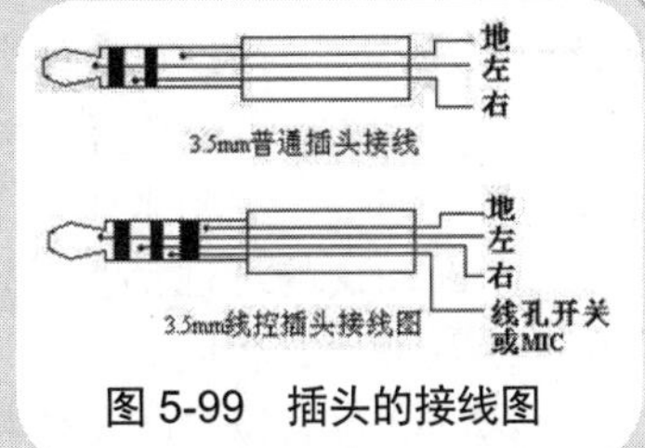


图 5-99　插头的接线图

# 2课时 图层的特性及应用

图层在 AutoCAD 绘图过程当中是非常重要的一个部分，有了图层工具就可以方便地识别和使用不同部分、不同性质的线型、颜色和线宽。对于一个图形可创建的图层数和在每个图层中创建的对象数都是没有限制的，只要将对象分类并置于各自的图层中，即可方便、有效地对图形进行编辑和管理。

## 5.4.1 新建图层

**行业知识链接：**图层可以看作一张张绘制了线层的透明图纸，这些透明图纸叠加构成了完整的图纸。如图 5-100 所示是电机的互感接线线路，绘制时可以分为不同的图层，设置不同的颜色进行区分。

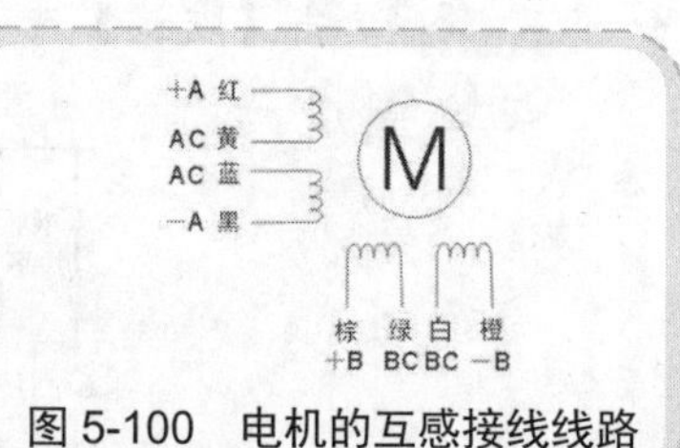


图 5-100 电机的互感接线线路

在本小节里，我们将介绍创建新图层的方法，在图层创建的过程中涉及图层的命名、图层颜色、线型和线宽的设置。

图层可以具有颜色、线型和线宽等特性。如果某个图形对象的这几种特性均设为“ByLayer(随层)”，则各特性与其所在图层的特性保持一致，并且可以随着图层特性的改变而改变。例如图层“Center”的颜色为“黄色”，在该图层上绘有若干直线，其颜色特性均为“ByLayer”，则直线颜色也为黄色。

### 1. 创建图层

在绘图设计中，用户可以为设计概念相关的一组对象创建和命名图层，并为这些图层指定通用特性。通过创建图层，可以将类型相似的对象指定给同一个图层使其相关联。例如，可以将构造线、文字、标注和标题栏置于不同的图层上，然后进行控制。本节就来讲述如何创建新图层。

创建图层的步骤如下。

(1) 在【默认】选项卡的【图层】工具栏中单击【图层特性】按钮，将打开【图层特性管理器】对话框，图层列表中将自动添加名称为“0”的图层，所添加的图层呈被选中即高亮显示状态。

(2) 在【名称】列为新建的图层命名。图层名最多可包含 255 个字符，其中包括字母、数字和特殊字符，如“¥”符号等，但图层名中不可包含空格。

(3) 如果要创建多个图层，可以多次单击【新建图层】按钮，并以同样的方法为每个图层命名，按名称的字母顺序来排列图层。创建完成的图层如图 5-101 所示。

每个新图层的特性都被指定为默认设置，即在默认情况下，新建图层与当前图层的状态、颜色、线性、线宽等设置相同。当然用户既可以使用默认设置，也可以给每个图层指定新的颜色、线型、线宽和打印样式，其概念和操作将在下面的讲解中涉及。

在绘图过程中，为了更好地描述图层中的图形，用户还可以随时对图层进行重命名，但对于图层0和依赖外部参照的图层不能重命名。

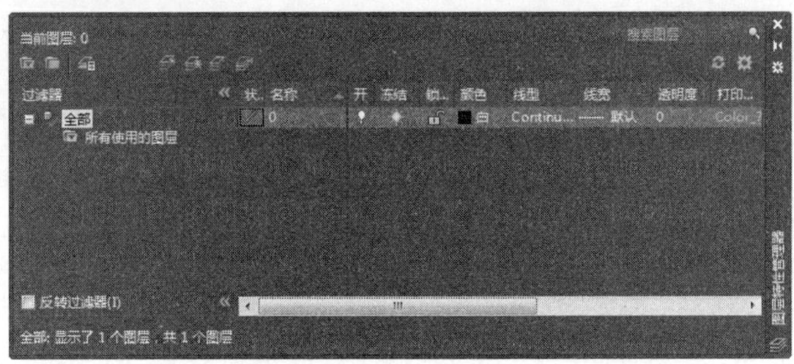

图 5-101 【图层特性管理器】对话框

2. 图层颜色

图层颜色也就是为选定图层指定颜色或修改颜色。颜色在图形中具有非常重要的作用，可用来表示不同的组件、功能和区域。图层的颜色实际上是图层中图形对象的颜色，每个图层都拥有自己的颜色，对不同的图层既可以设置相同的颜色，也可以设置不同的颜色，所以在绘制复杂图形时就可以很容易区分图形的各个部分。

当用户要设置图层颜色时，可以通过以下几种方式。

(1) 在【视图】选项卡的【面板】工具栏中单击【特性】按钮，打开【特性】面板，在【常规】选项组的【颜色】下拉列表中选择需要的颜色，如图 5-102 所示。

(2) 如果在【颜色】下拉列表中选择【选择颜色】选项，即可打开【选择颜色】对话框，如图 5-103 所示。

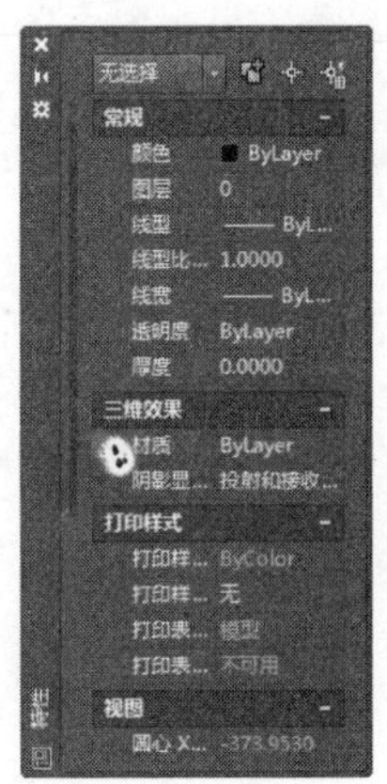

图 5-102 【特性】面板

图 5-103 【选择颜色】对话框

下面来了解一下图 5-103 中的 3 种颜色模式。

【索引颜色】模式，也叫作映射颜色。在这种模式下，只能存储一个 8 bit 色彩深度的文件，即最多 256 种颜色，而且颜色都是预先定义好的。一幅图像所有的颜色都在它的图像文件里定义，也就是将所有色彩映射到一个色彩盘里，这就叫色彩对照表。因此，当打开图像文件时，色彩对照表也一同被读入了 Photoshop 中，Photoshop 由色彩对照表找到最终的色彩值。若要转换为索引颜色，必须从每通道 8 位的图像以及灰度或 RGB 图像开始。通常索引色彩模式用于保存 GIF 格式等网络图像。

索引颜色是 AutoCAD 中使用的标准颜色。每一种颜色用一个 AutoCAD 颜色索引编号(1～255 之间的整数)标识。标准颜色名称仅适用于 1～7 号颜色。颜色指定如下：1 红、2 黄、3 绿、4 青、5 蓝、6 洋红、7 白/黑/灰。

【真彩色】(True-color)是指图像中的每个像素值都分成 R、G、B 三个基色分量，每个基色分量直接决定其基色的强度，这样产生的色彩称为真彩色。例如图像深度为 24，用 R：G：B＝8：8：8 来表示色彩，则 R、G、B 各占用 8 位来表示各自基色分量的强度，每个基色分量的强度等级为 $2^8$=256 种。图像可容纳 $2^{24}$ 种色彩。这样得到的色彩可以反映原图的真实色彩，故称真彩色。如果使用 HSL 颜色模式，则可以指定颜色的色调、饱和度和亮度要素。

真彩色图像把颜色的种类提高了一大步，它为制作高质量的彩色图像带来了不少便利。真彩色也可以说是 RGB 的另一种叫法。从技术程度上来说，真彩色是指写到磁盘上的图像类型。而 RGB 颜色是指显示器的显示模式。不过这两个术语常常被当作同义词，因为从结果上来看它们是一样的，都有同时显示 16 余万种颜色的能力。RGB 图像是非映射的，它可以从系统的颜色表中自由获取所需的颜色，这种颜色直接与 Pc 上显示的颜色对应。

【配色系统】包括几个标准 Pantone 配色系统，也可以输入其他配色系统，例如 DIC 颜色指南或 RAL 颜色集。输入用户定义的配色系统可以进一步扩充可供使用的颜色选择。这种模式需要具有很深的专业色彩知识，所以在实际操作中不必使用。

我们根据需要在对话框的不同选项卡中选择需要的颜色，然后单击【确定】按钮，即可应用选择颜色。

(3) 也可以在【特性】面板的【选择颜色】下拉列表中选择系统自定的几种颜色或自定义颜色。

### 3. 图层线型

线型是指图形基本元素中线条的组成和显示方式，如虚线和实线等。在 AutoCAD 中既有简单线型，也有由一些特殊符号组成的复杂线型，以满足不同国家或行业标准的要求。

在图层中绘图时，使用线型可以有效地传达视觉信息，它是由直线、横线、点或空格等组合的不同图案，给不同图层指定不同的线型，可达到区分线型的目的。如果为图形对象指定某种线型，则对象将根据此线型的设置进行显示和打印。

在【特性】面板的【选择线型】下拉列表框中，选择【其他】选项，打开【线型管理器】对话框，如图 5-104 所示。

用户可以从该对话框的列表中选择一种线型，也可以单击【加载】按钮，打开【加载或重载线型】对话框，如图 5-105 所示。

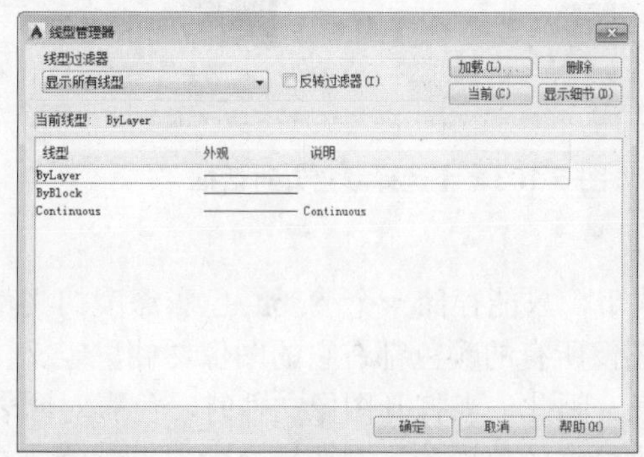


图 5-104 【线型管理器】对话框

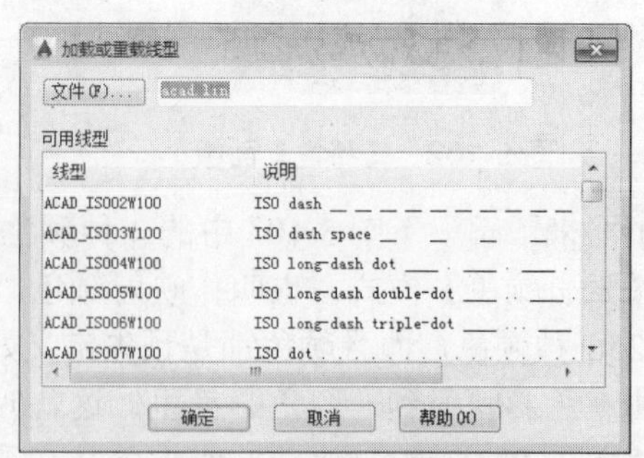


图 5-105 【加载或重载线型】对话框

在该对话框中选择要加载的线型，单击【确定】按钮，所加载的线型即可显示在【线型管理器】对话框中，用户可以从中选择需要的线型，最后单击【确定】按钮，退出【线型管理器】对话框。

在设置线型时，也可以采用其他的途径，具体如下。

(1) 在【视图】选项卡的【选项板】工具栏中单击【特性】按钮，打开【特性】面板，在【常规】选项组的【线型】下拉列表框中选择线的类型。

在这里我们需要了解一些“线型比例”的知识。

通过全局修改或单个修改每个对象的线型比例因子，可以以不同的比例使用同一个线型。

默认情况下，全局线型和单个线型比例均设置为 1.0。比例越小，每个绘图单位中生成的重复图案就越多。例如，设置为 0.5 时，每一个图形单位在线型定义中显示重复两次的同一图案。不能显示完整线型图案的短线段显示为连续线。对于太短，甚至不能显示一个虚线小段的线段，可以使用更小的线型比例。

(2) 也可以在【图层特性管理器】对话框中单击【线型】列，打开【选择线型】对话框进行选择。

- 【ByLayer(随层)】：逻辑线型，表示对象与其所在图层的线型保持一致。
- 【ByBlock(随块)】：逻辑线型，表示对象与其所在块的线型保持一致。
- 【Continuous(连续)】：连续的实线。

当然，用户可使用的线型远不只这几种。AutoCAD 系统提供了线型库文件，其中包含了数十种的线型定义。用户可随时加载该文件，并使用其定义各种线型。如果这些线型仍不能满足用户的需要，则用户可以自行定义某种线型，并在 AutoCAD 中使用。

关于线型应用的几点说明如下。

(1) 当前线型：如果某种线型被设置为当前线型，则新创建的对象(文字和插入的块除外)将自动使用该线型。

(2) 线型的显示：可以将线型与所有 AutoCAD 对象相关联，但是它们不随同文字、点、视口、参照线、射线、三维多段线和块一起显示。如果一条线过短，不能容纳最小的点划线序列，则显示为连续的直线。

(3) 如果图形中的线型显示过于紧密或过于疏松，用户可设置比例因子来改变线型的显示比例。改变所有图形的线型比例，可使用全局比例因子；而对于个别图形的修改，则应使用对象比例因子。

## 4. 图层线宽

线宽设置就是改变线条的宽度，可用于除 TrueType 字体、光栅图像、点和实体填充(二维实体)之外的所有图形对象，通过更改图层和对象的线宽设置来更改对象显示于屏幕和纸面上的宽度特性。在 AutoCAD 中，使用不同宽度的线条表现对象的大小或类型，可以提高图形的表达能力和可读性。如果为图形对象指定线宽，则对象将根据此线宽的设置进行显示和打印。

在【图层特性管理器】对话框中选择一个图层，然后在【线宽】列单击与该图层相关联的线宽，可打开【线宽】对话框，如图 5-106 所示。

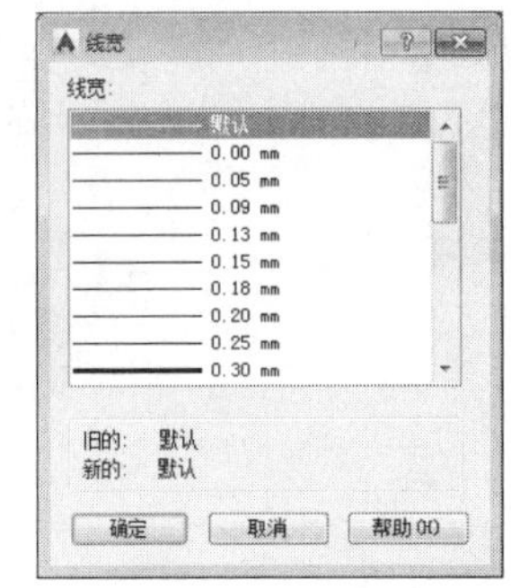


图 5-106 【线宽】对话框

用户可以从中选择合适的线宽，单击【确定】按钮退出【线宽】对话框。

在 AutoCAD 中可用的线宽预定义值包括 0.00 mm、0.05 mm、0.09 mm、0.13 mm、0.15 mm、0.18 mm、0.20 mm、0.25 mm、0.30 mm、0.35 mm、0.40 mm、0.50 mm、

0.53 mm、0.60 mm、0.70 mm、0.80 mm、0.90 mm、1.00 mm、1.06 mm、1.20 mm、1.40 mm、1.58 mm、2.00 mm 和 2.11 mm 等。

同理在设置线宽时，也可以采用其他的途径，具体如下。

(1) 在【视图】选项卡的【选项板】面板中单击【特性】按钮，打开【特性】面板，在【常规】选项组的【线宽】下拉列表框中选择线的宽度。

(2) 也可以在【特性】面板的【选择线宽】下拉列表框中选择。

- 【ByLayer(随层)】：逻辑线宽，表示对象与其所在图层的线宽保持一致。
- 【ByBlock(随块)】：逻辑线宽，表示对象与其所在块的线宽保持一致。
- 【默认】：创建新图层时的默认线宽设置，其默认值是为 0.25 mm(0.01")。

关于线宽应用的几点说明如下。

(1) 如果需要精确表示对象的宽度，应使用指定宽度的多段线，而不要使用线宽。

(2) 如果对象的线宽值为 0，则在模型空间显示为 1 个像素宽，并将以打印设备允许的最细宽度打印。如果对象的线宽值为 0.25 mm(0.01")或更小，则将在模型空间中以 1 个像素显示。

(3) 具有线宽的对象以超过一个像素的宽度显示时，可能会增加 AutoCAD 的重生成时间，因此关闭线宽显示或将显示比例设成最小可优化显示性能。

**提示**：图层特性(如线型和线宽)可以通过【图层特性管理器】对话框和【特性】面板来设置，但对于重命名图层来说，只能在【图层特性管理器】对话框中修改，而不能在【特性】面板中修改。

对于块引用所使用的图层也可以进行保存和恢复，但外部参照的保存图层状态不能被当前图形所使用。如果使用 wblock 命令创建外部块文件，则只有在创建时选择 Entire Drawing(整个图形)选项，才能将保存的图层状态信息包含在内，并且仅涉及那些含有对象的图层。

## 5.4.2 编辑图层

**行业知识链接**：当某一回路从正极往负极看回路时，如中间有多个支路连往负极，则每个支路必须看完，否则分析回路时就会漏掉部分重要的情况。如图 5-107 所示，是接线盒的接线示意图，绘制完成后，要重新编辑图层显示颜色。

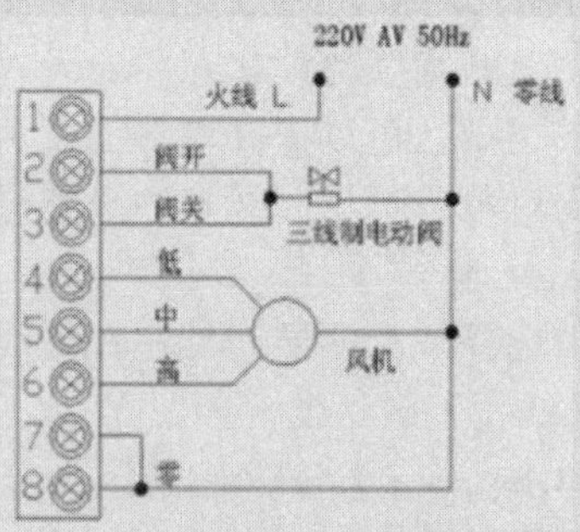


图 5-107 接线盒的接线示意图

图层管理包括图层的创建、图层过滤器的命名、图层的保存、恢复等，下面对图层的管理作详细的讲解。

### 1. 命名图层过滤器

绘制一个图形时，可能需要创建多个图层，当只需列出部分图层时，通过【图层特性管理器】对话框的过滤图层设置，可以按一定的条件对图层进行过滤，最终只列出满足要求的部分图层。

在过滤图层时，可依据图层名称、颜色、线型、线宽、打印样式或图层的可见性等条件过滤图层。这样，可以更加方便地选择或清除具有特定名称或特性的图层。

单击【图层特性管理器】对话框中的【新建特性过滤器】按钮，打开【图层过滤器特性】对话框，如图 5-108 所示。

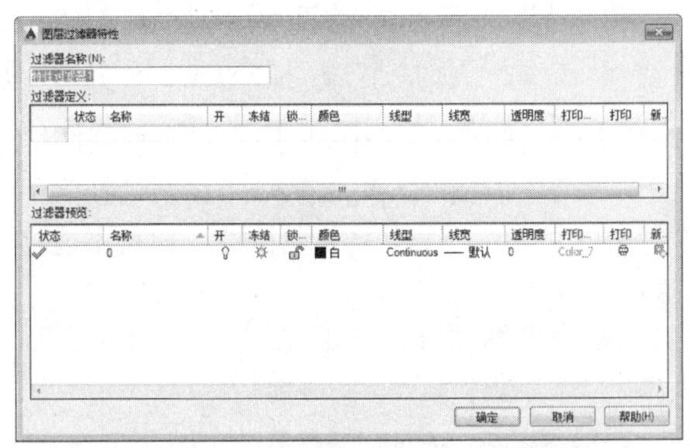


图 5-108 【图层过滤器特性】对话框

在该对话框中可以选择或输入图层状态、特性设置。包括状态、名称、开、冻结、锁定、颜色、线型、线宽、打印样式、打印、新视口冻结等。

- 【过滤器名称】文本框：用于输入图层特性过滤器名称。
- 【过滤器定义】列表：显示图层特性。可以使用一个或多个特性定义过滤器。例如，可以将过滤器定义为显示所有的红色或蓝色且正在使用的图层。若用户想要包含多种颜色、线型或线宽，可以在下一行复制该过滤器，然后选择一种不同的设置。
- 【过滤器预览】列表：显示根据用户定义进行过滤的结果。它显示选定此过滤器后将在图层特性管理器的图层列表中显示的图层。

如果在【图层特性管理器】对话框中选中了【反转过滤器】复选框，则可反向过滤图层，这样，可以方便地查看未包含某个特性的图层。使用图层过滤器的反转功能，可只列出被过滤的图层。例如，如果图形中所有的场地规划信息均包括在名称中包含字符 site 的多个图层中，则可以先创建一个以名称(*site*)过滤图层的过滤器定义，然后选中【反向过滤器】复选框，这样，该过滤器就包括了除场地规划信息以外的所有信息。

### 2. 删除图层

可以通过从【图层特性管理器】对话框中删除图层来从图形中删除不使用的图层。但是只能删除未被参照的图层。被参照的图层包括图层 0 及默认图层、包含对象(包括块定义中的对象)的图层、当前图层和依赖外部参照的图层。其操作步骤如下。

在【图层特性管理器】对话框中选择图层，单击【删除图层】按钮，如图 5-109 所示，则选定的图层被删除。继续单击【删除图层】按钮，可以连续删除不需要的图层。

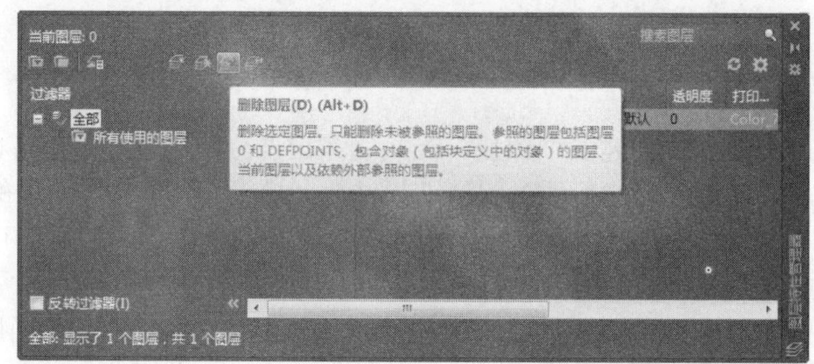


图 5-109　选择图层后单击【删除图层】按钮

### 3. 设置当前图层

绘图时，新创建的对象将置于当前图层上。当前图层可以是默认图层(0)，也可以是用户自己创建并命名的图层。通过将其他图层置为当前图层，可以从一个图层切换到另一个图层；随后创建的任何对象都与新的当前图层关联并采用其颜色、线型和其他特性。但是不能将冻结的图层或依赖外部参照的图层设置为当前图层。其操作步骤如下。

在【图层特性管理器】对话框中选择图层，单击【置为当前】按钮，则选定的图层被设置为当前图层，如图 5-110 所示。

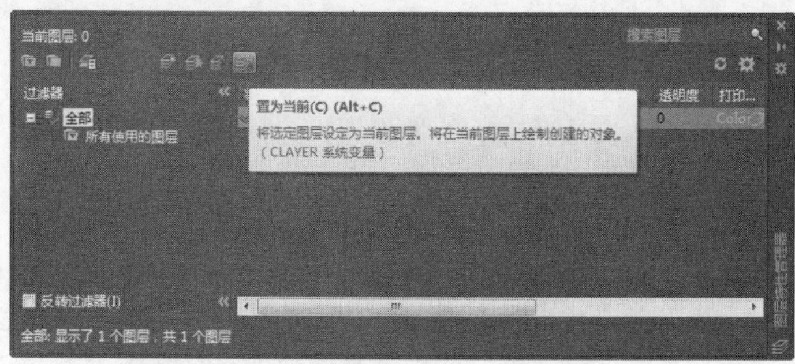


图 5-110　选择图层后单击【置为当前】按钮

### 4. 显示图层细节

【图层特性管理器】对话框用来显示图形中的图层列表及其特性。在 AutoCAD 中，使用【图层特性管理器】对话框不仅可以创建图层，设置图层的颜色、线型和线宽，还可以对图层进行更多的设置与管理，如图层的切换、重命名、删除及图层的显示控制、修改图层特性或添加说明。利用以下 3 种方法中的任一种方法都可以打开【图层特性管理器】对话框。

- 单击【图层】工具栏中的【图层特性】按钮。
- 在命令输入行中输入 layer 后按下 Enter 键。
- 选择【格式】|【图层】菜单命令。

【图层特性管理器】对话框如图 5-111 所示。

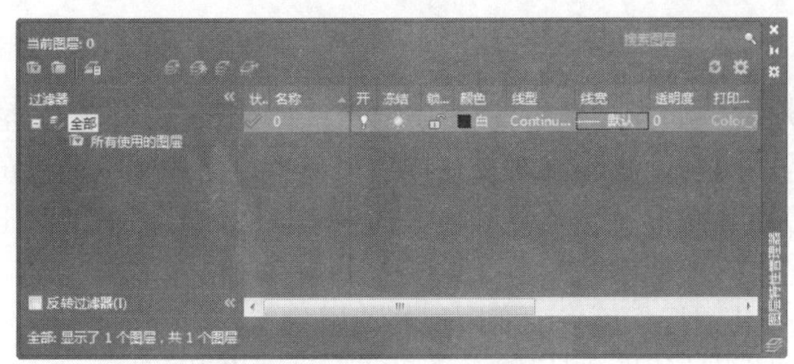

图 5-111 【图层特性管理器】对话框

下面介绍【图层特性管理器】对话框的功能。

(1) 【新建特性过滤器】按钮：显示【图层过滤器特性】对话框，从中可以基于一个或多个图层特性创建图层过滤器。

(2) 【新建组过滤器】按钮：用来创建一个图层过滤器，其中包含用户选定并添加到该过滤器的图层。

(3) 【图层状态管理器】按钮：显示【图层状态管理器】对话框，从中可以将图层的当前特性设置保存到命名图层状态中，以后可以再恢复这些设置。

(4) 【新建图层】按钮：用来创建新图层。列表中将显示名为“图层 1”的图层。该名称处于选中状态，从而用户可以直接输入一个新图层名。新图层将继承图层列表中当前选定图层的特性(颜色、开/关状态等)。

(5) 【在所有视口中都被冻结的新图层视口】按钮：创建新图层，然后在所有现有布局视口中将其冻结。

(6) 【删除图层】按钮：用来删除已经选定的图层。但是只能删除未被参照的图层，参照图层包括图层 0 和默认图层、包含对象(包括块定义中的对象)的图层、当前图层和依赖外部参照的图层。局部打开图形中的图层也被视为参照并且不能被删除。

(7) 【置为当前】按钮：用来将选定图层设置为当前图层。用户创建的对象将被放置到当前图层中。

(8) 【当前图层】：显示当前图层的名称。

(9) 【搜索图层】：当输入字符时，按名称快速过滤图层列表。关闭图层特性管理器时并不保存此过滤器。

(10) 状态行：显示当前过滤器的名称、列表图中所显示图层的数量和图形中图层的数量。

(11) 【反转过滤器】复选框：显示所有不满足选定图层特性过滤器中条件的图层。

(12) 【图层特性管理器】对话框中还有以下两个窗格。

树状图：显示图形中图层和过滤器的层次结构列表。顶层节点圆“全部”显示了图形中的所有图层。过滤器按字母顺序显示。“所有使用的图层”过滤器是只读过滤器。

列表图：显示图层和图层过滤器状态及其特性和说明。如果在树状图中选定了某一个图层过滤器，则列表图仅显示该图层过滤器中的图层。树状图中的“所有”过滤器用来显示图形中的所有图层和图层过滤器。当选定了某一个图层特性过滤器且没有符合其定义的图层时，列表图将为空。用户可以使用标准的键盘选择方法。要修改选定过滤器中某一个选定图层或所有图层的特性，可以单击该特性的图标。当图层过滤器中显示了混合图标或“多种”时，表明在过滤器的所有图层中，该特性互不相同。

### 5. 图层状态和特性

图层设置包括图层状态(例如开或锁定)和图层特性(例如颜色或线型)。在【图层特性管理器】对话框列表图中显示了图层和图层过滤器状态及其特性和说明。用户可以通过单击状态和特性图标来设置或修改图层的状态和特性。在上一小节中了解了部分选项的内容，下面对上节没有涉及的选项作具体的介绍。

(1) 【状态】列：双击其图标，可以改变图层的使用状态。

(2) 图标表示该图层正在使用，图标表示该图标未被使用。

(3) 【名称】列：显示图层名。可以选择图层名后单击并输入新图层名。

(4) 【开】列： 确定图层打开还是关闭。如果图层被打开，该层上的图形可以在绘图区显示或在绘图区中绘出。被关闭的图层仍然是图的一部分，但关闭图层上的图形不显示，也不能通过绘图区绘制出来。用户可根据需要，打开或关闭图层。

在图层列表框中，与“开”对应的列是“小灯泡”图标。通过单击小灯泡图标可实现打开或关闭图层的切换。如果灯泡颜色是黄色，表示对应层是打开的；如果是蓝色，则表示对应层是关闭的。如果关闭的是当前层，AutoCAD 会显示出对应的提示信息，警告正在关闭当前层，但用户可以关闭当前层。很显然，关闭当前层后，所绘的图形均不能显示出来。

当图层关闭时，它是不可见的，并且不能打印，即使【打印】选项是打开的。

依次单击【开】按钮，可调整各图层的排列顺序，使当前关闭的图层放在列表的最前面或最后面，也可以通过其他途径来调整图层顺序，我们将在后面的讲解中介绍对图层顺序的调整。

图标表示图层是打开的，图标表示图层是关闭的。

(5) 【冻结】列：在所有视口中冻结选定的图层。冻结图层可以加快 ZOOM、PAN 和许多其他操作的运行速度，增强对象选择的性能并减少复杂图形的重生成时间。AutoCAD 不显示、打印、隐藏、渲染或重生成冻结图层上的对象。

如果图层被冻结，该层上的图形对象不能被显示出来或绘制出来，而且也不参与图形之间的运算。被解冻的图层则正好相反。从可见性来说，冻结层与关闭层是相同的，但冻结层上的对象不参与处理过程中的运算，关闭层上的对象则要参与运算。所以，在复杂的图形中冻结不需要的图层可以加快系统重新生成图形时的速度。

图层列表框中，与“在所有视口冻结”对应的列是太阳或雪花图标。太阳表示所对应层没有冻结，雪花则表示相应层被冻结。单击这些图标可实现图层冻结与解冻的切换。

用户不能冻结当前层，也不能将冻结层设为当前层。另外，依次单击“在所有视口冻结”标题，可调整各图层的排列顺序，使当前冻结的图层放在列表的最前面或最后面。

用户可以冻结长时间不用看到的图层。当解冻图层时，AutoCAD 会重生成和显示该图层上的对象。可以在创建时冻结所有视口、当前图层视口或新图层视口中的图层。

图标表示图层是冻结的，图标表示图层是解冻的。

(6) 【锁定】列：锁定和解锁图层。

图标表示图层是锁定的，图标表示图层是解锁的。

锁定并不影响图层上图形对象的显示，即锁定层上的图形仍然可以显示出来，但用户不能改变锁定层上的对象，不能对其进行编辑操作。如果锁定层是当前层，用户仍可在该层上绘图。

图层列表框中，与“锁定”对应的列是关闭或打开的小锁图标。锁打开表示该层是非锁定层；关闭则表示对应层是锁定的。单击这些图标可实现图层锁定与解锁的切换。

同样，依次单击图层列表中的“锁定”按钮，可以调整各图层的排列顺序，使当前锁定的图层放在列表的最前面或最后面。

(7) 【打印样式】列：修改与选定图层相关联的打印样式。如果正在使用颜色相关打印样式(PSTYLEPOLICY 系统变量设为 1)，则不能修改与图层关联的打印样式。单击任意打印样式均可以显示../ZW/acr_p36.html - 392689【选择打印样式】对话框。

(8) 【打印】列：控制是否打印选定的图层。即使关闭了图层的打印，该图层上的对象仍会显示出来。关闭图层打印只对图形中的可见图层(图层是打开的并且是解冻的)有效。如果图层设为打印但该图层在当前图形中是冻结的或关闭的，则 AutoCAD 不打印该图层。如果图层包含了参照信息(比如构造线)，则关闭该图层的打印可能有益。

(9) 【新视口冻结】列：冻结或解冻新创建视口中的图层。

(10) 【说明】列：为所选图层或过滤器添加说明，或修改说明中的文字。过滤器的说明将添加到该过滤器及其中的所有图层。

### 6. 保存、恢复、管理图层状态

可以通过单击【图层特性管理器】对话框中的【图层状态管理器】按钮，打开【图层状态管理器】对话框，运用【图层状态管理器】对话框来保存、恢复和管理命名图层状态，如图 5-112 所示。

下面介绍【图层状态管理器】对话框的功能。

(1) 【图层状态】：列出了保存在图形中的命名图层状态、保存它们的空间及可选说明等。

(2) 【新建】按钮：单击此按钮，显示【要保存的新图层状态】对话框，如图 5-113 所示，从中可以输入新命名图层状态的名称和说明。

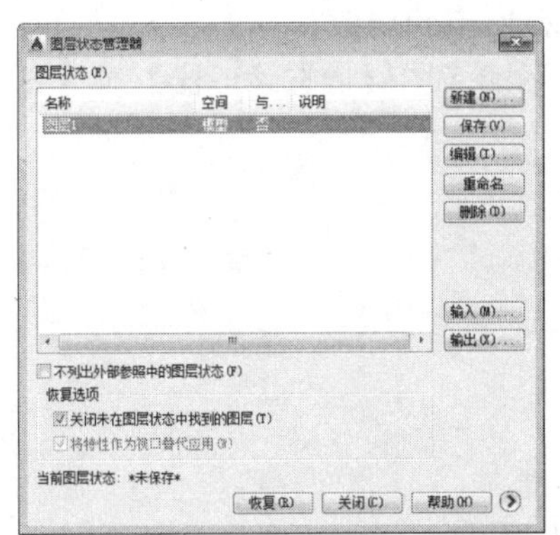


图 5-112 【图层状态管理器】对话框

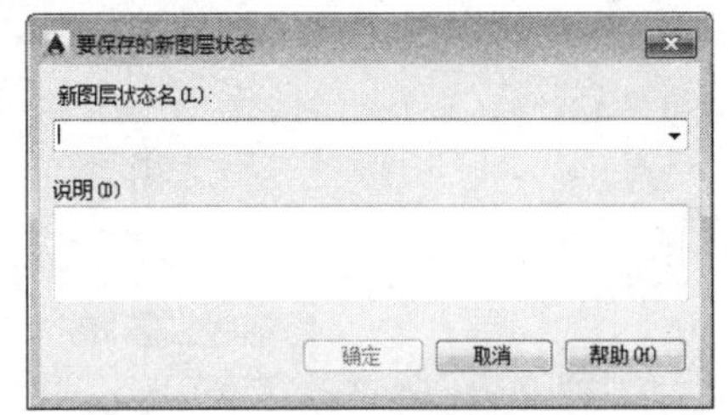


图 5-113 【要保存的新图层状态】对话框

(3) 【保存】按钮：单击此按钮，保存选定的命名图层状态。

(4) 【编辑】按钮：单击此按钮，显示【编辑图层状态：图层 1】对话框，如图 5-114 所示，从中可以修改选定的命名图层状态。

(5) 【重命名】按钮：单击此按钮，在位编辑图层状态名。

(6) 【删除】按钮：单击此按钮，删除选定的命名图层状态。

(7) 【输入】按钮：单击此按钮，显示【输入图层状态】对话框，从中可以将上一次输出的图层状态(LAS)文件加载到当前图形，如图 5-115 所示。输入图层状态文件可能导致创建其他图层。

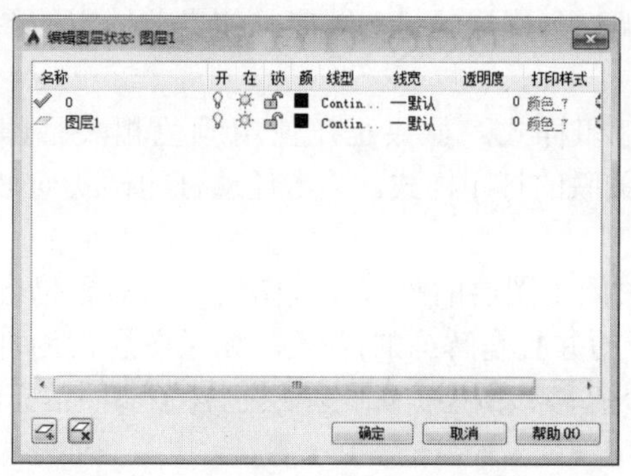

图 5-114 【编辑图层状态：图层 1】对话框

图 5-115 【输入图层状态】对话框

(8) 【输出】按钮：单击此按钮，显示【输出图层状态】对话框，从中可以将选定的命名图层状态保存到图层状态(LAS)文件中，如图 5-116 所示。

(9) 【不列出外部参照中的图层状态】复选框：控制是否显示外部参照中的图层状态。

(10) 【恢复选项】选项组：指定恢复选定命名图层状态时所要恢复的图层状态设置和图层特性。

- 【关闭未在图层状态中找到的图层】复选框：用于恢复命名图层状态时，关闭未保存设置的新图层，以便图形的外观与保存命名图层状态时一样。
- 【将特性作为视口替代应用】复选框：视口替代将恢复为恢复图层状态时为当前的视口。

(11) 【恢复】按钮：将图形中所有图层的状态和特性设置恢复为先前保存的设置。仅恢复保存该命名图层状态时选定的那些图层状态和特性设置。

(12) 【关闭】按钮：关闭【图层状态管理器】对话框并保存所作的更改。

(13) 【更多恢复选项】按钮⊙：单击可打开如图 5-117 所示的【图层状态管理器】对话框，以显示更多的恢复设置选项。

图 5-116 【输出图层状态】对话框

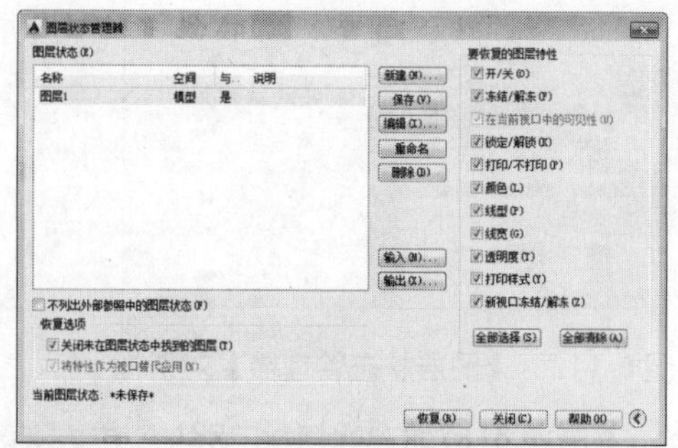

图 5-117 【图层状态管理器】对话框

(14) 【要恢复的图层特性】选项组：指定恢复选定命名图层状态时所要恢复的图层状态设置和图层特性。在【特性】选项卡上保存命名图层状态时，【在当前视口中的可见性】和【新视口冻结/解冻】复选框不可用。

(15) 【全部选择】按钮：选择所有设置。

(16) 【全部清除】按钮：从所有设置中删除选定设置。

(17) 【更少恢复选项】按钮⊙：单击可恢复先前的【图层状态管理器】对话框，以显示更少的恢复设置选项。

图层在实际应用中有极大优势，当一幅图过于复杂或图形中各部分干扰较大时，可以按一定的原则将一幅图分解为几个部分，然后分别将每一部分按照相同的坐标系和比例画在不同的层中，最终组成一幅完整的图形。当需要修改其中某一部分时，只需将要修改的图层抽取出来单独进行修改，而不会影响到其他部分。在默认情况下，对象是按照创建时的次序进行绘制的。但在某些特殊情况下，如两个或更多对象相互覆盖时，常需要修改对象的绘制和打印顺序来保证正确的显示和打印输出。AutoCAD 提供了 draworder 命令来修改对象的次序，该命令提示如下。

```
命令:draworder
选择对象:找到 1 个
选择对象:
输入对象排序选项 [对象上(A)/对象下(U)/最前(F)/最后(B)] <最后>:B
```

该命令各选项的作用如下。

- 【最前】：将选定的对象移到图形次序的最前面。
- 【最后】：将选定的对象移到图形次序的最后面。
- 【对象上】：将选定的对象移动到指定参照对象的上面。
- 【对象下】：将选定的对象移动到指定参照对象的下面。

如果我们一次选中多个对象进行排序，则被选中对象之间的相对显示顺序并不改变，而只改变与其他对象的相对位置。

## 课后练习

案例文件：ywj\05\03.dwg

视频文件：光盘\视频课堂\第 5 教学日\5.4

练习案例分析及步骤如下。

本节课后练习创建数字接收机原理图，它由超外差接收机、解码器、控制和显示等部分组成。它从基站发射的寻呼信号和干扰中选择出所需接收的有用信号，恢复成原来寻呼本机的基带信号，并产生音响(或振动)和显示数字(或字母、汉字)消息。如图 5-118 所示是完成的数字接收机原理图。

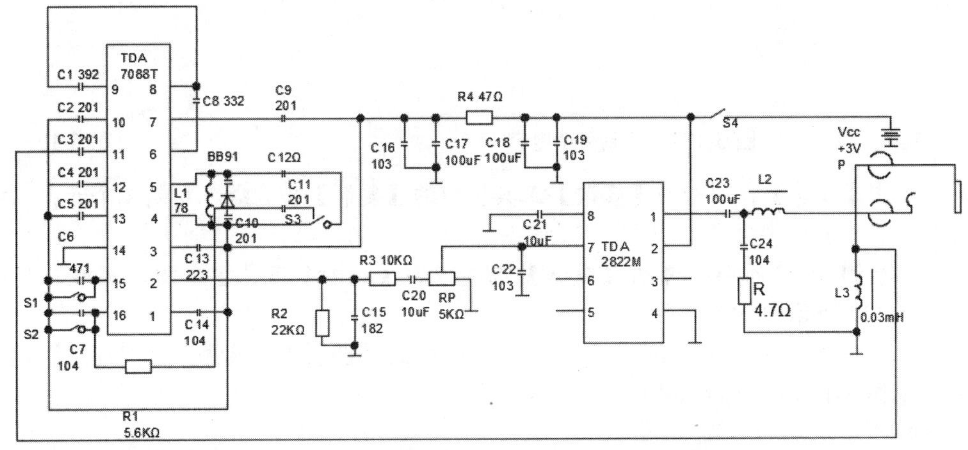


图 5-118　数字接收机原理图

本节案例主要练习数字接收机原理图的绘制，从绘制元件开始，包括电容、电阻，以及 PLC 等部分，按照从左向右的顺序绘制线路，最后添加文字。绘制数字接收机原理图的思路和步骤如图 5-119 所示。

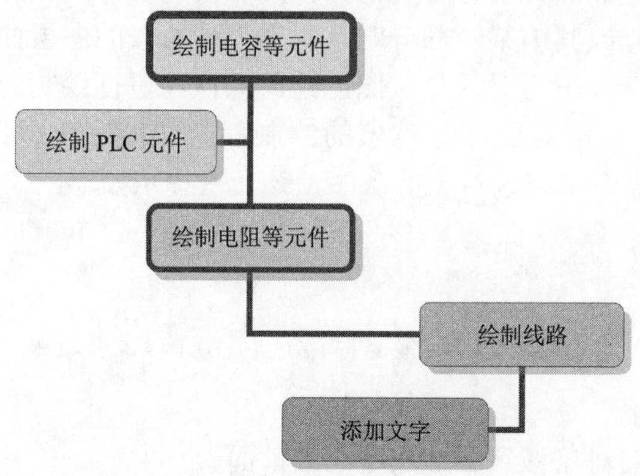


图 5-119　数字接收机原理图的绘制步骤

练习案例的操作步骤如下。

step 01 绘制电容等元件，单击【默认】选项卡的【绘图】工具栏中的【直线】按钮，绘制如图 5-120 所示的电容。

step 02 单击【默认】选项卡的【修改】工具栏中的【复制】按钮，复制多个电容，如图 5-121 所示。

图 5-120　绘制电容

step 03 单击【默认】选项卡的【绘图】工具栏中的【直线】按钮，绘制如图 5-122 所示的开关。

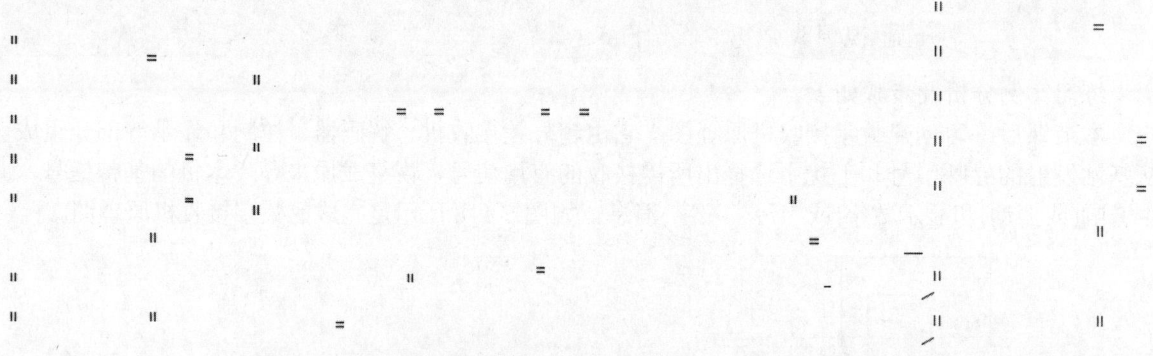

图 5-121　复制多个电容　　　图 5-122　绘制开关

step 04 单击【默认】选项卡的【修改】工具栏中的【复制】按钮，复制多个开关，如图 5-123 所示。

step 05 再绘制 PLC 元件，单击【默认】选项卡的【绘图】工具栏中的【矩形】按钮，绘制如图 5-124 所示的 PLC。

step 06 单击【默认】选项卡的【绘图】工具栏中的【圆弧】按钮，绘制圆弧线圈并进行复制，如图 5-125 所示。

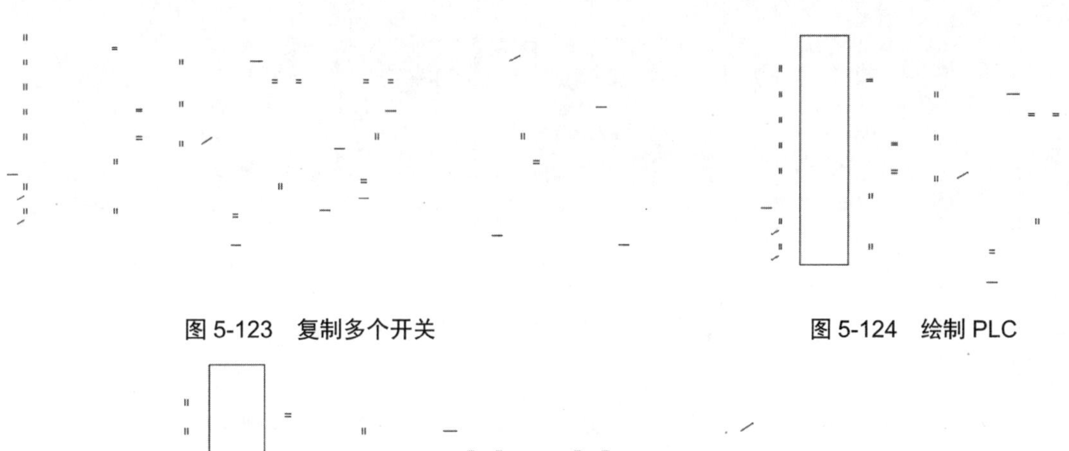

图 5-123　复制多个开关

图 5-124　绘制 PLC

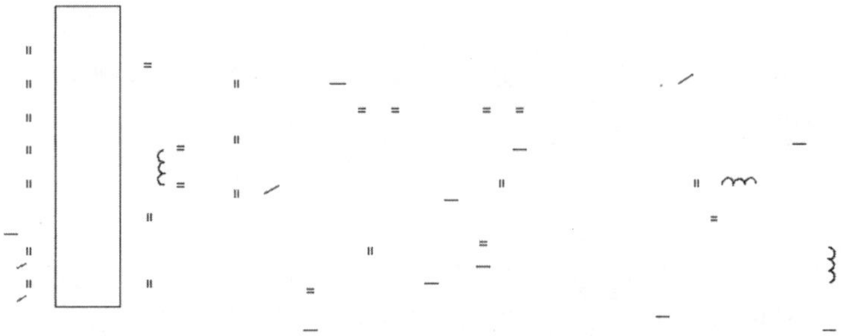

图 5-125　绘制圆弧线圈并复制

step 07 单击【默认】选项卡的【绘图】工具栏中的【矩形】按钮，绘制多个电阻，如图 5-126 所示。

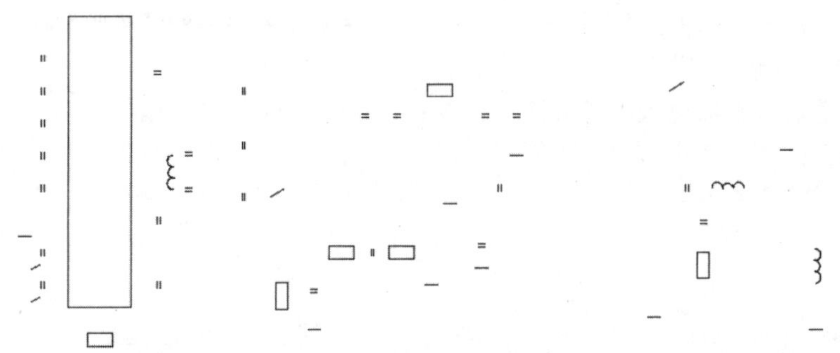

图 5-126　绘制多个电阻

step 08 单击【默认】选项卡的【绘图】工具栏中的【直线】按钮，绘制如图 5-127 所示的二极管。

step 09 单击【默认】选项卡的【绘图】工具栏中的【矩形】按钮，绘制如图 5-128 所示的右侧矩形。

step 10 选择虚线图层，单击【默认】选项卡的【绘图】工具栏中的【圆】按钮，绘制如图 5-129 所示的两个圆。

step 11 单击【默认】选项卡的【绘图】工具栏中的【圆弧】按钮，绘制圆弧，并单击【矩形】按钮，绘制右侧的电阻，如图 5-130 所示。

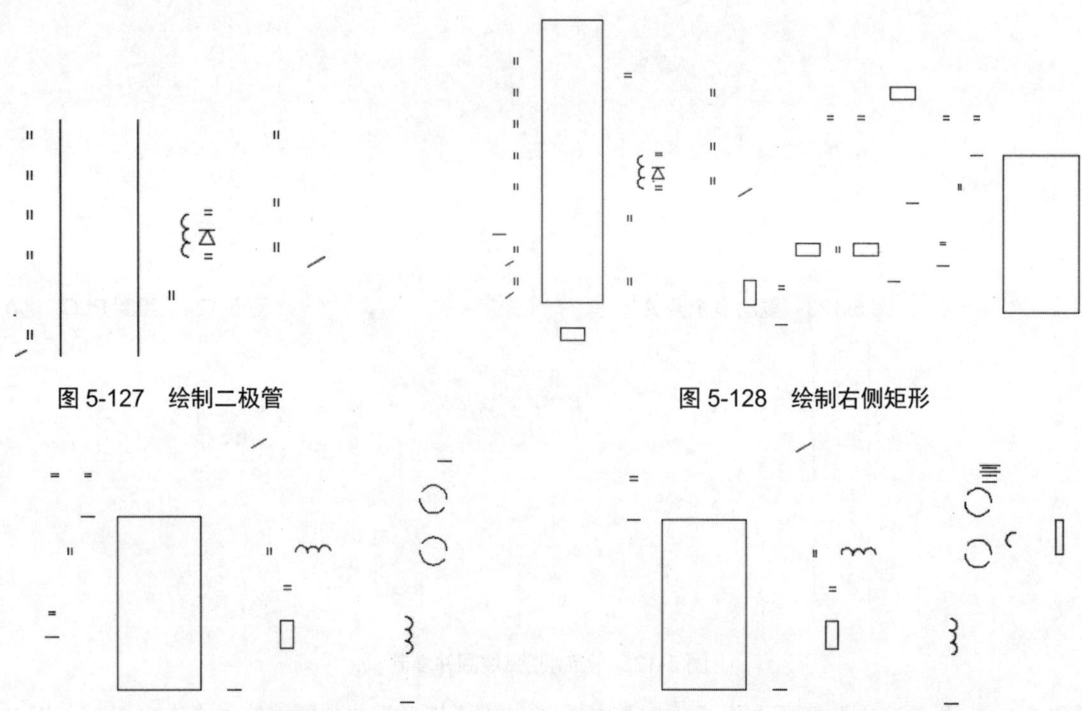

图 5-127　绘制二极管

图 5-128　绘制右侧矩形

图 5-129　绘制两个圆

图 5-130　绘制圆弧和右侧电阻

step 12 接着绘制线路，单击【默认】选项卡的【绘图】工具栏中的【直线】按钮，绘制如图 5-131 所示的 PLC 左侧线路。

step 13 单击【默认】选项卡的【绘图】工具栏中的【直线】按钮，绘制如图 5-132 所示的 PLC 右侧线路。

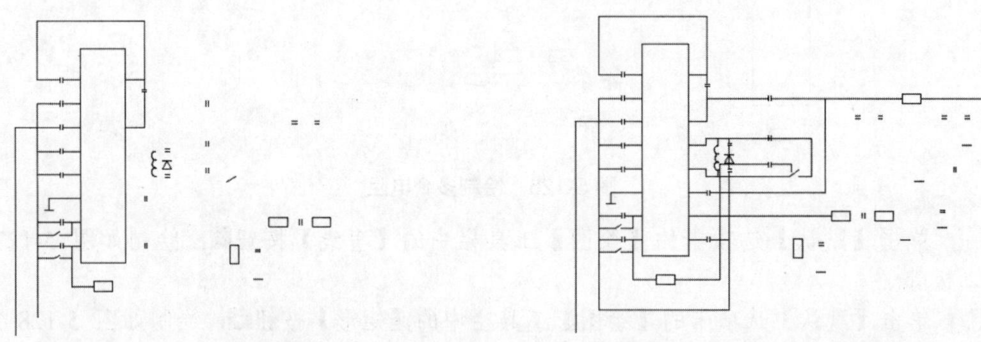

图 5-131　绘制 PLC 左侧线路

图 5-132　绘制 PLC 右侧线路

step 14 单击【默认】选项卡的【绘图】工具栏中的【直线】按钮，绘制如图 5-133 所示的中间线路。

step 15 单击【默认】选项卡的【绘图】工具栏中的【直线】按钮，绘制如图 5-134 所示的右侧线路。

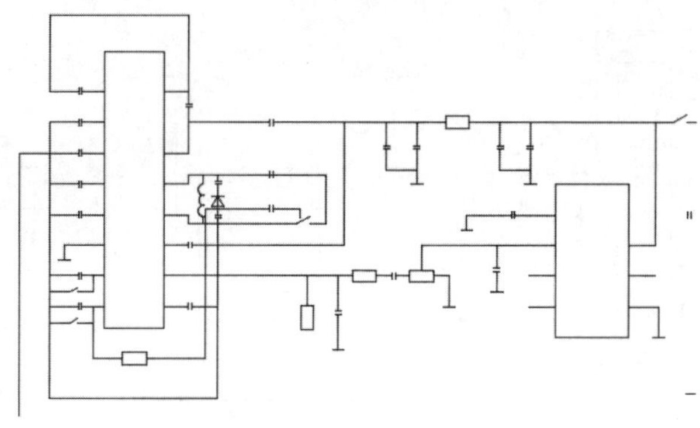

图 5-133 绘制中间线路

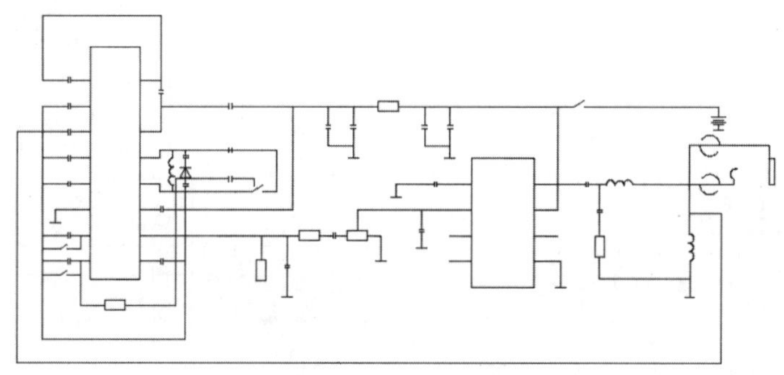

图 5-134 绘制右侧线路

step 16 单击【默认】选项卡的【绘图】工具栏中的【圆】按钮，绘制如图 5-135 所示的节点圆。

step 17 单击【默认】选项卡的【绘图】工具栏中的【图案填充】按钮，完成如图 5-136 所示的圆形填充。

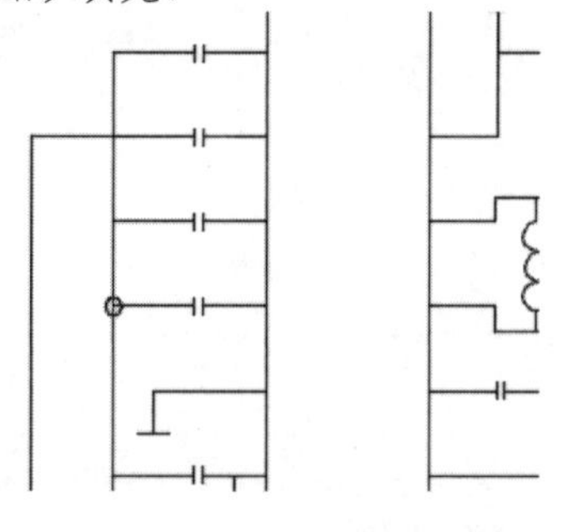

图 5-135 绘制节点圆

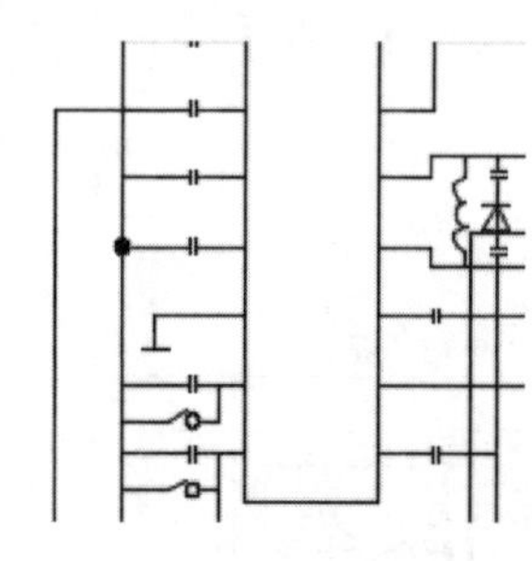

图 5-136 填充圆形

step 18 单击【默认】选项卡的【修改】工具栏中的【复制】按钮，复制节点圆，如图 5-137 所示，完成线路的绘制。

step 19 最后添加文字，单击【默认】选项卡的【注释】工具栏中的【文字】按钮，绘制如图 5-138 所示的 PLC 左侧文字。

step 20 单击【默认】选项卡的【注释】工具栏中的【文字】按钮，绘制如图 5-139 所示的 PLC 右侧文字。

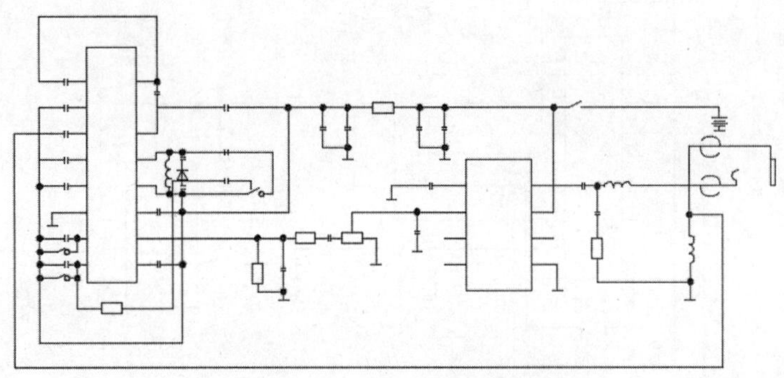

图 5-137　复制节点圆

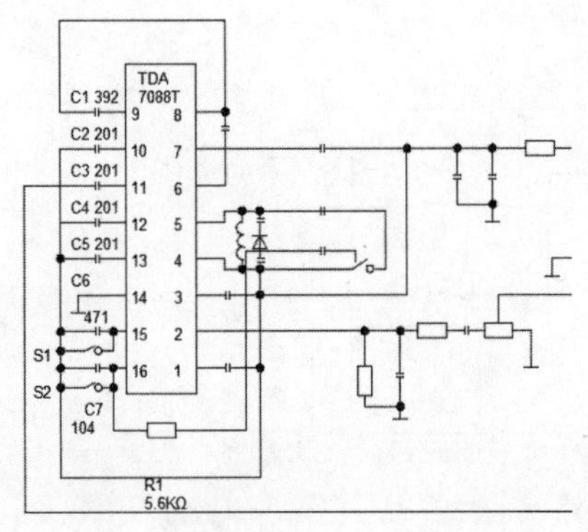


图 5-138　添加 PLC 左侧文字

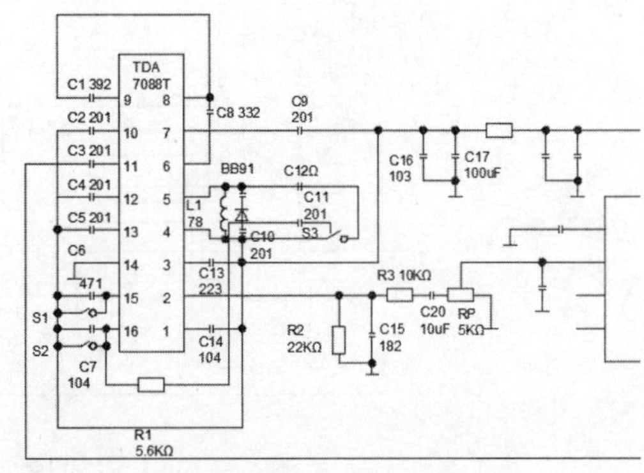


图 5-139　添加 PLC 右侧文字

step 21 单击【默认】选项卡的【注释】工具栏中的【文字】按钮A，绘制如图 5-140 所示的线路中间文字。

step 22 单击【默认】选项卡的【注释】工具栏中的【文字】按钮A，绘制如图 5-141 所示的线路右侧文字。

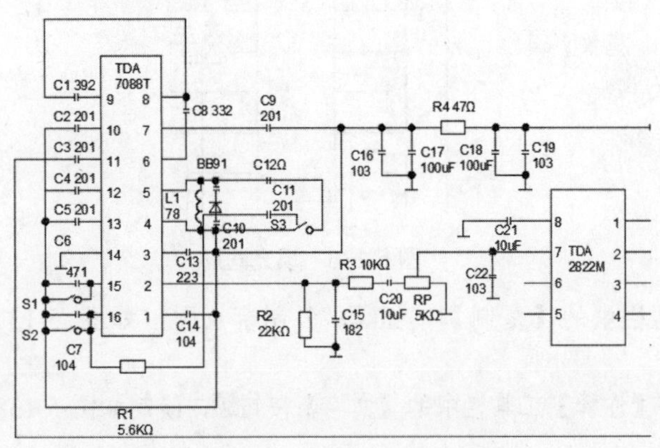


图 5-140　添加线路中间文字

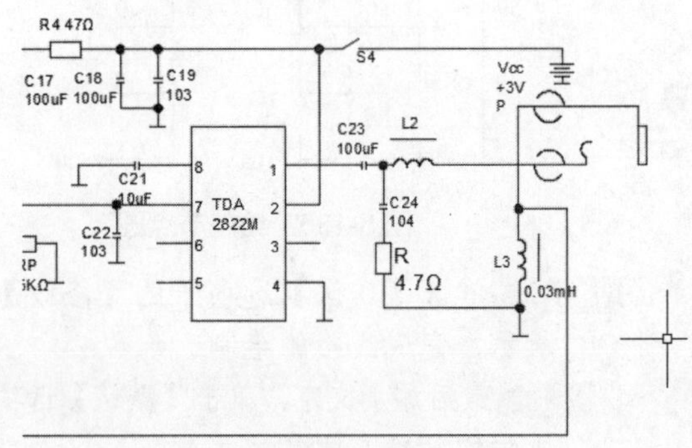


图 5-141　添加线路右侧文字

step 23 完成数字接收机原理图的绘制，如图 5-142 所示。

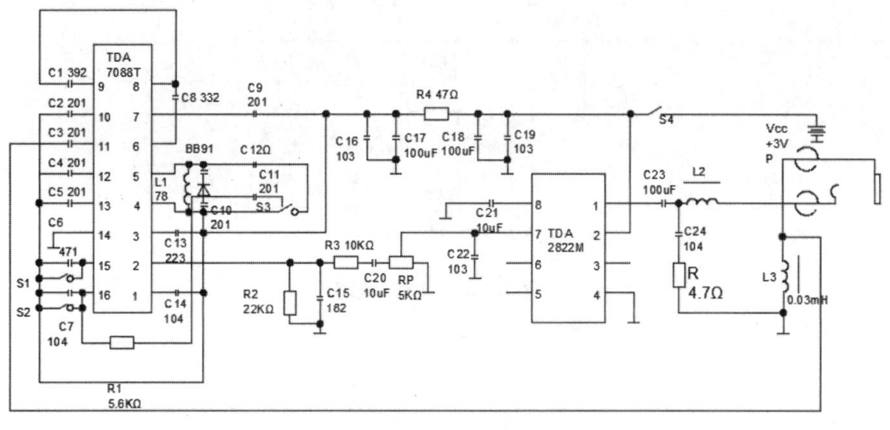


图 5-142　完成数字接收机原理图

**电气设计实践：**对于电压型继电器的线圈回路，当线圈的两端通过若干个继电器的接点或电流线圈分别与电源的正、负极贯通，则认为继电器(接触器)动作(励磁)，当回路中有断开的接点，或线圈回路串接有比较大的电阻，或者线圈被并接的接点短接时，则认为继电器(接触器)不动作。如图 5-143 所示是一种继电器控制电路，绘图时使用了不同的图层区分不同线路。

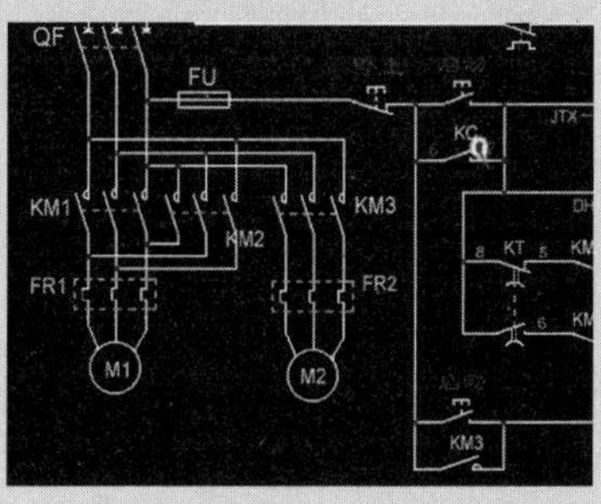


图 5-143　继电器控制电路

# 阶段进阶练习

本章主要介绍了 AutoCAD 2016 中如何更加快捷地选择图形以及图形编辑命令，并对 AutoCAD 的图形编辑技巧进行了详细的讲解，包括捕捉、约束、追踪，以及图层等。通过本章的学习，读者应该可以熟练掌握 AutoCAD 2016 中选择、编辑图形的方法。

使用本教学日学过的各种命令来创建如图 5-144 所示的整流电路。

一般创建步骤和方法如下。

(1) 使用【直线】、【矩形】等命令绘制元件。

(2) 绘制 IC 元件。

(3) 绘制线路。

(4) 标注文字。

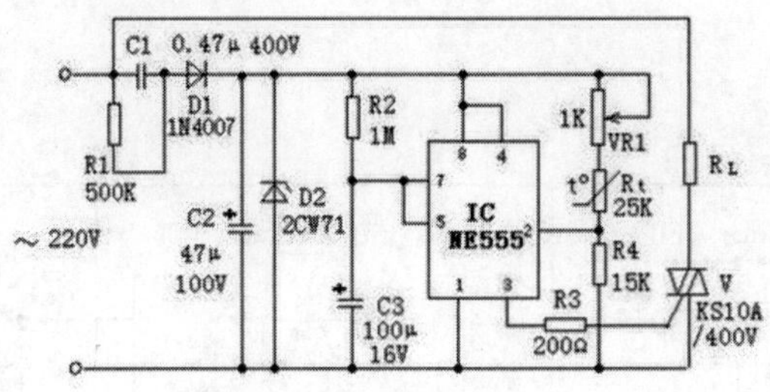
C1
0.47μ 400V
D1
1N4007
R1
500K
~ 220V
C2
47μ
100V
D2
2CW71
R2
1M
C3
100μ
16V
IC
NE555
1K
VR1
Rt
25K
R4
15K
R3
200Ω
RL
V
KS10A
/400V

图 5-144　整流电路

# 第 6 教学日

AutoCAD 中图块、文字和表格三大功能是不可或缺的部分，图块使重复绘图更加便利，文字是图纸的重要组成部分，表格是各种数据的具体体现，一般制图都需要用到这三大功能，本章将对这些内容进行详细介绍。

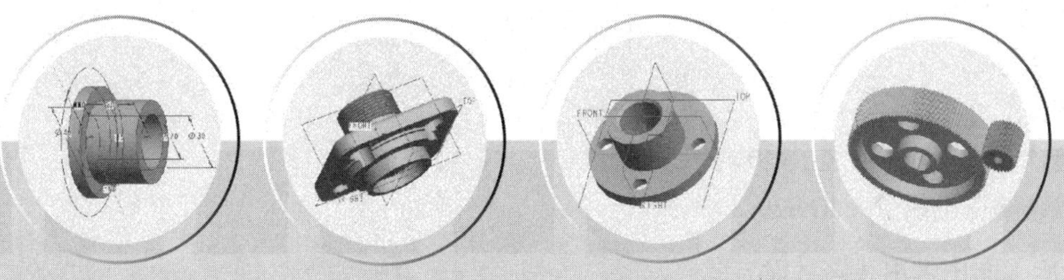

# 第1课 1课时 设计师职业知识——电气符号及标注方法

### 1. 导线根数的表示方法

只要走向相同，无论导线的根数多少，都可以用一根图线表示一束导线，同时在图线上打上短斜线表示根数；也可以画一根短斜，在旁边标注数字表示根数，所标注的数字不小于 3。对于两根导线，可用一条图线表示，不必标注根数。

两种表示方法：

(1) -----/-/-/------ 表示 3 根导线。

(2) -----/------- 也表示 3 根导线。

第一种方法只适用于 3 根。第二种方法适用于任意根，所以更灵活。两根导线不需要标注。

配电线路的标注格式为：a-b(c×b)e-f。

例如，BV(3×50+1×25)SC50—FC 表示线路是铜芯塑料绝缘导线，三根 50 平方毫米，一根 25 平方毫米，穿管径为 50 mm 的钢管沿地面暗敷。

又如，BLV(3×60+2×35)SC70—WC 表示线路为铝芯塑料绝缘导线，三根 60 平面毫米，两根 35 平面毫米，穿管径为 70 mm 的钢管沿墙暗敷。

### 2. 导线的标注格式

导线的标注格式为：a-b-c×d-e-f。

其中，a 表示导线根数；b 表示导线截面；c 表示敷设部位；d 表示敷设管径；e 表示导线型号；f 表示线路编号。

例如，N6-BV-2×2.5+PE2.6-DG20-QA

其中，N1 表示导线的回路编号；BV 表示导线为聚氯乙烯绝缘铜芯线；2 表示导线的根数为 2；2.5 表示导线的截面为 2.5 平方毫米；PE2.5 表示 1 根接零保护线，截面为 2.5 平方毫米；DG20 表示穿管为直径为 20 mm 的钢管；QA 表示线路沿墙敷设、暗埋。

### 3. 电线穿线管的类型

(1) PVC 管：PC20。

(2) 焊接钢管：SC20。

(3) 扣压式镀锌薄壁电线管：KBG20。

(4) 紧定式镀锌薄壁电线管：JDG20。

### 4. 电气设计施工图中常用线路敷设方式

(1) SR：沿钢线槽敷设。

(2) BE：沿屋架或跨屋架敷设。

(3) CLE：沿柱或跨柱敷设。

(4) WE：沿墙面敷设。
(5) CE：沿天棚面或顶棚面敷设。
(6) ACE：在能进入人的吊顶内敷设。
(7) BC：暗敷设在梁内。
(8) CLC：暗敷设在柱内。
(9) WC：暗敷设在墙内。
(10) CC：暗敷设在顶棚内。
(11) ACC：暗敷设在不能进入的顶棚内。
(12) FC：暗敷设在地面内。
(13) SCE：吊顶内敷设，要穿金属管。

### 5. 导线穿管的表示方法

(1) SC：焊接钢管。
(2) MT：电线管。
(3) PC：PVC 塑料硬管。
(4) FPC：阻燃塑料硬管。
(5) CT：桥架。
(6) MR：金属线槽。
(7) M：钢索。
(8) CP：金属软管。
(9) PR：塑料线槽。
(10) RC：镀锌钢管。

### 6. 导线敷设方式的表示方法

(1) DB：直埋。
(2) TC：电缆沟。
(3) BC：暗敷在梁内。
(4) CLC：暗敷在柱内。
(5) WC：暗敷在墙内。
(6) CE：沿天棚顶敷设。
(7) CC：暗敷在天棚顶内。
(8) SCE：吊顶内敷设。
(9) F：地板及地坪下。
(10) SR：沿钢索。
(11) BE：沿屋架、梁。
(12) WE：沿墙明敷。

7. 配电柜

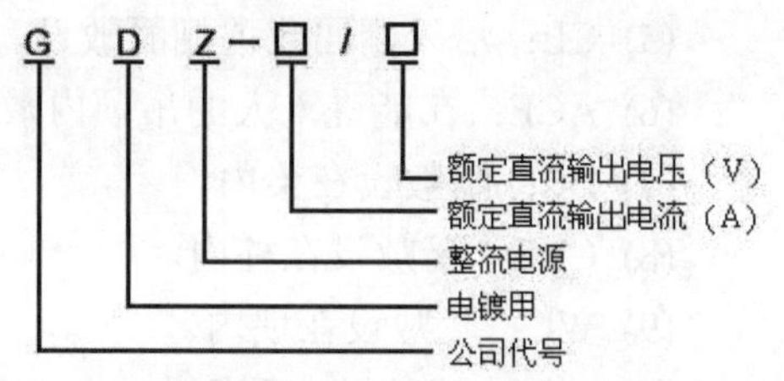

图 6-1　GDZ 型配电柜注释

GDZ 型配电柜又称直流整流电源控制柜，如图 6-1 所示。

GCK、GCS、MNS 是低压抽出式开关柜；

GGD、GDH、PGL 是低压固定式开关柜；

XZW 综合配电箱；ZBW 箱式变电站；

XL、GXL 低压配电柜、建筑工地箱；

JXF 电器控制箱；PZ20、PZ30 系列终端照明配电箱；

PZ40、XDD(R)电表计量箱。

PXT(R)K－□/□－□/□－□/□－□/IP□系列规格型号解释：

(1) PXT 代表明装配电箱，暗装加“R”。

(2) K 代表配线方式。

(3) □/□代表额定电流/额定短时耐受电流能力，用数字表示。比如 250/10 表示额定电流 250A/额定短时耐受电流能力 10kA，根据顾客要求可以降低。

(4) □/□代表进线型式。比如□/1 表示单相输入；□/3 表示三相输入；1/3 表示混合输入。

(5) □/IP□代表主开关型式/防护等级。比如 1/IP30 表示单相主开关/IP30；3/IP30 表示三相主开关/IP30。”

(6) □/IP□ 主开关型式/防护等级；1/IP30 单相主开关/IP30；3/IP30 三相主开关/IP30。

## 6.2.1　创建单行文字

**行业知识链接：**对于电路中不需要使用多种字体的简短内容，可以使用【单行文字】命令建立单行文字。如图 6-2 所示是一个 CW4960 电路，其控制器就是使用单行文字进行标注的。

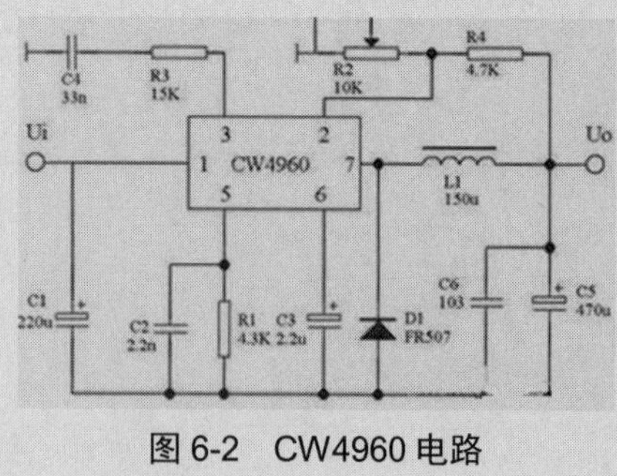

图 6-2　CW4960 电路

单行文字一般用于对图形对象的规格说明、标题栏信息和标签等，也可以作为图形的一个有机组成部分。

创建单行文字的几种方法如下。

(1) 在命令行中输入 dtext 命令后按下 Enter 键。

(2) 在【默认】选项卡的【注释】工具栏中或【注释】选项卡的【文字】工具栏中单击【单行文字】按钮。

(3) 在菜单栏中选择【绘图】|【文字】|【单行文字】菜单命令。

每行文字都是独立的对象，可以重新定位、调整格式或进行其他修改。

创建单行文字时，要指定文字样式并设置对正方式。文字样式设置文字对象的默认特征。对正决定字符的哪一部分与插入点对正。

执行此命令后，命令行窗口提示如下。

```
命令:_dtext
当前文字样式:"Standard" 文字高度:2.5000    注释性:否
指定文字的起点或 [对正(J)/样式(S)]:
```

此命令行各选项的含义如下。

(1) 默认情况下提示用户输入单行文字的起点。

(2) 【对正】：用来设置文字的对齐方式，AutoCAD 默认的对齐方式为左对齐。由于此项的内容较多，在后面会有详细的说明。

(3) 【样式】：用来选择文字样式。

在命令行中输入 S 并按下 Enter 键，可执行此命令，AutoCAD 会出现如下信息。

```
输入样式名或 [?] <Standard>:
```

此信息提示用户在输入样式名或 [?] <Standard>后输入一种文字样式的名称(默认值是当前样式名)。

输入样式名称后，AutoCAD 又会出现指定文字的起点或 [对正(J)/样式(S)]的提示，提示用户输入起点位置。输入完起点坐标后按下 Enter 键，AutoCAD 会出现如下提示。

```
指定高度 <2.5000>:
```

提示用户指定文字的高度。指定高度后按下 Enter 键，命令行窗口所示如下。

```
指定文字的旋转角度 <0>:
```

指定角度后按下 Enter 键，这时用户就可以输入文字内容了。

在指定文字的起点或 [对正(J)/样式(S)]并输入 J 后按下 Enter 键，AutoCAD 会在命令行中显示如下信息。

```
输入选项
[对齐(A)/布满(F)/居中(C)/中间(M)/右对齐(R)/左上(TL)/中上(TC)/右上(TR)/左中(ML)/正中(MC)/
右中(MR)/左下(BL)/中下(BC)/右下(BR)]:
```

即用户可以有以上多种对齐方式选择，各种对齐方式及其说明如表 6-1 所示。

**表 6-1　各种对齐方式及其说明**

| 对齐方式 | 说　明 |
|---|---|
| 对齐(A) | 给定文字基线的起点和终点，文字在次基线上均匀排列，这时可以调整字高比例以防止字符变形 |
| 布满(F) | 给定文字基线的起点和终点，文字在此基线上均匀排列，而文字的高度保持不变，这时字型的间距要进行调整 |
| 居中(C) | 给定一个点的位置，文字以该点为中心水平排列 |

续表

| 对齐方式 | 说 明 |
| --- | --- |
| 中间(M) | 指定文字串的中间点 |
| 右对齐(R) | 指定文字串的右基线点 |
| 左上(TL) | 指定文字串的顶部左端点与大写字母顶部对齐 |
| 中上(TC) | 指定文字串的顶部中心点与大写字母顶部对齐 |
| 右上(TR) | 指定文字串的顶部右端点与大写字母顶部对齐 |
| 左中(ML) | 指定文字串的中部左端点与大写字母和文字基线之间的线对齐 |
| 正中(MC) | 指定文字串的中部中心点与大写字母和文字基线之间的中心线对齐 |
| 右中(MR) | 指定文字串的中部右端点与大写字母和文字基线之间的一点对齐 |
| 左下(BL) | 指定文字左侧起始点，与水平线的夹角为字体的选择角，且过该点的直线就是文字中最低字符字底的基线 |
| 中下(BC) | 指定文字沿排列方向的中心点，最低字符字底基线与BL相同 |
| 右下(BR) | 指定文字串的右端底部是否对齐 |

提示：要结束单行输入，在一空白行处按下Enter键即可。

如图6-3所示即为4种对齐方式的示意图，分别为对齐方式、中间方式、右上方式、左下方式。

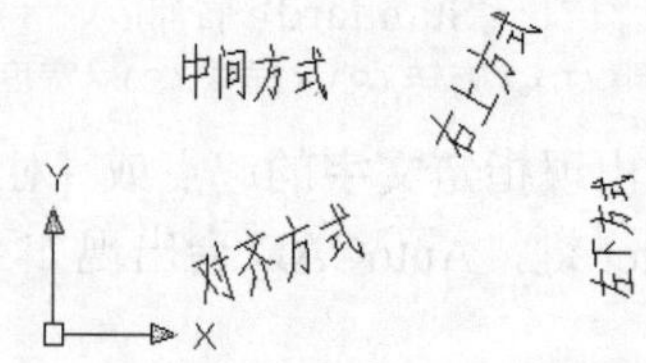


图6-3　单行文字的4种对齐方式

## 6.2.2　创建多行文字

**行业知识链接**：多行文字可以布满指定的宽度，在垂直方向上无限延伸。用户可以自行设置多行文字对象中的单个字符的格式。如图6-4所示是一个简化单元电路图，其上的文字都是多行文字标注。

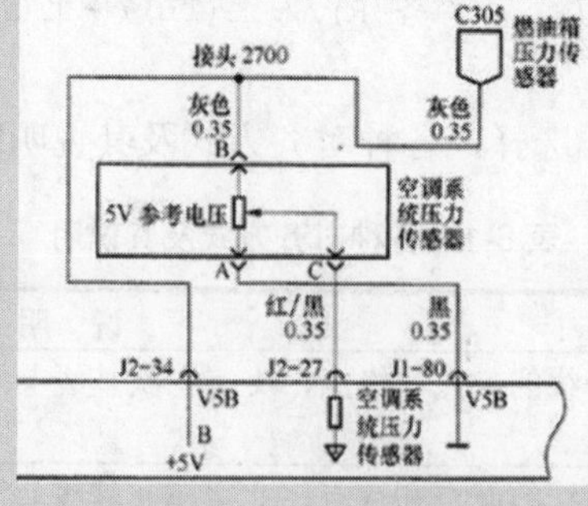


图6-4　简化单元电路图

对于较长和较为复杂的内容，可以使用【多行文字】命令来创建多行文字。

多行文字由任意数目的文字行或段落组成，与单行文字不同的是在一个多行文字编辑任务中创建的所有文字行或段落都被当作同一个多行文字对象。多行文字可以被移动、旋转、删除、复制、镜像、拉伸或比例缩放。

与单行文字相比，多行文字具有更多的编辑选项。可以将下划线、字体、颜色和高度变化应用到段落中的单个字符、词语或词组。

可以通过以下几种方式创建多行文字。

(1) 在【默认】选项卡的【注释】工具栏中或【注释】选项卡的【文字】工具栏中单击【多行文字】按钮A。

(2) 在命令行中输入 mtext 后按下 Enter 键。

(3) 在菜单栏中选择【绘图】|【文字】|【多行文字】命令。

**提示：创建多行文字对象的高度取决于输入的文字总量。**

命令行窗口提示如下。

```
命令:_mtext 当前文字样式:"Standard"   文字高度:2.5   注释性:否
指定第一角点:
指定对角点或 [高度(H)/对正(J)/行距(L)/旋转(R)/样式(S)/宽度(W) /栏(C)]:h
指定高度 <2.5>:60
指定对角点或 [高度(H)/对正(J)/行距(L)/旋转(R)/样式(S)/宽度(W) /栏(C)]:w
指定宽度:100
```

此时绘图区如图 6-5 所示。

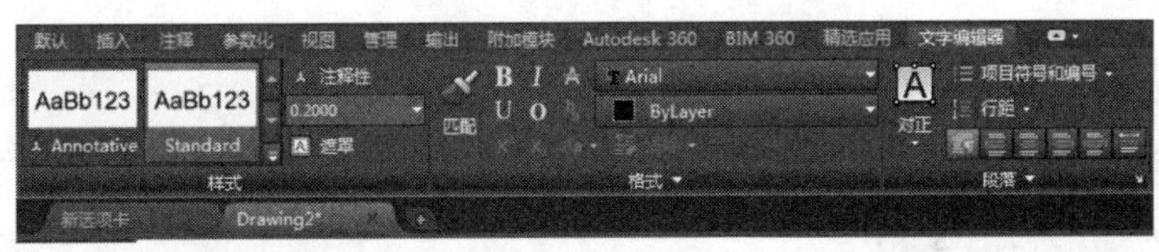

图 6-5　选择宽度(W)后绘图区所显示的图形

用【多行文字】命令创建的文字如图 6-6 所示。

其中，在【文字编辑器】选项卡中包括【样式】、【格式】、【段落】、【插入】、【拼写检查】、【工具】、【选项】、【关闭】8 个组，用户可以根据不同的需要对多行文字进行编辑和修改，下面进行具体介绍。

### 1. 【样式】工具栏

在【样式】工具栏中可以选择文字样式，选择或输入文字高度，其中【文字高度】下拉列表框如图 6-7 所示。

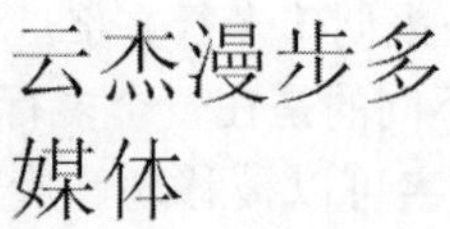

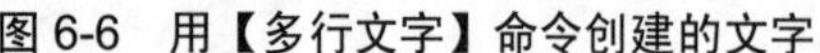


图 6-6　用【多行文字】命令创建的文字

图 6-7　【文字高度】下拉列表框

2. 【格式】工具栏

在【格式】工具栏中可以对字体进行设置，如可以修改为粗体、斜体等。用户还可以选择自己需要的字体及颜色，其【字体】下拉列表框如图 6-8 所示，【颜色】下拉列表框如图 6-9 所示。

图 6-8　【字体】下拉列表框

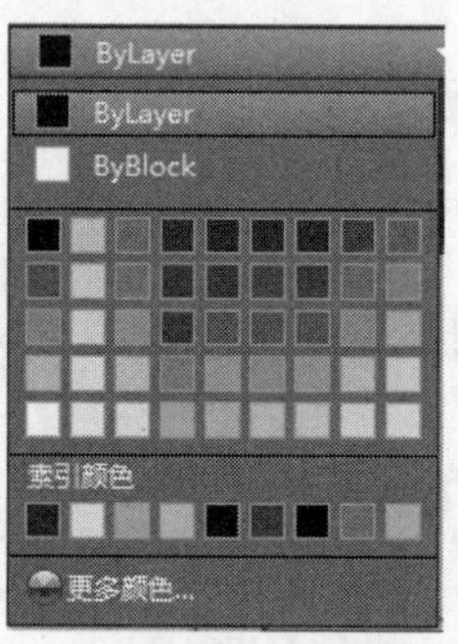


图 6-9　【颜色】下拉列表框

3. 【段落】工具栏

在【段落】工具栏中可以对段落进行设置，包括对正、编号、分布、对齐等的设置，其中【对正】下拉列表如图 6-10 所示。

4. 【插入】工具栏

在【插入】工具栏中可以插入符号、字段，进行分栏设置，其中【符号】下拉列表如图 6-11 所示。

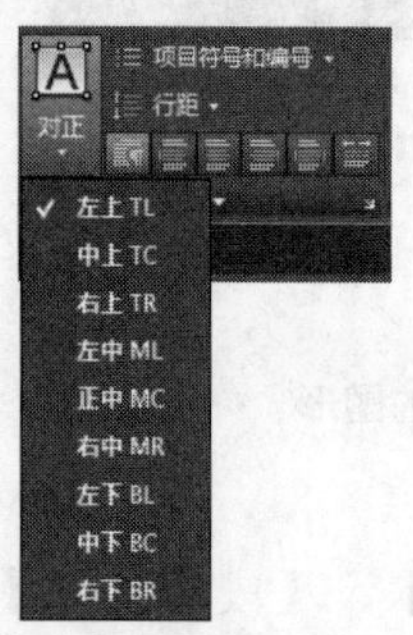


图 6-10　【对正】下拉列表

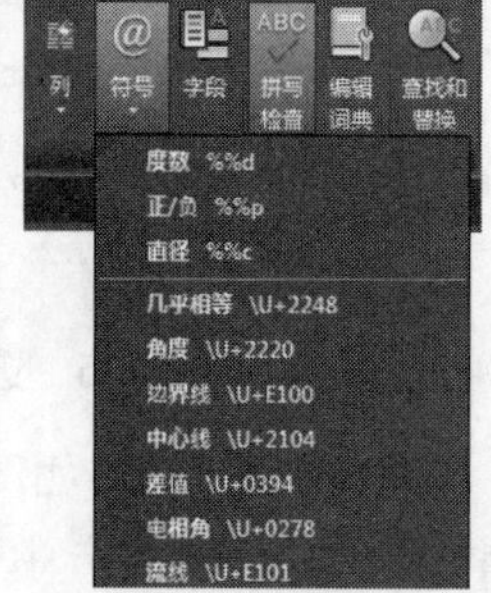


图 6-11　【符号】下拉列表

5. 【拼写检查】工具栏

在【拼写检查】工具栏中可以打开或者关闭输入文字时进行的拼写检查功能。也可以指定已使用的特定语言的词典并自定义和管理多个自定义拼写词典。

可以检查图形中所有文字对象的拼写，包括：

(1) 单行文字和多行文字；

(2) 标注文字；

(3) 多重引线文字；

(4) 块属性中的文字；

(5) 外部参照中的文字。

执行拼写检查功能，将搜索用户指定的图形或图形的文字区域中拼写错误的词语。如果找到拼写错误的词语，则将亮显该词语并且绘图区域将缩放为便于读取该词语的比例。

**6. 【工具】工具栏**

在【工具】工具栏中可以搜索指定的文字字符串并用新文字进行替换。

**7. 【选项】工具栏**

在【选项】工具栏中可以显示其他文字选项列表，如图 6-12 所示。也可以用此对话框中的命令来编辑多行文字，它和【多行文字】选项卡下的几个组提供的命令是一样的。

图 6-12 【选项】下拉列表

**8. 【关闭】工具栏**

单击【关闭文字编辑器】按钮可以退回到原来的主窗口，完成多行文字的编辑操作。

## 6.2.3 设置文字样式

**行定知识链接：**创建文字时，可以将文字高度、对正、行距、旋转、样式和宽度应用到文字对象中或将字符格式应用到特定的字符中。对齐方式要考虑文字边界以决定文字要插入的位置。如图 6-13 所示是脉冲整形电路，设置了统一的文字样式。

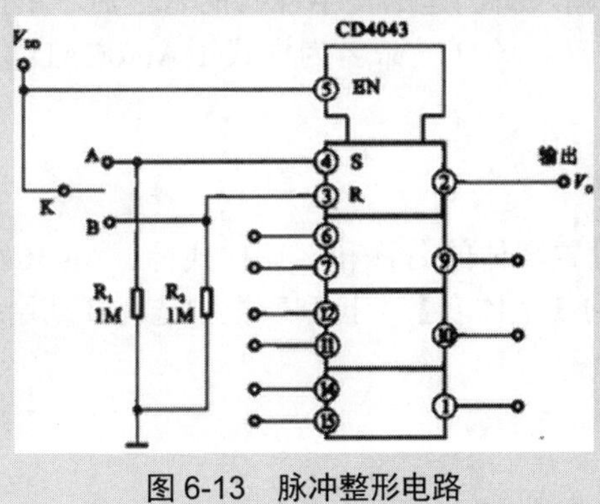


图 6-13 脉冲整形电路

在 AutoCAD 图形中，所有的文字都有与之相关的文字样式。当输入文字时，AutoCAD 会使用当前的文字样式作为其默认的样式，该样式可以包括字体、样式、高度、宽度比例和其他文字特性。

打开【文字样式】对话框的方法有以下几种。

(1) 在命令行中输入 style 后按下 Enter 键。

(2) 在【默认】选项卡的【注释】工具栏中单击【文字样式】按钮。

(3) 在菜单栏中选择【格式】|【文字样式】菜单命令。

【文字样式】对话框如图 6-14 所示，它包含了 4 组参数选项组：【样式】选项组、【字体】选项组、【大小】选项组和【效果】选项组。由于【大小】选项组中的参数通常会按照默认进行设置，不做修改，因此，下面着重介绍一下其他 3 个选项组的参数设置方法。

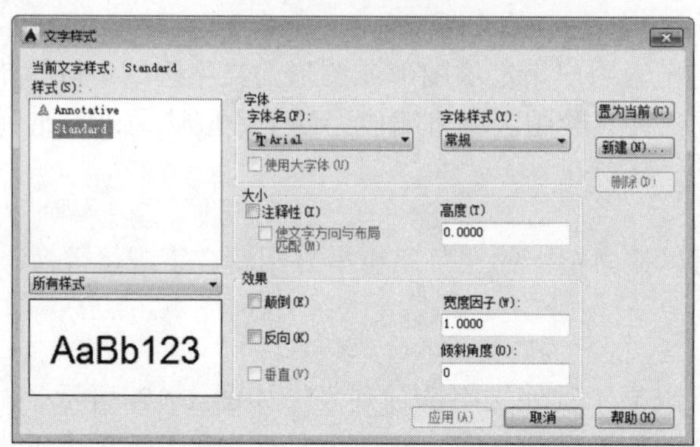


图 6-14 【文字样式】对话框

## 1. 【样式】选项组参数设置

在【样式】选项组中可以新建、重命名和删除文字样式。用户可以从左边的下拉列表框中选择相应的文字样式名称，可以单击【新建】按钮来新建一种文字样式的名称，可以右击选择的样式，在弹出的快捷菜单中选择【重命名】命令为某一文字样式重新命名，还可以单击【删除】按钮删除某一文字样式的名称。

当用户所需的文字样式不够使用时，需要创建一个新的文字样式，具体操作步骤如下。

(1) 在命令输入行中输入 style 命令后按下 Enter 键。或者在打开的【文字样式】对话框中，单击【新建】按钮，打开如图 6-15 所示的【新建文字样式】对话框。

(2) 在【样式名】文本框中输入新创建的文字样式的名称后，单击【确定】按钮。若未输入文字样式的名称，则 AutoCAD 会自动将该样式命名为样式 1(AutoCAD 会自动地为每一个新命名的样式加 1)。

## 2. 【字体】选项组参数设置

在【字体】选项组中可以设置字体的名称和字体样式等。AutoCAD 为用户提供了许多不同的字体，用户可以在如图 6-16 所示的【字体名】下拉列表框中选择要使用的字体样式。

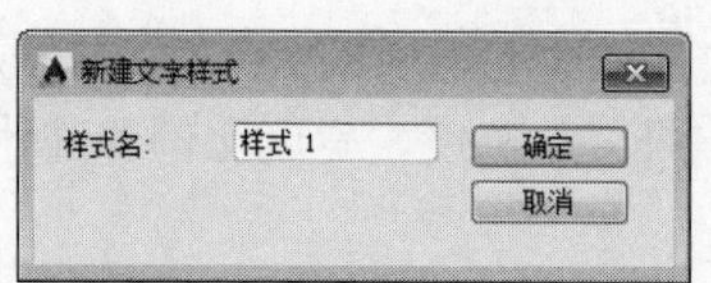


图 6-15 【新建文字样式】对话框

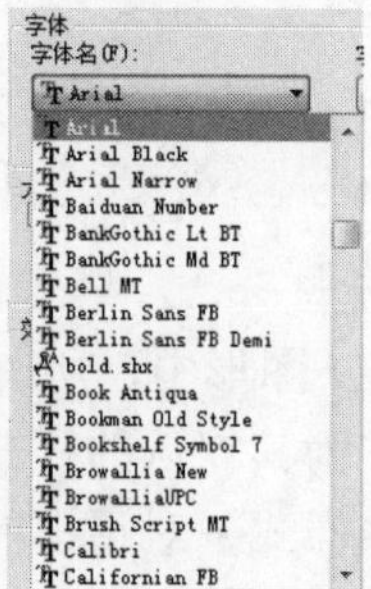


图 6-16 【字体名】下拉列表框

### 3. 【效果】选项组参数设置

在【效果】选项组中可以设置字体的排列方法和距离等。用户可以选中【颠倒】、【反向】和【垂直】复选框来分别设置文字的排列样式，也可以在【宽度因子】和【倾斜角度】文本框中输入相应的数值来设置文字的辅助排列样式。下面介绍一下选中【颠倒】、【反向】和【垂直】复选框来分别设置样式和设置后的文字效果。

当选中【颠倒】复选框时，显示的【效果】选项组如图 6-17 所示，显示的【颠倒】文字效果如图 6-18 所示。

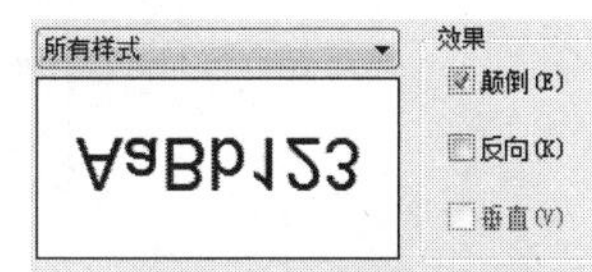


图 6-17　选中【颠倒】复选框

图 6-18　显示的【颠倒】文字效果

选中【反向】复选框时，显示的【效果】选项组如图 6-19 所示，显示的【反向】文字效果如图 6-20 所示。

图 6-19　选中【反向】复选框

图 6-20　显示的【反向】文字效果

选中【垂直】复选框时，显示的【效果】选项组如图 6-21 所示，显示的【垂直】文字效果如图 6-22 所示。

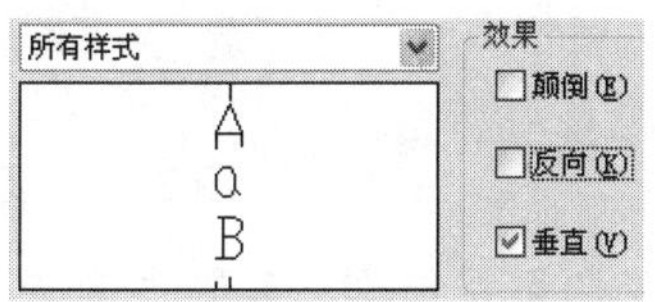


图 6-21　选中【垂直】复选框

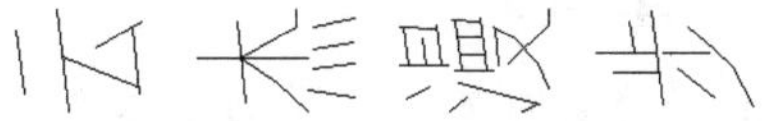

图 6-22　显示的【垂直】文字效果

## 课后练习

案例文件： ywj\06\01.dwg

视频文件： 光盘\视频课堂\第 6 教学日\6.2

练习案例分析及步骤如下。

本节课后练习创建 STK461 电路图，此电路是典型的对称电路，使用【复制】和【镜像】命令可以快速绘制，如图 6-23 所示是完成的 STK461 电路图。

本节案例主要练习 STK461 电路图的绘制，绘制时先绘制 STK461 元件，再绘制左边支路的元件，接着绘制线路并添加文字，最后使用【镜像】命令复制对称电路。绘制 STK461 电路图的思路和步骤如图 6-24 所示。

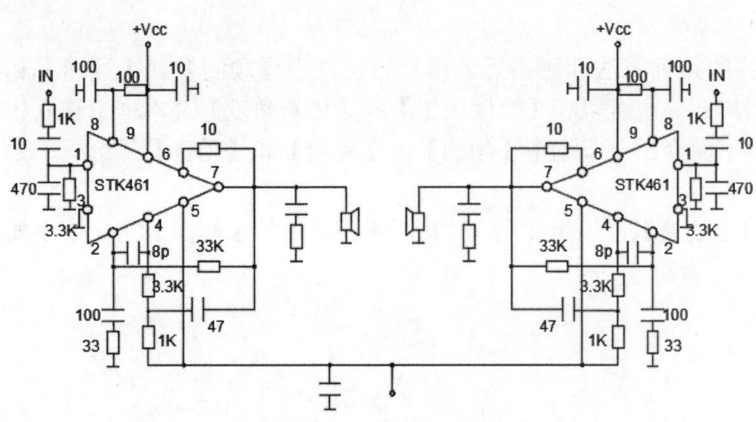


图 6-23　STK461 电路图

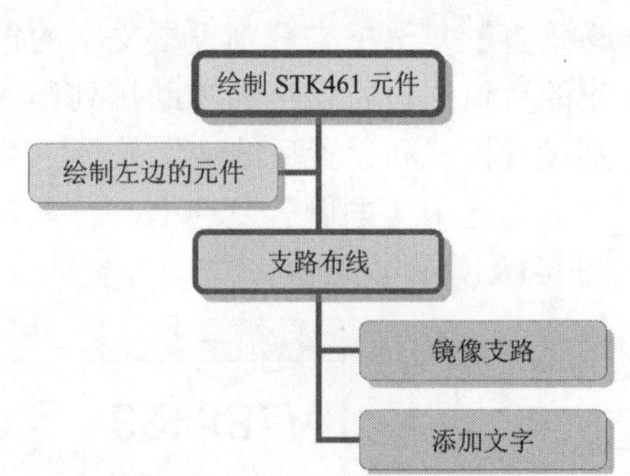


图 6-24　STK461 电路图的绘制步骤

练习案例的操作步骤如下。

step 01 绘制 STK461 元件，单击【默认】选项卡的【绘图】工具栏中的【直线】按钮，绘制竖直边长为 10 的三角形，如图 6-25 所示。

step 02 单击【默认】选项卡的【绘图】工具栏中的【圆】按钮，绘制半径为 0.4 的圆，如图 6-26 所示。

step 03 单击【默认】选项卡的【修改】工具栏中的【复制】按钮，复制圆，如图 6-27 所示。

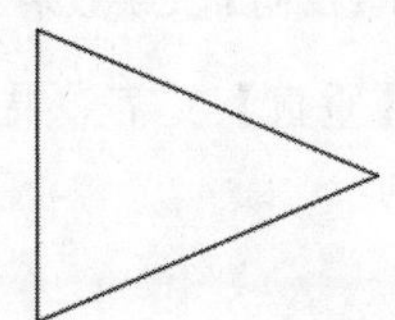

图 6-25　绘制三角形

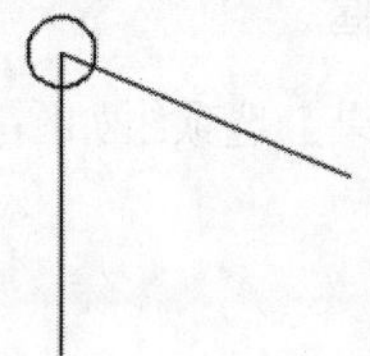

图 6-26　绘制圆

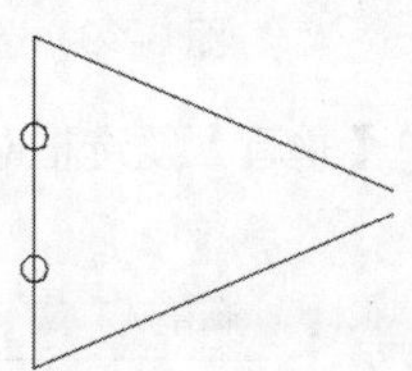

图 6-27　复制圆

step 04 单击【默认】选项卡的【修改】工具栏中的【复制】按钮，复制右侧圆形，如图 6-28 所示。

step 05 单击【默认】选项卡的【修改】工具栏中的【路径阵列】按钮，创建阵列距离为 3.5 的圆，如图 6-29 所示。

step 06 单击【默认】选项卡的【修改】工具栏中的【镜像】按钮，镜像圆形，完成 STK461 元件绘制，如图 6-30 所示。

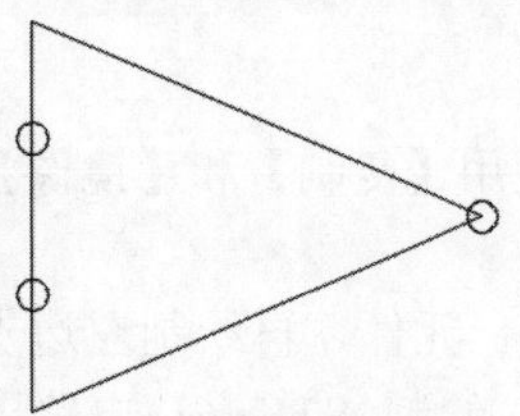

图 6-28　复制右侧图形

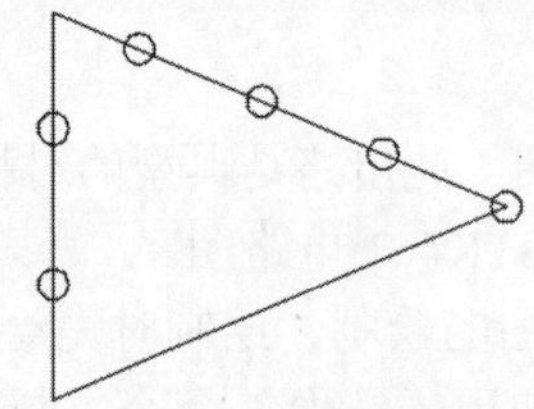

图 6-29　阵列圆

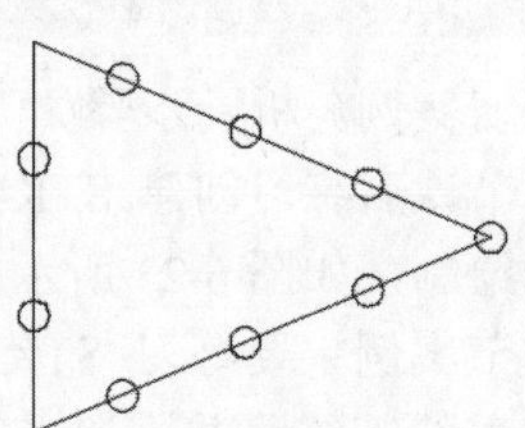

图 6-30　镜像圆形

step 07 接着绘制其他元件，单击【默认】选项卡的【绘图】工具栏中的【矩形】按钮，绘制尺寸为 1×2 的矩形，如图 6-31 所示。

step 08 单击【默认】选项卡的【修改】工具栏中的【复制】按钮，复制矩形，如图 6-32 所示。

step 09 单击【默认】选项卡的【绘图】工具栏中的【直线】按钮，绘制长度为 2 的平行线，如图 6-33 所示段。

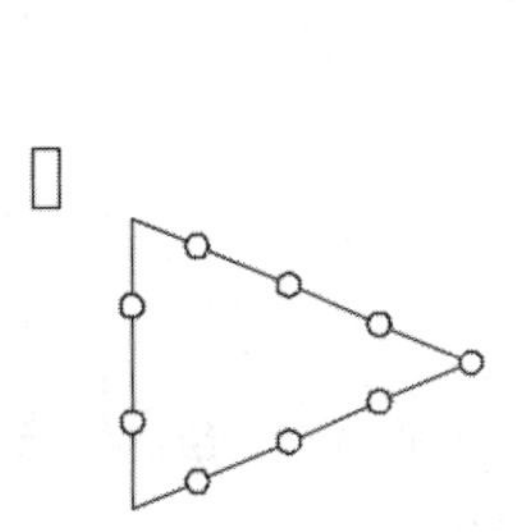

图 6-31 绘制矩形

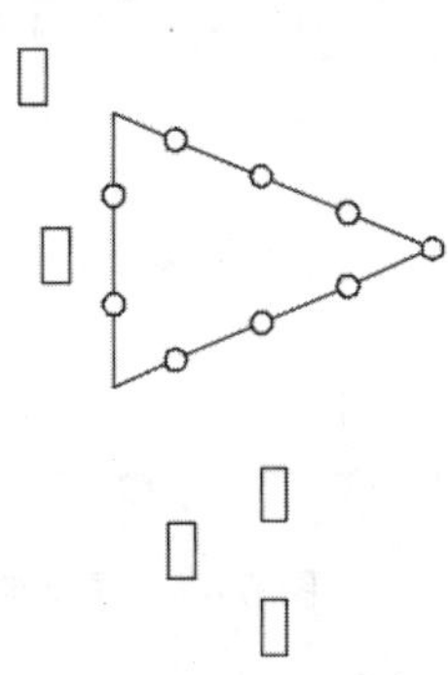

图 6-32 复制矩形

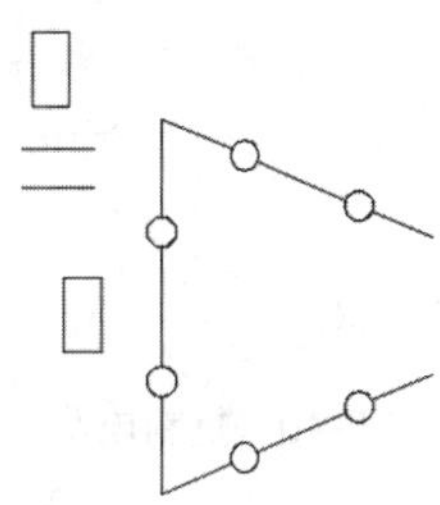

图 6-33 绘制平行线

step 10 单击【默认】选项卡的【修改】工具栏中的【复制】按钮，复制电容，如图 6-34 所示。

step 11 单击【默认】的选项卡【绘图】工具栏中的【直线】按钮，绘制如图 6-35 所示的线路。

step 12 单击【默认】的选项卡【绘图】工具栏中的【直线】按钮，绘制如图 6-36 所示的接地线路。

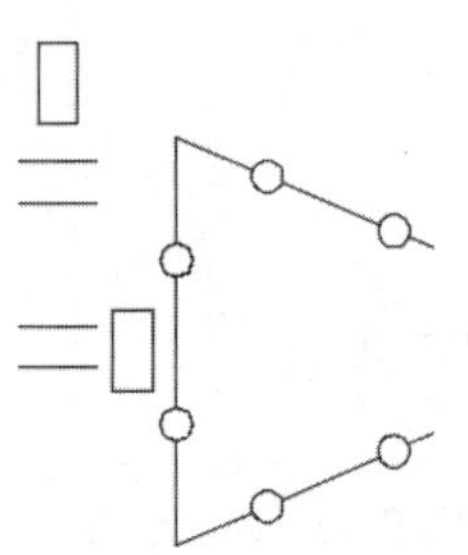

图 6-34 复制电容

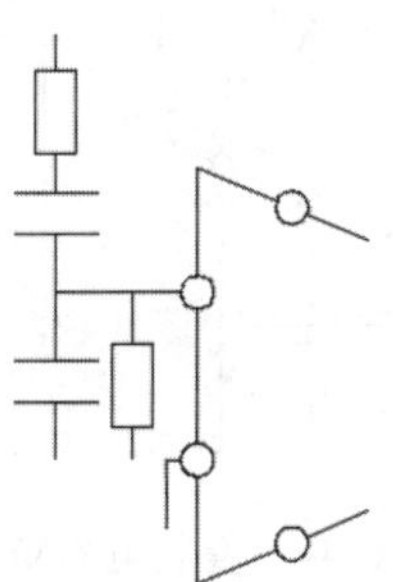

图 6-35 绘制线路

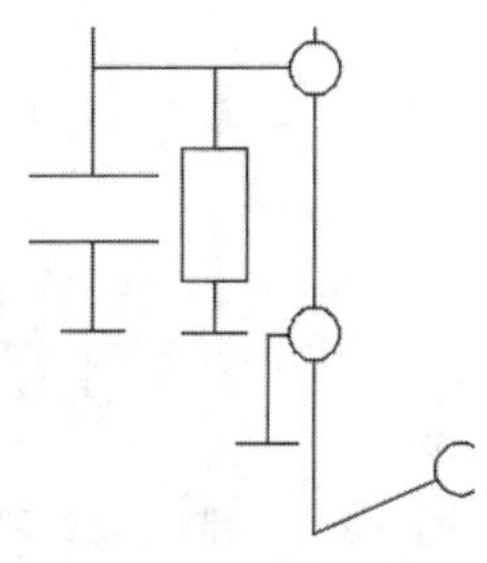

图 6-36 绘制接地线路

step 13 单击【默认】选项卡的【修改】工具栏中的【复制】按钮，复制矩形，如图 6-37 所示。

step 14 单击【默认】选项卡的【修改】工具栏中的【复制】按钮，复制电容，如图 6-38 所示。

step 15 单击【默认】选项卡的【绘图】工具栏中的【直线】按钮，绘制如图 6-39 所示的线路。

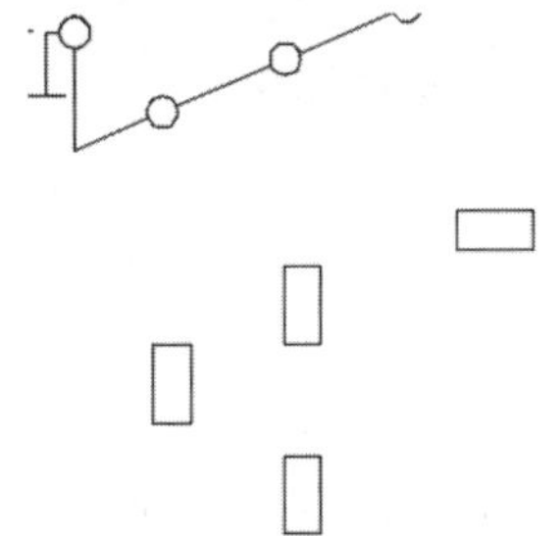

图 6-37 复制矩形

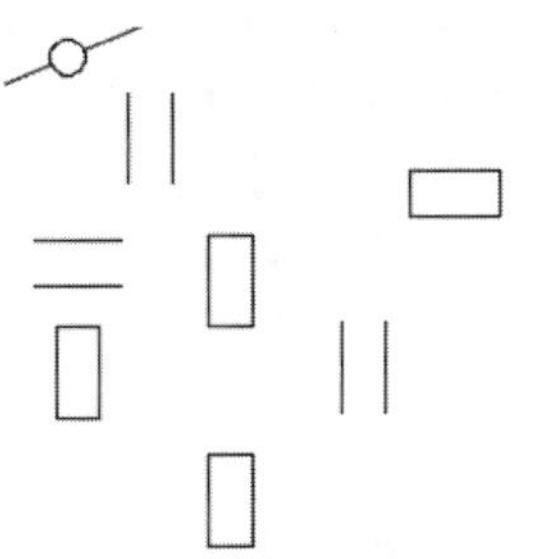

图 6-38 复制电容

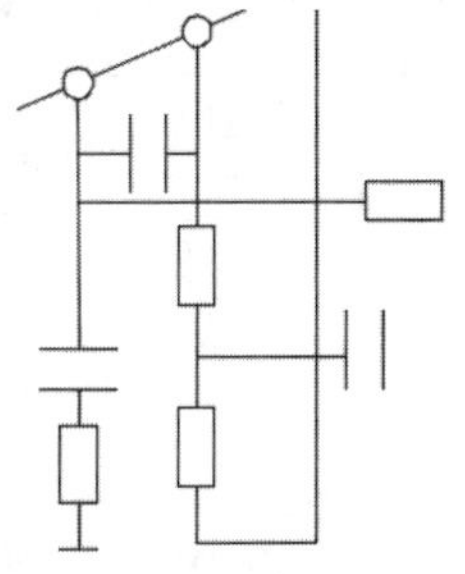

图 6-39 绘制线路

step 16 单击【默认】选项卡的【修改】工具栏中的【复制】按钮，复制电阻，如图 6-40 所示。

step 17 单击【默认】选项卡的【修改】工具栏中的【复制】按钮，复制电容，如图 6-41 所示。

step 18 接着进行支路布线，单击【默认】选项卡的【绘图】工具栏中的【直线】按钮，绘制如图 6-42 所示的右侧线路。

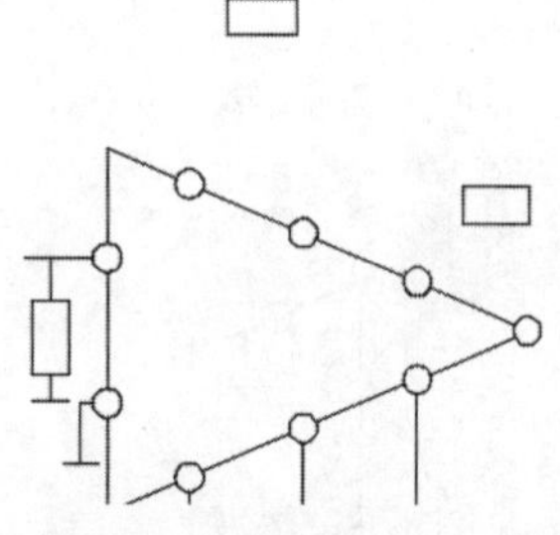

图 6-40　复制电阻

图 6-41　复制电容

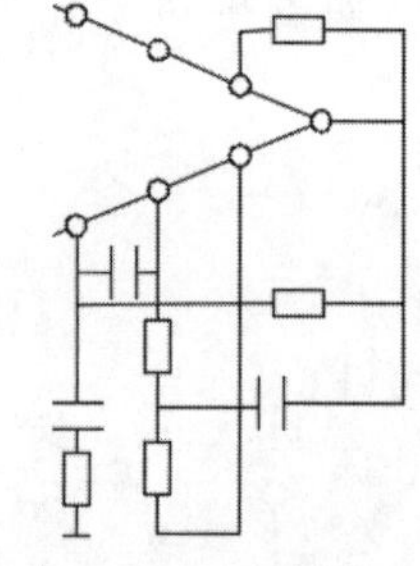

图 6-42　绘制右侧线路

step 19 单击【默认】选项卡的【绘图】工具栏中的【直线】按钮，绘制如图 6-43 所示的上部线路。

step 20 单击【默认】选项卡的【修改】工具栏中的【复制】按钮，复制电容和电阻，如图 6-44 所示。

step 21 单击【默认】选项卡的【绘图】工具栏中的【直线】按钮，绘制如图 6-45 所示的线路。

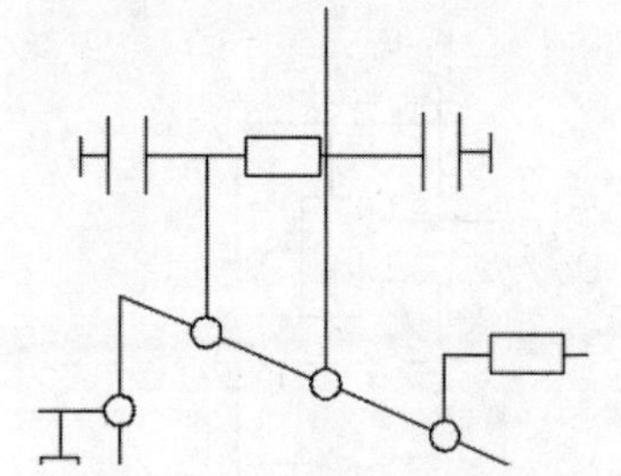

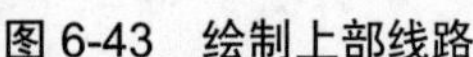

图 6-43　绘制上部线路

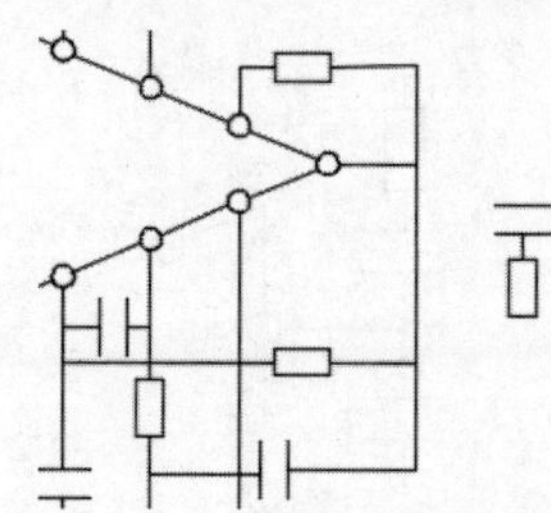

图 6-44　复制电容和电阻

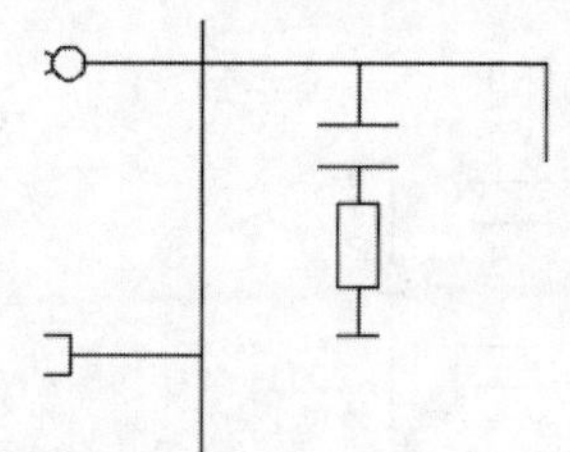

图 6-45　绘制线路

step 22 单击【默认】选项卡的【绘图】工具栏中的【矩形】按钮，绘制尺寸为 1×1.5 的矩形，如图 6-46 所示。

step 23 单击【默认】选项卡的【绘图】工具栏中的【直线】按钮，绘制如图 6-47 所示的扬声器。

step 24 单击【默认】选项卡的【绘图】工具栏中的【圆】按钮，绘制半径为 0.2 的圆，如图 6-48 所示。

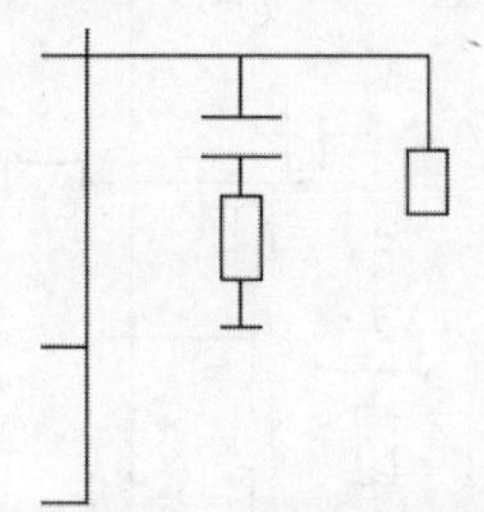

图 6-46　绘制尺寸为 1×1.5 的矩形

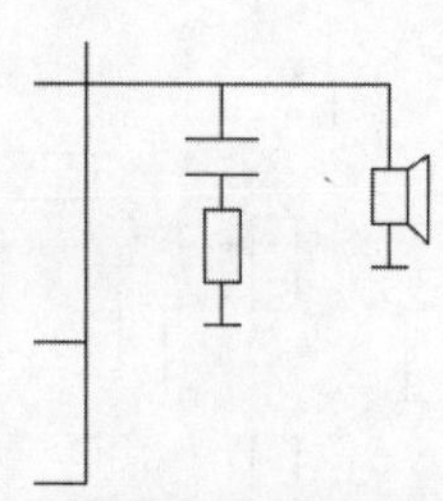

图 6-47　绘制扬声器

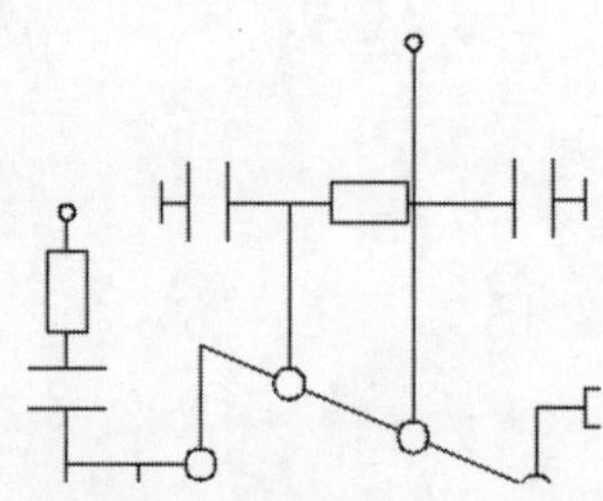

图 6-48　绘制半径为 0.2 的圆

step 25 单击【默认】选项卡的【绘图】工具栏中的【圆】按钮，绘制半径为 0.1 的圆，并进行填充，如图 6-49 所示。

step 26 单击【默认】选项卡的【修改】工具栏中的【复制】按钮，复制节点圆，如图 6-50 所示。

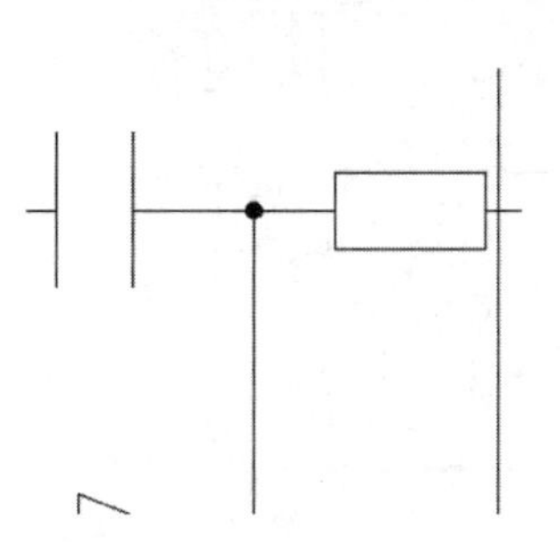

图 6-49　绘制半径为 0.1 的圆并填充

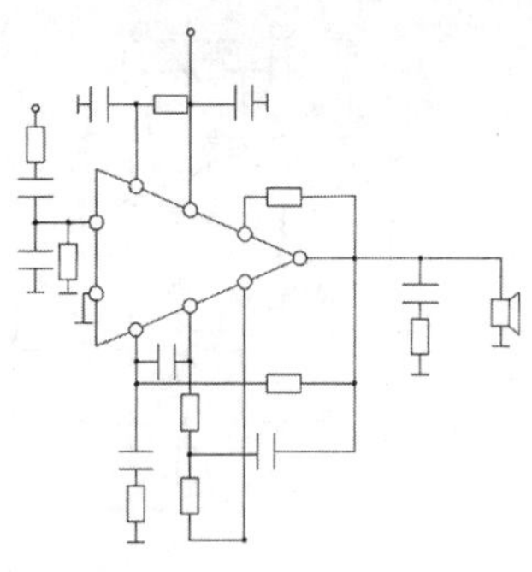

图 6-50　复制节点圆

step 27 添加文字，单击【默认】选项卡的【注释】工具栏中的【文字】按钮，绘制如图 6-51 所示的线路上部文字。

step 28 单击【默认】选项卡的【注释】工具栏中的【文字】按钮，绘制如图 6-52 所示的 STK 元件文字。

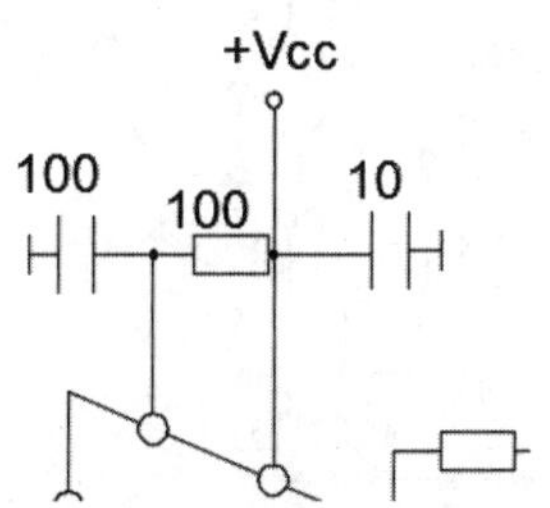


图 6-51　添加线路上部文字

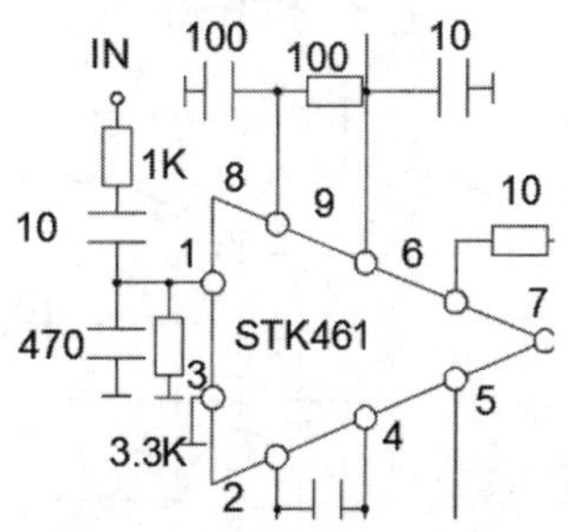


图 6-52　添加 STK 元件文字

step 29 单击【默认】选项卡的【注释】工具栏中的【文字】按钮，绘制如图 6-53 所示的线路下部文字。

step 30 单击【默认】选项卡的【修改】工具栏中的【镜像】按钮，镜像如图 6-54 所示的图形。

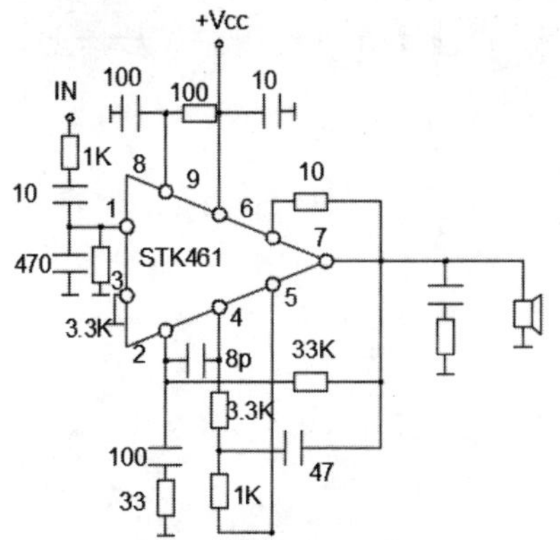


图 6-53　添加线路下部文字

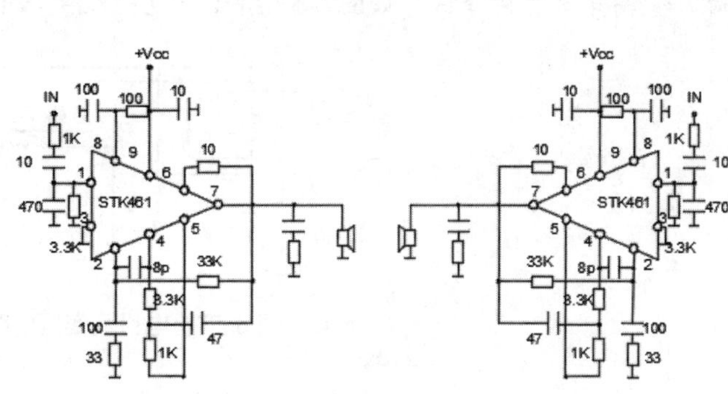


图 6-54　镜像图形

step 31 单击【默认】选项卡的【绘图】工具栏中的【直线】按钮，绘制如图 6-55 所示的连接线路。

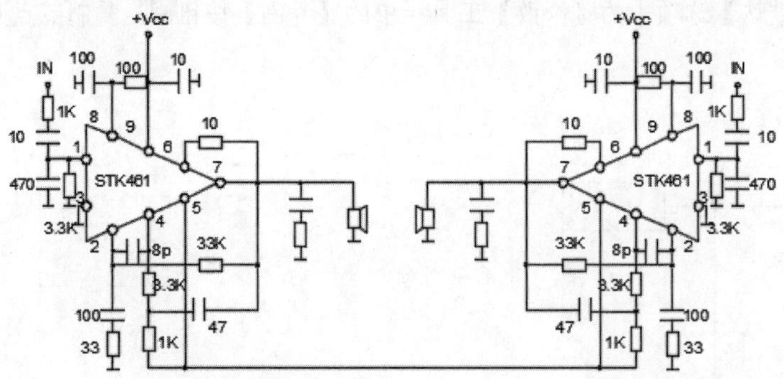


图 6-55　绘制连接线路

step 32 单击【默认】选项卡的【修改】工具栏中的【复制】按钮，复制电容元件，完成 STK461 电路图，如图 6-56 所示。

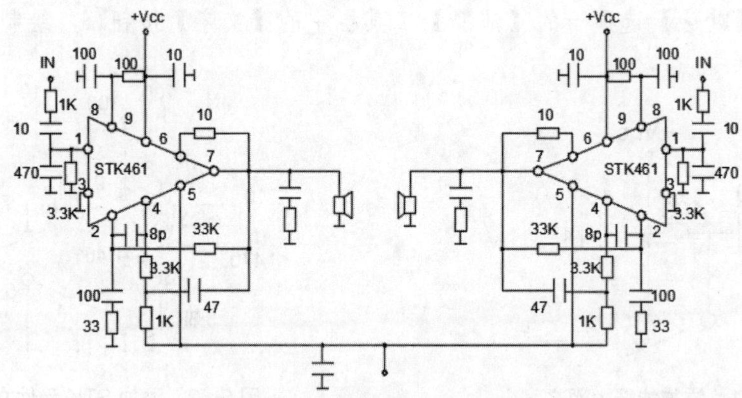


图 6-56　完成 STK461 电路图

**电气设计实践：** 正常情况下应尽量使变压器的负荷率控制在 60%左右，此时变压器的损耗较低。因此，在高峰用电时段，应优化设备运行方案，选择卸除某些相对不重要的机电负荷和照明负荷，使高峰期负荷降低。如图 6-57 所示是电机及变压电路图，其上文字在绘图完成后标出。

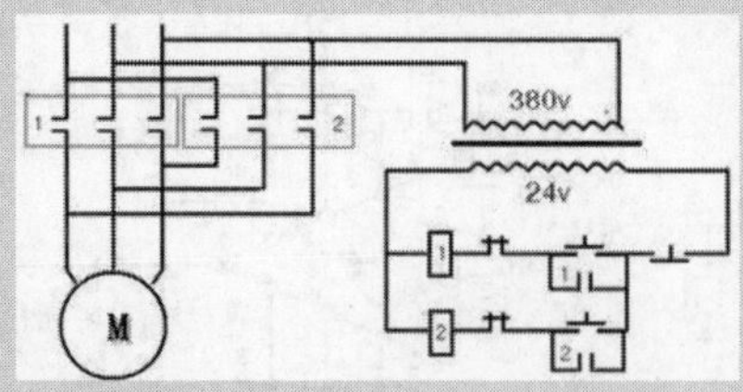


图 6-57　电机及变压电路图

# 第3课 2课时 添加表格

## 6.3.1 新建表格

**行业知识链接**：在 AutoCAD 中，可以使用【表格】命令创建表格，还可以从 Microsoft Excel 中直接复制表格，并将其作为 AutoCAD 表格对象粘贴到图形中，也可以从外部直接导入表格对象。此外，还可以输出来自 AutoCAD 的表格数据，以供 Microsoft Excel 或其他应用程序使用。如图 6-58 所示是导线平方及电流比例表格。

| 线径（大约值）（平方毫米） | 铜线温度（摄氏度） | | | |
|---|---|---|---|---|
| | 60 | 75 | 85 | 90 |
| | 电流（A） | | | |
| 2. 5 | 20 | 20 | 25 | 25 |
| 4. 0 | 25 | 25 | 30 | 30 |

图 6-58 导线平方及电流比例表格

### 1. 新建表格样式

使用表格可以使信息表达得很有条理、便于阅读，同时表格也具备计算功能。表格在建筑类中经常用于门窗表、钢筋表、原料单和下料单等；在机械类中常用于装配图中零件明细栏、标题栏和技术说明栏等。

在 AutoCAD 2016 中，可以通过以下两种方法创建表格样式。

(1) 在命令行中输入 tablestyle 命令后按下 Enter 键。

(2) 在菜单栏中选择【格式】|【表格样式】菜单命令。

使用以上任意一种方法，均会打开如图 6-59 所示的【表格样式】对话框。此对话框可以设置当前表格样式，以及创建、修改和删除表格样式。

下面介绍此对话框中各选项的功能。

- 【当前表格样式】：显示应用于所创建表格的表格样式的名称。默认表格样式为 Standard。
- 【样式】：显示表格样式列表。当前样式被亮显。
- 【列出】：控制【样式】列表框的内容。
- 【所有样式】：显示所有表格样式。
- 【正在使用的样式】：仅显示被当前图形中的表格引用的表格样式。
- 【预览】：显示【样式】列表框中选定样式的预览图像。
- 【置为当前】按钮：将【样式】列表框中选定的表格样式设置为当前样式。所有新表格都将使用此表格样式创建。
- 【新建】按钮：单击打开【创建新的表格样式】对话框，从中可以定义新的表格样式。
- 【修改】按钮：单击打开【修改表格样式】对话框，从中可以修改表格样式。

● 【删除】按钮：删除【样式】列表框中选定的表格样式。不能删除图形中正在使用的样式。单击【新建】按钮，出现如图 6-60 所示的【创建新的表格样式】对话框，定义新的表格样式。

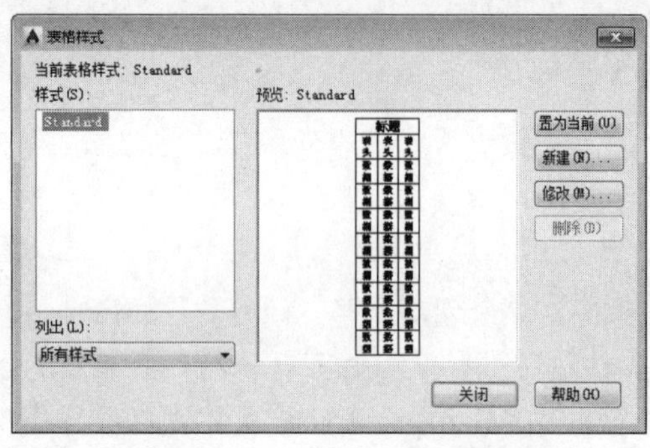

图 6-59 【表格样式】对话框

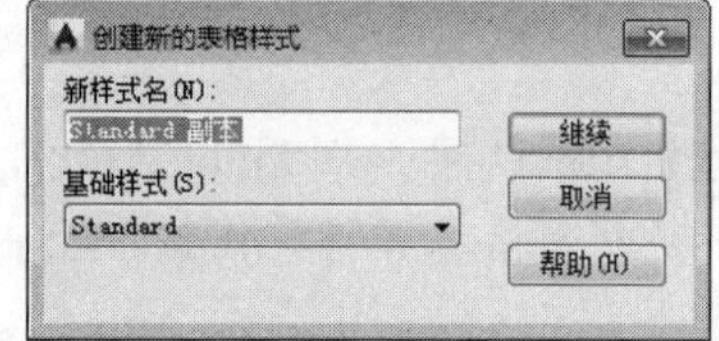

图 6-60 【创建新的表格样式】对话框

2. 插入表格

在 AutoCAD 2016 中，可以通过以下两种方法创建表格样式。

(1) 在命令行中输入 table 命令后按下 Enter 键。

(2) 单击【注释】工具栏中的【表格】按钮。

使用以上任意一种方法，均可打开如图 6-61 所示的【插入表格】对话框。

下面介绍【插入表格】对话框中各选项的功能。

(1) 【表格样式】选项组：在要从中创建表格的当前图形中选择表格样式。通过单击下拉列表框旁边的按钮，用户可以创建新的表格样式。

(2) 【插入选项】选项组：指定插入表格的方式。

● 【从空表格开始】单选按钮：创建可以手动填充数据的空表格。

● 【自数据链接】单选按钮：从外部电子表格中的数据创建表格。

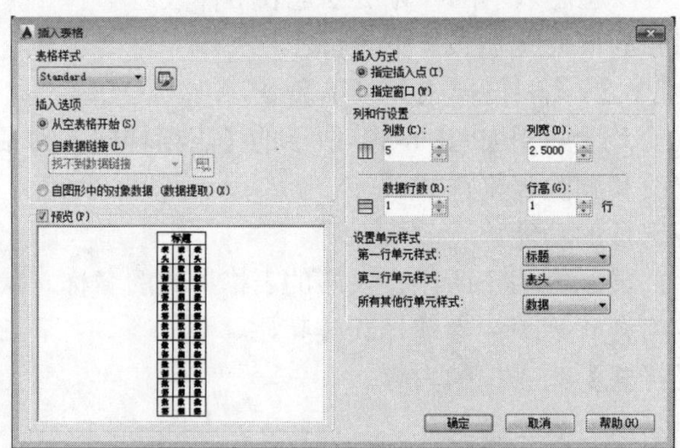

图 6-61 【插入表格】对话框

● 【自图形中的对象数据(数据提取)】：启动“数据提取”向导。

(3) 【预览】：显示当前表格样式的样例。

(4) 【插入方式】选项组：指定表格位置。

● 【指定插入点】单选按钮：指定表格左上角的位置。可以使用定点设备，也可以在命令提示下输入坐标值。如果表格样式将表格的方向设置为由下而上读取，则插入点位于表格的左下角。

- 【指定窗口】单选按钮：指定表格的大小和位置。可以使用定点设备，也可以在命令提示下输入坐标值。选定此选项时，行数、列数、列宽和行高取决于窗口的大小以及列和行设置。

(5) 【列和行设置】选项组：设置列和行的数目和大小。

- 按钮：表示列。
- 按钮：表示行。
- 【列数】：指定列数。选中【指定窗口】单选按钮并选中【列数】单选按钮时，【列宽】变为自动，且列数由表格的宽度控制，如图 6-62 所示。如果已指定包含起始表格的表格样式，则可以选择要添加到此起始表格的其他列的数量。

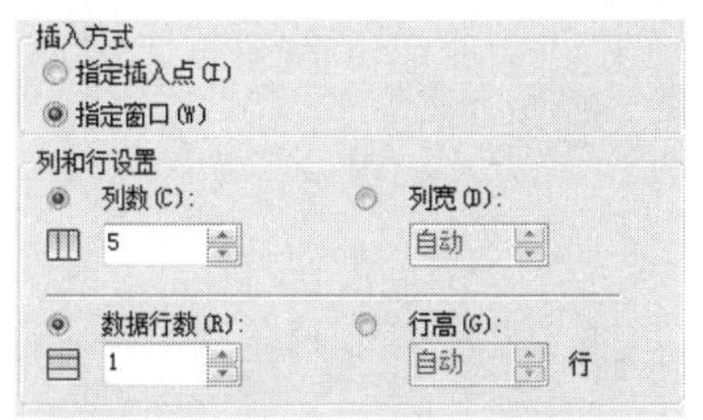


图 6-62　选中【指定窗口】单选按钮

- 【列宽】：指定列的宽度。选中【指定窗口】单选按钮并选中【列宽】单选按钮时，【列数】变为自动，且列宽由表格的宽度控制。最小列宽为一个字符。
- 【数据行数】：指定行数。选中【指定窗口】单选按钮并选中【数据行数】单选按钮时，【行高】变为自动，且行数由表格的高度控制。带有标题行和表格头行的表格样式最少应有三行。最小行高为一个文字行。如果已指定包含起始表格的表格样式，则可以选择要添加到此起始表格的其他数据行的数量。
- 【行高】：按照行数指定行高。文字行高基于文字高度和单元边距，这两项均在表格样式中设置。选中【指定窗口】单选按钮并选中【行高】单选按钮时，【数据行数】变为自动，且行高由表格的高度控制。

(6) 【设置单元样式】选项组：对于那些不包含起始表格的表格样式，请指定新表格中行的单元格式。

- 【第一行单元样式】：指定表格中第一行的单元样式。默认情况下，使用【标题】单元样式。
- 【第二行单元样式】：指定表格中第二行的单元样式。默认情况下，使用【表头】单元样式。
- 【所有其他行单元样式】：指定表格中所有其他行的单元样式。默认情况下，使用【数据】单元样式。

## 6.3.2　编辑表格

**行业知识链接：** 当表格完成后，如果不符合要求，可对表格进行编辑，重新设置表格样式等属性。如图 6-63 所示是电路实验表格。

| 实验次数 | 实验要求 | 发光情况 | 电流 $I$（A） |
|---|---|---|---|
| 1 | 小灯泡在额定电压下工作 | | |
| 2 | 小灯泡两端电压是额定电压的 1.2 倍 | | |
| 3 | 小灯泡两端电压低于额定电压 | | |

图 6-63　电路实验表格

### 1. 设置表格样式

在【创建新的表格样式】对话框【新样式名】文本框中输入要建立的表格名称，然后单击【继续】按钮，出现如图 6-64 所示的【新建表格样式：Standard 副本】对话框，在对话框中通过设置起始表格、常规、单元样式等，完成对表格样式的设置。

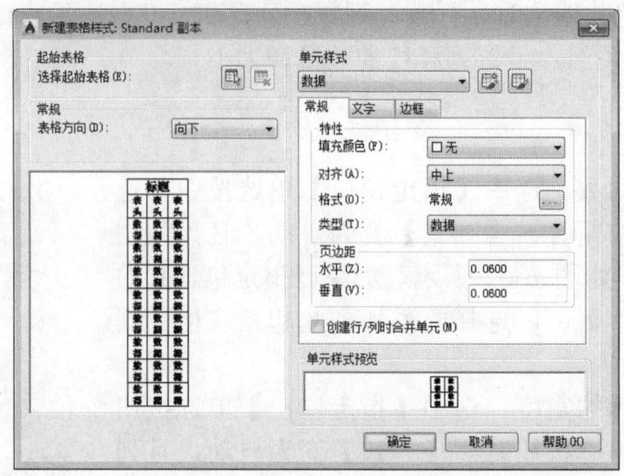

图 6-64 【新建表格样式：Standard 副本】对话框

【新建表格样式：Standard 副本】对话框中各选项的功能如下。

1) 【起始表格】选项组

起始表格是图形中用作设置新表格样式格式的样例的表格。一旦选定表格，用户即可指定要从此表格复制到表格样式的结构和内容。创建新的表格样式时，可以指定一个起始表格，也可以从表格样式中删除起始表格。

2) 【常规】选项组

该选项组可以完成对表格方向的设置。

- 【表格方向】：设置表格方向。
- 【向上】：将创建由下而上读取的表格，标题行和列标题位于表格的底部，如图 6-65 所示。
- 【向下】：将创建由上而下读取的表格，标题行和列标题位于表格的顶部，如图 6-66 所示。

3) 【单元样式】选项组

该选项组用于定义新的单元样式或修改现有单元样式。可以创建任意数量的单元样式。

- 【单元样式】下拉列表框：显示表格中的单元样式。
- 【创建新单元样式】按钮：单击可打开【创建新单元样式】对话框。
- 【管理单元样式】按钮：单击可打开【管理单元样式】对话框。
- 【单元样式】：设置数据单元、单元文字和单元边界的外观，取决于处于活动状态的选项卡：【常规】选项卡、【文字】选项卡和【边框】选项卡。

4) 【常规】选项卡

该选项卡包括【特性】、【页边距】选项组和【创建行/列时合并单元】复选框的设置，如图 6-67 所示。

5) 【特性】选项组

- 【填充颜色】：指定单元的背景色，默认值为【无】。可以在其下拉列表框中选择【选择颜色】选项以显示【选择颜色】对话框。
- 【对齐】：设置单元格中文字的对正和对齐方式。文字相对于单元的顶部边框和底部边框进行居中对齐、上对齐或下对齐。文字相对于单元的左边框和右边框进行居中对正、左对正或右对正。

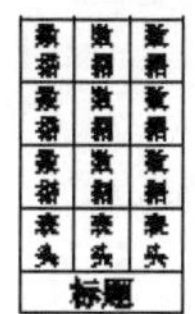

图 6-65　选择【向上】选项的效果

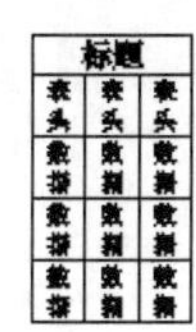

图 6-66　选择【向下】选项的效果

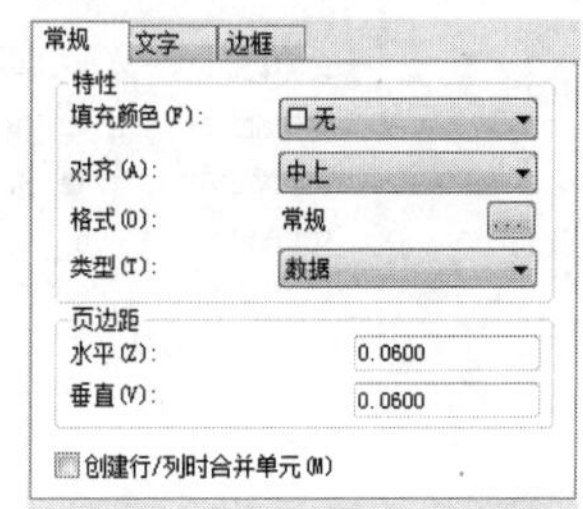


图 6-67　【常规】选项卡

- 【格式】：为表格中的数据、列标题或标题行设置数据类型和格式。单击该按钮将显示【表格单元格式】对话框，从中可以进一步定义格式选项。
- 【类型】：将单元样式指定为标签或数据。

6) 【页边距】选项组

该选项组用于控制单元边界和单元内容之间的间距。单元边距设置应用于表格中的所有单元。默认设置为 0.06(英制)和 1.5(公制)。

- 【水平】：设置单元中的文字或块与左右单元边界之间的距离。
- 【垂直】：设置单元中的文字或块与上下单元边界之间的距离。
- 【创建行/列时合并单元】复选框：将使用当前单元样式创建的所有新行或新列合并为一个单元。可以使用此选项在表格的顶部创建标题行。

7) 【文字】选项卡

该选项卡用于设置表格内文字的样式、高度、颜色和角度，如图 6-68 所示。

- 【文字样式】：列出图形中的所有文字样式。单击□按钮将显示【文字样式】对话框，从中可以创建新的文字样式。
- 【文字高度】：设置文字高度。数据和列标题单元的默认文字高度为 0.1800。表标题的默认文字高度为 0.25。
- 【文字颜色】：指定文字颜色。在其下拉列表框中选择【选择颜色】选项可显示【选择颜色】对话框。
- 【文字角度】：设置文字角度。默认的文字角度为 0 度。可以输入-359 度到+359 度之间的任意角度。

8) 【边框】选项卡

该选项卡用于设置边框的线宽、线型和颜色，还可以将表格内的线设置成双线形式，单击表格边框按钮可以将选定的特性应用到边框，如图 6-69 所示。

- 【线宽】：通过单击边框按钮，设置将要应用于指定边界的线宽。如果使用粗线宽，必须增加单元边距。
- 【线型】：通过单击边框按钮，设置将要应用于指定边界的线型。将显示标准线型随块、随层和连续，或者可以选择【其他】选项加载自定义线型。

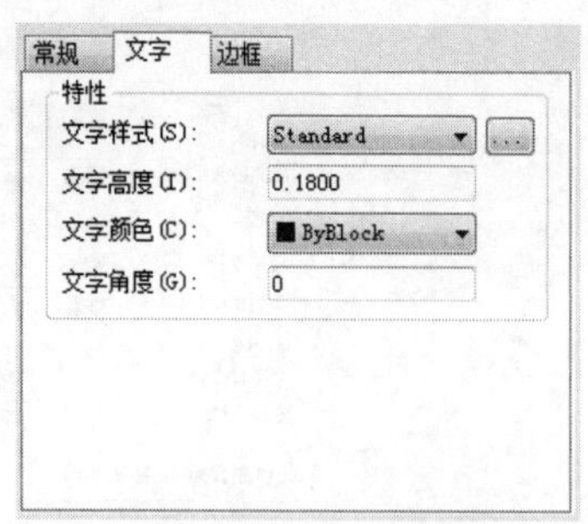

图 6-68 【文字】选项卡

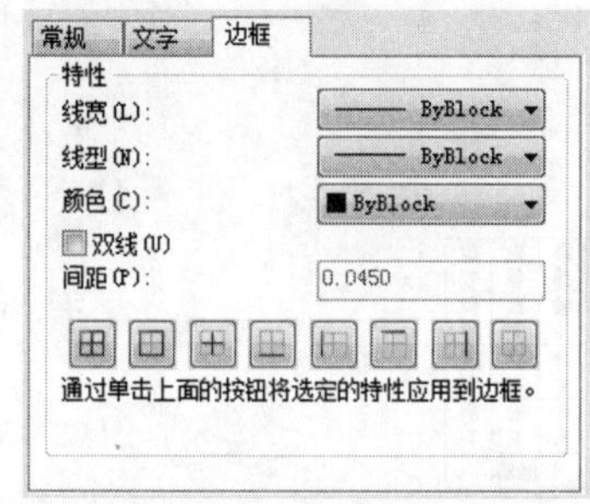


图 6-69 【边框】选项卡

- 【颜色】：通过单击边框按钮，设置将要应用于指定边界的颜色。在其下拉列表框中选择【选择颜色】选项可打开【选择颜色】对话框。
- 【双线】：将表格边框显示为双线。
- 【间距】：确定双线边框的间距。默认间距为 0.1800。
- 【边界】按钮：控制单元边界的外观。边框特性包括栅格线的线宽和颜色。
- 【所有边框】按钮⊞：将边框特性设置应用到指定单元样式的所有边框。
- 【外部边框】按钮□：将边框特性设置应用到指定单元样式的外部边框。
- 【内部边框】按钮⊞：将边框特性设置应用到指定单元样式的内部边框。
- 【底部边框】按钮□：将边框特性设置应用到指定单元样式的底部边框。
- 【左边框】按钮□：将边框特性设置应用到指定的单元样式的左边框。
- 【上边框】按钮□：将边框特性设置应用到指定单元样式的上边框。
- 【右边框】按钮□：将边框特性设置应用到指定单元样式的右边框。
- 【无边框】按钮□：隐藏指定单元样式的边框。

9) 【单元样式预览】框

该框用于显示当前表格样式设置效果的样例。

> **提示**：设置好边框后一定要单击表格边框按钮应用选定的特征，如不应用，表格中的边框线在打印和预览时都看不见。

### 2. 编辑表格

在绘图中选择表格后，在表格的四周、标题行上将显示若干个夹点，用户可以根据这些夹点来编辑表格，如图 6-70 所示。

在 AutoCAD 2016 中，用户还可以使用快捷菜单来编辑表格。当选择整个表格时，右击，将弹出一个快捷菜单，如图 6-71 所示，在其中选择所需的选项，可以对整个表格进行相应的操作；选择表格单元格时，右击，将弹出一个快捷菜单，如图 6-72 所示，在其中选择相应的选项，可对某个表格单元格进行操作。

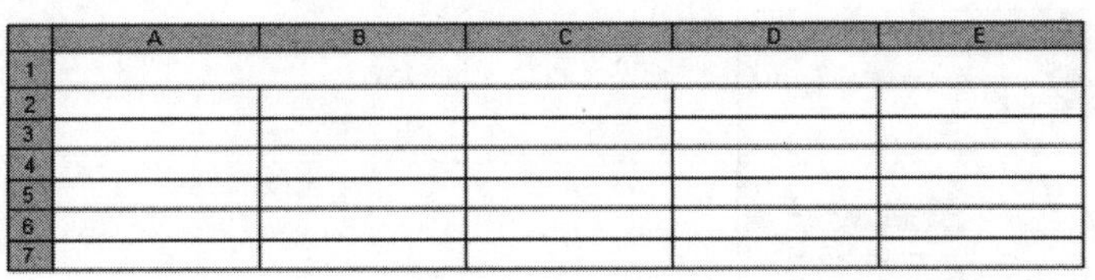


图 6-70　选择表格

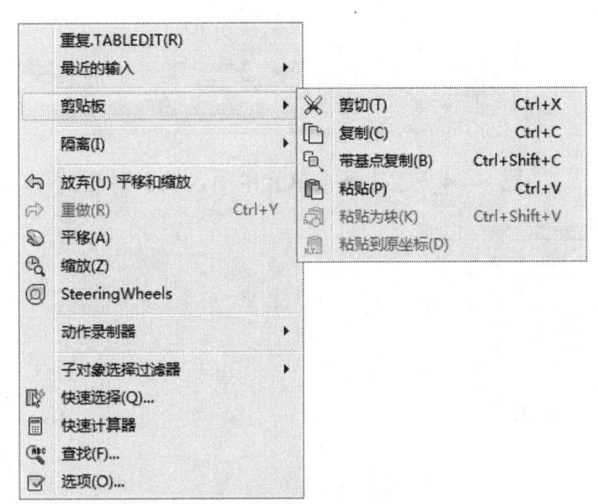


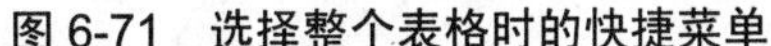

图 6-71　选择整个表格时的快捷菜单

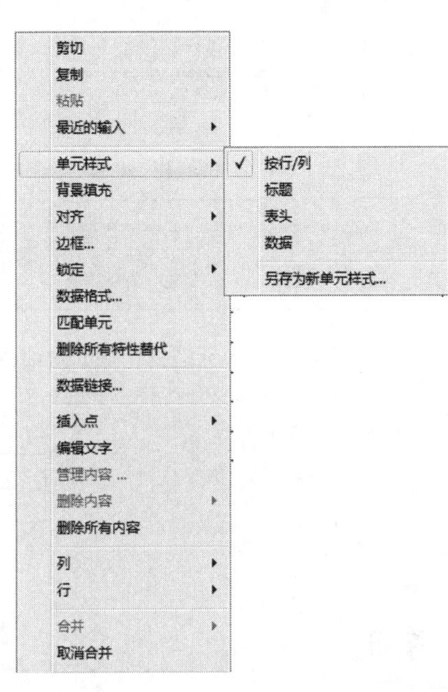


图 6-72　选择表格单元格时的快捷菜单

从选择整个表格时的快捷菜单中可以看出，用户可以对表格进行剪切、复制、删除、移动、缩放和旋转等简单的操作。

从选择表格单元格时的快捷菜单中可以看出，用户可以对表格单元格进行编辑，该快捷菜单中主要选项的含义如下。

(1) 【对齐】：选择该选项，可以选择表格单元的对齐方式。

(2) 【边框】：选择该选项，弹出【单元边框特性】对话框，在该对话框中可以设置单元格边框的线宽、颜色等特性，如图 6-73 所示。

(3) 【匹配单元】：用当前选择的表格单元格式匹配其他单元，此时鼠标指针变为格式刷形状，单击目标对象即可进行匹配。

(4) 【插入点】：选择【插入点】|【块】菜单命令，弹出【在表格单元中插入块】对话框，如图 6-74 所示。用户可以从中选择插入到表格中的图块，并设置图块在单元格中的对齐方法、比例及旋转角度等特性。

(5) 【合并】：当选中多个连续的单元后，选择该选项可以全部、按行或按列合并表格单元，如图 6-75 所示。

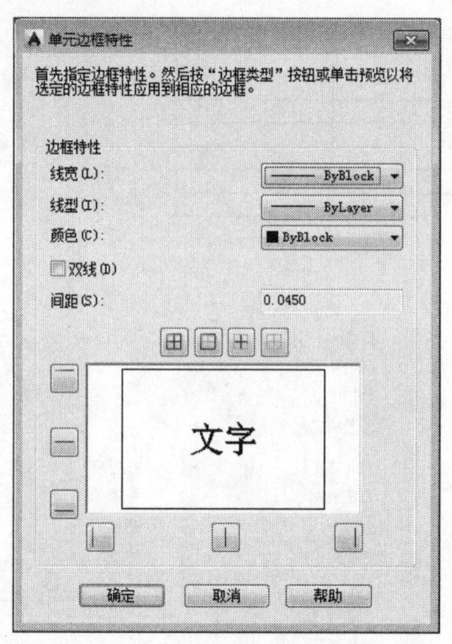


图 6-73 【单元边框特性】对话框

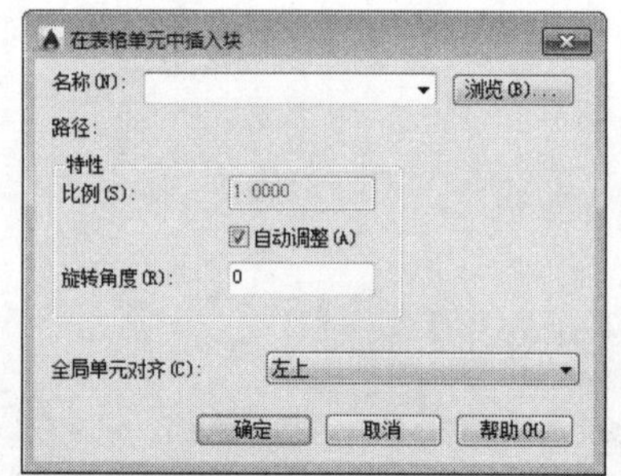


图 6-74 【在表格单元中插入块】对话框

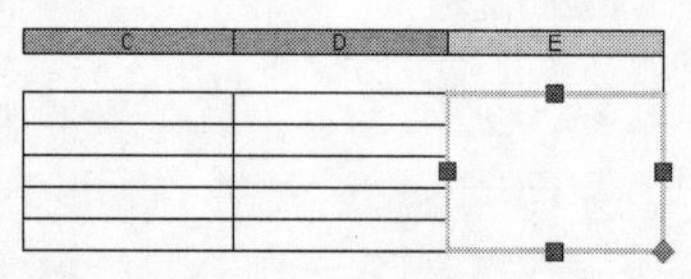


图 6-75 合并单元格

## 课后练习

案例文件：ywj\06\01.dwg、02.dwg

视频文件：光盘\视频课堂\第 6 教学日\6.3

练习案例分析及步骤如下。

本节课后练习创建 STK461 电路图表格，电路图表格用于对电路进行文字说明，或者对元件进行说明，是电路图的有效补充。如图 6-76 所示是完成的 STK461 电路图表格。

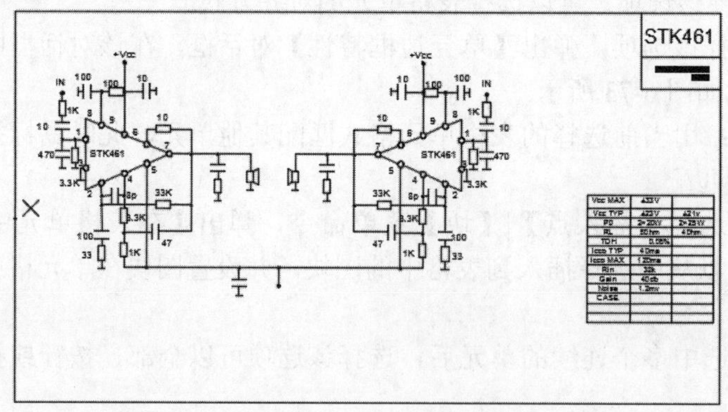


图 6-76 STK461 电路图表格

本节案例主要练习 STK461 电路图表格，首先绘制图纸框，之后添加图纸名称，最后添加表格和表格内容。绘制 STK461 电路图表格的思路和步骤如图 6-77 所示。

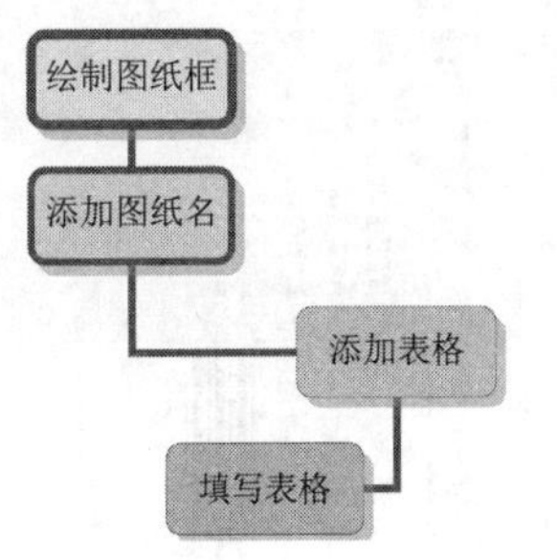


图 6-77　STK461 电路图表格步骤

练习案例的操作步骤如下。

step 01 创建图纸框和名称，选择【菜单浏览器】|【打开】|【图形】菜单命令，打开文件，单击【默认】选项卡的【绘图】工具栏中的【矩形】按钮，绘制如图 6-78 所示的矩形。

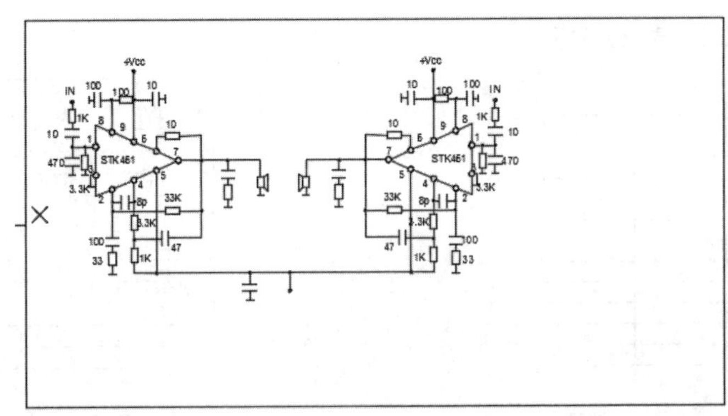

图 6-78　绘制矩形

step 02 单击【默认】选项卡的【绘图】工具栏中的【直线】按钮，绘制如图 6-79 所示的两个矩形。

step 03 单击【默认】选项卡的【注释】工具栏中的【文字】按钮，绘制如图 6-80 所示的图纸名文字。

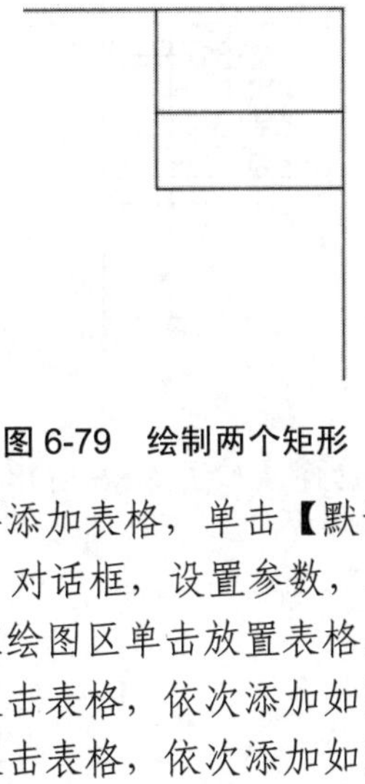

图 6-79　绘制两个矩形

图 6-80　添加图纸名文字

step 04 再添加表格，单击【默认】选项卡的【注释】工具栏中的【表格】按钮，弹出【插入表格】对话框，设置参数，单击【确定】按钮，如图 6-81 所示。

step 05 在绘图区单击放置表格，如图 6-82 所示。

step 06 双击表格，依次添加如图 6-83 所示的第一列文字。

step 07 双击表格，依次添加如图 6-84 所示的第二和第三列文字。

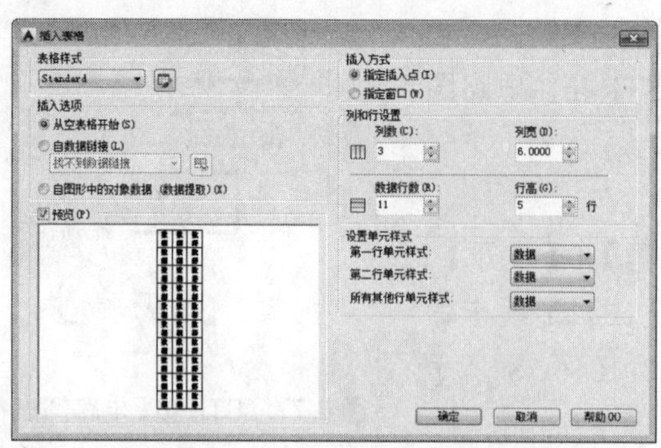

图 6-81 【插入表格】对话框

图 6-82 放置表格

| Vcc MAX | | |
|---|---|---|
| Vcc TYP | | |
| P0 | | |
| RL | | |
| TDH | | |
| Icco TYP | | |
| Icco MAX | | |
| Rin | | |
| Gain | | |
| Noise | | |
| CASE | | |
| | | |
| | | |

图 6-83 添加第一列文字

| Vcc MAX | ±33V | |
|---|---|---|
| Vcc TYP | ±23V | ±21v |
| P0 | 2×20W | 2×25W |
| RL | 80hm | 40hm |
| TDH | 0.08% | |
| Icco TYP | 40ma | |
| Icco MAX | 120ma | |
| Rin | 32k | |
| Gain | 40db | |
| Noise | 1.2mv | |
| CASE | | |
| | | |
| | | |

图 6-84 添加第二和第三列文字

step 08 完成 STK461 电路图表格的绘制，如图 6-85 所示。

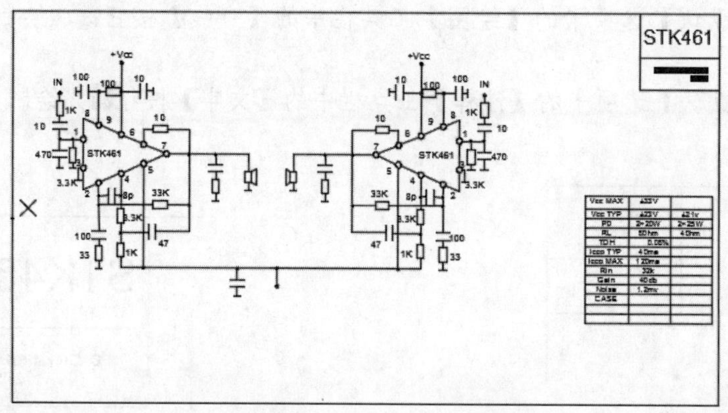

图 6-85 完成 STK461 电路图表格

**电气设计实践：**电路图绘制首先要学会读图，表格也需要读懂，如图 6-86 所示是电器工作规格表格。

| 引 脚 | | | 1 | 2 | 3 |
|---|---|---|---|---|---|
| AL-P628B | 工作电压/V | 停止 | 5.1 | 0 | 2.8 |
| | | 播放 | 5.2 | 0 | 0 |
| | 在路电阻/kΩ | 红测 | 0.3 | 0 | 7.2 |
| | | 黑测 | 0.3 | 0 | 7.5 |

图 6-86 电器工作规格表格

## 2课时 尺寸标注

### 6.4.1 创建普通标注

行业知识链接：在 CAD 中，标注是重要的环节，它包含线性、弧长、坐标、对齐、半径、直径等多种标注方式。标注需字体大小适中，清晰明了。如图 6-87 所示是电路的波形标注。

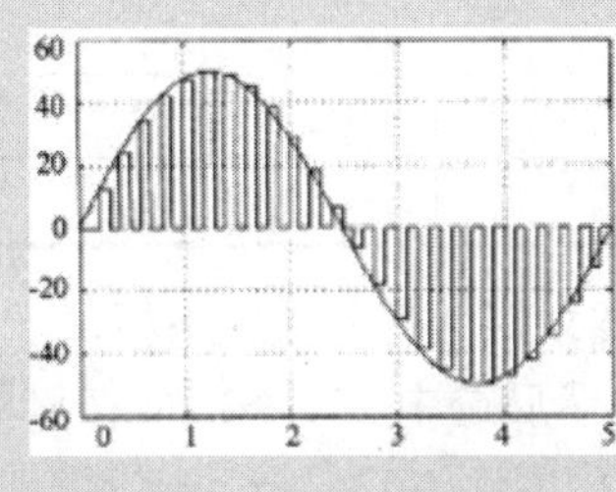


图 6-87 电路波形标注

尺寸标注是图形设计中基本的设计步骤和过程，其随图形的多样性而有多种不同的标注，AutoCAD 提供了多种标注类型，包括线性尺寸标注、对齐尺寸标注等，了解这些尺寸标注，可以灵活地给图形添加尺寸标注。下面就来介绍 AutoCAD 2016 的尺寸标注方法和规则。

#### 1. 线性标注

线性尺寸标注用来标注图形的水平尺寸和垂直尺寸，如图 6-88 所示。

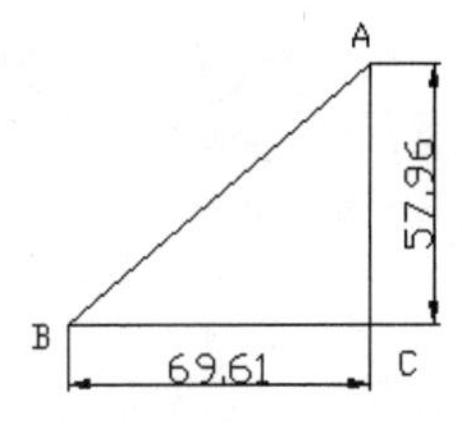


图 6-88 线性尺寸标注

创建线性尺寸标注有以下 3 种方法。

(1) 在菜单栏中选择【标注】|【线性】菜单命令。

(2) 在命令行中输入 dimlinear 命令后按下 Enter 键。

(3) 单击【注释】工具栏中的【线性】按钮。

执行上述任一操作后，命令行窗口提示如下。

```
命令:_dimlinear
指定第一条尺寸界线原点或 <选择对象>:              //选择 A 点后单击
指定第二条尺寸界线原点:                           //选择 C 点后单击
指定尺寸线位置或[多行文字(M)/文字(T)/角度(A)/水平(H)/垂直(V)/旋转(R)]:标注文字 = 57.96
//按住鼠标左键不放拖动尺寸线移动到合适的位置后单击
```

以上命令行中的选项解释如下。

- 【多行文字】：用户可以在标注的同时输入多行文字。
- 【文字】：用户只能输入一行文字。
- 【角度】：输入标注文字的旋转角度。
- 【水平】：标注水平方向距离尺寸。
- 【垂直】：标注垂直方向距离尺寸。
- 【旋转】：输入尺寸线的旋转角度。

在 AutoCAD 中标注文字时，有很多特殊的字符和标注，这些特殊字符和标注由控制字符来实现。AutoCAD 的特殊字符及其对应的控制字符如表 6-2 所示。

表 6-2　特殊字符及其对应的控制字符表

| 特殊符号或标注 | 控制字符 | 示　例 |
|---|---|---|
| 圆直径标注符号(Ø) | %%c | Ø48 |
| 百分号 | %%% | %30 |
| 正/负公差符号(±) | %%p | 20±0.8 |
| 度符号(°) | %%d | 48° |
| 字符数 nnn | %%nnn | Abc |
| 加上划线 | %%o | $\overline{123}$ |
| 加下划线 | %%u | $\underline{123}$ |

在 AutoCAD 实际操作中也会遇到要求对数据标注上下标，下面介绍一下数据标注上下标的方法。

(1) 上标：编辑文字时，输入 2^，然后选中 2^，按 a/b 按键即可。

(2) 下标：编辑文字时，输入^2，然后选中^2，按 a/b 按键即可。

(3) 上下标：编辑文字时，输入 2^2，然后选中 2^2，按 a/b 按键即可。

### 2. 对齐标注

对齐尺寸标注是指标注两点间的距离，标注的尺寸线平行于两点间的连线。如图 6-89 所示为线性尺寸标注与对齐尺寸标注的区别。

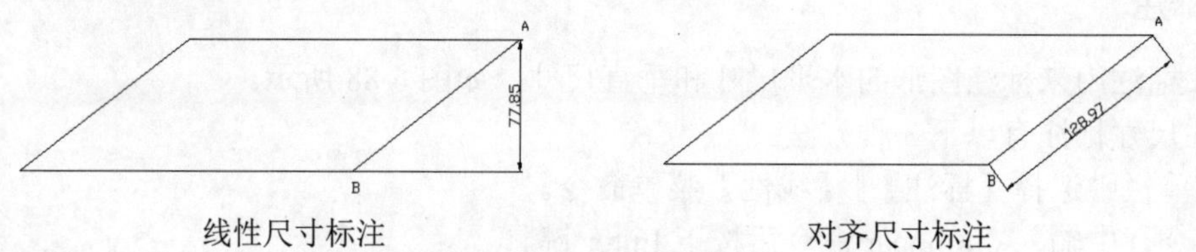


图 6-89　线性尺寸标注与对齐尺寸标注的对比

创建对齐尺寸标注有以下 3 种方法。

(1) 在菜单栏中选择【标注】|【对齐】菜单命令。

(2) 在命令行中输入 dimaligned 命令后按下 Enter 键。

(3) 单击【注释】工具栏中的【对齐】按钮。

执行上述任一操作后，命令行窗口提示如下。

```
命令: _dimaligned
指定第一条尺寸界线原点或 <选择对象>:        //选择 A 点后单击
指定第二条尺寸界线原点:                    //选择 B 点后单击
指定尺寸线位置或[多行文字(M)/文字(T)/角度(A)]:标注文字 = 128.97
//按住鼠标左键不放拖动尺寸线移动到合适的位置后单击
```

### 3. 半径标注

半径尺寸标注用来标注圆或圆弧的半径，如图 6-90 所示。

创建半径尺寸标注有以下 3 种方法。

(1) 在菜单栏中选择【标注】|【半径】菜单命令。

(2) 在命令行中输入 dimradius 命令后按下 Enter 键。

(3) 单击【注释】工具栏中的【半径】按钮。

执行上述任一操作后，命令行窗口提示如下。

```
命令:_dimradius
选择圆弧或圆:                                        //选择圆弧 AB 后单击
标注文字 = 33.76
指定尺寸线位置或 [多行文字(M)/文字(T)/角度(A)]:      //移动尺寸线至合适位置后单击
```

### 4. 直径标注

直径尺寸标注用来标注圆的直径，如图 6-91 所示。

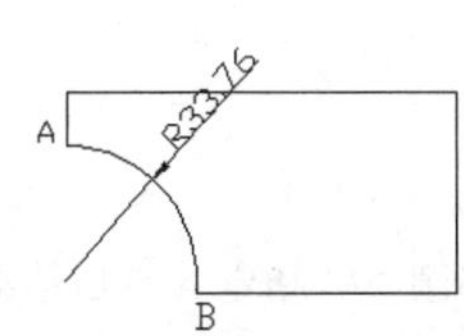


图 6-90　半径尺寸标注

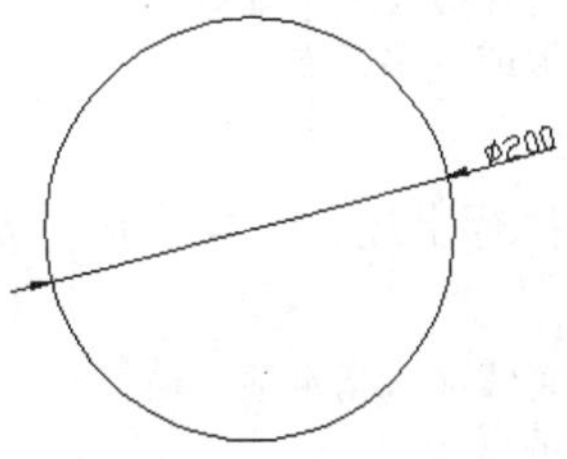


图 6-91　直径尺寸标注

创建直径尺寸标注有以下 3 种方法。

(1) 在菜单栏中选择【标注】|【直径】菜单命令。

(2) 在命令行中输入 dimdiameter 命令后按下 Enter 键。

(3) 单击【注释】工具栏中的【直径】按钮。

执行上述任一操作后，命令行窗口提示如下。

```
命令:_dimdiameter
选择圆弧或圆:                                        //选择圆后单击
标注文字 = 200
指定尺寸线位置或 [多行文字(M)/文字(T)/角度(A)]:      //移动尺寸线至合适位置后单击
```

### 5. 角度标注

角度尺寸标注用来标注两条不平行线的夹角或圆弧的夹角，如图 6-92 所示为不同图形的角度尺寸标注。

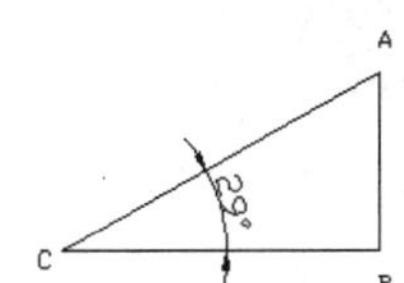


选择两条直线的角度尺寸标注

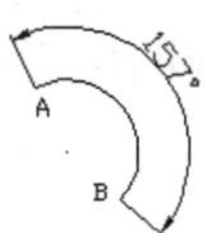


选择圆弧的角度尺寸标注

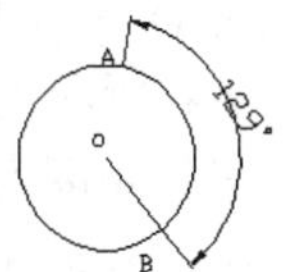


选择圆的角度尺寸标注

图 6-92　角度尺寸标注

创建角度尺寸标注有以下 3 种方法。

(1) 在菜单栏中选择【标注】|【角度】菜单命令。

(2) 在命令行中输入 dimangular 命令后按下 Enter 键。

(3) 单击【注释】工具栏中的【角度】按钮。

如果选择直线，执行上述任一操作后，命令行窗口提示如下。

```
命令:_dimangular
选择圆弧、圆、直线或 <指定顶点>:                          //选择直线 AC 后单击
选择第二条直线:                                              //选择直线 BC 后单击
指定标注弧线位置或 [多行文字(M)/文字(T)/角度(A)]:      //选定标注位置后单击
标注文字 = 29
```

如果选择圆弧，执行上述任一操作后，命令行提示如下。

```
命令:_dimangular
选择圆弧、圆、直线或 <指定顶点>:                        //选择直线 AB 后单击
指定标注弧线位置或 [多行文字(M)/文字(T)/角度(A)]:      //选定标注位置后单击
标注文字 = 157
```

如果选择圆，执行上述任一操作后，命令行提示如下。

```
命令:_dimangular
选择圆弧、圆、直线或 <指定顶点>:                        //选择圆 O 并指定 A 点后单击
指定角的第二个端点:                                      //选择点 B 后单击
指定标注弧线位置或 [多行文字(M)/文字(T)/角度(A)]:      //选定标注位置后单击
标注文字 = 129
```

## 6.4.2 创建其他标注

**行业知识链接：**国标规定，图样上标注的尺寸，除标高及总平面图以米(m)为单位外，其余一律以毫米(mm)为单位，图上尺寸数字都不再注写单位。如图 6-93 所示是电阻颜色示意标注。

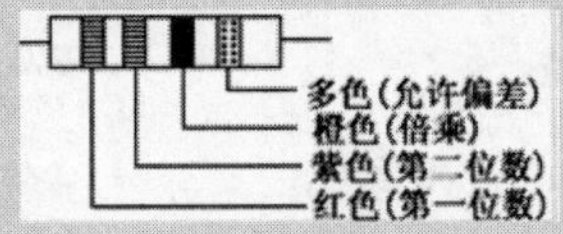


图 6-93 电阻颜色示意标注

### 1. 坐标标注

坐标尺寸标注用来标注指定点到用户坐标系(UCS)原点的坐标方向的距离。如图 6-94 所示，圆心沿横向坐标方向的坐标距离为 13.24，圆心沿纵向坐标方向的坐标距离为 480.24。

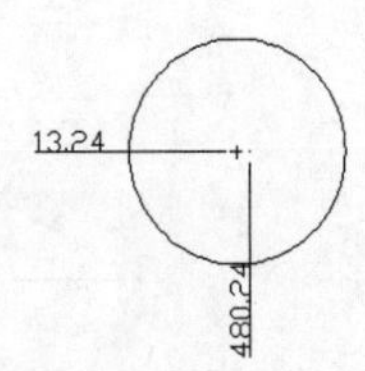


图 6-94 坐标尺寸标注

创建坐标尺寸标注有以下 3 种方法。

(1) 在菜单栏中选择【标注】|【坐标】菜单命令。

(2) 在命令行中输入 dimordinate 命令后按下 Enter 键。

(3) 单击【注释】工具栏中的【坐标】按钮。

执行上述任一操作后，命令行窗口提示如下。

```
命令:_dimordinate
指定点坐标:                                    //选定圆心后单击
指定引线端点或 [X 基准(X)/Y 基准(Y)/多行文字(M)/文字(T)/角度(A)]:标注文字 = 13.24
//拖动鼠标确定引线端点至合适位置后单击
```

### 2. 基线标注

基线尺寸标注用来标注以同一基准为起点的一组相关尺寸，如图 6-95 所示。

创建基线尺寸标注有以下两种方法。

(1) 在菜单栏中选择【标注】|【基线】菜单命令。

(2) 在命令行中输入 dimbaseline 命令后按下 Enter 键。

如果当前任务中未创建任何标注，执行上述任一操作后，系统将提示用户选择线性标注、坐标标注或角度标注，以用作基线标注的基准。命令行提示如下。

```
选择基准标注:      //选择线性标注、坐标标注或角度标注
```

否则，系统将跳过该提示，并使用上次在当前任务中创建的标注对象。如果基准标注是线性标注或角度标注，将显示下列提示。

```
命令:_dimbaseline
指定第二条尺寸界线原点或 [放弃(U)/选择(S)] <选择>: //选定第二条尺寸界线原点后单击或按下 Enter 键
标注文字 = 55.5 或 127
指定第二条尺寸界线原点或 [放弃(U)/选择(S)] <选择>:    //选定第三条尺寸界线原点后按下 Enter 键
标注文字 = 83.5
```

如果基准标注是坐标标注，将显示下列提示。

```
指定点坐标或 [放弃(U)/选择(S)] <选择>:
```

### 3. 连续标注

连续尺寸标注用来标注一组连续相关尺寸，即前一尺寸标注是后一尺寸标注的基准，如图 6-96 所示。

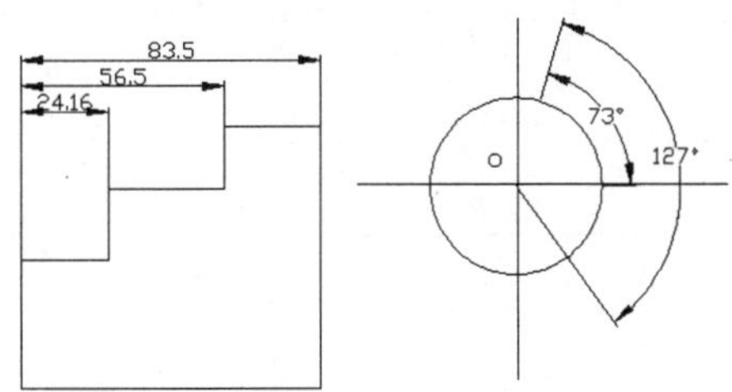


矩形的基线尺寸标注　圆的基线尺寸标注

图 6-95　基线尺寸标注

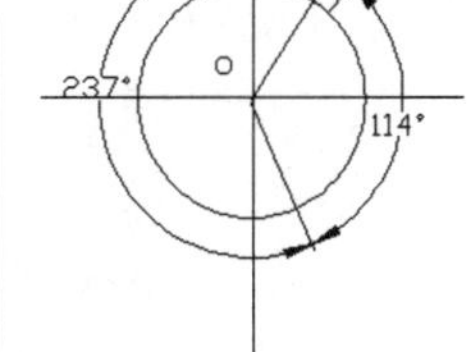


矩形的连续尺寸标注　圆的连续尺寸标注

图 6-96　连续尺寸标注

创建连续尺寸标注有以下两种方法。

(1) 在菜单栏中选择【标注】|【连续】菜单命令。

(2) 在命令行中输入 dimcontinue 命令后按下 Enter 键。

如果当前任务中未创建任何标注，执行上述任一操作后，系统将提示用户选择线性标注、坐标标注或角度标注，以用作连续标注的基准。命令行窗口提示如下。

```
选择连续标注：    //选择线性标注、坐标标注或角度标注
```

否则，系统将跳过该提示，并使用上次在当前任务中创建的标注对象。如果基准标注是线性标注或角度标注，将显示下列提示。

```
命令：_dimcontinue
指定第二条尺寸界线原点或 [放弃(U)/选择(S)] <选择>：//选定第二条尺寸界线原点后单击或按下Enter键
标注文字 = 33.35或237
指定第二条尺寸界线原点或 [放弃(U)/选择(S)] <选择>： //选定第三条尺寸界线原点后按下Enter键
标注文字 = 25.92
```

如果基准标注是坐标标注，将显示下列提示。

```
指定点坐标或 [放弃(U)/选择(S)] <选择>：
```

### 4. 圆心标记

圆心标记用来绘制圆或者圆弧的圆心十字型标记或是中心线。

如果用户既需要绘制十字型标记又需要绘制中心线，则首先必须在【修改标注样式】对话框的【符号与箭头】选项卡中设置【圆心标记】为【直线】并在【大小】微调框中输入相应的数值来设定圆心标记的大小(若只需要绘制十字型标记则设置【圆心标记】为【标记】)，如图6-97所示。

然后进行圆心标记的创建，有以下两种方法。

(1) 在菜单栏中选择【标注】|【圆心标记】菜单命令。

(2) 在命令行中输入dimcenter命令后按下Enter键。

执行上述任一操作后，命令行窗口提示如下。

```
命令：_dimcenter
选择圆弧或圆：          //选择圆或圆弧后单击
```

### 5. 引线标注

引线尺寸标注是从图形上的指定点引出连续的引线，用户可以在引线上输入标注文字，如图6-98所示。

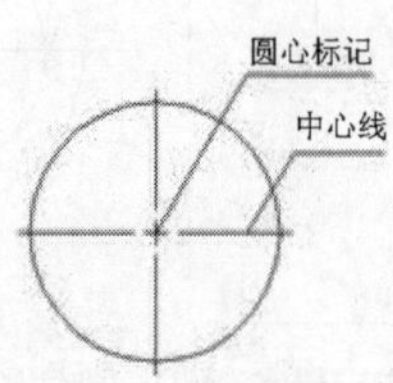


图6-97　圆心标记

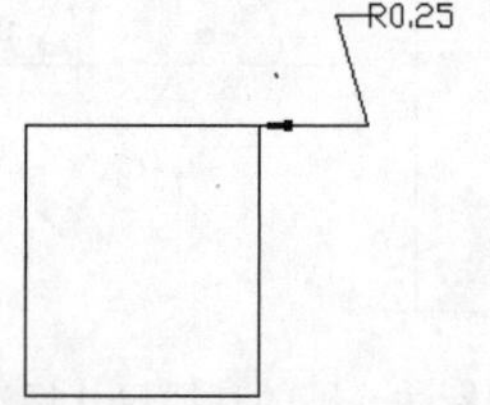


图6-98　引线尺寸标注

创建引线尺寸标注的方法：在命令行中输入qleader命令后按下Enter键。

执行上述任一操作后，命令行提示如下。

```
命令：_qleader
指定第一个引线点或 [设置(S)] <设置>：          //选定第一个引线点
```

```
指定下一点:                                  //选定第二个引线点
指定下一点:
指定文字宽度 <0>:8                           //输入文字宽度 8
输入注释文字的第一行 <多行文字(M)>:R0.25     //输入注释文字 R0.25 后连续两次按下 Enter 键
```

若用户执行【设置】操作，即在命令行中输入 S，此时，命令行窗口提示如下。

```
命令:_qleader
指定第一个引线点或 [设置(S)] <设置>:S        //输入 S 后按下 Enter 键
```

此时打开【引线设置】对话框，如图 6-99 所示。在其中的【注释】选项卡中可以设置引线注释类型、指定多行文字选项，并指明是否需要重复使用注释；在【引线和箭头】选项卡中可以设置引线和箭头格式；在【附着】选项卡中可以设置引线和多行文字注释的附着位置(只有在【注释】选项卡上选择【多行文字】单选按钮时，此选项卡才可用)。

### 6. 快速标注

快速尺寸标注用来标注一系列图形对象，如为一系列圆进行标注，如图 6-100 所示。

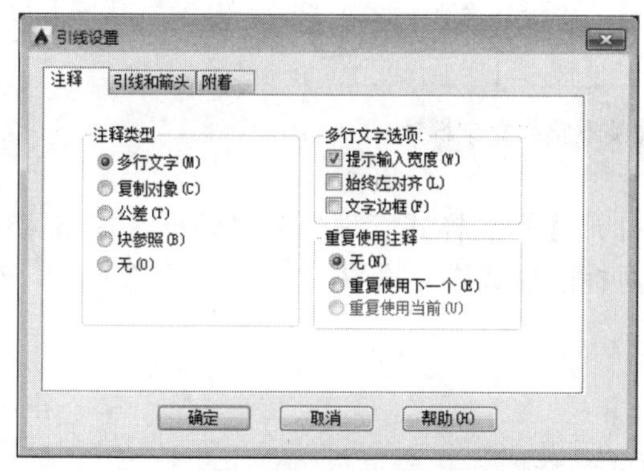


图 6-99　【引线设置】对话框

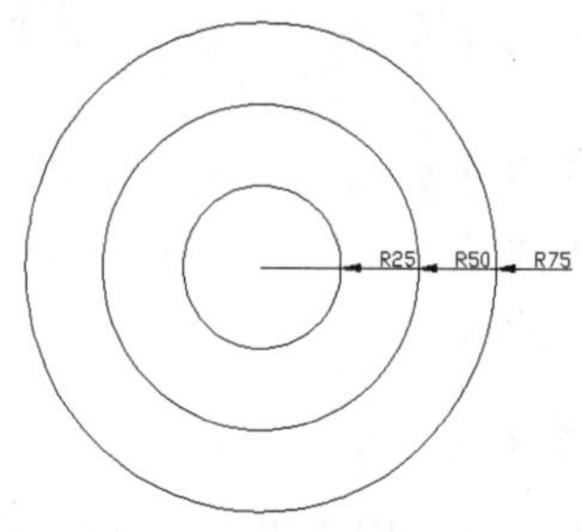


图 6-100　快速尺寸标注

创建快速尺寸标注有以下两种方法。

(1) 在菜单栏中选择【标注】|【快速标注】菜单命令。

(2) 在命令行中输入 qdim 命令后按下 Enter 键。

执行上述任一操作后，命令行窗口提示如下。

```
命令:_qdim
关联标注优先级 = 端点
选择要标注的几何图形:找到 1 个
选择要标注的几何图形:找到 1 个，总计 2 个
选择要标注的几何图形:找到 1 个，总计 3 个
选择要标注的几何图形:
指定尺寸线位置或 [连续(C)/并列(S)/基线(B)/坐标(O)/半径(R)/直径(D)/基准点(P)/编辑(E)/设置(T)]
<半径>:              //标注一系列半径型尺寸标注并移动尺寸线至合适位置后单击
```

命令行中各选项的含义如下。

- 【连续】：标注一系列连续型尺寸标注。
- 【并列】：标注一系列并列尺寸标注。
- 【基线】：标注一系列基线型尺寸标注。

- 【坐标】：标注一系列坐标型尺寸标注。
- 【半径】：标注一系列半径型尺寸标注。
- 【直径】：标注一系列直径型尺寸标注。
- 【基准点】：为基线和坐标标注设置新的基准点。
- 【编辑】：编辑标注。

### 6.4.3 设置标注样式

**行业知识链接：**图样上的尺寸由尺寸界线、尺寸线、尺寸起止符号和尺寸数字组成。尺寸界线应用细实线绘画，一般应与标注长度垂直，其一端应离开图样的轮廓线不小于2mm，另一端宜超出尺寸线2～3 mm。如图6-101所示是一个遥控开关电路的文字样式标注。

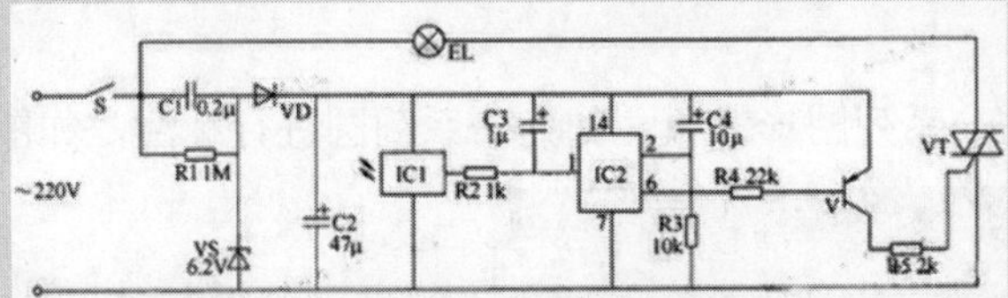

图6-101 遥控开关电路的文字标注

选择【格式】|【标注样式】菜单命令，可以打开【标注样式管理器】对话框，单击【修改】按钮，打开【修改标注样式：Standard】对话框可以对标注样式进行设置，它有 7 个选项卡，在此对其设置作详细的讲解。

#### 1. 【线】选项卡

【线】选项卡用来设置尺寸线和尺寸界线的格式和特性。

单击【修改标注样式：Standard】对话框中的【线】标签，切换到【线】选项卡，如图 6-102 所示。在此选项卡中，用户可以设置尺寸的几何变量。

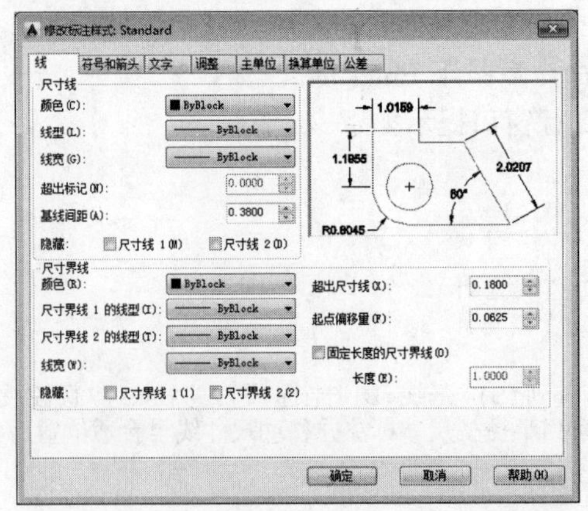

图6-102 【修改标注样式：Standard】对话框

此选项卡中各选项内容如下。

(1) 【尺寸线】：设置尺寸线的特性。在此选项组中，AutoCAD 为用户提供了以下 6 个参数供用户设置。

- 【颜色】：显示并设置尺寸线的颜色。用户可以选择【颜色】下拉列表框中的某种颜色作为尺寸线的颜色，或在列表框中直接输入颜色名来获得尺寸线的颜色。如果单击【颜色】下拉列表框中的【选择颜色】选项，则会打开【选择颜色】对话框，用户可以从 288 种 AutoCAD 颜色索引(ACI)颜色、真彩色和配色系统颜色中选择颜色。
- 【线型】：设置尺寸线的线型。用户可以选择【线型】下拉列表框中的某种线型作为尺寸线的线型。
- 【线宽】：设置尺寸线的线宽。用户可以选择【线宽】下拉列表框中的某种属性来设置线宽，如 ByLayer(随层)、ByBlock(随块)及默认或一些固定的线宽等。
- 【超出标记】：显示的是当用短斜线代替尺寸箭头使用倾斜、建筑标记、积分和无标记时尺寸线超过尺寸界线的距离，用户可以在此输入自己的预定值。默认情况下为“0”。如图 6-103 所示为预定值设定为“3”时尺寸线超出尺寸界线的距离。

【超出标记】预定值为 0 时的效果

【超出标记】预定值为 3 时的效果

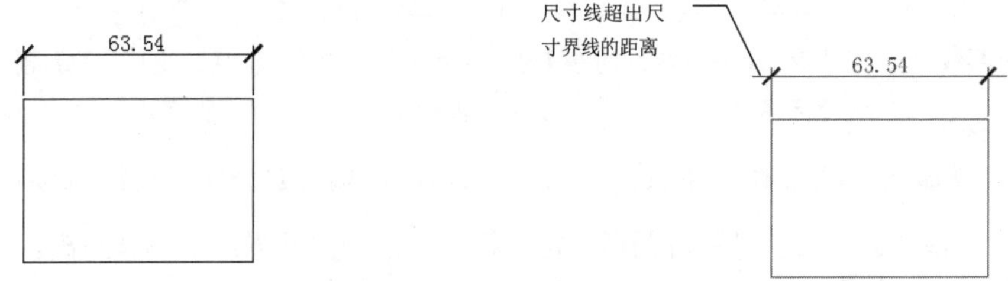

**图 6-103　输入【超出标记】预定值前后的对比**

- 【基线间距】：显示的是两尺寸线之间的距离，用户可以在此输入自己的预定值。该值将在进行连续和基线尺寸标注时用到。
- 【隐藏】：不显示尺寸线。当标注文字在尺寸线中间时，如果选中【尺寸线 1】复选框，将隐藏前半部分尺寸线；如果选中【尺寸线 2】复选框，则隐藏后半部分尺寸线，如图 6-104 所示。如果同时选中两个复选框，则尺寸线将被全部隐藏。

隐藏前半部分尺寸线的尺寸标注

隐藏后半部分尺寸线的尺寸标注

**图 6-104　隐藏部分尺寸线的尺寸标注**

(2) 【尺寸界线】：控制尺寸界线的外观。在此选项组中，AutoCAD 为用户提供了以下 8 个参数供用户设置。

- 【颜色】：显示并设置尺寸界线的颜色。用户可以选择【颜色】下拉列表框中的某种颜色作为尺寸界线的颜色，或在列表框中直接输入颜色名来获得尺寸界线的颜色。如果单击【颜色】下拉列表框中的【选择颜色】选项，则会打开【选择颜色】对话框，用户可以从 288 种 AutoCAD 颜色索引(ACI)颜色、真彩色和配色系统颜色中选择颜色。

- 【尺寸界线 1 的线型】及【尺寸界线 2 的线型】：设置尺寸界线的线型。用户可以选择其下拉列表框中的某种线型作为尺寸界线的线型。
- 【线宽】：设置尺寸界线的线宽。用户可以选择【线宽】下拉列表框中的某种属性来设置线宽，如 ByLayer(随层)、ByBlock(随块)及默认或一些固定的线宽等。
- 【隐藏】：不显示尺寸界线。如果选中【尺寸线 1】复选框，将隐藏第一条尺寸界线；如果选中【尺寸线 2】复选框，则隐藏后第二条尺寸界线，如图 6-105 所示。如果同时选中两个复选框，则尺寸界线将被全部隐藏。
- 【超出尺寸线】：显示的是尺寸界线超过尺寸线的距离。用户可以在此输入自己的预定值，如图 6-106 所示为预定值设定为 3 时尺寸界线超出尺寸线的距离。

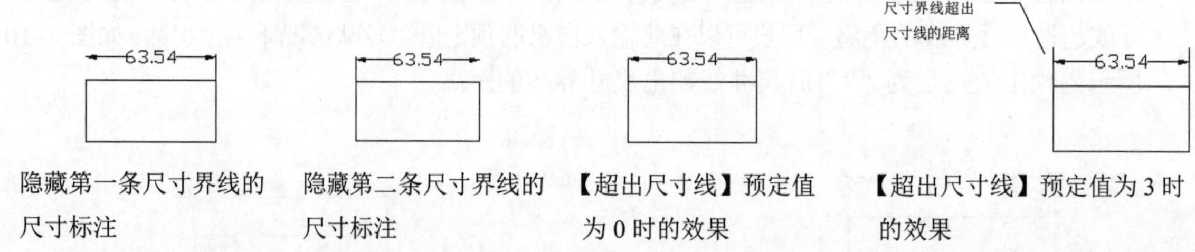


隐藏第一条尺寸界线的尺寸标注　隐藏第二条尺寸界线的尺寸标注　【超出尺寸线】预定值为 0 时的效果　【超出尺寸线】预定值为 3 时的效果

**图 6-105　隐藏部分尺寸界线的尺寸标注**　　**图 6-106　输入【超出尺寸线】预定值前后的对比**

- 【起点偏移量】：用于设置自图形中定义标注的点到尺寸界线的偏移距离。一般来说，尺寸界线与所标注的图形之间有间隙，该间隙即为起点偏移量，即在【起点偏移量】微调框中所显示的数值，用户也可以把它设为另外一个值。
- 【固定长度的尺寸界线】：用于设置尺寸界线从尺寸线开始到标注原点的总长度。如图 6-107 所示为设定固定长度的尺寸界线前后的对比。无论是否设置了固定长度的尺寸界线，尺寸界线偏移都将设置从尺寸界线原点开始的最小偏移距离。

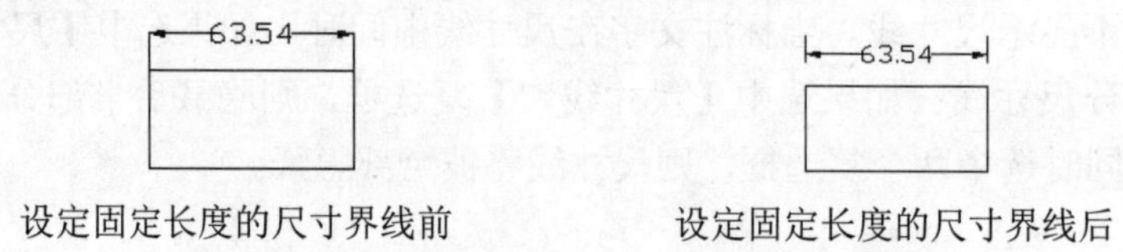


设定固定长度的尺寸界线前　设定固定长度的尺寸界线后

**图 6-107　设定固定长度的尺寸界线前后的对比**

### 2. 【符号和箭头】选项卡

【符号和箭头】选项卡用来设置箭头、圆心标记、折断标注、弧长符号、半径折弯标注和线性弯折标注的格式和位置。

单击【修改标注样式：Standard】对话框中的【符号和箭头】标签，切换到【符号和箭头】选项卡，如图 6-108 所示。

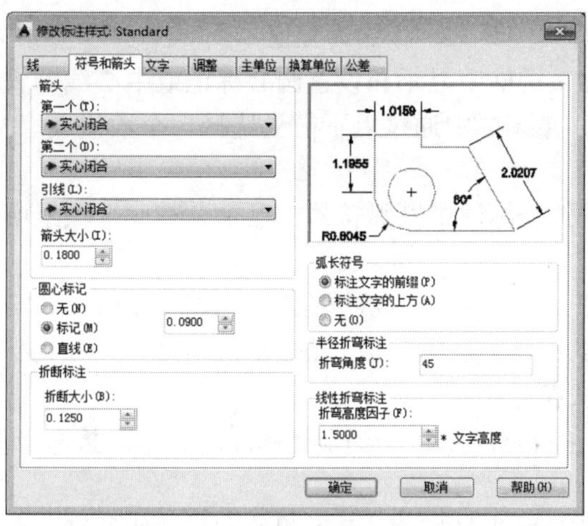


图 6-108　【符号和箭头】选项卡

此选项卡中各选项的内容如下。

(1) 【箭头】：控制标注箭头的外观。在此选项组中，AutoCAD 为用户提供了以下 4 个参数供用户设置。

- 【第一个】：用于设置第一条尺寸线的箭头。当改变第一个箭头的类型时，第二个箭头将自动改变以便同第一个箭头相匹配。
- 【第二个】：用于设置第二条尺寸线的箭头。
- 【引线】：用于设置引线尺寸标注的指引箭头类型。
  若用户要指定自己定义的箭头块，可分别选择上述三项下拉列表框中的【用户箭头】选项，则打开【选择自定义箭头块】对话框。用户可选择自己定义的箭头块的名称(该块必须在图形中)。
- 【箭头大小】：在此微调框中显示的是箭头的大小值，用户可以单击上下箭头选择相应的大小值，或直接在微调框中输入数值以确定箭头的大小值。

另外，利用 AutoCAD 2016 中的“翻转标注箭头”的功能，用户可以更改标注上每个箭头的方向，如图 6-109 所示。先选择要改变其方向的箭头，然后将光标移至箭头处，在打开的快捷菜单中单击【翻转箭头】命令。翻转后的箭头如图 6-110 所示。

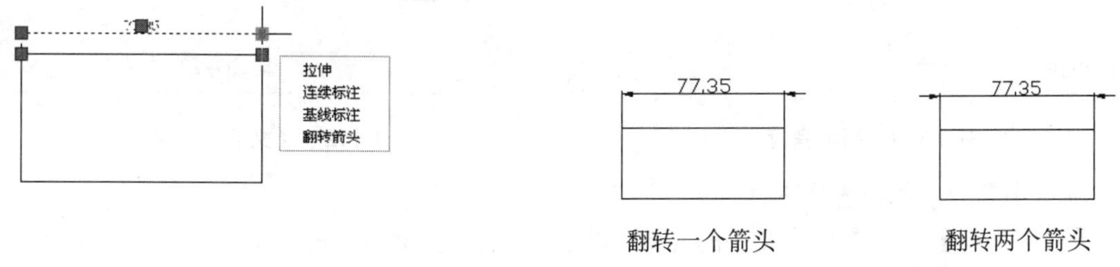


图 6-109　翻转箭头　　图 6-110　翻转后的箭头

(2) 【圆心标记】：控制直径标注和半径标注的圆心标记和中心线的外观。在此选项组中，AutoCAD 为用户提供了以下 4 个参数供用户设置。

- 【无】：不创建圆心标记或中心线，其存储值为 0。
- 【标记】：创建圆心标记，其大小存储为正值。

● 【直线】：创建中心线，其大小存储为负值。

(3) 【折断标注】：在此微调框中显示和设置圆心标记或中心线的大小。

用户可以在【折断大小】微调框中通过上下箭头选择一个数值或直接在微调框中输入相应的数值来表示圆心标记的大小。

(4) 【弧长符号】：控制弧长标注中圆弧符号的显示。在此选项组中，AutoCAD 为用户提供了以下 3 个参数供用户设置。

● 【标注文字的前缀】：将弧长符号放置在标注文字的前面。
● 【标注文字的上方】：将弧长符号放置在标注文字的上方。
● 【无】：不显示弧长符号。

(5) 【半径折弯标注】：控制折弯(Z 字形)半径标注的显示。折弯半径标注通常在中心点位于页面外部时创建。

【折弯角度】：用于确定连接半径标注的尺寸界线和尺寸线的横向直线的角度，如图 6-111 所示。

(6) 【线性折弯标注】：控制线性标注折弯的显示。

用户可以在【折弯高度因子】微调框中通过上下箭头选择一个数值或直接在微调框中输入相应的数值来表示文字高度的大小。

### 3. 【文字】选项卡

【文字】选项卡用来设置标注文字的外观、位置和对齐。

单击【修改标注样式：Standard】对话框中的【文字】标签，切换到【文字】选项卡，如图 6-112 所示。

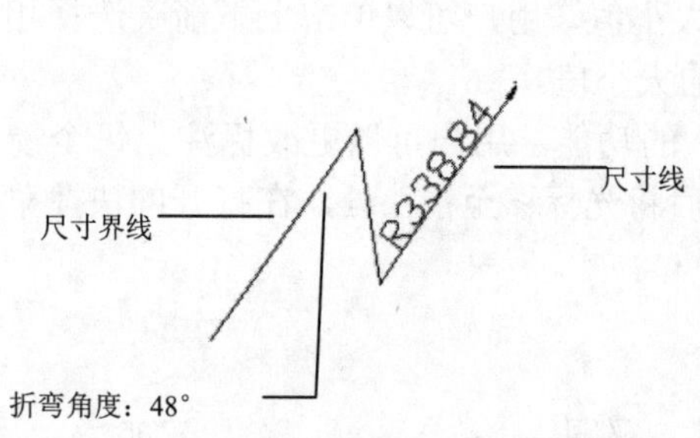


图 6-111 折弯角度

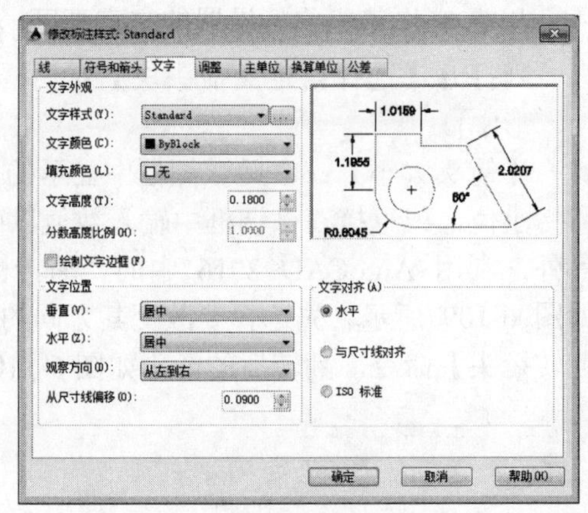


6-112 【文字】选项卡

此选项卡中各选项的内容如下。

(1) 【文字外观】：设置标注文字的样式、颜色和大小等属性。在此选项组中，AutoCAD 为用户提供了以下 6 个参数供用户设置。

● 【文字样式】：用于显示和设置当前标注文字的样式。用户可以从其下拉列表框中选择一种样式。若用户要创建和修改标注文字样式，可以单击下拉列表框旁边的【文字样式】按钮，打开【文字样式】对话框，如图 6-113 所示，从中进行标注文字样式的创建和修改。

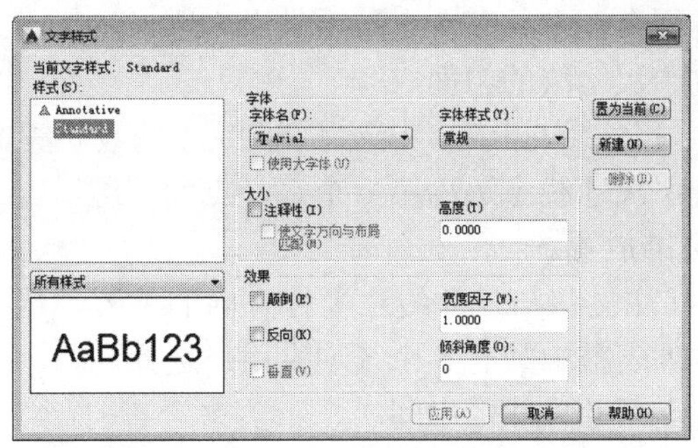


**图 6-113 【文字样式】对话框**

- 【文字颜色】：用于设置标注文字的颜色。用户可以选择其下拉列表框中的某种颜色作为标注文字的颜色，或在列表框中直接输入颜色名来获得标注文字的颜色。如果单击其下拉列表框中的【选择颜色】选项，则会打开【选择颜色】对话框，用户可以从 288 种 AutoCAD 颜色索引(ACI)颜色、真彩色和配色系统颜色中选择颜色。
- 【填充颜色】：用于设置标注文字背景的颜色。用户可以选择其下拉列表框中的某种颜色作为标注文字背景的颜色，或在列表框中直接输入颜色名来获得标注文字背景的颜色。如果单击其下拉列表框中的【选择颜色】选项，则会打开【选择颜色】对话框，用户可以从 288 种 AutoCAD 颜色索引(ACI)颜色、真彩色和配色系统颜色中选择颜色。
- 【文字高度】：用于设置当前标注文字样式的高度。用户可以直接在文本框中输入需要的数值。如果用户在【文字样式】选项中将文字高度设置为固定值(即文字样式高度大于 0)，则该高度将替代此处设置的文字高度。如果要使用在【文字】选项卡中设置的高度，必须确保【文字样式】中的文字高度设置为 0。
- 【分数高度比例】：用于设置相对于标注文字的分数比例在公差标注中，当公差样式有效时可以设置公差的上下偏差文字与公差的尺寸高度的比例值。另外，只有在【主单位】选项卡中选择【分数】作为【单位格式】时，此选项才可应用。在此微调框中输入的值乘以文字高度，可确定标注分数相对于标注文字的高度。
- 【绘制文字边框】：某种特殊的尺寸需要使用文字边框，例如基本公差。如果选择此选项将在标注文字周围绘制一个边框。如图 6-114 所示为有文字边框和无文字边框的尺寸标注效果。

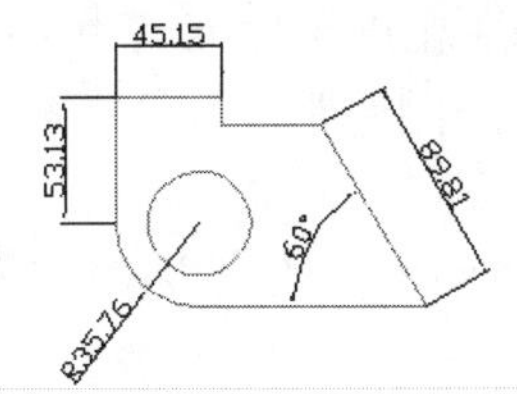


无文字边框的尺寸标注

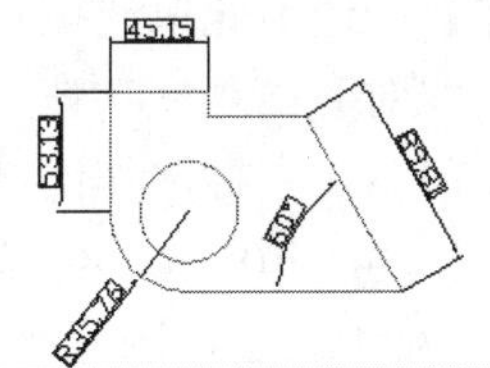


有文字边框的尺寸标注

**图 6-114 有无文字边框尺寸标注的比较**

(2) 【文字位置】：用于设置标注文字的位置。在此选项组中，AutoCAD 为用户提供了以下 4 个参数供用户设置。

① 【垂直】：用来调整标注文字与尺寸线在垂直方向的位置。用户可以在此下拉列表框中选择

当前的垂直对齐位置。此下拉列表框中共有 4 个选项供用户选择。

- 【置中】：将文本置于尺寸线的中间。
- 【上方】：将文本置于尺寸线的上方。从尺寸线到文本的最低基线的距离就是当前的文字间距。
- 【外部】：将文本置于尺寸线上远离第一个定义点的一边。
- JIS：按日本工业的标准放置。

② 【水平】：用来调整标注文字与尺寸线在平行方向的位置。用户可以在此下拉列表框中选择当前的水平对齐位置。此下拉列表框中共有 5 个选项供用户选择。

- 【居中】：将文本置于尺寸界线的中间。
- 【第一条尺寸界线】：将标注文字沿尺寸线与第一条尺寸界线左对正。尺寸界线与标注文字的距离是箭头大小加上文字间距之和的两倍。
- 【第二条尺寸界线】：将标注文字沿尺寸线与第二条尺寸界线右对正。尺寸界线与标注文字的距离是箭头大小加上文字间距之和的两倍。
- 【第一条尺寸界线上方】：沿第一条尺寸界线放置标注文字或将标注文字放置在第一条尺寸界线之上。
- 【第二条尺寸界线上方】：沿第二条尺寸界线放置标注文字或将标注文字放置在第二条尺寸界线之上。

③ 【观察方向】：用于控制标注文字的观察方向。该下拉列表框中包括以下选项。

- 【从左到右】：按从左到右阅读的方式放置文字。
- 【从右到左】：按从右到左阅读的方式放置文字。

④ 【从尺寸线偏移】：用于调整标注文字与尺寸线之间的距离，即文字间距。此值也可用作尺寸线段所需的最小长度。

另外，只有当生成的线段至少与文字间隔同样长时，才会将文字放置在尺寸界线内侧。当箭头、标注文字以及页边距有足够的空间容纳文字间距时，才会将尺寸线上方或下方的文字置于内侧。

(3) 【文字对齐】：用于控制标注文字放在尺寸界线外边或里边时的方向是保持水平还是与尺寸界线平行。在此选项组中，AutoCAD 为用户提供了以下 3 个参数供用户设置。

- 【水平】：选中此单选按钮表示无论尺寸标注为何种角度，它的标注文字总是水平的。
- 【与尺寸线对齐】：选中此单选按钮表示尺寸标注为何种角度，它的标注文字即为何种角度，文字方向总是与尺寸线平行。
- 【ISO 标准】：选中此单选按钮表示标注文字方向遵循 ISO 标准。当文字在尺寸界线内时，文字与尺寸线对齐；当文字在尺寸界线外时，文字水平排列。

国家制图标准专门对文字标注作出规定，其主要内容如下。

字体的号数有 20、14、10、7、8、3.8、2.8 7 种，其号数即为字的高度(单位为 mm)。字的宽度约等于字体高度的 2/3。对于汉字，因笔画较多，不宜采用 2.8 号字。

文字中的汉字应采用长仿宋体。拉丁字母分大、小写两种，而这两种字母又可分别写成直体(正体)和斜体形式。斜体字的字头向右侧倾斜，与水平线约成 78°。阿拉伯数字也有直体和斜体两种形式。斜体数字与水平线也成 78°。实际标注中，有时需要将汉字、字母和数字组合起来使用。例如，标注“6-M8 深 18”时，就用到了汉字、字母和数字。

以上简要介绍了国家制图标准对文字标注要求的主要内容。其详细要求请参考相应的国家制图标准。下面介绍如何为 AutoCAD 创建符合国标要求的文字样式。

要创建符合国家要求的文字样式，关键是要有相应的字库。AutoCAD 支持 TRUETYPE 字体，如果用户的计算机中已安装 TRUETYPE 形式的长仿宋体，按前面创建 STHZ 文字样式的方法创建相应文字样式，即可标注出长仿宋体字。此外，用户也可以采用宋体或仿宋体字体作为近似字体，但此时要设置合适的宽度比例。

#### 4. 【调整】选项卡

【调整】选项卡用来设置标注文字、箭头、引线和尺寸线的放置位置。

单击【修改标注样式：Standard】对话框中的【调整】标签，切换到【调整】选项卡，如图 6-115 所示。

此选项卡中各选项的内容如下。

(1) 【调整选项】：用于在特殊情况下调整尺寸的某个要素的最佳表现方式。在此选项组中，AutoCAD 为用户提供了以下 6 个参数供用户设置。

- 【文字或箭头(最佳效果)】：选中此单选按钮表示 AutoCAD 会自动选取最优的效果，当没有足够的空间放置文字和箭头时，AutoCAD 会自动把文字或箭头移出尺寸界线。

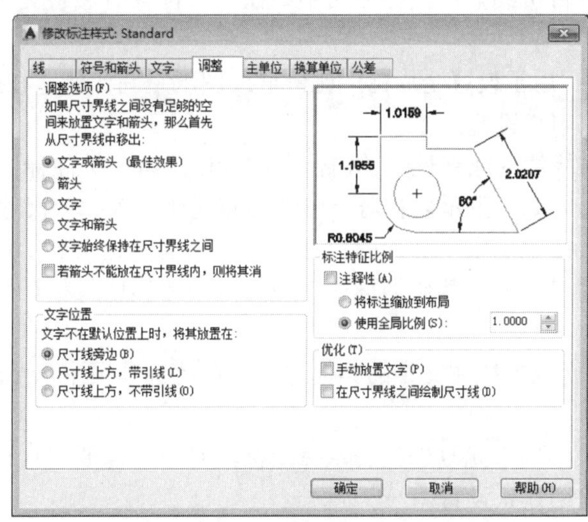


图 6-115 【调整】选项卡

- 【箭头】：选中此单选按钮表示在尺寸界线之间如果没有足够的空间放置文字和箭头时，将首先把箭头移出尺寸界线。
- 【文字】：选中此单选按钮表示在尺寸界线之间如果没有足够的空间放置文字和箭头时，将首先把文字移出尺寸界线。
- 【文字和箭头】：选中此单选按钮表示在尺寸界线之间如果没有足够的空间放置文字和箭头时，将会把文字和箭头同时移出尺寸界线。
- 【文字始终保持在尺寸界线之间】：选中此单选按钮表示在尺寸界线之间如果没有足够的空间放置文字和箭头时，文字将始终留在尺寸界线内。
- 【若箭头不能放在尺寸界线内，则将其消除】：选中此复选框，表示当文字和箭头在尺寸界线放置不下时，则消除箭头，即不画箭头，如图 6-116 所示的 R11.17 的半径标注为选中此复选框前后的对比。

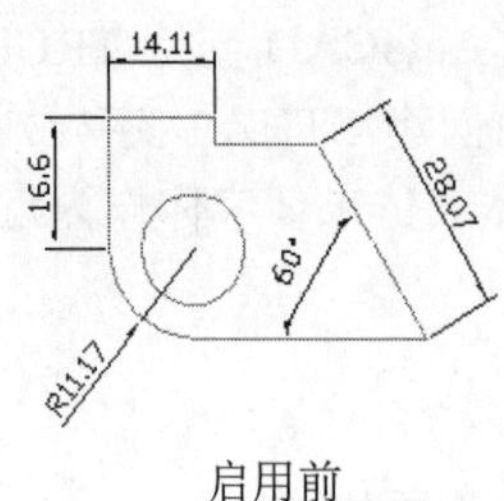


启用前

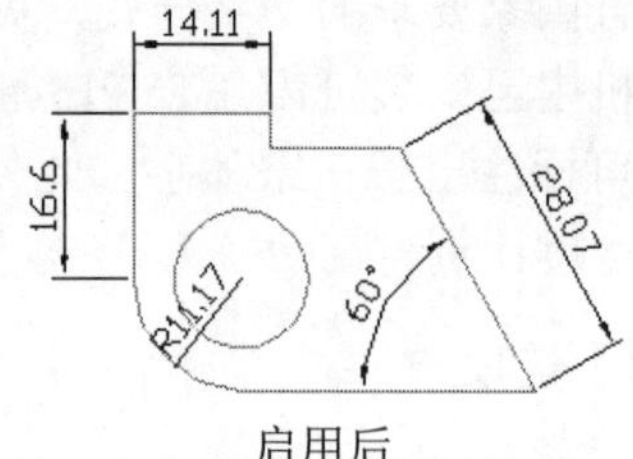


启用后

图 6-116　选中【若箭头不能放在尺寸界线内，则将其消除】复选框前后的对比

(2) 【文字位置】：用于设置标注文字从默认位置(由标注样式定义的位置)移动时标注文字的位置。在此选项组中，AutoCAD 为用户提供了以下 3 个参数供用户设置。

- 【尺寸线旁边】：当标注文字不在默认位置时，将文字标注在尺寸线旁。这是默认的选项。
- 【尺寸线上方，带引线】：当标注文字不在默认位置时，将文字标注在尺寸线的上方，并加一条引线。
- 【尺寸线上方，不带引线】：当标注文字不在默认位置时，将文字标注在尺寸线的上方，不加引线。

(3) 【标注特征比例】：用于设置全局标注比例值或图纸空间比例。在此选项组中，AutoCAD 为用户提供了以下 3 个参数供用户设置。

- 【注释性】：指定标注为注释性。单击信息图标以了解有关注释性对象的详细信息。
- 【将标注缩放到布局】：表示以相对于图纸的布局比例来缩放尺寸标注。
- 【使用全局比例】：表示整个图形的尺寸比例，比例值越大表示尺寸标注的字体越大。选中此单选按钮后，用户可以在其微调框中选择某一个比例或直接在微调框中输入一个数值表示全局的比例。

(4) 【优化】：提供用于放置标注文字的其他选项。在此选项组中，AutoCAD 为用户提供了以下两个参数供用户设置。

- 【手动放置文字】：选中此复选框表示每次标注时总是需要用户设置放置文字的位置，反之则在标注文字时使用默认设置。
- 【在尺寸界线之间放置尺寸线】：选中该复选框表示当尺寸界线距离比较近时，在界线之间也要绘制尺寸线，反之则不绘制。

### 5. 【主单位】选项卡

【主单位】选项卡用来设置主标注单位的格式和精度，并设置标注文字的前缀和后缀。

单击【修改标注样式：Standard】对话框中的【主单位】标签，切换到【主单位】选项卡，如图 6-117 所示。

此选项卡中各选项的内容如下。

(1) 【线性标注】：用于设置线性标注的格式和精度。在此选项组中，AutoCAD 为用户提供了以下 9 个参数供用户设置。

- 【单位格式】：设置除角度之外的所有尺寸标注类型的当前单位格式。其中的选项共有 6 项，它们是【科学、【小数】、【工程】、【建筑】、【分数】和【Windows 桌面】。
- 【精度】：设置尺寸标注的精度。用户可以在其下拉列表框中选择某一项作为标注精度。

- 【分数格式】：设置分数的表现格式。此选项只有当【单位格式】设置为【分数】时才有效，它包括【水平】、【对角】、【非堆叠】3 项。
- 【小数分隔符】：设置用于十进制格式的分隔符。此选项只有当【单位格式】设置为【小数】时才有效，它包括【“.”(句点)】、【“,”(逗号)】、【“ ”(空格)】3 项。
- 【舍入】：设置四舍五入的位数及具体数值。用户可以在其微调框中直接输入相应的数值来设置。如果输入 0.28，则所有标注距离都以 0.28 为单位进行舍入；如果输入 1.0，则所有标注距离都将舍入为最接近的整数。小数点后显示的位数取决于精度设置。
- 【前缀】：在此文本框中用户可以为标注文字输入一定的前缀，可以输入文字或使用控制代码显示特殊符号。如图 6-118 所示，在【前缀】文本框中输入“%%C”后，标注文字前加表示直径的前缀“$\phi$”号。
- 【后缀】：在此文本框中用户可以为标注文字输入一定的后缀，可以输入文字或使用控制代码显示特殊符号。如图 6-119 所示，在【后缀】文本框中输入“cm”后，标注文字后加后缀 cm。

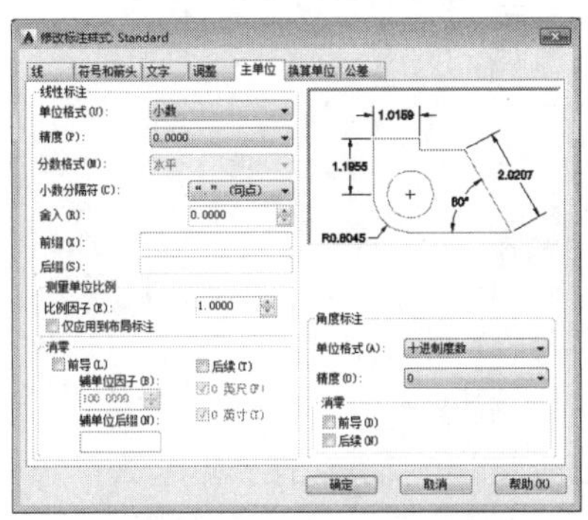

图 6-117 【主单位】选项卡

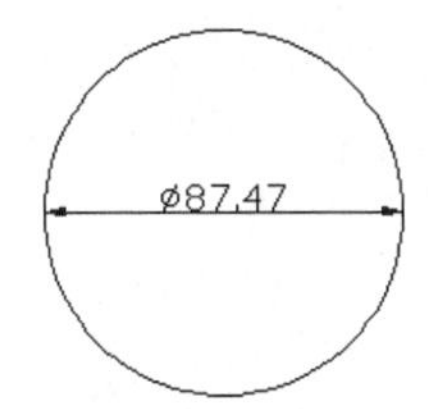


图 6-118 加入前缀%%C 的尺寸标注

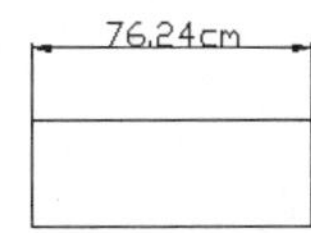


图 6-119 加入后缀 cm 的尺寸标注

> **提示：** 当输入前缀或后缀时，输入的前缀或后缀将覆盖在直径和半径等标注中使用的任何默认前缀或后缀。如果指定了公差，前缀或后缀将添加到公差和主标注中。

- 【测量单位比例】：定义线性比例选项，主要应用于传统图形。

  用户可以通过在【比例因子】微调框中输入相应的数字表示设置比例因子。但是建议不要更改此值的默认值 1.00。例如，如果输入 2，则 1 英寸直线的尺寸将显示为 2 英寸。该值不应用到角度标注，也不应用到舍入值或者正负公差值。

  用户也可以选中【仅应用到布局标注】复选框或不选中使设置应用到整个图形文件中。
- 【消零】：用来控制不输出前导零、后续零以及零英尺、零英寸部分，即在标注文字中不显示前导零、后续零以及零英尺、零英寸部分。

(2) 【角度标注】：用于显示和设置角度标注的当前角度格式。在此选项组中，AutoCAD 为用户提供了以下 3 个参数供用户设置。

- 【单位格式】：设置角度单位的格式。其中的选项共有 4 项，它们是【十进制度数】、【度/分/秒】、【百分度】和【弧度】。
- 【精度】：设置角度标注的精度。用户可以在其下拉列表框中选择某一项作为标注精度。
- 【消零】：用来控制不输出前导零、后续零，即在标注文字中不显示前导零、后续零。

6. 【换算单位】选项卡

【换算单位】选项卡用来设置标注测量值中换算单位的显示并设置其格式和精度。

单击【修改标注样式：Standard】对话框中的【换算单位】标签，切换到【换算单位】选项卡，如图 6-120 所示。

此选项卡中各选项的内容如下。

(1)【显示换算单位】：用于向标注文字添加换算测量单位。只有当用户选中此复选框时，【换算单位】选项卡的所有选项才有效；否则即为无效，即在尺寸标注中换算单位无效。

(2)【换算单位】：用于显示和设置角度标注的当前角度格式。在此选项组中，AutoCAD 为用户提供了以下 6 个参数供用户设置。

- 【单位格式】：设置换算单位的格式。此项与主单位的单位格式设置相同。
- 【精度】：设置换算单位的尺寸精度。此项与主单位的精度设置相同。

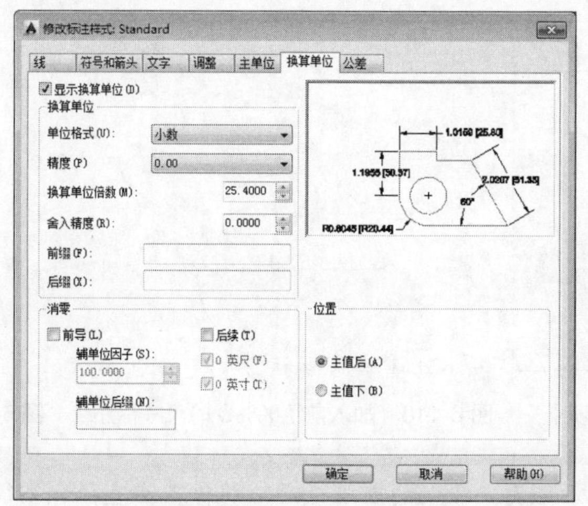


图 6-120 【换算单位】选项卡

- 【换算单位倍数】：设置换算单位之间的比例，用户可以指定一个乘数，作为主单位和换算单位之间的换算因子使用。例如，要将英寸转换为毫米，则输入 28.4。此值对角度标注没有影响，而且不会应用于舍入值或者正负公差值。
- 【舍入精度】：设置四舍五入的位数及具体数值。如果输入 0.28，则所有标注测量值都以 0.28 为单位进行舍入；如果输入 1.0，则所有标注测量值都将舍入为最接近的整数。小数点后显示的位数取决于精度设置。
- 【前缀】：在此文本框中用户可以为尺寸换算单位输入一定的前缀，可以输入文字或使用控制代码显示特殊符号。如图 6-121 所示，在【前缀】文本框中输入“%%C”后，换算单位前加表示直径的前缀“$\phi$”号。
- 【后缀】：在此文本框中用户可以为尺寸换算单位输入一定的后缀，可以输入文字或使用控制代码显示特殊符号。如图 6-122 所示，在【后缀】文本框中输入“cm”后，换算单位后加后缀 cm。

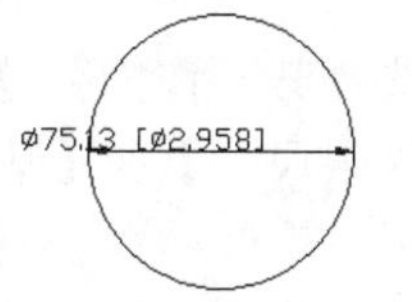


图 6-121　加入前缀的换算单位示意图

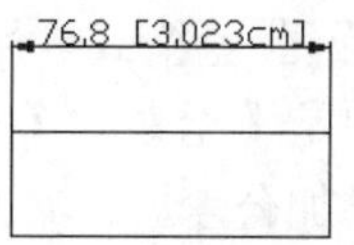


图 6-122　加入后缀的换算单位示意图

(3) 【消零】：用来控制不输出前导零、后续零以及零英尺、零英寸部分，即在换算单位中不显示前导零、后续零以及零英尺、零英寸部分。

(4) 【位置】：用于设置标注文字中换算单位的放置位置。在此选项组中，有以下两个单选按钮。

- 【主值后】：选中此单选按钮表示将换算单位放在标注文字中的主单位之后。
- 【主值下】：选中此单选按钮表示将换算单位放在标注文字中的主单位下面。

如图 6-123 所示为换算单位放置在主单位之后和主单位下面的尺寸标注对比。

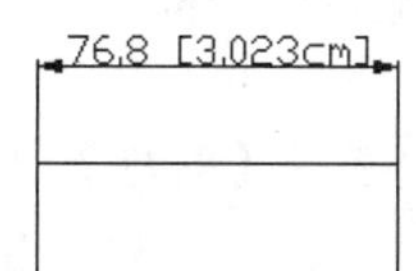


将换算单位放置主单位之后的尺寸标注

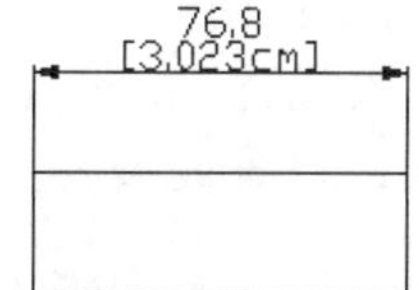


将换算单位放置主单位下面的尺寸标注

图 6-123　换算单位放置在主单位之后和主单位下面的尺寸标注

### 7. 【公差】选项卡

【公差】选项卡用来设置公差格式及换算公差等。

单击【修改标注样式：Standard】对话框中的【公差】标签，切换到【公差】选项卡，如图 6-124 所示。

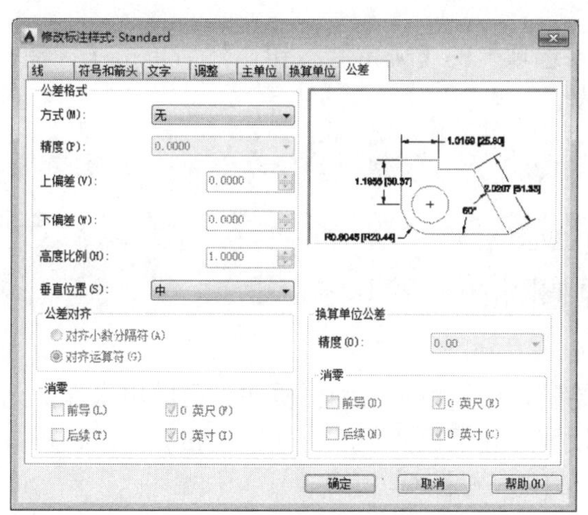


图 6-124　【公差】选项卡

此选项卡中各选项的内容如下。

(1) 【公差格式】：用于设置标注文字中公差的格式及显示。在此选项组中，AutoCAD 为用户提供了以下 8 个参数供用户设置。

① 【方式】：设置公差格式。用户可以在其下拉列表框中选择其一作为公差的标注格式。其中的选项共有 5 项，它们是【无】、【对称】、【极限偏差】、【极限尺寸】和【基本尺寸】。

- 【无】：不添加公差。
- 【对称】：添加公差的正/负表达式，其中一个偏差量的值应用于标注测量值。标注后面将显示加号或减号。在【上偏差】文本框中输入公差值。
- 【极限偏差】：添加正/负公差表达式。不同的正公差和负公差值将应用于标注测量值。 在【上偏差】中输入的公差值前面将显示正号(+)。在【下偏差】中输入的公差值前面将显示负号(−)。
- 【极限尺寸】：创建极限标注。 在此类标注中，将显示一个最大值和一个最小值，一个在上，另一个在下。最大值等于标注值加上在【上偏差】中输入的值。最小值等于标注值减去在【下偏差】中输入的值。
- 【基本尺寸】：创建基本标注，这将在整个标注范围周围显示一个框。

② 【精度】：设置公差的小数位数。

③ 【上偏差】：设置最大公差或上偏差。如果在【方式】中选择【对称】选项，则此项数值将用于公差。

④ 【下偏差】：设置最小公差或下偏差。

⑤ 【高度比例】：设置公差文字的当前高度。

⑥ 【垂直位置】：设置对称公差和极限公差的文字对正。

⑦ 【公差对齐】：对齐小数分隔符或运算符。

⑧ 【消零】：用来控制不输出前导零、后续零以及零英尺、零英寸部分，即在公差中不显示前导零、后续零以及零英尺、零英寸部分。

(2) 【换算单位公差】：用于设置换算公差单位的格式。此选项中的【精度】、【消零】的设置与前面的设置相同。

设置各选项后，单击任一选项卡的【确定】按钮，然后单击【标注样式管理器：Standard】对话框中的【关闭】按钮即完成设置。

## 课后练习

案例文件： ywj\06\03.dwg

视频文件： 光盘\视频课堂\第 6 教学日\6.4

练习案例分析及步骤如下。

本节课后练习电气柜的绘制，电气柜是由钢材质加工而成用来保护元器件正常工作的柜子。电气柜制作材料一般分为热轧钢板和冷轧钢板两种。冷轧钢板相对热轧钢板材质更柔软，更适合电气柜的制作。如图 6-125 所示是完成的电气柜图纸。

本节案例主要练习电气柜图纸的创建，绘制从柜体开始，之后绘制内部元件，并绘制侧视图，最后进行尺寸标注。绘制电气柜的思路和步骤如图 6-126 所示。

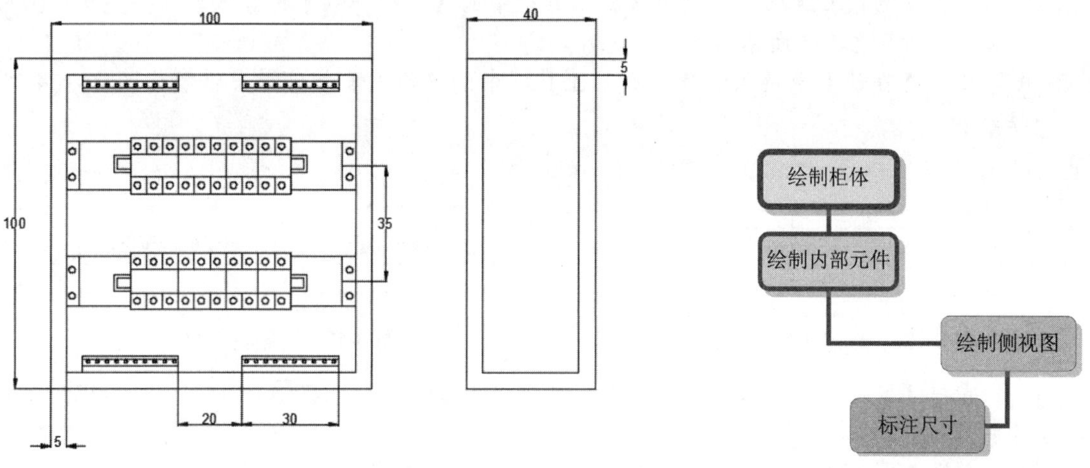


图 6-125　电气柜图纸　　　　图 6-126　电气柜图纸创建步骤

练习案例的操作步骤如下。

step 01 绘制柜体，单击【默认】选项卡的【绘图】工具栏中的【矩形】按钮，绘制尺寸为100×100的矩形，如图6-127所示。

step 02 单击【默认】选项卡的【修改】工具栏中的【偏移】按钮，设置偏移距离为5，偏移矩形，如图6-128所示。

step 03 开始绘制内部元件，单击【默认】选项卡的【绘图】工具栏中的【矩形】按钮，绘制尺寸为5×30的矩形，如图6-129所示。

图 6-127　绘制尺寸为 100×100 的矩形　　图 6-128　偏移矩形　　图-129　绘制尺寸为 5×30 的矩形

step 04 单击【默认】选项卡的【绘图】工具栏中的【直线】按钮，绘制如图6-130所示的水平线。

step 05 单击【默认】选项卡的【绘图】工具栏中的【矩形】按钮，绘制尺寸为1×1的矩形，如图6-131所示。

step 06 单击【默认】选项卡的【绘图】工具栏中的【圆】按钮，绘制半径为0.5的圆，如图6-132所示。

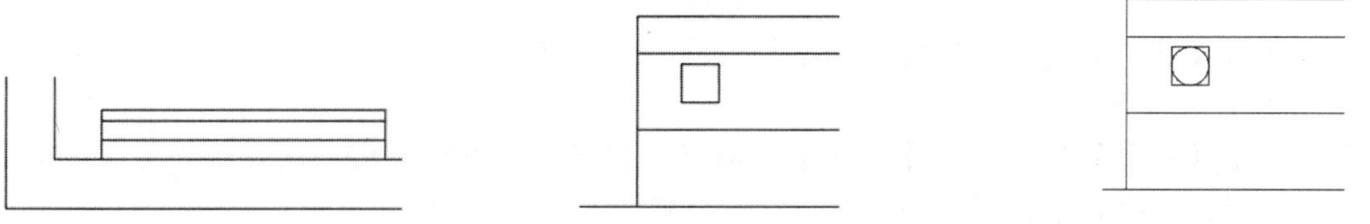

图 6-130　绘制水平线　　图 6-131　绘制尺寸为 1×1 的矩形　　图 6-132　绘制半径为 0.5 的圆

step 07 单击【默认】选项卡的【修改】工具栏中的【矩形阵列】按钮，选择矩形和圆形，创建阵列，如图 6-133 所示。

step 08 单击【默认】选项卡的【修改】工具栏中的【镜像】按钮，镜像如图 6-134 所示的接线柱。

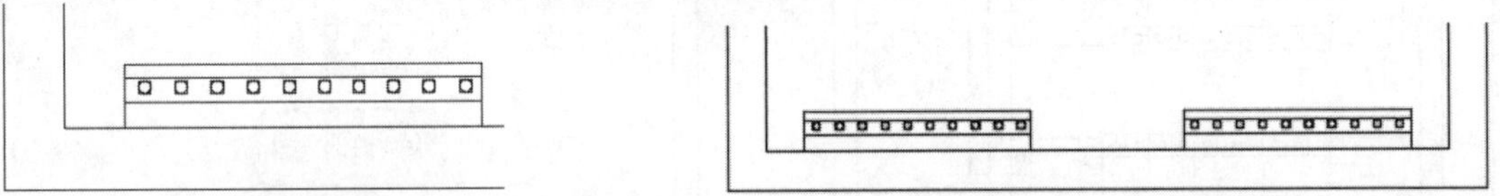

图 6-133　创建阵列

图 6-134　镜像接线柱

step 09 单击【默认】选项卡的【修改】工具栏中的【镜像】按钮，镜像如图 6-135 所示的 4 个接线柱。

step 10 单击【默认】选项卡的【绘图】工具栏中的【直线】按钮，绘制如图 6-136 所示的水平线。

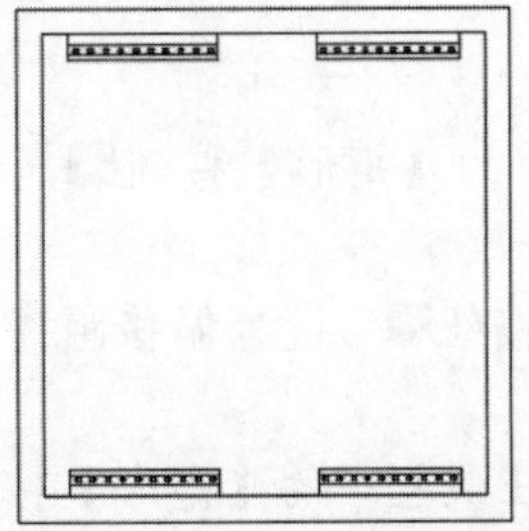

图 6-135　镜像 4 个接线柱

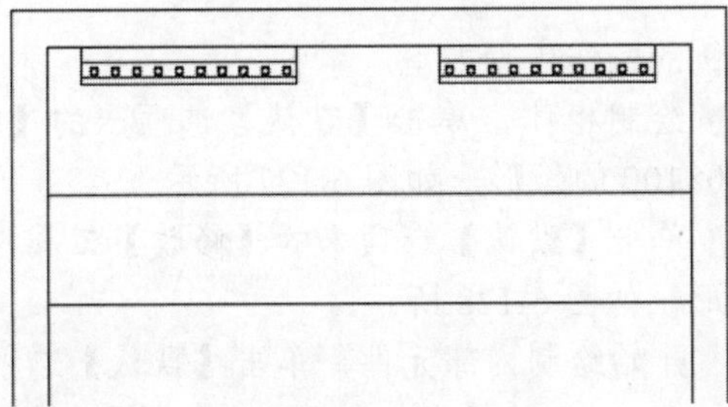

图 6-136　绘制水平线

step 11 单击【默认】选项卡的【绘图】工具栏中的【直线】按钮，绘制如图 6-137 所示的垂线。

step 12 单击【默认】选项卡的【绘图】工具栏中的【圆】按钮，绘制半径为 1 的圆，如图 6-138 所示。

step 13 单击【默认】选项卡的【绘图】工具栏中的【矩形】按钮，绘制尺寸为 50×17 的矩形，如图 6-139 所示。

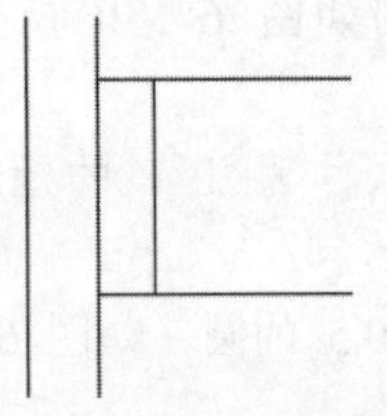

图 6-137　绘制垂线

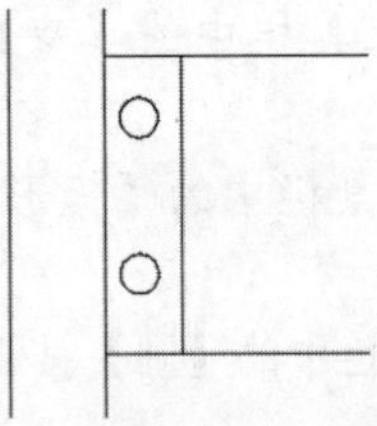

图 6-138　绘制半径为 1 的圆

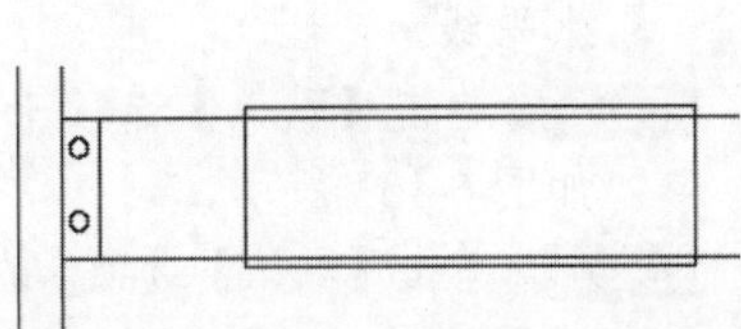

图 6-139　绘制尺寸为 50×17 的矩形

step 14 单击【默认】选项卡的【绘图】工具栏中的【矩形】按钮，绘制尺寸为 60×5 的矩形，如图 6-140 所示。

step 15 单击【默认】选项卡的【修改】工具栏中的【偏移】按钮，选择尺寸为 60×5 的矩形，设置偏移距离为 1，偏移矩形，如图 6-141 所示。

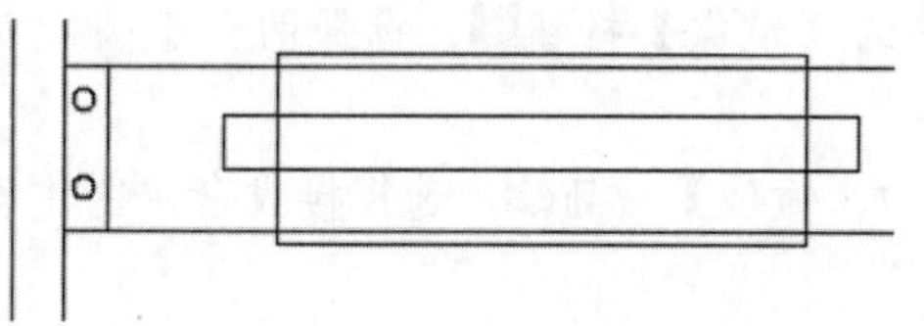

图 6-140　绘制尺寸为 60×5 的矩形

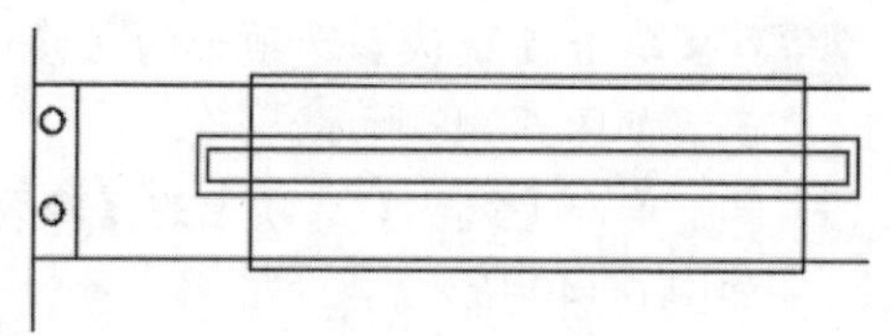

图 6-141　偏移矩形

step 16 单击【默认】选项卡的【修改】工具栏中的【修剪】按钮，快速修剪矩形，如图 6-142 所示。

step 17 单击【默认】选项卡的【绘图】工具栏中的【矩形】按钮，绘制尺寸为 5×5 的矩形，如图 6-143 所示。

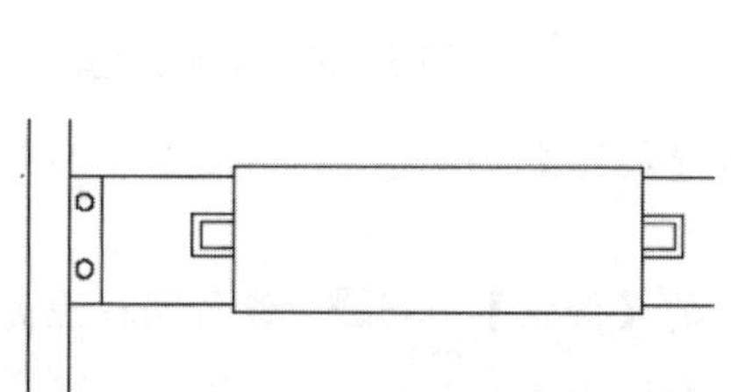

图 6-142　修剪矩形

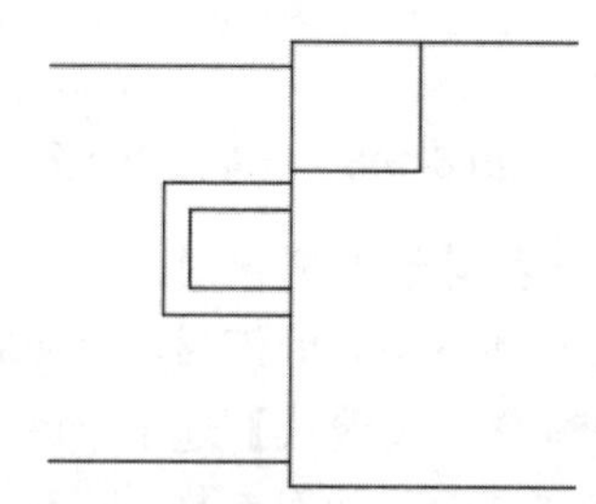

图 6-143　绘制尺寸为 5×5 的矩形

step 18 单击【默认】选项卡的【绘图】工具栏中的【圆】按钮，绘制半径为 1 的圆，如图 6-144 所示。

step 19 单击【默认】选项卡的【修改】工具栏中的【矩形阵列】按钮，选择圆形和矩形，创建阵列，如图 6-145 所示。

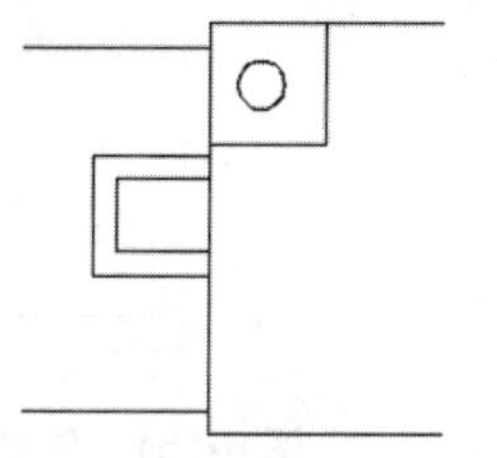

图 6-144　绘制半径为 1 的圆

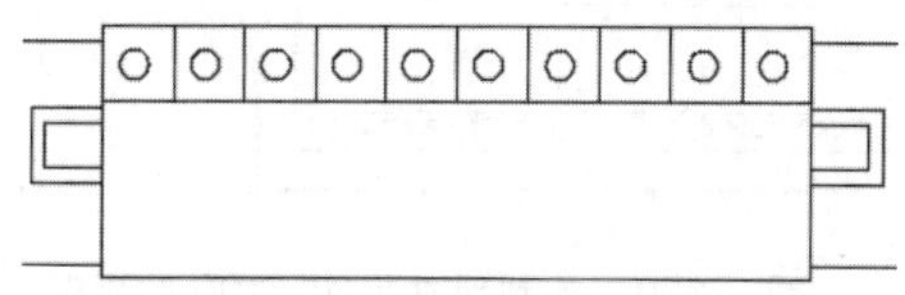

图 6-145　创建阵列

step 20 单击【默认】选项卡的【修改】工具栏中的【镜像】按钮，选择矩形和圆形，完成镜像，如图 6-146 所示。

step 21 单击【默认】选项卡的【绘图】工具栏中的【直线】按钮，绘制如图 6-147 所示的垂线。

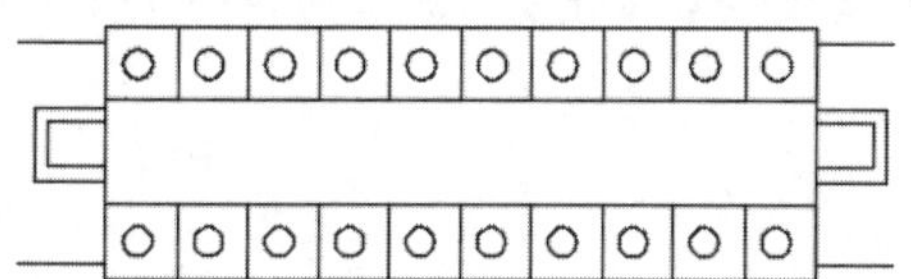

图 6-146　镜像矩形和圆形

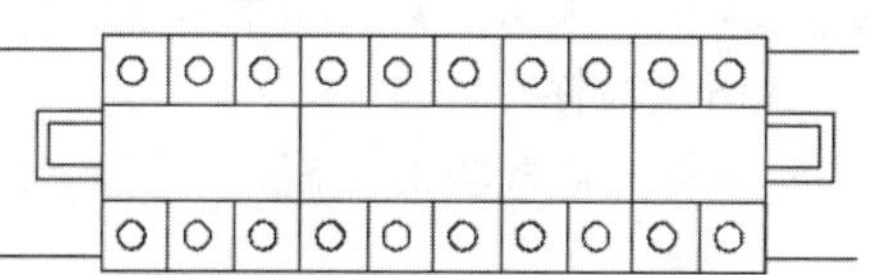

图 6-147　绘制垂线

step 22 单击【默认】选项卡的【修改】工具栏中的【镜像】按钮，选择两个小圆，创建镜像，如图 6-148 所示。

step 23 单击【默认】选项卡的【修改】工具栏中的【镜像】按钮，选择接线盒，创建镜像，如图 6-149 所示。

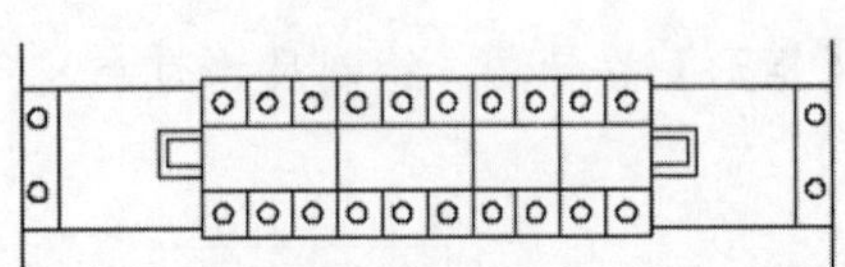

图 6-148 镜像两个小圆

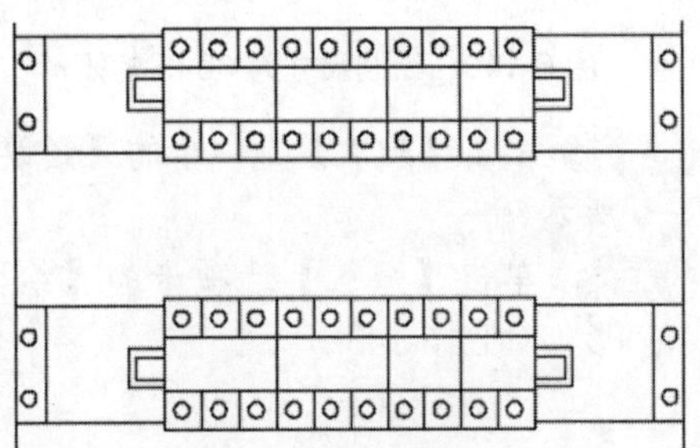

图 6-149 镜像接线盒

step 24 接着绘制侧视图，单击【默认】选项卡的【绘图】工具栏中的【矩形】按钮，绘制尺寸为 40×100 的矩形，如图 6-150 所示。

step 25 单击【默认】选项卡的【修改】工具栏中的【偏移】按钮，设置偏移距离为 5，创建偏移矩形，如图 6-151 所示。

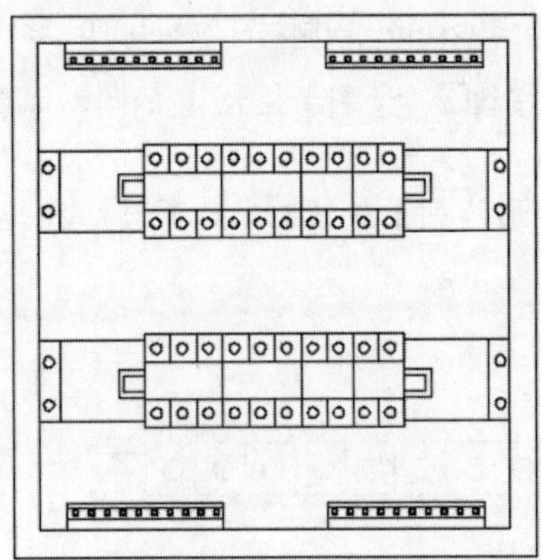

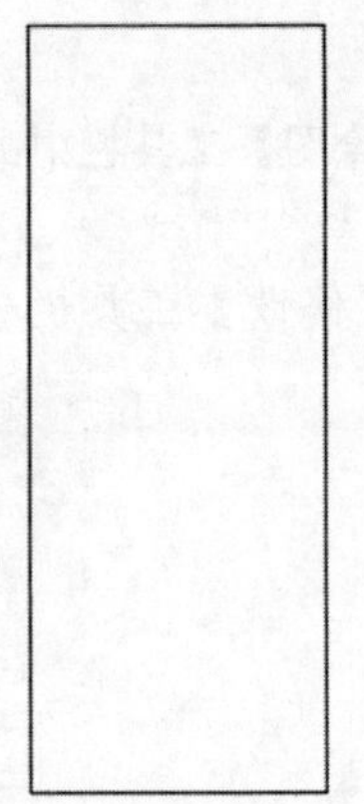

图 6-150 绘制尺寸为 40×100 的矩形

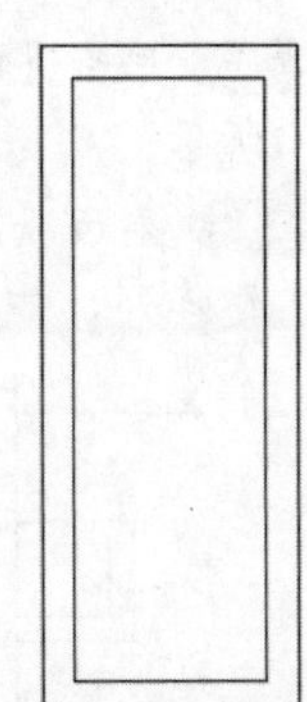

图 6-151 创建偏移矩形

step 26 单击【默认】选项卡的【注释】工具栏中的【线性】按钮，添加如图 6-152 所示的柜子线性标注。

step 27 单击【默认】选项卡的【注释】工具栏中的【线性】按钮，添加如图 6-153 所示的元件线性标注。

step 28 单击【默认】选项卡的【注释】工具栏中的【线性】按钮，添加如图 6-154 所示的侧视图线性标注。

step 29 完成电气柜的绘制，如图 6-155 所示。

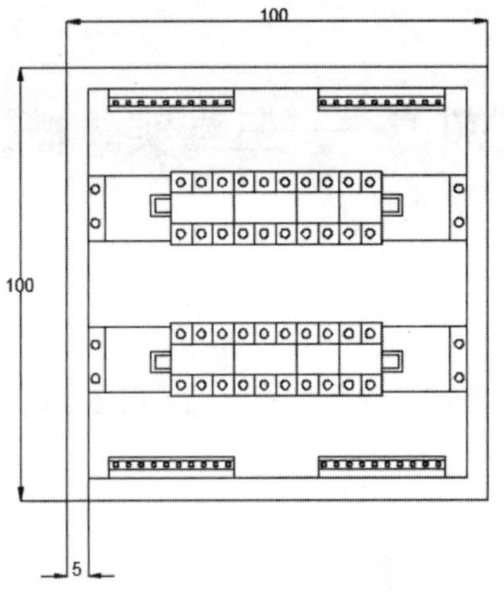


图 6-152　添加柜子标注

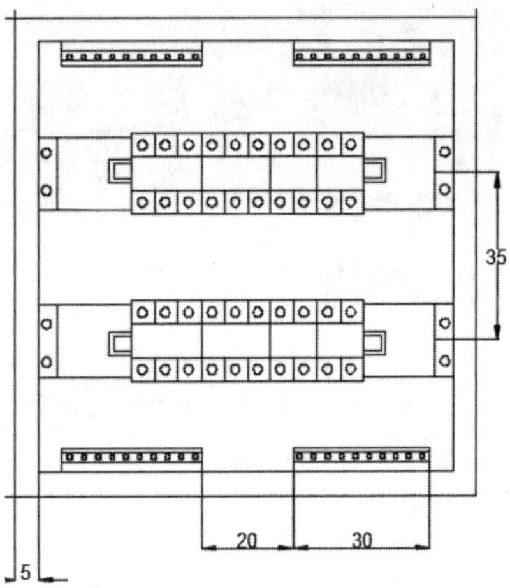

图 6-153　添加元件标注

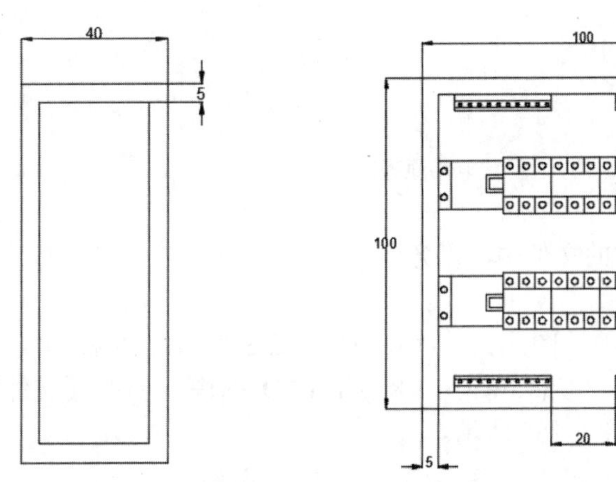


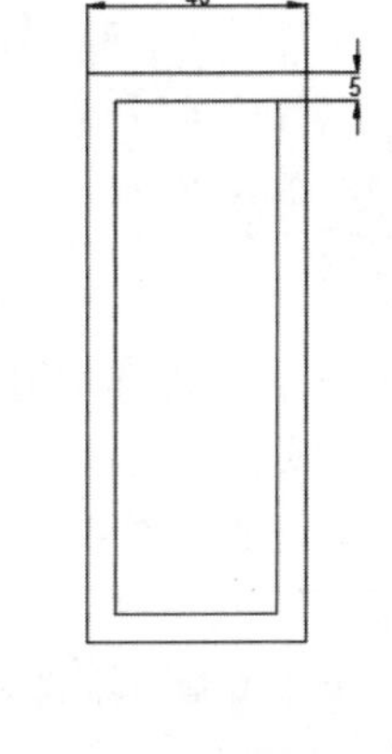


图 6-154　添加侧视图标注

图 6-155　完成电气柜绘制

**电气设计实践：**电子工程的应用形式涵盖了电动设备以及运用了控制技术、测量技术、调整技术、计算机技术，直至信息技术的各种电动开关。电子工程的主要研究领域为电路与系统、通信、电磁场与微波技术以及数字信号处理等。如图 6-156 所示是自激式开关电路，进行文字标注。

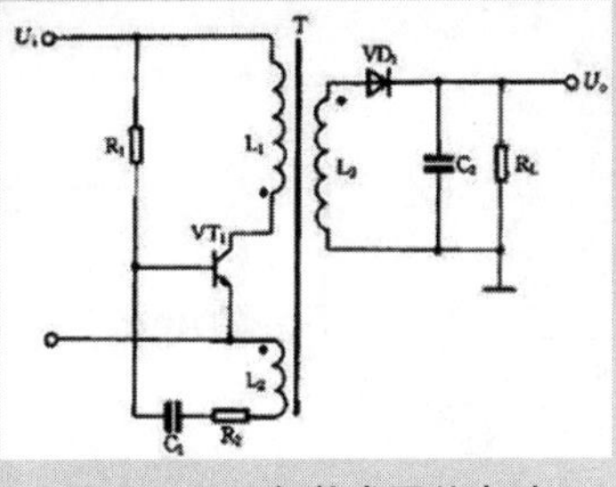


图 6-156　自激式开关电路

## 6.5.1 图形输出

**行业知识链接：**电路图绘制完成后，进行交流的时候通常进行图形输出。如图 6-157 所示是一个反激电路原理图，设置打印属性，进行图纸输出。

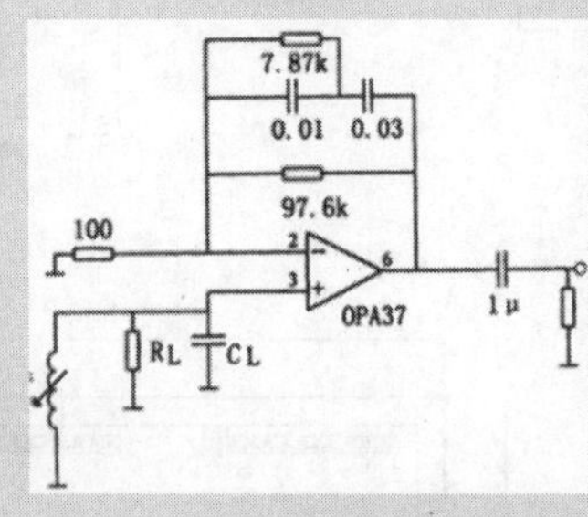


图 6-157　反激电路原理图

AutoCAD 可以将图形输出到各种格式的文件中，以方便用户将 AutoCAD 中绘制好的图形文件在其他软件中继续进行编辑或修改。

输出的文件类型有：三维 DWF(*.dwf)、图元文件(*.wmf)、ACIS(*.sat)、平板印刷(*.stl)、封装 PS(*.eps)、DXX 提取(*.dxx)、位图(*.bmp)、块(*.dwg)、V8 DGN(*.DGN)等。选择【文件】|【输出】菜单命令，打开【输出数据】对话框，如图 6-158 所示。

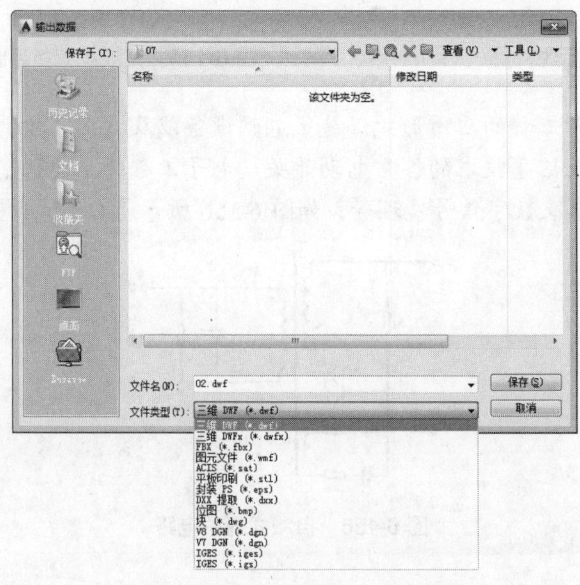


图 6-158　【输出数据】对话框

下面将介绍部分文件格式的概念。

1．三维 DWF(*.dwf)

可以生成三维模型的 DWF 文件，它的视觉逼真度几乎与原始 DWG 文件相同。可以创建一个单页或多页 DWF 文件，该文件可以包含二维和三维模型空间对象。

2．图元文件(*.wmf)

许多 Windows 应用程序都使用 WMF 格式。WMF(Windows 图元文件格式)文件包含矢量图形或光栅图形格式。只在矢量图形中创建 WMF 文件。 矢量格式与其他格式相比，能实现更快的平移和缩放。

3．ACIS(*.sat)

可以将某些对象类型输出到 ASCII(SAT)格式的 ACIS 文件中。

可将代表修剪过的 NURBS 曲面、面域和实体的 ShapeManager 对象输出到 ASCII (SAT)格式的 ACIS 文件中。其他一些对象，例如线和圆弧，将被忽略。

4．平板印刷(*.stl)

可以使用与平板印刷设备(SAT)兼容的文件格式写入实体对象。实体数据以三角形网格面的形式转换为 SLA。SLA 工作站使用该数据来定义代表部件的一系列图层。

5．封装 PS(*.eps)

可以将图形文件转换为 PostScript 文件，很多桌面发布应用程序都使用该文件格式。

许多桌面发布应用程序使用 PostScript 文件格式类型。其高分辨率的打印能力使其更适用于光栅格式，例如 GIF、PCX 和 TIFF。将图形转换为 PostScript 格式后，也可以使用 PostScript 字体。

## 6.5.2 页面设置

**行业知识链接：**通过指定页面设置准备要打印或发布的图形。 这些设置连同布局都保存在图形文件中。建立布局后，可以修改页面设置中的设置或应用其他页面设置。如图 6-159 所示是一个触摸通断电路图的页面布局。

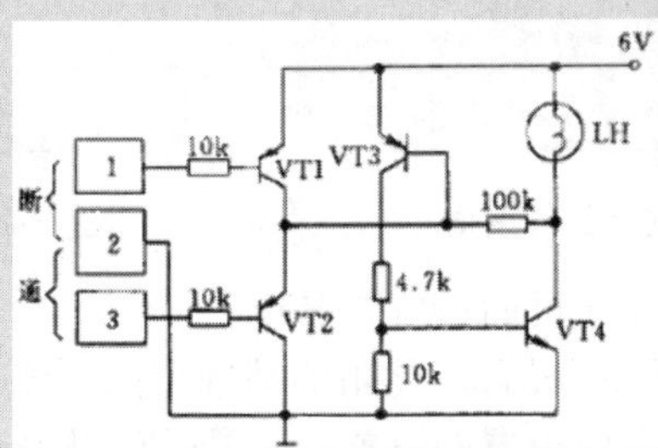


图 6-159 触摸通断电路图

用户可以通过以下步骤设置页面。

(1) 选择【文件】|【页面设置管理器】菜单命令或在命令输入行中输入 pagesetup 后按下 Enter

键。然后 AutoCAD 会自动打开如图 6-160 所示的【页面设置管理器】对话框。

(2) 【页面设置管理器】可以为当前布局或图纸指定页面设置。也可以创建命名页面设置、修改现有页面设置，或从其他图纸中输入页面设置。

① 【当前布局】：列出要应用页面设置的当前布局。如果从图纸集管理器打开页面设置管理器，则显示当前图纸集的名称。如果从某个布局打开页面设置管理器，则显示当前布局的名称。

② 【页面设置】选项组。

- 【当前页面设置】：显示应用于当前布局的页面设置。由于在创建整个图纸集后，不能再对其应用页面设置，因此，如果从图纸集管理器中打开页面设置管理器，将显示“不适用”。
- 页面设置列表：列出可应用于当前布局的页面设置，或列出发布图纸集时可用的页面设置。

  如果从某个布局打开页面设置管理器，则默认选择当前页面设置。列表中包括可在图纸中应用的命名页面设置和布局。已应用命名页面设置的布局括在星号内，所应用的命名页面设置括在括号内，例如*Layout 1 (System Scale-to-fit)*。可以双击此列表中的某个页面设置，将其设置为当前布局的当前页面设置。

  如果从图纸集管理器打开页面设置管理器，将只列出其【打印区域】被设置为【布局】或【范围】的页面设置替代文件(图形样板 [.dwt] 文件)中的命名页面设置。 默认情况下，选择列表中的第一个页面设置。PUBLISH 操作可以临时应用这些页面设置中的任一种设置。快捷菜单也提供了删除和重命名页面设置的选项。
- 【置为当前】按钮：将所选页面设置设置为当前布局的当前页面设置。不能将当前布局设置为当前页面设置。【置为当前】对图纸集不可用。
- 【新建】按钮：单击【新建】按钮，打开【新建页面设置】对话框，如图 6-161 所示，从中可以为新建页面设置输入名称，并指定要使用的基础页面设置。

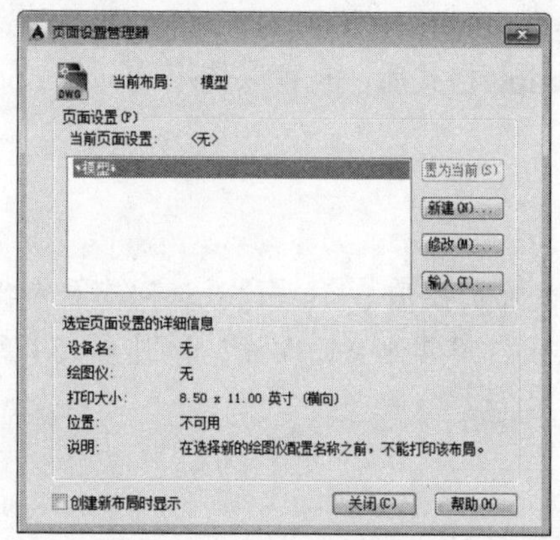


图 6-160 【页面设置管理器】对话框

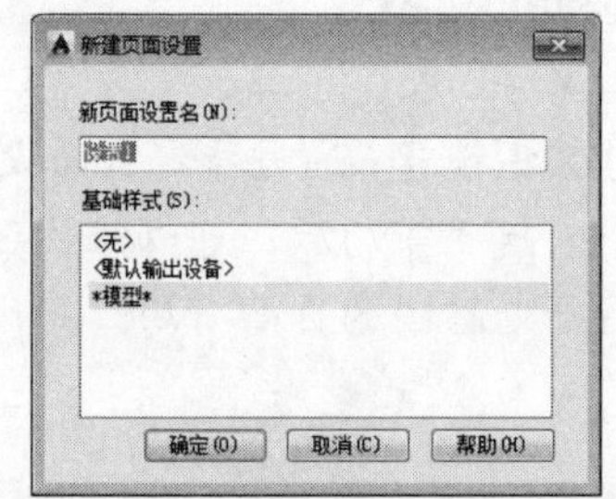


图 6-161 【新建页面设置】对话框

- 【新页面设置名】：指定新建页面设置的名称。
- 【基础样式】：指定新建页面设置要使用的基础页面设置。单击【确定】按钮，将打开【页面设置】对话框以及所选页面设置的设置，必要时可以修改这些设置。

  如果从图纸集管理器打开【新建页面设置】对话框，将只列出页面设置替代文件中的命名页面设置。

  ◆ 【<无>】：指定不使用任何基础页面设置。可以修改【页面设置】对话框中显示的默认设置。

  ◆ 【<默认输出设备>】：指定将【选项】对话框的【打印和发布】选项卡中指定的默认输

出设备设置为新建页面设置的打印机。

◆ 【*模型*】：指定新建页面设置使用上一个打印作业中指定的设置。

- 【修改】：单击该按钮，打开【页面设置-模型】对话框，如图 6-162 所示，从中可以编辑所选页面的设置。

【页面设置-模型】对话框中部分选项的含义如下。

- 【图纸尺寸】：显示所选打印设备可用的标准图纸尺寸。例如，A4、A3、A2、A1、B5、B4……如图 6-163 所示的【图纸尺寸】下拉列表框，如果未选择绘图仪，将显示全部标准图纸尺寸的列表以供选择。

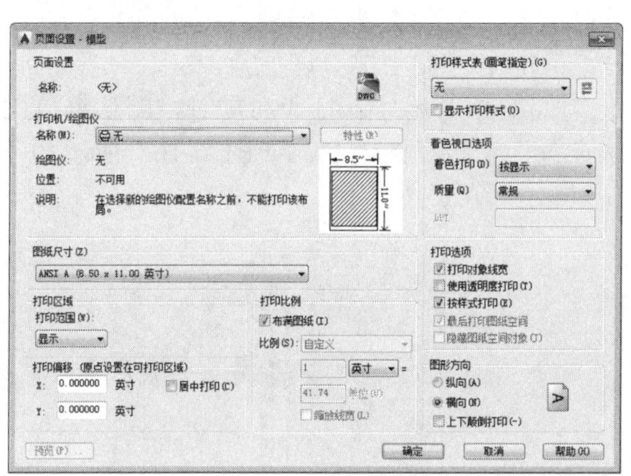

图 6-162 【页面设置-模型】对话框

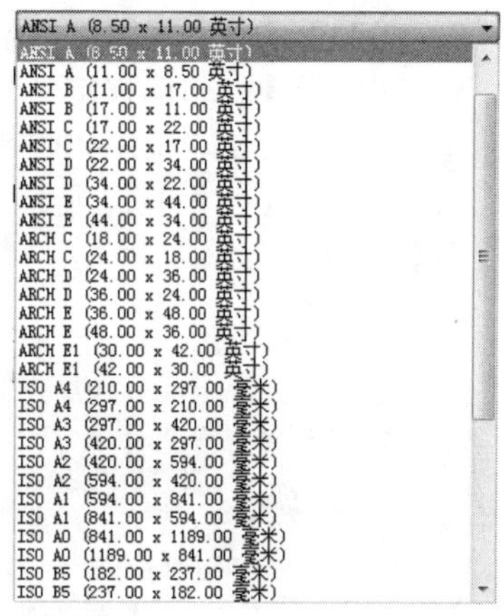

图 6-163 【图纸尺寸】下拉列表框

如果所选绘图仪不支持布局中选定的图纸尺寸，将显示警告，用户可以选择绘图仪的默认图纸尺寸或自定义图纸尺寸。

使用【添加绘图仪】向导创建 PC3 文件时，将为打印设备设置默认的图纸尺寸。在【页面设置】对话框中选择的图纸尺寸将随布局一起保存，并将替代 PC3 文件设置。

页面的实际可打印区域(取决于所选打印设备和图纸尺寸)在布局中由虚线表示。

如果打印的是光栅图像(如 BMP 或 TIFF 文件)，打印区域大小的指定将以像素为单位而不是英寸或毫米。

- 【打印区域】：指定要打印的图形区域。在【打印范围】下拉列表框中可以选择要打印的图形区域。如图 6-164 所示为【打印范围】下拉列表框。
- 【窗口】：打印指定的图形部分。指定要打印区域的两个角点时，【窗口】选项才可用。

单击【窗口】选项以使用定点设备指定要打印区域的两个角点，或输入坐标值。

- 【范围】：打印包含对象的图形的部分当前空间。当前空间内的所有几何图形都将被打印。

打印之前，可能会重新生成图形以重新计算范围。

- 【图形界限】：打印布局时，将打印指定图纸尺寸的可打印区域内的所有内容，其原点从布局中的 0,0 点计算得出。

从【模型】选项卡打印时，将打印栅格界限定义的整个图形区域。如果当前视口不显示平面视图，该选项与【范围】选项效果相同。

- 【显示】：打印【模型】选项卡上当前视口中的视图或【布局】选项卡上当前图纸空间视图中的视图。
- 【打印偏移】：根据【指定打印偏移时相对于】选项(【选项】对话框，【打印和发布】选项卡)中的设置，指定打印区域相对于可打印区域左下角或图纸边界的偏移。【页面设置】对话框的【打印偏移】区域在括号中显示指定的打印偏移选项。

图纸的可打印区域由所选输出设备决定，在布局中以虚线表示。修改为其他输出设备时，可能会修改可打印区域。

通过在 X 和 Y 文本框中输入正值或负值，可以偏移图纸上的几何图形。图纸中的绘图仪单位为英寸或毫米。

- 【居中打印】：自动计算 X 偏移和 Y 偏移值，在图纸上居中打印。当【打印区域】设置为【布局】时，此选项不可用。
- X：相对于【打印偏移定义】选项中的设置指定 X 方向上的打印原点。
- Y：相对于【打印偏移定义】选项中的设置指定 Y 方向上的打印原点。
- 【打印比例】：控制图形单位与打印单位之间的相对尺寸。打印布局时，默认缩放比例设置为 1:1。从【模型】选项卡打印时，默认设置为【布满图纸】。如图 6-165 所示为【打印比例】下拉列表框。

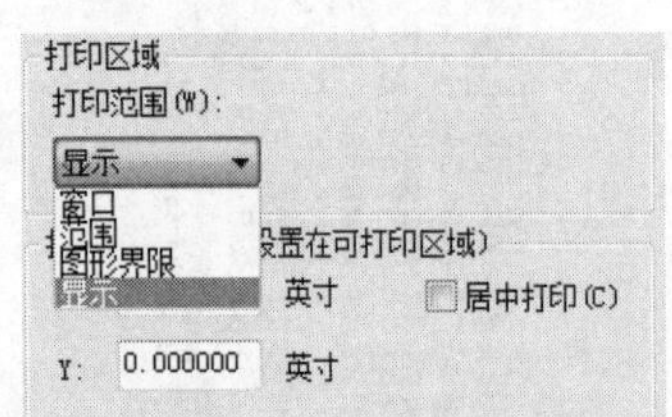


图 6-164　【打印范围】下拉列表框

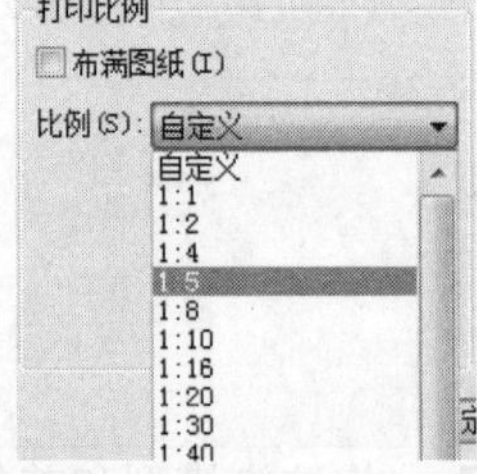


图 6-165　【打印比例】下拉列表框

- 【布满图纸】：缩放打印图形以布满所选图纸尺寸，并在【比例】、【英寸/毫米】和【单位】框中显示自定义的缩放比例因子。
- 【比例】：定义打印的精确比例。【自定义】可定义用户定义的比例。可以通过输入与图形单位数等价的英寸(或毫米)数来创建自定义比例。
- 【英寸/毫米】：指定与指定的单位数等价的英寸数或毫米数。
- 【单位】：指定与指定的英寸数、毫米数或像素数等价的单位数。
- 【缩放线宽】：与打印比例成正比缩放线宽。线宽通常指定打印对象的线的宽度并按线宽尺寸打印，而不考虑打印比例。
- 【着色视口选项】：指定着色和渲染视口的打印方式，并确定它们的分辨率大小和每英寸点数(DPI)。
- 【着色打印】：指定视图的打印方式。要为【布局】选项卡上的视口指定此设置，可以选择该视口，然后在【工具】菜单中单击【特性】命令。

  在【着色打印】下拉列表框(如图 6-166 所示)中，可以选择以下选项。
- 【按显示】：按对象在屏幕上的显示方式打印。
- 【传统线框】：在线框中打印对象，不考虑其在屏幕上的显示方式。
- 【传统隐藏】：打印对象时消除隐藏线，不考虑其在屏幕上的显示方式。
- 【概念】：打印对象时应用“概念”视觉样式，不考虑其在屏幕上的显示方式。
- 【真实】：打印对象时应用“真实”视觉样式，不考虑其在屏幕上的显示方式。
- 【渲染】：按渲染的方式打印对象，不考虑其在屏幕上的显示方式。

其他项目不再赘述。

- 【质量】：指定着色和渲染视口的打印分辨率，如图 6-167 所示为【质量】下拉列表框。

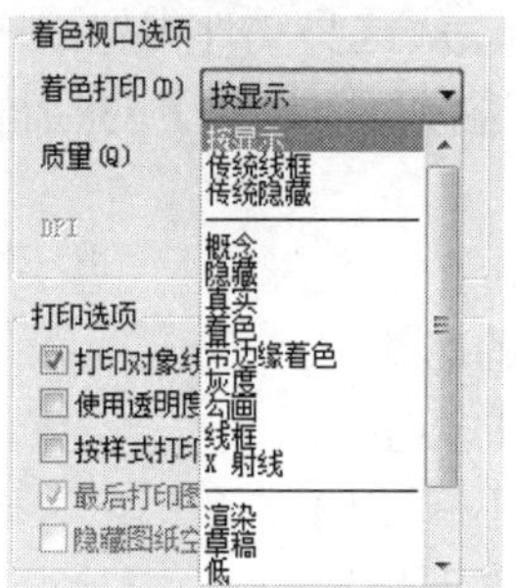


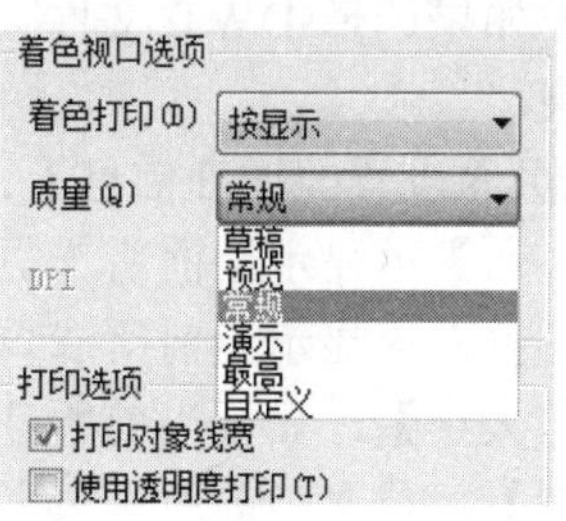


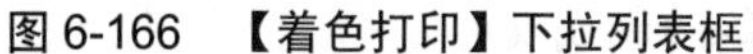
图 6-166　【着色打印】下拉列表框　　　　图 6-167　【质量】下拉列表框

可从下列选项中选择。

- 【草稿】：将渲染模型和着色模型空间视图设置为线框打印。
- 【预览】：将渲染模型和着色模型空间视图的打印分辨率设置为当前设备分辨率的四分之一，最大值为 150 DPI。
- 【常规】：将渲染模型和着色模型空间视图的打印分辨率设置为当前设备分辨率的二分之一，最大值为 300 DPI。
- 【演示】：将渲染模型和着色模型空间视图的打印分辨率设置为当前设备的分辨率，最大值为 600 DPI。
- 【最高】：将渲染模型和着色模型空间视图的打印分辨率设置为当前设备的分辨率，无最大值。
- 【自定义】：将渲染模型和着色模型空间视图的打印分辨率设置为 DPI 框中指定的分辨率，最大可为当前设备的分辨率。
- DPI：指定渲染和着色视图的每英寸点数，最大可为当前打印设备的最大分辨率。只有在【质量】下拉列表框中选择了【自定义】选项后，此选项才可用。
- 【打印选项】：指定线宽、打印样式、着色打印和对象的打印次序等。
- 【打印对象线宽】：指定是否打印为对象或图层指定的线宽。
- 【按样式打印】：指定是否打印应用于对象和图层的打印样式。如果选中该复选框，也将自动选中【打印对象线宽】复选框。
- 【最后打印图纸空间】：首先打印模型空间几何图形。通常先打印图纸空间几何图形，然后再打印模型空间几何图形。
- 【隐藏图纸空间对象】：指定 HIDE 操作是否应用于图纸空间视口中的对象。此选项仅在布局选项卡中可用。此设置的效果反映在打印预览中，而不反映在布局中。
- 【图形方向】：为支持纵向或横向的绘图仪指定图形在图纸上的打印方向。
- 【纵向】：放置并打印图形，使图纸的短边位于图形页面的顶部，如图 6-168 所示。
- 【横向】：放置并打印图形，使图纸的长边位于图形页面的顶部，如图 6-169 所示。
- 【上下颠倒打印】：上下颠倒地放置并打印图形，如图 6-170 所示。

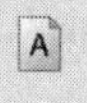

图 6-168　图形方向为纵向时的效果　　　图 6-169　图形方向为横向时的效果　　　图 6-170　图形方向为上下颠倒打印时的效果

- 【输入】：单击弹出【从文件选择页面设置】对话框(标准文件选择对话框)，从中可以选择图形格式(DWG)、DWT 或图形交换格式 (DXF)™ 文件，从这些文件中输入一个或多个页面设置。如果选择 DWT 文件类型，将自动打开【从文件选择页面设置】对话框中的 Template 文件夹。

③ 【选定页面设置的详细信息】：显示所选页面设置的信息。

- 【设备名】：显示当前所选页面设置中指定的打印设备的名称。
- 【绘图仪】：显示当前所选页面设置中指定的打印设备的类型。
- 【打印大小】：显示当前所选页面设置中指定的打印大小和方向。
- 【位置】：显示当前所选页面设置中指定的输出设备的物理位置。
- 【说明】：显示当前所选页面设置中指定的输出设备的说明文字。

④ 【创建新布局时显示】：指定当选中新的布局选项卡或创建新的布局时，显示【页面设置】对话框。

要重置此功能，则在【选项】对话框的【显示】选项卡中选中新建布局时显示【页面设置】对话框选项。

## 6.5.3 打印设置

**行业知识链接：**AuotCAD 也可以发布文件，方法是：选择【文件】|【发布】菜单命令，单击【发布选项】按钮，弹出【发布选项】对话框，在此进行相应设置即可，如图 6-171 所示。

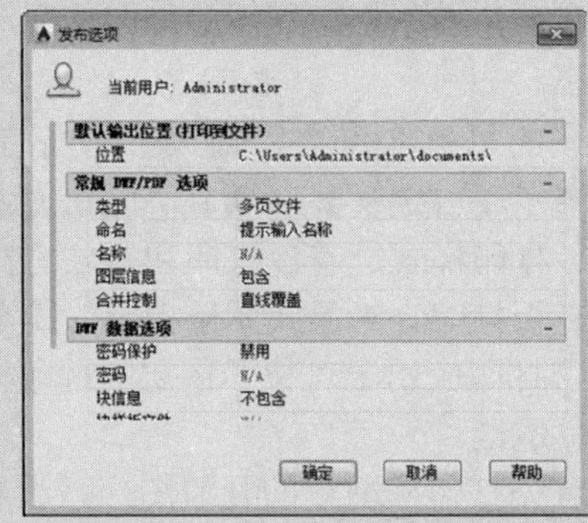


图 6-171 【发布选项】对话框

打印是将绘制好的图形用打印机或绘图仪绘制出来。通过本节的学习，读者能够掌握添加与配置绘图设备、配置打印样式、设置页面，以及打印绘图文件的方法。

在用户设置好所有的配置，单击【输出】选项卡的【打印】工具栏上的【打印】按钮或在命令输入行中输入 plot 后按下 Enter 键或按下 Ctrl+P 组合键，或选择【文件】|【打印】菜单命令后，打开如图 6-172 所示的【打印-模型】对话框。在该对话框中，显示了用户最近设置的一些选项。用户可以更改这些选项，如果用户认为设置符合用户的要求，则单击【确定】按钮，AutoCAD 即会自动开始打印。

### 1. 打印预览

在将图形发送到打印机或绘图仪之前，最好先生成打印图形的预览。生成预览可以节约时间和材料。

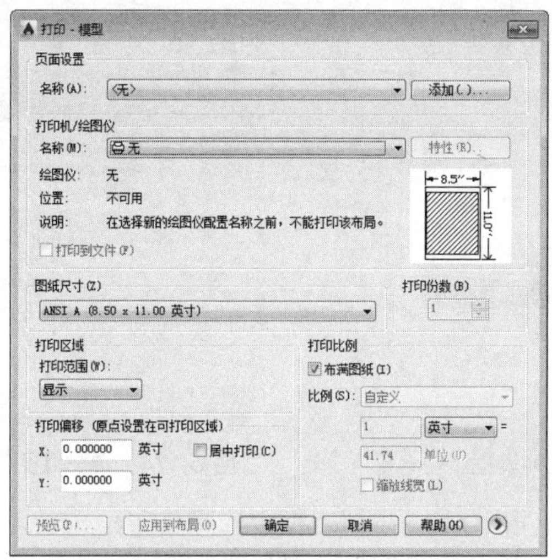

图 6-172 【打印-模型】对话框

用户可以从对话框中预览图形。预览显示图形在打印时的确切外观，包括线宽、填充图案和其他打印样式选项。

预览图形时，将隐藏活动工具栏和工具选项板，并显示临时的【预览】工具栏，其中提供打印、平移和缩放图形的按钮。

在【打印】和【页面设置】对话框中，缩微预览还在页面上显示可打印区域和图形的位置。

预览打印的步骤如下。

(1) 选择【文件】|【打印】菜单命令，打开【打印】对话框。

(2) 在【打印】对话框中单击【预览】按钮。

(3) 打开【预览】窗口，光标将变为实时缩放光标。

(4) 单击鼠标右键可显示包含以下选项的快捷菜单：【打印】、【平移】、【缩放】、【缩放窗口】或【缩放为原窗口】(缩放至原来的预览比例)。

(5) 按下 Esc 键退出预览并返回到【打印】对话框。

(6) 如果需要，继续调整其他打印设置，然后再次预览打印图形。

(7) 设置正确之后，单击【确定】按钮即可打印图形。

### 2. 打印图形

绘制图形后，可以使用多种方法输出。可以将图形打印在图纸上，也可以创建成文件以供其他应用程序使用。以上两种情况都需要进行打印设置。

打印图形的步骤如下：

(1) 选择【文件】|【打印】菜单命令，打开【打印】对话框。

(2) 在【打印机/绘图仪】选项组中，从【名称】下拉列表框中选择一种绘图仪，如图 6-173 所示。

(3) 在【图纸尺寸】下拉列表框中选择图纸尺寸。在【打印份数】微调框中输入要打印的份数。在【打印区域】选项组中，指定图形中要打印的部分。在【打印比例】选项组中，从【比例】下拉列表框中选择缩放比例。

(4) 要了解其他选项的信息，可单击【更多选项】按钮⊙，如图 6-174 所示。如不需要则单击

【更少选项】按钮⊙。

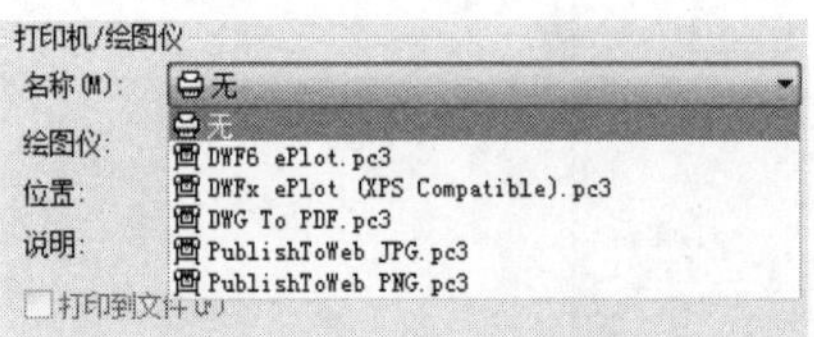

图 6-173 【名称】下拉列表框

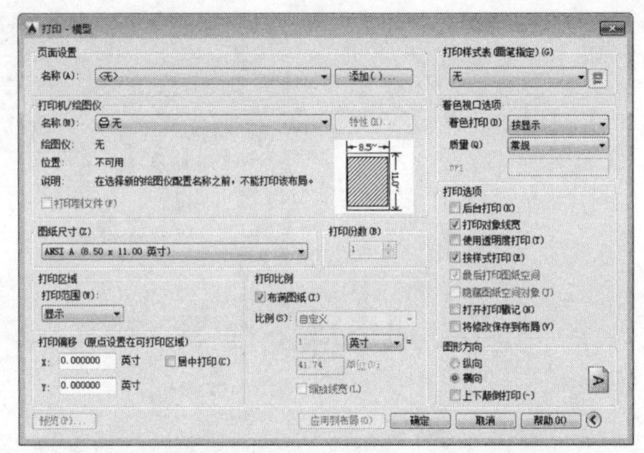

图 6-174 单击【更多选项】按钮后的对话框

(5) 在【打印样式表 (画笔指定)】下拉列表框中选择打印样式表。在【着色视口选项】和【打印选项】选项组中，进行适当的设置。在【图形方向】选项组中，选择一种方向。

(6) 单击【确定】按钮即可进行最终的打印。

# 阶段进阶练习

本章主要介绍了图块、文字和表格的使用方法，这些是 AutoCAD 绘图的基础，在以后的绘图中会经常用到，读者可以结合范例进行学习。

使用本教学日学过的各种命令来创建如图 6-175 所示的开关电源电路。

一般创建步骤和方法如下。

(1) 使用【直线】、【矩形】等命令绘制元件。

(2) 绘制线路。

(3) 标注文字。

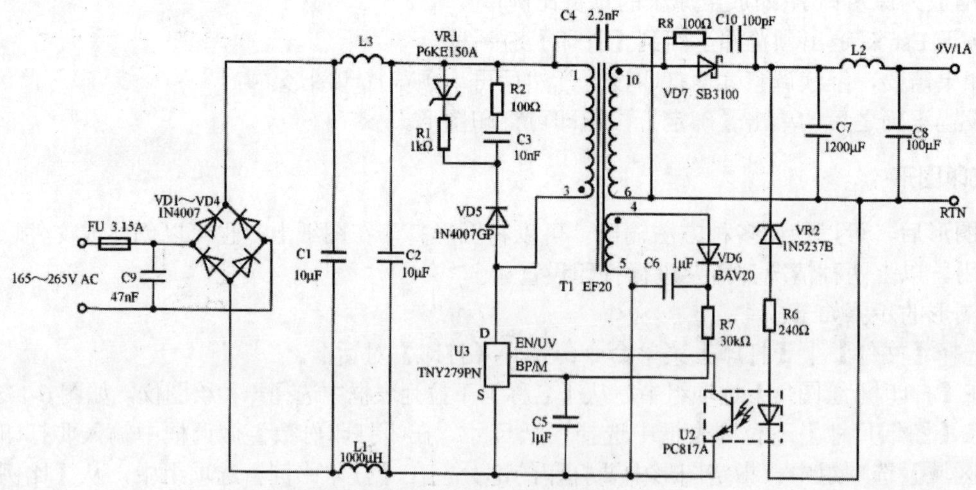


图 6-175 开关电源电路

设计师职业培训教程

# 第 7 教学日

电气控制系统图一般有 3 种：电气原理图、电器布置图和电气安装接线图。前面介绍了电气原理图，本章介绍后两种系统图。布置图用于电气元件或者线路的分配布局，接线图则主要是对线路进行连接的布局图。本章将讲解变电站布置图和发电机 PLC 图的绘制过程，在综合运用前面学习的知识上，进一步学习绘制电路图的思路。

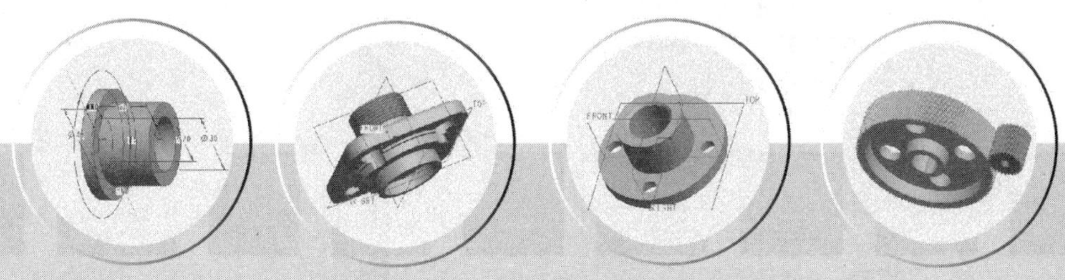

# 第1课 1课时 设计师职业知识——接线图和布置图

## 7.1.1 电气接线图

电气接线图，是根据电气设备和电器元件的实际位置和安装情况绘制的，只用来表示电气设备和电器元件的位置、配线方式和接线方式，而不明显表示电气动作原理。主要用于安装接线、线路的检查维修和故障处理。

(1) 接线图中一般有如下内容：电气设备和电器元件的相对位置、文字符号、端子号、导线号、导线类型、导线截面、屏蔽和导线绞合等。

(2) 所有的电气设备和电器元件都按其所在的实际位置绘制在图纸上，且同一电器的各元件根据其实际结构，使用与电路图相同的图形符号画在一起，并用点画线框上，其文字符号以及接线端子的编号应与电路图中的标注一致，以便对照检查接线。

(3) 接线图中的导线有单根导线、导线组(或线扎)、电缆等之分，可用连续线和中断线来表示。凡导线走向相同的可以合并，用线束来表示，到达接线端子板或电器元件的连接点时再分别画出。在用线束表示导线组、电缆等时可用加粗的线条表示，在不引起误解的情况下也可采用部分加粗。另外，导线及套管、穿线管的型号、根数和规格应标注清楚。

电力系统的电气接线图主要显示该系统中发电机、变压器、母线、断路器、电力线路等主要电机、电器、线路之间的电气接线，如图 7-1 所示为电机接线图。由电气接线图可获得对该系统的更细致的了解。

电气设备使用的电气接线图是用来组织排列电气设备中各个零部件的端口编号以及该端口的导线电缆编号，同时还整理编写接线排的编号，以此来指导设备合理的接线安装以及便于日后维修电工尽快查找故障。

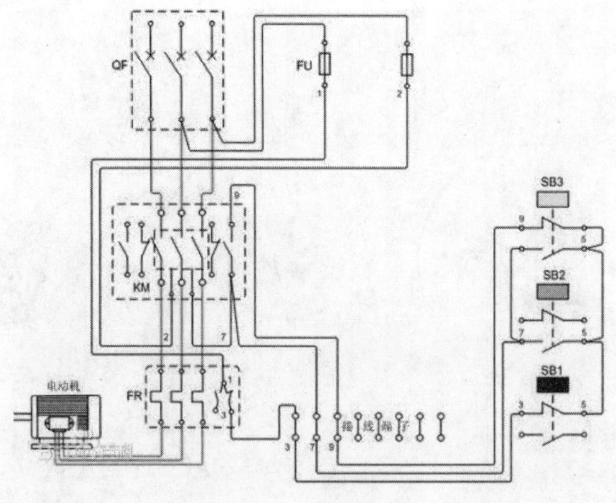


图 7-1 电机接线图

### 7.1.2 电气布置图

电气布置图中电器元件的布局，应根据便于阅读原则安排。主电路安排在图面左侧或上方，辅助电路安排在图面右侧或下方。无论主电路还是辅助电路，均按功能布置，尽可能按动作顺序从上到下，从左到右排列。

电气布置图中，当同一电器元件的不同部件(如线圈、触点)分散在不同位置时，为了表示是同一元件，要在电器元件的不同部件处标注统一的文字符号。对于同类器件，要在其文字符号后加数字序号来区别。如两个接触器，可用 KMI、KMZ 文字符号区别。

电气布置图中，所有电器的可动部分均按没有通电或没有外力作用时的状态画出。

对于继电器、接触器的触点，按其线圈不通电时的状态画出，控制器按手柄处于零位时的状态画出；对于按钮、行程开关等触点按未受外力作用时的状态画出。

电气布置图中，应尽量减少线条和避免线条交叉。各导线之间有电联系时，在导线交点处画实心圆点。根据图面布置需要，可以将图形符号旋转绘制，一般逆时针方向旋转 90°，但文字符号不可倒置。 如图 7-2 所示是走廊电气布置图。

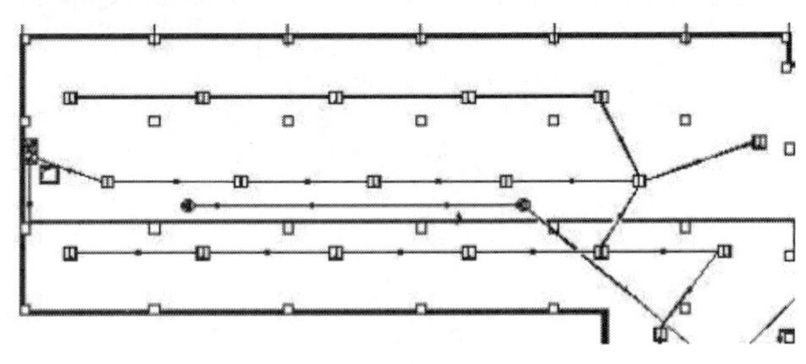

图 7-2　走廊电气布置图

## 第2课 2课时 变电站布置图

### 7.2.1 范例介绍

案例文件： ywj\07\01.dwg

视频文件： 光盘\视频课堂\第 7 教学日\7.2

练习案例分析及步骤如下。

本案例练习创建变电站布置图，变电站是改变电压的场所。为了把发电厂发出来的电能输送到较远的地方，必须把电压升高，变为高压电，到用户附近再按需要把电压降低，这种升降电压的工作靠变电站来完成。变电站的主要设备是开关和变压器。如图 7-3 所示是完成的变电站布置图。

本节案例主要练习变电站布置图的绘制，从绘制电杆开始，依次向右绘制电杆和变压器、接线柱等设备，之后进行布线，最后进行标注。绘制变电站布置图的思路和步骤如图 7-4 所示。

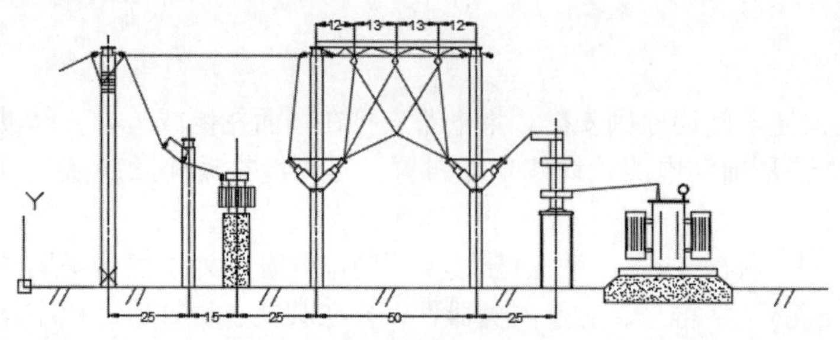


图 7-3　变电站布置图

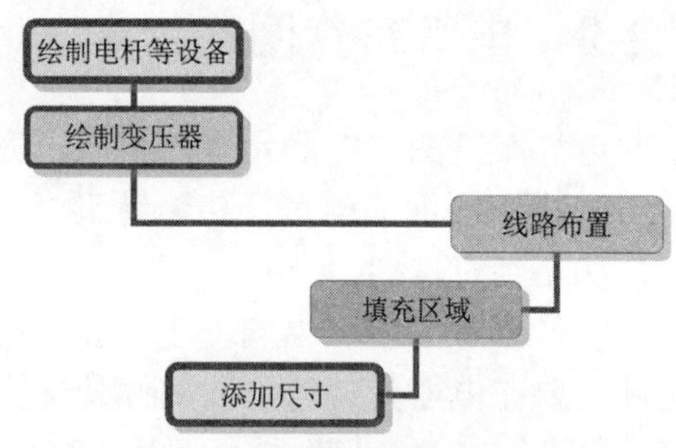


图 7-4　变电站布置图的绘制步骤

## 7.2.2　范例制作

step 01 绘制电杆等设备，单击【默认】选项卡的【绘图】工具栏中的【直线】按钮，绘制长度为 250 的水平线，如图 7-5 所示。

step 02 单击【默认】选项卡的【绘图】工具栏中的【直线】按钮，绘制长度为 70 的垂线，如图 7-6 所示。

图 7-5　绘制水平线

图 7-6　绘制垂线

step 03 单击【默认】选项卡的【修改】工具栏中的【偏移】按钮，偏移直线，偏移距离为 2，如图 7-7 所示。

step 04 单击【默认】选项卡的【绘图】工具栏中的【直线】按钮，绘制矩形，尺寸如图 7-8 所示。

图 7-7　偏移直线

图 7-8　绘制矩形

step 05 单击【默认】选项卡的【绘图】工具栏中的【样条曲线拟合】按钮，绘制高压环，如图 7-9 所示。

step 06 单击【默认】选项卡的【修改】工具栏中的【镜像】按钮，镜像高压环，如图 7-10 所示。

step 07 单击【默认】选项卡的【绘图】工具栏中的【直线】按钮，绘制水平线，如图 7-11 所示。

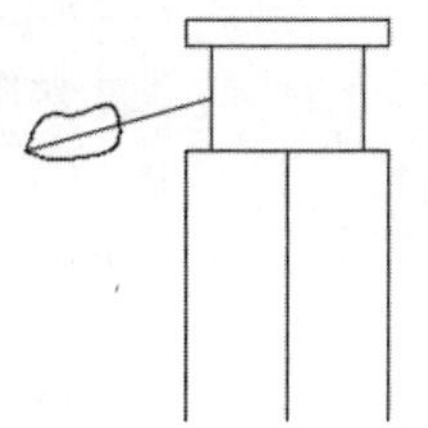

图 7-9　绘制高压环

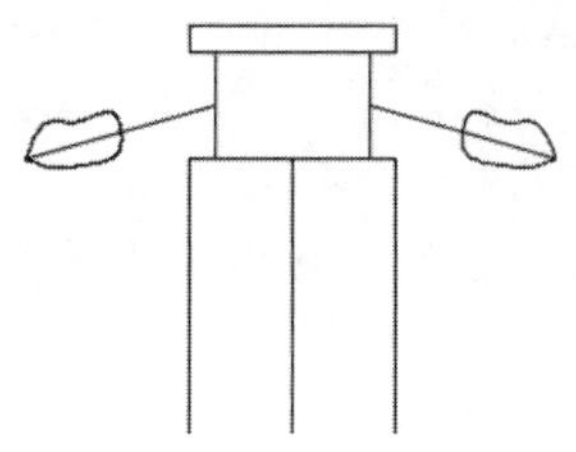

图 7-10　镜像高压环

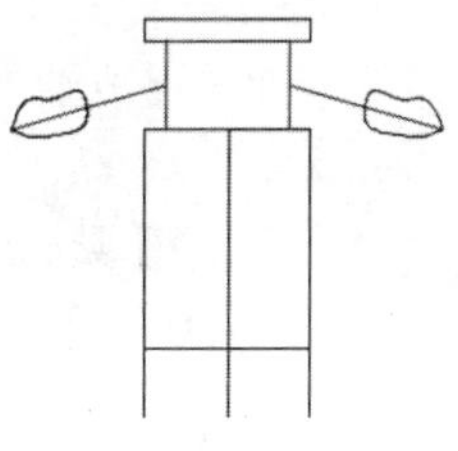

图 7-11　绘制水平线

step 08 单击【默认】选项卡的【修改】工具栏中的【矩形阵列】按钮，创建直线的矩形阵列，完成电杆的绘制，如图 7-12 所示。

step 09 单击【默认】选项卡的【绘图】工具栏中的【直线】按钮，绘制垂线，与电杆间距为 25，高为 45，如图 7-13 所示。

step 10 单击【默认】选项卡的【修改】工具栏中的【复制】按钮，复制电杆，如图 7-14 所示。

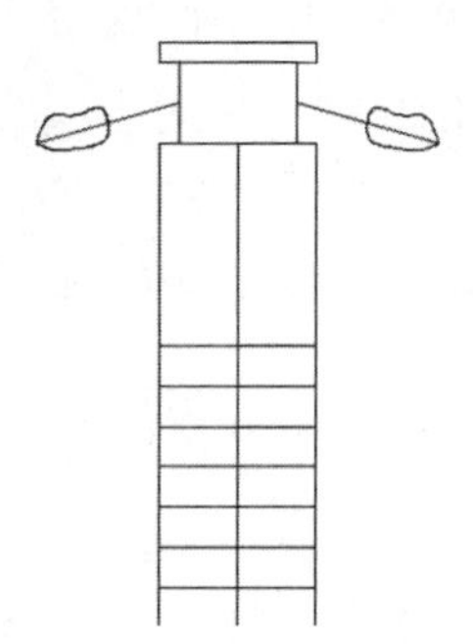

图 7-12　阵列直线

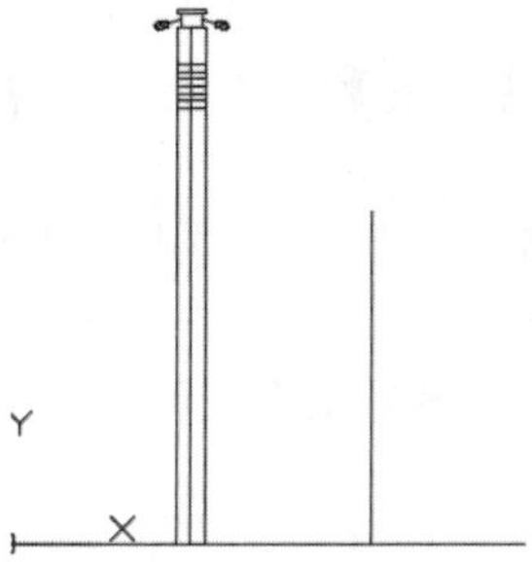

图 7-13　绘制垂线

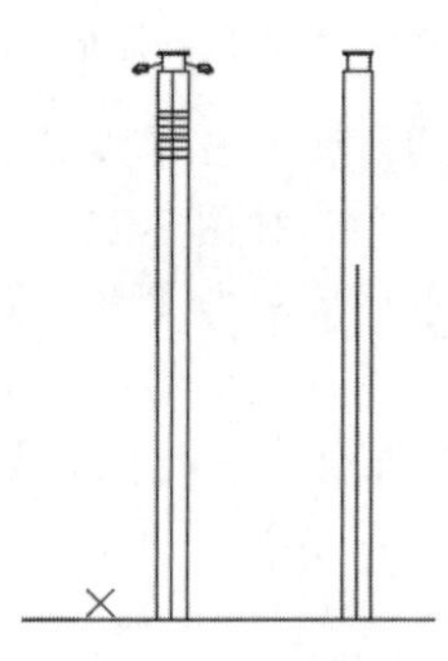

图 7-14　复制电杆

step 11 单击【默认】选项卡的【修改】工具栏中的【拉伸】按钮，选择电杆进行缩短，如图 7-15 所示。

step 12 单击【默认】选项卡的【修改】工具栏中的【复制】按钮，复制直线，距离为 15，如图 7-16 所示。

step 13 单击【默认】选项卡的【修改】工具栏中的【偏移】按钮，偏移直线，偏移距离为 4，如图 7-17 所示。

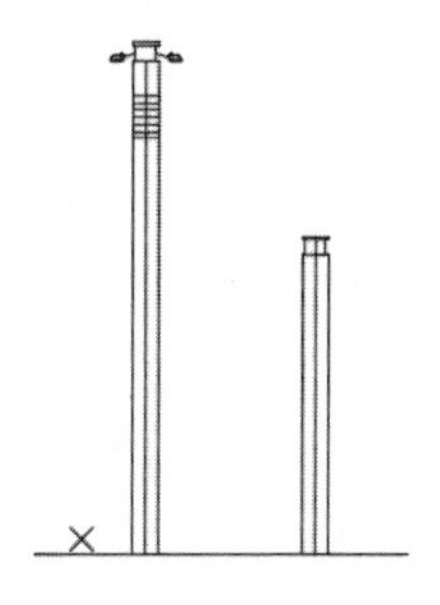

图 7-15　缩短电杆

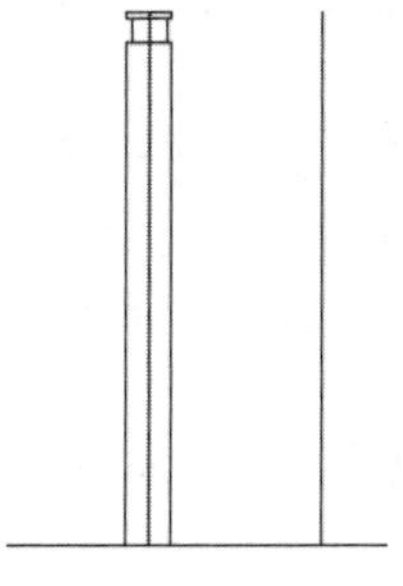

图 7-16　复制直线

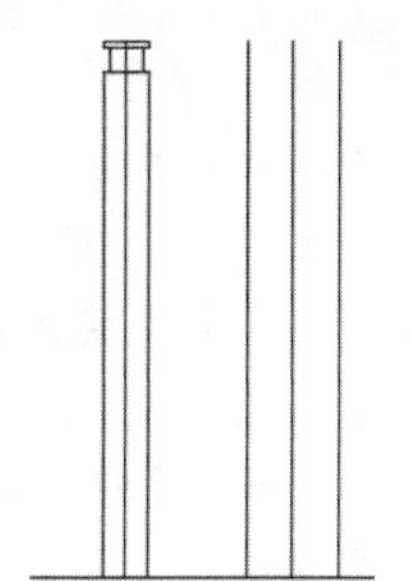

图 7-17　偏移直线

step 14 单击【默认】选项卡的【绘图】工具栏中的【直线】按钮，绘制底部矩形，如图 7-18 所示。

step 15 单击【默认】选项卡的【绘图】工具栏中的【直线】按钮，绘制两个矩形，尺寸如图 7-19 所示。

step 16 单击【默认】选项卡的【绘图】工具栏中的【直线】按钮，绘制顶部的矩形，尺寸如图 7-20 所示。

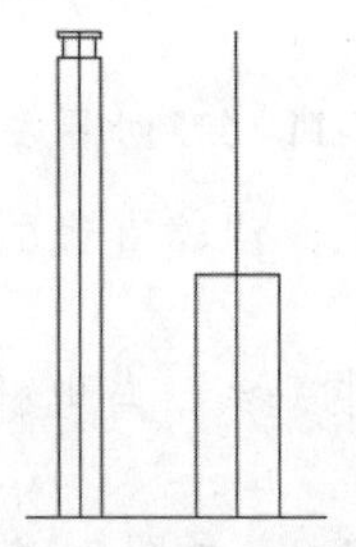

图 7-18 绘制底部矩形

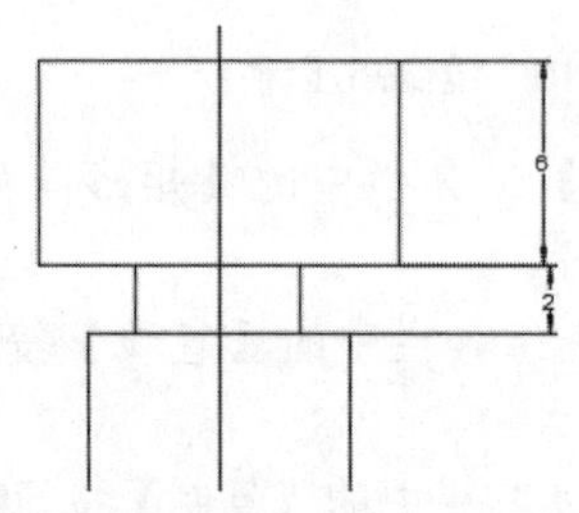



图 7-19 绘制两个矩形

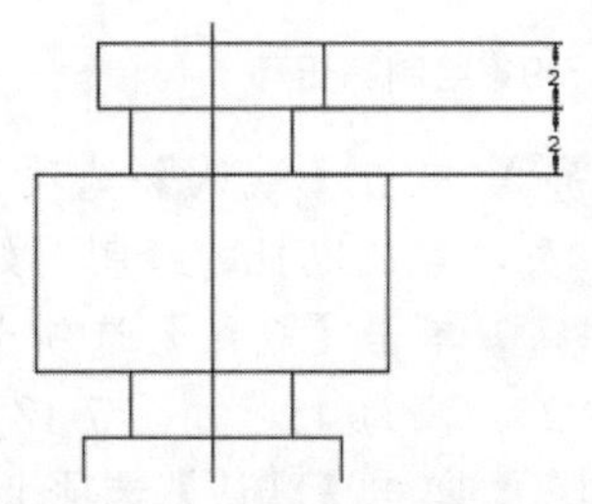



图 7-20 绘制顶部的矩形

step 17 单击【默认】选项卡的【修改】工具栏中的【矩形阵列】按钮，创建直线的矩形阵列，如图 7-21 所示。

step 18 单击【默认】选项卡的【修改】工具栏中的【复制】按钮，复制高压环，完成电杆和变压器的绘制，如图 7-22 所示。

step 19 单击【默认】选项卡的【修改】工具栏中的【复制】按钮，复制电杆，距离为 65，如图 7-23 所示。

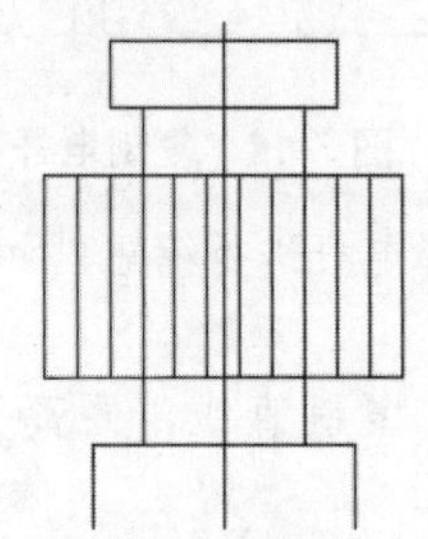

图 7-21 阵列直线

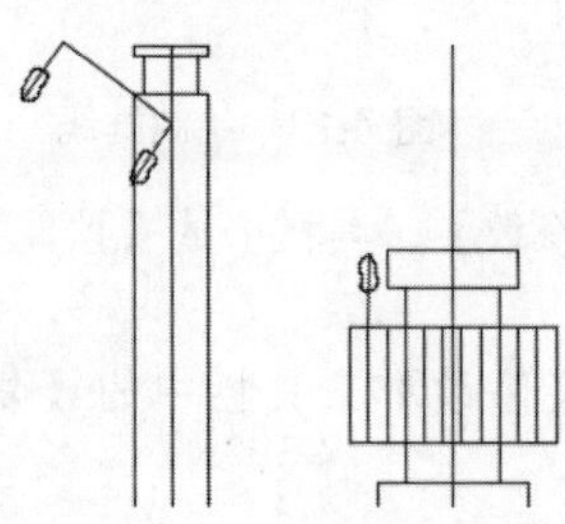

图 7-22 复制高压环

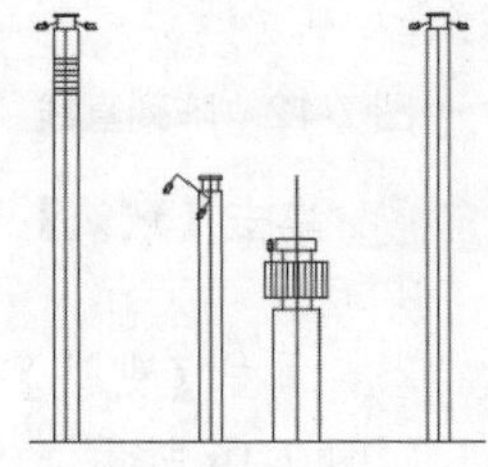

图 7-23 复制电杆

step 20 单击【默认】选项卡的【绘图】工具栏中的【直线】按钮，绘制 3×1 的矩形，如图 7-24 所示。

step 21 单击【默认】选项卡的【绘图】工具栏中的【直线】按钮，绘制两个矩形，尺寸如图 7-25 所示。

step 22 单击【默认】选项卡的【绘图】工具栏中的【直线】按钮，绘制顶部的两个矩形，尺寸如图 7-26 所示。

step 23 单击【默认】选项卡的【修改】工具栏中的【旋转】按钮，将接线柱旋转 45°，如图 7-27 所示。

step 24 单击【默认】选项卡的【修改】工具栏中的【镜像】按钮，镜像接线柱，如图 7-28 所示。

step 25 单击【默认】选项卡的【修改】工具栏中的【修剪】按钮，快速修剪图形，如图 7-29 所示。

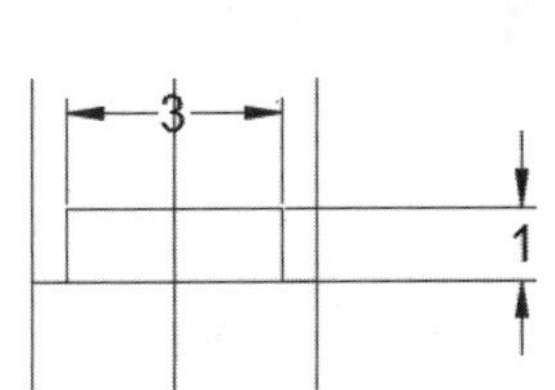

图 7-24　绘制 3×1 的矩形

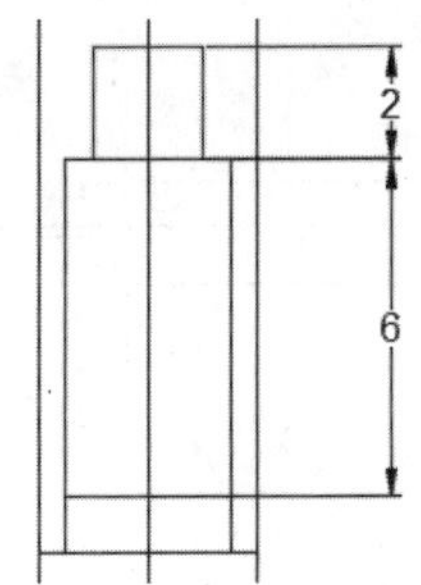

图 7-25　绘制两个矩形

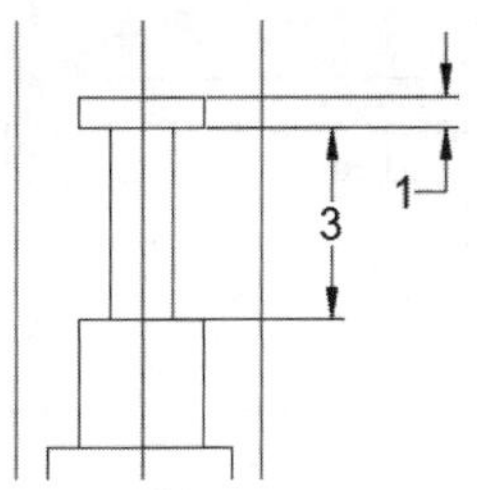

图 7-26　绘制顶部的两个矩形

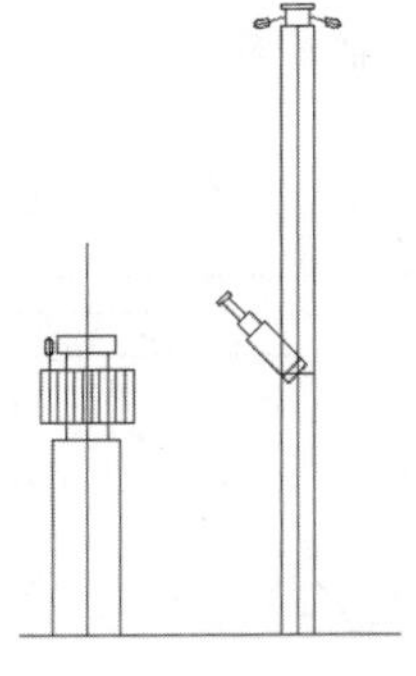
图 7-27　旋转接线柱

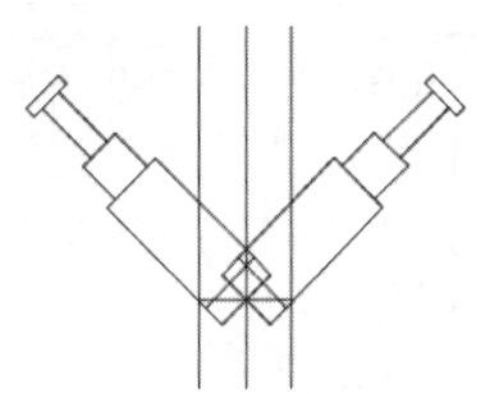
图 7-28　镜像接线柱

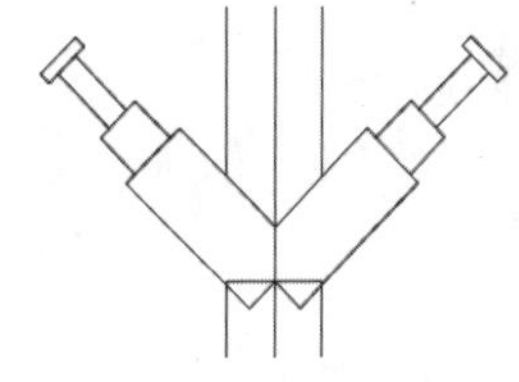
图 7-29　修剪图形

step 26 单击【默认】选项卡的【修改】工具栏中的【复制】按钮，复制电杆，距离为 50，如图 7-30 所示。

step 27 单击【默认】选项卡的【绘图】工具栏中的【矩形】按钮，绘制尺寸为 50 × 2 的矩形，如图 7-31 所示。

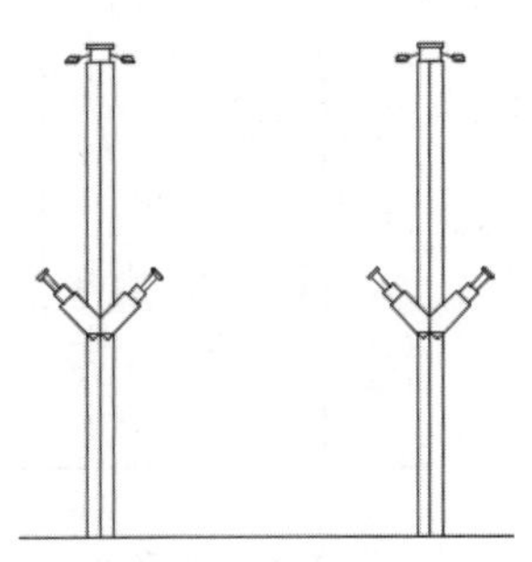
图 7-30　复制电杆

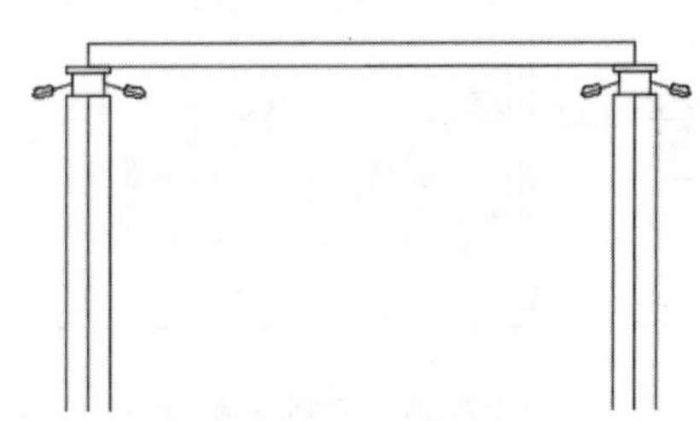
图 7-31　绘制 50×2 的矩形

step 28 单击【默认】选项卡的【绘图】工具栏中的【直线】按钮，绘制直线，如图 7-32 所示。

step 29 单击【默认】选项卡的【绘图】工具栏中的【直线】按钮，绘制接线柱，尺寸如图 7-33 所示。

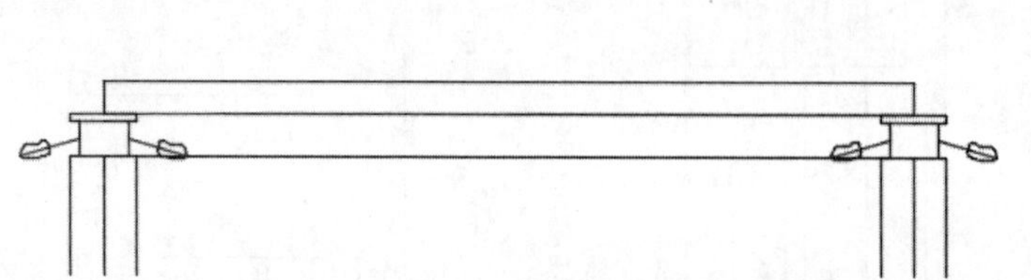

图 7-32 绘制直线

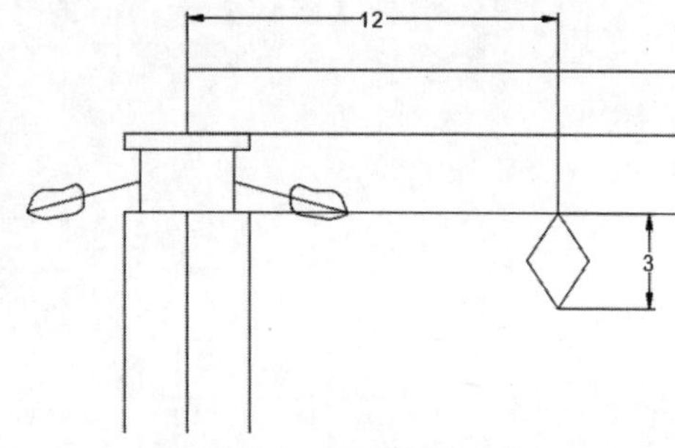


图 7-33 绘制接线柱

step 30 单击【默认】选项卡的【修改】工具栏中的【复制】按钮，复制接线柱，间距分别为13、26，如图 7-34 所示。

step 31 单击【默认】选项卡的【绘图】工具栏中的【直线】按钮，绘制连线，完成分线电杆绘制，如图 7-35 所示。

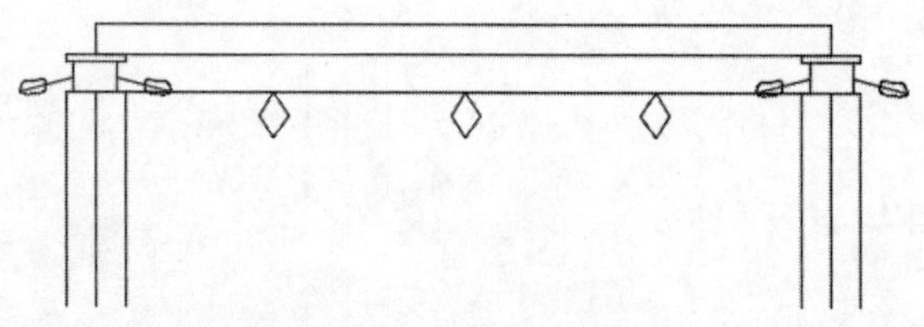

图 7-34 复制接线柱

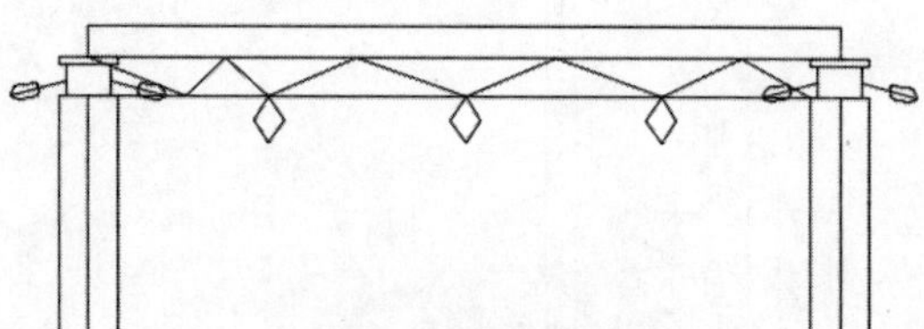

图 7-35 绘制连线

step 32 单击【默认】选项卡的【修改】工具栏中的【复制】按钮，复制直线，距离为 100，如图 7-36 所示。

step 33 单击【默认】选项卡的【修改】工具栏中的【偏移】按钮，偏移直线，偏移距离为5，如图 7-37 所示。

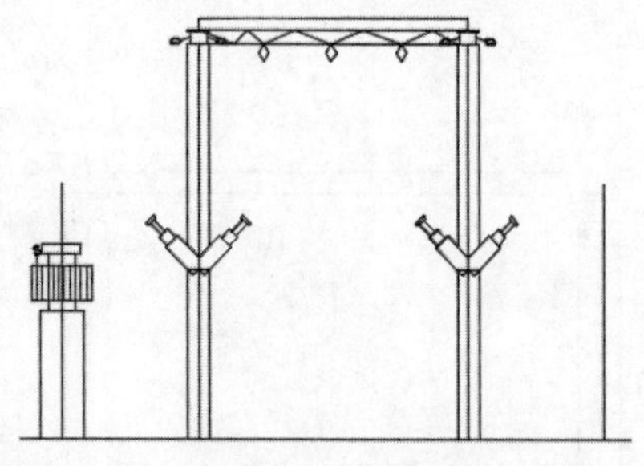

图 7-36 复制直线

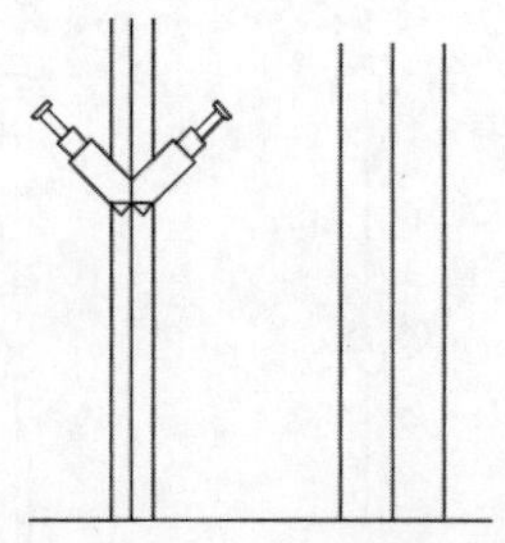

图 7-37 偏移直线

step 34 单击【默认】选项卡的【绘图】工具栏中的【直线】按钮，绘制矩形，如图 7-38 所示。

step 35 单击【默认】选项卡的【修改】工具栏中的【偏移】按钮，偏移直线，偏移距离为0.5，如图 7-39 所示。

step 36 单击【默认】选项卡的【修改】工具栏中的【圆角】按钮，创建圆角，半径为 1，如图 7-40 所示。

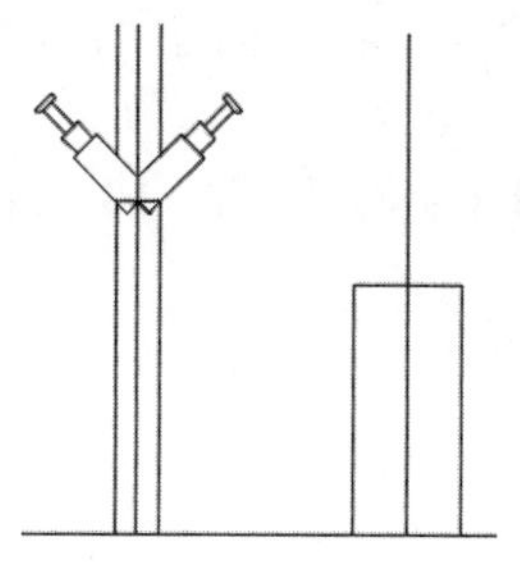
图 7-38　绘制矩形

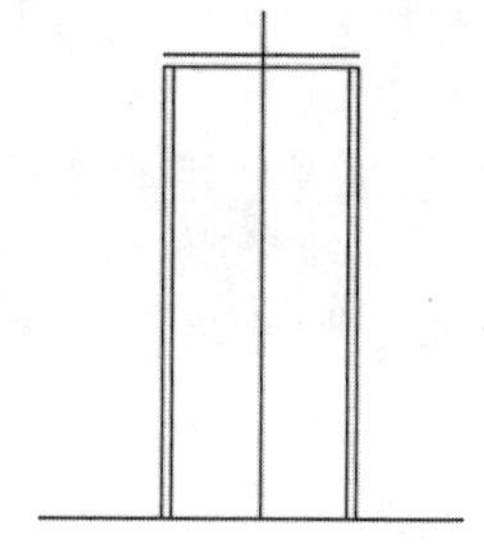
图 7-39　偏移直线

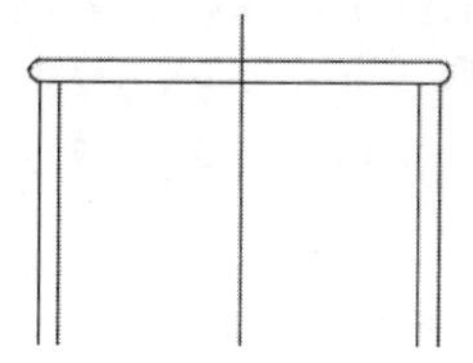
图 7-40　绘制圆角

step 37 单击【默认】选项卡的【修改】工具栏中的【偏移】按钮，偏移直线，偏移距离为2，如图 7-41 所示。

step 38 单击【默认】选项卡的【绘图】工具栏中的【矩形】按钮，绘制尺寸为 10×2 的 3 个矩形，如图 7-42 所示。

step 39 单击【默认】选项卡的【修改】工具栏中的【修剪】按钮，快速修剪图形，如图 7-43 所示。

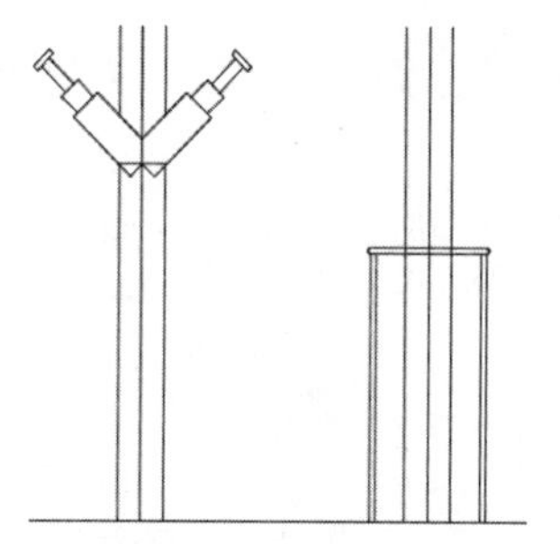
图 7-41　偏移直线

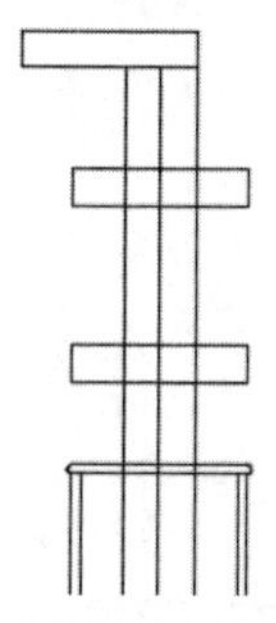
图 7-42　绘制 3 个矩形

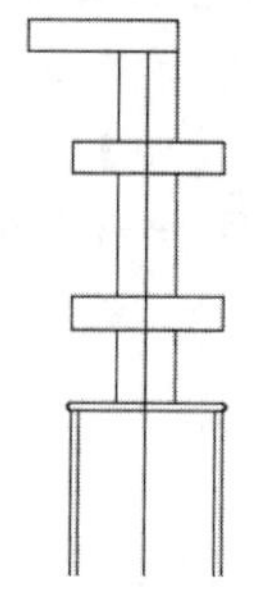
图 7-43　修剪图形

step 40 单击【默认】选项卡的【绘图】工具栏中的【直线】按钮，绘制底座，完成支撑柱的绘制，如图 7-44 所示。

step 41 接着绘制变压器，单击【默认】选项卡的【修改】工具栏中的【复制】按钮，复制直线，距离为 35，如图 7-45 所示。

step 42 单击【默认】选项卡的【绘图】工具栏中的【矩形】按钮，绘制尺寸为 20×4 的矩形，如图 7-46 所示。

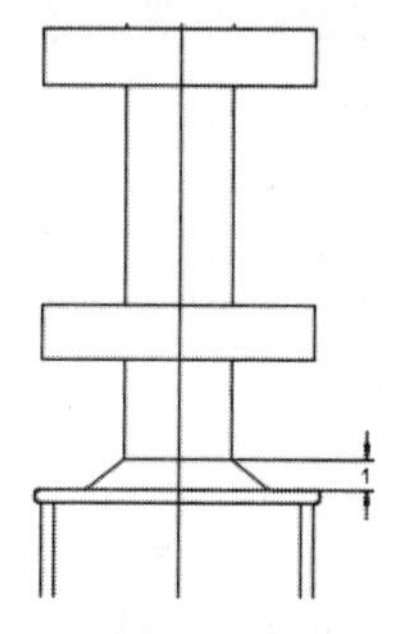
图 7-44　绘制底座

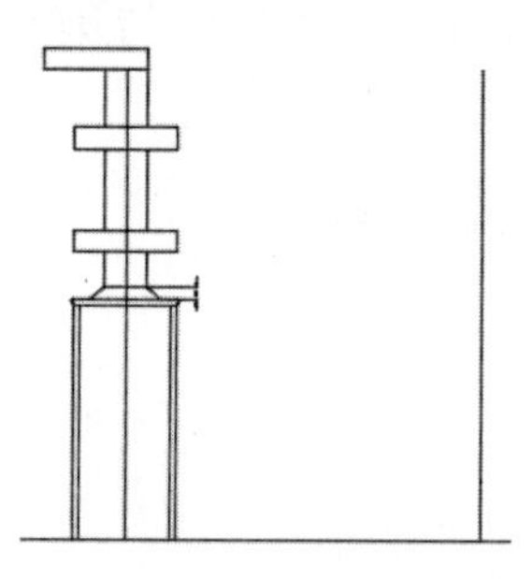
图 7-45　复制直线

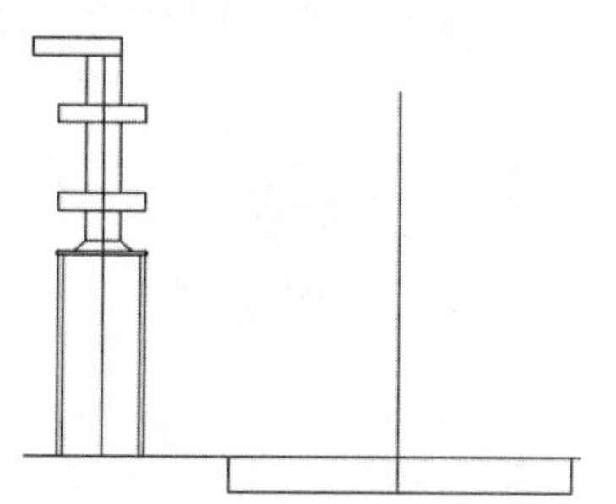
图 7-46　绘制 20×4 的矩形

step 43 单击【默认】选项卡的【绘图】工具栏中的【矩形】按钮，绘制尺寸为 10×2 的矩形，如图 7-47 所示。

step 44 单击【默认】选项卡的【绘图】工具栏中的【矩形】按钮，绘制尺寸为 10×20 的矩形，如图 7-48 所示。

step 45 单击【默认】选项卡的【绘图】工具栏中的【直线】按钮，绘制斜线，如图 7-49 所示。

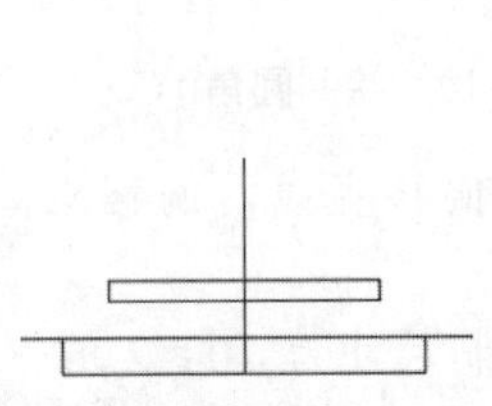

图 7-47　绘制 10×2 的矩形

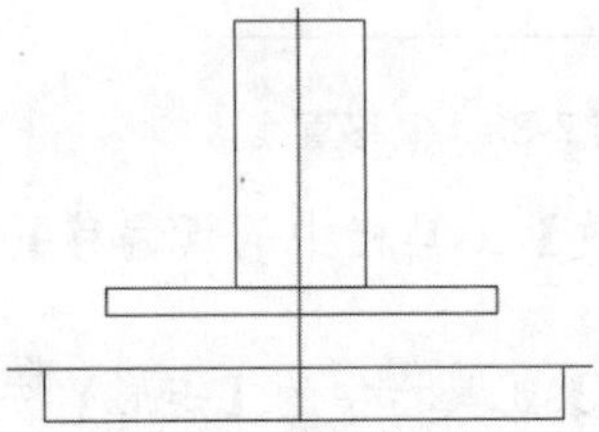

图 7-48　绘制 10×20 的矩形

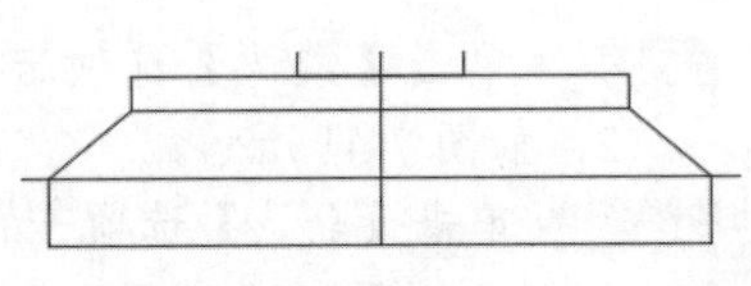

图 7-49　绘制斜线

step 46 单击【默认】选项卡的【绘图】工具栏中的【矩形】按钮，绘制尺寸为 1×2 的矩形，如图 7-50 所示。

step 47 单击【默认】选项卡的【绘图】工具栏中的【矩形】按钮，绘制尺寸为 6×14 的矩形，如图 7-51 所示。

step 48 单击【默认】选项卡的【绘图】工具栏中的【直线】按钮，绘制垂线，如图 7-52 所示。

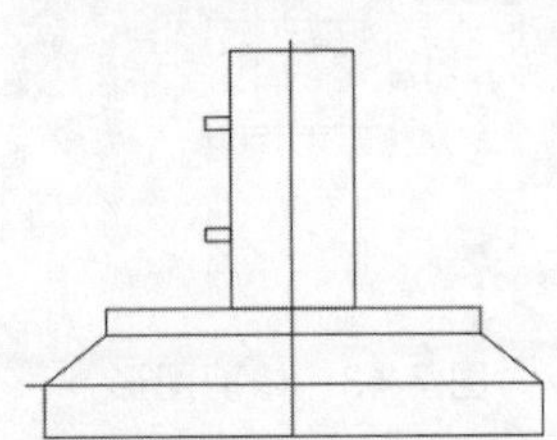

图 7-50　绘制 1×2 的矩形

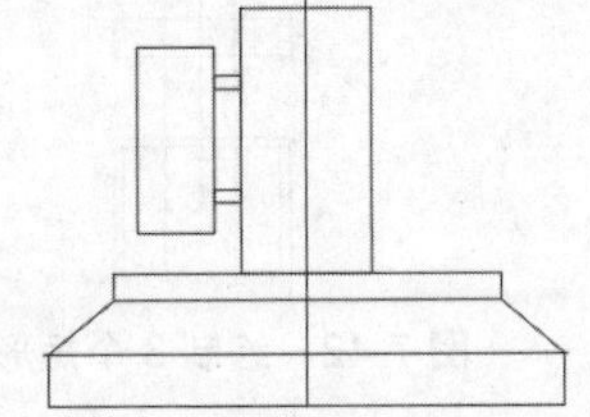

图 7-51　绘制 6×14 的矩形

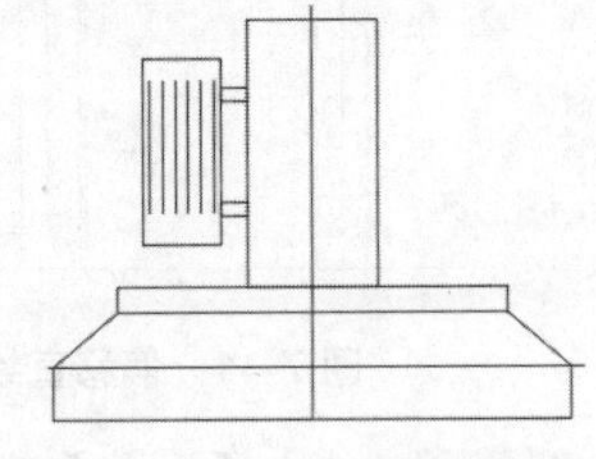

图 7-52　绘制垂线

step 49 单击【默认】选项卡的【修改】工具栏中的【镜像】按钮，镜像散热器，如图 7-53 所示。

step 50 单击【默认】选项卡的【绘图】工具栏中的【矩形】按钮，绘制尺寸为 12×0.5 的矩形，如图 7-54 所示。

step 51 单击【默认】选项卡的【绘图】工具栏中的【直线】按钮，绘制接线柱，如图 7-55 所示。

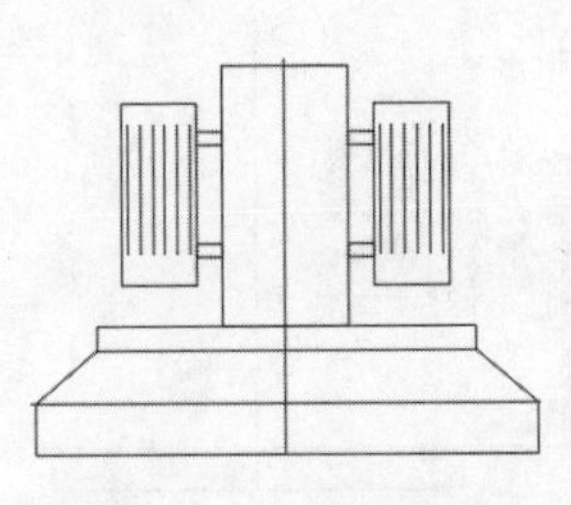

图 7-53　镜像散热器

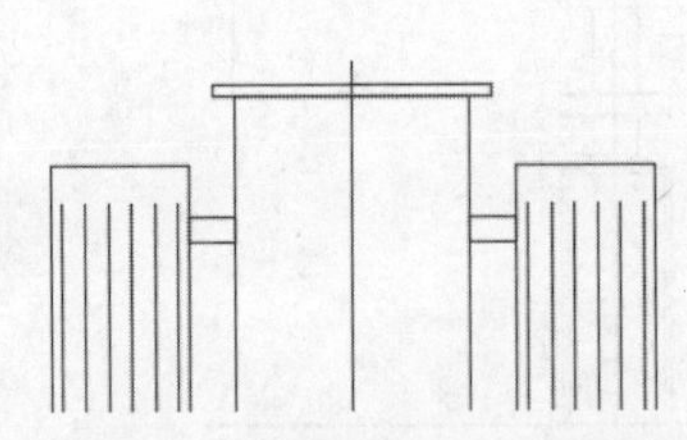

图 7-54　绘制 12×0.5 的矩形

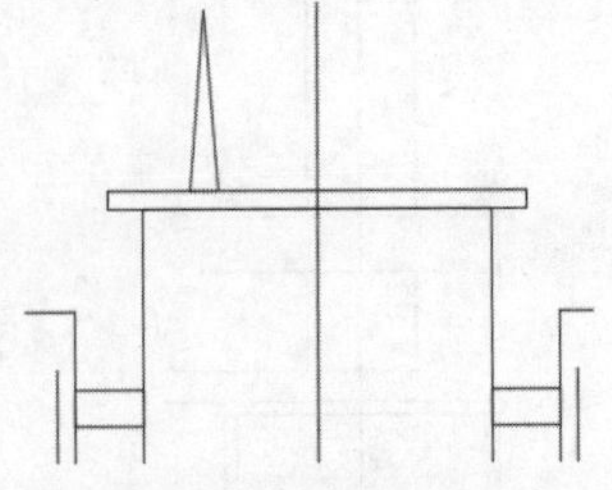

图 7-55　绘制接线柱

step 52 单击【默认】选项卡的【绘图】工具栏中的【矩形】按钮，绘制矩形，如图 7-56 所示。

step 53 单击【默认】选项卡的【绘图】工具栏中的【圆】按钮，绘制圆，如图 7-57 所示。

step 54 单击【默认】选项卡的【修改】工具栏中的【修剪】按钮，快速修剪图形，如图 7-58 所示。

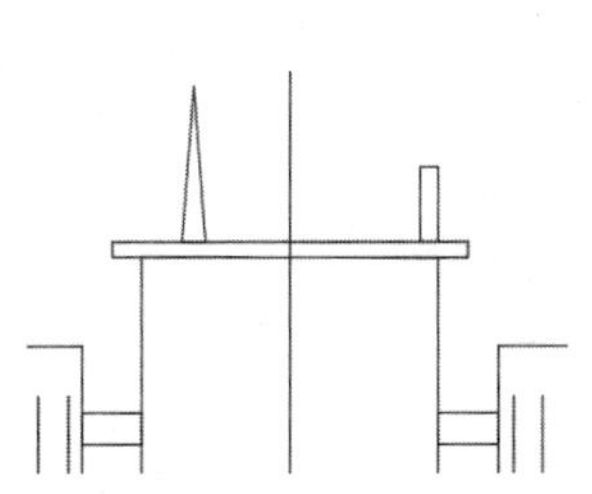
图 7-56　绘制矩形

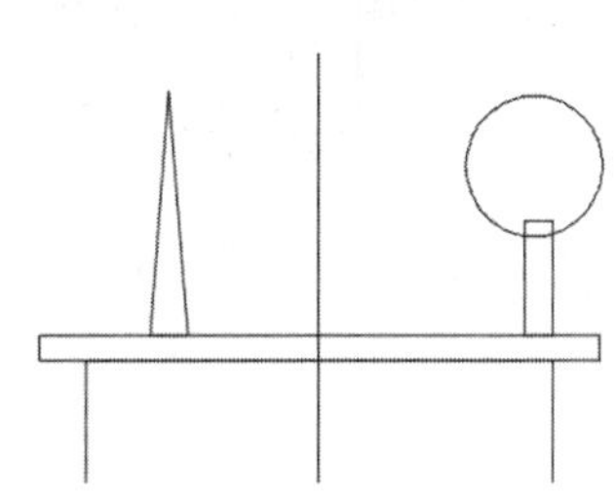
图 7-57　绘制圆形

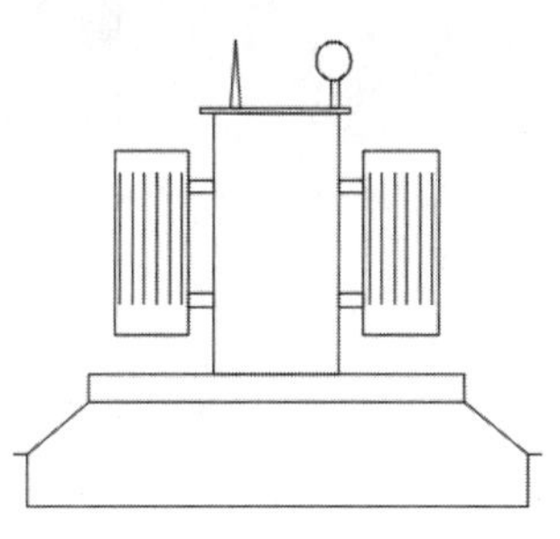
图 7-58　修剪图形

step 55 单击【默认】选项卡的【绘图】工具栏中的【直线】按钮，绘制两条直线，完成变电站的绘制，如图 7-59 所示。

step 56 接着进行线路布置，单击【默认】选项卡的【绘图】工具栏中的【直线】按钮，进行变压器布线，如图 7-60 所示。

step 57 单击【默认】选项卡的【绘图】工具栏中的【直线】按钮，进行接线柱布线，如图 7-61 所示。

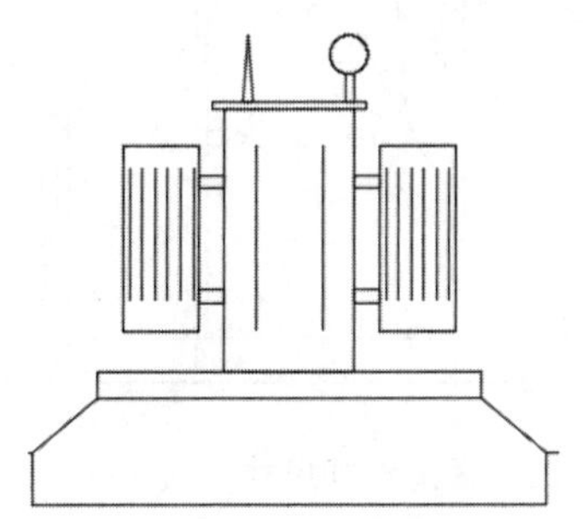
图 7-59　绘制两条直线

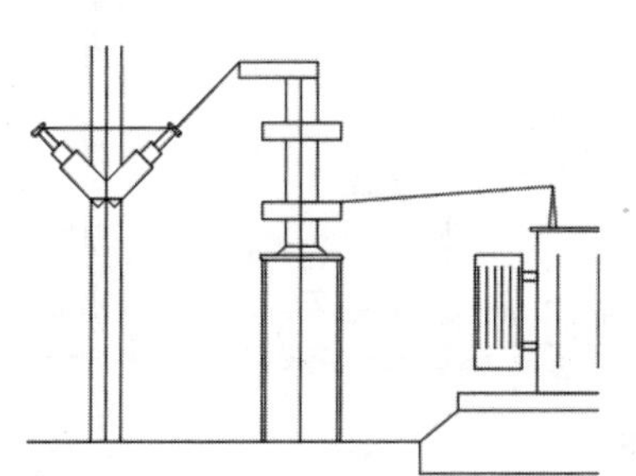
图 7-60　变压器布线

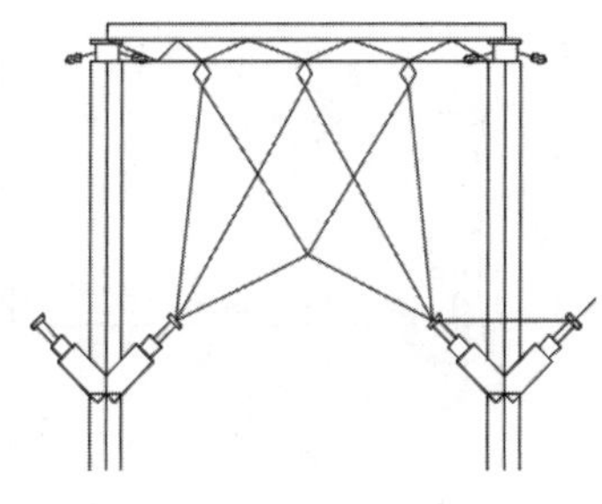
图 7-61　接线柱布线

step 58 单击【默认】选项卡的【绘图】工具栏中的【直线】按钮，进行电杆间布线，如图 7-62 所示。

step 59 单击【默认】选项卡的【绘图】工具栏中的【直线】按钮，进行小散热器布线，如图 7-63 所示。

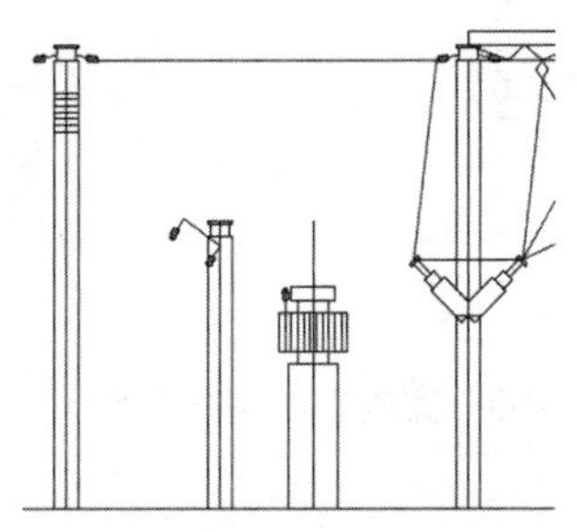
图 7-62　电杆间布线

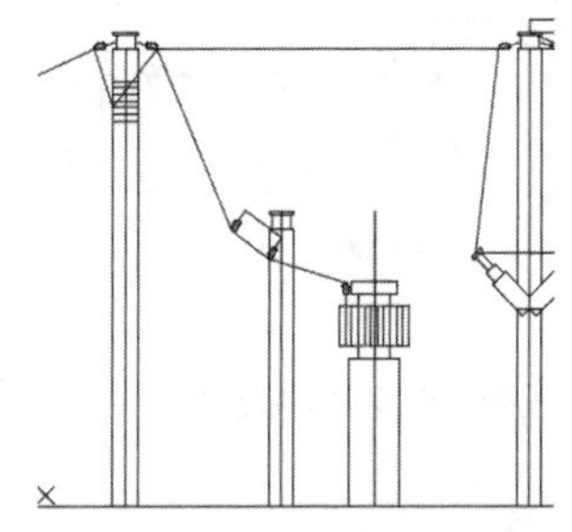
图 7-63　小散热器布线

step 60 完成的线路绘制如图 7-64 所示。

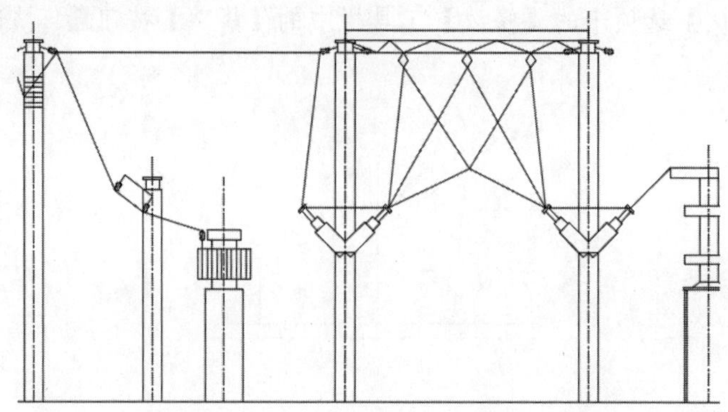

图 7-64　完成线路绘制

step 61 单击【默认】选项卡的【绘图】工具栏中的【图案填充】按钮▣，对底座进行填充，样式如图 7-65 所示。

step 62 最后进行标注，单击【默认】选项卡的【注释】工具栏中的【线性】按钮▣，添加电杆间距尺寸，如图 7-66 所示。

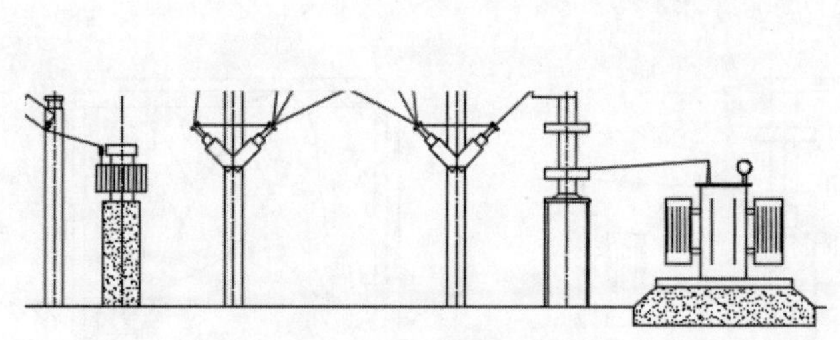

图 7-65　填充底座

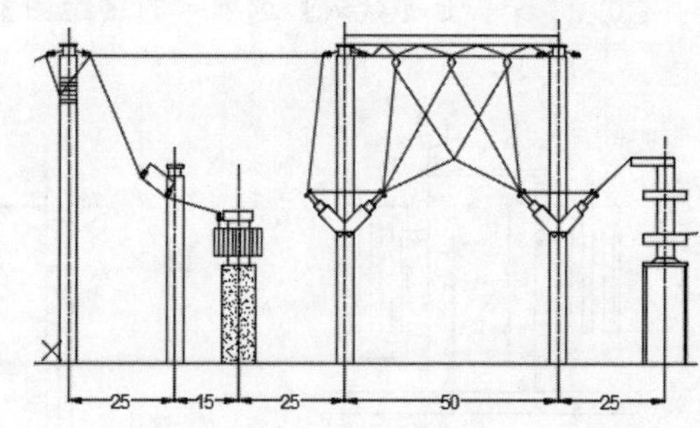


图 7-66　添加电杆尺寸

step 63 单击【默认】选项卡的【注释】工具栏中的【线性】按钮▣，添加交叉线路间距尺寸，如图 7-67 所示。

step 64 完成的变电站布置图，如图 7-68 所示。

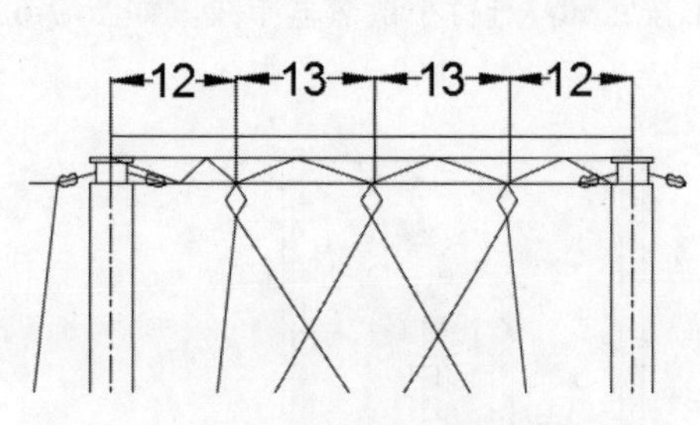


图 7-67　添加交叉线路尺寸

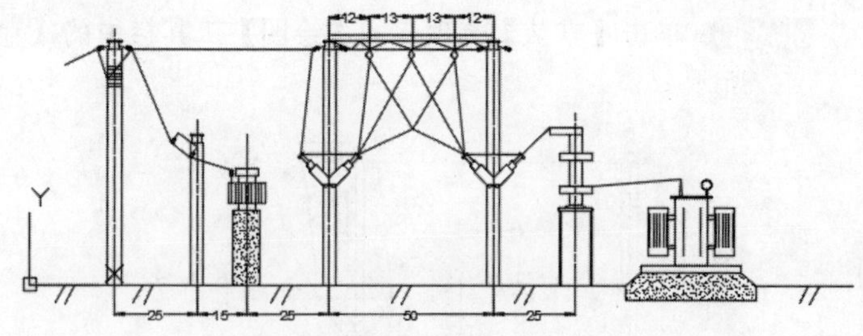


图 7-68　完成变电站布置图

## 7.2.3 范例小结

变压器是变电站的主要设备，分为双绕组变压器、三绕组变压器和自耦变压器(即高、低压每相共用一个绕组，从高压绕组中间抽出一个头作为低压绕组的出线的变压器)。变压器按其作用可分为升压变压器和降压变压器。前者用于电力系统送端变电站，后者用于受端变电站。本节范例练习了变电站布置图的绘制，使用到了直线、中心线、图案填充等命令，学习了电气设备的布局和绘制方法。

# 第3课 2课时 发电机PLC图

## 7.3.1 范例介绍

案例文件：ywj\07\02.dwg

视频文件：光盘\视频课堂\第7教学日\7.3

练习案例分析及步骤如下。

本节课后练习创建发电机 PLC 图，PLC 是可编程逻辑控制器，它采用一类可编程的存储器，用于其内部存储程序，执行逻辑运算、顺序控制、定时、计数与算术操作等面向用户的指令，并通过数字或模拟式输入/输出控制各种类型的机械或生产过程。如图 7-69 所示是完成的发电机 PLC 图。

本节案例主要练习发电机 PLC 图的绘制，在绘制时首先绘制毛细支路，通过支路的复制，形成多条支路，组成需要的电气性能，最后绘制 PLC 块和添加文字。绘制发电机 PLC 图的思路和步骤如图 7-70 所示。

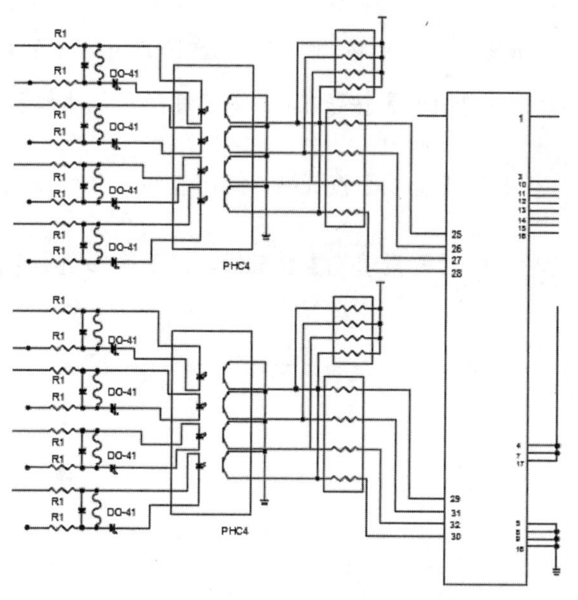


图 7-69 发电机 PLC 图

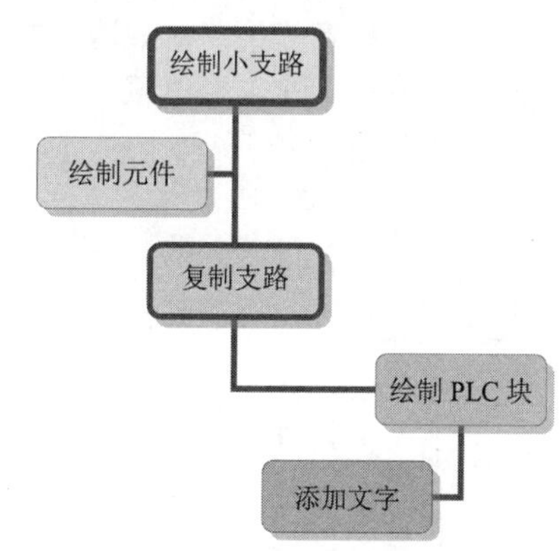


图 7-70 发电机 PLC 图的绘制步骤

## 7.3.2 范例制作

step 01 绘制小支路，单击【默认】选项卡的【绘图】工具栏中的【直线】按钮，绘制长度为5、0.5的直线，如图7-71所示。

step 02 单击【默认】选项卡的【修改】工具栏中的【旋转】按钮，将直线旋转-45°，如图7-72所示。

step 03 单击【默认】选项卡的【绘图】工具栏中的【直线】按钮，绘制长度为1的垂线，如图7-73所示。

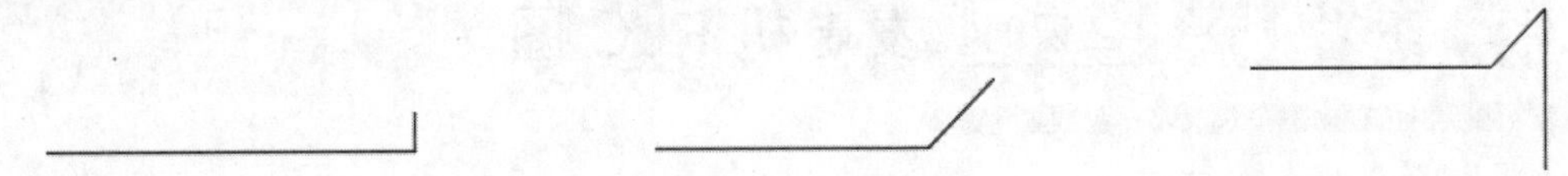

图7-71 绘制长度为5、0.5的直线　　图7-72 旋转直线　　图7-73 绘制垂线

step 04 单击【默认】选项卡的【修改】工具栏中的【旋转】按钮，将垂线旋转45°，如图7-74所示。

step 05 单击【默认】选项卡的【修改】工具栏中的【复制】按钮，复制折线，完成电阻，如图7-75所示。

step 06 单击【默认】选项卡的【绘图】工具栏中的【直线】按钮，绘制长度为1、5的直线，如图7-76所示。

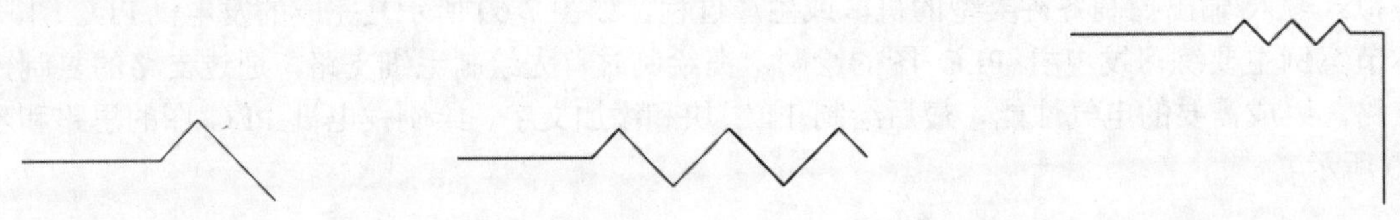

图7-74 旋转垂线　　图7-75 复制折线　　图7-76 绘制长度为1、5的直线

step 07 单击【默认】选项卡的【绘图】工具栏中的【直线】按钮，绘制三角形，尺寸如图7-77所示。

step 08 单击【默认】选项卡的【绘图】工具栏中的【直线】按钮，绘制直线，并移动图形，完成二极管的绘制，如图7-78所示。

step 09 单击【默认】选项卡的【绘图】工具栏中的【图案填充】按钮，对三角形进行填充，样式如图7-79所示。

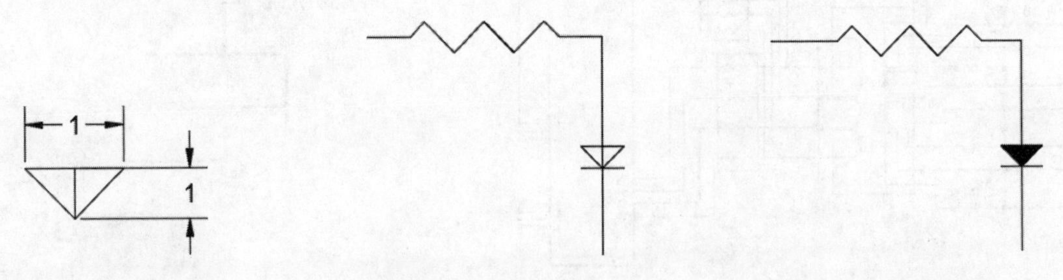


图7-77 绘制三角形　　图7-78 完成二极管　　图7-79 填充三角形

step 10 单击【默认】选项卡的【修改】工具栏中的【复制】按钮，复制电阻，如图 7-80 所示。

step 11 单击【默认】选项卡的【绘图】工具栏中的【圆】按钮，绘制圆，半径为 0.5，如图 7-81 所示。

step 12 单击【默认】选项卡的【修改】工具栏中的【修剪】按钮，修剪圆图形，如图 7-82 所示。

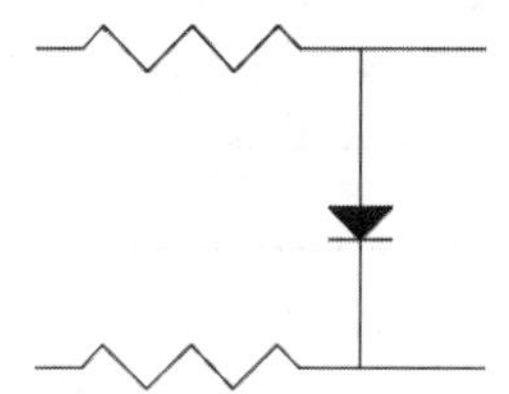

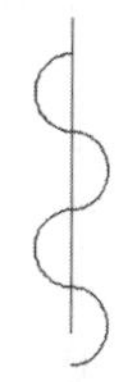

图 7-80　复制电阻　　图 7-81　绘制圆形　　图 7-82　修剪圆形

step 13 单击【默认】选项卡的【修改】工具栏中的【移动】按钮，移动需要的圆弧图形到指定位置，如图 7-83 所示。

step 14 单击【默认】选项卡的【绘图】工具栏中的【直线】按钮，绘制长度为 6、5 的直线，如图 7-84 所示。

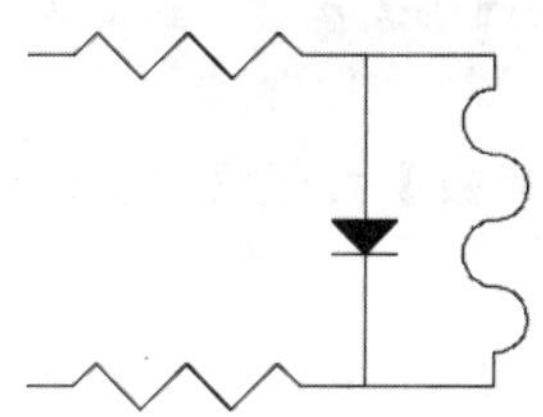

图 7-83　移动圆弧

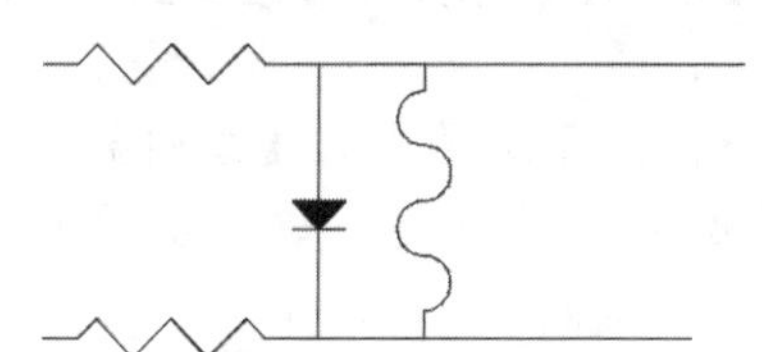

图 7-84　绘制直线

step 15 单击【默认】选项卡的【修改】工具栏中的【复制】按钮，复制二极管，如图 7-85 所示。

step 16 单击【默认】选项卡的【绘图】工具栏中的【直线】按钮，绘制箭头，如图 7-86 所示。

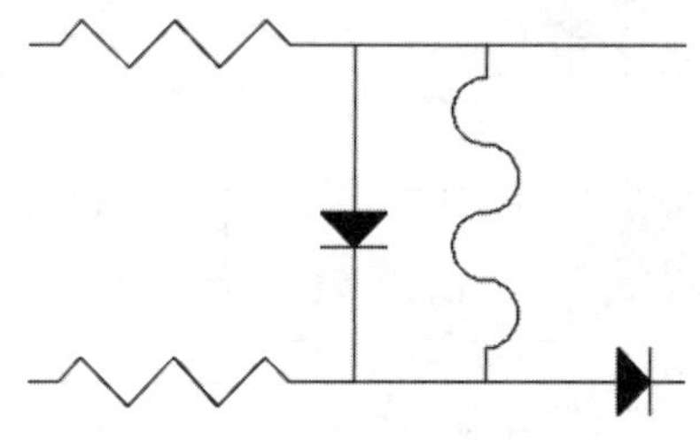

图 7-85　复制二极管

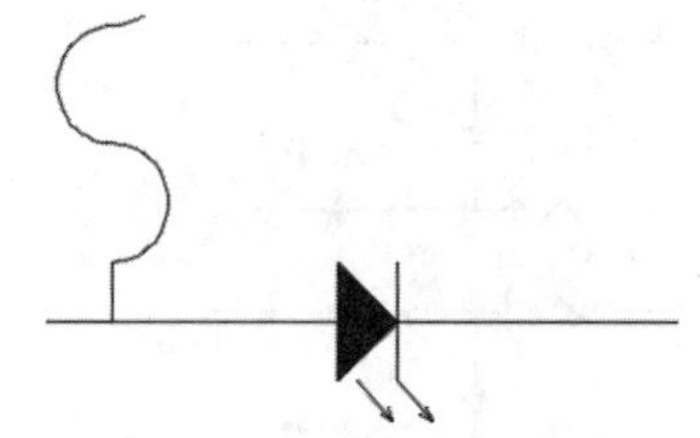

图 7-86　绘制箭头

step 17 单击【默认】选项卡的【注释】工具栏中的【文字】按钮，绘制如图 7-87 所示的文字 "R1、DO-41"。

step 18 单击【默认】选项卡的【修改】工具栏中的【复制】按钮，复制支路，间距为 8，如图 7-88 所示。

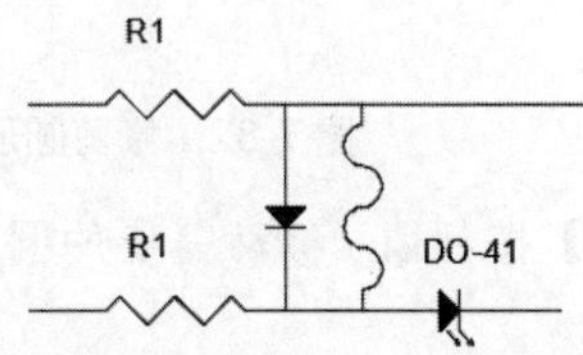


图 7-87　添加文字“R1、DO-41”

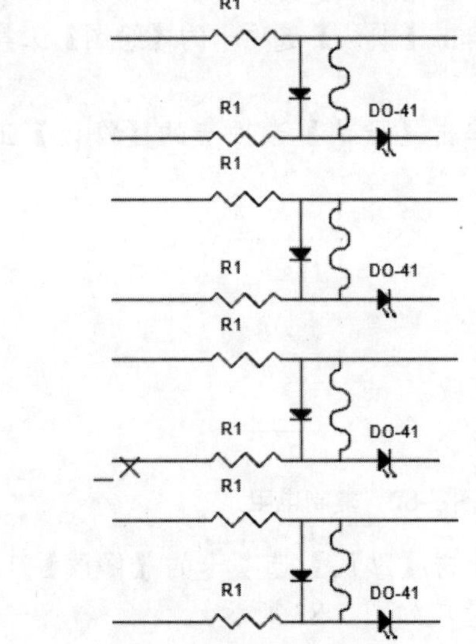


图 7-88　复制支路

step 19 单击【默认】选项卡的【修改】工具栏中的【复制】按钮，复制光敏二极管，如图 7-89 所示。

step 20 单击【默认】选项卡的【绘图】工具栏中的【直线】按钮，绘制上边两支路线路，如图 7-90 所示。

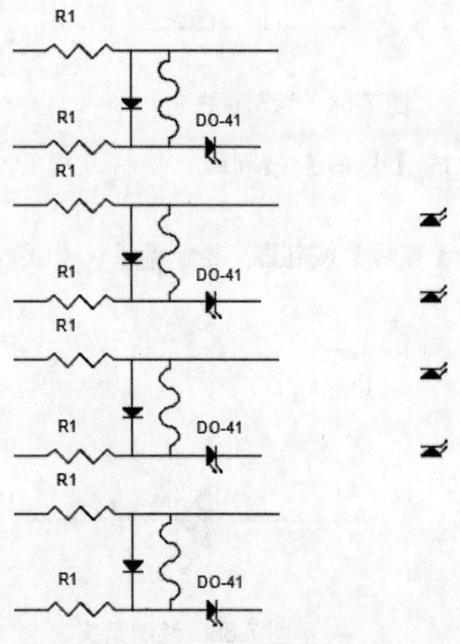


图 7-89　复制光敏二极管

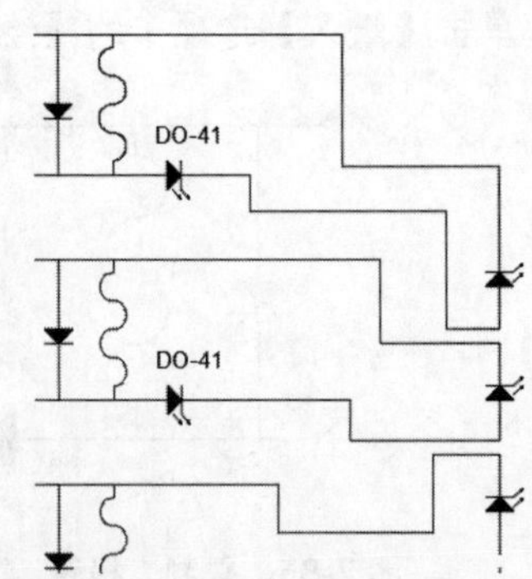


图 7-90　绘制上边两支路线路

step 21 单击【默认】选项卡的【绘图】工具栏中的【直线】按钮，绘制下边两支路线路，如图 7-91 所示。

step 22 单击【默认】选项卡的【绘图】工具栏中的【直线】按钮，绘制直线图形，尺寸如图 7-92 所示。

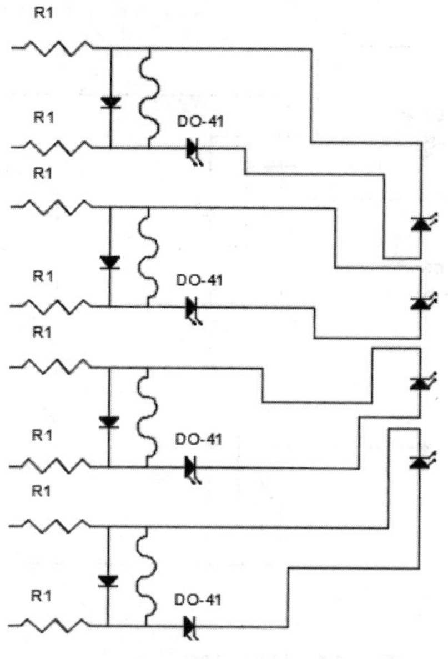

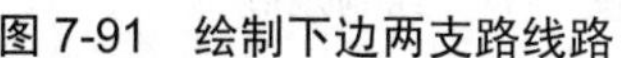

图 7-91　绘制下边两支路线路

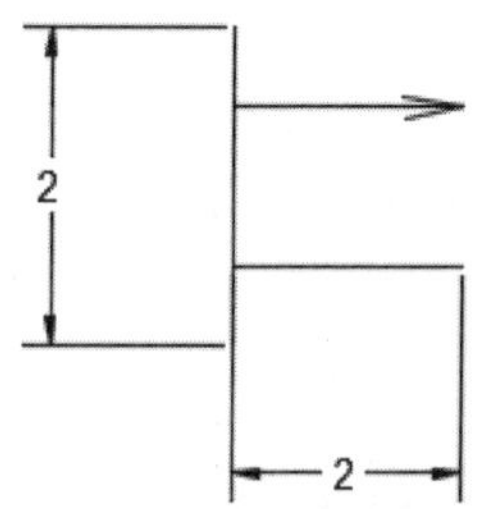


图 7-92　绘制直线图形

step 23 单击【默认】选项卡的【修改】工具栏中的【旋转】按钮，将直线和箭头分别旋转 60°、-60°，如图 7-93 所示。

step 24 单击【默认】选项卡的【修改】工具栏中的【复制】按钮，复制元件，如图 7-94 所示。

step 25 单击【默认】选项卡的【绘图】工具栏中的【直线】按钮，绘制水平线路，长度为 5，如图 7-95 所示。

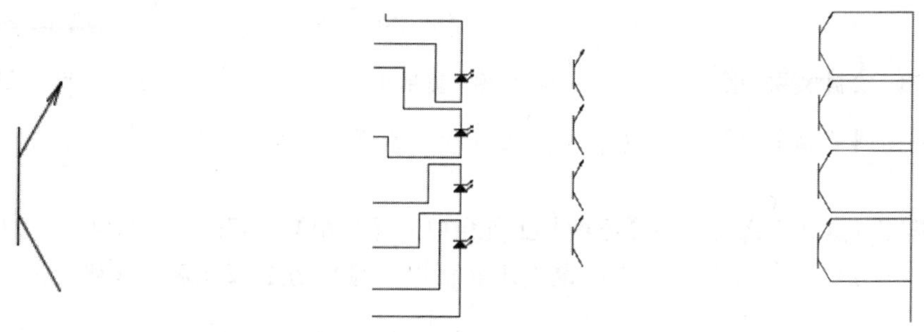

图 7-93　旋转直线和箭头　　图 7-94　复制元件　　图 7-95　绘制水平线路

step 26 单击【默认】选项卡的【绘图】工具栏中的【直线】按钮，绘制接地符号，如图 7-96 所示。

step 27 单击【默认】选项卡的【绘图】工具栏中的【矩形】按钮，绘制矩形，如图 7-97 所示。

step 28 单击【默认】选项卡的【绘图】工具栏中的【直线】按钮，绘制水平线路，长度分别为 20、18、16、14，如图 7-98 所示。

step 29 单击【默认】选项卡的【修改】工具栏中的【复制】按钮，复制 4 个电阻，如图 7-99 所示。

step 30 单击【默认】选项卡的【绘图】工具栏中的【矩形】按钮，绘制矩形，如图 7-100 所示。

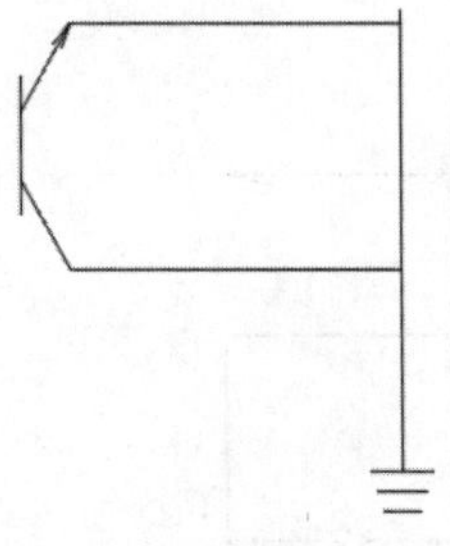

图 7-96　绘制接地符号

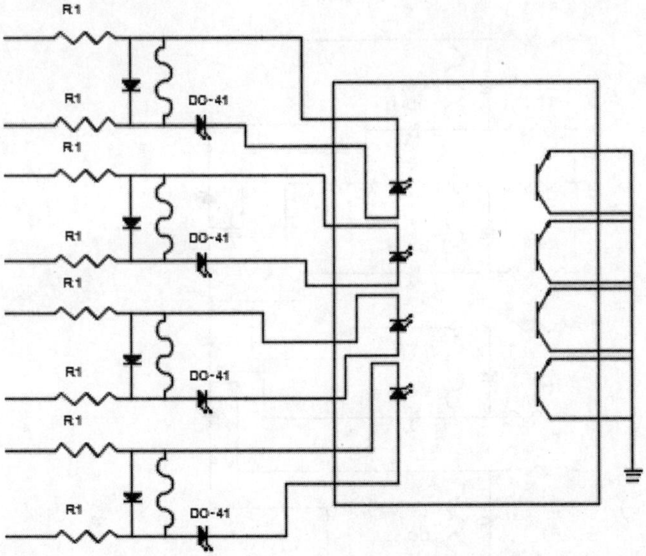

图 7-97　绘制矩形

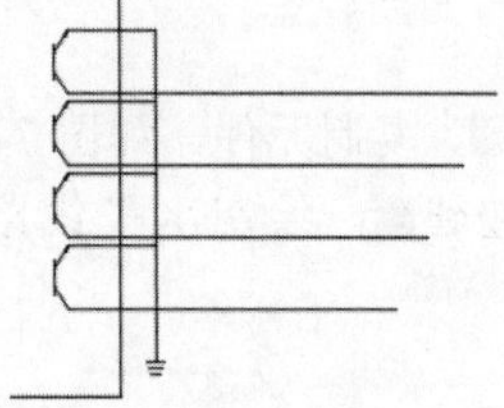

图 7-98　绘制水平线路

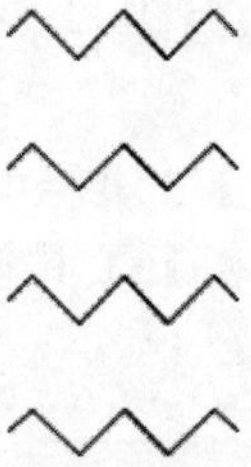

图 7-99　复制 4 个电阻

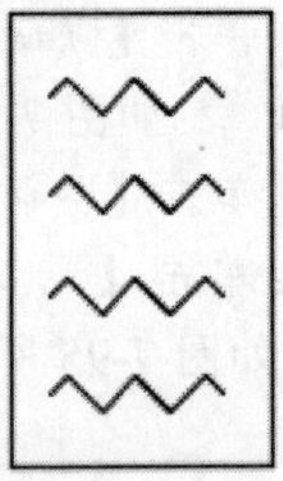

图 7-100　绘制矩形

step 31 单击【默认】选项卡的【绘图】工具栏中的【直线】按钮，绘制 4 条线路，如图 7-101 所示。

step 32 单击【默认】选项卡的【修改】工具栏中的【复制】按钮，复制电阻，如图 7-102 所示。

step 33 单击【默认】选项卡的【修改】工具栏中的【修剪】按钮，快速修剪图形，如图 7-103 所示。

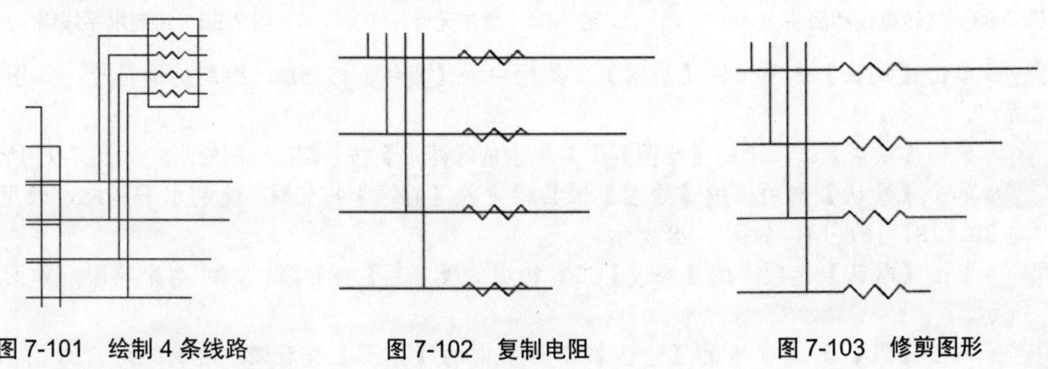

图 7-101　绘制 4 条线路

图 7-102　复制电阻

图 7-103　修剪图形

step 34 单击【默认】选项卡的【绘图】工具栏中的【矩形】按钮，绘制矩形，如图 7-104 所示。

step 35 单击【默认】选项卡的【绘图】工具栏中的【圆】按钮，绘制圆，半径为 0.2，如图 7-105 所示。

step 36 单击【默认】选项卡的【绘图】工具栏中的【图案填充】按钮，对圆形进行图案填充，如图 7-106 所示。

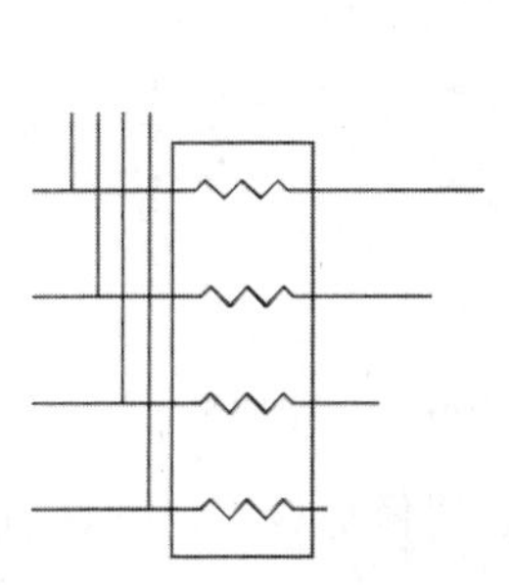

图 7-104　绘制矩形

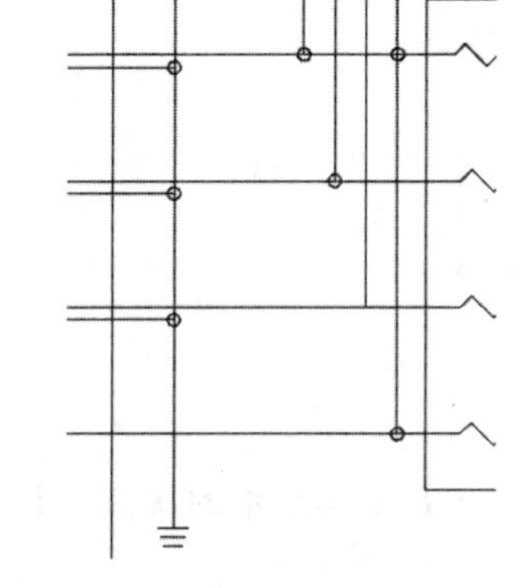

图 7-105　绘制圆形

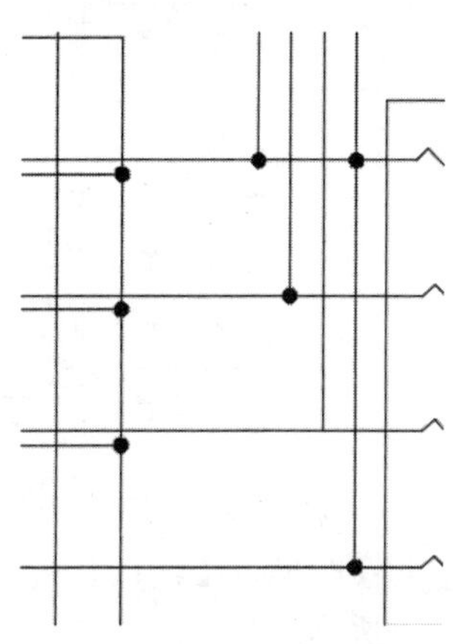

图 7-106　填充圆形

step 37 单击【默认】选项卡的【修改】工具栏中的【复制】按钮，复制填充的圆形，完成支路的绘制，如图 7-107 所示。

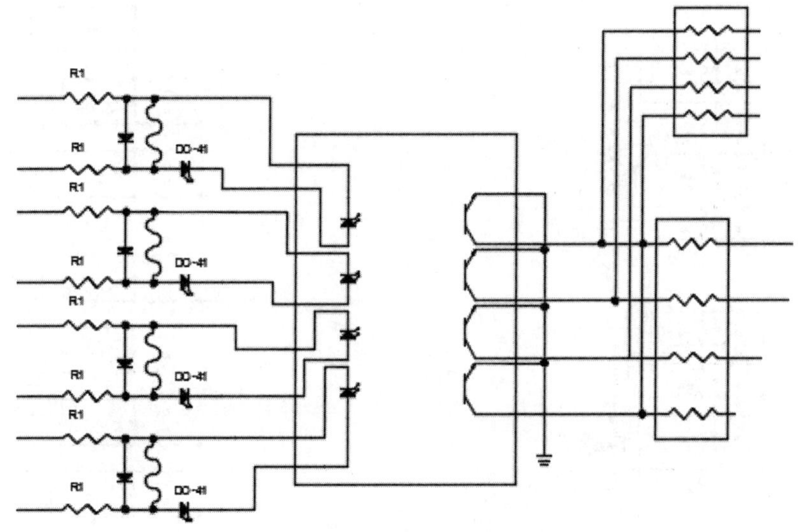


图 7-107　复制填充的圆形

step 38 接着复制支路，单击【默认】选项卡的【修改】工具栏中的【复制】按钮，复制支路，距离为 40，如图 7-108 所示。

step 39 单击【默认】选项卡的【绘图】工具栏中的【直线】按钮，绘制垂线，如图 7-109 所示。

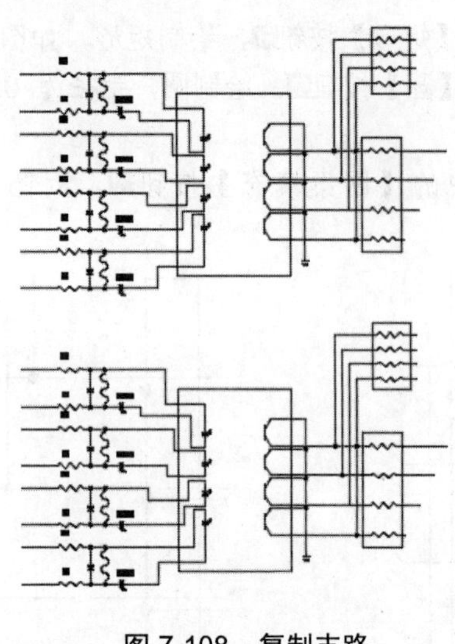

图 7-108　复制支路

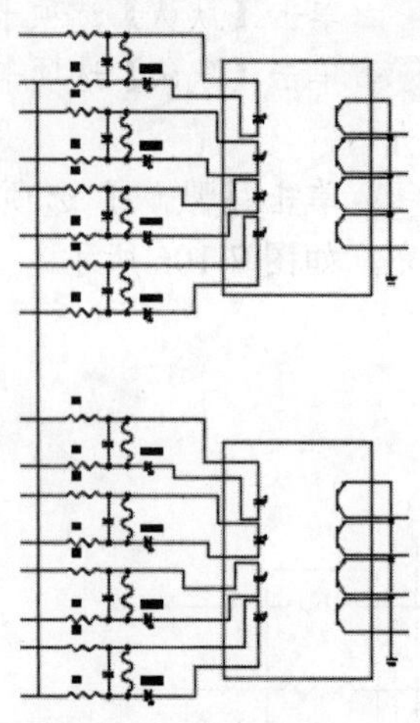

图 7-109　绘制垂线

step 40 单击【默认】选项卡的【修改】工具栏中的【修剪】按钮，快速修剪线路，如图 7-110 所示。

step 41 单击【默认】选项卡的【修改】工具栏中的【复制】按钮，复制节点圆，如图 7-111 所示。

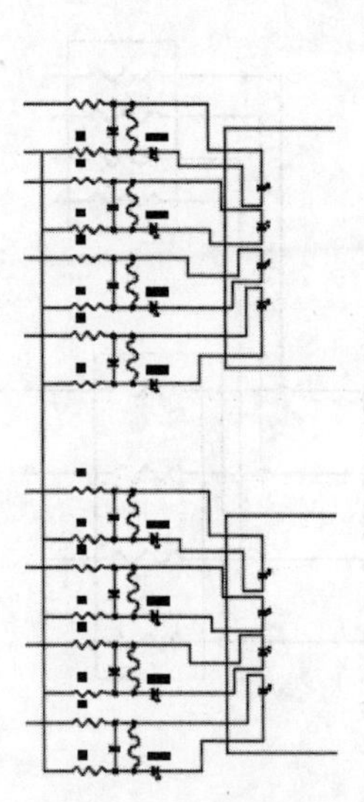

图 7-110　修剪线路

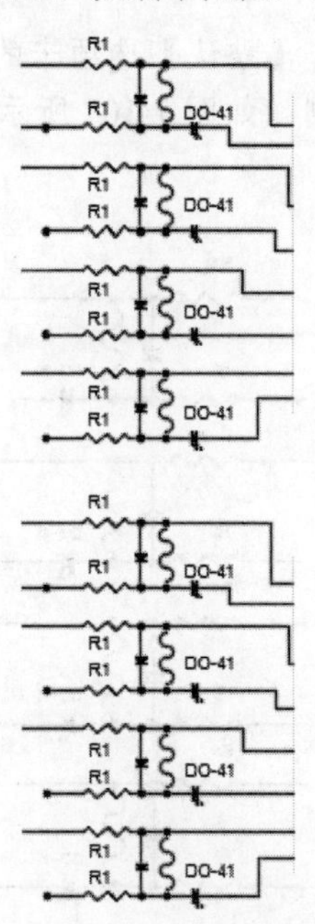


图 7-111　复制节点圆

step 42 单击【默认】选项卡的【绘图】工具栏中的【直线】按钮，绘制线路和节点圆，如图 7-112 所示。

step 43 单击【默认】选项卡的【修改】工具栏中的【复制】按钮，复制线路和节点圆，如图 7-113 所示。

step 44 单击【默认】选项卡的【修改】工具栏中的【移动】按钮，选择底部的水平线进行移动，如图 7-114 所示。

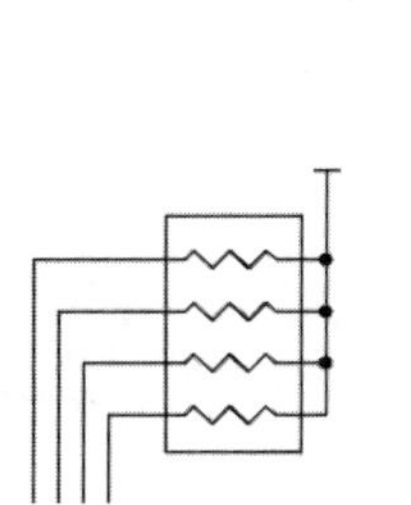

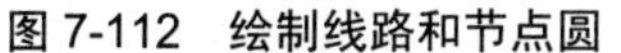

图 7-112 绘制线路和节点圆

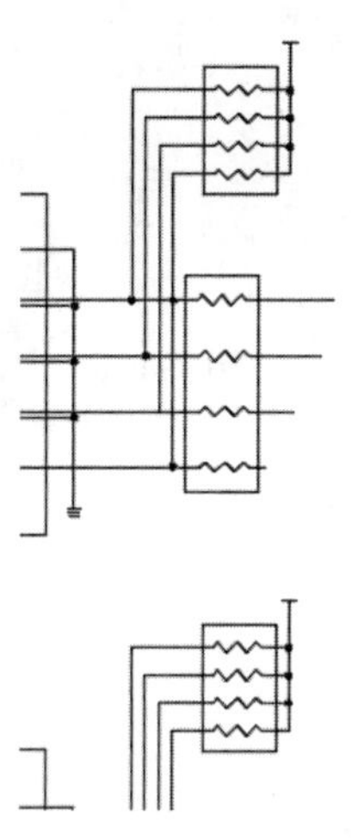

图 7-113 复制线路和节点圆

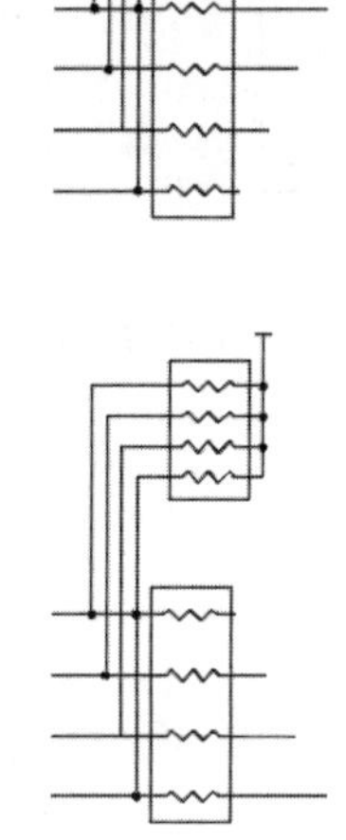

图 7-114 移动底部水平线

step 45 最后绘制 PLC，单击【默认】选项卡的【绘图】工具栏中的【矩形】按钮▭，绘制尺寸为 30×60 的矩形，如图 7-115 所示。

step 46 单击【默认】选项卡的【绘图】工具栏中的【直线】按钮▨，绘制上部支路线路，如图 7-116 所示。

step 47 单击【默认】选项卡【绘图】工具栏中的【直线】按钮▨，绘制下部支路线路，如图 7-117 所示。

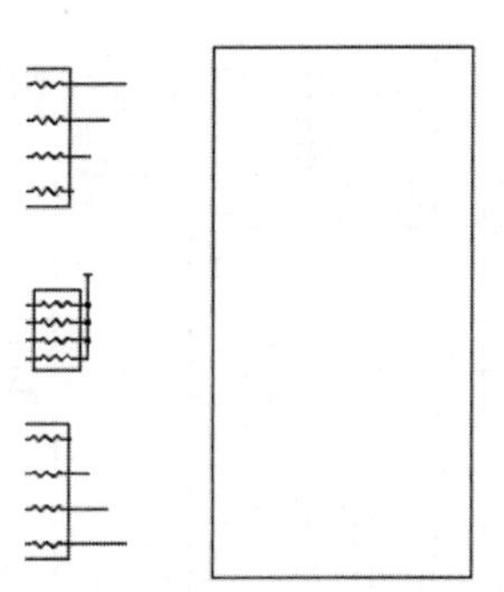

图 7-115 绘制 30×60 的矩形

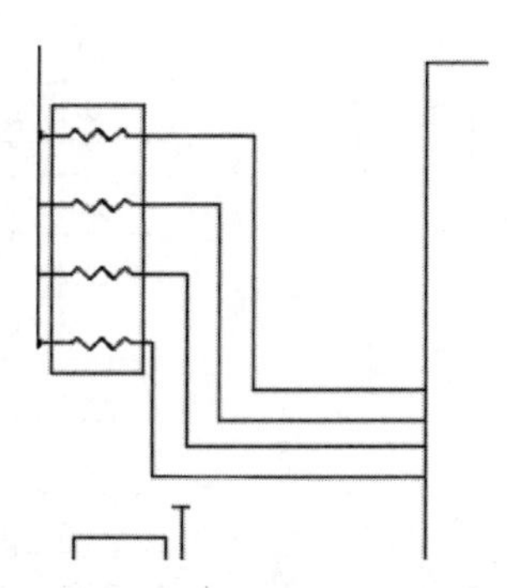

图 7-116 绘制上部支路线路

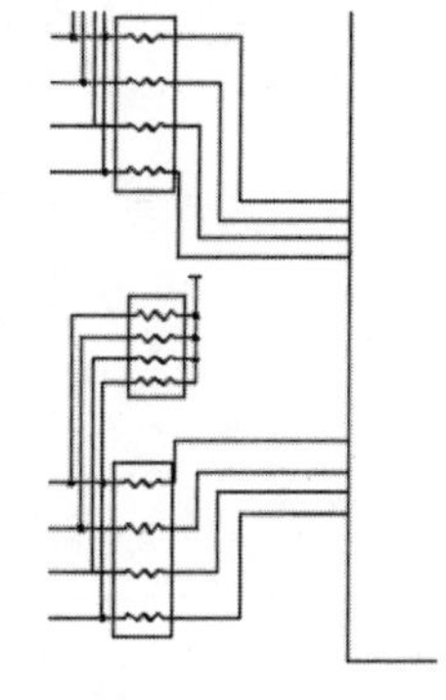

图 7-117 绘制下部支路线路

step 48 单击【默认】选项卡的【绘图】工具栏中的【直线】按钮▨，绘制接线，长度为 4，如图 7-118 所示。

step 49 单击【默认】选项卡的【修改】工具栏中的【复制】按钮▨，复制接线，如图 7-119 所示。

step 50 单击【默认】选项卡的【绘图】工具栏中的【直线】按钮▨，绘制底部接线，如图 7-120 所示。

step 51 单击【默认】选项卡的【修改】工具栏中的【复制】按钮▨，复制节点圆，如图 7-121 所示。

step 52 单击【默认】选项卡的【修改】工具栏中的【复制】按钮▨，复制接地，如图 7-122 所示。

step 53 单击【默认】选项卡的【注释】工具栏中的【文字】按钮A，绘制如图 7-123 所示的

PLC上部的文字。

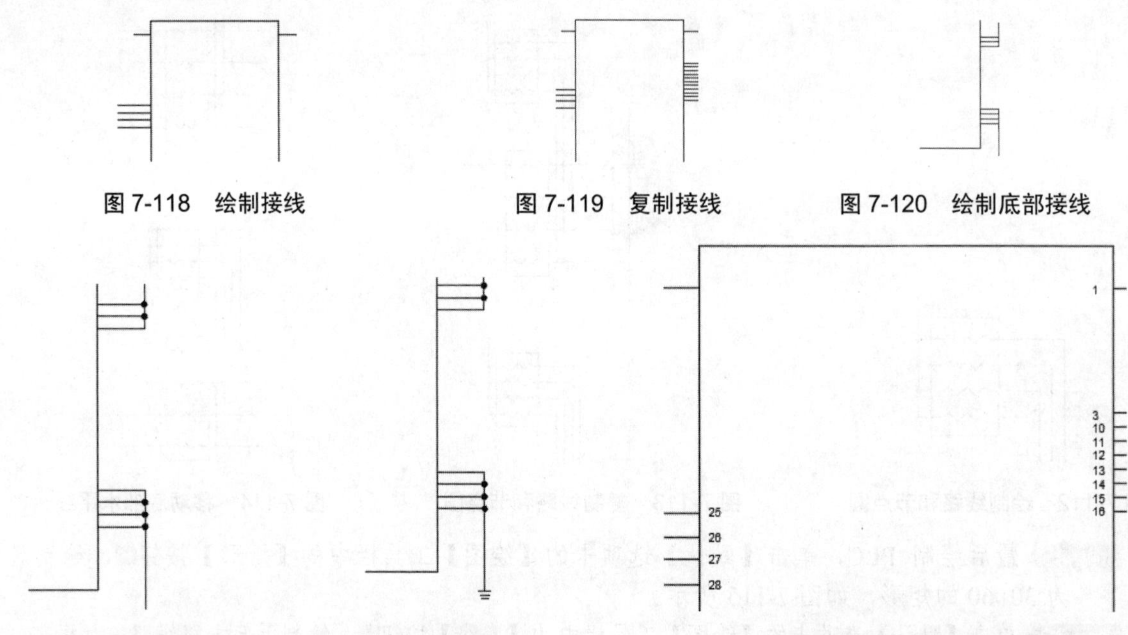


图7-118　绘制接线　　图7-119　复制接线　　图7-120　绘制底部接线

图7-121　复制节点圆　　图7-122　复制接地　　图7-123　添加PLC上部的文字

step 54 单击【默认】选项卡的【注释】工具栏中的【文字】按钮A，绘制如图7-124所示的PLC下部的文字。

step 55 完成的发电机PLC图，如图7-125所示。

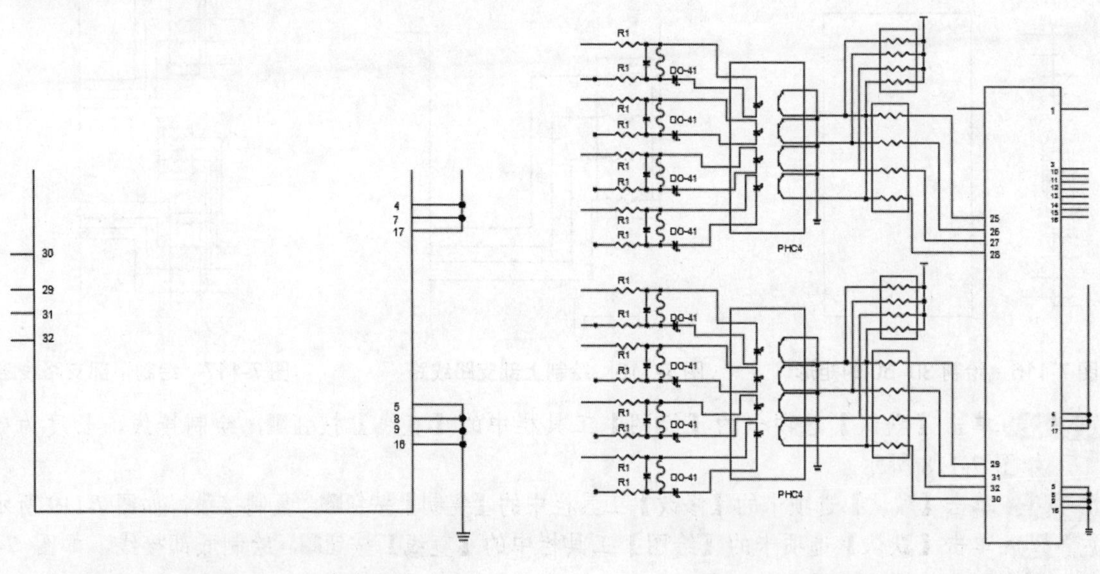


图7-124　添加PLC下部的文字　　图7-125　完成发电机PLC图

## 7.3.3 范例小结

PLC 的电源在整个系统中起着十分重要的作用。如果没有一个良好的、可靠的电源系统是无法正常工作的，中央处理单元(CPU)是可编程逻辑控制器的控制中枢。另外 PLC 还有存放系统软件的存储器和输入输出接口电路，以实现其功能输出。本节范例练习了发电机 PLC 图的绘制，使用到了直线、中心线、图案填充、复制、旋转等命令，通过此范例可以学会运用多种编辑命令的使用。

# 阶段进阶练习

本章综合运用了 CAD 的绘图知识和电气知识，绘制了典型的布置图和 PLC 图等图纸。

综合运用本教学日学过的方法来创建如图 7-126 所示的电动叉车的电气布局图纸。

一般创建步骤和方法如下。

(1) 绘制电气元件。

(2) 绘制线路。

(3) 添加文字。

(4) 适当进行标注。

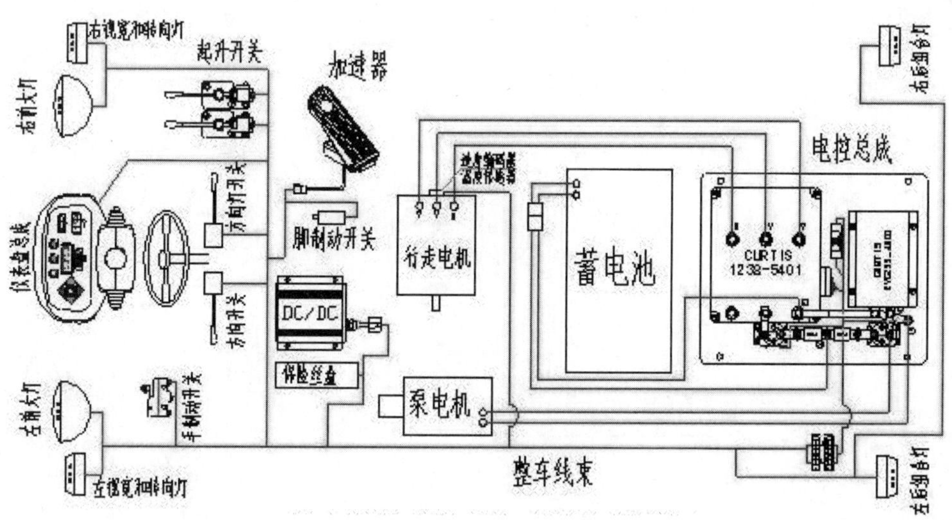


图 7-126　电动叉车电气布局图